金属屋面和外墙初学与进阶

Let's Start, Learn Again
Metal Roofing and Wall

LLM 2017

日本金属屋面协会　编
中国钢结构协会　译

北　京
冶　金　工　业　出　版　社
2024

图书在版编目（CIP）数据

金属屋面和外墙初学与进阶：LLM 2017 / 日本金属屋面协会编；中国钢结构协会译. -- 北京：冶金工业出版社，2024. 10. -- ISBN 978-7-5024-9953-2

Ⅰ. TU522. 3

中国国家版本馆 CIP 数据核字第 2024UU2823 号

金属屋面和外墙初学与进阶 LLM 2017

出版发行	冶金工业出版社	**电　话**	(010)64027926
地　址	北京市东城区嵩祝院北巷 39 号	**邮　编**	100009
网　址	www. mip1953. com	**电子信箱**	service@ mip1953. com

责任编辑　杜婷婷　马媛馨　美术编辑　彭子赫　版式设计　郑小利
责任校对　王永欣　责任印制　禹　蕊
北京捷迅佳彩印刷有限公司印刷
2024 年 10 月第 1 版，2024 年 10 月第 1 次印刷
880mm×1230mm　1/16；25 印张；662 千字；382 页
定价 178. 00 元

投稿电话　(010)64027932　投稿信箱　tougao@cnmip. com. cn
营销中心电话　(010)64044283
冶金工业出版社天猫旗舰店　yjgycbs. tmall. com
(本书如有印装质量问题，本社营销中心负责退换)

译审委员会

参 译 单 位

中冶建筑研究总院有限公司

中国钢结构协会围护系统分会

浙江东南网架股份有限公司

北京东方诚国际钢结构工程有限公司

来实建筑（上海）有限公司

天津新宇彩板有限公司

中冶（上海）钢结构科技有限公司

山东冠洲股份有限公司

安徽鸿路钢结构（集团）股份有限公司

译本前言

本书是日本金属围护标准手册系列中的《金属屋面和外墙初学与进阶》（LLM 2017）（日本原名《金属の屋根と外壁初めて学ぶもう一度学ぶ》（LLM 2017），于2017年在日本出版）。

本书的翻译缘起中国钢结构协会与日本海外产业人才育成协会（AOTS）的技术交流合作。中国钢结构协会于2017—2018年先后组织了四批赴日研修培训，期间日本专家介绍了金属屋面和外墙的标准和手册，其设计方法、性能确认、施工方法、各方责任明确以及标准的改进过程，给我们留下适用、精细、全面的深刻印象。中国钢结构协会于2018年取得了日本钢结构协会和日本金属屋面协会《钢板屋面技术规程》（SSR 2007）、《钢板外墙技术规程》（SSW 2011）、《钢板屋面和外墙的设计、施工及维保手册》（MSRW 2014）及《金属屋面和外墙初学与进阶》（LLM 2017）四本标准手册的中文版翻译出版授权。

本书对金属屋面和墙面的知识进行了由浅入深的讲解，从日常生活和气候变化引申出对金属围护系统的防排水、保温、耐火、抗震、抗风、隔热、采光等基本性能要求；对金属围护工程的材料及发展历史、使用功能的实现、舒适性和耐久性、施工、检查和维保、翻新改造等金属围护全寿命期的各阶段的工作进行了全面的阐述；最后还对金属围护工程中需要进行的各类计算进行了全面梳理并附了实例。本书可以作为金属围护系统的入门及培训教材，期望本书能对从事金属围护的材料厂商、设计者、制作和施工安装单位，以及建筑行政管理的相关人员提供借鉴和帮助。

本书由季小莲翻译，吴耀华译审。本书的翻译得到各参译单位的大力支持和积极协助，在此谨向参译单位和人员表示感谢！

由于水平所限，如有翻译不妥之处，敬请读者批评指正。

中国钢结构协会
2024年9月

前　　言

《金属屋面和外墙初学与进阶》（LLM 2017）一书正式出版。编辑本书的目的是对本协会多年来积累的金属屋面和墙面的知识进行浅显且易于理解的讲解。为了使初学者理解，本书特别参考了以往文献中的知识，转载和引用了其中的部分内容，并且从会员单位和相关团体资料中引用了大量图片。在此表示衷心的感谢。

本书首先讲述最近的热门话题——气候变化和日本金属屋面的发展历史，并涉及金属屋面和外墙的出现和发展过程。

接着以确保屋面和外墙安全和放心为题，针对风雪对屋面和墙面的作用，通过《屋面验算》计算软件进行了讲解，同时将抗震、防水、耐火和耐久性作为基本性能进行了重点阐述。

随后介绍了为确保室内空间舒适而必备的隔热和采光，同时介绍了金属板的加工方法和工具，而后以安全为中心对现场施工进行了讲解，最后刊载了大量图像与照片，作为今后维护和翻新改造时的重要参考。

如本书开始所述，为了在越来越严苛的自然条件下保护人身安全、保障人类活动，屋面和外墙的重要性在不断增加。其中，采用金属屋面和外墙的建筑在灾难发生时越来越多地被当作避难场所。因此，为保证建筑的功能性，金属屋面和墙面的耐久性及其维护管理变得尤为重要。

因此，期待金属屋面和外墙工程的从业者能够充分利用本书。如果发现任何问题或者有任何疑义，欢迎联系。

一般社团法人　日本金属屋面协会　技术委员会
2017 年 1 月

执　　笔

宫腰昌平　　（技术委员长，JFE 钢板）

大室彰男　　（技术委员，日新制钢建材）

风间启一　　（技术委员，三晃金属工业）

铃木胜也　　（技术委员，SEKINO 兴产）

名和手哲　　（技术委员，日铁住金钢板）

野田智　　（技术委员，淀川制钢所）

汤本茂树　　（技术委员，日本钢板）

工藤幸则　　（事务局）

滨野浩幸　　（事务局）

合作者

井上胜彦　　（参与，JFE 日建板）

森田喜晴　　（屋面网）

制作

桑田惠美　　（自然岛）

目　　录

第1章　序 ······ 1

1.1　日本的气候、环境与建筑的屋面和外墙 ······ 3
　1.1.1　不断变化的气候和环境 ······ 3
　【参考资料：气象厅提供】 ······ 7
　1.1.2　从设计和施工到维保和翻新改造 ······ 12
　1.1.3　责任分担 ······ 14
1.2　从构造方法看金属屋面发展简史 ······ 15
　1.2.1　长尺金属屋面板出现以前 ······ 15
　1.2.2　长尺金属屋面板的出现 ······ 21
　1.2.3　多样化时代 ······ 27
　1.2.4　通过编年史回顾金属屋面板的历史 ······ 34

第2章　了解屋面材料和外墙材料 ······ 41

2.1　屋面材料和外墙材料及其演变过程 ······ 43
　2.1.1　屋面材料和铺设方法的发展史 ······ 43
　2.1.2　长尺金属屋面 ······ 45
　2.1.3　屋面外板的基本事项 ······ 47
　2.1.4　屋面的构造、形状及名称 ······ 49
　2.1.5　屋面材料的种类 ······ 51
　2.1.6　外墙材料的种类 ······ 57
2.2　金属屋面材料 ······ 61
　2.2.1　金属屋面的分类 ······ 61
　2.2.2　金属屋面构造（铺设方法） ······ 66
　2.2.3　附属部件和零配件 ······ 79
2.3　金属外墙材料 ······ 85
　2.3.1　金属外墙板的分类 ······ 85
　2.3.2　附属部件 ······ 90
2.4　排水装置 ······ 93
　2.4.1　排水装置的种类 ······ 93
　2.4.2　附属部件和附属材料 ······ 94
2.5　如何选择构造方法 ······ 96
　2.5.1　屋面 ······ 96
　2.5.2　外墙（钢板外墙材料） ······ 99
2.6　金属材料 ······ 101

2.6.1　金属屋面和外墙中使用的钢板材料 …… 101
2.6.2　金属材料 …… 102
2.6.3　镀层 …… 106
2.6.4　涂装 …… 109
2.6.5　材料保证 …… 110

第 3 章　确保安全和放心 …… 115

3.1　抵御外力（风和雪） …… 119
3.1.1　外力的计算 …… 120
3.1.2　强度验算（设计允许应力） …… 132
3.1.3　受灾事例和确认试验 …… 142
3.1.4　有关风和雪的参考资料 …… 148
3.2　抗震 …… 155
3.2.1　金属屋面、外墙和地震 …… 155
3.2.2　防吊顶坠落措施 …… 158
3.2.3　外墙的层间位移 …… 160
3.3　排水 …… 162
3.3.1　防水的原理 …… 162
3.3.2　设计降雨量（降水）的设定和排水量计算（降雨强度） …… 166
3.3.3　排水能力计算 …… 169
3.3.4　防水构造（构造要点） …… 173
3.4　耐火 …… 180
3.4.1　防耐火管制的概要 …… 180
3.4.2　决定防耐火性能的因素 …… 181
3.4.3　建筑物的防耐火性能要求 …… 184
3.4.4　防耐火构造及防火材料 …… 185
3.4.5　区域、规模及限制的概要 …… 188
【参考资料】屋面 30 min 耐火构造试验（隔热镀锌钢板委员会：试验，一般财团法人 BETTER LIVING） …… 191
3.5　使用寿命 …… 193
3.5.1　选择可长期使用的材料 …… 193
3.5.2　不恰当的设计和施工 …… 195
3.5.3　简单的维修 …… 201
3.6　温度伸缩的控制 …… 203
3.6.1　关于温度伸缩 …… 203
3.6.2　连接节点的破坏及确认试验 …… 204
3.6.3　细部构造要点 …… 207
3.6.4　异响声 …… 209

第 4 章　提高舒适性 …… 211

4.1　防止光辐射 …… 213

4.1.1　抑制光污染 …… 213
4.1.2　防止太阳光反射造成的光污染 …… 213
4.2　隔热钢板 …… 217
4.2.1　高热反射涂料 …… 217
4.2.2　隔热钢板的期待效果 …… 217
4.2.3　高热反射涂料的原理 …… 217
4.2.4　隔热功能的原理 …… 218
4.2.5　施工实测 …… 218
4.3　降低热传递 …… 220
4.3.1　为什么需要隔热性能 …… 220
4.3.2　不同构造的隔热性能的差异 …… 220
4.3.3　隔热构造的原理 …… 221
4.3.4　结露的原理 …… 223
4.3.5　结露的类型和事例 …… 224
4.3.6　怎样防止结露 …… 224
4.3.7　隔热计算 …… 226
4.3.8　结露计算 …… 229
【参考资料】节能标准和建筑节能法 …… 231
4.4　降低声音传播 …… 235
4.4.1　隔声 …… 235
4.4.2　传声损失 …… 236
4.4.3　吸声 …… 240
【参考资料】声的性质 …… 241
4.5　采光 …… 246
4.5.1　采光方法 …… 246
4.5.2　采光材料 …… 246
4.5.3　防火规定 …… 248
【参考资料】怎样施工 …… 249
第5章　施工、安全及施工工具 …… 253
5.1　施工流程 …… 255
5.1.1　压型板屋面的标准施工流程 …… 255
5.1.2　施工前的检查表（屋面和外墙相同） …… 273
5.1.3　压型板屋面的施工检查表 …… 277
5.1.4　安全对策的实施 …… 279
5.2　工具和设备 …… 284
5.2.1　切割、折弯、敲打用工具 …… 286
5.2.2　其他工具和机械工具等 …… 288
【参考资料】剪刀 …… 293

第 6 章　检查和维保 …… 299

6.1　检查和维保 …… 301
6.2　检查及处理方法 …… 302
6.2.1　检查周期 …… 306
6.2.2　检查项目及方法 …… 307
6.2.3　检查后的处理方法 …… 309
【参考资料】对暴露于室外 30 年从屋面板上提取的试样进行的试件调查报告 …… 313

第 7 章　屋面和外墙的翻新改造 …… 317

7.1　金属屋面的翻新改造 …… 322
7.1.1　金属屋面涂层翻新工法 …… 323
7.1.2　原有金属屋面覆盖工法 …… 325
7.1.3　更换原有金属屋面工法 …… 333
7.2　石棉板屋面的翻新改造 …… 334
7.2.1　波形石棉板 …… 334
7.2.2　人造石装饰板 …… 336
7.2.3　覆盖工法的优点 …… 337
7.2.4　石棉板屋面翻新改造中的防石棉污染对策 …… 338
7.3　屋面排水天沟翻新改造 …… 339
7.3.1　檐沟的翻新改造 …… 339
7.3.2　天沟的翻新改造 …… 340
7.4　混凝土（RC）墙、加气混凝土（ALC）墙和灰浆墙的翻新工程 …… 343
7.4.1　RC、ALC 外墙的翻新改造 …… 344
7.4.2　混凝土屋面（防水）的翻新改造 …… 345
7.4.3　灰浆墙的翻新改造 …… 346

第 8 章　计算和验算 …… 349

8.1　计算外力（风荷载和雪荷载） …… 351
8.1.1　计算积雪荷载 …… 352
8.1.2　计算风荷载 …… 352
8.2　验算屋面和外墙的强度 …… 355
8.2.1　使用材料 …… 355
8.2.2　验算雪荷载 …… 356
8.2.3　验算风荷载 …… 358
【参考资料】设计用风荷载相关标准 …… 363
8.3　计算挡雪金属板的安装间距 …… 372
8.3.1　计算公式 …… 372
8.3.2　计算 …… 372
8.4　降雨量和排水能力计算 …… 373

8.4.1　天沟排水量计算 …… 373
8.4.2　天沟的排水能力计算 …… 374
8.5　计算隔热性能 …… 377
8.5.1　计算传热系数 …… 377
8.5.2　计算传热量 …… 377
8.5.3　是否结露的判断 …… 378
【参考资料】湿空气线图、空气的饱和水蒸气压力（mmHg） …… 379
8.6　传声损失 …… 381
8.6.1　计算面密度 …… 381
8.6.2　计算传声损失 …… 381

第1章
序

1.1 日本的气候、环境与建筑的屋面和外墙

建筑常年与雨、雪、风、日照、尘埃、温度变化、地震等严苛的自然环境相对抗，建筑的屋面和墙面起着保护室内空间不受自然条件干扰的作用。保护室内空间也就意味着保护室内生活和工作的人及其财产，同时，建筑的屋面和墙面还是建筑的外在表现，有美观上的要求。

日本列岛从北海道到冲绳南北向延伸超过3000 km。由于气候和风土充满了多样性，故而应根据所在区域的条件确定屋面和墙面的构造及其做法。近年来，罕见的自然现象频繁出现，史无前例的暴雨或暴雪、最大瞬时风速达到80 m/s的台风、积雪后的降雨、热带低气压引起的台风级别的强风等。因此，为了使建筑能够抵御愈加恶劣的自然条件，保护人们生命和财产安全，对其屋面和墙面性能的要求也就越来越高。

采用金属屋面和外墙的建筑经常被作为灾难发生时的避难场所。为保证建筑的正常使用功能以及保护作用，其耐久性能和维护管理尤为重要。因此从现在起，在屋面和外墙的设计中就应当充分考虑如何灵活地利用建筑、如何进行维护管理。

1.1.1 不断变化的气候和环境

一般认为，日本受益于季节变化以及多样的自然环境，因而处于稳定的气候和环境条件中。然而，从表1.1.1~表1.1.10显示的数据中可见，日本实际处于相当严酷的自然环境中（见照片1.1.1~照片1.1.4），并且，近年来还出现了地球变暖、酸雨、热岛效应等新现象，如图1.1.1~图1.1.4所示。由此可见，屋面与墙面所面临的环境条件日趋恶劣。

1.1.1项的数据和图表，除特别说明外，均引用自气象厅网站。

图 1.1.1　酸雨

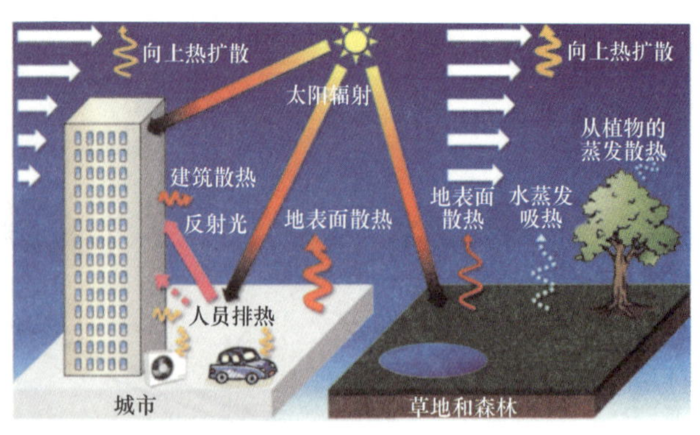

图 1.1.2　热岛效应

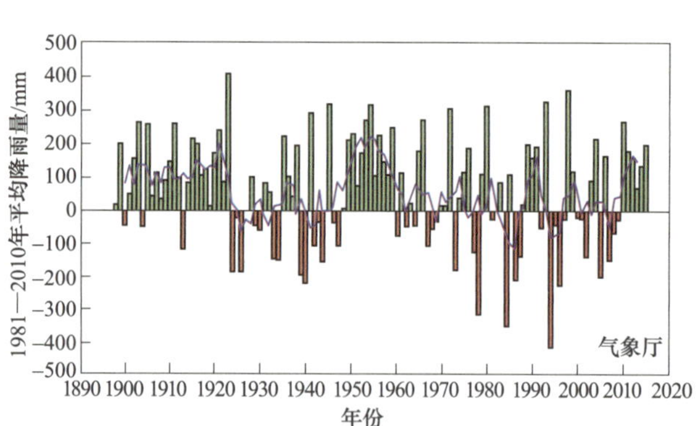

用日本 51 个地点观测到的降水量计算出的 2015 年年平均降水量与 1980—2010 年的平均标准的偏差为+187.8 mm。自 1898 年开始统计以来，变动量逐年增加。可以看出，约从 1925 年起到 1950 年左右为多雨期。

图 1.1.3　日本降水量的变化

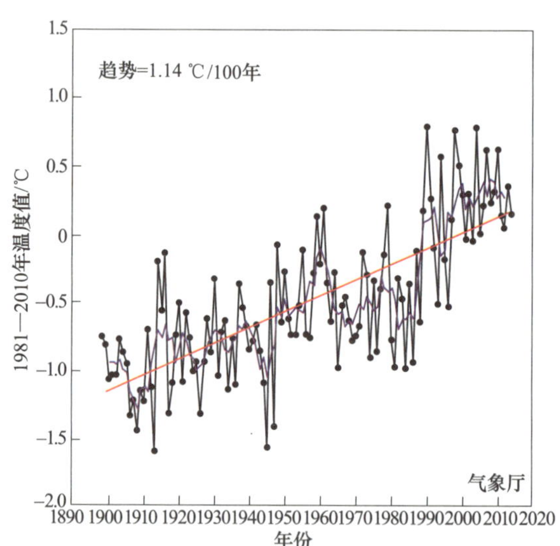

2015 年日本的年平均气温与 1980—2010 年的平均标准的偏差为+0.69 ℃（与 20 世纪平均标准的偏差为+1.3 ℃）。自 1898 年开始统计以后，为第四高的数值。从长期看，日本的年平均气温约以 1.16 ℃/100 年的比率上升。特别是自 20 世纪 90 年代以后，高温年频繁出现。

图 1.1.4　日本气温的变化

照片 1.1.1　积雪后的降雨（协会会员拍摄）

照片 1.1.2 积雪后降雨造成屋面坍塌（富士见市）

照片 1.1.3 龙卷风造成的破坏（《施工与管理》）

照片 1.1.4 飞溅物造成的破坏（《施工与管理》）

表 1.1.1 主要阵风类型

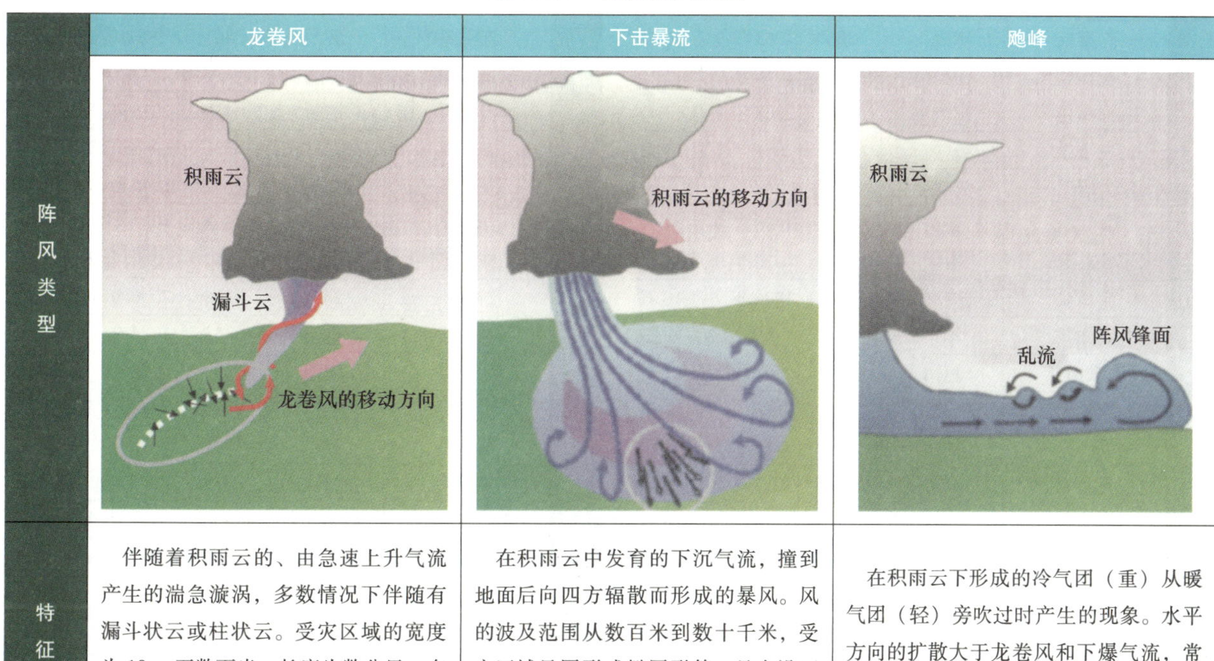

	龙卷风	下击暴流	飑峰
阵风类型			
特征	伴随着积雨云的、由急速上升气流产生的湍急漩涡，多数情况下伴随有漏斗状云或柱状云。受灾区域的宽度为 10 m 至数百米，长度为数公里，有时会达到数十千米	在积雨云中发育的下沉气流，撞到地面后向四方辐散而形成的暴风。风的波及范围从数百米到数十千米，受灾区域呈圆形或椭圆形等，具有沿面扩展的特征	在积雨云下形成的冷气团（重）从暖气团（轻）旁吹过时产生的现象。水平方向的扩散大于龙卷风和下爆气流，常达到数十千米

表 1.1.2 10 min 最大降水量

序号	都道府县	地点	观测值	
			mm	日期
1	新潟県	室谷	50	2011年7月26日
2	高知県	清水*	49	1946年9月13日
3	宮城県	石巻*	40.5	1983年7月24日
4	埼玉県	秩父*	39.6	1952年7月4日
5	兵庫県	柏原	39.5	2014年6月12日
6	兵庫県	洲本*	39.2	1949年9月2日
7	神奈川県	横浜*	39	1995年6月20日
8	宮崎県	宮崎*	38.5	1995年9月30日
〃	長野県	軽井沢*	38.5	1960年8月2日
10	沖縄県	石垣島*	38.2	1937年3月30日
11	和歌山県	潮岬*	38	1972年11月14日
〃	高知県	室戸岬*	38	1942年9月17日
13	山梨県	河口湖*	37.3	1960年8月2日
14	岩手県	紫波	36.5	2015年6月16日
〃	兵庫県	神戸*	36.5	2012年4月3日
16	茨城県	水戸*	36.3	1959年7月7日
17	三重県	尾鷲*	36.1	1960年10月7日
18	沖縄県	西表島*	36	1993年4月25日
〃	長崎県	長崎*	36	1959年7月8日
〃	北海道 胆振地方	苫小牧*	36	1950年8月1日

表 1.1.3 1 h 最大降水量

序号	都道府县	地点	观测值	
			mm	日期
1	千葉県	香取	153	1999年10月27日
〃	長崎県	長浦岳	153	1982年7月23日
3	沖縄県	多良間	152	1988年4月28日
4	熊本県	甲佐	150	2016年6月21日
〃	高知県	清水*	150	1944年10月17日
5	高知県	室戸岬*	149	2006年11月26日
6	福岡県	前原	147	1991年9月14日
7	愛知県	岡崎	146.5	2008年8月29日
8	沖縄県	仲筋	145.5	2010年11月19日
9	和歌山県	潮岬*	145	1972年11月14日
10	鹿児島県	古仁屋	143.5	2011年11月2日
11	山口県	山口*	143	2013年7月28日
12	千葉県	銚子*	140	1947年8月28日
13	宮崎県	宮崎*	139.5	1995年9月30日
14	三重県	宮川	139	2004年9月29日
〃	沖縄県	与那覇岳	139	1980年9月24日
〃	三重県	尾鷲*	139	1972年9月14日
17	山口県	須佐	138.5	2013年7月28日
18	沖縄県	宮古島*	138	1970年4月19日
19	長崎県	雲仙岳*	134.5	2015年8月25日

表 1.1.4 日降水量

序号	都道府县	地点	观测值	
			mm	日期
1	高知県	魚梁瀬	851.5	2011年7月19日
2	奈良県	日出岳	844	1982年8月1日
3	三重県	尾鷲*	806	1968年9月26日
4	香川県	内海	790	1976年9月11日
5	沖縄県	与那国島*	765	2008年9月13日
6	三重県	宮川	764	2011年7月19日
7	愛媛県	成就社	757	2005年9月6日
8	高知県	繁藤	735	1998年9月24日
9	徳島県	剣山*	726	1976年9月11日
10	宮崎県	えびの	715	1996年7月18日
11	高知県	本川	713	2005年9月6日
12	和歌山県	色川	672	2001年8月21日
13	奈良県	上北山	661	2011年9月3日
14	高知県	池川	644	2005年9月6日
15	徳島県	福原旭	641.5	2011年7月19日
16	沖縄県	多良間	629	1988年4月28日
17	高知県	高知*	628.5	1998年9月24日
18	宮崎県	神門	628	2005年9月6日
19	静岡県	天城山	627	1983年8月17日
20	和歌山県	西川	626	2011年9月3日

表 1.1.5 最深积雪

序号	都道府县	地点	观测值	
			cm	日期
1	滋賀県	伊吹山*	1182	1927年2月14日
2	青森県	酸ケ湯	566	2013年2月26日
3	新潟県	守門	463	1981年2月9日
4	新潟県	津南	416	2006年2月5日
5	山形県	肘折	414	2013年2月25日
6	新潟県	十日町	391	1981年2月28日
7	新潟県	高田*	377	1945年2月26日
8	新潟県	小出	363	1981年2月28日
9	新潟県	関山	362	1984年3月1日
10	新潟県	湯沢	358	2006年1月28日
11	長野県	野沢温泉	353	1984年3月22日
12	新潟県	安塚	350	1984年3月8日
13	山形県	大井沢	348	2000年3月1日
14	福島県	只見	341	2013年2月25日
15	福島県	桧枝岐	339	2015年2月15日
16	静岡県	富士山*	338	1989年4月27日
17	北海道 後志地方	倶知安*	312	1970年3月25日
18	北海道 上川地方	朱鞠内	311	1982年3月10日
19	新潟県	能生	309	1985年1月30日
20	石川県	白山河内	308	1981年1月17日

表 1.1.6　最大风速

序号	都道府县	地点	观测值		
			m/s	风向	日期
1	静岡県	富士山*	72.5	西南西	1942 年 4 月 5 日
2	高知県	室戸岬*	69.8	西南西	1965 年 9 月 10 日
3	沖縄県	宮古島*	60.8	北东	1966 年 9 月 5 日
4	長崎県	雲仙岳*	60	东南东	1942 年 8 月 27 日
5	滋賀県	伊吹山*	56.7	南南东	1961 年 9 月 16 日
6	徳島県	剣山*	55	南	2001 年 1 月 7 日
7	沖縄県	与那国島*	54.6	南东	2015 年 9 月 28 日
8	沖縄県	石垣島*	53	南东	1977 年 7 月 31 日
9	鹿児島県	屋久島*	50.2	东北东	1964 年 9 月 24 日
10	北海道後志地方	寿都*	49.8	南南东	1952 年 4 月 15 日
11	沖縄県	那覇*	49.5	东北东	1949 年 6 月 20 日
12	沖縄県	下地	49	北西	2003 年 9 月 11 日
13	沖縄県	志多阿原	48.9	南南东	2010 年 9 月 19 日
14	静岡県	石廊崎*	48.8	东	1959 年 8 月 14 日
15	沖縄県	北原	48	北北东	2007 年 9 月 14 日
〃	千葉県	銚子*	48	南南东	1948 年 9 月 16 日
17	長崎県	野母崎	46	南东	2006 年 9 月 17 日
18	愛知県	伊良湖*	45.4	南	1959 年 9 月 26 日
19	沖縄県	盛山	44.9	南西	2015 年 8 月 23 日
20	沖縄県	大原	44.3	南东	2010 年 9 月 19 日

表 1.1.7　最大瞬时风速

序号	都道府县	地点	观测值		
			m/s	风向	日期
1	静岡県	富士山*	91	南南西	1966 年 9 月 25 日
2	沖縄県	宮古島*	85.3	北东	1966 年 9 月 5 日
3	高知県	室戸岬*	84.5	西南西	1961 年 9 月 16 日
4	沖縄県	与那国島*	81.1	南东	2015 年 9 月 28 日
5	鹿児島県	名瀬*	78.9	东南东	1970 年 8 月 13 日
6	沖縄県	那覇*	73.6	南	1956 年 9 月 8 日
7	愛媛県	宇和島*	72.3	西	1964 年 9 月 25 日
8	沖縄県	石垣島*	71	南南西	2015 年 8 月 23 日
9	沖縄県	西表島*	69.9	北东	2006 年 9 月 16 日
10	徳島県	剣山*	69	南南东	1970 年 8 月 21 日
11	鹿児島県	屋久島*	68.5	东北东	1964 年 9 月 24 日
12	東京都	八丈島*	67.8	南	1975 年 10 月 5 日
13	静岡県	石廊崎*	67.6	东北东	2004 年 10 月 9 日
14	沖縄県	盛山	67.4	南南西	2015 年 8 月 23 日
15	徳島県	徳島*	67.0	南南东	1965 年 9 月 10 日
16	熊本県	牛深*	66.2	东北东	1999 年 9 月 24 日
17	沖縄県	南大東（南大東島）*	65.4	北东	1961 年 10 月 2 日
18	沖縄県	所野	63.8	东北东	2015 年 9 月 28 日
〃	沖縄県	志多阿原	63.8	南南东	2010 年 9 月 19 日
20	長崎県	雲仙岳*	63.7	北	2004 年 10 月 20 日

注：1. 风速：指 10 min 的平均风速，以每秒×.×m，或者用×.×m/s 表示。

2. 瞬时风速：用风速仪测量值（0.25 s 间隔）得到的 3 s 的平均值（12 个测量值的平均值）。

3. 最大强度：10 min 平均风速的最大值。

4. 最大瞬时风速：瞬时风速的最大值。

*为气象局数据，其他为由自动气象数据探测系统测得的数据（各地点观测记录中排第一的数据）。

【参考资料：气象厅提供】

表 1.1.8　引起灾害的气象事例（2000—2016 年）

2016 年		
台风第 7 号、第 11 号、第 9 号、第 10 号的前锋引起的大雨和暴风（速报）	8 月 16 日—8 月 31 日	以东日本到北日本为中心的大雨、暴雨；北海道和岩手县大雨创历史纪录
梅雨前锋引起的大雨（速报）	6 月 19 日—6 月 30 日	以西日本为中心的大雨
2015 年		
台风第 18 号引起的大雨（速报） ※2015 年 9 月关东、东北暴雨 （9 月 9 日—9 月 11 日）	9 月 7 日—9 月 11 日	关东、东北大雨创历史纪录
梅雨前锋及台风第 9 号、第 11 号、第 12 号引起的大雨	6 月 2 日—7 月 26 日	以九州南部、奄美地区为中心的大雨

续表 1.1.8

2014 年		
台风第 18 号引起的大雨和暴风（速报）	10 月 4 日—10 月 6 日	以东日本太平洋沿岸为中心的大雨。以冲绳、奄美和西日本、东日本太平洋沿岸为中心的暴风
前锋引起的大雨（速报）	8 月 15 日—8 月 20 日	从西日本到东日本大范围强降雨
台风第 12 号、第 11 号前锋引起的大雨和暴风（速报）	7 月 30 日~8 月 11 日	以四国为中心的大范围强降雨
台风第 8 号及梅雨前锋引起的大雨和暴风（速报）	7 月 6 日—7 月 11 日	冲绳地区、九州南部、奄美地区暴风和大雨
发达低气压引起的大雪、暴风雪（速报）	2 月 14 日—2 月 19 日	关东甲信、东北、北海道大雪、暴风雪
2013 年		
台风第 26 号引起的暴风和大雨（速报）	10 月 14 日—10 月 16 日	从西日本到北日本大范围的暴风和大雨
台风第 18 号引起的大雨（速报）	9 月 15 日—9 月 16 日	从四国到北海道大范围强降雨
8 月 23 日—8 月 25 日的大雨	8 月 23 日—8 月 25 日	岛根县创纪录的大雨
大气层结构不稳定引起的大雨（速报）	8 月 9 日—8 月 10 日	以秋田县、岩手县为中心的创纪录大雨
梅雨前锋及大气层结构不稳定引起的大雨（速报）	7 月 22 日—8 月 1 日	从西日本到北日本大范围强降雨
2012 年		
台风第 16 号及大气层结构不稳定引起的大雨、暴风、巨浪、海啸（速报）	9 月 15 日—9 月 19 日	从冲绳地区到近畿地区太平洋沿岸的大雨和暴风；以冲绳地区、九州地区为中心的巨浪和海啸
前锋引起的大雨（速报）	8 月 13 日—8 月 14 日	以近畿中部为中心的大雨
2012 年 7 月九州北部特大暴雨※	7 月 11 日—7 月 14 日	以九州北部为中心的大雨
低气压引起的暴风、巨浪（速报）	4 月 3 日—4 月 5 日	从西日本到北日本大范围创纪录的暴风
2011 年		
台风第 15 号引起的大雨和暴风（速报）	9 月 15 日—9 月 22 日	从西日本到北日本大范围暴风和创纪录的大雨
台风第 12 号引起的大雨	8 月 30 日—9 月 6 日	以纪伊半岛为中心的大雨
2011 年 7 月新潟、福岛特大暴雨※	7 月 27 日—7 月 30 日	新潟、福岛县会津创纪录的大雨
2010 年		
前锋引起的大雨	10 月 18 日—10 月 21 日	奄美地区大雨
梅雨前锋引起的大雨（速报）	7 月 10 日—7 月 16 日	从西日本到东日本的大雨
2009 年		
台风第 18 号引起的大雨和暴风（速报）	10 月 6 日—10 月 9 日	从冲绳地区到北海道大范围的暴风和大雨
热带低气压、台风第 9 号引起的大雨	8 月 8 日—8 月 11 日	从九州到东北地区大范围强降雨
2009 年 7 月中国、九州北部特大暴雨※	7 月 19 日—7 月 26 日	九州北部、中国、四国地区等地大雨
2008 年		
2008 年 8 月特大暴雨※	8 月 26 日—8 月 31 日	以爱知县为中心，东海、关东、中国及东北地区等创纪录的大雨
大气层结构不稳定引起的大雨	8 月 4 日—8 月 9 日	以关东甲信、东海、近畿、四国、九州地区为中心的大雨
大气层结构不稳定引起的大雨和阵风	7 月 27 日—7 月 29 日	以中国、近畿、北陆、东北地区为中心的大雨；从东北到近畿地区大面积阵风造成损失

续表 1.1.8

2007 年		
秋雨前锋引起的大雨	9 月 15 日—9 月 18 日	岩手县、秋田县、青森县各地大雨
台风第 9 号	9 月 5 日—9 月 9 日	从东海到北海道的大雨和暴风
台风第 4 号和梅雨前锋引起的大雨和暴风	7 月 1 日—7 月 17 日	从冲绳到东北南部太平洋沿岸大范围强降雨； 冲绳、西日本太平洋沿岸和伊豆诸岛暴风
低气压引起的暴风、巨浪、大雪	1 月 6 日—1 月 9 日	从西日本到北日本大范围暴风、巨浪及大雪
2006 年		
低气压引起的暴风和大雨	10 月 4 日—10 月 9 日	从近畿到北海道的暴风和大雨； 各地发生的海难事故和山中遇险事故
台风第 13 号	9 月 15 日—9 月 20 日	冲绳、九州、中国的暴风和大雨； 宫崎县龙卷风造成人员伤亡
2006 年 7 月特大暴雨※	7 月 15 日—7 月 24 日	以长野县、鹿儿岛县为中心的九州、山阴、近畿、北陆地区大范围强降雨
梅雨前锋引起的大雨	6 月 21 日—6 月 28 日	以熊本县为中心的大雨
2005 年		
2005 年暴雪※	2005 年 12 月—2006 年 3 月	从 12 月到 1 月中旬持续大雪； 除雪中的事故等造成重大灾害
台风第 14 号，前锋	9 月 3 日—9 月 8 日	九州、四国、中国持续暴风雨、巨浪； 4 日夜里，东京都和埼玉县局部每小时 100 mm 的暴雨
台风第 11 号	8 月 24 日—8 月 26 日	以关东地区南部和伊豆地区为中心的大雨
梅雨前锋引起的大雨	7 月 8 日—7 月 10 日	九州地区、东海地区大雨
梅雨前锋引起的大雨	7 月 1 日—7 月 6 日	从西日本到中部地区创纪录的大雨
梅雨前锋引起的大雨	6 月 28 日	以新潟县为中心的北陆地区大雨
2004 年		
台风第 23 号，前锋	10 月 18 日—10 月 21 日	大范围强降雨； 山体滑坡、浸水等灾害造成重大损失
台风第 22 号，前锋	10 月 7 日—10 月 9 日	台风中心附近狂风暴雨； 静冈县石廊崎最大瞬间风速 67.6 m/s
台风第 21 号，秋雨前锋	9 月 25 日—9 月 30 日	三重县每小时 130 mm 的暴雨； 尾鹫日降水量 740.5 mm
台风第 18 号	9 月 4 日—9 月 8 日	从冲绳地区到北海道地区，各地强风； 广岛最大瞬间风速 60.2 m/s，札幌 50.2 m/s
台风第 16 号	8 月 27 日—8 月 31 日	高松港、宇野港等观测到观测史上最大的潮水位； 以濑户内海为中心巨浪灾害严重
台风第 15 号，前锋	8 月 17 日—8 月 20 日	四国地区、九州地区等强降雨； 日本海沿岸各地，台风接近时，中心附近暴风
台风第 10、11 号	7 月 29 日—8 月 6 日	相继在四国登陆； 德岛县日降水量 1317 mm，创日本纪录史最高值
2004 年 7 月福井特大暴雨※	7 月 17 日—7 月 18 日	福井县、岐阜县大雨； 福井县美山一天的降水量超过往年的月降水量
2004 年 7 月新潟、福岛特大暴雨※	7 月 12 日—7 月 14 日	新潟县中越地区、福岛县会津地区创纪录的大雨
台风第 6 号	6 月 18 日—6 月 22 日	台风接近和通过时暴风； 从九州地区到东海地区太平洋沿岸超过 300 mm 的大雨

续表 1.1.8

2003 年		
台风第 14 号	9 月 10 日—9 月 14 日	狂扫宫古岛 宫古岛最大瞬间风速 74.1 m/s
台风第 10 号	8 月 7 日—8 月 10 日	纵贯日本列岛，全国大雨，西日本暴风； 室户岬最大瞬间风速 69.2 m/s
前锋、低气压	7 月 18 日—7 月 21 日	梅雨前锋在日本海上空停滞； 九州北部每小时 50 mm 的大雨
2002 年		
台风第 21 号	9 月 30 日—10 月 3 日	在关东南部登陆，纵贯北日本。从关东到北日本太平洋沿岸暴风； 静冈县石廊崎最大瞬间风速 53.0 m/s
台风第 6 号、梅雨前锋	7 月 8 日—7 月 12 日	房总半岛登陆。从中部地区到东北地区大雨，关东南部暴风； 岐阜县根尾村日降水量 495 mm，八丈岛最大瞬间风速 46.1 m/s
2001 年		
台风第 16 号	9 月 6 日—9 月 13 日	冲绳近海复杂移动； 久米岛最大瞬间风速 50.8 m/s，其间日降水量 967.5 mm，创纪录的大雨
台风第 15 号	9 月 8 日—9 月 12 日	关东南部登陆，以东海到关东山为中心的大雨； 栃木县奥日光，其间降水量 895 mm
前锋、低气压	9 月 2 日—9 月 7 日	从九州南部到四国每小时 100 mm 的大雨
台风第 11 号	8 月 20 日—8 月 22 日	纪伊半岛南部登陆，以东日本为中心的大雨； 三重县尾鹫日降水量 549 mm，和歌山县潮岬最大瞬间风速 38.2 m/s
梅雨前锋	7 月 11 日—7 月 13 日	梅雨前锋滞留在日本海上空，九州北部每小时 50 mm 的大雨
2000 年		
前锋停滞，台风第 14、15、17 号	9 月 8 日—9 月 17 日	东海地区创纪录的大雨。7 万栋浸水，名古屋市日降水量 428 mm
大气层结构不稳定，台风第 3 号	7 月 3 日—7 月 9 日	伊豆诸岛暴风，从关东到北海道太平洋沿岸的大雨，最大瞬间风速 49.3 m/s

※为由气象厅命名的现象。

表 1.1.9 风的强度和表现状态

风的强度（预报用语）	平均风速/(m·s^{-1})	时速	参考速度	对人的影响	室外、树的状态	行驶中的汽车	建筑	一般的瞬间风速/(m·s^{-1})
较强风	10 以上 15 以下	约等于 50 km	一般道路上的机动车	迎风行走困难； 无法打伞	整个树干开始晃动； 电线开始晃动	道路上的风水平方向吹，高速驾驶的车辆能感受到气流的存在	水落管开始晃动	
强风	15 以上 20 以下	约等于 70 km	高速公路上的机动车	迎风无法行走，会摔倒； 高空作业非常危险	电线发出响声； 广告牌、镀锌板开始脱落	高速驾驶的车辆对横向风的感觉增加	有的屋面瓦、屋面材料开始剥落； 护窗板、百叶窗晃动	20
非常强的风	20 以上 25 以下	约等于 90 km		不抓住东西无法站立； 可能被飞溅物砸伤	细树枝折断，根基不牢的大树倾倒； 广告牌坠落或被吹飞； 道路标识倾斜	一般速度驾驶有困难	有的屋面瓦、屋面材料被吹飞； 未固定的装配式简易房移位，倾倒； 塑料大棚的覆盖膜大面积破损	30
	25 以上 30 以下	约等于 110 km	特快电车	室外活动非常危险		行驶中的卡车侧翻	连接强度不足的金属屋面板被卷起； 未采取保护措施的脚手架坍塌	40
暴风	30 以上 35 以下	约等于 125 km						
	35 以上 40 以下	约等于 140 km			很多树木倾倒； 有些电线杆和路灯被吹倒； 有时砌块墙倒塌		外装材料大面积被吹飞，甚至露出里面的衬垫层	50
	40 以上	大于 140 km					有的住宅倒塌； 钢结构构筑物变形	60

注：1. 平均风速取 10 min 的平均值，瞬时风速取 3 s 的平均值。风的强弱在不断变化，一般瞬时风速约为平均风速的 1.5 倍，当大气状态不稳定时，有时可以达到 3 倍。

2. 采用本表时，应注意以下事项。

（1）由于风速受地形和周边建筑的影响，所以所在位置的风速可能与附近观察站提供的数值有很大差异。

（2）即使风速相同，建筑、构筑物的状态和风吹方式不同，受灾状态也可能不同。表中记述的是观察到某种风速时的一般现象和受灾情况，实际上的受灾状况可能更严重或更轻微。

（3）对人和物的影响是参考日本风工程协会《瞬间风速与人和街道状态的关系》列出的。今后随着调查结果的增加，还会不断进行修正。

表 1.1.10　雨的强度和表现状态（2000 年 8 月制作）（2002 年 1 月局部修改）

1 h 降水量/mm	预报用语	人的感受	对人的影响	屋内（假定木结构）	室外的状况	机动车内	灾害发生状况
10 以上 20 以下	中雨	叭叭下雨	地面溅起的水花打湿脚面	雨声中听不清说话	地面积水		这种强度的降雨如果持续时间长必须引起注意
20 以上 30 以下	强降雨	大雨如注	打伞也会淋湿衣裳	就寝的人多半能感觉到在下雨		雨刷快速摆动依然很难看清	边沟、下水道、小河出现雨水泛滥，开始出现小型塌方
30 以上 50 以下	大雨	倾盆大雨			道路被淹	高速行驶时，车轮和地面之间形成水膜，刹车失效（水面打滑现象）	对于容易出现塌方、滑坡的危险地带必须做好避难准备。 城市的下水管道雨水泛滥
50 以上 80 以下	暴雨	瓢泼大雨	雨伞完全不起作用		水花白茫茫一片，视野变差	开车危险	在城区会出现地下室、地势低的街道被淹的情况。 水从窨井喷出。 易发生泥石流。 发生多种灾害
80 以上	特大暴雨	感觉恐惧，压迫感令人窒息					会发生大范围的灾害，需要进行严密戒备

注：1. 可能发生“强降雨”和“大雨”以上的降雨时，应发出大雨警戒警报或大雨警报，提醒引起注意或警戒。各地区警戒警报和警报的标准是不同的。
2. 当观察到特大暴雨时，有时会发出“创纪录短时大雨”的消息。各个地区有不同的发消息标准。
3. 表中的信息是假定降雨持续 1 h 的情况制定的。采用本表时应注意以下事项。
（1）即使降水量相同，由于降雨开始后的总降水量不同以及地形、地质等的差异，受灾状态也可能不同。表中记述的是观察到某种降水量时一般的现象和受灾情况，实际上的受灾状况可能更严重或更轻微。
（2）该表是根据近年来发生的受灾事例制作的。今后随着调查结果的增加，还会不断进行修正。

1.1.2　从设计和施工到维保和翻新改造

金属屋面和外墙从设计、施工到维保、翻新改造的整个流程如图 1.1.5 所示。在每个阶段确保屋面和外墙的性能和功能是非常重要的。因此，日本金属屋面协会出版了由独立行政法人（现为国立研究开发法人）建筑研究所主编的《钢板屋面技术规程》（SSR 2007）、《钢板外墙技术规程》（SSW 2011）和《钢板屋面和外墙的设计、施工及维保手册》（MSRW 2014）。

从第 2 章开始，本书针对金属屋面和外墙的建筑的形式、用途、占地条件等，从外观、经济性及其他各种性能进行探讨（见图 1.1.6），并根据其结果提供了构造方法、附属配件和细部构造等。更专业的内容可参考 SSR 2007、SSW 2011 和 MSRW 2014。

SSR 2007

SSW 2011

MSRW 2014

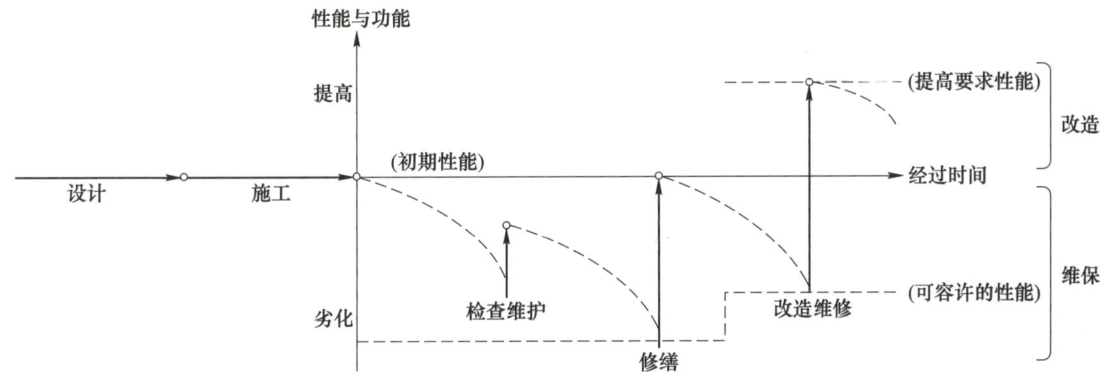

图 1.1.5 设计、施工、维保的流程

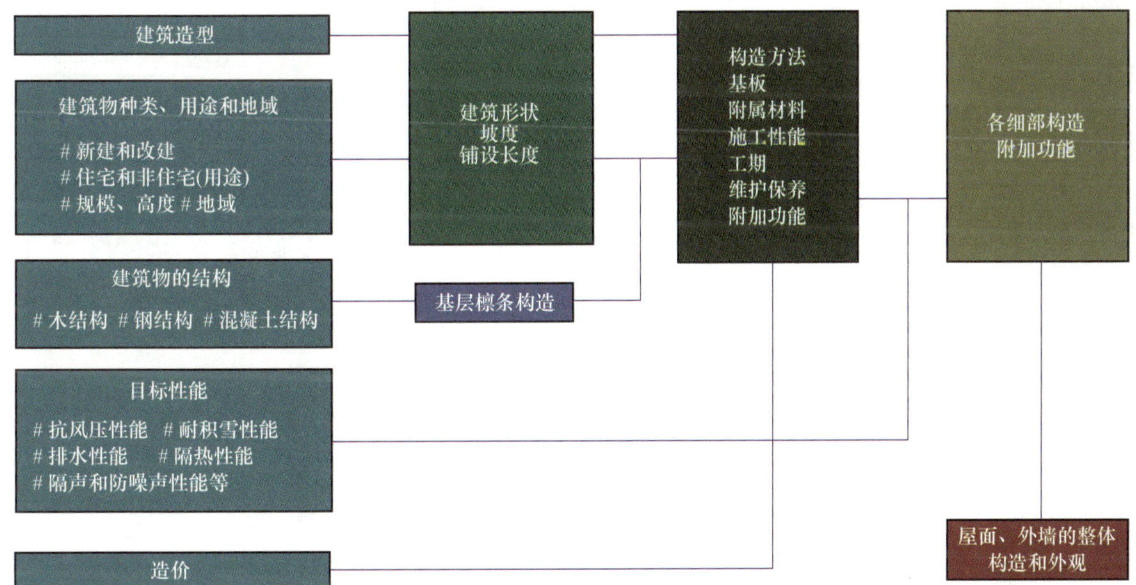

图 1.1.6 屋面和外墙的要素

1.1.3　责任分担

在屋面和外墙的制作过程中，相关设计者、总承包企业、专业承包企业及产品供应商等各司其职并共享信息（见图 1.1.7）是非常重要的。

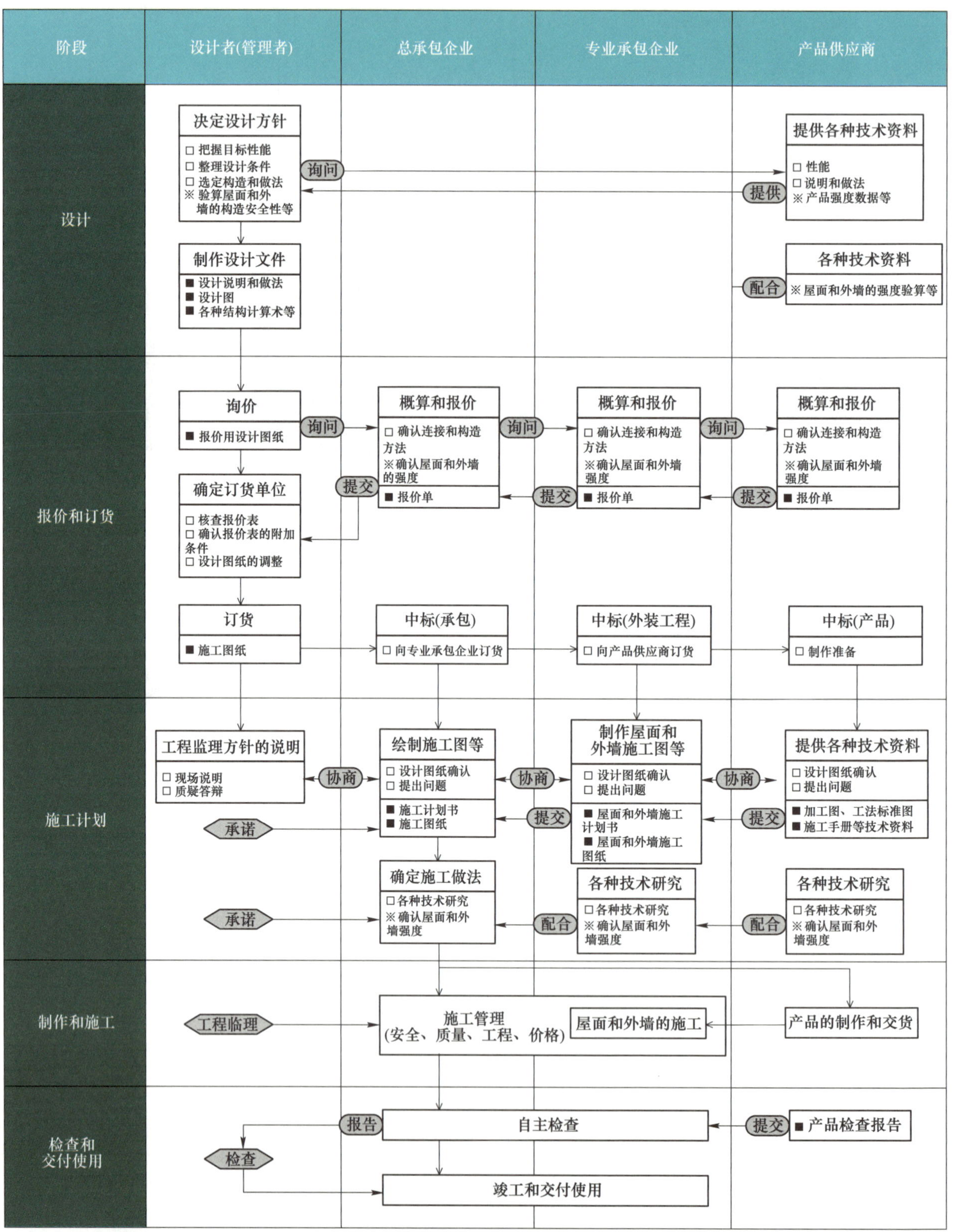

图 1.1.7　屋面和外墙的设计和施工流程

1.2　从构造方法看金属屋面发展简史

1.2.1　长尺金属屋面板出现以前

1.2.1.1　明治时代以前

日本最早记录的将金属用于屋面的建筑始于天平神护元年（765年）建造的采用铜瓦屋面的西大寺，由于该寺在100年后被大火烧毁，故无从考证。后来，于庆长13年（1608年）至庆长15年（1610年）建造的骏府城、庆长15年（1610年）至庆长17年（1612年）建造的名古屋天守阁的屋面都铺设了铜瓦。名古屋天守阁一层铺设的是常规瓦，二层以上铺设的全都是铜瓦，再后来的日光东照宫等也使用了铜瓦，如照片1.2.1和照片1.2.2所示。

照片1.2.1　日光东照宫的铜瓦

照片1.2.2　现在的日光东照宫

当时，铜瓦的制作工艺是先利用炭火将铜烧制成非定型的铜锭，然后通过手工敲打延展，制作成阴阳铜瓦。阴瓦的铜板（长度367 mm，宽323 m）制作需要6升米和6贯炭。由于当时制作方法的限制，板厚不均匀，屋面板为0.8~1.0 mm厚，其他附属配件约为1.6 mm厚。阳瓦的长度与阴瓦相同，宽度为200 mm左右。

除了铜瓦以外，在石川县和富山县的遗址中还发现了铅屋面，用的都是旧前田藩控制地区富山县生产的铅，例如金泽城和高冈市的瑞龙寺，如照片1.2.3和照片1.2.4所示。关于采用铅板的理由，有一种说法认为铅在战争中作为枪的子弹使用，因此很容易得到；另一种观点认为，釉瓦

照片1.2.3　金泽城

照片1.2.4　瑞龙寺

的制造技术在当时还不成熟，因此容易吸水，在北方陆地区域多雪和寒冷环境中容易因冰冻而破裂，与雪一起从屋面滑落。相比之下，铅在当地的生产工艺较为成熟。

1.2.1.2　镀锌铁板的出现

镀锌铁板又被称为瓦楞板或铁皮板，是应用非常广泛的屋面材料之一。日本从明治 4 年（1871 年）开始引进波钢板，其形状尺寸和现在的大波板基本相同。引进的波钢板不仅用于当时的铁路建设，还用于建造新桥和横滨之间车站站台的屋面、神户“异人馆”的屋面。站台采用木结构洋式小屋，一般用螺钉连接固定，搭接处采用的是锡焊铆接形式。

不久，出口波钢板的国家除了英国外，又增加了美国。两国产品在规格上有一些差异。

“美国产”：长度为 6 ft①、7 ft、8 ft、9 ft、10 ft；宽度为 2 ft（宽度指二端边坡的中心距离）。

“英国产”：长度为 6 ft、8 ft；宽度：3 ft 2 in②（3 in 波距）、2 ft 6 in（5 in 波距）。

日本官营八幡制铁所生产的产品规格为：宽 2 ft 2 in，长度有 6 ft、7 ft 和 8 ft，与美国的产品规格相似。

1.2.1.3　镀锌铁和镀锡铁

镀锌铁的另一种叫法是镀锡铁（马口铁），其原因是当时英国等先进国家出口的石油都是以石油罐的形式销售。石油罐和进口到日本的石油一样，被视为珍贵物品对待。首饰工匠非常仔细地将罐子切开，把它们作为钣金材料重复利用，由此产生了“镀锡铁店”。镀锌铁板和镀锡铁板本不是一类材料，但是在使用过程中没有刻意区分。

重复利用石油罐还带来一个好处。当时日本还没有金属压型技术，铜瓦屋面的厚度达到 0.8 mm以上，瓦之间没有咬合连接。然而石油罐中既有卷边咬合连接，又有锡焊铆接。首饰工匠发现了这一技术，并据为己用。由此也从侧面证实了当时的首饰工匠具有优秀的技术素质。他们统一收购石油罐，对板、焊锡进行分类回收利用。

当时，日本布袜是由竹、木和绳子组成，利用石油罐加工的搭扣非常流行。由于石油罐的里侧被镀成了金色，作为装饰品似乎很受欢迎。有些装饰品是由首饰工匠通过脚踩压制而成。下面是当时对镀锌铁和镀锡铁的各种称呼。

（1）镀锡铁：铁叶、錻力、武力。

（2）镀锌铁：镀锌铁板、生铁板、铁皮板等。

专栏

肥油

展平的石油罐在建筑中被大量使用。由于石油罐的镀锡铁板接口处有焊锡，所以用火加温熔化。然后用敲打等方式将接口撕开。展平后的板用于铺屋面或者卷成落水管。

石油罐展平以后边缘部位有卷边，在加工落水管等部件时无法进行弯曲加工，只能手工作业。同样，罐口部分也是一样，由于上面有开口，需要先进行精细加工，然后封堵开口，涂上一层煤焦油后，再作为屋面板使用。涂了一层煤焦油后就不会出现漏雨问题，所以可以用钉子直接固定在椽条上。

这样的产品自己无法加工，需要从专卖店直接购买。可以想象到当时的专卖店里这种产品一定堆积如山。由于罐中原来装有石油，展开后的罐子沾满了油渍，所以专卖店中销售的产品分两种，一种是沾着油渍的产品，另一种是清洁过的产品。沾染着油污的产品被称为“肥油”。当然，清洁处理过的产品价格会高一些，也许相差 3 钱或者 5 钱。

---

① 1 ft（英尺）= 0.3048 m。

② 1 in（英寸）= 25.4 mm。

专栏
钣金匠是高领族

父亲说很讨厌别人将钣金匠称为高领族。将镀锡铁称为钣金大约是在关东大地震之后。镀锡铁店之前被称为“铜钴屋”“屋面屋”。“铜钴屋”的称呼比“镀锡铁店”早。横滨附近现在仍然沿用“铜钴屋”的叫法。

“屋面屋”是指铺设望板的店。以前不管屋面上是用瓦还是用铜板，都要在下面铺一层望板。铺望板非常重要，因为望板可以防止屋面漏雨。“不铺望板也没关系”——这种想法是不对的。还有坡度，4寸以下的坡度以前一直被认为是不行的。

鸭下松五郎氏　访谈

钣金工的名称非常多。这是因为自从镀锌铁板进入日本之后，需要利用镀锌铁板的职业种类范围很广。

焊锅师、焊锅匠、焊锅屋、装饰师、装饰匠、装饰屋、金首饰师、金首饰匠、金首饰屋、金首饰工、锻造师、锻造匠、锻造屋、铜工、铜匠、铜屋、镀锡铁匠、镀锡铁屋、钣金匠、钣金工、钣金屋、钣金工、钣金屋、钣金。

可以看出涉及钣金的工种是如此之多。现在钣金工的工作内容和名称已逐渐固定。屋面匠的名称在江户时代就有，是指专业用草席覆盖屋顶的职业，与现在的钣金工是完全不同的职业。铺瓦的有瓦师、瓦匠、瓦屋等名称。

1.2.1.4　压型铁板的发展

日本的镀锌铁板最早是由明治39年（1906年）成立的官营八幡制铁所制造。进入大正时期后，随着第一次世界大战以后形势的好转，以及《屋面限制令》中要求铁路沿线左右200 m以内的屋面必须采用不燃材料的限制，压型铁板的需求迅速增长。受此影响，民间迎来了制造压型铁板的发展机遇，到大正中期，民间已经成立了42家制造公司。

大量压型铁板制造公司的出现满足了市场需求。然而不久就出现了“压型铁板容易生锈”的问题，于是当时人们就这一问题开始了各种尝试，并提出了很多种解决方案，这种尝试现在仍然在持续。以下作为参考举几个案例。

（1）罗伯逊金属（美国造）。在厚度为20~26号钢板的两面覆盖沥青，然后贴一层石棉布，再用特殊防水涂料将表面刷成黑色、红色或银色。其产品形状有平板（宽30 in）瓦型、波形（宽27.5 in），长度从6~12 ft。具有防火、抗震、防水、防寒、防暑等特点，为具有耐久性或半永久性的材料。

（2）TONKANMETAL。在铁中添加了钼和铜的合金，其广告词为“普通的镀锌铁板不耐酸，只有TONKANMETAL在任何情况下都不会腐蚀，因为它的耐久性是镀锌铁板的数倍”。据说这种铁板不生锈，外观漂亮且价格便宜。

（3）东洋金属（Oriental metal）。现在仍在生产的产品，历史非常悠久，如照片1.2.5所示。这种涂层钢板是耐久性建筑材料，具有耐酸防锈性能。

（4）新可贝尔板。用特殊方法在软钢上覆盖了一层铜。这种板耐久性远胜于镀锌铁板，在市场上可以买到。

（5）锦铜板。在铁板上镀锌，再覆盖一层铜的板材。

（6）SALCOM板。铁板上覆盖络酸盐合金，由大阪铁板发明。

（7）LEAD CLAD板。铁板上施加铅保护膜的产品。

（8）不二金属。在铁板的两面涂一层含有药剂的沥青，再喷上一层用矿物质粉末制作而成的防火材料，最后再刷一层耐酸防水性涂料。产品的形状有鱼鳞状和瓦条状。

(9) 德国波钢板。从表面上看，这是外墙板，其实是砂浆屋面的基层板。在宽 636 mm 的铁板上有 24 个波，不仅提升了强度，也增加了铁板与砂浆的附着性。这种板用于高防水性能屋面。

然而解决钢板腐蚀问题的尝试和努力在第二次世界大战中几乎终止。总而言之，大战期间不能再使用铁板铺设屋面。在指导手册中这样写道：“瓦裂了用砂浆粘接，砂浆没有了用石膏代替，石膏没有了，可以在糨糊中掺入抛光粉或粉笔末，然后与鞋油混合制成黏结剂。”

照片 1.2.5 “二战”时期东洋金属涂层钢板使用手册

专栏

这里是风口

屋面板被大风掀掉后，轻描淡写一句“因为这里是风口，屋面被掀掉也是没办法的”便敷衍了事。然后上屋面一检查，确实像大风过后被掀开的样子。于是感慨道：“这种地方，再怎么努力屋面也会出问题的。”而漏雨的时候还是同样一套说辞：“这么大的雨，漏雨也是自然的事。”

接着又说“如果风不把屋面掀掉多好啊”。与此类似的故事发生在柳桥。因为柳桥是在大川的边上，隅田川边，所以绝对不能让风把屋顶掀掉。铁匠们想尽一切办法固定屋面，于是椽条上的屋面一直完好无损（笑）。于是木匠们就说“镀锡铁匠，你做得太结实了，所以屋面没有坏。下次做的时候不要让我们为难，别再做那么结实了”（笑）。那个年代，匠人之间经常有这种无聊的对话。

专栏

泥翻新法

由于铜板价格很贵，一般人用不起，所以拆下的铜板材料都会被重复利用。那时采用的方法叫作“泥翻新法”，准确地说是“盐泥翻新法”。匠人都称其为“泥翻新法”。

古时候的人确实好动脑筋。将 1 L 泥中掺入 1 L 盐，混合之后涂在铜板上，然后放入火里烤，也许他们认为氯气可以使铜表面看上去更美观。总之既然目的是翻新，就要使它们看上去更漂亮。

把铜板从火中取出后，洗去其上的泥和盐，铜板表面就会有一层美丽的光泽。然后将其切割成四方形，铺在屋面上。

鸭下松五郎氏　访谈

专栏

底粉

现在的天花板有更好的材料，而那个时候没有。为什么呢，因为那个时候用“底粉”，使用时需将底粉与适量的煤焦油混合在一起。

混合底粉和煤焦油的是件非常麻烦的事情。因为一旦混合就很难再搅拌。虽然是一点一点往里加，但在夏天，这种感觉很难把握，有时突然就过于浓稠了。做得好坏完全由匠人的手艺决定。

修补屋面漏水时，将与“底粉”混合后的材料浸在布上，搁置在漏雨的部位，然后再在上面抹一层煤焦油。防漏水的材料只有这一种，也是非常有效的一种。

鸭下松五郎氏　访谈

专栏

铜板屋面是在关东大震灾之后

铜屋面的历史看上去很长，但是在各种建筑中使用的历史并不长。大正时代以前很少在一般建筑中使用，最多也就是在有钱人家的住宅或者官府的建筑中使用。铜屋面普及到一般建筑应该是关东大震灾以后的事情。

从大正末期到昭和初期，与铜板相关的业务快速增长。因此出现了铜全、浅草的铜助、(小野）留吉社长的铜辰等用铜做招牌的公司。只不过当时的铜板并没有用在大物件上，主要是贴在防雨窗套、护墙上作为装饰，后来被称为招牌建筑样式，它的卷边做得非常小。正是因为这样的发展经历，铜板用于屋面上时，卷边过细带来了各种各样的问题。

后来铜作为统筹产品，一般情况下无法再使用。所以战前，铜的时代应该比较短，铜作为统筹产品一直持续到1949年，在1933年到1949年间，几乎没有铜的相关业务，再后来也只有一些零星的业务。即使在小野，我入社时的1955年，每年的业务也不过一件到两件。

育木益荣氏　访谈

1.2.1.5　战前的屋面和镀锌铁板

在战前，镀锌铁板在住宅屋面上的应用并没有被整个社会接受。当然，因为北海道和部分寒冷的地区有冻害，很多建筑都采用镀锌铁板，但是由于一般地区的传统习惯根深蒂固，人们对使用镀锌铁板敬而远之。但这并不意味着当时没有开展镀锌铁板屋面的推广工作。比如1891年，伊藤为吉士看到浓尾大地震中住宅的破坏情况，出版了《抗震耐火住宅》。书中阐述了轻型镀锌铁板对房屋轻型化非常有利的观点。1930年，田边平学先生从豆相大地震中总结经验，在其著作《抗震建筑问答》中用实例论证了镀锌铁板屋面比瓦屋面更安全的观点。

虽然镀锌铁板并未在住宅中普及，但是在非住宅建筑中它以波钢板形式的应用不断增加，不仅用于炼铁厂等大型工厂，还大量应用在旧海军工厂的大型建筑的屋面、飞机库等战时特点明显的建筑中。

屋面的铺设方法是用约4块大波钢板沿长向连接，这与现在的长尺寸板相形见绌。板的连接方法采用搭接形式，锡焊后用铜钉铆接。板两侧的搭接是在檩条之间用2~3根铜钉铆接。最令人惊叹的工艺是将长度约150 mm的极软钢钉（又名簪子）从上方插入，再将下端弯入檩条中。在垫圈的下方安装铅垫可以提高耐久性。在钉子的头部用镀锌铁板做成圆锥形的封盖扣在上面，封盖的下端按照波钢板的形状切割，然后用锡焊固定在屋面板上。如此精细的工艺真是让人叹为观止，放到现在也只能说说而已。先辈们精益求精的精神令人钦佩。

1.2.1.6　山中冶炼所制造的铜板瓦

下面介绍如今已鲜为人知的山中冶炼所的铜板瓦（本稿是《钣金期刊》1994 年 4 月号（发行方：建材 REVIEW）中刊载的报道的概要）。

也许很少有人知道江户时代铜板瓦的制造中心是大阪。根据江户时代贞享 2 年（1968 年）的资料，炼铜业在大阪（当时为大坂）被称为“铜吹屋”，从业人员据说有 10000 人，包括他们的家眷，共有 30000 人以上依靠炼铜维持生计。

当时大坂的人口在 30 万人左右，从事炼铜业的人口约占 10%，可以看出这是当地的支柱产业。据说当时的年生产量能达到 900 万斤（约 5400 t）以上。江户时代，铜是最主要的出口商品，大坂炼制出来的铜的绝大部分经由长崎运往了海外。

当时为什么日本的铜在海外受到关注，有一些有趣的传说。由于与本次的报道关系不大，在此省略。不管怎么说，大坂与铜的联系有着悠久的历史。

山中冶炼所（现在为山中产业（株式会社））创始于安政 5 年（1858 年），初代山中直西（川西屋）是原料金属商。日本从明治时代开始冶炼金属，大正 5 年成立了合资公司——山中冶炼所，大正 7 年建设轧制工厂，将业务拓展至铜板轧制业。在这期间公司组织经过几次变更，受昭和初期经济不景气的影响，轧制铜业中止。大正 15 年开始制造“山中式特殊金属瓦”，并开始了工程总承包。

在太平洋战争末期的空袭中，“山中式特殊金属瓦”的制造设备和资料全部遗失，现在只存有一本目录，许多详情都不明了。只能根据目录的内容了解当时的产品。

根据目录记载，山中冶炼所总结了大正 12 年关东大震灾的重大教训，深切感受到开发抗震、耐火屋面材料的重要性；为了扩大金属加工制品的销路，他们计划用金属板制作屋面瓦，这是为了弥补原有材料的缺陷并发挥铜作为屋面材料的美观性。大正 15 年（1926 年）10 月，该所成立了“金属瓦部”。最终，他们获得了十多项专利，完成了“山中特许瓦”的开发。这也许是日本最早的用金属压制出的瓦产品。

“山中特许瓦”的制造能力为一天 500 坪①，铺瓦形式多种多样，有“瓦本铺”“栈瓦铺”“桧皮铺”“各种洋瓦铺”“平铺”“瓦棒铺”“段铺”“日光本铺”，并可按照需求者的要求改变铜板的颜色、软硬等，很有意思。铜板瓦制造工厂如照片 1.2.6 所示。

照片 1.2.6　铜板瓦制造工厂

① 1 坪≈3.3 平方米。

下面介绍几例于昭和8年（1933年）以前完成的建筑。

（1）“瓦本铺”：身延山别院（东京）、高野山金堂（和歌山）、大阪城天守阁。

（2）“栈瓦铺”：巴黎万国博览会日本馆、丰川稻荷神社（爱知）。

（3）“桧皮铺”：岩崎男爵府邸（东京）、永平寺（福井）、金毘罗宫（香川）。

（4）“瓦棒铺”：深川不动尊（东京）。

（5）“日光本铺”：上野东照宫。

可以看出，著名的建筑非常多，此外，还有昭和4年（1929年）举行祭年迁宫的伊势神宫、关东军司令部厅舍等很有时代感的建筑。

他们不仅生产屋面材料，还生产装饰件、巴纹、檐口饰板、脊头瓦、屋脊饰板、伏虎（用在大阪城天守阁）、铜天沟（包括角沟）等。

关于施工成本，在昭和7年（1932年）的时候，瓦本铺板厚11盎司（0.317 mm）板每坪材料费为38日元，铺设费（包括工费）41日元。13盎司（0.446 mm）板41日元、15盎司（0.514 mm）44日元、18盎司（0.617 mm）47日元50钱、20盎司（0.686 mm）50日元、25盎司（0.857 mm）53日元，材料搬运费与厚度无关，而是直接在材料费上另加3日元。

1.2.2 长尺金属屋面板的出现

1.2.2.1 黎明期

随着第二次世界大战的结束，航空业对铝的需求大幅度减少。铝业需另寻新的增长点。恰在此时，东京工业大学的清家教授正在研究并开发采用铝材的预制装配式住宅。虽然最终预制装配式住宅没有得到实质性应用，但同期开发的用铝卷生产的瓦条屋面的工法却被保留下来。1951年，人们采用这种工法建造出两栋住宅。但是据说用于屋面材料的铝卷宽度只有550 mm，而椽条的间距为455 mm（1开间4等分），出现了板宽不足的问题，而且槽板和封盖的组装非常困难。铝卷在体育馆等屋面上也有少量应用，但由于价格比钢板高，且当时铝材本身的材质和屋面材料的特性不匹配，这种工法没有得到进一步发展。

1953年，八幡制铁完成了国内第一个镀锌流水线设备，于第二年起正式投入生产；紧接着，富士制铁等也完成了镀锌流水线设备的组装。

另外，山口县德山市的高桥正雄氏研发出了用冲床将铁板压制成型瓦的工艺，通过三晃金属工业将产品销售给以国铁为主的老客户。八幡制铁先于其他公司将注意力集中在镀锌铁板卷材上，研究出了采用铁板卷的无接缝屋面。在此之前，由于板的长度限制，无论是瓦条板还是波钢板制成的钢板屋面，都避免不了存有接缝，而接缝是漏雨的主要原因，也是最容易被腐蚀的地方。

但是使用钢板卷材可以做到从屋檐到屋脊或从屋脊到屋檐，用一块板铺到底，从而克服上述缺点。不过这样做也出现了新的问题，那便是板材尺寸超长，无法手工进行折弯加工。

其解决办法是：用辊轧成形机进行分段连续成型。三晃金属工业于1953年5月研发出了辊轧成形的大波成型轧机（见照片1.2.7），其规格与现在JIS规定的大波一样。1954年，该公司设计出了“立平铺法”，并同时开发出了成型轧机。同年6月，广岛县福山市盈进高中的体育馆屋面首次采用了长尺寸瓦条屋面。其构造方法为“有芯木瓦条板屋面”，其中槽板和封盖的加工均为手工作业。1955年5月，长尺寸大波大型建筑屋面的施工完成，同年6月，无芯木瓦条屋面的开发完成。

这种无芯木瓦条屋面开始也是立平铺的，是根据木结构的檩条设计出来的方案。而轻量型钢也同期上市，在钢檩条上铺瓦条的需求增加。东京目黑的八云小学校舍首次采用轻钢檩条上铺瓦条的工法，于1955年10月完成，该屋面是真正意义上第一个无芯木瓦条屋面。

此前一直顺利发展的长尺金属屋面也出现了很多问题，大波搭接屋面在板的长度方向搭接处发生漏雨，屋面在台风作用下整体被吹飞。人们对造成这类问题的原因进行分析，了解到由于屋面板为长板，不可能出现薄弱部分局部吹飞、其他部分完整保留的情况，因此应和重视防漏一样，应当着重考虑如何牢靠地将屋面板材固定在基层檩条上。

各种失败反而促成了新技术的产生。1956 年 2 月，为解决大波搭接屋面漏雨的问题，大波卷边连接屋面的开发完成；另外，针对檐口端部挡雨性能不佳造成屋檐底部腐蚀的问题，人们开发出了新型封檐板。

照片 1.2.7　最初的大波板成型轧机（三晃金属工业）

专栏

硬铝（杜拉铝）

战争结束后不久，市场上到处可见杜拉铝。这是由于物资匮乏，用于制造飞机的杜拉铝大量涌入市场。但是由于材质太硬，不论是淬火或是其他方法，都很难处理它。

鸭下松五郎氏　访谈

专栏

从木板瓦到镀锌铁皮

我原本也是铺木板瓦的匠人（见照片 1.2.8），我师父的本行就是木板瓦匠，同时也做镀锌铁皮的工作，我们正好赶上工种不断变更的时代。1952—1953 年间，镀锌铁皮突然出现，并逐渐代替了木板瓦，当时在普通的民宅上铺镀锌铁皮只需要两个工匠工作 10 天就能完成；但如果铺木板瓦，两个工匠需要用一个半月到两个月左右才能完工。我想，这是镀锌铁皮迅速普及的根本理由。渐渐地，人们越来越忙碌，而且能劈成木板瓦的良木也越来越难找了。

齐木益荣氏　访谈

照片 1.2.8　切割木板瓦的齐木君

1.2.2.2 鼎盛期

A 压型板

三晃金属工业于 1962 年开始着手开发压型板，并于 1963 年应用。压型板工法是将宽度为 1219 mm 的镀锌钢板卷材按照二分之一的板宽使用，当时考虑的钢板厚度为 1.0 mm、1.2 mm 和 1.6 mm。

传统屋面的结构是按照檩条、椽条、望板、基层的顺序，依次排列组成。而压型板屋面的最大特点是可以将压型板直接铺在屋架梁上，隔热工程和吊顶工程可以以压型板为基准在屋面板铺设完成后进行，具有施工工序减少并可在室内施工的优势。另外，压型板的支座间距，即支承梁的间距可以达到 10 m，改变了以往屋面的概念。在钢结构领域，此时正是从角钢、槽钢的重量型钢向 H 型钢转变的时期，压型板所具有的特点刚好与这一趋势契合。三晃金属工业开发的最初的压型板截面如图 1.2.1 所示。

在此之前，屋面板从未使用过厚度 0.8 mm 以上的钢板，在压型板的开发过程中，人们经过反复的失败和摸索，最终获得了成功。首先是压型板的形状，如图 1.2.1 所示，A 和 B 的部分最开始被设计成直线，但是当搭接在一起时，人们发现搭接处的缝隙不仅会引起漏雨，还影响外观。所以此处被改为微弯形状。

接着是压型板在梁上的固定方法。一开始是先在梁上焊接栓钉，并在螺栓上压型板的下方设置圆垫圈和衬垫，然后拧紧螺母，所用垫圈是圆垫圈。但是这种方法存在一个问题：将螺母拧紧时，在圆垫圈下插入的衬垫就会从垫圈周边展出，无法发挥防水性能。而且因为是在下方固定，螺栓周边的板会因压型板温度伸缩，产生过大的应力，从而发生破坏，最终螺栓孔由圆形变成椭圆形。这两个缺陷都会引起雨水渗漏。

不仅如此，还发生过在木结构住宅上铺设的压型板在强风作用下全部被吹飞的事故。人们从中吸取的经验是，因为压型板比以往的屋面强度大，所以对基层和屋面进行固定时必须有相应的措施。产品针对这些问题进行了改进：用防水垫圈代替圆垫圈可以保证衬垫的防水功能；采用固定支架避开了在板底固定的问题。

B 压型板的应用实例

最初，人们尝试了压型板的各种使用方法，下面介绍几个例子。

（1）抛物线型 S-60。这是在菊竹清训事务所和早稻田大学的松井教授的指导下，三晃金属工业开发出的产品，如图 1.2.2 所示，具有非常独特的造型。

实施实例：福冈县立花町体育馆。

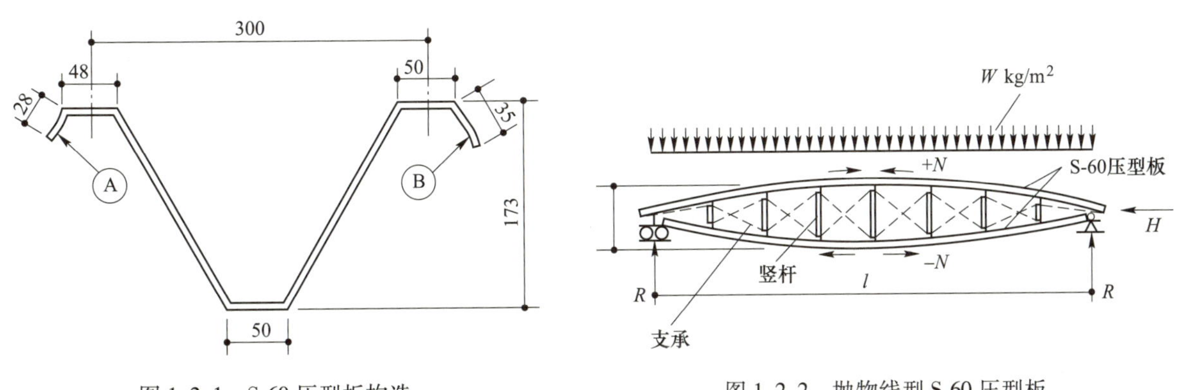

图 1.2.1 S-60 压型板构造

图 1.2.2 抛物线型 S-60 压型板

（2）空腔型。如图 1.2.3 所示，有上压型板和下压型板的纵向相叠和垂直相交的两种形式。

实施实例：大宫综合市场（埼玉县），东大内之浦火箭基地（鹿儿岛县）。

（3）校仓样式收头。压型板作为外墙板材水平铺设，拐角处采用校仓样式。校仓样式收头构造如图1.2.4所示。

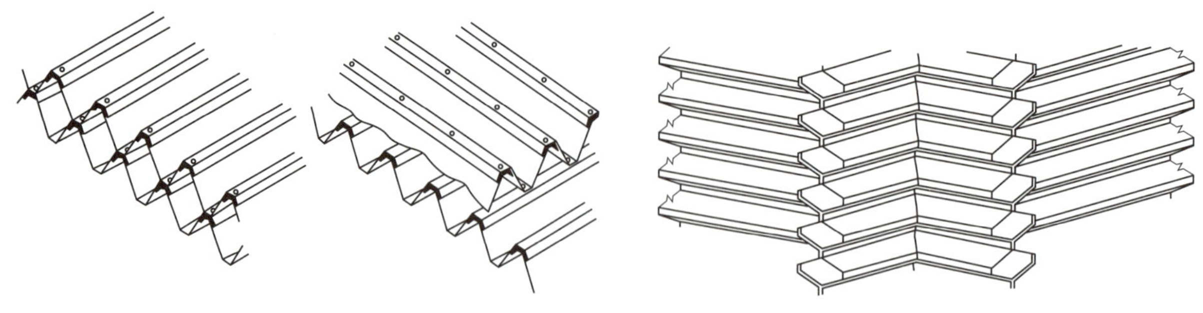

图1.2.3 空腔型压型板屋面

图1.2.4 校仓样式收头构造

C 隔热性能要求

与其他材料相比，采用金属板的屋面透湿性很小，当用于纺织工厂、食品工厂等湿度高的建筑中时，室内的湿气穿过吊顶和屋面支承系统到达屋面板内侧，到了冬季会产生结露问题。面对这一问题，出现了在压型板的内侧铺设玻璃棉作为隔热层的做法。

如图1.2.5所示，先将内插销钉通过圆柱头固定在压型板的底部，然后将玻璃棉隔热层从下方穿入，再用专用垫圈固定。

但是采用这种方法，湿气很容易穿过玻璃棉隔热层到达压型板的底面，并发生结露，结露水使玻璃棉含水量增加，最终由于销钉承受不住该重量造成玻璃棉脱落，这类事故曾经发生过。根据这一现象，人们认为应该采用湿气不容易透过的材料，即不透湿材料，因此发泡塑料开始被采用。

在压型板内侧使用的发泡塑料为软质聚氨酯和聚乙烯，最开始将厚度4~6 mm的材料粘在钢卷的内侧，后来直接加工成屋面板材。软质聚氨酯是通过连续发泡形成，易于加工，因此被广泛使用。大川钢板工程开发的隔热钢板“BURITIINO钢板”所采用的就是这种材料。

而发泡聚乙烯板是闭合气泡体材料，不透湿性优于聚氨酯。工艺与聚氨酯相似，预先将4~5 mm厚的聚乙烯泡沫板贴在钢板卷上。粘贴方法是将钢板加热至120 ℃，然后将聚乙烯板压在钢板上，利用钢板的热度使聚乙烯融化，利用热熔原理与钢板黏结在一起。

后来，由于聚乙烯泡沫的隔热、防结露、外观和施工性能均比聚氨酯好，又相对便宜，聚乙烯泡沫成为业界的主流产品。隔热材料的粘贴以屋面从业者为主，钢铁厂家也有涉及，同时，粘贴隔热材的专业厂家也加入了进来。1963年，这种产品首次被生产出来。

1970年，隔热镀锌铁板工业会成立，负责制定业界标准、认证防耐火材料等工作，从那时起，上述材料被称为隔热镀锌铁板。

这种隔热镀锌铁板（聚乙烯泡沫）隔热层的最大厚度为10 mm左右。用于高温高湿的纤维工厂、室内游泳池等部分建筑时，无法满足隔热和防结露的要求。在这类建筑中使用时，如前文所述，从屋面板的底侧到基层支承系统中会产生内部结露现象。总之，在混凝土板的上方和KINSTON板等的上方铺隔热层再铺金属板的屋面时，在特别寒冷的地区发生过屋面金属板的内侧过早腐蚀的事故。

为了解决这一问题，于1971年，人们开发出了图1.2.6所示双层压型板中间夹隔热层的构造。

这种工法的原理是，为了保证下层压型板的室内侧表面温度高于露点温度而加入隔热材料，那么上下压型板之间当然会发生内部结露，所以原则上，下层压型板的透湿抵抗能力应高于上层压型板。将玻璃棉放在聚乙烯袋中可以防止内部结露水的濡湿问题。

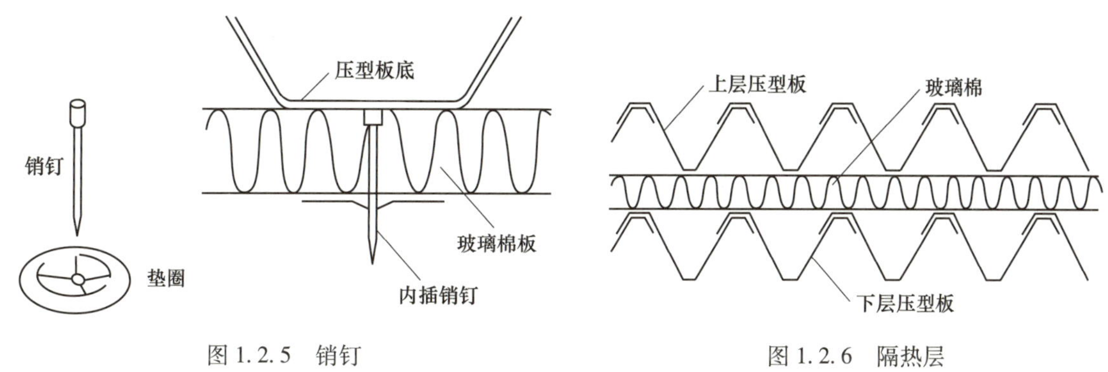

图 1.2.5 销钉　　图 1.2.6 隔热层

D 其他板的情况

（1）无芯木瓦条。讲解长尺金属屋面的技术时一定会提到无芯木瓦条（见图 1.2.7），这也是高桥正雄氏和林三记氏对工业所有权的争夺史。

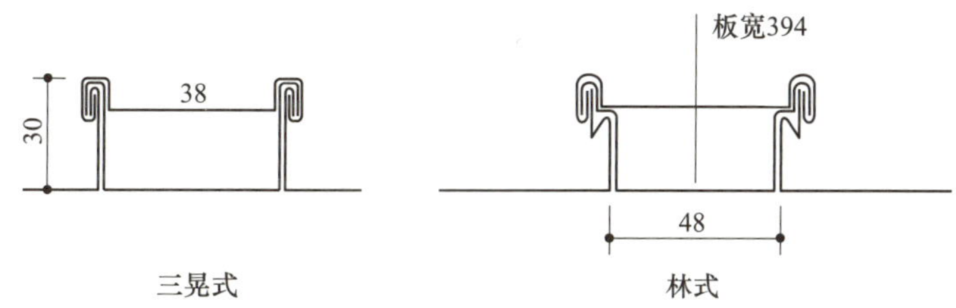

图 1.2.7 无芯木瓦条

1965 年，围绕无芯木瓦条所有权产生的混乱仍在持续，这也从另一个角度佐证了当时金属屋面业界对该工法有着很高的评价。的确，无芯木瓦条工法很好地利用了钣金技术和工业化技术。另一方面，整个业界为了避开使用新型专利第 574008 号而费尽心思。在图 1.2.8 中的举例可供参考。

虽然因为工业所有权的问题，业内仍有些混乱，但是无芯木瓦条作为金属屋面构造的主流形式，有很多的实际应用。最终，于 1972 年 7 月 23 日，该工业所有权到期失效。

（2）梯形板、饰面板。谈到长尺金属屋面板和墙板的话题，人们不自觉地就会围绕着瓦条和压型板展开，但是实际情况并不一定是这样。实际上，整个业界的发展趋势是以波钢板、梯形板，即以外墙板的成型加工向前发展的。

波钢板的形状按照 JIS 标准，主要为大波和中波。梯形板有两种板型，用 914 mm 宽的钢板加工成的有效宽度约 700 mm 的板，以及用 455 mm 宽的钢板加工成的有效宽度约 360 mm 的板。后者在地方上使用得很多，其原因可能是前者不容易获得，后者的成型轧机小且成本低。用得最多的波峰高度为 15 mm。

波高 10 mm 以下的产品主要用于住宅。另外波峰低的产品钢板的弯折角度为 90 ℃（这是纸面上的数据，实际上应该有少许倾斜），随着波高的增加弯折角度逐渐倾斜。可以想见压型加工的困难程度。

波钢板的表面有光面型、凹型，以及带小肋型等多种形式。为了进一步提高装饰效果，还开发出了芯轴形式板。譬如常见的，在加工后的板上用三聚氰胺镀上精致的图案，做工非常有特色。

从装饰效果上分类，板的外观有平型和凹型。最近有一种叫作金属装饰板的产品，在板的内侧铺设一层石膏板等材料，可以提高防水性能。金属板有各种涂层钢板、不锈钢板、铝板等，有时也采用铝挤压成型的产品。

（3）波钢板。对搭接形波钢板的缺陷进行改良的产品有大波板咬合型板产品。形状尺寸如图 1.2.9 所示，各公司的产品尺寸基本相同。

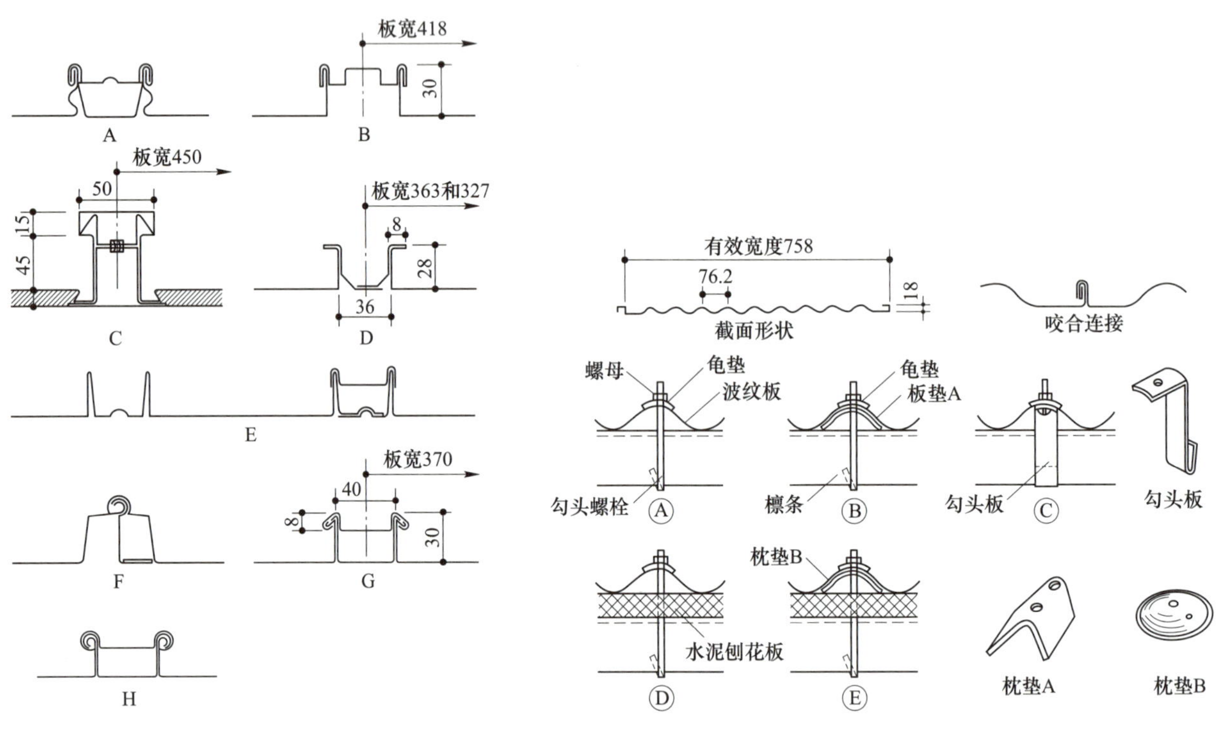

图 1.2.8　各种无芯木瓦条　　图 1.2.9　大波板咬合连接及其配件

（4）直立咬边和直立鸠尾。直立咬边最开始是将 914 mm 宽的钢卷切割成两部分加工而成。现在有各种各样的形式，有板和支架一体的，有利用钢板的反弹扣合在一起的，均已产品化，有效宽度的种类非常多。

直立咬边抗风压能力不足，对其进行改良的产品是直立鸠尾。以北海道为中心的住宅屋面现在仍然采用这种形式。直立鸠尾如图 1.2.10 所示。

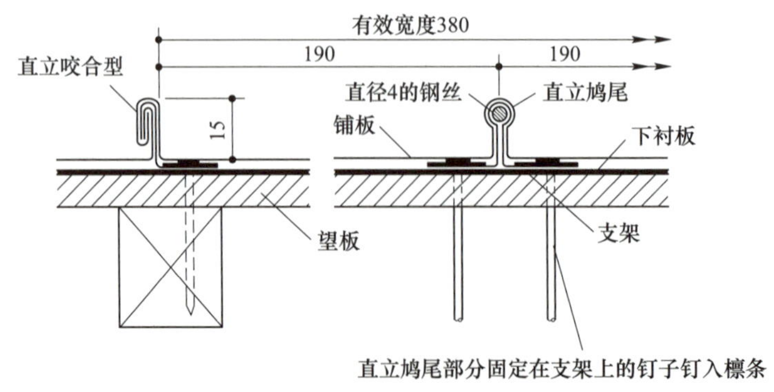

图 1.2.10　直立鸠尾

1.2.3 多样化时代

1.2.3.1 压型板

在压型板中开始出现波高较低的产品。市场上也开始出售板厚度为 0.6 mm 或者低于 0.6 mm 的产品。由于使用的板宽都是 914 mm 和 762 mm，所以压型板的形状和尺寸大同小异。

压型板之间用螺栓连接的搭接形施工工法为：先在板的上表面钻螺栓孔，从板下方插入螺栓，在板上方用螺母固定。图 1.2.11 所示为搭接形压型板的各种板型。

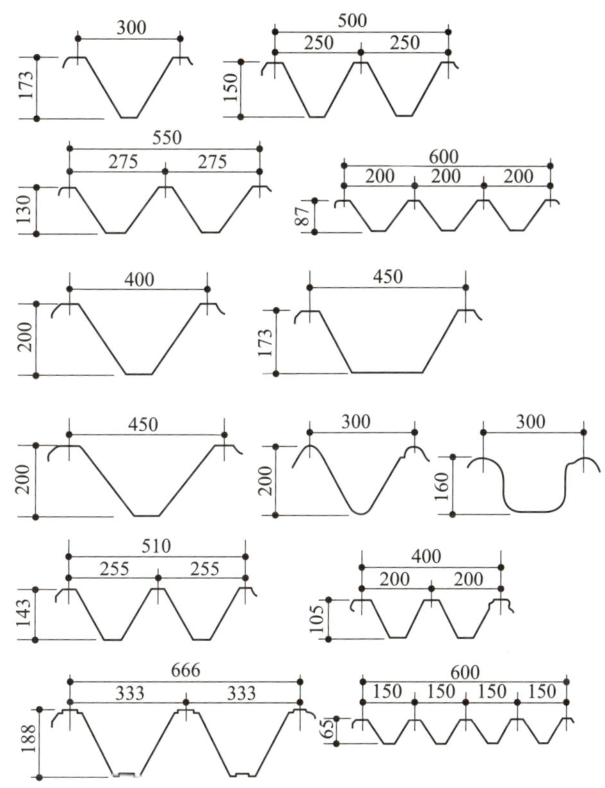

图 1.2.11 各种搭接型压型板

这种压型板的有效宽度为 300 型，大部分集中在 500 型和 600 型。选择压型板类型与对应的建筑有关。600 型压型板由于造价最低，所以应用最广。

北海道出现了大量搭接形屋面漏雨的问题，在这种背景下，咬合型压型板屋面系统出现了。压型板采用搭接连接会漏雨，那么自然就想到了采用无芯木瓦条咬合连接的方法。该种方法于 1965 年左右开始应用。

例如，三晃金属工业、石冈金属工业以及日米建材工业当时开发的板型如图 1.2.12 所示。

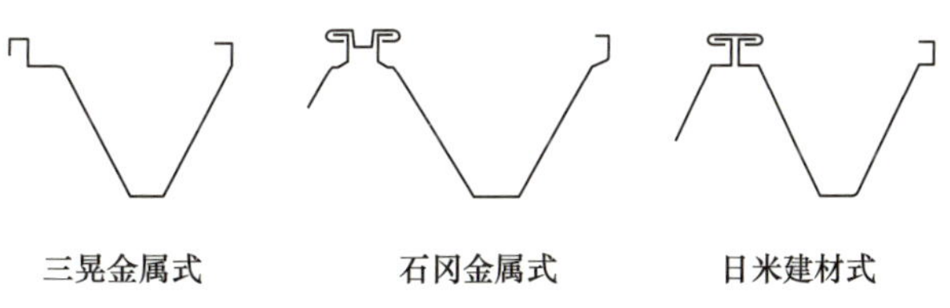

图 1.2.12 北海道早期使用的咬合型压型板

咬合型压型板的优点如下：

（1）板之间的咬合连接可以防止雨水浸入；

（2）屋面板的铺板作业只需要在屋面上进行；

（3）不需要螺栓，因而节省了该部分费用；

（4）解决了螺栓的锈蚀问题。

以上是最初的咬合型压型板的样式，后来逐渐演变成单一板相互咬合的形式。为了降低成本，又逐渐发展成由单一板材逐渐扩展开来的样式。这种趋势进一步发展，开发出了有两个波峰的咬合型压型板。具体板的形状和尺寸的例子如图 1. 2. 13 所示。

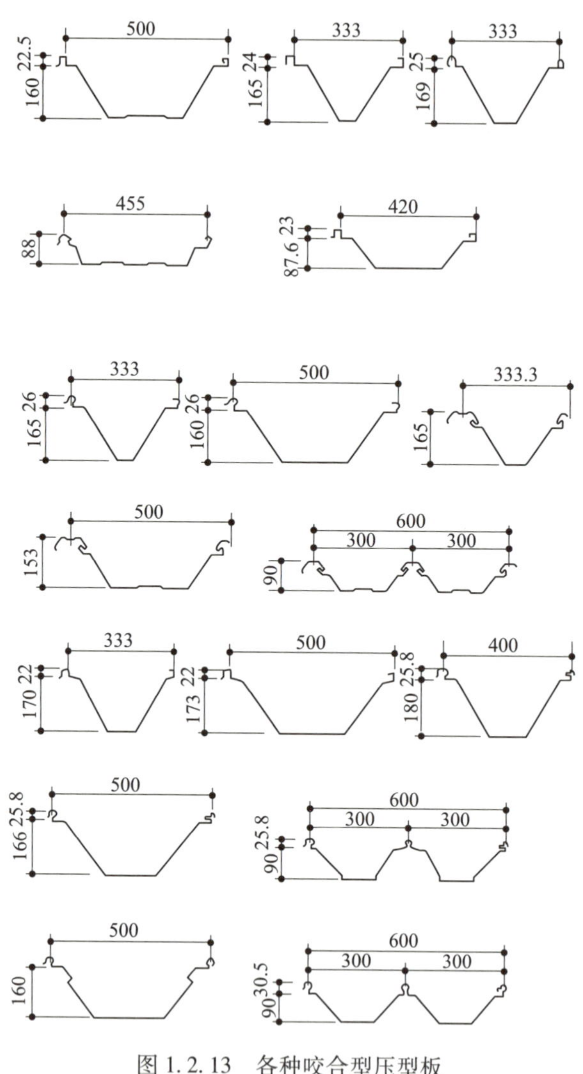

图 1. 2. 13　各种咬合型压型板

专栏

序号

以前，金属屋面板都是用序号表示，而现在都是用钢板的厚度表示。1967 年 JIS 修订时，废止了序号的表示方法，改用 mm 表示，现在已成为通用的表示方法。但是在年长者中仍然有人习惯用序号。作为参考，在表中列出了旧序号与板厚的对应关系。

原来的表示法		现在的表示法
序号（#）	实际厚度/mm	板厚/mm
32	0.258	0.25
31	0.278	0.27
30	0.318	0.30
29	0.357	0.35
28	0.397	0.40
26	0.476	0.50
24	0.635	0.60
22	0.794	0.80
20	0.953	1.0
18	1.27	1.2
16	1.59	1.6

1.2.3.2 压型板 JIS 及钢板屋面技术规程

1975 年，压型板 JIS 标准的原始草案开始制定，1977 年 4 月，《钢板屋面用压型板》编写完成。该标准制定时并未全面汇总当时整体的压型板技术。其具体内容不在此赘述，以下列举了在制作过程中明确的事项：

（1）明确了压型板的定义。即压型板为“用于建筑屋面的钢板辊压成型的产品及其配件”，且“将钢板弯折成 U 形、V 形或者类似形状，作为屋面材料使用的部件”；

（2）关于受弯性能，规定挠度为跨度的 1/300 以下，受弯应力为 1400 kg/mm^{2}以下；

（3）关于防水性能，规定水密型产品为 40 kg/m^2，一般性产品为 16 kg/m^{2}以上；

（4）使用板厚为 0.6 mm 以上；

（5）明确了抗弯承载力的试验方法及防水试验方法。抗弯承载力取破坏时承载力的 1/2（安全系数为 2）且挠度为 1/300 时的受弯应力（压力及拉力）中的较小值，即当跨度为波高的 20 倍时，挠度为 1/300 时的受弯应力和破坏时承载力的 1/2 为相同值，此时的压型板最为合理。

接着，《钢板屋面技术规程》出台。1975 年 10 月 5 日袭击八丈岛的台风 13 号造成该岛中金属屋面大面积破坏。该规程是以此为契机制定的，其内容包括压型板、有芯木瓦条板、无芯木瓦条板、直立咬边、直立鸠尾以及波钢板，是此前各种长尺寸屋面技术的集大成的规程。

针对压型板，规定了支架强度和焊接连接的标准，明确了对侧檐部分进行加强的具体原则和压型板底落水口处压型板的承载力等。其他方面，还说明了压型板在面对强风负压作用下的具体承载力。

1977 年 11 月，该标准由镀锌铁板协会发行。这两本中的规格和标准对之前基本是凭经验和感觉处理的长屋面按照标准进行了重新评价，同时也推动业界开始重视品质管理和施工管理。

专栏

咬合连接的厚度和垫板

1964 年建造的鹤见（横滨市）总持寺的屋面面积为 7200 m^2。我的前任技术部长永塚说“这么大的屋面，不能用普通的咬合连接，必须加大尺寸”。所以做出的咬口比平时粗。普通的咬口为 9～10 mm。我们也感觉不行，因此使用了大型铜屋面的支架。从表面上看，神社寺院的铜屋面似乎与以前一样，但其实是做了各方面改进的。

对社会和个人都有重大意义的建筑，是 1967 年成田山新胜寺的铜屋面。该寺面积 7500 m^2，屋面面积比总持寺还大。一直以来，我始终认为用铜板铺设大屋面容易出现问题，其主要原因是铜板的伸缩。

成田山主殿的屋面工程中的材料是由甲方提供，研究时有足够的材料可以使用。此项研究开发出了可吸收铜板伸缩的垫板。该方法在（社）日本铜中心出版的《钢板屋面技术手册》中公开时，有人居然说：“这是小野的专利吗？”

齐木益荣氏　访谈

1.2.3.3　隔热、结露

前面讲述了防隔热结露的一般措施，当时大同建材工业开发出了将隔热材料夹在双层板中的产品，这种产品还可以用于有隔声要求的建筑。

大同钢板的隔热屋面板材料在那时的隔热材料中非常有名。这是在两层钢材之间注入硬质聚氨酯泡沫或者异氰酸酯泡沫，经过发泡形成的产品，是具有高隔热性的屋面和外墙材料。图 1.2.14 所示为大同建材工业的隔热屋面板构造。

1.2.3.4　采光、弯曲压型板

利用夹丝玻璃或者塑料板与屋面板形成采光屋面系统。塑料制品最初采用透明或半透明的氯乙烯树脂材料，或者树脂夹丝材料。另外一种具有代表性的产品是聚乙烯树脂板。该板通过添加玻璃纤维提高强度，应用一直非常广泛。聚碳酸酯板这种玻璃树脂的采光板被加工成平板或各种形状的板，并在市场上销售。制品的形状丰富多样，有压型板、波钢板等。嵌丝玻璃的厚度一般为 6 mm。加丝玻璃以前可以采用，不过随着法规的修订，现在改成了金属网。

为了防止积雪，开发出将压型板弯折成半径 500 mm 弧形的工法，这种板型被称为弧形压型板、拱形压型板等。加工方法为用压力机在压制成型的压型板上一小段一小段地弯折，最后形成曲线。

综上所述，屋面工程不仅仅是屋面板本身，还需要利用相关配件对热、声、光、空气等的要求进行处理，以满足建筑的各种性能要求。从中可以看出，屋面业界已经涉足环境领域。除此之外还有很多研究都在进行，比如对钢板本身的腐蚀问题、耐久性问题的考量，对隔热性、低污染性等的追求等更高性能的研究，在此不做详细介绍。

1.2.3.5　横铺

以上所阐述的所有屋面板构造，其铺板形式都是顺着雨水流向铺设。但是从构造上、功能上以及社会需求上还有其他方向铺设的需求，比如与雨水水流方向垂直铺设的屋面构造。

日本的建筑越来越重视外观效果，要求屋面不仅仅满足功能需求，而且还要“耐看”。屋面形式中，双坡屋面减少，而四坡屋面和方形屋面在增加，屋面坡度也从缓坡向较陡（0.3 以上）变化。因此出现了横铺屋面。

铜板分层铺设是战前就有的工法，也是在层状的望板上按照一字形铺板的方法。所以采用钢板横铺时首先想到的就是在平整的望板上铺设。其实这也是在其他各种屋面上经过反复失败后总结出来的方法。横铺的各种板型如图 1.2.15 所示，板型很多，并经过了反复改进。

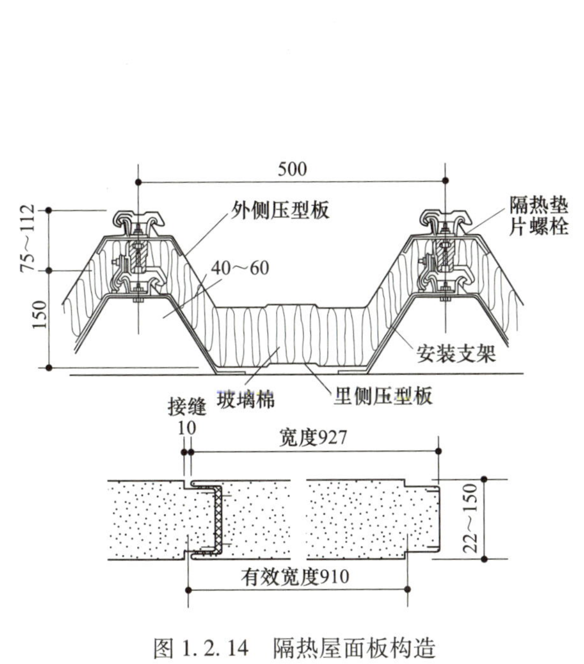

图 1.2.14 隔热屋面板构造

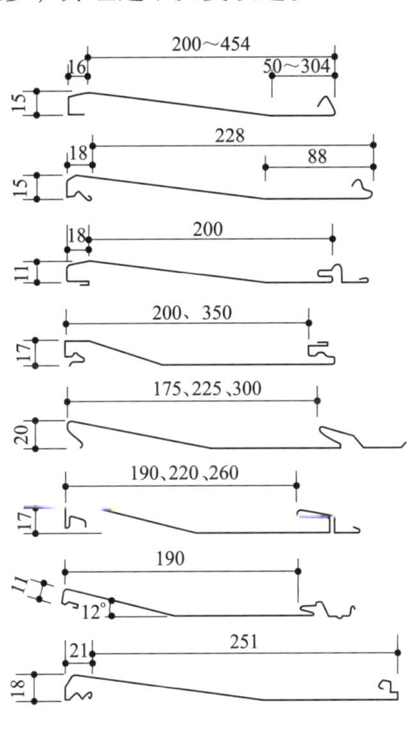

图 1.2.15 横铺的各种板型

1.2.3.6 其他屋面

除了上述屋面外，还有各种长尺金属屋面。有筒形瓦条，铺设后有一种真瓦的感觉。

还有一种介于压型板和瓦条之间、波高 80 mm 以下的宽底板型的屋面，出现于 1968 年左右。

另外还有模仿古建筑挑檐造型的三晃金属工业的大和屋面，有较强的装饰性，其特点是螺栓不外露。此外，还有采用耐候钢板的特殊瓦条形式。图 1.2.16～图 1.2.18 中展示了各种板的样式。

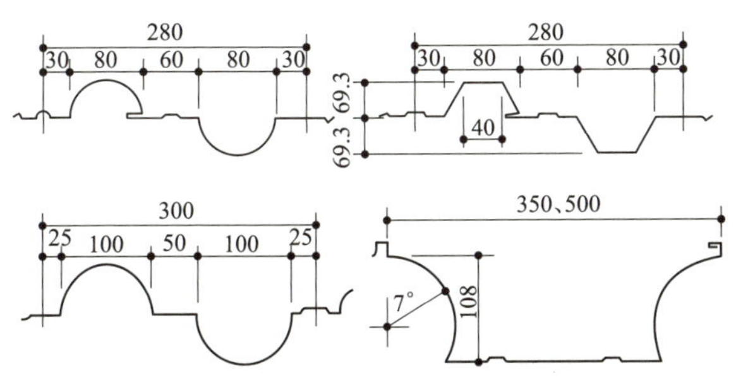

图 1.2.16 筒形瓦条屋面的各种板型

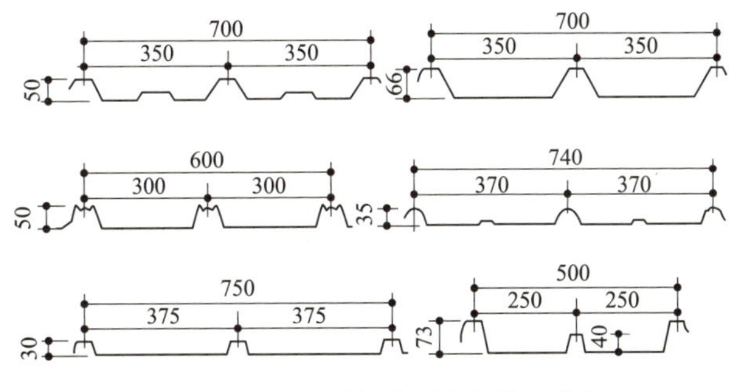

图 1.2.17 “压型板状瓦条”的各种板

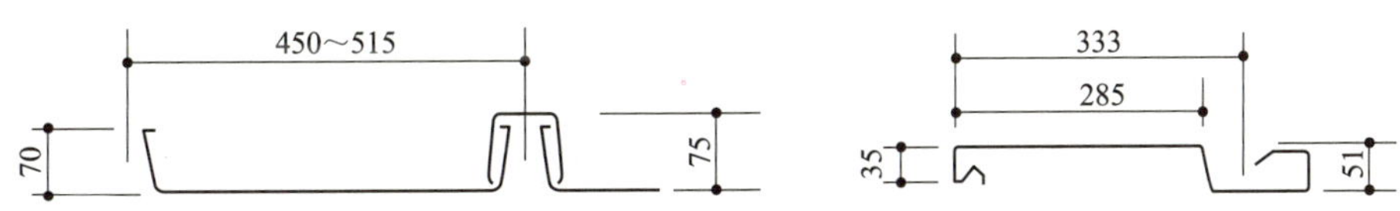

图 1.2.18 井栏型特殊瓦条、大和屋面

波形石棉瓦屋面改造时为了不拆除原屋面直接铺钢板，于是开发出另一种工法，即“覆盖屋面法”。既有钢板屋面，特别是以前常见的无芯木瓦条屋面的改造可以采用这种形式，还开发出了瓦条用的覆盖屋面板。覆盖屋面板如图 1. 2. 19 所示。

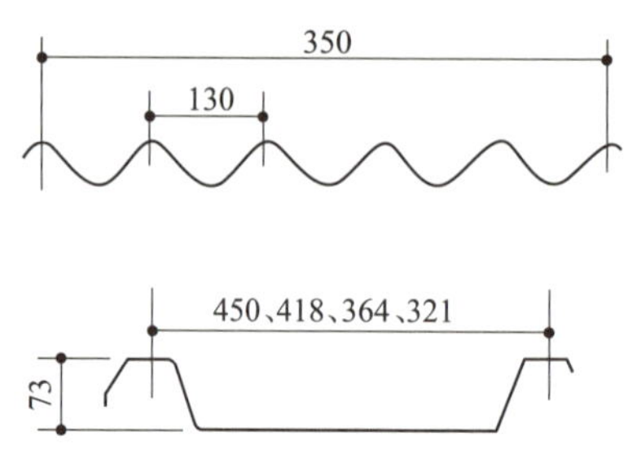

图 1. 2. 19　覆盖屋面板的板型

有一种利用板作为防水层的不锈钢防水工法。最初不锈钢板的材质是 SUS304 和 SUS316，板之间的连接是用专用的自动直缝焊机焊接连接。最近还出现了采用钛板屋面的工程。

该工法最初的目的是屋面防水，但是在形状复杂的屋面中作为屋面板使用的例子也越来越多。这种屋面最重要的是须克服不锈钢的温度伸缩问题。现在一般采用 SUS445 等热伸缩小，耐候性好的不锈钢板。不锈钢防水工法如图 1. 2. 20 所示。

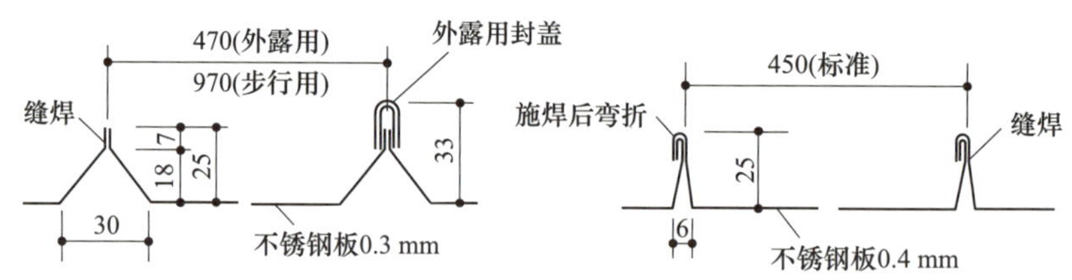

图 1. 2. 20　不锈钢防水工法

为提高施工性能，人们开发出了无螺栓工法。这类形式基本上都是利用成型板的回弹性能使相邻两块板扣合连接在一起。

扣合的想法自古就有，其产品化始于 1976 年 6 月，川崎制铁生产了名称为“Rib lock50”的屋面板。其他公司从该思路出发也开发出了各种压型板、瓦条、饰面板等，并在市场上销售。扣合式屋面（无螺栓工法）如图 1. 2. 21 所示。

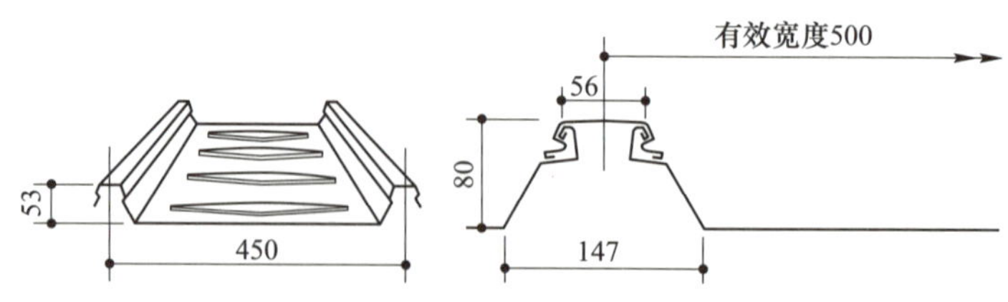

图 1. 2. 21　扣合式屋面（无螺栓工法）

1. 2. 3. 7　复合材料

在追求建筑节能化的大背景下，人们开发出了外隔热工法，确立了钢板和合成树脂融合在一起的复合防水工法。以下是具体的例子。可以说该工法是钣金技术和防水技术相互融合的产物。

（1）以压型钢板为基层的外隔热防水屋面。双层压型板工法是在下压型板上铺设隔热材料（玻璃棉等），然后通过绝热金属配件再覆盖上压型板的方法。从这种工法中派生出了外隔热防水工法，即下压型板用压型钢板代替，在其上方铺设隔热板，再在表层涂一层合成树脂膜，如图 1.2.22 所示。

在压型钢板上铺隔热板比铺压型板容易，也容易机械固定。防水层的粘贴除了用溶剂或黏结剂外，还可以吹热风，用热熔法形成与下部一体的面膜。

（2）钢板与合成树脂薄膜的层压钢板。耐候钢板是在钢板（$t=0.4\sim0.8$ mm）上通过热熔形成一层具有热可塑性的乙烯丙烯树脂薄膜或聚烯烃薄膜的复合钢板，用复合钢板铺设的屋面具有钢板的强度、良好的加工性能和贴膜的防水性能（包括天沟）。在复合钢板的连接和固定部位采用同质膜材用热风熔接法连为一体（见图 1.2.23），防水性能非常好。

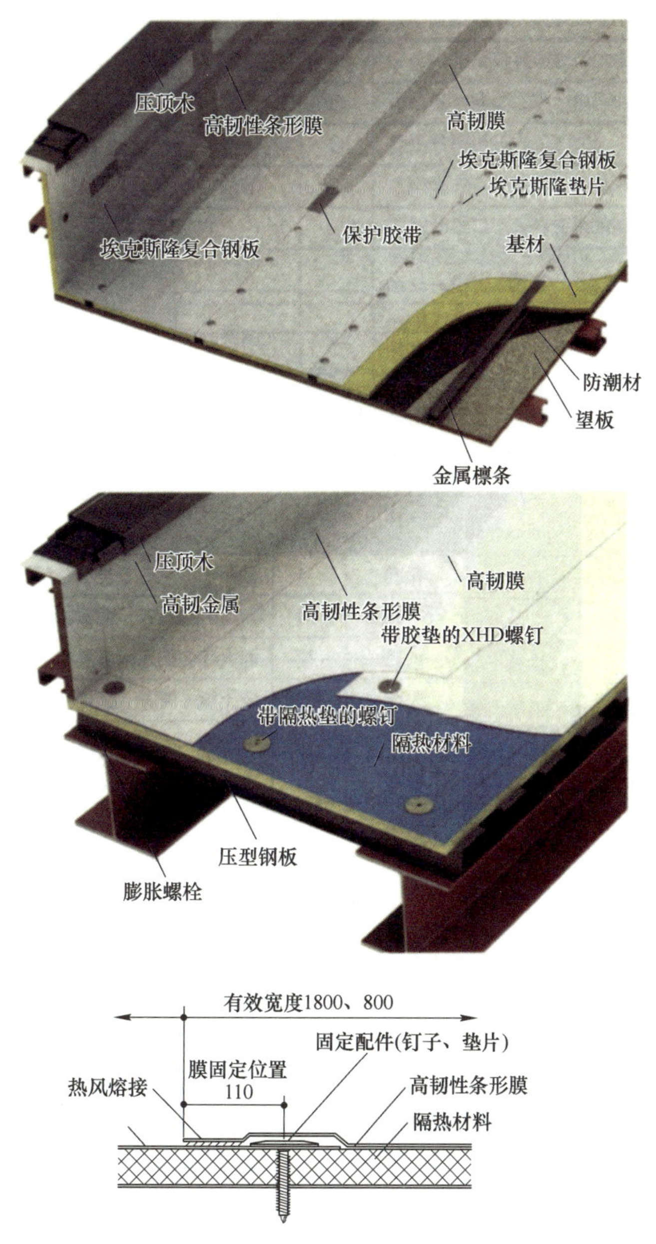

图 1.2.22 以压型钢板为基板的外隔热防水屋面（三晃金属工业）

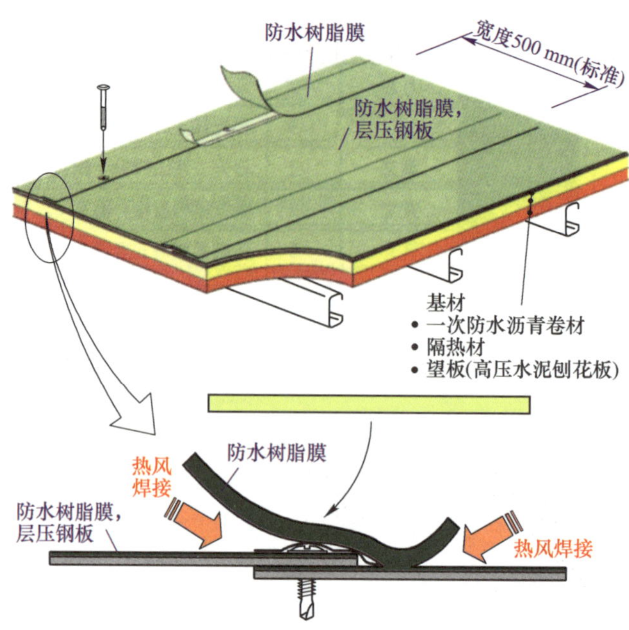

图 1.2.23　钢板与合成树脂膜复合（三晃金属工业，JFE 钢板）

1.2.4　通过编年史回顾金属屋面板的历史

公历	日本历		发生事件
708 年左右	和铜	1	武藏国秩父郡发现了天然铜矿，因此年号也改为和铜
765 年	天平神护	1	奈良、西大寺，将铜块冶炼加工成屋瓦使用，《西大寺材料流水账》等
785 年	贞观	17	西大寺的铜瓦，在日照熔炼，《建久巡礼记》等
1579 年	天正	7	安土城、天守。用铜覆盖屋面，《安土御城修缮记录》
1586 年	天正	14	大阪城、天守，铜瓦屋面
1606 年	庆长	11	南禅寺、方丈，铜瓦屋面
1607 年	庆长	12	大崎八幡神社、正殿，铜瓦屋面（宫城）
1610 年	庆长	15	发现足尾铜矿
1610 年	庆长	15	骏府城、天守阁，仅最上层铜瓦屋面
1612 年	庆长	17	名古屋城天守，铜瓦
1614 年	庆长	19	西芳寺，湘南亭，铜瓦屋面
1615 年	元和	1	西本愿寺、飞云阁，铜瓦屋面
1617 年	元和	3	佐仓城，铜箭楼
1620 年	元和	6	妙心寺麟祥院、御灵屋，铜瓦屋面
1636 年	宽永	13	日光东照宫、透塀等，铜瓦屋面
1637 年	宽永	14	江户城、御对面所、黑书院、茶室等，铜瓦屋面
1640 年	宽永	17	久能山东照宫，将柏树皮屋面改为铜瓦屋面；川越东照宫，铜瓦；延历寺根本中堂，铜瓦条屋面
1646 年	正保	3	滝山东照宫正殿等，铜瓦屋面
1650 年	庆安	3	江户城西丸主殿等，铜瓦屋面；仙台东照宫，铜瓦屋面
1651 年	庆安	4	上野东照宫，铜瓦屋面
1652 年	承应	1	定光寺烧香殿，铜瓦屋面

续表

公历	日本历		发生事件
1653 年	承应	2	日光大猷院，铜瓦屋面
1654 年	承应	3	日光东照宫，替换为铜瓦屋面；芝台德院庙，替换为铜瓦屋面
1655 年	明历	1	京都御所、紫宸殿、清凉殿等，铜瓦屋面
1659 年	万治	2	江户城本丸、御对面所等，铜瓦屋面；瑞龙寺佛殿，铅瓦屋面
1660 年	万治	3	日光轮王寺，替换为铜瓦屋面
1662 年	宽文	2	日光二荒山神社，替换为铜瓦屋面
1665 年	宽文	5	金泽城的屋面，替换为铅瓦屋面
1666 年	宽文	6	弘前最胜院五重塔，铜瓦屋面
1679 年	延宝	7	上野严有院灵庙，铜瓦屋面
1690 年	元禄	3	发现别子铜矿
1698 年	元禄	11	护国寺本堂，铜瓦条屋面
1742 年	宽保	2	镀锌铁板（热浸镀锌），法国
1788 年	大明	8	金泽城石川门，铅瓦屋面
1847 年	弘化	4	助溶法热浸镀锌，德国
1870 年	明治	3	神户异人馆使用波钢板屋面，至明治 5 年左右
1872 年	明治	5	横滨新桥车站，波钢板屋面
1875 年	明治	8	札幌啤酒厂，波钢板屋面
1891 年	明治	24	奈良帝国博物馆主馆，屋面局部铜瓦
1895 年	明治	28	京都帝国博物馆主馆，铜瓦屋面
1896 年	明治	29	日本银行本部，铜瓦屋面 镀锌铁板的进口量 4415 t，统计上初次确定的数字
1899 年	明治	32	沥青卷材，从美国进口
1904 年	明治	37	横滨正金银行本部，铜瓦屋面
1906 年	明治	39	八幡制铁所开始制造镀锌铁板（单板），该年的生产量 40 t，第二年 807 t 第一银行京都分店，铜瓦屋面
1909 年	明治	42	八幡制铁所轧制工厂（最早的钢结构厂） 国铁博多站，瓦条铁板屋面 赤坂离宫，铜板屋面，山田邮局，铜板屋面，日本生命保险九州分店，铜板屋面
1911 年	明治	44	镀锌（现在的日新制钢），在大阪开始制造镀锌铁板
1913 年	大正	1	屋面限制令，铁道线两侧 200 m 内的屋面为不燃材料 东京镀锌（现在 JFE 钢板）开始制造镀锌铁板 该年镀锌铁板的进口量 52677 t，为战前最多
1917 年	大正	6	制铁业奖励法公布，掀起了镀锌铁板制造高潮 大阪制铁、大岛制铁、山阳制铁、长崎制铁等 30 家公司
1918 年	大正	7	大阪铁板制造，开始在德山工厂生产薄钢板，这是第一家民营企业
1919 年	大正	8	开始生产沥青卷材，田岛应用化工
1920 年	大正	9	东京站，穹顶屋面上使用铜板
1921 年	大正	10	开始生产镀锡板
1922 年	大正	11	帝国饭店，铜瓦条屋面
1924 年	大正	13	三井金属矿业，出版屋面用镀锌板手册

续表

公历	日本历		发生事件
1925 年	大正	14	八幡制铁所，在手册中增加了镀锌铁板
1926 年	大正	15	山中制炼所，开始生产铜瓦
1928 年	昭和	3	警视厅令第 27 条，在日本第一次规定适用于强度计算的风压
1929 年	昭和	4	尼古拉大教堂，有芯木瓦条铜板屋面
1934 年	昭和	9	筑地本愿寺，铜板屋面 日本首次对建筑进行风洞实验 室户台风
1936 年	昭和	11	该年镀锌铁板的生产量 378000 t（也有说 40000 t 的），战前最高 连续热浸镀锌生产设备，美国
1937 年	昭和	12	铜使用限制规则公布
1939 年	昭和	14	热浸镀铝，美国
1940 年	昭和	15	镀锌铁板管理公司成立
1941 年	昭和	16	日本钢结构学会 钢结构计算规范（草案）中引入速度压、风压系数的概念
1945 年	昭和	20	该年镀锌铁板的生产量 5000 t
1946 年	昭和	21	镀锌铁板会成立
1947 年	昭和	22	日本建筑规格 建筑 3001 的制定，速度压 $q = 60\sqrt{h}$
1949 年	昭和	24	GHQ，重要物质统管指令大范围废除
1950 年	昭和	25	制定建筑基准法，施行令第 87 条，设计用速度压公式 $q = 60\sqrt{h}$
1951 年	昭和	26	《镀锌铁板》（JIS G3302）制定
1952 年	昭和	27	该年镀锌铁板的生产量 459000 t，超过战前最高纪录
1953 年	昭和	28	开始生产镀锌铁板卷材，八幡制铁所 制造长尺寸大波纹成型轧机，三晃金属工业 开始生产彩色钢板（单板），一涂一烤，东京镀锌
1954 年	昭和	29	开发出直立缝咬合板，三晃金属工业 长尺寸有芯木瓦条屋面施工，三晃金属工业
1955 年	昭和	30	开发出无芯木瓦条板，在钢檩条上铺设屋面，三晃金属工业 轻量形钢
1957 年	昭和	32	开始生产薄膜法氯乙烯钢板
1958 年	昭和	33	氯乙烯天沟，松下电工
1959 年	昭和	34	开始用乙烯法生产氯乙烯钢板 钢结构预制装配住宅 伊势湾台风
1961 年	昭和	36	轧制 H 型钢
1962 年	昭和	37	开始生产彩色钢板小口径钢卷
1963 年	昭和	38	开发出搭接形压型板，三晃金属工业 开始生产隔热钢板，大川钢板 （社）日本长尺金属工业会成立（现名：日本金属屋面协会） 《氯乙烯钢板》（JIS K6744）制定
1964 年	昭和	39	开始用彩板连续生产线进行生产 多层独立气泡隔热材 古河电工

续表

公历	日本历		发生事件
1965 年	昭和	40	开始生产涂层钢板 开发双层隔热压型板三晃金属工业 熔融 55%铝镀锌合金，美国
1966 年	昭和	41	全日本钣金工业组合联合会成立 开始使用一涂二烤生产线进行生产 内钉石膏板的金属饰面板，中央铁工
1967 年	昭和	42	横铺屋面方案，元旦 BEAUTY 工业 两涂两烤彩色钢板市场销售
1968 年	昭和	43	《着色镀锌铁板》（JIS G3312）制定 皇居新宫殿的铜屋面完成，铜板使用量超过 800 t 在此之前铜板使用量最大的为奈良的 440 t 大佛
1969 年	昭和	44	彩色钢板，被认证为不燃材料 氯乙烯钢板，被认证为不燃材料、准不燃材料
1970 年	昭和	45	开始使用三涂三烤生产线进行生产，大洋制钢 氯乙烯钢板、隔热镀锌铁板工业会成立 开始生产金属瓦，中山制钢 开发出咬合型压型板，三晃金属工业 开发出咬合型压型板，日本建材工业 不锈钢的焊接工法开始，日本不锈钢 热浸镀锌-5%镀铝合金，秘鲁
1971 年	昭和	46	（社）日本建筑钣金协会成立 建设省告示第 109 号，规定了外装材的抗风对策，外装材的速度压 $q = 120\sqrt[4]{h}$
1973 年	昭和	48	氟化乙烯树脂涂层钢板上市销售，大洋制钢 开发出扣合形压型板，大同建材工业 石油危机
1975 年	昭和	50	开发出扣合形压型板，LIBA 建铁 《建筑荷载规范案同解说》制定 台风 13 号，直击八丈岛
1977 年	昭和	52	《钢板屋面用压型板》（JIS A6514）制定 《钢板屋面技术规程》制定
1979 年	昭和	54	开发出双层隔热压型板，大同建材工业 台风 20 号
1980 年	昭和	55	不锈钢防水薄板市场销售，三晃金属工业
1981 年	昭和	56	开发减震钢板 日本钢管 建筑基准法修正，结构用速度压两种方法并行 $q = 60\sqrt{h}$ 和 $q = 120\sqrt[4]{h}$ 《建筑荷载规范同解说》修订，全面修订风荷载
1982 年	昭和	57	开始生产熔融 55%铝-锌合金钢板（镀铝锌板），大同钢板 彩色不锈钢，被认定为不燃材料
1983 年	昭和	58	开始生产热浸镀锌-5%铝合金钢板（镀铝锌板） 玻璃纤维隔热毛毡，东电能源馆 空气膜结构

续表

公历	日本历		发生事件
1984 年	昭和	59	第一个钛板屋面，东电能源馆 不燃隔热材，古河电工
1985 年	昭和	60	《钢板屋面用压型板》(JIS A6514) 修订
1986 年	昭和	61	金属屋面工事技师技术审查开始 《金属屋面的施工与管理》出版
1990 年	平成	2	《涂层热浸镀锌-5%铝合金钢板》(JIS G3318) 制定
1991 年	平成	3	日本铜中心制定《铜屋面构造手册》 台风 19 号
1992 年	平成	4	《钢板屋面技术标准》(SSR 92) 修订
1993 年	平成	5	《金属屋面的施工与管理》修订版 出版 《建筑荷载规范同解说》修订
1995 年	平成	7	《金属屋面的施工检查表-压型板屋面工程篇》出版 《地震灾害中的屋面和外墙》出版 阪神淡路大地震
1996 年	平成	8	《金属屋面的施工检查表-横铺屋面工程篇》出版 《金属屋面的施工与管理》(第 2 版) 修订版 出版
1997 年	平成	9	开始生产熔融锌铝锰钢板 (ZAM)，日新制铁
1998 年	平成	10	《风和金属屋面》出版 《屋面改造工程手册》出版 《热浸镀 55%铝锌合金钢板》(JIS G3322) 制定
1999 年	平成	11	促进确保住宅质量的相关法律
2000 年	平成	12	《建筑基准法》全面修订，性能规定 对风压的规定重大变更，外装材的速度压 $\bar{q} = 0.6Er^2Vo^2$
2001 年	平成	13	《金属屋面的性能确认》出版 《风和金属屋面》修订版 出版
2002 年	平成	14	风压计算软件发布
2003 年	平成	15	《金属屋面的施工与管理》(第 3 版) 修订版 出版
2004 年	平成	16	《从材料看金属屋面和外墙》出版 计算软件《屋面验算》，之后每年更新 《金属屋面的性能确认》(第 2 版) 出版 《建筑荷载规范同解说》修订 新潟县中越地震 观测史上最多 10 次台风登陆，双层压型板屋面等受灾
2005 年	平成	17	结构计算造假问题
2006 年	平成	18	《石棉板屋面改造时的石棉对策》出版 《金属屋面的性能确认》(第 3 版) 出版
2007 年	平成	19	《建筑基准法修订》，要求建筑审查时必须提交屋面板等结构计算书 《石棉板屋面改造时的石棉对策》修订版出版
2008 年	平成	20	《钢板屋面技术规程》(SSR 2007) 修订 隔热镀锌铁板委员会成立 雷曼银行事件

续表

公历	日本历		发生事件
2009 年	平成	22	石棉板屋面修订提案发布
2011 年	平成	23	《钢板外墙技术规程》（SSW 2011）制定 东日本大震灾
2012 年	平成	25	《金属屋面的施工与管理》（第 4 版）修订版 出版 《熔融锌铝锰钢板》（JIS G3323）制定
2014 年	平成	26	《钢板屋面和外墙的设计、施工及维保手册》（MSRW 2014）制定
2015 年	平成	27	《不奢求舒适空间-压型板屋面能做到的》出版 《建筑荷载规范同解说》修订

专栏
日本镀锌铁板面向日本国内企业的商标（1962 年）

参考文献

［1］銅板葺屋根編集委員会：銅板葺屋根，理工学社，1996.

［2］永谷洋司：金属屋根と壁の設計・施工技術，日本鐵板（非売品），1996.

［3］東日本亜鉛鐵板特定問屋商業組合：亜鉛鉄板読本，1941.

［4］亜鉛鉄板会：亜鉛鉄板ハンドブック，1962.

［5］亜鉛鉄板会・日本亜鉛鉄板輸出組合：統計でみる亜鉛鉄板のあゆみ，1984.
［6］日本長尺金属工業会：日長金 25 年の歩み，1988.
［7］斉木益栄：銅板屋根とともに，施工と管理 No. 119 ~ No. 200，日本金属屋根協会，2003.
［8］高木進一：耐酸被覆鋼板…その歴史を中心に，施工と管理 No. 204，日本金属屋根協会，2004.
［9］鴨下松五郎：板金いま、むかし，施工と管理 No. 249 ~ No. 250，日本金属屋根協会，2008.
［10］鴨下松五郎：旧き、よき職人の世界，施工と管理 No. 300，日本金属屋根協会，2012.
［11］喜々津仁密：建築物の台風被害の軽減に資する基規準の変遷，施工と管理 No. 333，日本金属屋根協会，2015.
［12］森田喜晴：我が国最古の銅板屋根の記録，施工と管理 No. 334，日本金属屋根協会，2016.
［13］日本鋼構造協会：鋼構造の軌跡，2015.
［14］日本金属屋根協会：大阪城天守閣「平成の大改修」，施工と管理 No. 119，1996.

第 2 章

了解屋面材料和外墙材料

2.1　屋面材料和外墙材料及其演变过程

2.1.1　屋面材料和铺设方法的发展史

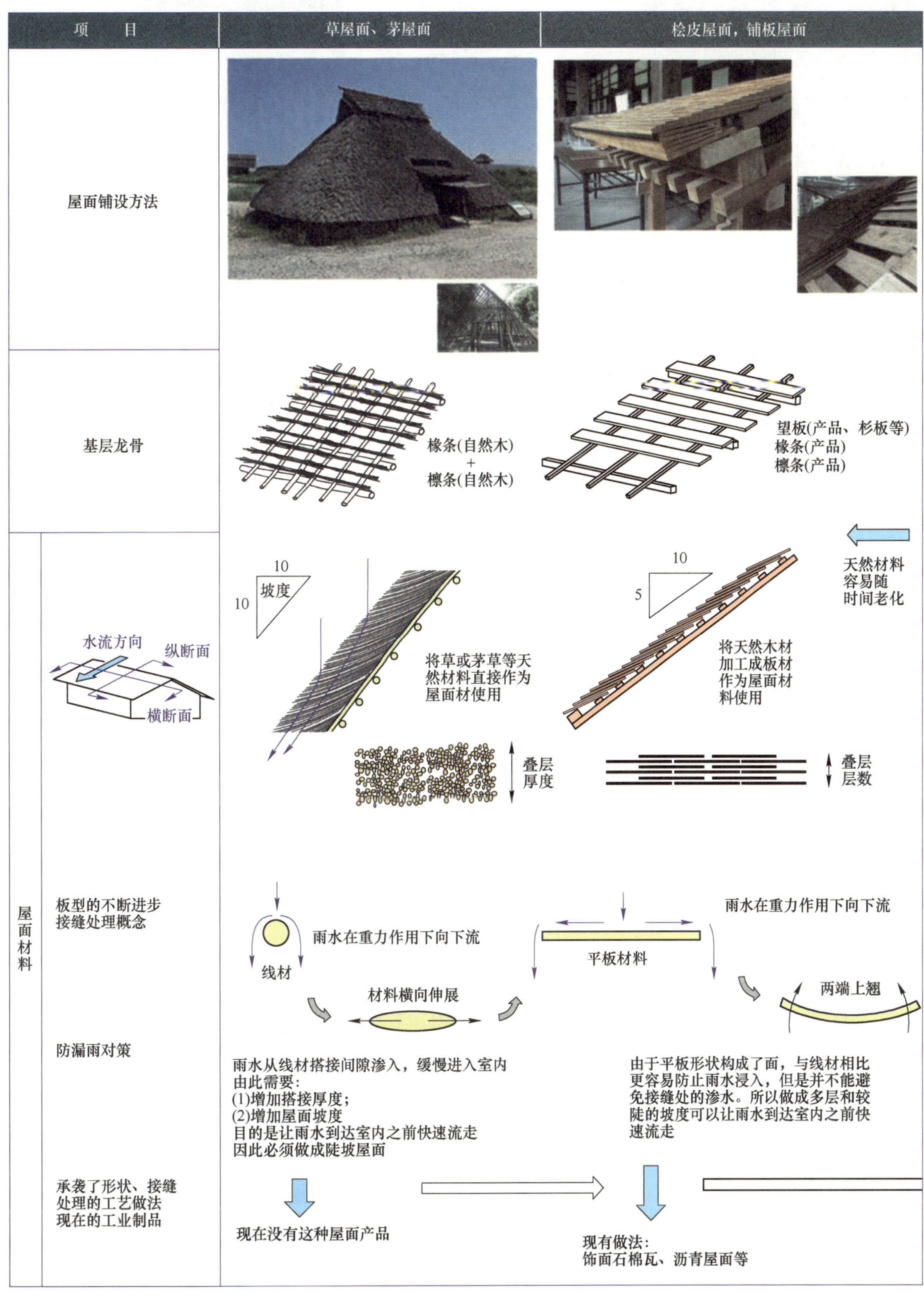

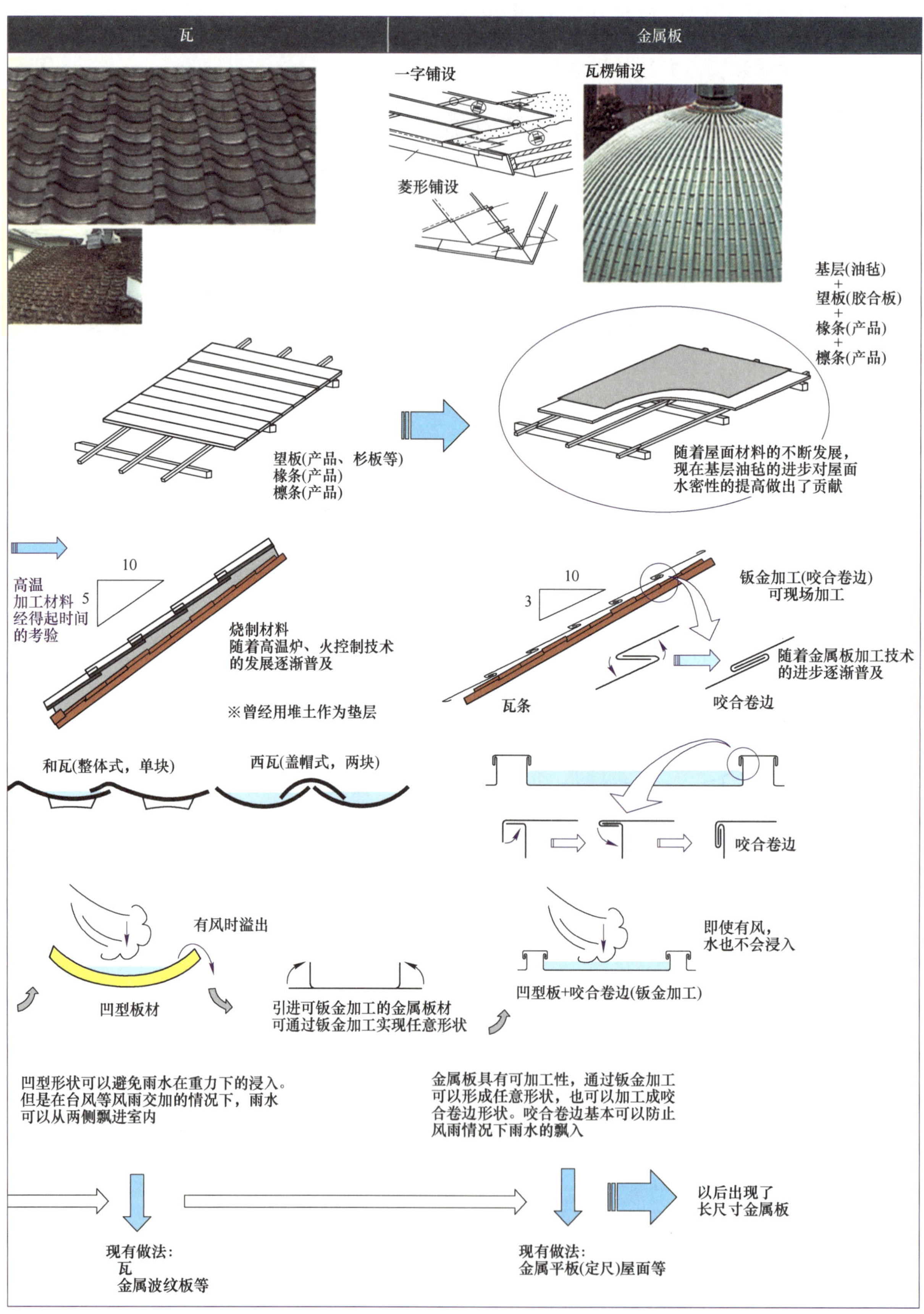

瓦
金属板
一字铺设
菱形铺设
瓦楞铺设
基层(油毡)
+
望板(胶合板)
+
椽条(产品)
+
檩条(产品)
望板(产品、杉板等)
椽条(产品)
檩条(产品)
随着屋面材料的不断发展，
现在基层油毡的进步对屋面
水密性的提高做出了贡献
高温
加工材料
经得起时间
的考验
10
5
烧制材料
随着高温炉、火控制技术
的发展逐渐普及
※曾经用堆土作为垫层
10
3
钣金加工(咬合卷边)
可现场加工
随着金属板加工技术
的进步逐渐普及
瓦条
咬合卷边
和瓦(整体式，单块)
西瓦(盖帽式，两块)
咬合卷边
有风时溢出
凹型板材
引进可钣金加工的金属板材
可通过钣金加工实现任意形状
即使有风，
水也不会浸入
凹型板+咬合卷边(钣金加工)
凹型形状可以避免雨水在重力下的浸入。
但是在台风等风雨交加的情况下，雨水
可以从两侧飘进室内
金属板具有可加工性，通过钣金加工
可以形成任意形状，也可以加工成咬
合卷边形状。咬合卷边基本可以防止
风雨情况下雨水的飘入
以后出现了
长尺寸金属板
现有做法：
瓦
金属波纹板等
现有做法：
金属平板(定尺)屋面等

2.1.2 长尺金属屋面

长尺寸纵铺
水流方向
长尺寸横铺
传统的块状屋面材料
如：茅草、板、瓦，
现在的饰面石棉瓦，
沥青屋面

2.1.2.1 长尺金属屋面的出现

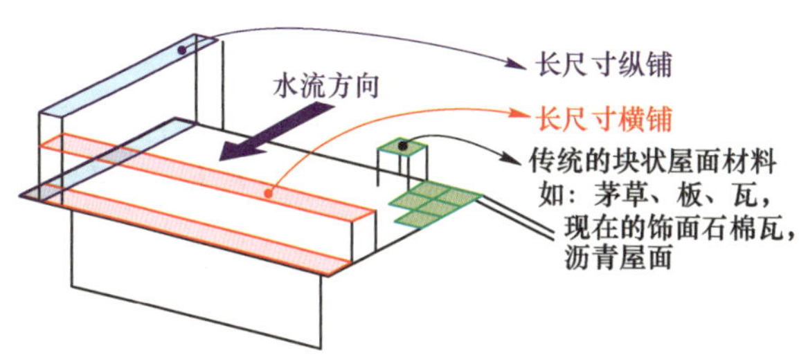

以往的屋面材料，从天然材料演变到高温加工材料，一直都是以追求耐久性为目标。屋面材料都是块状材料，铺设完成后屋面上会形成纵横接缝。

而金属材料的特点是：(1) 非常轻，即使很大一张也容易处理；(2) 随着长尺寸钢卷制造技术的进步和普及，长尺寸屋面板铺设工法出现，并得到普及。特别是长尺寸纵铺屋面材可以实现缓坡屋面，进一步促进了长尺寸钢板的发展。

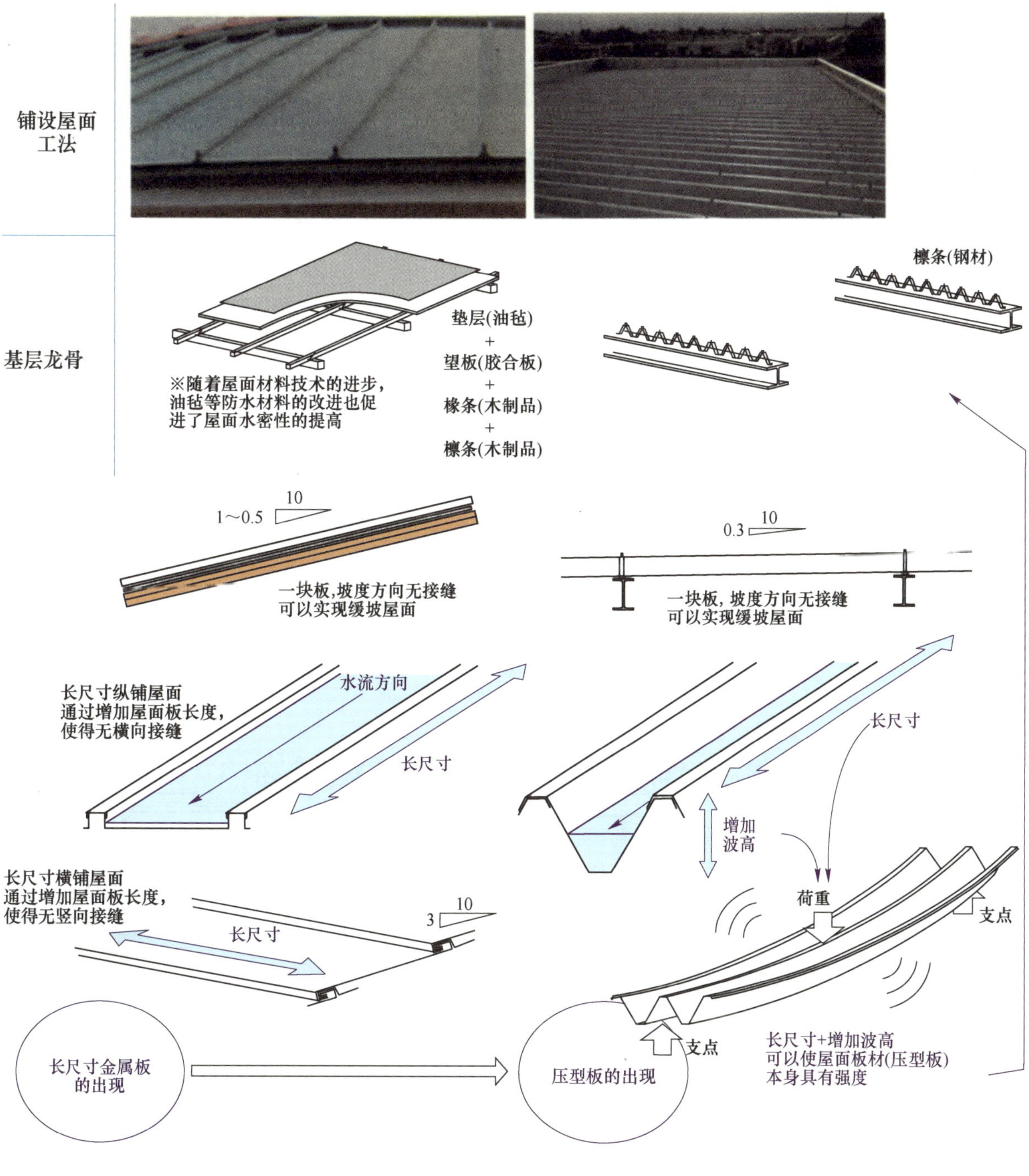

铺设屋面
工法
基层龙骨
檩条(钢材)
垫层(油毡)
+
望板(胶合板)
+
椽条(木制品)
+
檩条(木制品)
※随着屋面材料技术的进步，
油毡等防水材料的改进也促
进了屋面水密性的提高
1～0.5
10
一块板,坡度方向无接缝
可以实现缓坡屋面
0.3
10
一块板，坡度方向无接缝
可以实现缓坡屋面
长尺寸纵铺屋面
通过增加屋面板长度，
使得无横向接缝
水流方向
长尺寸
长尺寸
增加
波高
荷重
支点
长尺寸横铺屋面
通过增加屋面板长度，
使得无竖向接缝
长尺寸
3
10
支点
长尺寸+增加波高
可以使屋面板材(压型板)
本身具有强度
长尺寸金属板
的出现
压型板的出现

2.1.2.2　长尺金属屋面板出现的背景

长尺金属屋面板的出现得益于钢板制造技术的不断进步。战后为了提高生产效率，大型高炉企业竞相引进大型连续生产线，同时市场上开始出现镀锌钢卷、彩板钢卷等。此外商社、批发商、钣金店也配备了能适应长尺寸钢卷的设备。1955 年以后，长尺金属屋面铺设工法百花齐放。

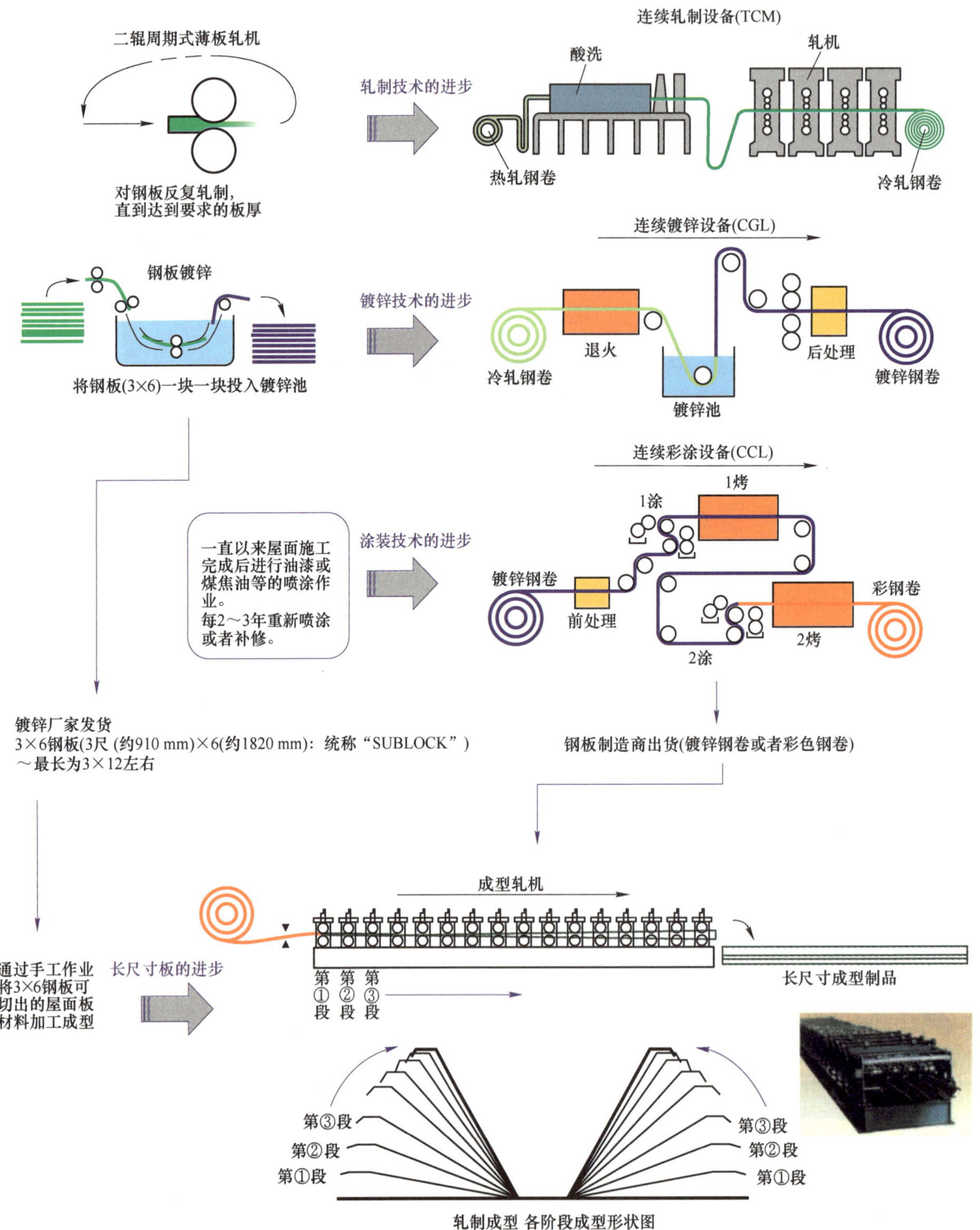

轧制成型 各阶段成型形状图

2.1.3 屋面外板的基本事项

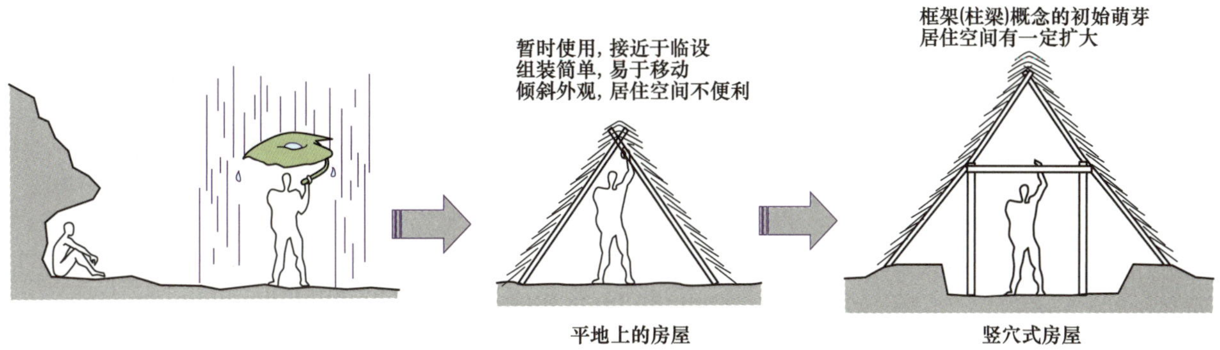

屋面坡度

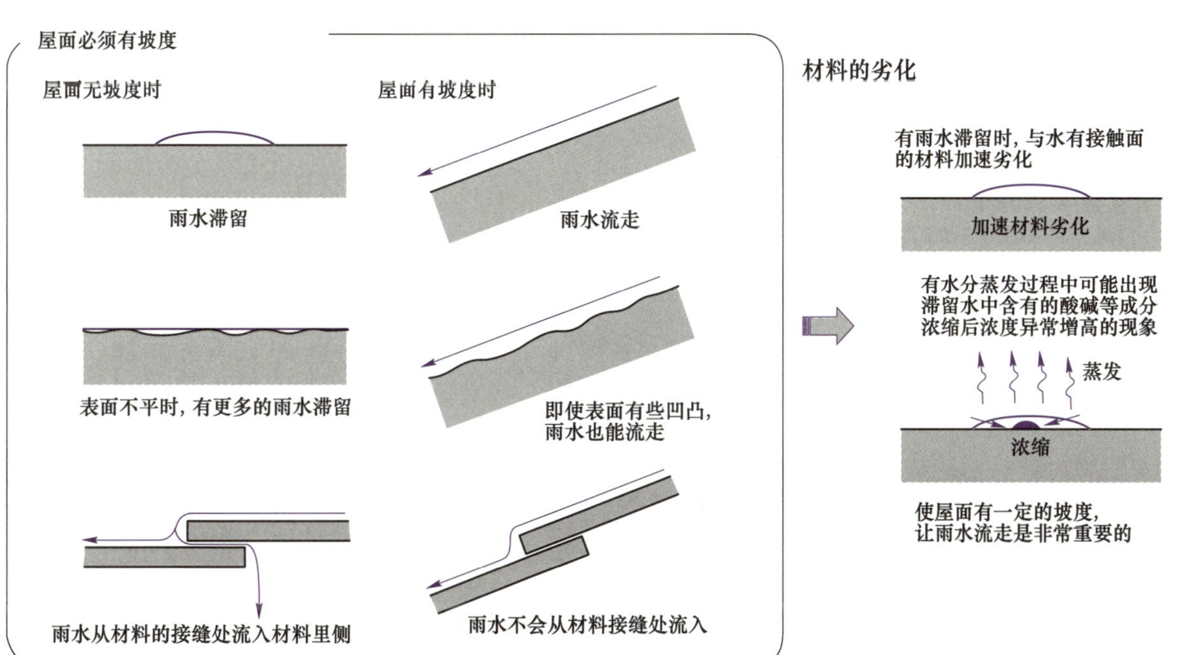

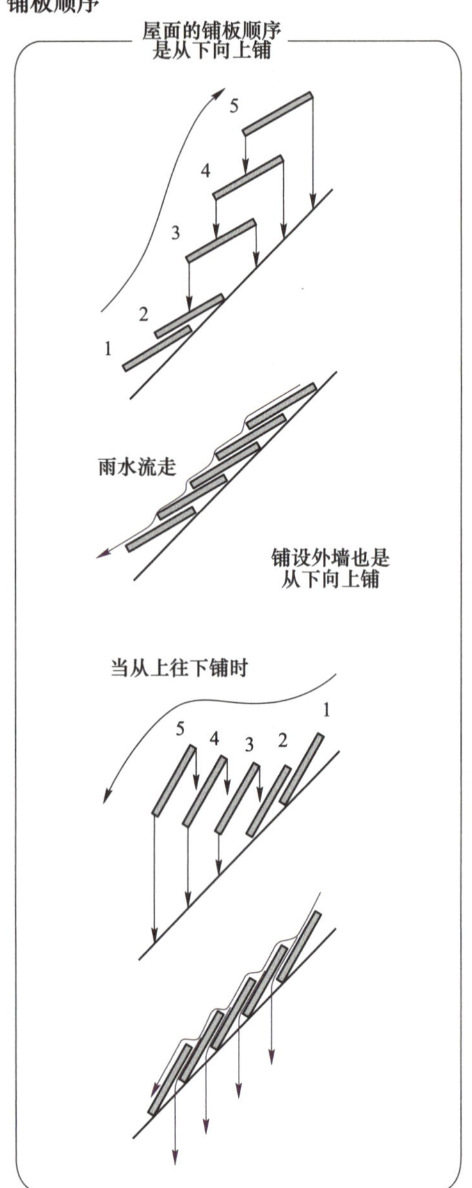
铺板顺序
屋面的铺板顺序
是从下向上铺
5
4
3
2
1
雨水流走
铺设外墙也是
从下向上铺
当从上往下铺时
5
4
3
2
1

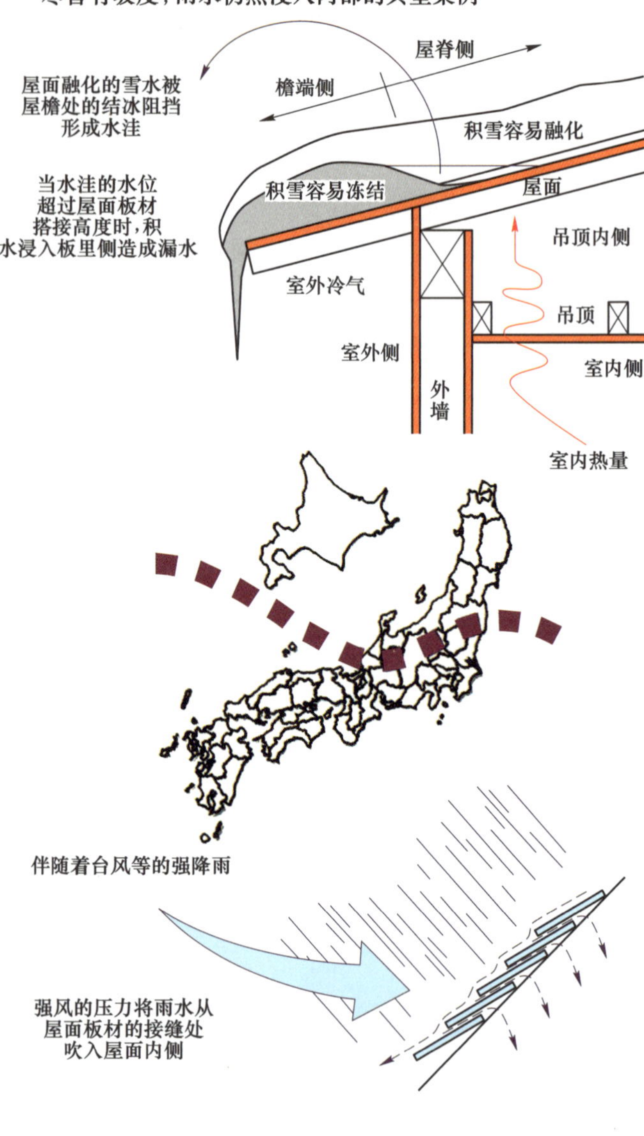
尽管有坡度，雨水仍然浸入内部的典型案例
屋脊侧
檐端侧
屋面融化的雪水被
屋檐处的结冰阻挡
形成水洼
积雪容易融化
当水洼的水位
超过屋面板材
搭接高度时，积
水浸入板里侧造成漏水
积雪容易冻结
屋面
吊顶内侧
室外冷气
吊顶
室外侧
室内侧
外
墙
室内热量
伴随着台风等的强降雨
强风的压力将雨水从
屋面板材的接缝处
吹入屋面内侧

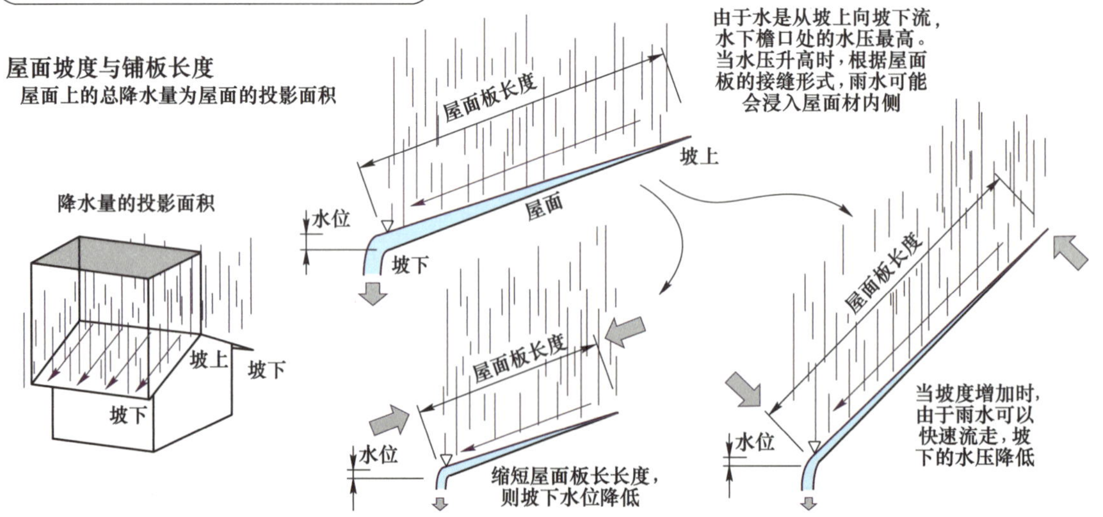
屋面坡度与铺板长度
屋面上的总降水量为屋面的投影面积
降水量的投影面积
坡上
坡下
坡下
屋面板长度
坡上
屋面
水位
坡下
由于水是从坡上向坡下流，
水下檐口处的水压最高。
当水压升高时，根据屋面
板的接缝形式，雨水可能
会浸入屋面材内侧
屋面板长度
水位
缩短屋面板长长度，
则坡下水位降低
屋面板长度
水位
当坡度增加时，
由于雨水可以
快速流走，坡
下的水压降低

2.1.4 屋面的构造、形状及名称

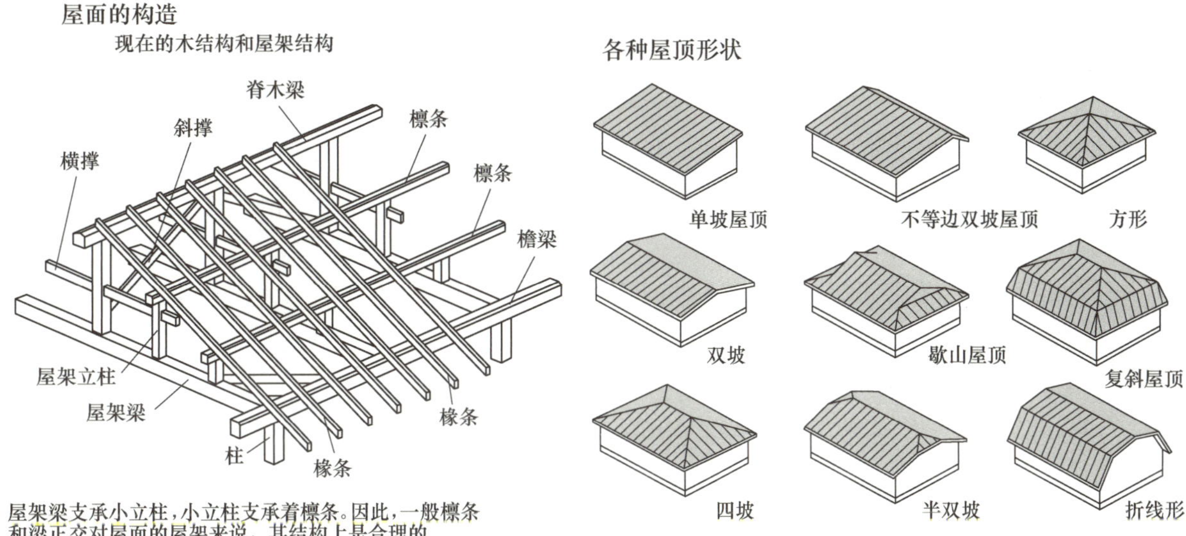

屋架梁支承小立柱，小立柱支承着檩条。因此，一般檩条和梁正交对屋面的屋架来说，其结构上是合理的

从结构上考虑屋面的搭建方法

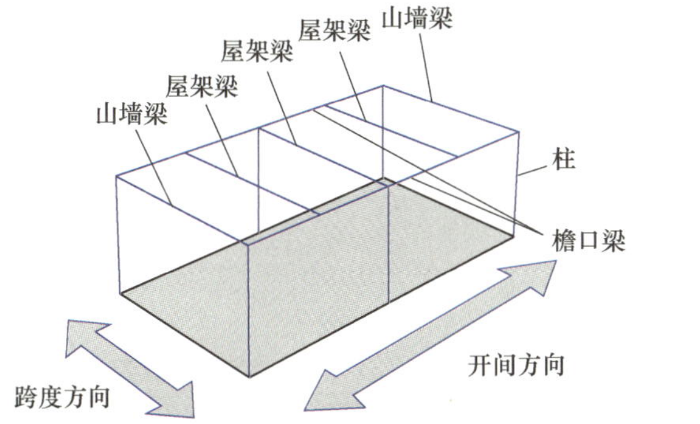

山墙梁
屋架梁
屋架梁
屋架梁
山墙梁
柱
檐口梁
跨度方向
开间方向

一般平面为长方形时，在短边方向上设梁在结构上更合理
当在长边方向上设梁时，由于梁跨度增加、为保证梁的强度需要更大的截面，经济性较差

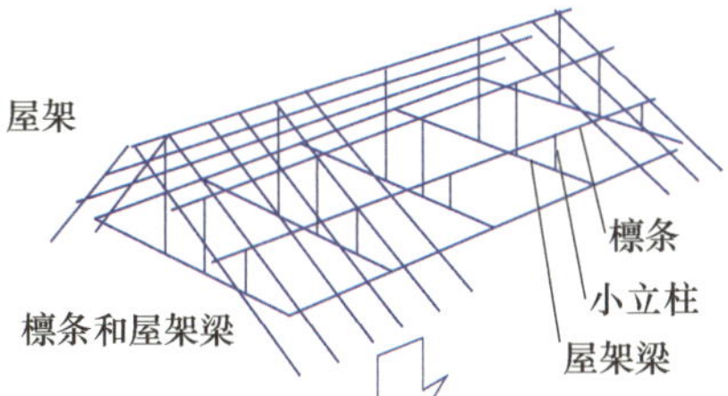

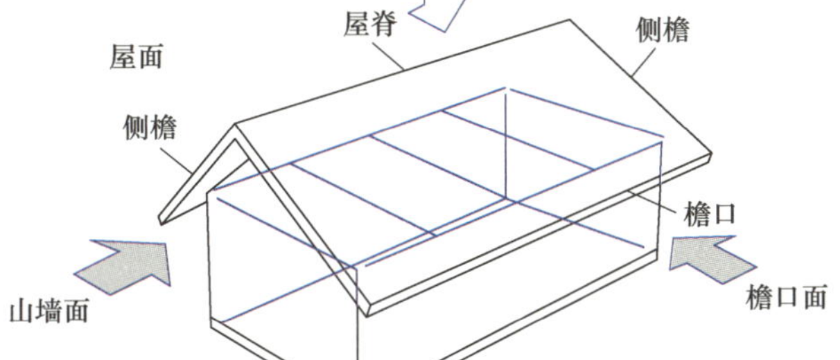

坡度

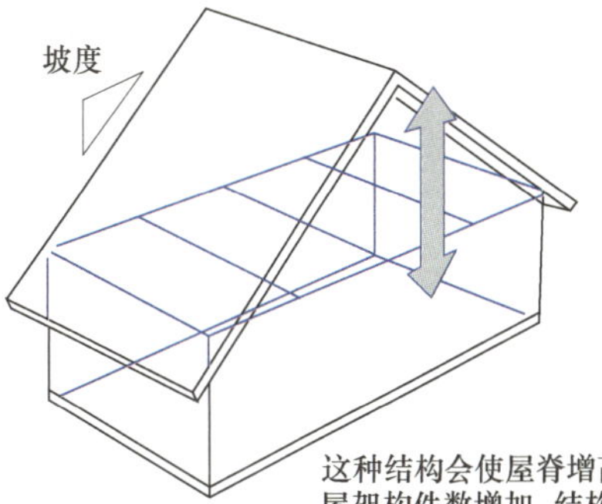

这种结构会使屋脊增高，屋架构件数增加，结构变得复杂

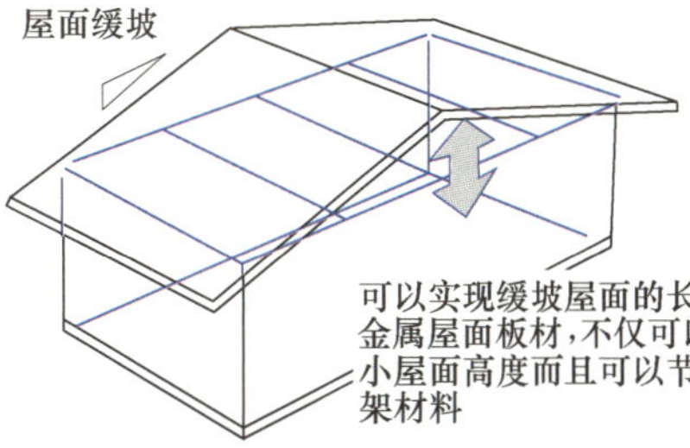

屋架
檩条
小立柱
屋架梁
檩条和屋架梁

屋面缓坡

可以实现缓坡屋面的长尺寸金属屋面板材，不仅可以减小屋面高度而且可以节约屋架材料

屋面
屋脊
侧檐
侧檐
檐口
山墙面
檐口面

这是从结构合理和经济合理的角度出发考虑的屋架结构

缓坡、长尺寸金属屋面板的铺设实例

屋面各部位的名称

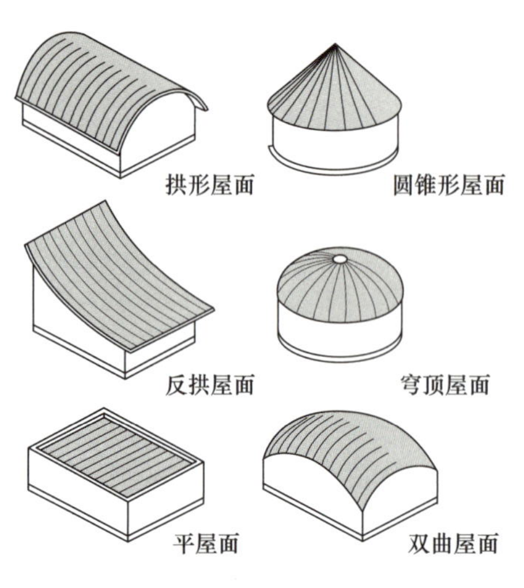

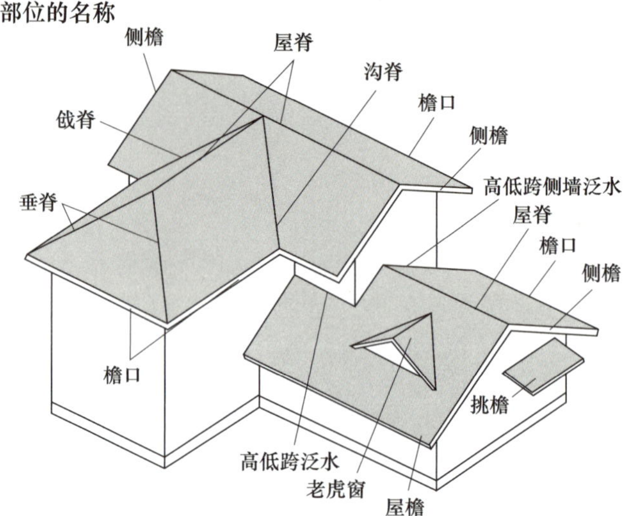

考虑雨水流向的屋面形状

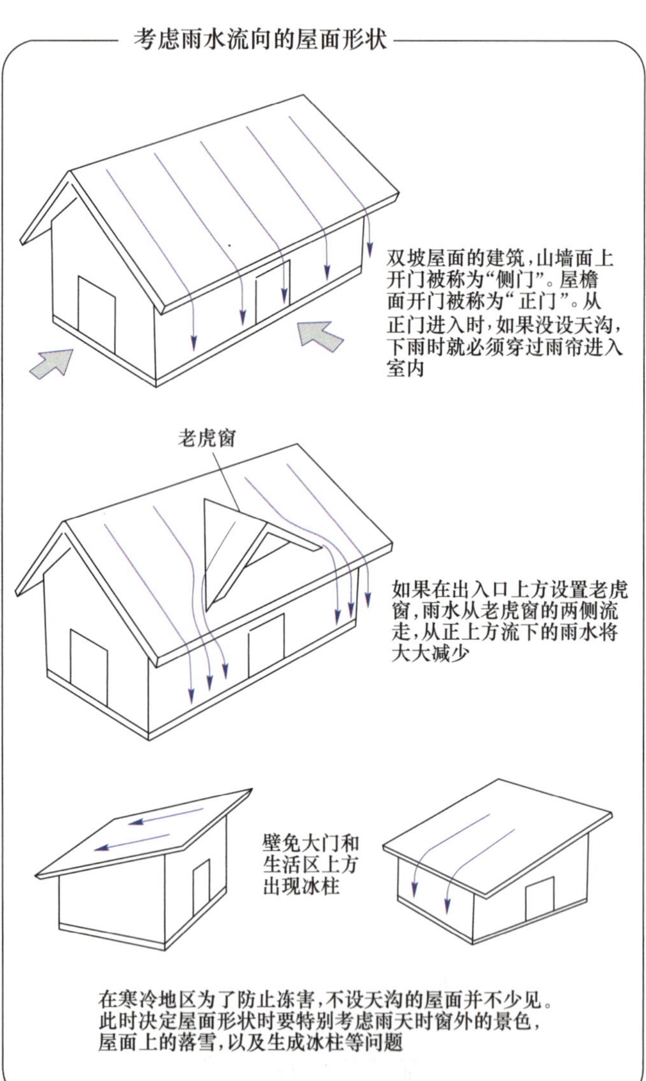

挑檐的日光调节作用

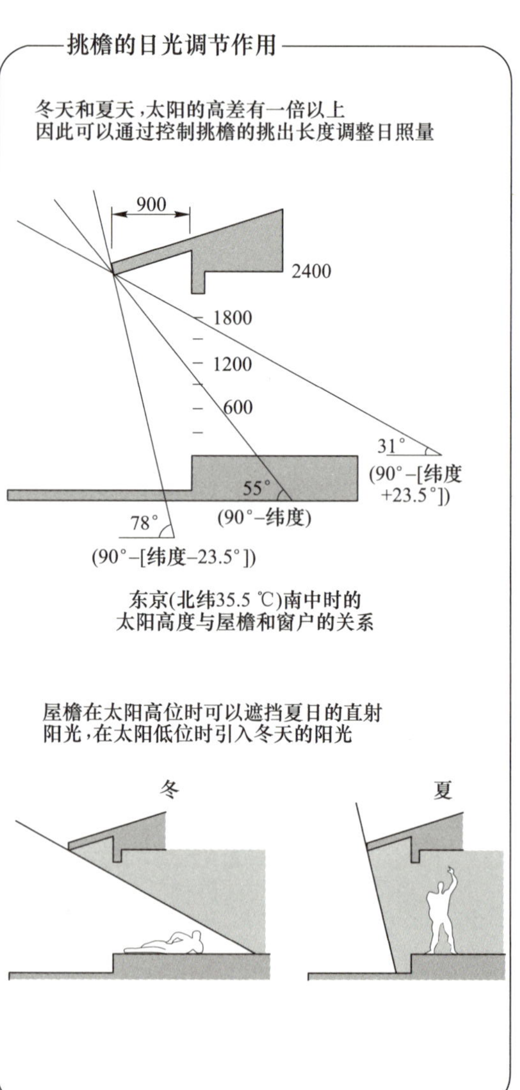

2.1.5 屋面材料的种类

表 2.1.1 中列出了主要的屋面材料，是根据屋面的防漏功能（防水性能）进行的分类。

“屋面材料”的分类是指相互之间接合后可以形成屋面系统的材料，图 2.1.1 列出各种屋面材料用量随时间的变化。对于某些屋面，材料接缝处有一定程度的雨水浸入（渗入、渗出），但并不会造成室内漏水，雨水可以经由檐口快速流走。“防水屋面”的分类是指屋面形成了一个整体平面，依靠水密性能防止室内漏水。

以下简单介绍除金属屋面以外的屋面材料。

表 2.1.1 主要屋面材料

屋面材料	金属板	钢板、不锈钢板、铝合金板、铜板、镀锌合金板、钛板
	瓦	熏瓦、釉瓦、素陶瓦
	厚石棉板	水泥瓦
	波形石棉板	
	装饰石棉板	
	天然石棉板	
	沥青屋面板	
	合成树脂	氯乙烯板、强化塑料板
	草	茅草、秸秆、芦苇
	树皮	桧树皮、杉树皮
	板	杉木、花柏木、栗木
防水	沥青防水	
	膜状物防水	
	涂膜防水	FRP 防水
		聚氨酯防水
其他	膜结构	玻璃纤维

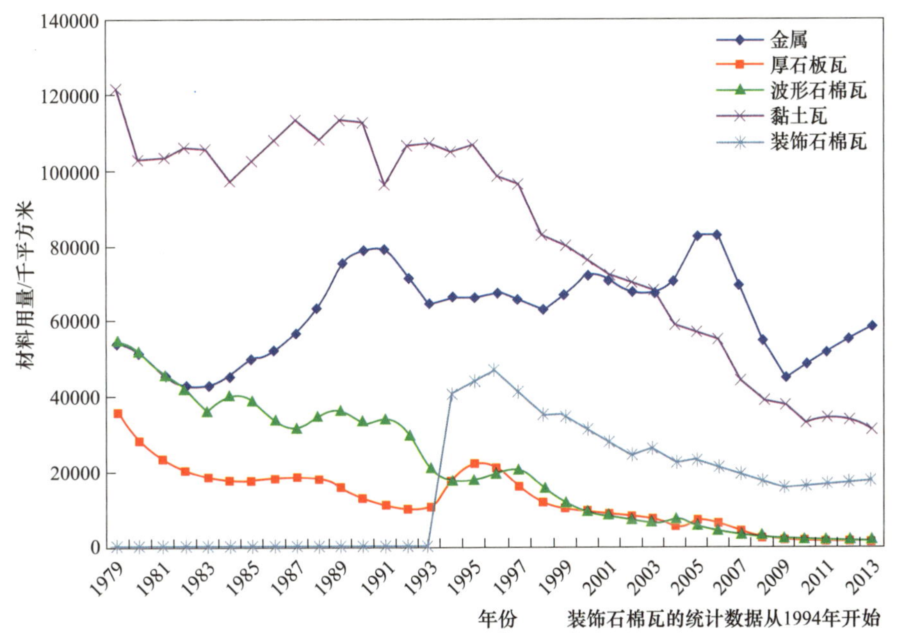

图 2.1.1 各种屋面材料用量变化

2.1.5.1　铺草屋面

铺草屋面采用的材料有茅、麦秸秆、稻草、麻秆、筱竹、芦苇等，如图 2.1.2 所示。

2.1.5.2　铺树皮屋面

铺树皮屋面的材料有桧树皮、杉树皮。用竹钉等固定，如图 2.1.3 所示。

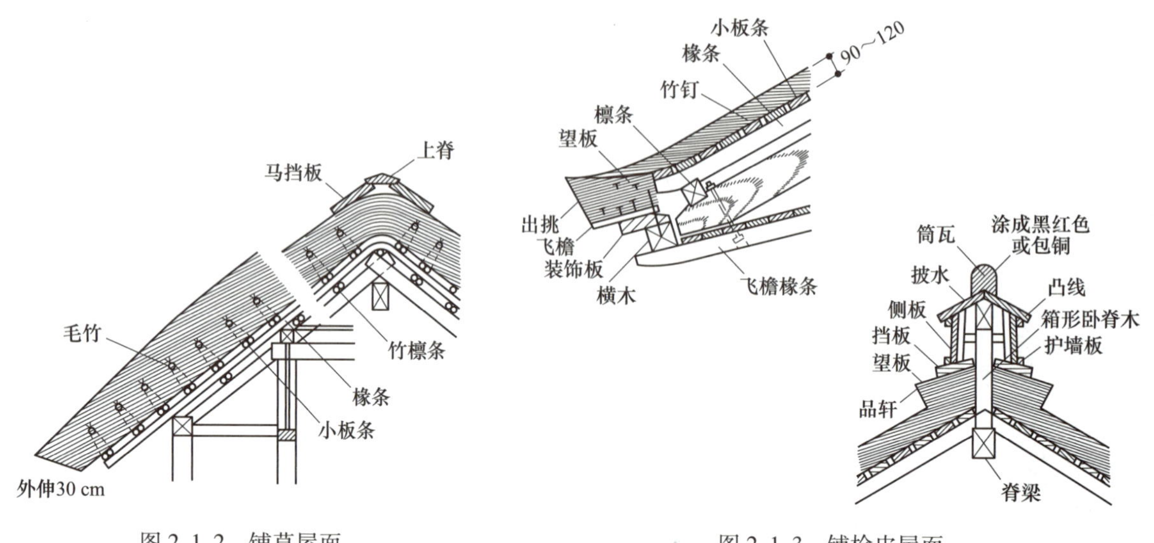

图 2.1.2　铺草屋面　　　　图 2.1.3　铺桧皮屋面

2.1.5.3　铺板屋面

板屋面的材料种类很多，具体分类见表 2.1.2。将杉木、花柏木等加工成板材。

表 2.1.2　铺板屋面的分类

铺板屋面	大和板屋面、板条屋面 长板屋面 薄木片板屋面，板厚 3 mm 木贼板屋面，薄木片板屋面，板厚 4~6 mm 栩板，板厚 10~30 mm 堆土屋面（瓦屋面的垫层），板厚 1 mm 左右

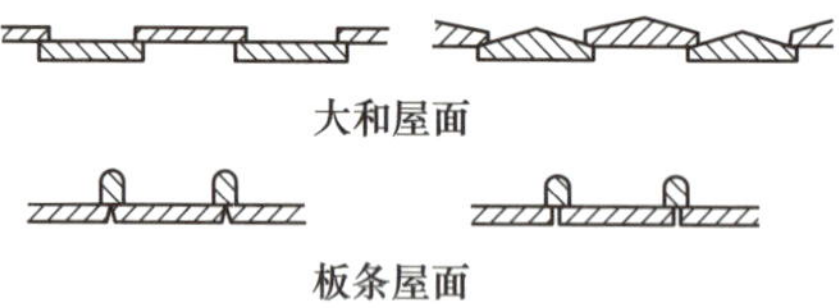

2.1.5.4　黏土瓦

自古以来，无论是东方还是西方，瓦一直被当作屋面建筑材料使用。瓦是用黏土成型后烧制出来的陶土制品，具有耐久性、隔热性和不燃性，应用非常广泛。瓦的缺点是重量大、吸水率高、容易受冻害影响。瓦的形式分为“和瓦”和“洋瓦”，和瓦有 3 种形式，即波形瓦、引挂波形瓦和本瓦；洋瓦主要以法国样式和西班牙样式为代表，JIS 规格按照形状将其分为 J 型、F 型、S 型，如照片 2.1.1 所示。

瓦的制作方法有三种。

(1) 燻瓦（黑瓦、银色瓦）：用松木条、松叶熏制，使产生独特的古朴颜色和光泽。

(2) 釉瓦（陶器瓦）：利用釉药，做出各种各样的颜色。

（3）素陶瓦：对瓦表面不进行任何处理。

照片 2.1.1 黏土瓦（全日本瓦工事业联盟）

2.1.5.5 厚型石板瓦

压制水泥瓦为经加压脱水成型后得到的制品，主要原料为水泥（34%）和细骨料（66%）。未进行加压成型的瓦被称为水泥瓦，如图 2.1.4 所示。该制品是在考虑轻型、外观和强度的基础上设计出的制品，有平形栈、平 S 栈、和形栈、S 形栈、平板栈、波形栈 6 种及其配套产品。

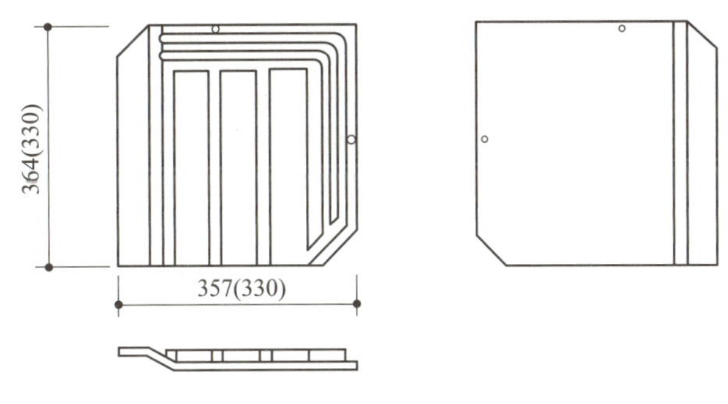

图 2.1.4 水泥瓦（平板栈瓦）

2.1.5.6 波形石棉瓦

波形石棉瓦是纤维强化水泥板的一种，其形状有大波、小波和波纹饰板。波形石棉瓦的主要原料是玻璃纤维等纤维材料和硅酸盐水泥，通过抄制、压缩成型而成，如图 2.1.5 所示。纤维的使用可改善材料的脆性。

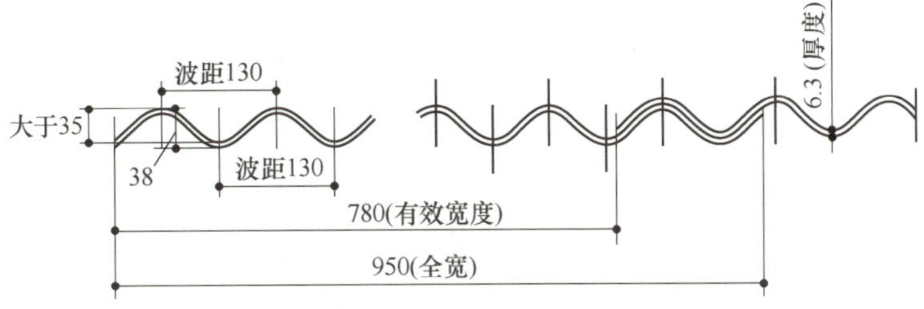

图 2.1.5 大波石棉瓦（大和石棉瓦）

2.1.5.7 装饰石棉瓦

装饰石棉瓦屋面材料一般是铺在望板上，主要原料是水泥、硅酸质原料、纤维等，是强化成型装饰板。可分为平面形屋面石棉瓦（见图 2. 1. 6）和波形屋面石棉瓦两种形式。

2. 1. 5. 8　天然石棉瓦

天然石棉瓦是天然的黑色石板。其优点为具有耐久、耐火、耐水性，吸水量少、装饰性好；其缺点为热传导率大、施工有问题时容易损坏。

根据石棉瓦的形状和排列方式，铺设方法有切角形、龟甲形、一字形、菱形、鱼鳞形等排瓦形式，如图 2. 1. 7 所示。

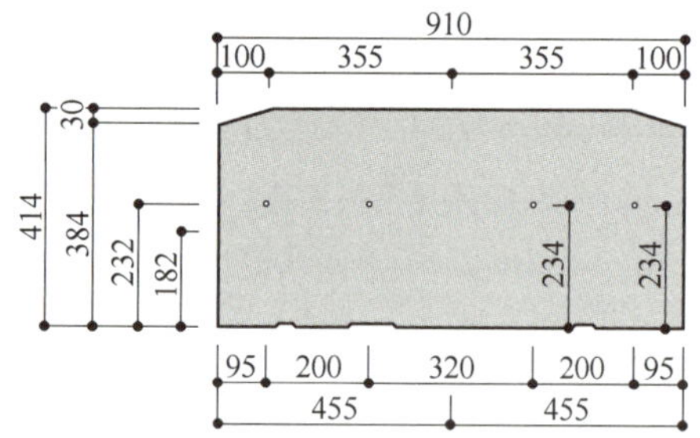

图 2. 1. 6　装饰石棉瓦的形状（KMEW）

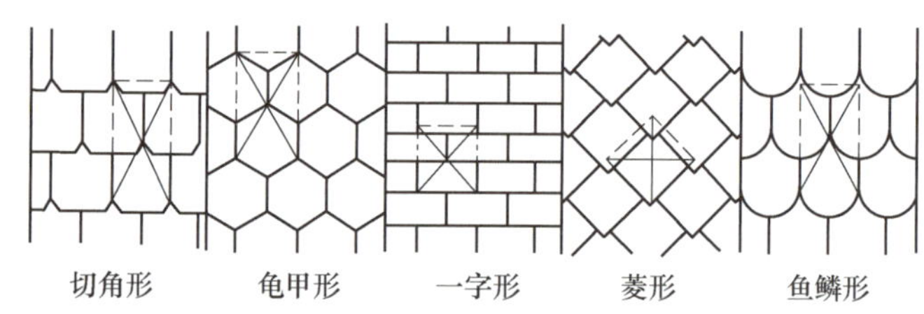

图 2. 1. 7　天然石棉瓦屋面（施工与管理）

2. 1. 5. 9　沥青屋面板

沥青屋面板是使沥青油毡布或者玻璃纤维等上浸透沥青，并在表面附着着色砂的材料，如图 2. 1. 8 所示。其具有优秀的色彩性、耐泼水性、耐候性、耐褪色性等，且可以进行曲面施工。因为

图 2. 1. 8　沥青屋面板（田岛沥青屋面）

（图中标注尺寸可能与实际产品有差异）

该材料为准不燃材料，所以在防火区域和准防火区域限制使用。

2.1.5.10 合成树脂波钢板

合成树脂波钢板是指氯乙烯、聚碳酸酯材料的波钢板（见图 2.1.9），主要用于采光。

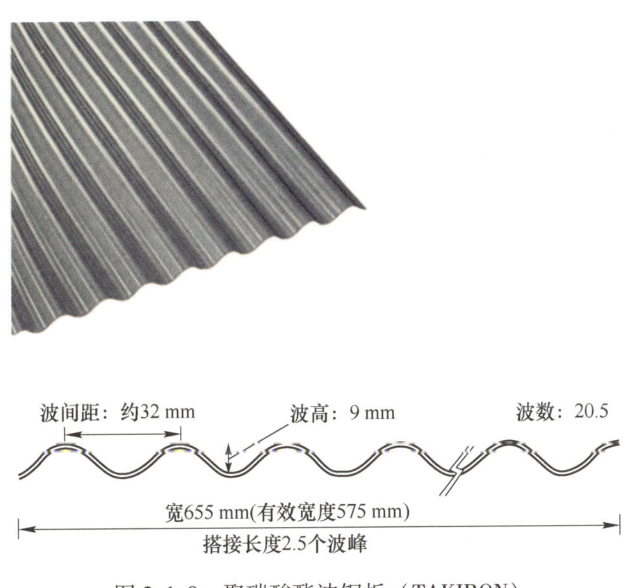

图 2.1.9 聚碳酸酯波钢板（TAKIRON）

2.1.5.11 沥青防水

沥青防水的做法有热工法、常温法和火烤法。一般的沥青防水做法是指热工法，如图 2.1.10 所示。

（1）热工法：用熔化的沥青胶将 2~4 张卷材一层层叠铺在一起形成防水层的做法。

（2）常温工法：用本身带有自黏层的卷材材料，张贴单层或多层形成防水层的做法。

（3）火烤法：在改性沥青卷材的里侧用燃烧器火焰加热后张贴形成防水层的做法。

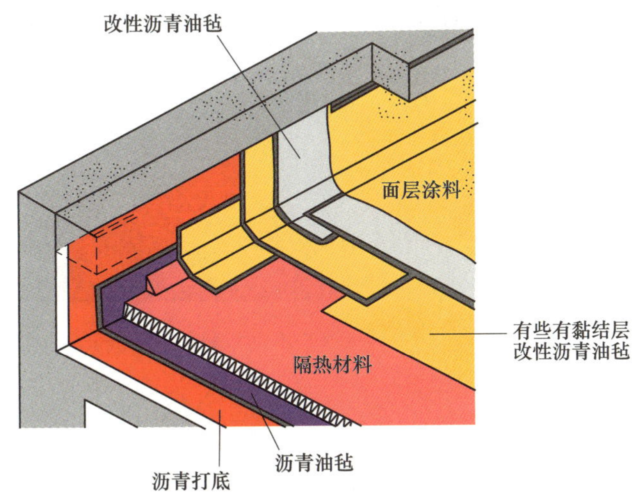

图 2.1.10 沥青防水层（沥青油毡工业会）

2.1.5.12 膜状物防水

利用合成橡胶类或合成树脂类油毡薄膜进行防水的工法。膜状物防水的施工方法按照在基层上的固定方法，可分为黏结工法、紧贴工法和机械固定工法。

（1）黏结工法：用黏结剂将防水薄膜黏结在基层上。

（2）紧贴工法：用聚合物砂浆将防水薄膜张贴在基层上。

（3）机械固定工法：用紧固器具将防水薄膜固定在基层上，如图 2. 1. 11 所示。

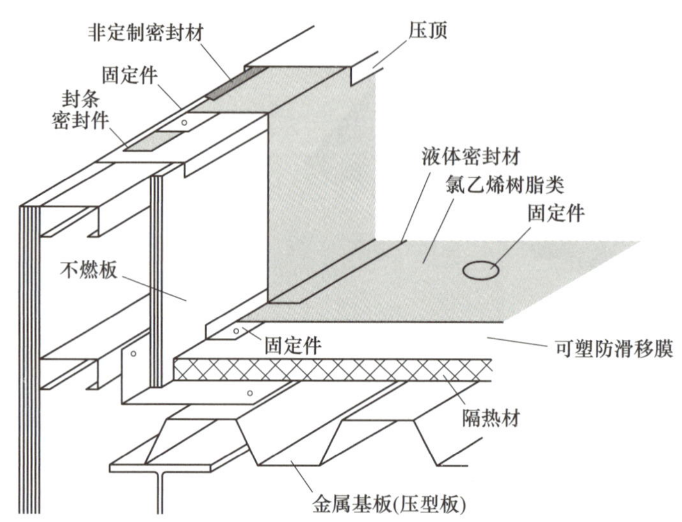

图 2. 1. 11　在金属基层上用机械固定工法（高分子沥青屋面工业会）

2. 1. 5. 13　FRP 防水

FRP 防水是在液体不饱和聚乙烯树脂中添加硬化剂进行混合，并将该混合物与玻璃纤维等加强材料组合成一体的涂膜防水材料，如照片 2. 1. 2 所示。

照片 2. 1. 2　FRP 防水（FRP 防水材料工业会）

2. 1. 5. 14　聚氨酯防水

聚氨酯防水是涂膜防水工法的一种，是通过涂刷防水工程用的聚氨酯形成防水层的工法，如照片 2. 1. 3 所示。有时与加强布和缓冲垫层材料组合使用。

2. 1. 5. 15　膜结构

用膜材料作为屋面材料的膜结构不仅用于临时建筑还用于永久建筑，如照片 2. 1. 4 所示。膜材料是在玻璃纤维织布等的基布上涂覆树脂得到的制品，具有质量轻、透光性好的优点。

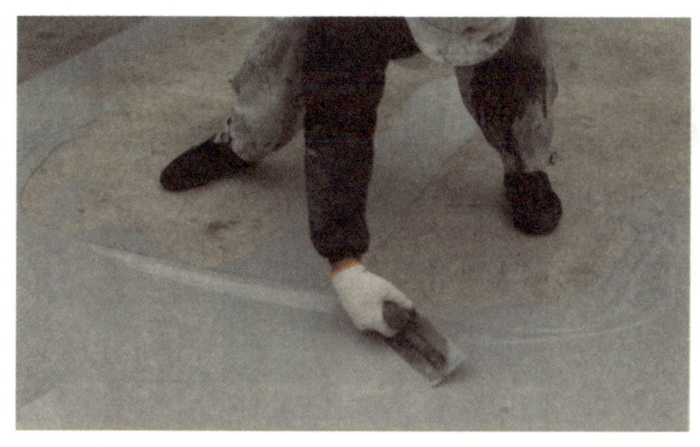

照片 2.1.3 聚氨酯防水（日本聚氨酯建材工业会）

照片 2.1.4 金属屋面和膜结构的混合应用

2.1.6 外墙材料的种类

表 2.1.3 列出了外墙的种类。外墙的施工方法分为干式工法和湿式工法。干式工法是指利用螺栓、钉子或螺钉将外墙材料固定在柱、梁、墙檩等上的方法；湿式工法是指通过加水混合搅拌后的材料干燥硬化固结的方法。

表 2.1.3 主要外墙种类

干式	幕墙	金属幕墙	
		预制混凝土金属幕墙	
	烧制类	ALC 板	
		GRC 板	
		挤压成型水泥板	
		石板瓦	
		烧制外墙饰板	
	金属类	钢板外墙材料	梯形板
			大波
			芯轴形式
			低波、肋波
		金属夹芯板	
		金属复合外墙饰板	
		金属板	
	木材类	平铺	
		搭接铺	
	合成树脂类	蜂窝板	
		蜂窝芯板	
湿式	涂料喷涂（砂浆打底）		
	抹灰墙	土墙	
		刷漆	
		水泥砂浆	
	瓷砖		
	石材		
	砖		
	清水混凝土		
	砌块	混凝土砌块	
		玻璃砖	

表 2. 1. 4 列出了除金属材料以外的外墙材料概要。

表 2. 1. 4　非金属类外墙材料

名称	概　　要
幕墙	幕墙工程是指包括门窗等开口部分的外墙工程。金属幕墙的主要组成部件为金属类材料，一般为铝合金挤压型材。预制混凝土幕墙的主要组成部件为混凝土部件（PC 板等）
ALC 板	是在水泥中添加发泡剂成型，通过蒸汽加压养护形成的轻量发泡混凝土板。重量约为普通混凝土的 1/4。《轻量发泡混凝土板》（JIS A 5416）
GRC 板	用耐碱玻璃纤维增强的水泥成型板
挤压成型水泥板	以水泥、硅酸质材料及纤维质材料为主要原料，挤压成型成中空状，在高压釜中养护得到的板产品。重量为 70 kg/m^2，约为 PC 板的 1/4。《挤压成型水泥板》（JIS A 5541）
石板瓦	将用纤维增强的水泥压制成小波板及 Flexible 板等。《纤维强化水泥板》（JIS A 5430）
烧制外墙饰板	主要原料为水泥质和纤维质原料，加工成板状，养护和硬化后得到的产品。《烧制类外墙饰板》（JIS A 5422）
木平板外墙	铺木材的平板外墙。为了防止腐蚀，可以将板的表面烧至炭化
木搭接外墙	用杉木板等从外墙的下部开始施工，用上面板的下端压住下部板的上端。可以有效防止雨水渗入和温度伸缩
蜂窝板	在蜂窝状芯材两侧贴胶合板的夹芯板材，具有重量轻强度大的特点
蜂窝芯板	将玻璃纤维、碳纤维的蜂窝材作为芯材，两边贴高强度 FRP（纤维加强塑胶板）形成的夹芯外墙板。由于重量轻、强度大、耐热性好，在幕墙工程中经常采用
涂料喷涂	·薄涂料：涂层厚度约为 3 mm，具有凹凸感的麻面单层装饰涂层。喷涂状态如同泥瓦匠的刮灰，所以也被称为喷涂饰面。 ·厚涂料：涂层厚度为 4～10 mm，具有凹凸感的粗面单层装饰涂层。在涂层表面可以用滚子、抹子等进行拉毛粉饰。 ·多层喷涂：分为打底层、主层和面层共三层，为多层喷涂。涂层厚度为 1～5 mm，具有优良的耐候性和耐久性。表面可以做成平滑状、柚皮状、火山坑和凹凸等各种纹饰。一般被称为喷涂面砖
抹灰墙	用灰浆材料在建筑外墙上粉刷。基层有板条框架（用竹子搭设）、灰浆铁网（金属网，钢丝网）、多孔石膏板、木板条（杉木斜向搭设）等。 土墙：主要材料为可塑性土，与混合料、骨料等搅拌后得到的日本传统灰浆。最近多采用调制好的成品材料。 灰浆：以熟石灰为主要原料，掺入海草等黏性物质和麻线等纤维，加水后充分搅拌而成。 水泥砂浆：由水泥、骨料、混合材料、水搅拌而成。装修专用水泥砂浆一般采用调制好的成品材料
瓷砖	瓷砖是用土、石的粉末成型，在高温下烧制硬化的陶瓷器。最近干式工法成为主流。除了陶瓷类的瓷砖，还有沥青岩、塑料砖等。硬质塑料砖是半透明的块状瓷砖，常用于带弧的房间拐角处
石材、天然石	有天然石和人造石。人造石是将天然石的种石和水泥、树脂混合后制成的产品，也被称为水磨石。施工方法有湿式工法、干式工法和半湿式工法
砖	用黏土、矿石搅拌成型后，干燥烧制得到的产品。施工方法与瓷砖相同，有湿式工法和干式工法
清水混凝土	钢筋混凝土主体结构直接作为外墙的方法
混凝土砌块	用混凝土砌块做外墙模板（CB 模板）是寒冷地区采用的混凝土结构的一种。其主要优点是可以保护混凝土、在室内侧施工、可省略外装修
玻璃砖	用彩色玻璃砖砌筑的外墙材料。当有采光和外观要求时多采用这种工法，也有干式工法

外墙构造。外墙上各部件的名称如图 2. 1. 12 所示。近来钢板外墙材料在许多建筑中应用，如照片 2. 1. 5 所示。

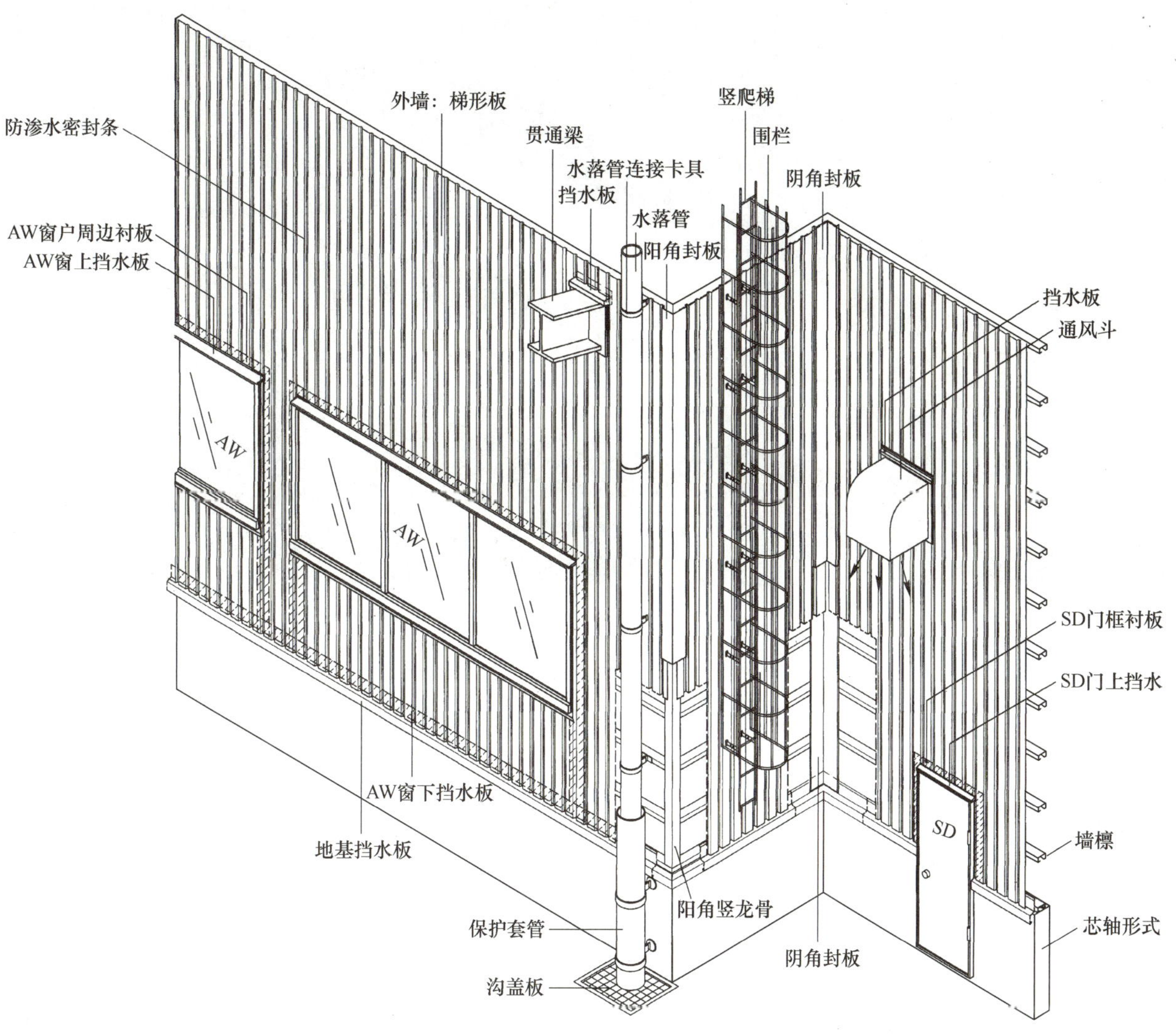

图 2. 1. 12 金属板外墙（梯形板）的构造和名称

照片 2. 1. 5　伊豆赛车场穹顶（施工与管理）

2.2 金属屋面材料

2.2.1 金属屋面的分类

金属屋面的分类方法有很多。对同样形式的屋面也可以根据连接方法的不同进行细分。表 2.2.1 中列出了代表性的金属屋面的分类方法，表 2.2.2 列出了金属屋面的主要形式。

表 2.2.1 金属屋面的分类

连接方式的不同	搭接型、咬合型、扣合型
设计方法的不同	压型板屋面及其他屋面（平铺屋面）
铺板方向的不同	纵铺和横铺
有无望板	不需要望板的压型板屋面、波钢板屋面及其他屋面

表 2.2.2 金属屋面的主要形式

<table>
<tr><th></th><th>方向</th><th>望板</th><th>构造</th><th>连接方法等</th><th>附加功能等</th></tr>
<tr><td rowspan="26">金属屋面</td><td rowspan="17">纵铺</td><td rowspan="6">无望板</td><td rowspan="3">压型板型</td><td>搭接型</td><td rowspan="3">双层压型板（隔热、隔声、气密）
拱形、弧形、吊钩工法
天窗、绿化、太阳能发电、耐火构造</td></tr>
<tr><td>咬合型</td></tr>
<tr><td>扣合型</td></tr>
<tr><td rowspan="3">波钢板型</td><td>大波 搭接型</td><td rowspan="3"></td></tr>
<tr><td>大波 咬合型</td></tr>
<tr><td>小波</td></tr>
<tr><td rowspan="16">有望板</td><td rowspan="4">直立锁边</td><td>立缝</td><td rowspan="16">拱形、穹顶、双曲面
天窗、绿化、太阳能发电
外隔热、通风工法、耐火构造</td></tr>
<tr><td>直立缝咬合型</td></tr>
<tr><td>直立缝扣合型</td></tr>
<tr><td>直立鸠尾</td></tr>
<tr><td rowspan="3">瓦条型</td><td>有芯木瓦条</td></tr>
<tr><td>无芯木瓦条</td></tr>
<tr><td>扣合型瓦条</td></tr>
<tr><td>不锈钢防水</td><td>焊接</td></tr>
<tr><td>平板型</td><td>扣合型</td></tr>
<tr><td rowspan="2">金属瓦</td><td>纵铺</td></tr>
<tr><td>横铺</td></tr>
<tr><td rowspan="5">横铺</td><td>横铺</td><td></td></tr>
<tr><td rowspan="4">平铺</td><td>一字型</td></tr>
<tr><td>阶梯型</td></tr>
<tr><td>菱形</td></tr>
<tr><td>鱼鳞型</td></tr>
<tr><td colspan="2" rowspan="4">翻新</td><td rowspan="4">覆盖工法</td><td>搭接型</td><td rowspan="4">波形、装饰石板瓦、防水屋面、金属屋面等的翻新改造可能
拱、天窗、绿化、外隔热、通风工法、耐火构造</td></tr>
<tr><td>咬合型</td></tr>
<tr><td>扣合型</td></tr>
<tr><td>不锈钢防水</td></tr>
</table>

2.2.1.1 按照连接方法分类

金属屋面按照金属板之间的连接方法区分时可分为搭接形、咬合型和扣合型，如图 2.2.1 所示。其中，搭接形是用螺栓将屋面板搭接连接在一起的形式；咬合型是利用金属板的塑性能力使金属板咬合在一起的形式；扣合形是利用金属板的弹性变形能力将连接板扣合在一起的形式，如图 2.2.2 所示。

压型钢板的连接类型

	搭接型	咬合型	扣合型
连接类型	金属板搭接。 为了防止雨水从搭接接缝处渗入，原则上两板波峰搭接，并在波峰上固定。 由于紧固螺栓或螺钉穿透钢板，应设置密封垫圈	咬合→有效利用金属板的塑性变形能力 用卷边压实金属板之间的接缝缝隙。 近年来在平板屋面中出现了屋面板与固定支架一体的板形	扣合→有效利用金属板的弹性变形能力 利用金属板的弹簧特性(弹性变形能力)，进行扣合的方法。 近年来在平板屋面中，也有很多屋面板与固定支架一体的板型
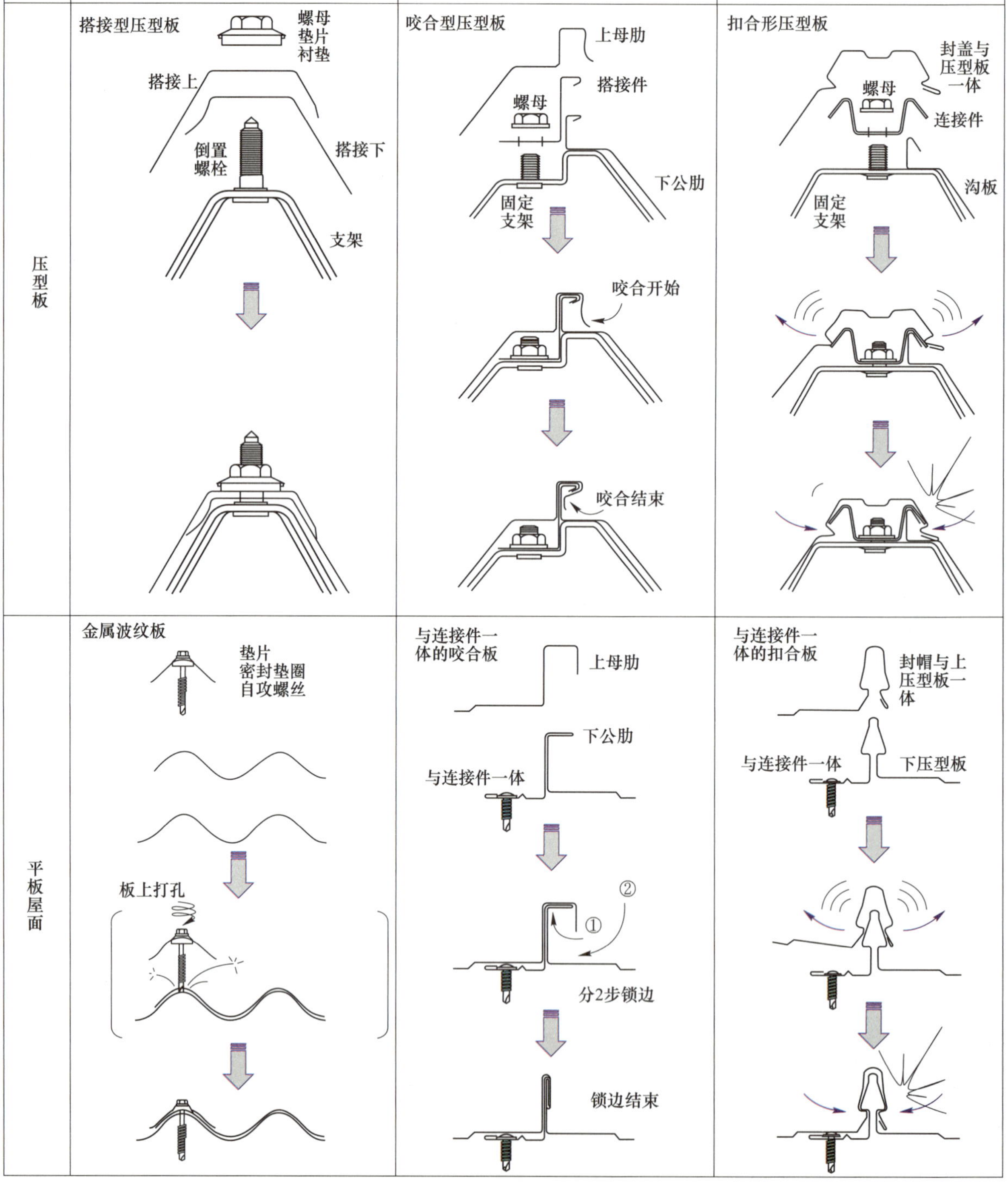 压型板	搭接型压型板 螺母 垫片 衬垫 搭接上 倒置螺栓 搭接下 支架	咬合型压型板 上母肋 搭接件 螺母 下公肋 固定支架 咬合开始 咬合结束	扣合形压型板 封盖与压型板一体 螺母 连接件 沟板 固定支架
平板屋面	金属波纹板 垫片 密封垫圈 自攻螺丝 板上打孔	与连接件一体的咬合板 上母肋 下公肋 与连接件一体 ① ② 分2步锁边 锁边结束	与连接件一体的扣合板 封帽与上压型板一体 与连接件一体 下压型板

图 2.2.1　钢板的连接构造

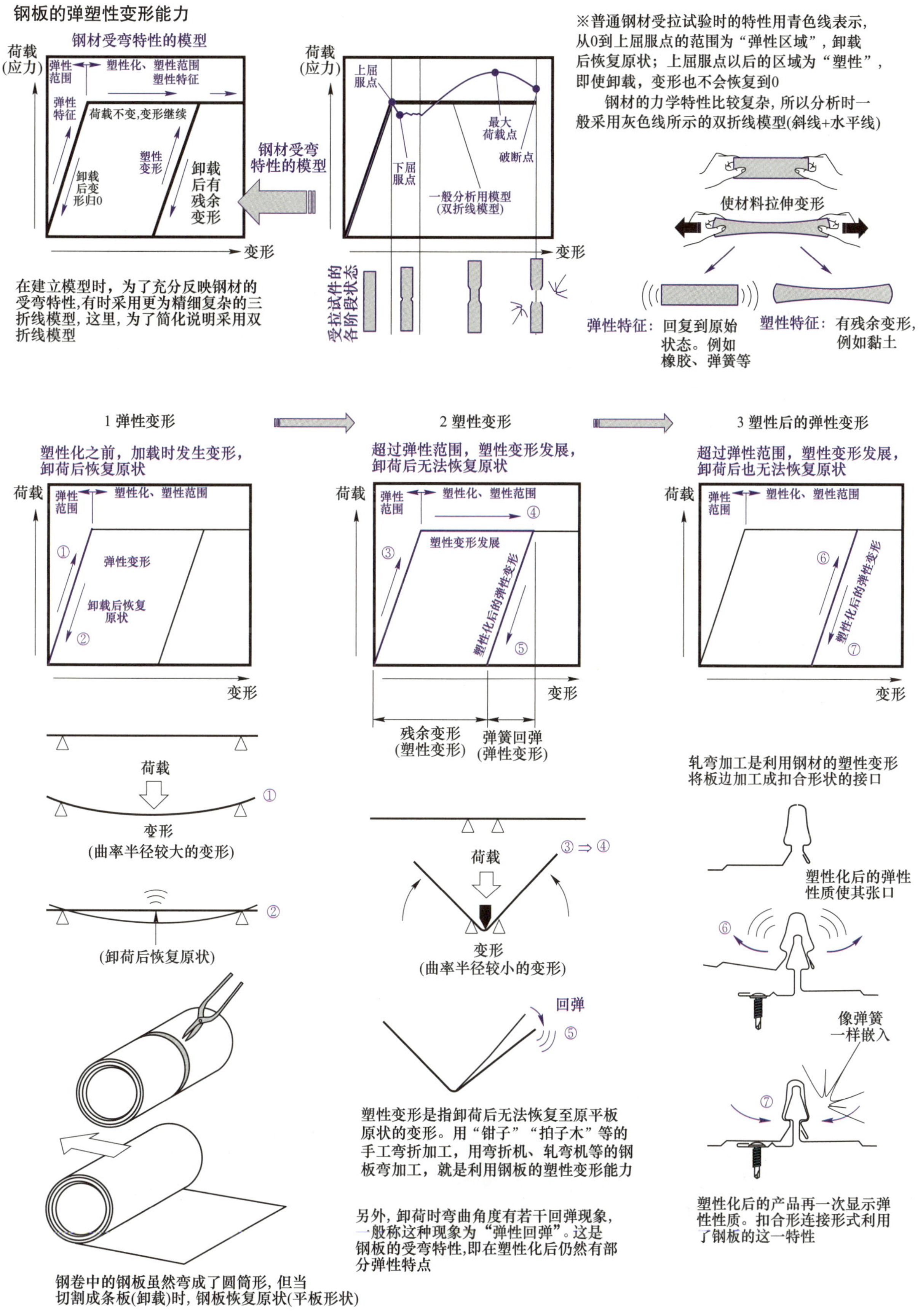
钢板的弹塑性变形能力
钢材受弯特性的模型
荷载(应力)
弹性范围
塑性化、塑性范围 塑性特征
弹性特征
荷载不变,变形继续
卸载后变形归0
塑性变形
卸载后有残余变形
变形
钢材受弯特性的模型
荷载(应力)
上屈服点
下屈服点
最大荷载点
破断点
一般分析用模型(双折线模型)
变形
受拉试件的各阶段状态
在建立模型时，为了充分反映钢材的受弯特性,有时采用更为精细复杂的三折线模型,这里,为了简化说明采用双折线模型
※普通钢材受拉试验时的特性用青色线表示，从0到上屈服点的范围为“弹性区域”，卸载后恢复原状；上屈服点以后的区域为“塑性”，即使卸载，变形也不会恢复到0
钢材的力学特性比较复杂,所以分析时一般采用灰色线所示的双折线模型(斜线+水平线)
使材料拉伸变形
弹性特征：回复到原始状态。例如橡胶、弹簧等
塑性特征：有残余变形，例如黏土
1 弹性变形
塑性化之前，加载时发生变形，卸荷后恢复原状
荷载
弹性范围
塑性化、塑性范围
①
弹性变形
卸载后恢复原状
②
变形
2 塑性变形
超过弹性范围，塑性变形发展，卸荷后无法恢复原状
荷载
弹性范围
塑性化、塑性范围
④
③
塑性变形发展
塑性化后的弹性变形
⑤
变形
残余变形(塑性变形)
弹簧回弹(弹性变形)
3 塑性后的弹性变形
超过弹性范围，塑性变形发展，卸荷后也无法恢复原状
荷载
弹性范围
塑性化、塑性范围
⑥
塑性化后的弹性变形
⑦
变形
荷载
①
变形
(曲率半径较大的变形)
②
(卸荷后恢复原状)
钢卷中的钢板虽然弯成了圆筒形，但当切割成条板(卸载)时，钢板恢复原状(平板形状)
③ ⇒ ④
荷载
变形
(曲率半径较小的变形)
回弹
⑤
塑性变形是指卸荷后无法恢复至原平板原状的变形。用“钳子”“拍子木”等的手工弯折加工，用弯折机、轧弯机等的钢板弯加工，就是利用钢板的塑性变形能力
另外，卸荷时弯曲角度有若干回弹现象，一般称这种现象为“弹性回弹”。这是钢板的受弯特性,即在塑性化后仍然有部分弹性特点
轧弯加工是利用钢材的塑性变形将板边加工成扣合形状的接口
塑性化后的弹性性质使其张口
⑥
像弹簧一样嵌入
⑦
塑性化后的产品再一次显示弹性性质。扣合形连接形式利用了钢板的这一特性

图 2.2.2 钢板的弹性、塑性变形能力

2.2.1.2　按照设计方法分类

压型板屋面可以通过结构计算确认其安全性。对于其他屋面（见照片 2.2.1），可以先假定板厚、有效宽度、固定间距等后，再通过承载力试验确认承载力的安全性。

容许承载力采用 SSR 2007 给出的数值或者由屋面板厂家按照 SSR 2007 的规定进行承载力试验得到数值。

照片 2.2.1　九州国立博物馆（施工与管理）

2.2.1.3　按照铺板方向分类

屋面板线条从屋脊到檐口方向为纵铺（见照片 2.2.2），线条平行于房屋纵向（从侧檐到侧檐）为横铺，如照片 2.2.3 所示。

照片 2.2.2　纵铺屋面（协会 HP）

照片 2.2.3　横铺屋面（协会 HP）

2.2.1.4　按照有无望板分类

压型板、波钢板的屋面本身具有刚度，因此可以不设望板（见图 2.2.3），而其他屋面需要设置望板以支承屋面板，如图 2.2.4 所示。

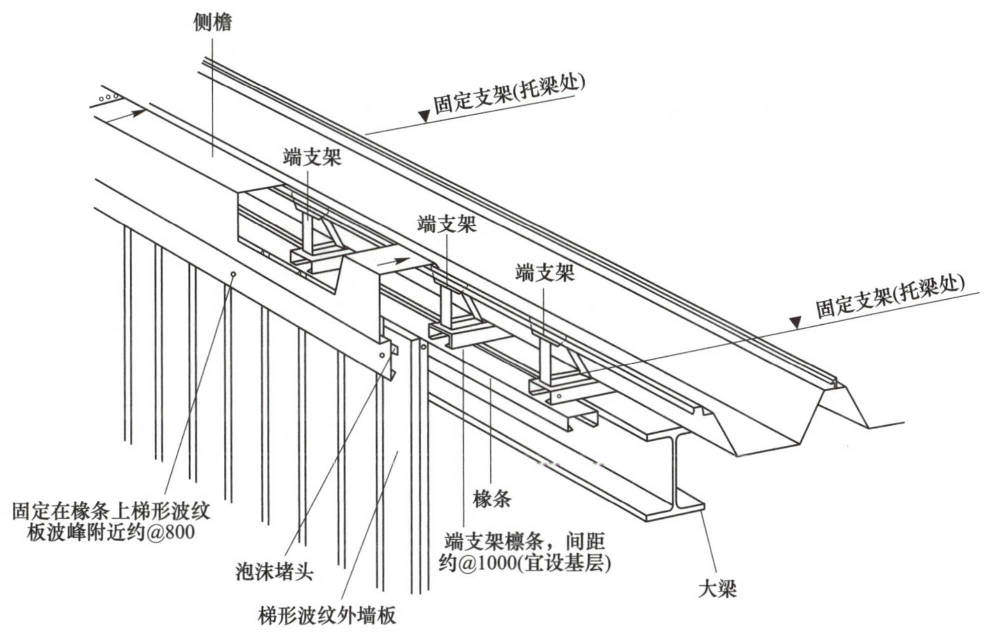

图 2.2.3　无望板（压型板屋面）

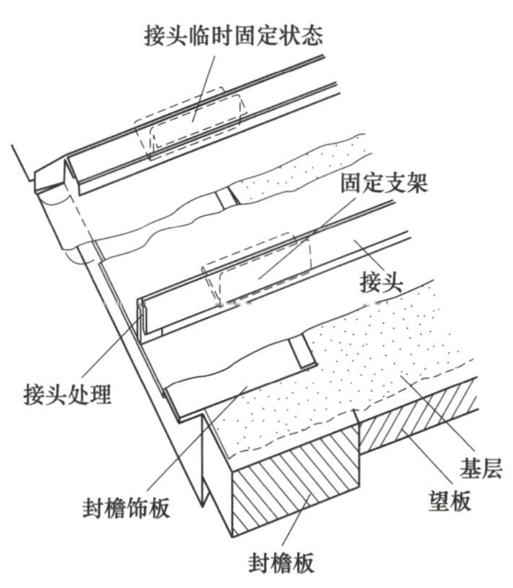

图 2.2.4　有望板（直立锁边）

专栏
构造与工法

本书中出现了“金属屋面构法”一词。“构法”在《建筑大词典》（第 2 版）（彰国社）中的解释为“建筑实体的构成方法”。屋面构法不仅包括屋面板本身，还包括螺钉、支架等形成屋面系统所需要的各种配件。（译者注：日语“构法”在本书中译为“构造”或“技术标准”）。

“工法”在同词典中的解释为“建筑的组装方法、建造方法、施工方法”，与构成方法比较，工法更强调工程中具体的施工做法。

2.2.2　金属屋面构造（铺设方法）

2.2.2.1　铜瓦屋面

铜板屋面在江户时代被称为铜瓦屋面（又称：本铺）。这种屋面与本瓦屋面一样采用平瓦和圆瓦。先在望板上布置类似于瓦条的半圆形木材，然后在木材之间的槽中放平瓦，最后在半圆形木材上覆盖半圆形的圆瓦。檐口部分与屋面部分一样，有檐口专用的平瓦和圆瓦，在这些瓦上经常加工一些纹饰或镀层，如照片 2.2.4 所示。

照片 2.2.4　铜瓦屋面（施工与管理）

2.2.2.2　铅板屋面

铅板屋面是从江户时代传承下来的建筑构造。铺设方法与上述的铜瓦屋面基本相同。

2.2.2.3　一字形屋面

一字形屋面（又称菖蒲屋面）可用普通的钣金工具施工，适用于各种形状的屋面，因此广泛应用于从神社、佛庙到住宅的各种建筑屋面。

但是这种构造不适合在可能漏雨的地方使用。有时会因接缝部位集聚的雨水冻结而使接缝张口。当有可能出现这种情况时，应铺设足够的垫层。屋面板的尺寸越大，板厚越薄，产生的负风压（吸力）越弱。但是如果固定连接件的钉子的强度不够，在风荷载作用下也会出现问题。

一字形屋面上使用的板材，采用图 2.2.5 所示的小块板。

将每块板的四边折成弯钩状，将连接件固定在望板上。板边弯钩有两种折叠方法，如图 2.2.6 所示。钩入式咬边是与右边或左边板的弯钩勾搭在一起，上水位板的向下弯钩勾住下水位的板的向上弯钩。插入式咬边是以上述右边或左边的纵缝为导轨，从下水位一侧插入，并与纵缝钩在一起。

连接件的材料与铺板材料相同，宽 20~30 mm，长 70~80 mm，在横向接缝处至少设置两个。连接件勾住板后，将刀刃插入钩口，从上方用棒槌或木槌敲紧固定。决定板的组装方向即铺板方向时，只要考虑不逆风就行。当屋面上有如神社寺庙建筑上常见的纵向反翘或上挑时，则还需要考虑水流方向如图 2.2.7、照片 2.2.5 和照片 2.2.6 所示。

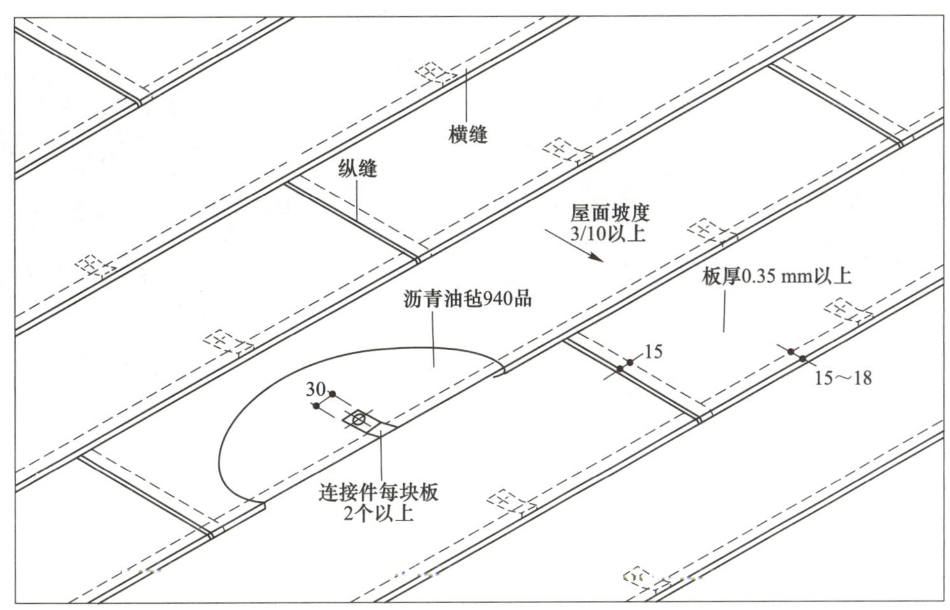

图 2.2.5 一字形屋面铺板方法（铜板）

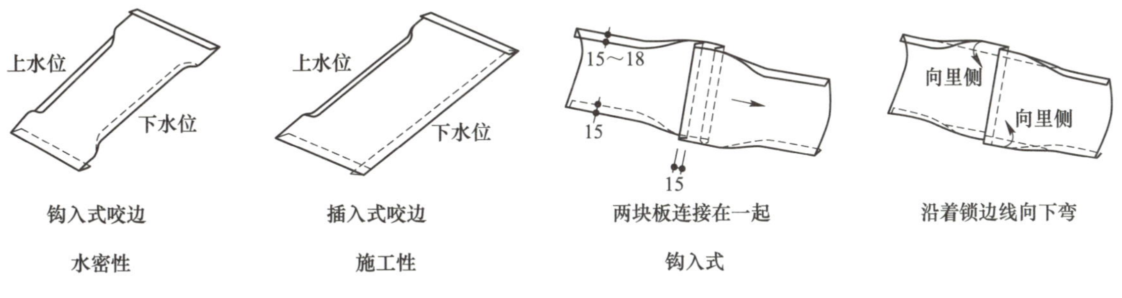

图 2.2.6 板的折边方法和特点

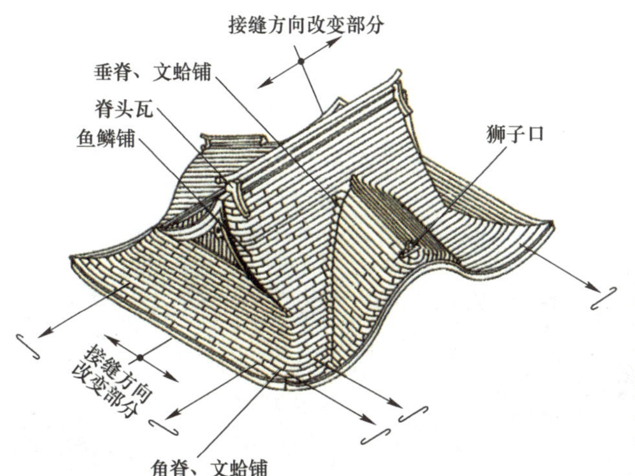

图 2.2.7 一字形屋面铺板方法

照片 2.2.5 一字形屋面铺板方法（施工与管理）

照片 2.2.6　一字形屋面铺板方法（施工与管理）

2.2.2.4　龟甲形屋面、菱形屋面

龟甲形屋面和菱形屋面的铺板方法是一字形铺板方法的应用，是指板铺完后接缝线的形状特征，如图 2.2.8 和照片 2.2.7 所示。

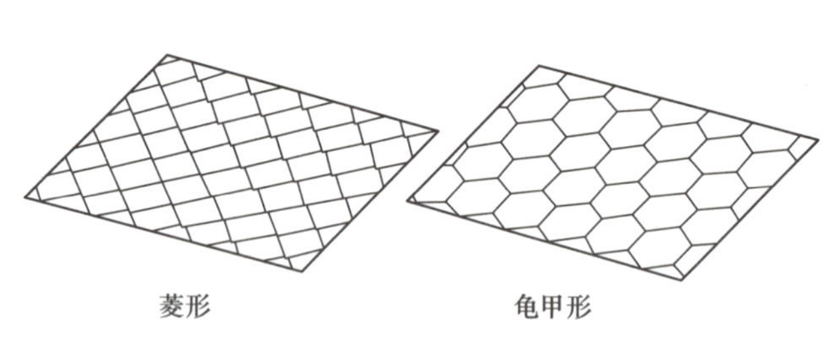

图 2.2.8　菱形屋面和龟甲形屋面

照片 2.2.7　菱形铺板（Tanita housing wear）

2.2.2.5　阶梯型屋面

阶梯型屋面是将望板做成阶梯状（见图 2.2.9），然后在其上方铺板的构造方法，是强调横线的屋面形式，如照片 2.2.8 所示。

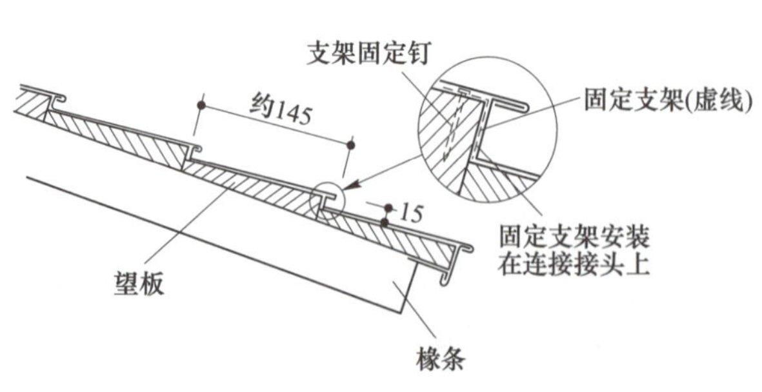

图 2.2.9　阶梯型屋面构造

照片 2.2.8　阶梯型屋面（日本铜中心）

2.2.2.6 瓦条屋面

现在有很多种被称为瓦条屋面的构造方法，见表 2.2.3。瓦条屋面的产生可以追溯到铜瓦屋面，在那之前还有本瓦屋面。

（1）栈条屋面。栈条屋面主要用于铜板施工。其构造为槽板和栈条相互推进，连接件在横向接缝处固定，覆盖栈条的圆瓦与槽板咬合在一起，如图 2.2.10 所示。槽板的接长位置和盖瓦的接长位置错开。这是与铜瓦屋面（见照片 2.2.9）的区别。

表 2.2.3 瓦条屋面的变迁

	名称	特征
1	本瓦屋面	日本瓦的原型 平瓦和圆瓦的结合
2	铜瓦屋面（铜板本瓦）	按照与本瓦屋面相同的形状铺铜板 平瓦（阴瓦）和圆瓦（阳瓦）的结合 有半圆形的芯木 平瓦和圆瓦的横向接缝在同一位置
3	有栈条屋面	基本上与铜瓦屋面一样，平瓦的宽度增加，钩挂在栈条上的感觉更强烈一些
4	有芯木瓦条屋面	圆瓦的形状改为方角，间隔也变得非常宽
5	无芯木瓦条屋面	取消了芯木，只留下形状。可以实现长尺寸
6	扣合型瓦条	不需要咬合，更容易施工。可以实现长尺寸

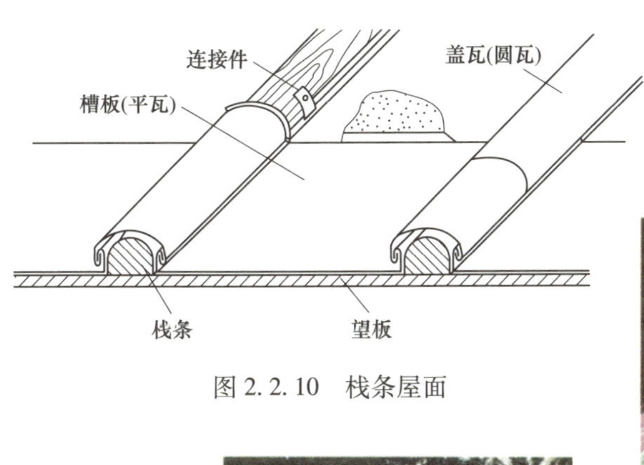

图 2.2.10 栈条屋面

照片 2.2.9 铜板屋面（施工与管理）

（2）有芯木瓦条屋面和无芯木瓦条屋面。瓦条屋面（见图 2.2.11）可分为有芯木瓦条屋面和无芯木瓦条屋面。有芯木瓦条屋面是在瓦条位置布置芯木，然后铺设金属板将其包住，如图 2.2.12 所示。

无芯木瓦条屋面构造（见图 2.2.13）是为了实现用长尺金属板铺设瓦条屋面开发的，无芯木瓦条有独立连接件形式和通长连接件形式。

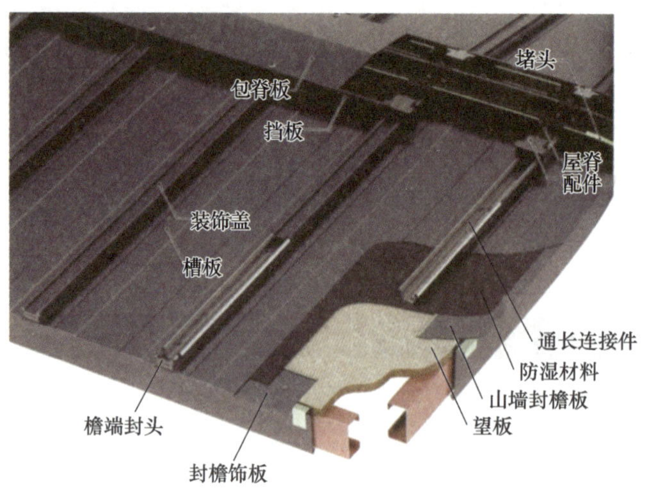

图 2. 2. 11　瓦条屋面（三晃金属工业）

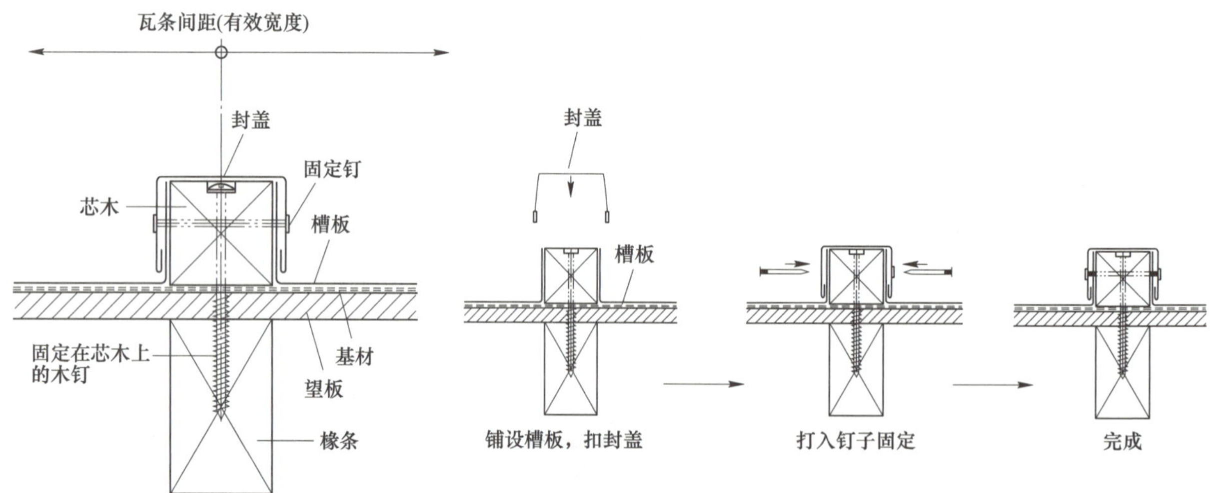

图 2. 2. 12　有芯木瓦条屋面

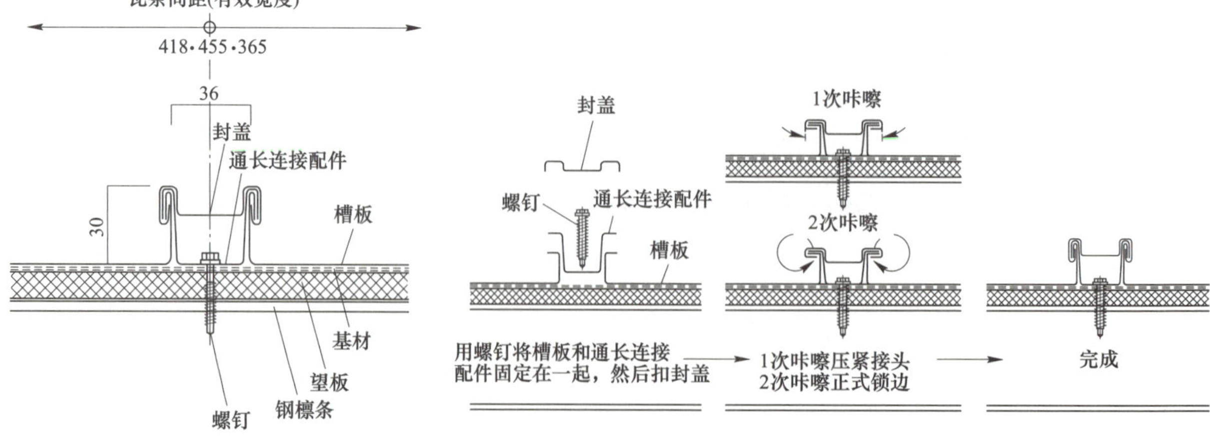

图 2. 2. 13　无芯木瓦条屋面

（3）扣合型瓦条屋面。瓦条的封盖与槽板的连接不是利用卷边咬合，而是利用金属板的弹性回弹将封盖嵌入槽板。这种新型扣合形瓦条屋面可使用长尺金属板。扣合型瓦条屋面如图 2.2.14 所示。

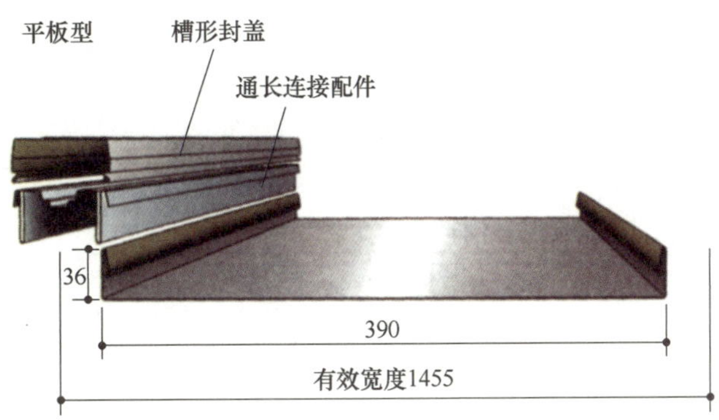

图 2.2.14 扣合型瓦条屋面（SEKINO 兴产）

2.2.2.7 直立锁边屋面

直立锁边屋面板如图 2.2.15 所示。直立锁边屋面将槽板的两端做成上翻互咬形式，如图 2.2.16 所示。最近还出现了扣合形式，如图 2.2.17 所示。

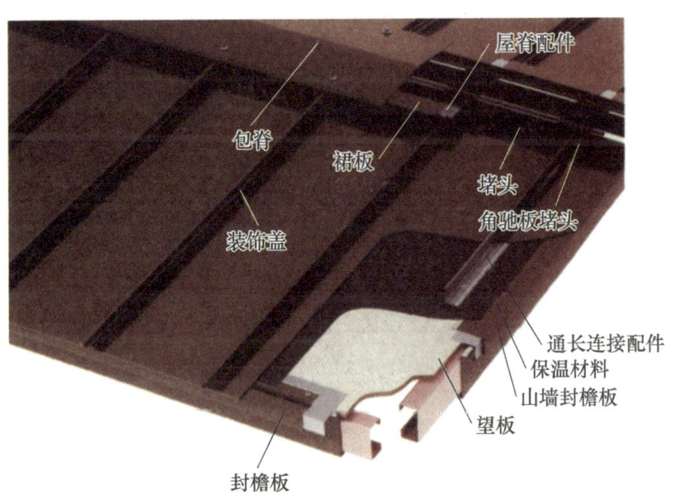

图 2.2.15 直立锁边屋面板（三晃金属工业）

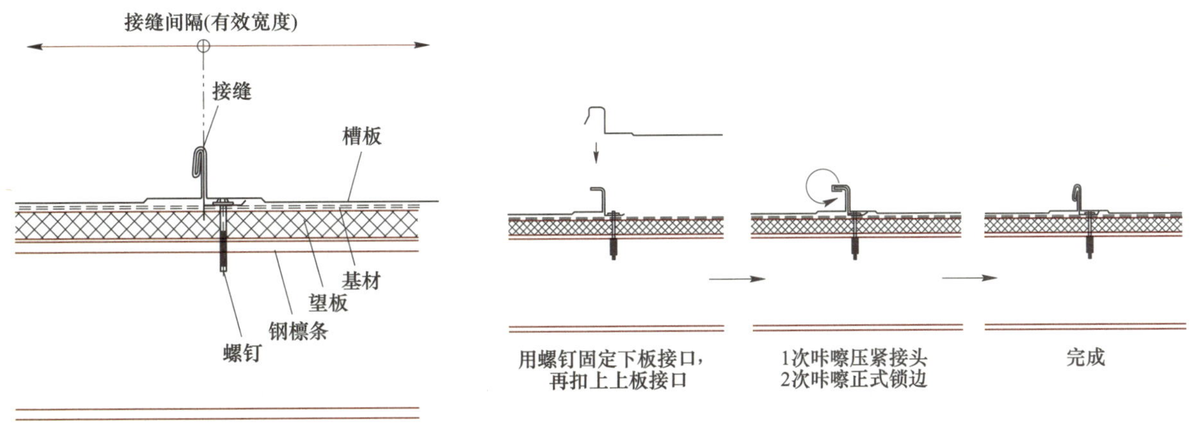

图 2.2.16 直立锁边屋面板（咬合型）

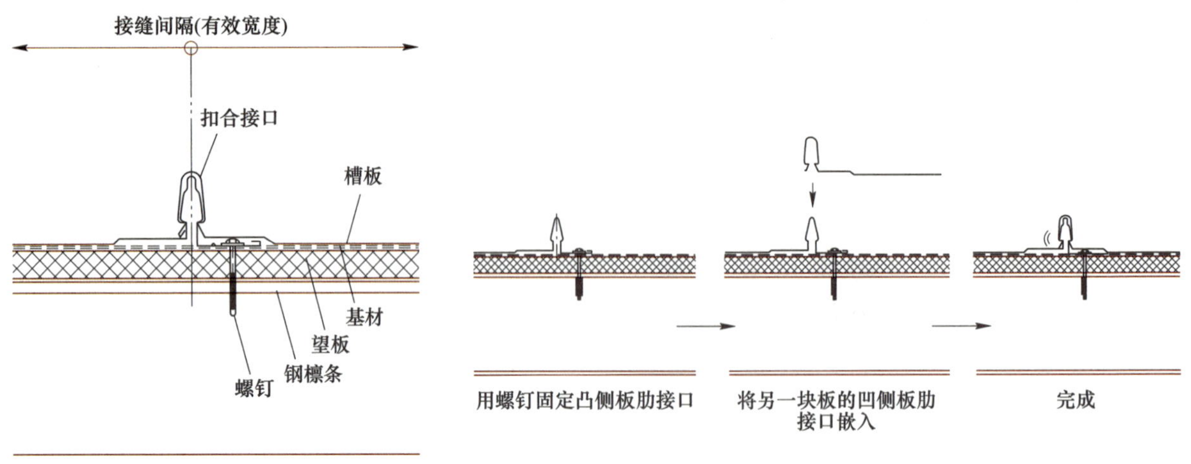

图 2.2.17　直立锁边屋面板（扣合型）

2.2.2.8　直立鸠尾屋面

直立鸠尾是直立锁边的变种，是用钢丝穿过直立接缝的中心，抓住槽板（见图 2.2.18），增加负压强度，适用于积雪地区。

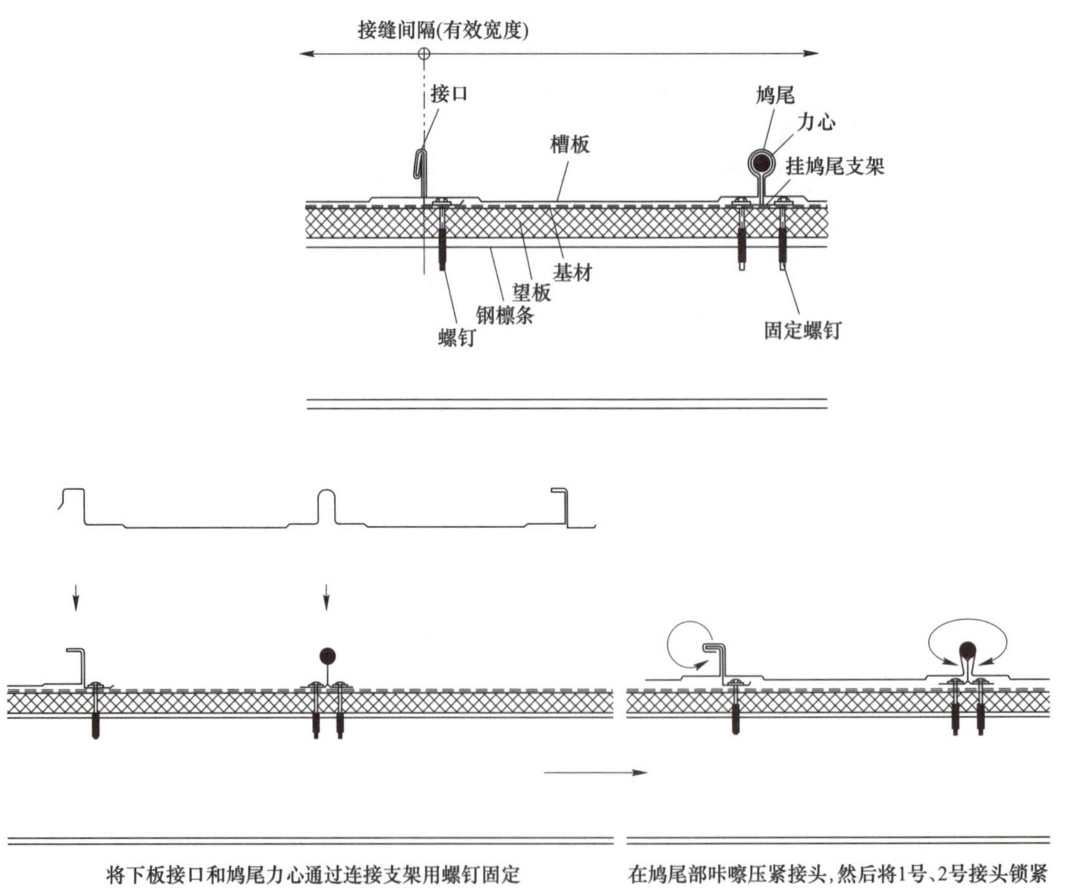

图 2.2.18　直立鸠尾屋面

2.2.2.9　直立双咬合型屋面

直立双咬合型屋面（见图 2.2.19）是从有芯木瓦条屋面中取消芯木，在槽板和槽板的拼接部位布置独特的支架，再与封盖咬合连接的构造，主要适用于钢板。

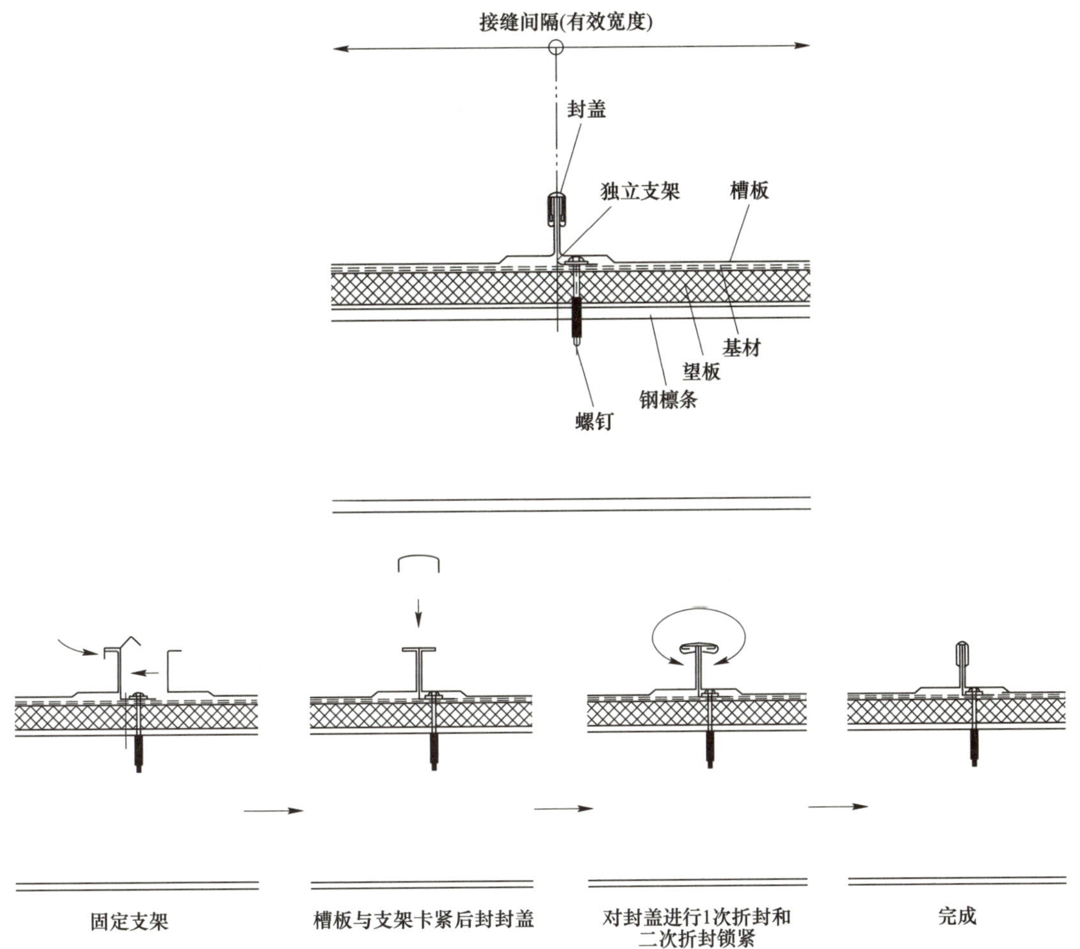

图 2.2.19 直立双咬合型屋面

2.2.2.10 波钢板屋面

波钢板屋面（见图 2.2.20）中采用的波钢板于明治初期引进，用于屋面材料。最初用于屋面的镀锌铁板是波钢板。从前铺设波钢板，基材为木材时用螺钉固定，基材为钢结构时用拉铆钉或膨胀钉固定。为了防止紧固件部位漏水，有时盖上圆锥帽并用锡焊固定。后来，与波形石板瓦一样，勾头螺栓也开始普及，现在也经常使用自攻螺钉等。

2.2.2.11 压型板屋面

压型板屋面的构造方法采用较厚的金属板（0.6 mm 以上），增加波峰高度，将屋面本身作为结构，取消椽条，在梁上通过固定支架施工，如图 2.2.21 和照片 2.2.10 所示。压型板具有足够的力学性能（对于正荷载和负荷载），可增加梁的间距，缩短工期，适用于大型屋面。除此之外，屋面坡度也可以减缓。

近年来采用双层压型板屋面（见图 2.2.22 和照片 2.2.11），在双层屋面之间夹入玻璃棉等隔热材料，主要用于大型建筑。压型板屋面的种类及连接方法见图 2.2.23。

螺母
搭接部分
波纹板
垫片、衬垫
钩头螺栓
钢檩条
插入
勾住
钢檩条
拧紧
钩头螺栓
专用垫片，衬垫
搭接部分
钢檩条
螺钉
螺钉

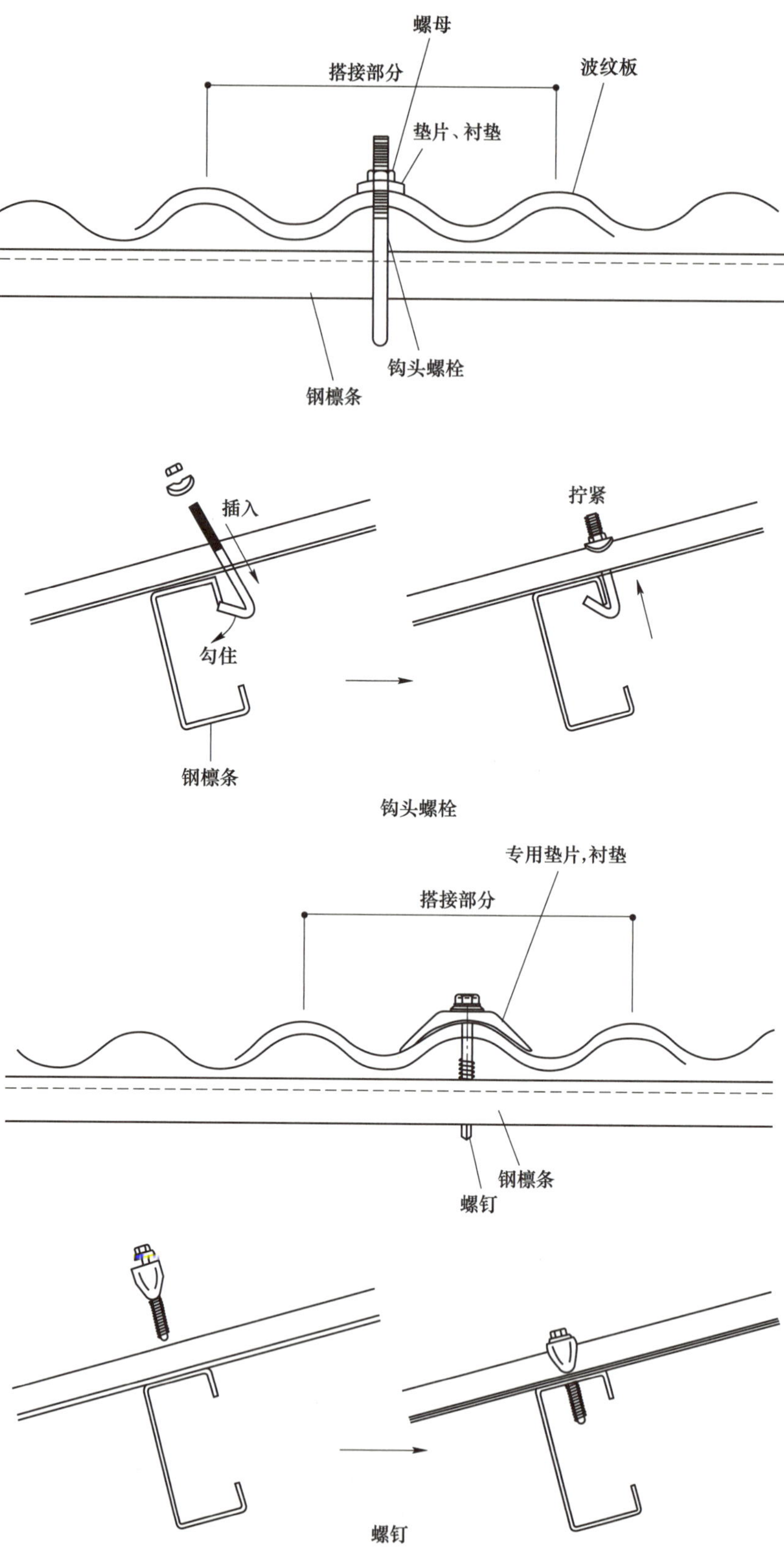

图 2. 2. 20　波钢板屋面

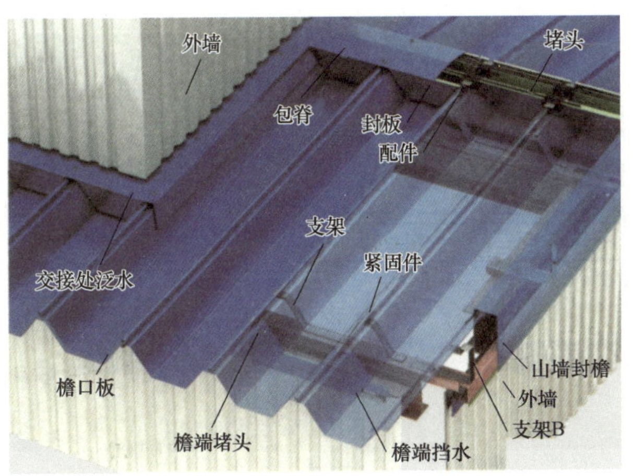

图 2.2.21 压型板屋面（三晃金属工业）

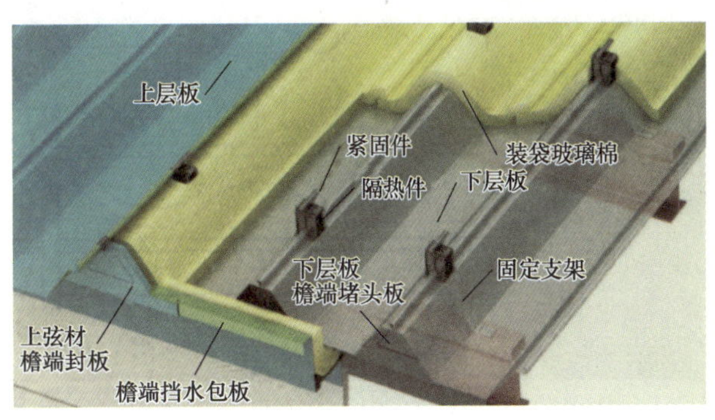

图 2.2.22 双层压型板屋面（三晃金属工业）

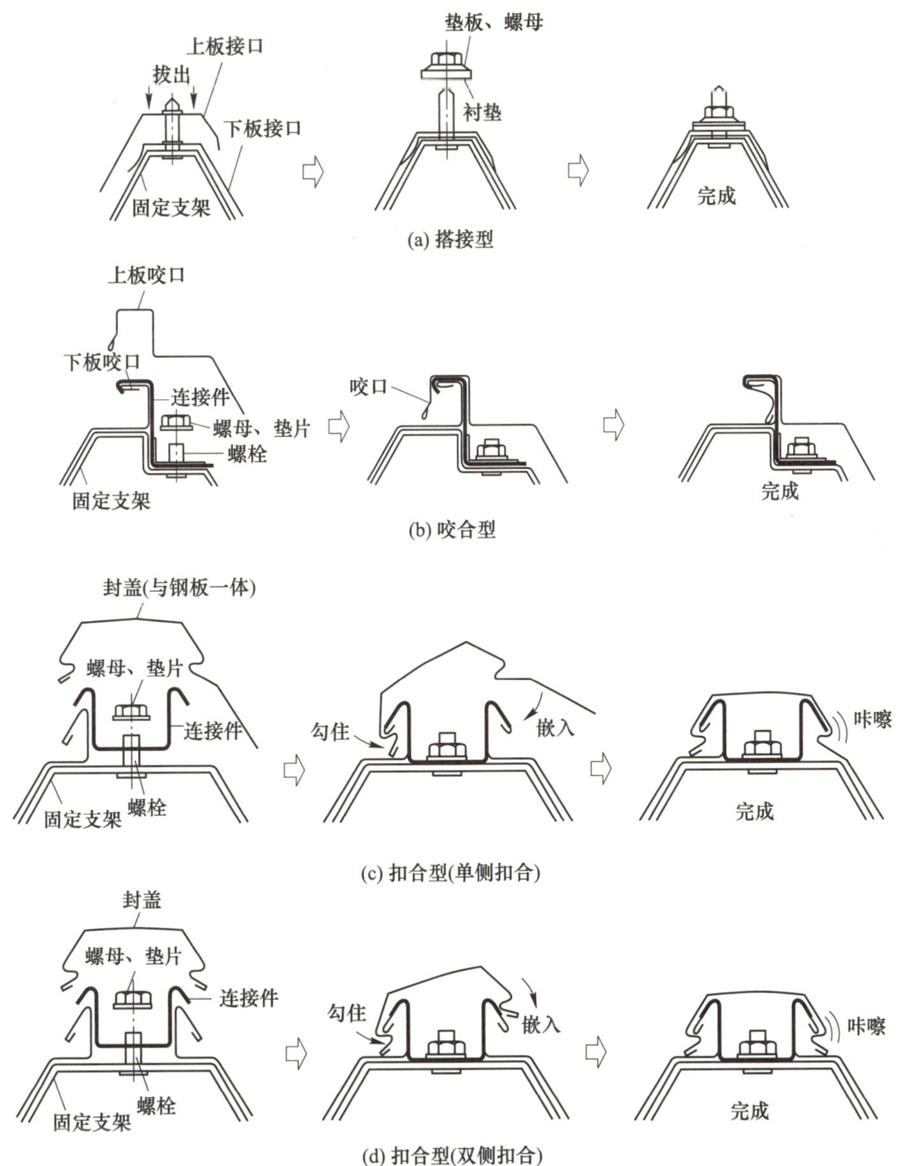

图 2.2.23 压型板的种类及连接方法

照片 2.2.10　压型板屋面（施工与管理）

照片 2.2.11　双层压型板屋面（施工与管理）

2.2.2.12　横铺屋面

横铺屋面（见图 2.2.24）是将加工成型的金属板沿横向铺设的构造方法。原则上从坡度低处向高处依次铺板。横向连接一般不采用锁边形式，多采用一个勾住一个的挂钩形式，可以通过连接件与基材固定，也可以直接用钉子或螺钉固定板端，如图 2.2.25 所示。横铺屋面的最大特点是形成了横向线条的外观。

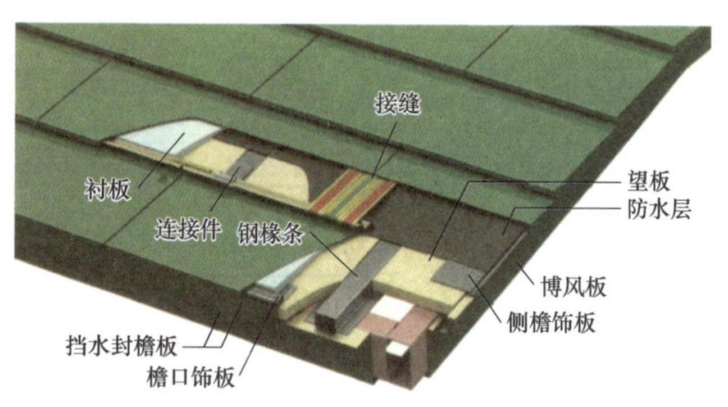

图 2.2.24　横铺屋面（三晃金属工业）

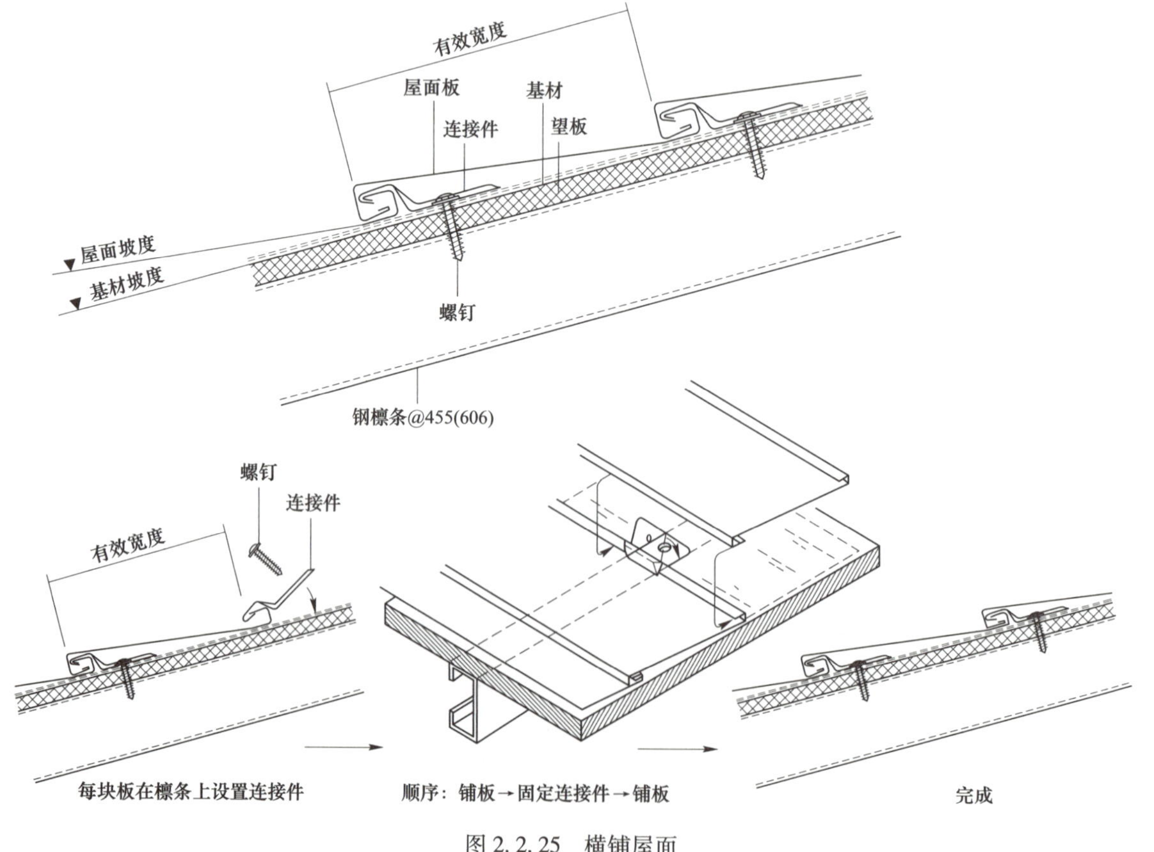

图 2.2.25　横铺屋面

2.2.2.13 不锈钢防水屋面

不锈钢防水屋面（见图2.2.26）是利用电阻焊中的缝焊方法（见图2.2.27）将不锈钢板（或钛板）连接成一个整体形成防水层的屋面做法。该构造的优点不仅可以减少屋面坡度，还适用于异形屋面。

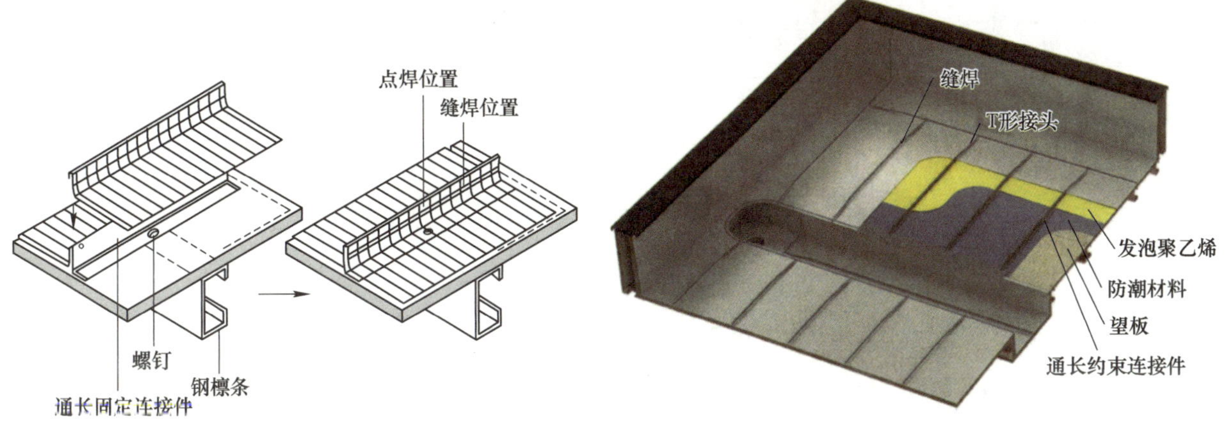

图 2.2.26 不锈钢防水屋面（三晃金属工业）

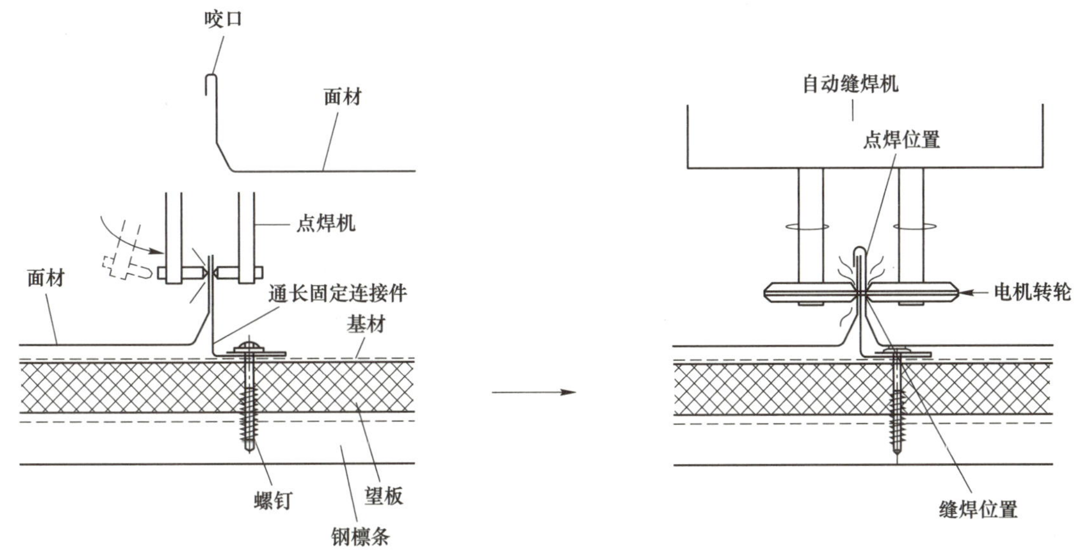

图 2.2.27 不锈钢防水屋面

2.2.2.14 平板型屋面

一般金属屋面，板之间的连接接缝突出在屋面之上。平板型屋面的板之间的连接接缝没有在板面上凸起，而是保证了一个完整平滑的面，如图 2.2.28 所示。对于这种屋面，各厂家采用的构造和规格各异（见图 2.2.29），名称也不统一。在这里按照平面的表面形状将其命名为“平板型屋面”。

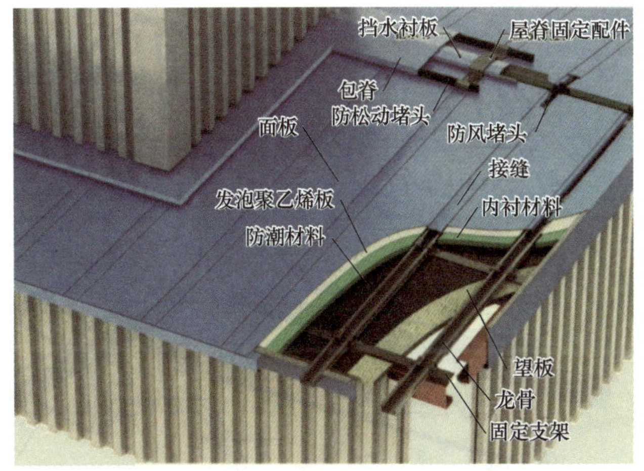

图 2.2.28 平板型屋面（三晃金属工业）

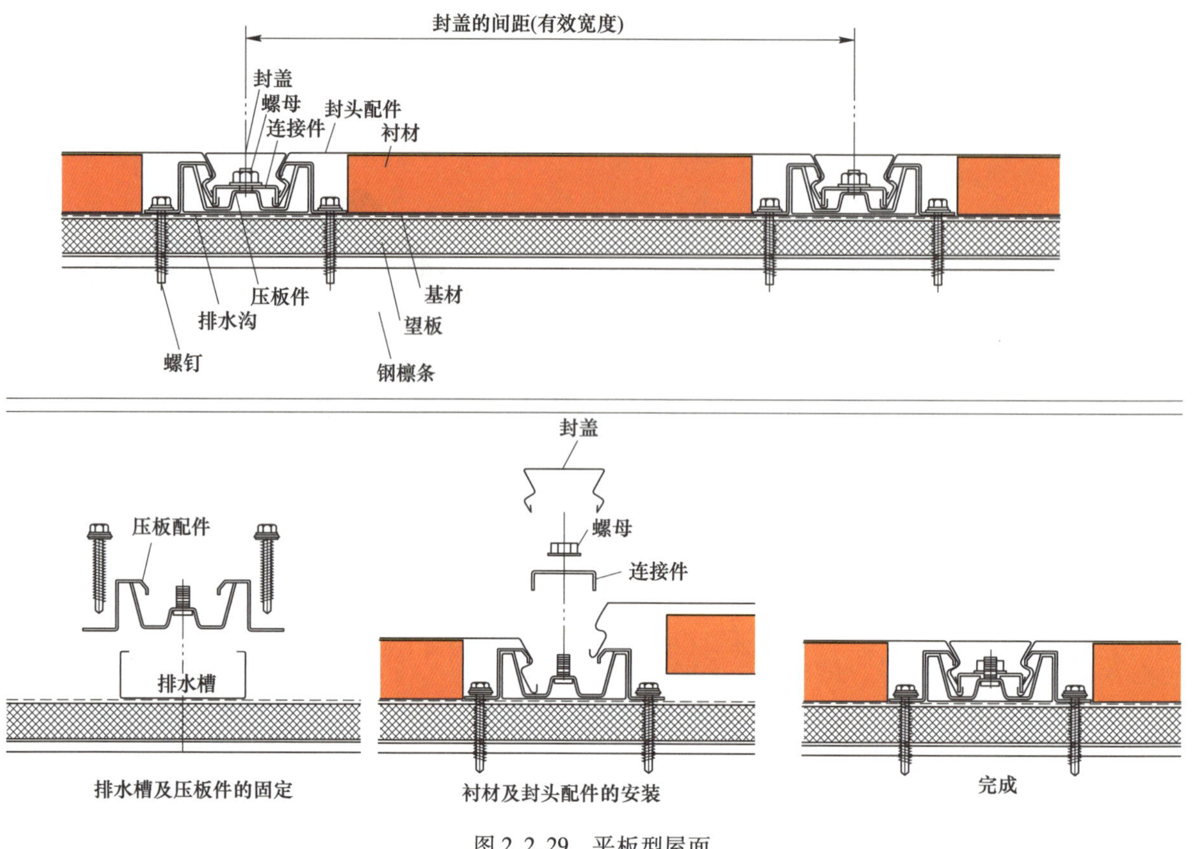

图 2.2.29　平板型屋面

2.2.2.15　金属瓦

金属板通过压制或轧制成型为瓦状定制产品的统称为金属瓦，如图 2.2.30 所示。从造型上可以分为瓦型、板片型和单瓦型。瓦型有横向连接形式和纵向连接形成的长尺寸板的形式。金属瓦的施工方法一般为用钉子固定在木檩条上，具有轻质、施工性能好的特点。

(JFE钢板)

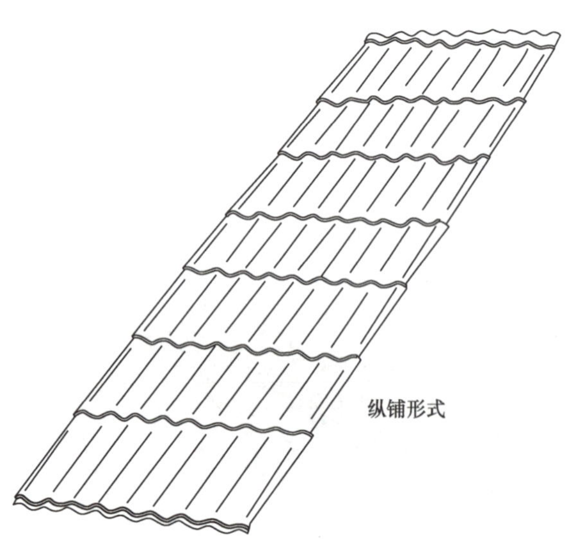

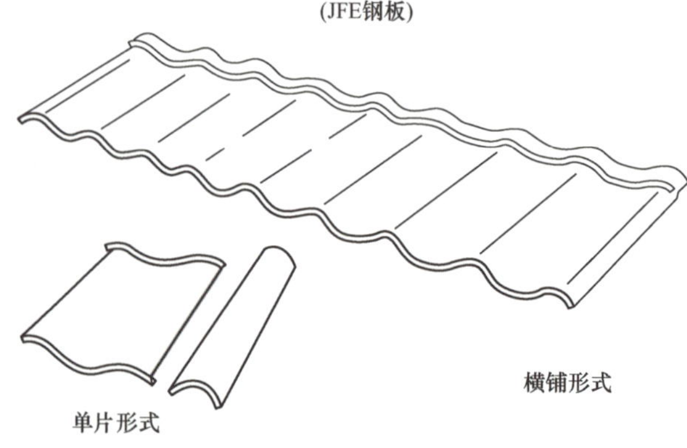

图 2.2.30　金属瓦

2.2.3 附属部件和零配件

金属屋面是由金属板和各种零配件、附属部件组成的。下面对压型板屋面和其他屋面分别介绍。

2.2.3.1 压型板屋面

(1) 连接件。连接件是指压型板之间以及压型板和基层结构之间连接时使用的部件，见表 2.2.4。

表 2.2.4 连接件

部件的功能和名称			使用位置和功能	使用压型板的连接方法
连接件	固定螺栓	①	固定支架与压型板的连接	搭接
	紧固螺栓 单头螺栓	②	压型板之间的连接	搭接
	固定支架	③	压型板与梁或檩条之间的连接	搭接、咬合、扣合
	隔热板件		双层压型板中上下压型板之间的连接	搭接、咬合、扣合
	固定板件（连接配件）	④	固定支架与压型板之间的连接	咬合、扣合
	双头螺栓	⑤	吊挂构造中压型板与梁之间的连接	搭接

译者注：表中圆圈的数字与图 2.2.31 中标注相对应。

(2) 加强用部件。加强用部件是为了弥补压型板结构上的缺陷而使用的配件。为了防止侧檐端部压型板的截面变形，需使用防变形部件，防咬合接口脱落的“爪件”、檐端补强用的角钢均属于加强用部件。

(3) 附属部件。附属部件是为了防水和外观上的目的使用的配件，如檐端堵头、包脊、挡雪板件等，见表 2.2.5。这类部件与连接件和加强用部件不同，并没有结构上的功能。表 2.2.4 和表 2.2.5 中的部件编号的使用位置如图 2.2.31 所示。

表 2.2.5 加强用部件及附属部件

部件的功能和名称			使用位置和功能	使用压型板的连接方法
连接件	防变形部件	⑥	防止侧檐端部压型板的截面变形	搭接、咬合、扣合
	端部支架（B 型、山墙支架）	⑦	侧檐端部加强	搭接、咬合、扣合
附属部件	檐端堵头		填塞压型板或外墙上部的空间	搭接、咬合、扣合
	挡水堵头（檐端封板）	⑧	将檐端堵头和挡水板合在一起	搭接、咬合、扣合
	堵头（挡水堵头）	⑨	封堵屋脊、挡水等压型板端部的空间	搭接、咬合、扣合
	挡水板（滴水板堵头）	⑩	与包脊和堵头板配合使用	搭接、咬合、扣合
	檐端外挑	⑪	檐口端部的装饰	搭接、咬合、扣合
	封檐板		檐口端部的装饰	搭接、咬合、扣合
	包脊（板）	⑫	屋脊的包板	搭接、咬合、扣合
	侧檐包板	⑬	侧檐与墙面的交接处处理	搭接、咬合、扣合
	泛水板（挡水）		压型板与墙面的防水处理	搭接、咬合、扣合
	屋面上的金属配件	⑭	屋面上重物的固定和连接	搭接、扣合
	挡雪板件	⑮	防止积雪坠落	搭接、咬合、扣合
	固定用部件		附属部件的安装等	搭接、咬合、扣合
	定制密封材料		压型板的接缝、附属部件接头处的防水	搭接、咬合、扣合
	非定制密封材料		堵头周边等的防水	搭接、咬合、扣合

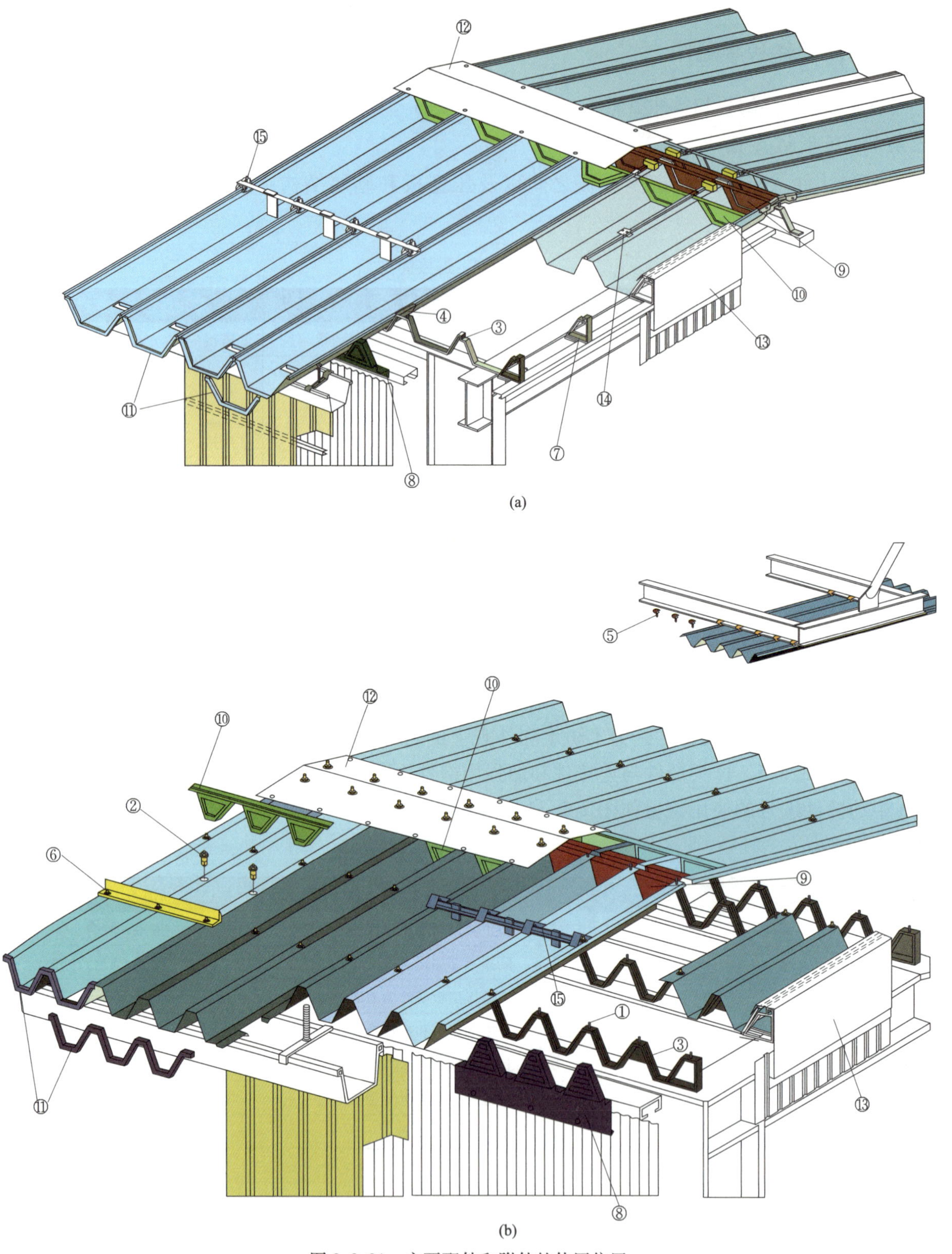

图 2.2.31　主要配件和附件的使用位置

（a）咬合型压型板屋面；（b）搭接型压型板屋面

2.2.3.2　其他金属屋面

（1）固定用部件。屋面板、连接部件、附属部件与基层结构固定时使用的部件，见表 2.2.6。一般也称为紧固件、钉子，起结构作用。

（2）连接件。连接件是指屋面板与基材连接时使用的部件。如钢椽条（见图 2.2.32）和连接配件（见图 2.2.33 和图 2.2.34）等。钢椽条跨在钢檩条上，是支承望板和横铺屋面的构件。连接配件是连接屋面板和望板的部件。

表 2.2.6 固定用部件的种类和功能

种类	主要功能	连接构件、概略图	
螺钉	用于连接配件与钢椽条的固定、钢椽条与檩条的固定、侧檐包板、封檐饰板与基材的固定	铁	切削刃口
自攻螺钉	用于无法使用小螺丝和勾头螺栓的场所、泛水板及檐口饰板等与基材的固定	铁	攻螺纹
铆钉	用于侧檐包边、包脊、泛水板等接头部分的固定	铁	密闭型
木钉	一根钉子的强度不足，又不能打多根钉子时的代用品	木	
钉	用于连接配件与基层结构的固定，其他附属部件的固定	木	平头平滑螺杆
小螺钉	用于无芯木瓦条（通长连接配件）的连接配件在檩条上的固定，以及侧檐加强、封檐饰板与连接配件的固定	木	小螺钉
勾头螺栓	波钢板屋面的屋面板材在檩条上的固定	铁	

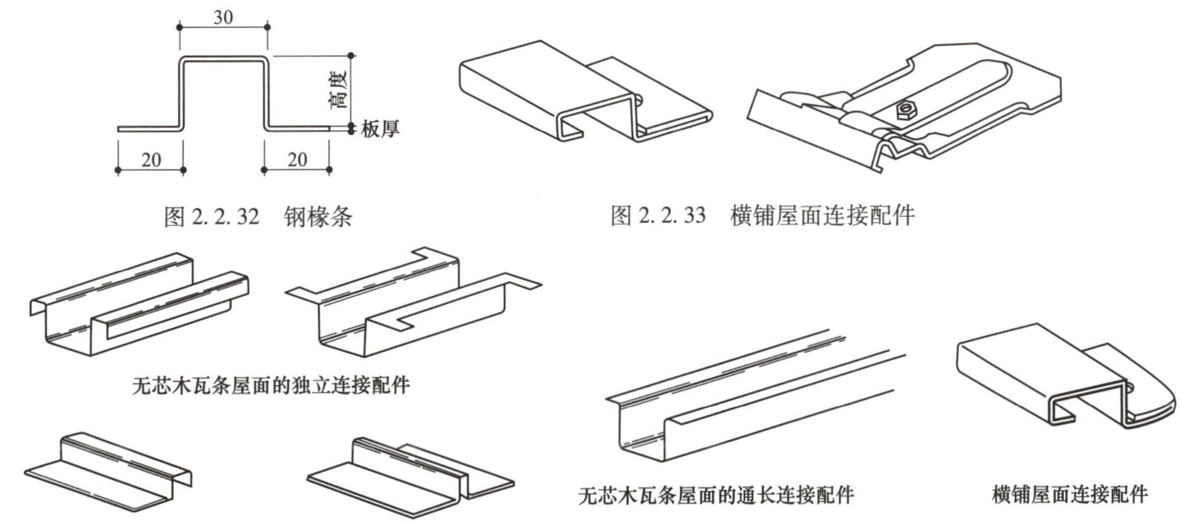

图 2.2.32 钢椽条

图 2.2.33 横铺屋面连接配件

图 2.2.34 瓦条屋面等的连接配件

（3）其他部件。其他部件是指基材、防水材料以及组成望板的辅助材料（见表 2.2.7）等，主要用于防水、外观等目的。

（4）附属部件。附属部件（见表 2.2.8）的功能见表 2.2.9。主要用于防漏风和防雨水渗漏等目的，同时也有外观上的作用。

表 2.2.7　其他部件及其功能

主要部件名称	功　能
基材	屋面内侧的防腐以及望板的防水和防湿
锡焊	屋面材料、附属部件的局部防水
密封材料（非定型）	屋面材料和附属部件的连接部位、屋面材料接缝部位的防水
密封材料（定型）	用于非定型密封材料不能充分保证防水性和气密性的位置等
泡沫堵头	在横铺屋面中，用于填充侧檐包板与屋面材料之间的空间
连接件	与檩条垂直的望板的连接接头

表 2.2.8　屋面构造与附属部件

部件名称	屋面构造						
	有芯木瓦条屋面	无芯木瓦条屋面	直立锁边屋面	鸠尾屋面	横铺屋面	波钢板屋面	不锈钢防水
封檐饰板	○	○	○	○	○	×	○
栈条封板	○	○	△	×	×	×	×
侧檐包板	△	△	△	△	△	△	△
包脊	△	△	△	△	△	△	△
泛水板	△	△	△	△	△	△	△

注：○：必须使用；△：不一定用；×：不用。

表 2.2.9　附属部件的功能

部件名称	功能
封檐饰板	封檐饰板是安装在檐口上的部件，形状有多种多样。为了防止铺板被风掀起、雨水向墙壁内倒流，同时考虑了外观效果而设置的。饰板的形式有常规封檐板和下折封檐板。下折封檐板具有一定的强度 (a) 常规封檐板　(b) 下折封檐板
栈条封板	瓦条屋面中覆盖在瓦条端部的封板，具有挡雨作用，同时在外观上也有很强的存在感
侧檐包板	侧檐包板是外包侧檐的配件，除有挡雨作用外还有外观上的装饰作用。 一般情况下，其形状和尺寸由各屋面的构造决定
包脊	包脊是包屋脊的部件，主要目的是防雨
泛水板	泛水板是为了防止屋面和墙面的衔接部位漏水而设置的防水部件。有与屋面高低跨部位交接处的泛水和屋面顺坡与侧墙交接处的泛水。按照各部位的条件决定部件加工的形状和尺寸

（5）望板。除压型板屋面外，施加在金属屋面上的荷载（积雪荷载等）由望板承担。代表性的材料有水泥刨花板、高压水泥刨花板、硬质水泥刨花板。近年来，由于性能要求（见

表 2.2.10）不断提高，人们开始使用由其他材料的复合制品或制造方法生产的高品质制品。此外，还有按照屋面形状弯曲加工的制品。

表 2.2.10 望板的性能要求

强度	受弯强度、紧固件的拉拔强度等
防耐火性能	不燃材料、准不燃材料、耐火望板
施工性、安全性	弯曲加工、剪切性能等，踩漏安全性等
经济性	总造价
其他	隔热性、隔声性、透湿性、透气性等

（6）隔热材料。建筑材料中不易传热的材料被称为隔热材料、填充材料或保温材料等。隔热材料是指热传导系数非常小的材料。但是即使是同一种隔热材料，在不同的组成、密度、含水率和温度下，性能差别也很大。隔热材料分为具有固定形状的定型材料和喷射成形等非定型材料。金属屋面工程中一般根据不同隔热材料的特性灵活运用。

上述各部件的使用位置如图 2.2.35 所示。

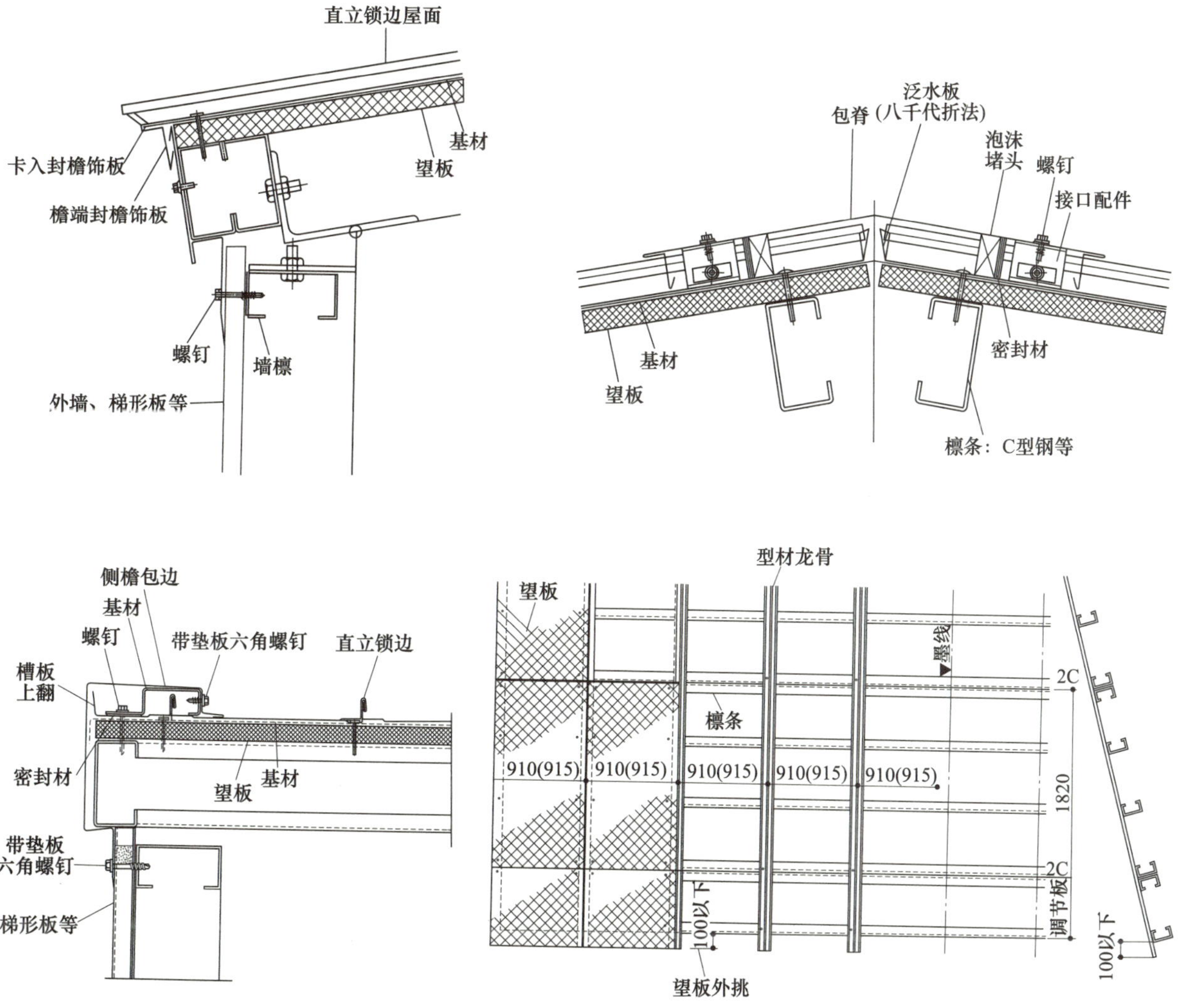

图 2.2.35 各部件的名称、直立锁边的例子

专栏
咬合接口

为了使两块金属板能够相互钩在一起，在板的端部弯折成钩状，该细部被称为咬合接口。利用板端部的弯钩将两块板接续在一起的连接形式被称为“咬合连接”。

咬合接口通常用于板厚0.5 mm以下的钢板或铜板的接长。设置在钢管等板厚为1.0 mm以上的管端部的咬合接口，其组装形式不同，因此被称为“管接头”。

现在的金属薄板咬合接口的历史好像并不长。至少现今使用的金属薄板最早出现在日本应该是在明治维新之后。在此之前，钢板都是通过手工敲打进行延展，厚度为0.3~0.4 mm，不会太均匀。因此像一字形屋面这种精细的接头形式是不可能出现的。

从明治到大正期间，进口的石油和砖等都是用镀锡铁皮打捆包装，镀锌铁皮的连接都是做成咬合接口形式。据说现在的“咬合接口”形式就是那时开始出现的。专图2.2.1是各种咬合接口形式。该图中，(a)~(f)形式主要用于屋面和墙面，(g)~(k)形式为管接口，板厚为0.8 mm以上。

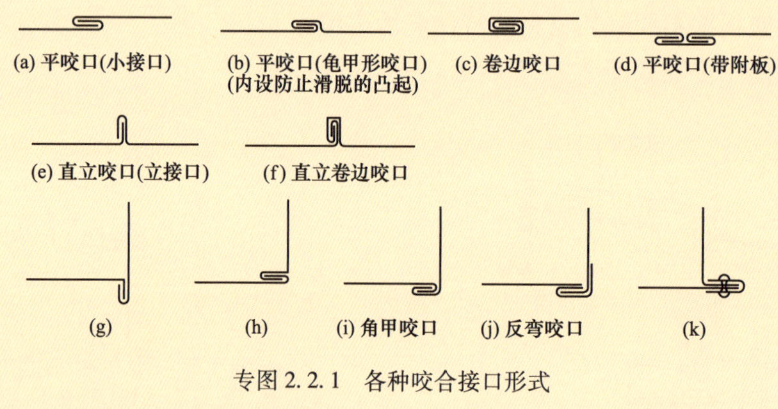

专图 2.2.1　各种咬合接口形式

2.3 金属外墙材料

2.3.1 金属外墙板的分类

金属外墙板分为金属单板和带隔热材等芯材的金属复合板，见表 2.3.1。

表 2.3.1 主要金属外墙构造

<table>
<tr><td rowspan="8">金属外墙</td><td rowspan="6">单板</td><td rowspan="5">钢板外墙材料</td><td rowspan="2">梯形板</td><td>搭接型</td><td rowspan="8">外隔热
透气工法
防火构造
准防火构造
耐火构造
太阳能发电</td></tr>
<tr><td>扣合型</td></tr>
<tr><td>大波</td><td>搭接型</td></tr>
<tr><td>槛墙板</td><td>插入型</td></tr>
<tr><td>小波、肋板</td><td>搭接型</td></tr>
<tr><td colspan="3">金属板</td></tr>
<tr><td rowspan="2">复合</td><td>金属夹芯板</td><td colspan="2">金属+复合材+金属</td></tr>
<tr><td>复合金属饰板</td><td colspan="2">金属+复合材</td></tr>
</table>

战前（第二次世界大战以前），镀锌铁板的大波板作为工厂和仓库的护墙板使用。后来小波板成为主流，随着涂层钢板的普及和轧制成型技术的进步，宽度 914 mm 和 763 mm、被加工成“梯形板”和“芯轴形式”（见照片 2.3.1）等各种样式的成品被开发出来。近年来，不仅工厂和仓库采用金属外墙板，对建筑立面有要求的建筑也经常采用，如照片 2.3.2 所示。

照片 2.3.1 芯轴形式（施工与管理）

照片 2.3.2 大波横铺外墙（施工与管理）

2.3.1.1 梯形板

有各种各样形状和板厚的梯形波板产品（见图 2.3.1），用于普通住宅、工厂、仓库、店铺、集会场所等各种建筑的外墙，除此之外，梯形波板还常被当作内装材料使用。

（1）搭接形式。搭接形构造方法是将相邻两块外墙板被加工成一定形状的端部搭接在一起，并用固定螺钉从外侧固定，如图 2.3.2 和图 2.3.3 所示。

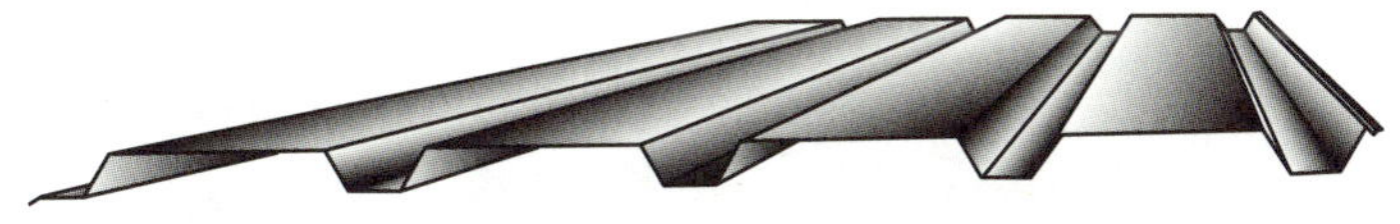

图 2.3.1 梯形波板示例（SEKINO 兴产）

（2）扣合形式。扣合形构造有两种形式（见图 2.3.4~图 2.3.6）：一种连接形式是将封盖嵌入相邻两块钢板端部凹槽内（A 型），另一种是将相邻板的上接口和下接口嵌入连接板（B 型）。两种方法都利用了钢板的弹性回弹特性。

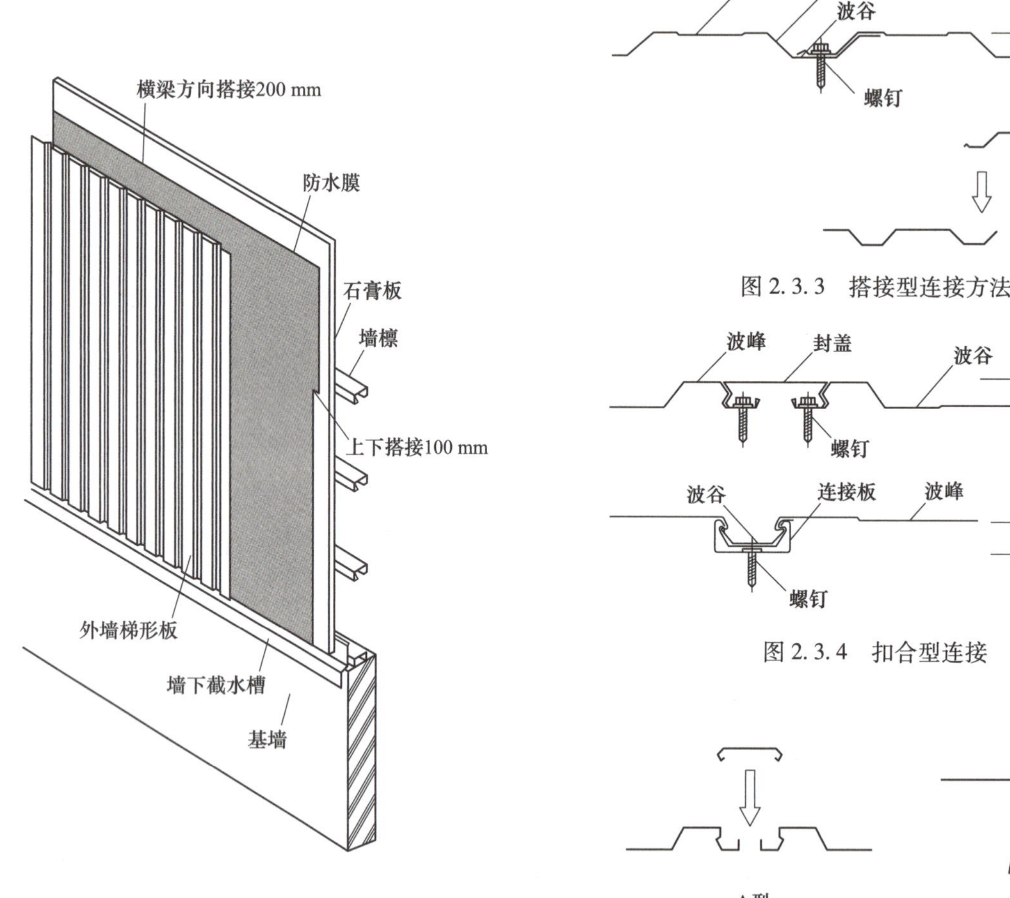

图 2.3.2　搭接型

图 2.3.3　搭接型连接方法

图 2.3.4　扣合型连接

图 2.3.5　扣合型连接方法

图 2.3.6　扣合形式（SEKINO 兴产）

2.3.1.2 插入型板

插入形式将外墙板边的凸出部分插入相邻外墙板凹槽部分。而根据凹入部分的方向可分为两种形式，如图 2.3.7 所示。以这种形式连接的产品一般被称为“拱肩形式”和“螺栓隐藏形梯形板”等。

图 2.3.7 插入型连接（SEKINO 兴产）

施工时，用螺栓固定从外侧看不到的凹部附近位置。固定螺钉采用半圆头螺钉，如图 2.3.8 所示。

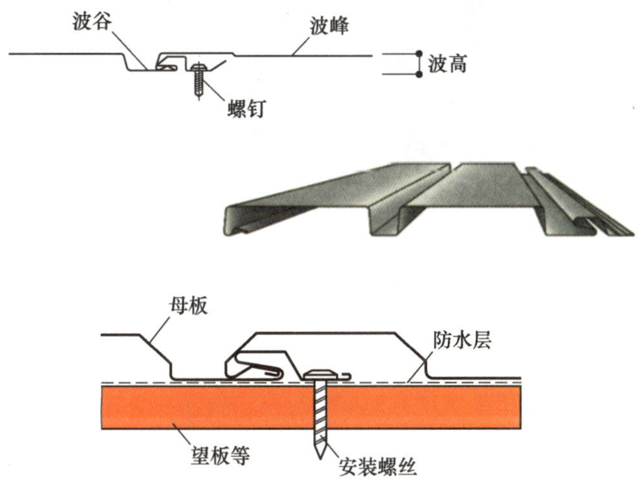

图 2.3.8 插入型连接方法

2.3.1.3 波钢板

波钢板分为大波、小波和中波（板瓦）（见图 2.3.9），除了在农业设施、临时建筑等的外墙

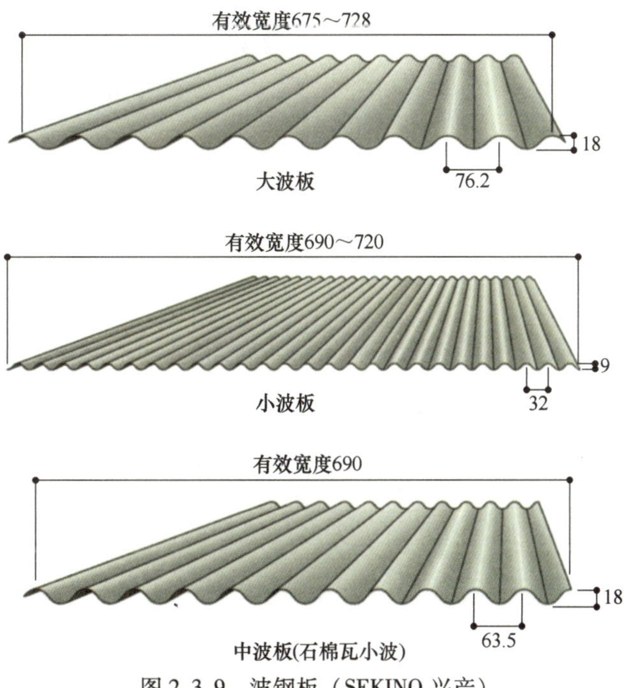

图 2.3.9 波钢板（SEKINO 兴产）

中使用，还用于屋面。采用镀铝锌钢板的波钢板具有高热反射性，对室内外的热辐射少，因此还可满足农业大棚的需求。

另外，固定螺钉一般采用头部为六角型的螺钉，有时也采用勾头螺栓。

2.3.1.4　肋板

表面加工成木纹状的带肋钢板，如图 2.3.10 所示。连接缝不明显，可代替木材的护墙壁板使用。

图 2.3.10　肋板（SEKINO 兴产）

2.3.1.5　复合金属装饰板

用石膏板、硬质泡沫塑料与涂层钢板复合而成的外墙板材，如图 2.3.11 所示。表面进行了轧花加工，提高了钢板的装饰性能。

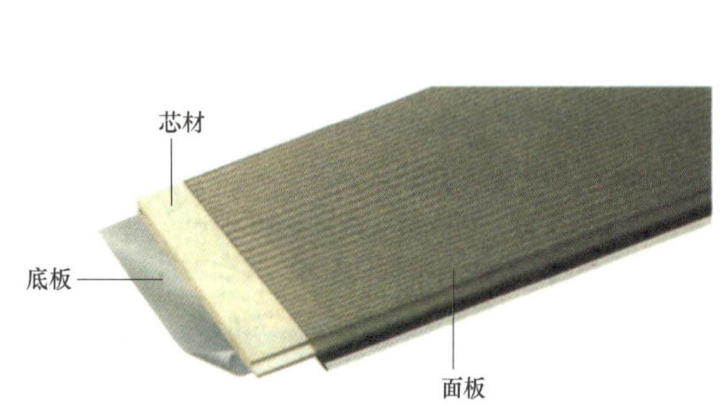

图 2.3.11　复合金属装饰板（日本金属装饰材工业会）

2.3.1.6　金属夹芯板

金属夹芯板（见照片 2.3.3）是在两块加工成型的涂层钢板之间注入聚异氰脲酸酯泡沫后，进行发泡硬化得到的产品，或者是夹岩棉的产品（见图 2.3.12），是一种通过了耐火构造、防火构造、不燃材料认定的防耐火材料。产品的优点是隔热性好、强度高、外观平整。该类产品近年来的主流形式是采用固定钉隐蔽扣合形式，并切断端部弯折成箱型。产品为大块板材，宽 600~1000 mm、最大长度 9 m、重量为 10~25 kg/m^2，与烧制板相比重量轻、施工简便。

照片 2.3.3　金属夹芯板（日铁住金钢板）

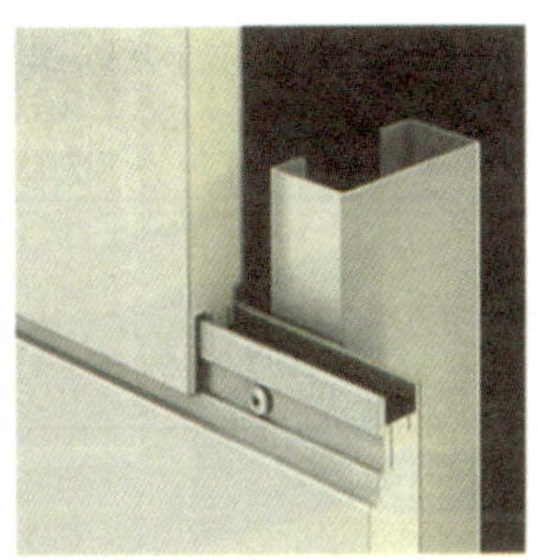

嵌合形状

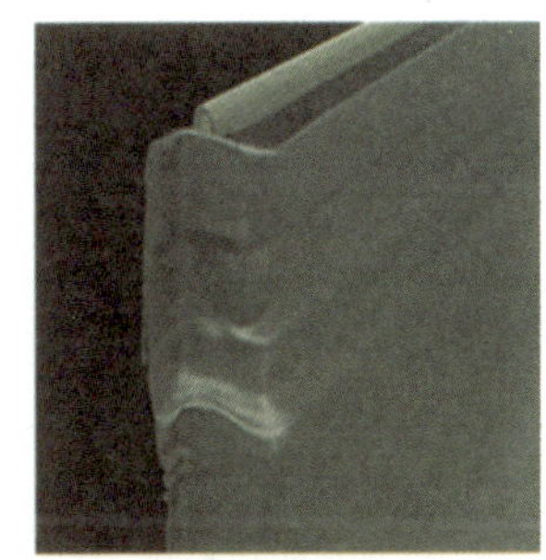

切断端部弯折成箱形

图 2.3.12　金属夹芯板（日铁住金钢板）

2.3.2 附属部件

这里主要讲解钢板外墙板系统中使用的附属部件。

2.3.2.1 固定部件

固定部件是指外墙板或附属部件在基材上固定时使用的紧固件（见表 2.3.2），具有结构作用。固定部件的材质应根据使用环境、外墙板的材质合理选用。

（1）螺钉。螺钉端部有切削的刃口，不需要事先打孔便可直接钻入并紧固，适用范围非常广。一般被称为螺丝。

应当根据被安装材（钢板、板类、隔热材料等）的厚度和材质，合理选择螺钉的刃口形状和长度，见表 2.3.3。另外，由螺钉的拉拔强度决定的公称直径、防水性能以及可有效防止接触腐蚀的带衬垫的螺钉头部形状等，在进行选择时也应特别予以重视。

当考虑防水性能时，固定梯形外墙板的螺钉应选用带垫片和带衬垫（见图 2.3.13）、公称直径 4 mm 以上的螺钉。

（2）抽芯铆钉。抽芯铆钉的材料有钢、铝、铜等，在钢板外墙施工时，多采用可单方向（单侧）施工的抽芯铆钉。这种形式的铆钉有多种材质和形状，应综合考虑强度、接触腐蚀以及施工性能等，合理选用。

（3）勾头螺栓。勾头螺栓（见图 2.3.14）的主要作用是将大波及其相似形状的外墙板固定在墙檩（角钢、管等）上。该产品与附属部件衬垫（毛毡）、螺母等配套使用。勾头螺栓的形状需配合檩条的形式，有挂钩形（レ）、弯钩形（J 形）以及通钩形（L 形）等。

表 2.3.2 固定部件的种类及功能

部件的种类	主要功能	概要图
螺钉	用于钢板外墙板或附属部件与基材（墙檩）的固定	
抽芯铆钉	用于挡水板、端头等节点部分的固定	

表 2.3.3 螺钉的种类例

头部形状	特征和用途
六角	扭矩传递大，不易偏移。适合用粗直径螺栓。在搭接形和扣合形（梯形波纹、大波纹）的外墙板中使用
盘头	头部为锅底形状，冷成型性能好，上有十字槽。是最普通的螺钉。 在插入型外墙板系统（拱肩形式）中使用
扁头	由于头部高度低，外凸不明显，可用于插入型外墙板系统（拱肩形式）

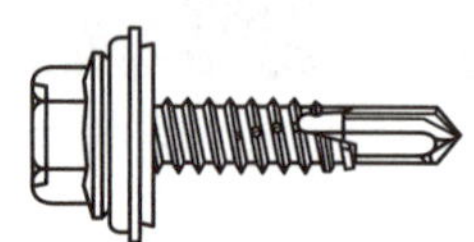

图 2.3.13 带垫圈、衬板

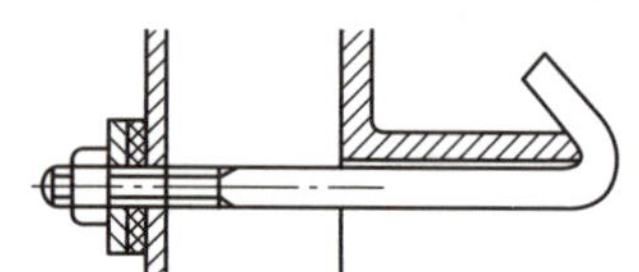

图 2.3.14 勾头螺栓（挂钩形）

2.3.2.2 组成部件

组成部件指泡沫堵头和附属部件（见表 2.3.4），是组成钢板外墙系统中不可缺的部件，具有防风、防止雨水浸入、美化外观的作用。

（1）泡沫堵头。泡沫堵头（见图 2.3.15）是定型产品，用于封堵梯形波钢板等与截水沟等之间产生的空隙，要求具有弹性和耐久性。一般采用发泡聚乙烯、发泡橡胶等。

（2）附属部件。附属部件是钢板外墙的一部分，如图 2.3.16 所示，有墙基截水槽、窗框截水槽、阴角封板、阳角封板等。这些部件的品质与外墙板材相同，一般根据现场实测尺寸进行加工。

表 2.3.4 组成部件及其作用

组成部件	功　能
泡沫堵头	用于封堵梯形波钢板等与檐端头、墙基截水槽、窗框截水槽、压顶木等之间的空隙
附属部件	用于封堵檐端头、墙基截水槽、窗框截水槽、阴角、阳角、压顶木等的防水部件

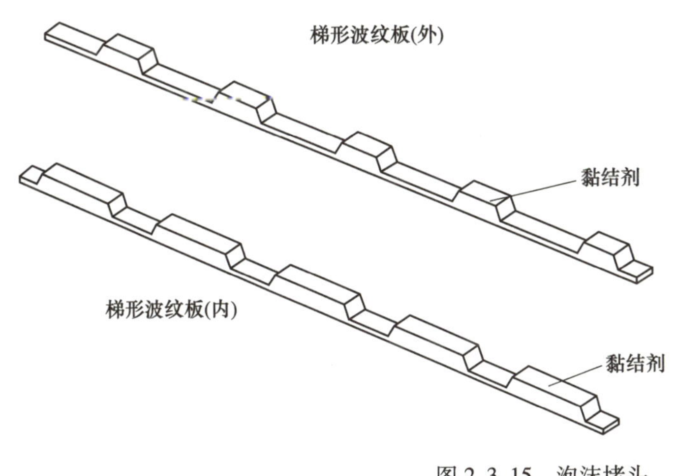

图 2.3.15 泡沫堵头

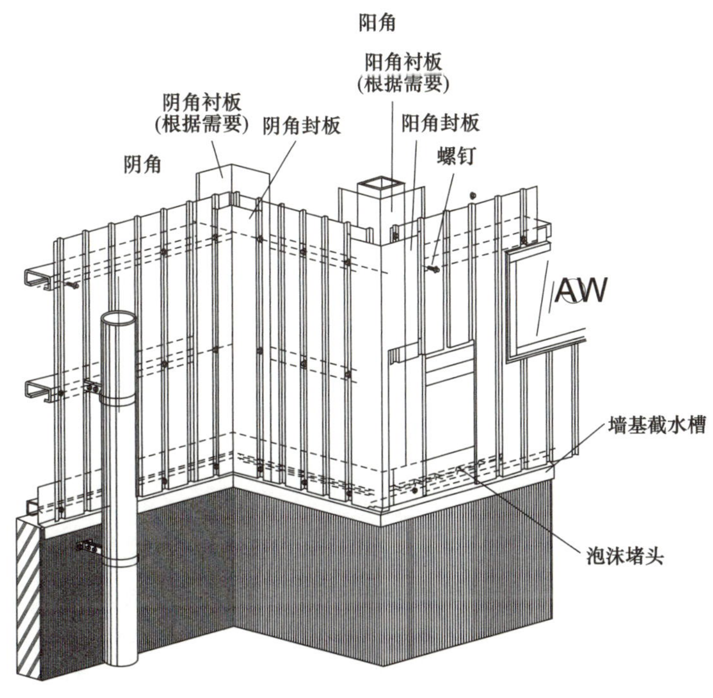

图 2.3.16 附属部件的使用

2. 3. 2. 3　其他材料

其他材料除了用于提高钢板外墙的防水性、隔热性、防火性外，还用于采光的目的。

（1）基板。使用基板主要是为了提高隔热性能和防火性能等。基板的种类有石膏板、水泥刨花板以及硅酸钙板等。

（2）防水层。使用防水层主要是为了提高钢板外墙的防水性能，同时起着基板施工时的防湿作用。其种类有沥青卷材、防水透气布等。

（3）密封材料。与屋面密封材一样，分为定型材料和非定型材料。

（4）采光材料。采光材料的形状一般与外墙材料相同。采光材料一般为可燃材料，因此对外墙有防火要求时不能使用。其种类有玻璃纤维聚乙烯波钢板、聚碳酸酯板等。

（5）喷涂材料。喷涂材料按使用目的大致可以分为现场发泡聚氨酯（用于隔热）和岩棉（用于防火）。两种类型的材料在喷涂过程中，都可能因为喷射压的作用造成外墙板的变形或搭接部分的渗漏。因此必须采取措施提高搭接部分的防水性能。

专栏

密封材料

采用密封材料防水的部分发生漏水时，要对密封材料进行修复再施工往往很困难，还应考虑到再次发生漏水的可能性。另外密封材料的性能保证期也短。因此，考虑到密封材料也存在使用上的限制，防水设计时应主要基于板材本身防水的设计并在施工中实现，使用密封材料作为辅助，以提高防水性能。

2.4 排水装置

排水装置（雨水沟）是将屋面上的雨水集中于一处、进行有组织排水的下水设备。可以防止雨水对外墙墙基、檐端下的地面的浸蚀，从而延缓建筑的劣化进程。

当没有排水装置或排水容量不足时，所有或部分屋面上的雨水直接流向建筑周围的地面，如果场地内排水计划不充分，则会造成场地内淹水。

因此应通过计算雨量来决定排水装置的尺寸（包括数量）。计算时需要知道建筑的场地条件、天沟含盖的屋面投影面积、天沟的材质、天沟的宽度和截面高度、屋面坡度、设置高度、落水管的内径、长度等（详见“3.3 排水”）。

2.4.1 排水装置的种类

排水装置有檐沟、内天沟和水落管三种，见表 2.4.1 和照片 2.4.1。

在檐口水平方向设置的“檐沟”为半筒形或箱型。檐沟有 1/100 左右的坡度。内天沟的坡度不宜小于 1/50。

与屋面材料（见图 2.4.1）一样，排水装置也会产生热伸缩，所以必须合理设置伸缩缝。计算内天沟的尺寸时应取 2~3 倍的安全系数，附加溢流功能也很重要。

表 2.4.1 排水装置的种类

<table>
<tr><td rowspan="3">排水装置</td><td>檐沟</td><td>金属、氯乙烯树脂</td><td rowspan="3">金属排水装置的材料有钢板、不锈钢板、铝合金板等</td></tr>
<tr><td>内天沟</td><td>金属</td></tr>
<tr><td>水落管</td><td>金属、氯乙烯树脂、钢管</td></tr>
</table>

檐沟

内天沟(改造中)

内天沟(ORIENTAL METAL)

照片 2.4.1 檐沟与内天沟

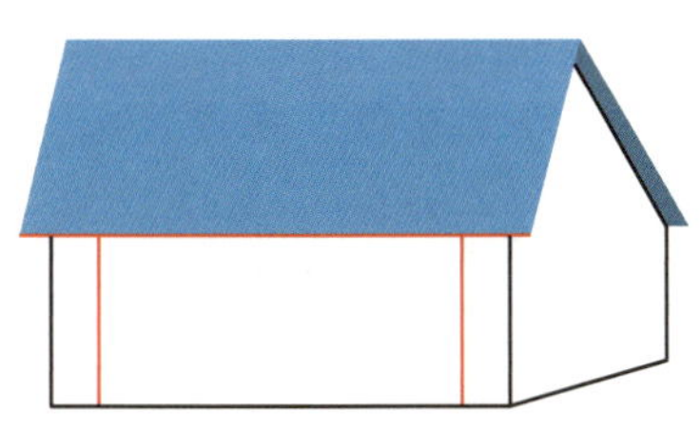

在住宅中，用氯乙烯树脂加工成型的半筒形天沟、圆形和箱形的雨落管采用较多

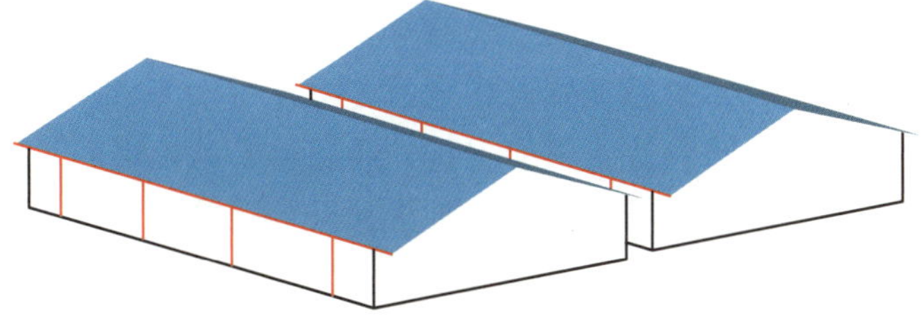

工厂等大型单层建筑中，采用由不锈钢、钢板等加工成的排水装置(檐沟、内天沟)

图 2.4.1 排水装置

2.4.2　附属部件和附属材料

排水设施的部位、名称及其说明如图 2.4.2 所示。

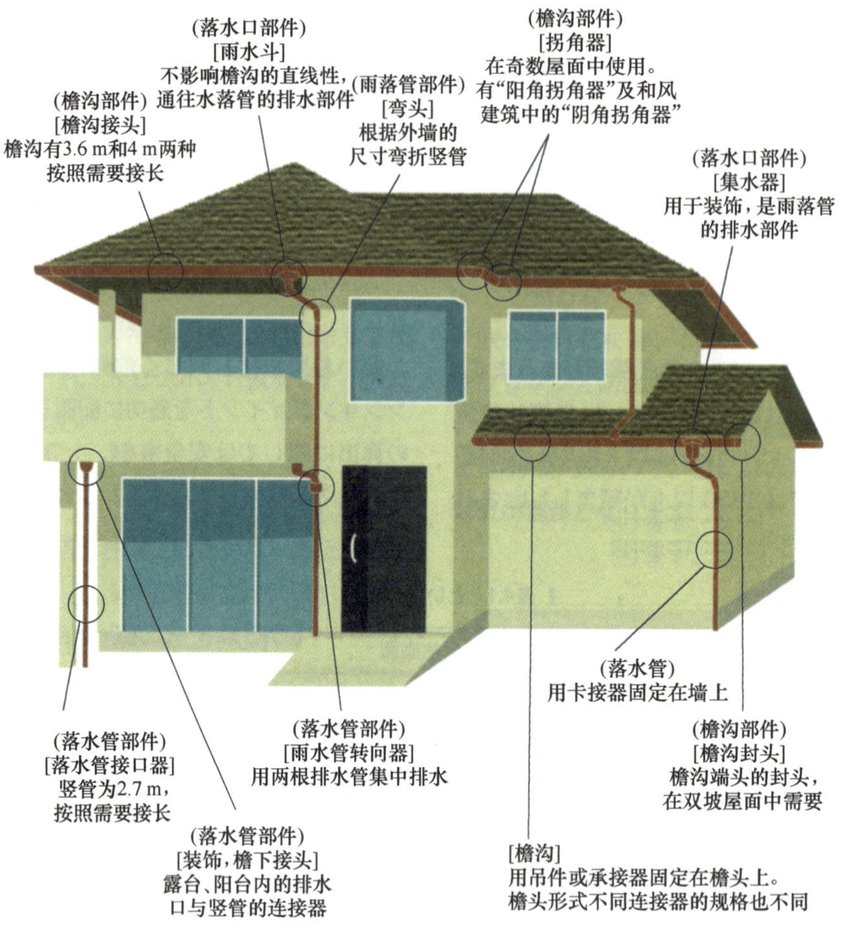

图 2.4.2　排水设施的部位与名称（松下 HP 提供）

专栏

用耐酸涂层钢板加工排水沟槽

进行排水沟槽的弯折加工时，为避免弯曲部分涂层层中有残余应力，应在弯折部分放踏板或角钢等，然后慢慢向上弯。当弯折部分有损伤时，应使用专用涂料进行修补。

当沟槽宽度接缝的搭接部分的涂层膜剥落时，应当在铁铆钉连接完成后使用浸过沥青的胶带进行热熔保护（当时为了防止电化学腐蚀指定使用铁铆钉）。

当时的排水沟槽通常是在现场进行弯折加工和组装，即在沟槽材料上放脚手板等，一边用脚向下用力踩，一边将板向上折，最后加工成指定的形状。

用这种土办法折弯的沟槽弯折部分的弧度缓，弯曲半径大，因此对沟槽局部拉伸的不良影响小（见专图 2.4.1），与现在的方法相比，反而可以延长沟槽的使用寿命（现在的方法由于注重外观形象，沟槽弯折部分的涂膜上会有较大的残余应力）。

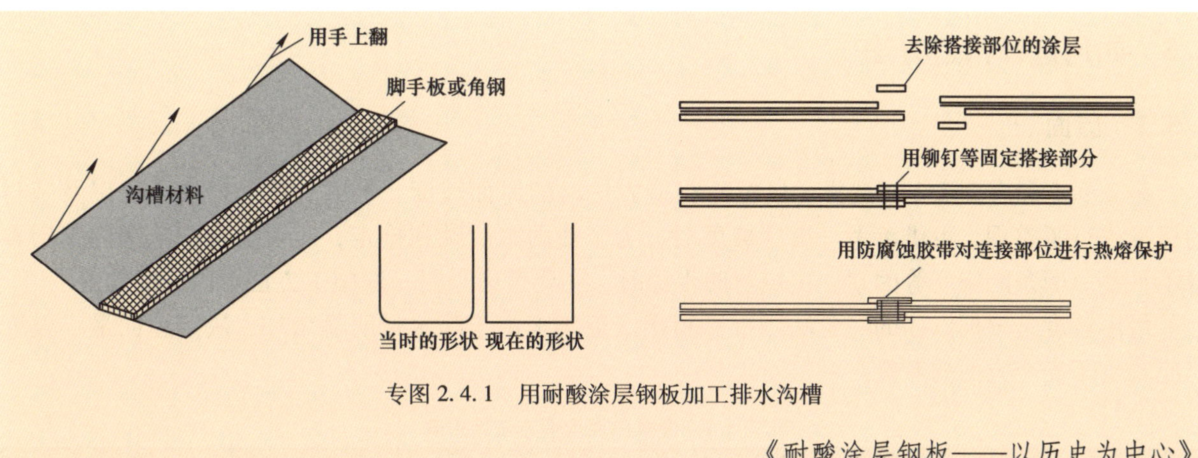

专图 2.4.1 用耐酸涂层钢板加工排水沟槽

《耐酸涂层钢板——以历史为中心》

专栏
天沟的历史

最早记录天沟的日本文献是平安时代后期制作的历史物语《大境》。《建花山院》中的一节，文中记载了“在间隙处设了导水沟很凉快”。该文中的“导水沟”指的就是天沟。在当时的建筑样式中，多栋住宅屋顶的波谷部分设置的“导水沟”，应该就相当于现在的天沟。不过当时设置导水沟的目的并不仅仅用于排水，更重要的是将贵重的雨水收集起来作为饮用水和生活用水，将屋面的水汇集到水槽中，起着“上水道”的作用。

现存最古老的排水天沟

据说，日本现存的、最古老的像现在这种用于屋面排水的天沟，是建于奈良时代（733 年）东大寺三月堂上的木天沟，如专图 2.4.2 所示。该天沟是用 3 块厚度 5 cm 的板组装成的 U 字形水槽。

专图 2.4.2 古代的木制天沟

天沟的普及是从“神社佛堂”开始

江户时代前，天沟在神社佛堂中普遍使用。这可能是因为从飞鸟时代起，神社佛堂就开始使用从中国、朝鲜传来的瓦，所以需要能够处理雨水的排水天沟。但是一般住宅不同于神社佛堂，都是草屋面或茅屋面，屋面本身可以吸收水分；而且由于屋檐下多用于做工场地，屋檐挑出很长，所以不需要天沟。

（松下）

2.5 如何选择构造方法

2.5.1 屋面

表 2.5.1 和表 2.5.2 对选择金属屋面构造方法时的屋面坡度、板的长度、弯曲半径以及基材的标准进行了整理，可供参考。决定坡度时，为了使雨水能顺利排走，应考虑常识范围内基层本身不平整、檩条的挠度等因素。决定弯曲半径时，主要考虑采用一般施工方法可以施工的范围。

最小坡度是根据以往的经验法则推算得出。近年来由于降水量明显增加，决定屋面最小坡度时应着重于安全方面的考量。

表 2.5.1　金属屋面构造方法选用表

条件			屋面构造									
			一字形	有芯木瓦条	无芯木瓦条（独立连接器或通长连接器）	直立锁边	波钢板	压型板	横铺	金属瓦	平板形	不锈钢防水
规模及屋面坡度	最小坡度		30/100	10/100	5/100	5/100	30/100	3/100	25/100	30/100	3/100	1/100
	最大长度/m		10 以下	10 以下	20 以下	15 以下	10 以下	50 以下	15 以下	10 以下	30 以下	50 以下
	最小弯曲半径/m	自然曲率	5	30	20	15	20	125~250	(1)	100	30	15
		弧型小波纹等	—	—	0.8	7	—	30~50	—	—	7~30	2
		弧形压制加工	—	—	—	—	—	0.4~0.6	—	—	—	—
	反翘屋面的最小弯曲半径		5	200	200	200	150	300	(1)	100	300	2
下部结构	木结构		○	○	○	○	○	△	○	○	△	△
	钢结构		△	△	独立△ 通长○	△	○	○	○	△	○	○
	混凝土		△	△	△	△	△	○	△	△	△	○
屋面形状	单坡 不等边双坡 双坡		○	○	○	○	○	○	○	○	○	○
	四坡 四角攒顶 歇山式 半双坡		○	○	○	○	○~△	△	○~△	○~△	○~△	○
	复斜式 折线形		○	○	○	○	△	△	○~△	○~△	△	○
	平屋面		×	○	○	○	△	○	×	×	○	○
	拱形屋面		○	△	○	○	○~△	△	○~△	×~△	○	○
	穹顶屋面 圆锥状屋面		○	×	△	△	×	×	×	×	△~×	○
	反翘屋面		○	△~×	△~×	△~×	△~×	×	△	△~×	△~×	○
	双向曲面		○	△~×	△	△	△~×	×	×	△~×	×	○

注：1. 以上是通常做法。厂家不同做法也有差异，采用时应事先确认。

2. 压型板拱屋面的最小弯曲半径，易受钢结构檩条不平整的影响。表中所示值为假设钢结构表面不平整为 0 时的情况。

3. ○：适用；△：适用，但同时必须采用特殊构造；×：一般情况下不适用。

表 2.5.2 金属屋面材料和屋面构造的关系

金属屋面材料		屋面构造									
		一字形	有芯木瓦条	无芯木瓦条	直立锁边，鸠尾形	波钢板	压型板	横铺板	金属瓦	平板形	不锈钢防水
钢板表面处理	镀铝锌钢板 彩色镀铝锌钢板	○	◎	◎	◎	◎	◎	◎	◎	◎	×
	镀铝钢板	○	○	○	○	◎	◎	○	○	○	×
	氯乙烯钢板	○	○	○	○	◎	◎	○	○	○	×
	耐酸涂层钢板	—	—	○	○	◎	◎	○	○	○	×
不锈钢板		○	○	○	○	◎	○	◎	◎	○	◎
铝合金板		○	○	○	○	○	○	◎	◎	○	×
铜板		◎	◎	○	○	—	—	◎	◎	—	×
钛板		○	○	○	○	—	—	○	○	○	○

注：◎：适用；○：适用（加工或者施工时需要注意）；×：不适用；—：没有使用实例。

2.5.1.1 压型板屋面

（1）屋面坡度。决定压型板屋面的坡度时，应考虑因防水和构造上的不平整或挠度引起的雨水滞留问题，建议取 3/100 以上。但应注意的是当屋面坡度过陡时（如 100/100），某些形式的压型板可能会降低其搭接部分的防水性能。

（2）最长长度。压型板屋面最长长度的决定因素有屋面坡度、排水设施的排水功能、搭接部分的防水性能以及温度伸缩。多数情况下不超过 50 m，但也可以做到 100 m 以上。此时温度伸缩引起的问题有：压型板沿板长方向的伸缩引起板上端部和板下端部固定螺栓的损坏；包脊、侧檐包边等附属部件紧固件的脱落和松弛等。因此，设计时必须认真考虑这些部分的构造。

（3）压型板的最小弯曲半径。不经过特别加工就直接将压型板弯成拱形时，最小弯曲半径与其波峰高度的关系可以参照表 2.5.3 中提供的数值。采用该值的前提条件是基层状态良好。由于铺设方法易受基层条件的影响，施工前必须对基层的状态进行确认。

表 2.5.3 压型板波峰高度与最小弯曲半径

压型板的波峰高度/mm	100 以下	100~150	150~175	175 以上
最小弯曲半径/m	125	150	200	250

将压型板弯成拱形时，一般板厚越小。在力学意义上的截面中和轴离截面中心越远，则越容易产生凹陷变形或屈曲，也就越难施工。总之，在施工前应对压型板的弯曲性进行确认。

2.5.1.2 其他非压型板金属屋面（平板屋面）

屋面形状。平面的屋面可以采用几乎所有的屋面构造。拱形屋面中，若采用了无芯木瓦条屋面、直立锁边屋面等，则可以通过特殊构造方法，得到更小的弯曲半径（最小 1 m 左右）。但必须注意的是，此时容易产生应变、防水性能降低等问题。横铺屋面时，如果屋面顶部的坡度平缓，屋面板可能产生反向坡度（逆坡度），从而使防水性能明显降低，因此必须采取相应措施。

穹顶屋面中，若采用不锈钢防水、无芯木瓦条屋面、直立锁边屋面以外的构造会困难很多。铺设穹顶屋面时，当弯曲半径小时，则需要采用楔形曲线的槽板。

平板屋面构造很难适用于反翘屋面。如果强行反翘，咬合接口处便会产生褶皱，造成咬合不充分的情况发生。当然，横铺屋面时，单向曲面反翘屋面是可以施工的。

专栏

异型不锈钢防水薄板的成型加工

可将三维 CAD 和高精度成型轧机结合，制作出各种形状的不锈钢防水屋面，如专图 2.5.1 所示。

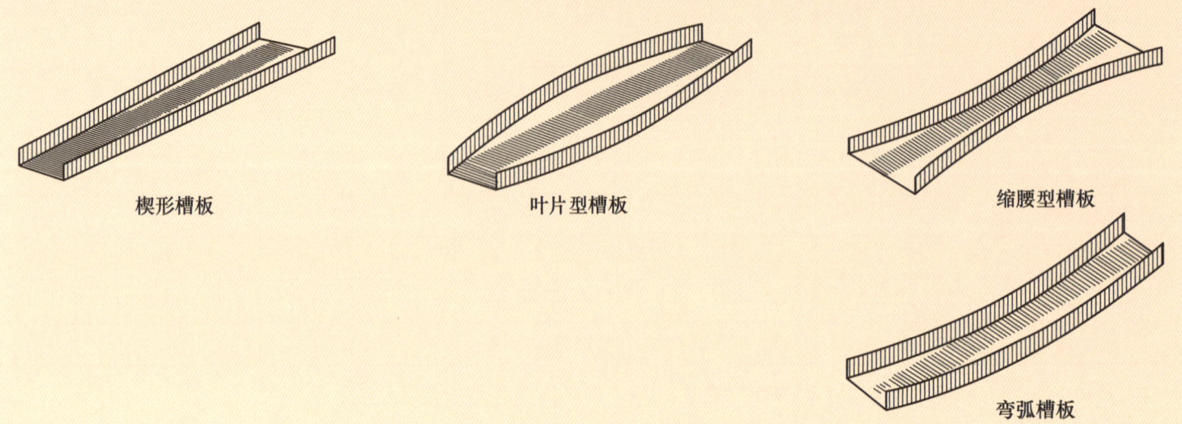

专图 2.5.1　各种形状的不锈钢防水屋面

利用不锈钢防水板成型轧机，不仅可以加工出楔形屋面槽板，还可以加工出高精度的中间大两头小或中间小两头大的槽形板。各种板材的组合可以自由分割三维屋面。

可以在板的长度方向上，附加间距 20 mm×深度（0.3~1.0）mm 的小波浪。通过深度的左右变化，形成面材的横向弯曲，如专图 2.5.2 所示。

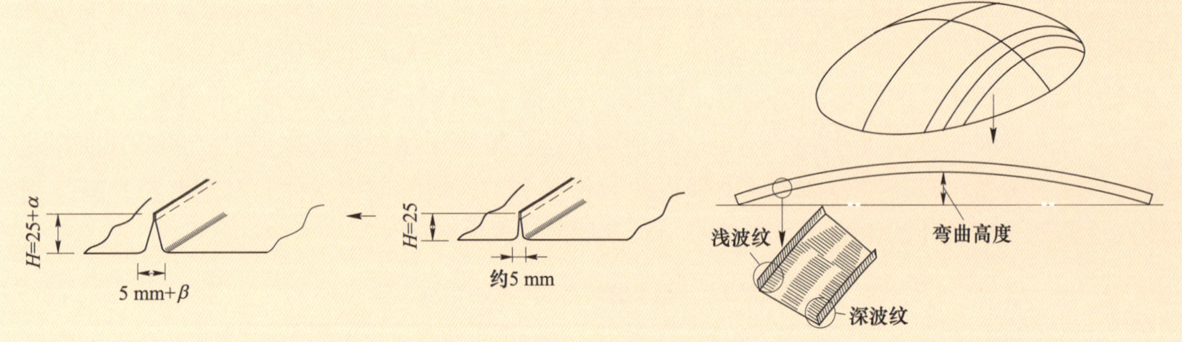

专图 2.5.2　屋面弯曲板的做法

对于球形屋面，可以做出有石板瓦效果的特殊分割形式。

可以调整合掌形肋的高度。调整高度可以使直线的板材出现肋状效果。对于大曲率的球形屋面等，即使不采用叶片型板也能实现。

采用叶片型面材的优势

球形穹顶屋面裁板时，一般采用在平台上平铺带钢板，进行楔形划线，沿着墨线的轨迹剪裁，然后翻边加工成楔形面板。由于精度差，无法进行长尺寸加工。作为大型屋面时，只能采取小板拼接的方法。

另外，如专图 2.5.3 所示，采用楔形截面时，对于切割不足的部分 δ_w，需要对合掌部分进行拉伸调整；在 δ_w 大的位置，面材上不可避免地出现凹陷的问题。

并且当屋面板覆盖球面时，无法回避在赤道位置处板的连接问题，而采用叶片型面材很好地解决了这一问题。

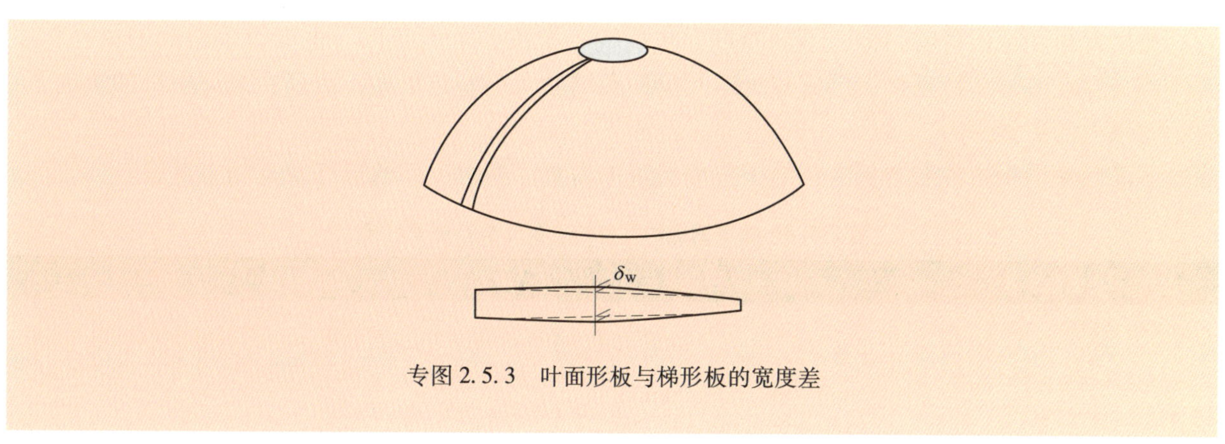

专图 2.5.3 叶面形板与梯形板的宽度差

2.5.2 外墙（钢板外墙材料）

钢板外墙材料分为梯形波纹墙板和芯轴形墙板。

2.5.2.1 选择板厚时的注意事项

一般情况下，钢板外墙材料的板厚越薄，外墙自身的刚度越小，越容易产生因残余变形引起的美观性问题。又因为钢板的撕裂强度与板厚成正比，当板厚小于 0.27 mm 时，连接部位会出现承载力不足的问题。

鉴于此，SSW 2011 规程构造中规定板厚应不小于 0.35 mm。当然，即使板厚为 0.35 mm 以上，由于成型时受成型轧机的性能不同、施工时操作人员技术水平不同，有时也会出现完成面外观有瑕疵的问题。因此板厚 0.35 mm 的外墙板材原则上只在小型且低层的建筑中使用。

2.5.2.2 决定墙檩间距的注意事项

墙檩间距增加时，在强风雨作用下，挠度的绝对值增加，搭接部位的位移量增大，雨水容易浸入室内。因此从保证防水性能的角度出发，墙檩间距建议取 606 mm 以下；当墙檩间距取 910 mm时，设计师需要认真考虑防水对策，如设置基板以约束挠度或使用防水层等。

2.5.2.3 设计阳角阴角收边构造的注意事项

钢板外墙板的拐角部位在强风作用下有时会出现阳角处的封板脱落的现象。产生这种现象的原因主要是阳角的封板只固定在外墙板上，或虽然固定在墙檩上，但间距过大。因此，在墙檩上固定阳角和阴角封板的间距应在合理范围内。

2.5.2.4 美观性

钢板外墙材料是轧制成型的薄板，其完成面受基材（墙檩、基板等）平面凹凸的影响较大。影响建筑外观的主要因素有外墙板本身的凹凸（有凹坑）、由基层结构精度决定的平整度。当存在问题时，太阳光的反射会放大完成面凹凸的效果，在视觉上产生色彩不均或颜色改变的现象。特别是在高日光反射率的强银色系钢板中，这种趋势更加明显，因此应注意涂层材料的规格、色彩和是否有光泽等。

在钢板外墙材料中，颜色的意义非常重大。因此，围绕着色调的差异、色斑、光泽不良、光泽不均等引起的颜色改变的问题也频繁发生，见表 2.5.4。涂层类别（一般的彩钢板、氟碳喷涂、聚氯乙烯等）不同，使用涂层材料所产生的色彩、光泽、质感等表面纹理的差异就会很大。特别需要注意的是，即使是同种涂料，产品供应商不同，其颜色也不会完全一致。即使是同一产品供应商，由于涂装设备不同，材料的色彩也会有微妙的变化。除此之外，颜色还受批次、生产时的烘烤温度条件、气温、湿度等环境条件的影响。

镀层材料和涂层材料一样，不同的产品供应商、批次、生产条件、生产设备得到的材料，表面质感会存在差异。特别是镀层成分的结晶模样和结晶大小差异很大，而且在光反射等的影响下，视觉效果上的差异更大。

下面以涂层钢板外墙为例，总结了外墙美观上需要注意的色差的形态及其相应对策。

表 2.5.4　涂层钢板的色差的主要形态和处理对策

<table>
<tr><th>色差的形态</th><th>发生原因</th><th>处理方法</th></tr>
<tr><td>相邻外墙板看上去颜色不同</td><td rowspan="3">采用了制作日期、制作番号不同的同色系的板材（不同批次板材的混用）</td><td rowspan="3">采用产品供应商、生产日期、生产序号相同（同一批次）的材料。颜色序号相同，但制作日期和制作序号不同的产品，应避免在建筑的同一面上使用。
当必须使用不同批次的产品时，应尽量避免不同批次的产品用在同一立面，按照不同的方位（东南西北）采用不同的产品批次</td></tr>
<tr><td>色彩差异在近处时不明显，但是在远处时非常明显</td></tr>
<tr><td>色彩差异在多云时不明显，但是在晴天时非常明显</td></tr>
<tr><td>看上去好像是不同颜色和光泽混在一起的感觉</td><td>混合使用了加工时成型方向不同的产品</td><td>特别需要注意的是，对切板轧制成型时，不能混淆板的方向。
施工中运输与吊装加工成品时，不能随意颠倒板的上下方向，必须按照同一个方向安装。
（以上措施不仅适用于涂层钢板，而且适用于镀铝锌钢板原板和不锈钢板等）</td></tr>
<tr><td>外墙板上局部位置的光泽与其他位置不同</td><td rowspan="2">储存时，板面受到雨水、湿气的侵蚀</td><td rowspan="2">不要长期把板材（钢卷或加工成品）搁置在室外。
不要把板材放置在平时潮湿环境中。
当板材只能放置在室外储存时，必须采取措施防止结露或被水浸泡</td></tr>
<tr><td>涂层上的污渍使局部颜色改变</td></tr>
</table>

2.6 金属材料

2.6.1 金属屋面和外墙中使用的钢板材料

屋面和外墙中使用的板材可分为钢板和非钢金属板（见表 2.6.1），另外还有各种镀层产品和涂层产品，如图 2.6.1 所示。详细内容可参见《从材料看金属屋面和外墙》（日本金属屋面协会）。

表 2.6.1 屋面上使用的金属材料

<table>
<tr><td rowspan="3">钢板</td><td>镀锌钢板</td><td>热浸镀锌钢板及钢带 JIS G3302
热浸 5%铝-锌合金镀层钢板及钢带 JIS G3317
热浸 55%铝-锌合金镀层钢板及钢带 JIS G3321
热浸镀铝钢板及钢带 JIS G3314</td></tr>
<tr><td>涂层钢板</td><td>烤漆热浸镀锌薄钢板和钢带 JIS G3312
烤漆热浸 5%铝-锌合金镀层钢板及钢带 JIS G3318
烤漆热浸 55%铝-锌合金镀层钢板及钢带 JIS G3322
聚氯乙烯涂层金属板 JIS K6744
氟化乙烯树脂烤漆钢板 JIS G3312、JIS G3318、JIS G3322
耐酸涂层钢板</td></tr>
<tr><td>合金板</td><td>冷轧不锈钢板和钢带 JIS G4305
涂层不锈钢板 JIS G3320
各种镀层不锈钢板（铜、锌、铝、铅、锡合金）
高耐候轧制钢板 JIS G3125</td></tr>
<tr><td colspan="2">非钢金属板</td><td>铜板 JIS G3100
表面处理铜板（人工绿青、硫化处理）
铝合金板 JIS H4000
彩色铝板 JIS H4001
镀锌合金板 JIS H4321
钛板 JIS H4600
铅板</td></tr>
<tr><td colspan="2">复合金属板</td><td>隔热镀锌铁板
减震钢板
镀锌合金板、镀锌钢板复合材料（黏结法）
不锈钢板复合材料（黏结法）
不锈钢+(镀锌合金板、铅板、铜板、钛板)
复合不锈钢板（复合轧制）
不锈钢+(镍、镍铜合金、铝合金)</td></tr>
</table>

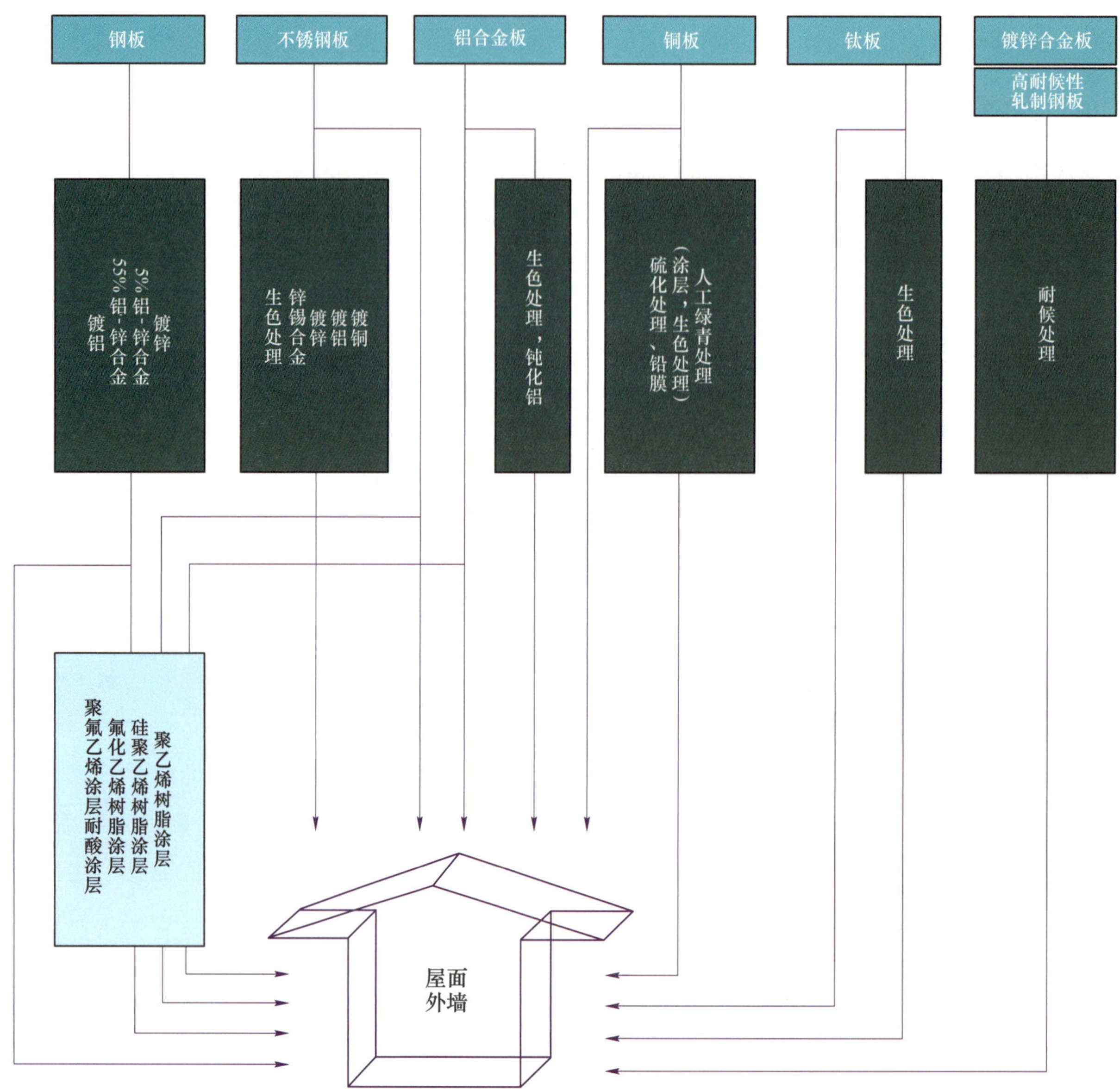

图 2.6.1 主要金属材料表面处理工序

专栏

12 月 1 日“铁纪念日”

1857 年 12 月 1 日，在现在的岩手县釜石市，南部藩士大岛高任建造了日本最早的现代样式的高炉，用于生产生铁。钢铁业界于 1958 年为了纪念日本钢铁业近代工业制铁进入第二个百年，将 12 月 1 日定为“铁纪念日”。

2.6.2 金属材料

在以前，金属屋面和外墙的材料一般是指铜板。如今开发出了很多新材料，见表 2.6.2。通过金属材质的基板与表面处理的镀层、涂料等组合，可以得到各种各样的板材。原板的金属材料和表面处理镀层或涂料的组合应根据建筑用途、建筑场所（海岸地区、工业地区、商业地区、住宅区等）、维修性能等，综合考量后进行合理选择。

表 2.6.2 屋面和外墙使用的金属材料

<table>
<tr><td rowspan="6">基材</td><td colspan="2">铁（钢）</td></tr>
<tr><td rowspan="2">不锈钢</td><td>奥氏体（含铬和镍）</td></tr>
<tr><td>铁素体（含铬）</td></tr>
<tr><td colspan="2">铝合金</td></tr>
<tr><td colspan="2">铜</td></tr>
<tr><td colspan="2">钛</td></tr>
</table>

2.6.2.1 钢铁（钢）

钢材的制作方法有高炉法和电炉法，如图 2.6.2 所示。高炉法是利用高炉从铁矿石中提炼生铁，然后炼成钢的生产方法；电炉法是利用电炉将废铁融化后生产钢的生产方法。镀锌钢板和涂层钢板采用的都是高炉法生产的钢材。

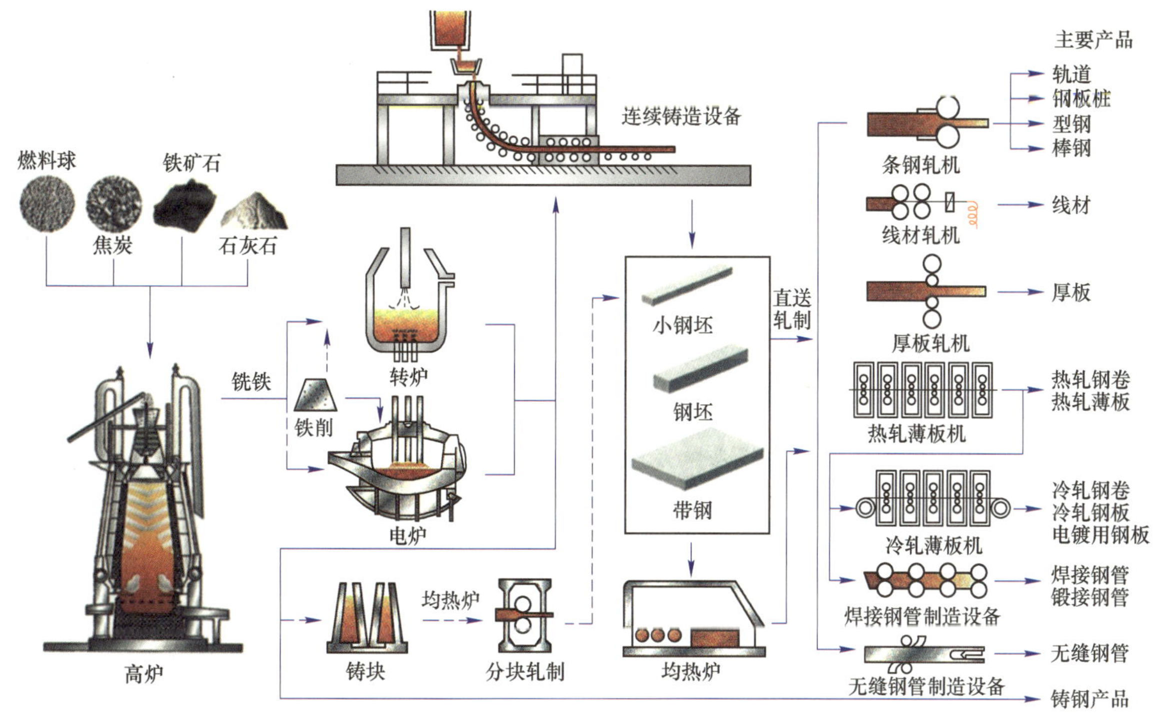

图 2.6.2 钢铁的制造过程（日本铁钢联盟）

我们日常所说的“铁”金属基本上都是“钢”。钢的制作过程称为炼钢，是生铁经过精炼变成钢的过程。高炉生产的生铁由于含碳量很高（4%~5%），所以又硬又脆。为了得到延展性好的钢，必须大幅度降低含碳量，还要减少磷、硫、硅等杂质的含量，这就是炼钢的目的。由钢制造钢材的最主要方法是轧制方法，也就是将钢夹在上下轧辊之间压制延展的方法。

轧制分为热轧和冷轧，前者是将钢原板加热后延展，后者在前者的基础上再在常温下延展。薄板多为先热轧后再冷轧得到的产品。由于冷轧可以使板材更薄，还可以使板表观美观且匀称，所以机动车的车身、家电、屋面和外墙用的镀层、涂层钢板绝大多数采用的是冷轧延展得到的冷轧钢板。

专栏
防锈蚀方法

给金属穿一层盔甲——电镀

用化学上稳定的水、氧气无法渗透的金属覆盖的方法，有镀锌等方法。

穿上化学服——生化处理

将钢板或镀锌钢板浸泡在磷酸盐或铬酸盐溶液中，使表面上产生磷酸盐处理皮膜或铬酸盐处理皮膜。

化妆——涂膜

喷刷涂料是最常用的防锈蚀方法。工业涂装方法包括在成品上涂装的后涂装法、直接在钢板上涂装的预涂装法。

以锈防锈——氧化膜

用特殊方法控制铁表面的锈蚀，使其形成致密坚固的氧化膜，防止锈蚀向截面内部发展。不锈钢的钝化膜现象非常有名。耐候钢板是让钢板产生赤锈一段时间后，生成致密的黑褐色硬质锈蚀层，从而使锈蚀层本身对钢板表面形成保护。耐候钢板采用的是在普通钢中添加了铬、镍和铜等元素的钢材。

2.6.2.2　不锈钢

不锈钢是含铬（Cr）12%~32%钢的总称。不锈钢的耐蚀性和耐候性是因为 Cr 与氧气结合后在基体金属表面形成了一层 100 万分之几毫米的，非常薄的薄膜（氧化膜）即钝化膜的作用。该膜具有自修复能力，即使破损也会立刻与空气中的氧气反应形成新的皮膜，继续保护基体。从理论上讲，铬的含量越高皮膜越牢固。因此在环境等因素作用下，当钝化膜破损后，如果再生功能受阻，不锈钢也会产生锈蚀。

屋面板材的材质一般采用 SUS304（18%铬、8%镍），部件、紧固件等采用 SUS410（13%铬）。对于海岸、厂房等防腐要求高的建筑，采用添加了钼元素的 SUS316，近来也开始采用能够解决 SUS304 和 SUS316 中的盐害、点蚀等问题的 SUS445（22%铬）等。

2.6.2.3　铜

铜板从桃山、江户时代开始在神社寺院等建筑中使用。铜用于屋面的同时，还作为各个细小部位的金属饰品等使用。铜的耐腐蚀性非常好，随着时间的流逝会产生青色锈蚀（青绿铜锈），很受欢迎。铜的加工性能也非常好，可以进行深度加工。

铜板根据脱氧方法可分为磷脱氧铜板、紫铜板和无氧铜板三种。其中屋面中使用的铜板主要为磷脱氧铜板。

铜板的材质在 JIS 规格中分为软质、1/4 硬质、1/2 硬质和硬质等。屋面中使用的铜板主要为 1/4 硬质和 1/2 硬质。而脊头瓦因为需要深加工，所以采用软质铜。

在大气和雨水等自然环境中，屋面上铺设的铜板的色调会发生各种各样的变化，可以给人们以希望。一般而言，暴露在空气中的铜板开始氧化，带点褐色，发生的变化如图 2.6.3 所示。铜板的氧化膜是致密的稳定膜，可以对内部起到保护作用。

图 2.6.3　铜板在自然环境下表面颜色的变化

铜板经过岁月流逝自然生成青绿色是最为理想的，然而由于大气成分和环境的不同，产生青绿色所需要的时间和色调很难预测。

因此有时在工厂中便对铜板的表面进行化学处理，直接将其做成青绿色的铜板。另外还有进行表面硫化处理生成的深褐色铜板，这种铜板最终也会变成青绿色。

2.6.2.4 铝合金

铝在实用金属材料中是仅次于锰的轻型材料（比值 2.7），其重量是钢材的 1/3 左右，通过选定合金化或加工条件可以得到与钢材相同的强度。然而铝的线膨胀系数是钢材的 2 倍，刚度（弹性模量）是钢材的 1/3，因此在结构设计时，应注意其热伸缩和挠度问题。

铝具有导热性和导电性强、光反射率和热反射率高等特点。铝在实际应用中，由于有表面氧化皮膜的保护，即使不进行涂装等表面处理也具有足够的耐腐蚀性。

另外，铝的成型加工性能不如钢材，而且表面软，易被划伤，轧制时容易在轧辊上留下印记，因此必须对轧辊等工具表面进行保养，特别是对铝原板进行加工时需使用适当的润滑剂。

2.6.2.5 钛

钛（元素符号：Ti）可以分为一般工业用的纯钛，以及在钛中添加了铝、钒等元素的、用于航空器发动机和机体部件等的钛合金。作为建筑材料，一般使用加工性能较好的纯钛中的 1 类或 2 类。纯钛在建筑屋面（见照片 2.6.1）和外墙中使用时的特性如下所示。

照片 2.6.1 浅草寺的钛屋顶

在包括海洋气候的一般环境中，钛金属都具有优秀的耐腐蚀性。面对酸雨时也比其他金属性能优秀，在温泉地带等也有优秀的业绩。所以不需要担心像不锈钢一样出现点蚀、晶间腐蚀和应力腐蚀开裂的问题。

(1) 密度为 4.5 t/m^3，是同体积铜的 50%，铁的 60%，是轻金属。

(2) 热伸缩小，线膨胀系数约为不锈钢的一半、铝的 1/3，与玻璃、砖、混凝土等基本一致。

热传导率与 SUS304 不锈钢基本一致。

（3）与普通钢比较有同等的强度和硬度。弹性模量约为铁的一半，具有质软、易产生挠度，回弹大的特点。

可通过阳极氧化法自然发色。电阻与 SUS304 基本相等，比其他金属大，为非磁性体。

2. 6. 2. 6　锌合金

锌合金以锌为主要成分，含有微量的铜、钛等。锌合金利用在板表面形成的钝化皮膜，保证合金板的耐腐蚀性，颜色为稳重的灰色系。表面颜色会随时间的流逝逐渐固定，但不如涂层均匀。表面色调还受周围环境的影响。

专栏

转炉的发明

1856 年贝塞麦（1813—1898 年）发明了在生铁中吹入空气去除杂质（碳元素等）的转炉。

贝塞麦转炉是划时代的发明，转炉可以很简单地将大量的生铁变成钢铁，使钢铁的制造成本降低。另外托马斯（1850—1885 年）发明了在转炉内侧使用新型砖的方法，由此可以用劣质铁矿石炼钢。

专栏

锈蚀也有很多种形式

点蚀

锈蚀也有很多种形式。在自然条件下，铁的锈蚀从表面开始逐渐向内部发展。曾经发生过在特殊条件下局部锈蚀快速发展，从而引发重大事故的事例。

表面产生钝化膜可以防止锈蚀的浸透。但是除非铁的表面有一层非常理想的致密钝化膜，否则在盐水或高温的特殊环境条件下，钝化膜会发生局部破坏。此时损坏部分集中发生锈蚀并快速向内部发展，则会以难以想象的速度出现锈蚀孔。这便是点蚀的现象。点蚀现象更容易出现在由牢固钝化膜保护的不锈钢中，这是一种非常难处理的锈蚀现象。

此外，由于锈蚀与应力集中效应，铁会在很小的外力作用下出现裂纹。锈蚀的机理非常复杂，故防腐蚀也需要各种不同的应对措施。

脆锈

脆锈是指铁粉附着在钢上，由于铁粉本身的锈蚀破坏了不锈钢表面的钝化层，使不锈钢生锈的现象。

2. 6. 3　镀层

最初在屋面和墙面中使用的镀层钢板主要是镀锌钢板（镀锌铁板）。它利用锌的牺牲阳极防腐方法保护钢板。防腐蚀性能与镀锌层厚度成正比。

钢板上的镀层种类见表 2. 6. 3。现在屋面和墙面上一般采用熔融 55%铝锌合金镀层钢板（镀铝锌板）。表 2. 6. 4 中列出了各种镀涂层屋面和外墙板材历年的销售量变化。

锌的牺牲阳极防腐的原理是，当表面有划痕或切口截面的钢板与大气接触时，该部分形成电池，由于锌比铁活跃，先被氧化形成氧化锌，从而阻止了铁的氧化。图 2. 6. 4 中显示锌的牺牲阳极防腐的原理。

表 2.6.3 主要镀层种类

镀层种类	性能说明
热浸镀锌 GI	利用锌牺牲阳极生成氧化锌防止铁生锈，是钢板类镀层的基本形式
熔融锌-5%铝合金镀层 GF	在镀层中含有 5%的铝，其耐腐蚀能力是热浸镀锌的 3 倍。另外加工性能也比热浸镀锌钢板好
熔融 55%铝-锌合金镀层 GL	在镀层中含有质量分数为 55%（体积分数为 80%）的铝，其耐腐蚀能力是热浸镀锌层的 3~6 倍，耐酸性是热浸镀锌层的 6~8 倍，还具有高热反射性
熔融铝镀层	近乎 100%的镀铝层，具有耐高温性和耐酸性，以及优秀的热反射性。熔融铝镀层是耐热和耐候用制品，用于耐候性时应增加镀层厚度
熔融锌-铝-镁镀层	在 5%铝（GF）中添加少量 Mg、Ni，耐碱腐蚀的性能优秀

表 2.6.4 屋面和外墙板材的销售量 (t)

板材名称		2006 年	2007 年	2008 年	2009 年	2010 年	2011 年	2012 年	2013 年	2014 年
用于屋面材料	镀锌铁板	31479	20881	15160	11910	13970	15723	15461	18742	14534
	彩色镀锌钢板	44100	40236	26431	22937	23875	23178	21832	16047	14702
	5%铝锌镀层钢板	38172	27814	10810	8202	8677	10647	10606	8792	8829
	55%铝锌镀层钢板	21740	186954	150011	97056	121116	121964	130673	137760	133480
	55%铝锌镀层加涂层钢板	280599	237833	199162	185620	207784	224774	248250	266668	327754
	彩色铝板	448	337	260	306	308	303	269	331	258
	聚氯乙烯涂层钢板	27240	22242	21579	18763	—	—	—	—	—
	涂层不锈钢板	23511	17327	13872	12699	13575	12937	10767	12264	9767
	铜板	5477	5040	5015	3641	3983	4667	3220	2742	2751
屋面材料合计		668586	558691	442300	361134	393288	414193	441078	463346	512075
用于外墙材料	镀锌铁板	23091	17166	13520	12534	13548	17961	17935	17486	16172
	彩色镀锌钢板	52472	40879	30353	33116	35540	28192	29874	25040	22479
	5%铝锌镀层钢板	17832	13880	5848	3857	3082	3927	4114	3176	3176
	55%铝锌镀层钢板	76785	56644	41844	28668	37244	37832	41660	50109	51846
	55%铝锌镀层加涂层钢板	194074	168664	142798	133880	137266	155666	156906	184154	199501
	彩色铝板	1991	1956	1718	1430	1925	2034	1556	2284	2104
外墙材料合计		366245	299189	236081	213485	228605	245612	225045	282249	295278
总计		1034831	857880	687381	574619	621893	659805	693123	745595	807353

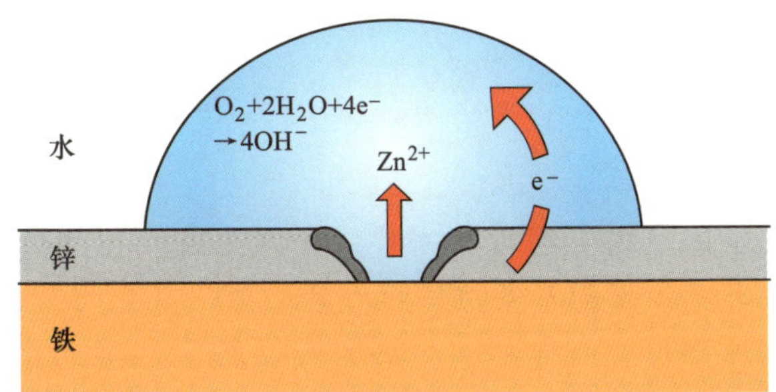

$Zn \rightarrow Zn^{2+}+2e^-$

$O_2+2H_2O+4e^- \rightarrow 4OH^-$

$Zn^{2+}+2OH^- \rightarrow Zn(OH)_2$

图 2.6.4 牺牲阳极防腐方法的原理

镀铝锌钢板的耐腐蚀能力是镀锌钢板的 3~6 倍，但是耐碱性不强。图 2.6.5 所示为 pH 值与镀层钢板腐蚀减量的关系。镀铝锌钢板与镀锌钢板比较，在偏酸性时腐蚀减量小，表现出优秀的耐蚀性；在偏碱性时腐蚀减量变大。镀铝钢板的这种趋势更加明显，符合铝耐碱性弱的特点。

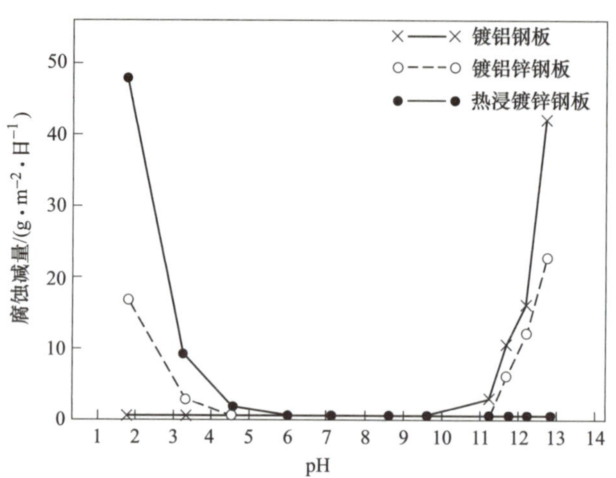

图 2.6.5　pH 值与镀层钢板腐蚀减量的关系

专栏
“溜肩”

在剪断的截面上，溜肩的部分被镀层覆盖，如专图 2.6.1 所示。

镀层钢板在剪切面的防锈是其薄弱部位，通过“镀层覆盖”的效果，可抑制剪切面处腐蚀的发展。

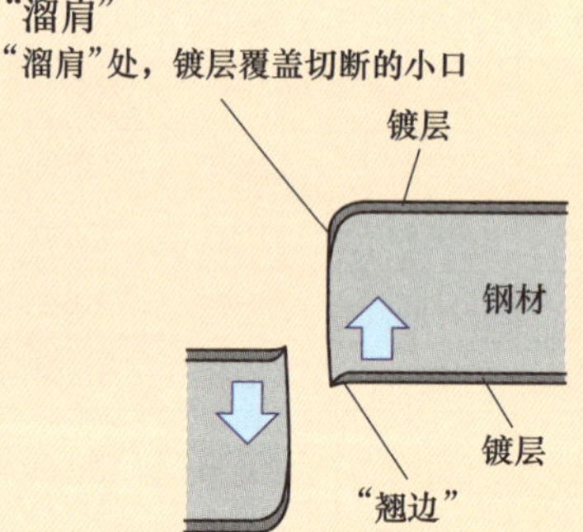

专图 2.6.1　镀层与钢板切口腐蚀

专栏
在锌中添加铝的效果

当铝的添加量在 0~7%时，耐腐蚀性增加；但是在 7%~22%的范围内，随着铝含量增加，耐腐蚀性劣化。

在高含铝量范围内，耐腐蚀性改善的原因与镀铝材一样，是因为在表面形成了一层致密皮膜，同时在富含锌区域因腐蚀形成的生成物起到了保护层的作用。

镀层耐腐蚀性的重要指标之一是在瑕疵部位或切断面的耐腐蚀性。专图 2.6.2 中所示为铝含量影响模型图。可以看出，随着铝含量的增加，牺牲阳极防腐保护的性能逐渐降低，当超过 60%时急剧降低。

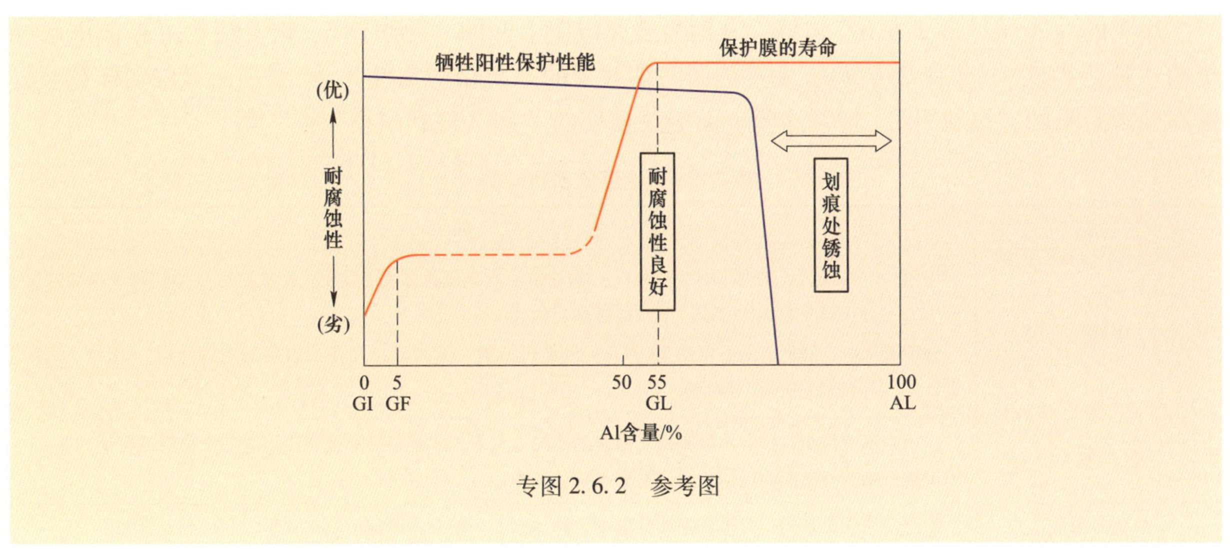

专图 2.6.2　参考图

2.6.4　涂装

金属板涂层采用的树脂见表 2.6.5。

表 2.6.5　涂料的种类

涂料种类	性　　能
聚乙烯树脂	聚乙烯树脂是外装用金属板中最常用的涂料。高耐候性聚乙烯树脂的耐候性接近硅聚乙烯树脂。最近还出现了厚膜涂层的产品
硅聚乙烯树脂	硅聚乙烯树脂硅含量约为 30%，使耐候性提高。大量产品用于出口，现在产量减少
氟化乙烯树脂	在现在使用的涂料中，氟化乙烯树脂具有最优秀的耐腐蚀性和防变褪色性。积雪滑落性能也非常优秀。但是价格很高
聚氯乙烯涂层	聚氯乙烯涂层是分层压形产品和涂层形产品。可以做成厚涂膜。由于可以进行轧花、压印加工，可以作为装饰材使用
耐酸涂层	耐酸涂层为厚膜，其特点为耐碱、耐盐水性，且有良好的热、电等的绝缘性。其制品有无机纤维和合成树脂的产品，以及仅合成树脂的产品
聚氨酯树脂	聚氨酯树脂使聚乙烯硬化一般会使用三聚氰胺，用异氰酸基硬化的有时被称为聚氨酯。与其他树脂比较硬度高，但加工性能非常好

最近开发出的镀层或涂层表面处理的钢板（见图 2.6.6）具有各种各样的功能。这种多功能化的钢板是通过涂料、镀膜方法、镀层皮膜处理方法等的改良实现的。

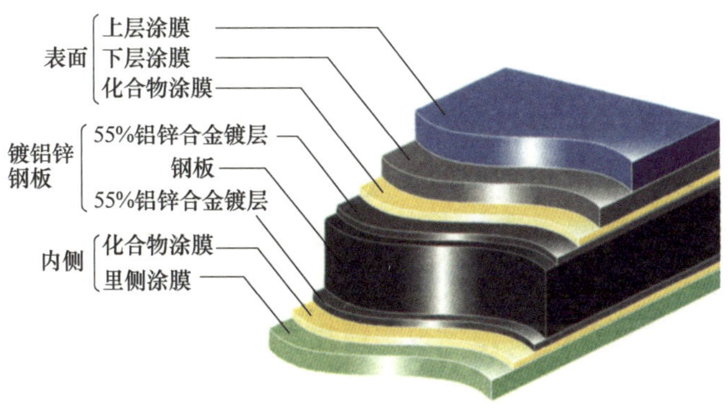

图 2.6.6　涂层钢板构成图（JFE 钢板）

涂膜的功能（见表 2.6.6）包括抑制钢板表面温度上升的“隔热性”、附着污物可以被雨水冲走的“低污染性”（见图 2.6.7）、发挥抗菌防霉效果的“抗菌防霉性”、涂膜表面形成图样造型以提高外观效果的“装饰性”、抑制涂膜表面裂纹损伤的“耐久性和耐损伤性”等。

表 2.6.6　涂膜的多功能例

性能	说　明
隔热性	使用可有效反射太阳光热能（红外线）的涂料。在建筑的外表面使用这种涂料可以抑制建筑内部的温度上升，以达到改善内部温度、节约能源的目的。 预期最大可以降低表面温度约 20 ℃。另外通过放射冷却可以抑制屋面材料温度的降低（有利于结露设计），具有抑制热伸缩等效果
低污染性	采用亲水性涂膜，抑制污染物质对涂膜的渗透，起着雨水可以冲刷掉表面附着污染物质的自洁功能。可期待抑制外墙面的污染，特别是雨水痕迹的作用
抗菌防霉性	配合使用无机系列、有机系列的抗菌剂、抑污剂，只要有涂膜就会发挥效果，而且对人体无害

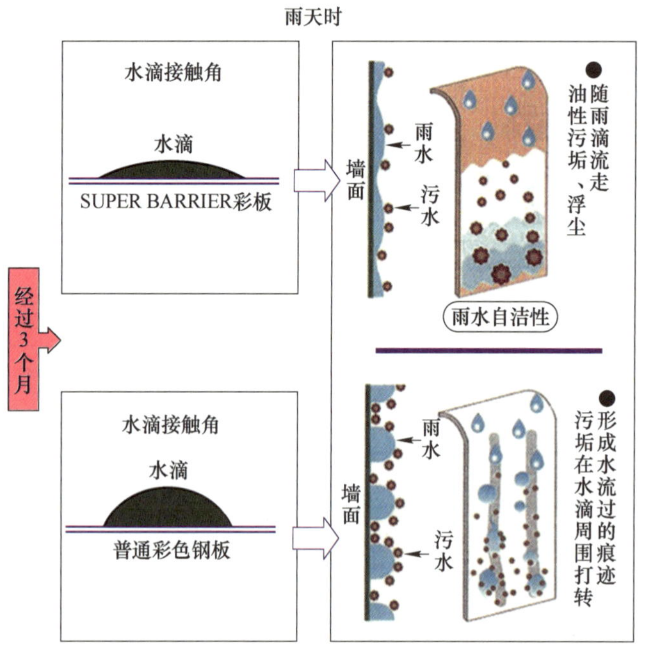

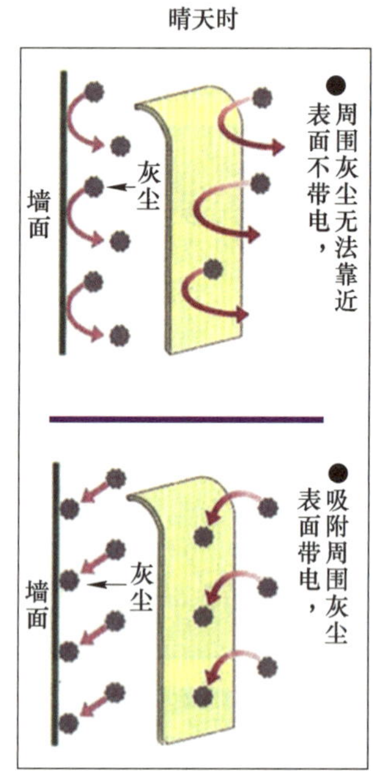

图 2.6.7　亲水性涂层（淀川制钢所）

2.6.5　材料保证

金属屋面和墙面的材料保证有时由制造厂商提供。比如在产品手册中有“赤锈××年”“涂膜××年”的记述。但由于各个制造厂商之间对于保证的内容和保证条件不统一，不一定能使委托人等一般使用者理解。因此在向使用者解释说明时，一定要与制造厂商确认保证内容。

除上述各个制造厂商独自保证的项目外，以“为促进实施提高住宅质量的相关法律”为契机，制造厂商之间也规定了一些统一的保证项目（见表 2.6.7，其中的术语解释见表 2.6.8）。下面举例说明，其详细内容请向相关团体确认。

（1）日本铁钢联盟：针对屋面用涂层钢板、镀铝锌钢板，对于所有制造厂商要求屋面不发生点蚀的保证期限为 10 年。

（2）日本铝业协会：针对彩色铝板屋面，要求屋面不发生点蚀的保证期限为 15 年。

表 2.6.7 主要金属材料的标准物理性能和机械性能

项目	种类								
					不锈钢板				
	镀锌钢板	镀铝钢板	5%铝锌镀层钢板	55%铝锌镀层钢板	奥氏体 SUS304 SUS316	铁素体 SUS445	铝合金板 5052-H34	铜板 C1220	钛板 1类
JIS 标准号	G3302	G3314	G3317	G3321	G4305	G4305	G4000	G3100	G4600
(涂镀板)	G3312		G3318	G3322	G3320		G4001		
抗拉强度 /(N·mm^{-2})	≥270				≥520	≥470	260	245	275
屈服点和承载力 /(N·mm^{-2})	≥205				≥205	350	≥215	137	≥167
伸长率 (5号试件)/%	16				≥40	29	≥10	≥15	≥27
硬度 HV (维氏系数)	105				≤200	≤180	70	75	110
杨氏模量 (弹性模量) /(N·mm^{-2})	205				193	206	70	126	106
比热 /(J·kg^{-1}·K^{-1})	460				502	460	920	390	544
密度 /(g·cm^{-3})	7.85				SUS304 7.93 SUS316 7.98	7.70	2.68	8.9	4.51
热传导率 /(W·m^{-1}·K^{-1})	45				16	21	137	385	17
线膨胀系数 /(cm·K×10^{-6}·℃$^{-1}$)	11.7				SUS304 17.3 SUS316 16.0	10.6	23	17	8.4
熔点 K/℃	1530				≥1370		≥607	1083	1668
备注					有磁性	无磁性			

注：本表仅供比较金属材料，详细数值请在 JIS 等标准确认。

表 2.6.8 主要术语的意义

术语名称	术语解释
抗拉强度	对材料施加拉力逐渐增加，最终材料会被拉断。 抗拉强度是指材料在拉断之前的最大拉应力，或者是材料能够承受的最大拉应力
屈服点	屈服点是指应力超过比例极限（弹性极限）后的突变点，或者是该点的应力。 有些材料没有明显的屈服点
伸长率	伸长率表示破坏时或者破坏后材料的伸长长度与原材料长度的比值，用百分比表示
硬度（维氏系数）	维氏系数是压入硬度的一种。用正四角锥的金刚石制作的刚体（压入器）压入试样的表面，用载荷值除以材料压痕凹坑的表面积得到的值即为硬度系数
杨氏模量（弹性模量）	弹性模量表示在弹性范围内同轴方向的应变与应力的比例系数，用应力与应变的比值表示，对于材料为常数

续表 2.6.8

术语名称	术语解释
比热	表示单位质量的物质温度上升 1 ℃所需要的热量
密度	表示物质单位体积的质量
热传导率	表示物质热传导特性的比例常数。热流在单位时间内通过垂直与导热方向的单位面积所流过的热量除以单位长度的温差（温度梯度）所得的值表示。该值随着温度变化
线膨胀系数	物质随着温度的上升，长度和体积增加。膨胀系数是指每上升 1 ℃时的增加量。一般情况下，用长度表示时为线膨胀系数（线膨胀率），用体积表示时为体积膨胀系数（体积膨胀率）

【钢板的牌号】

钢板订货时经常用的牌号表示如图 2.6.8 所示。

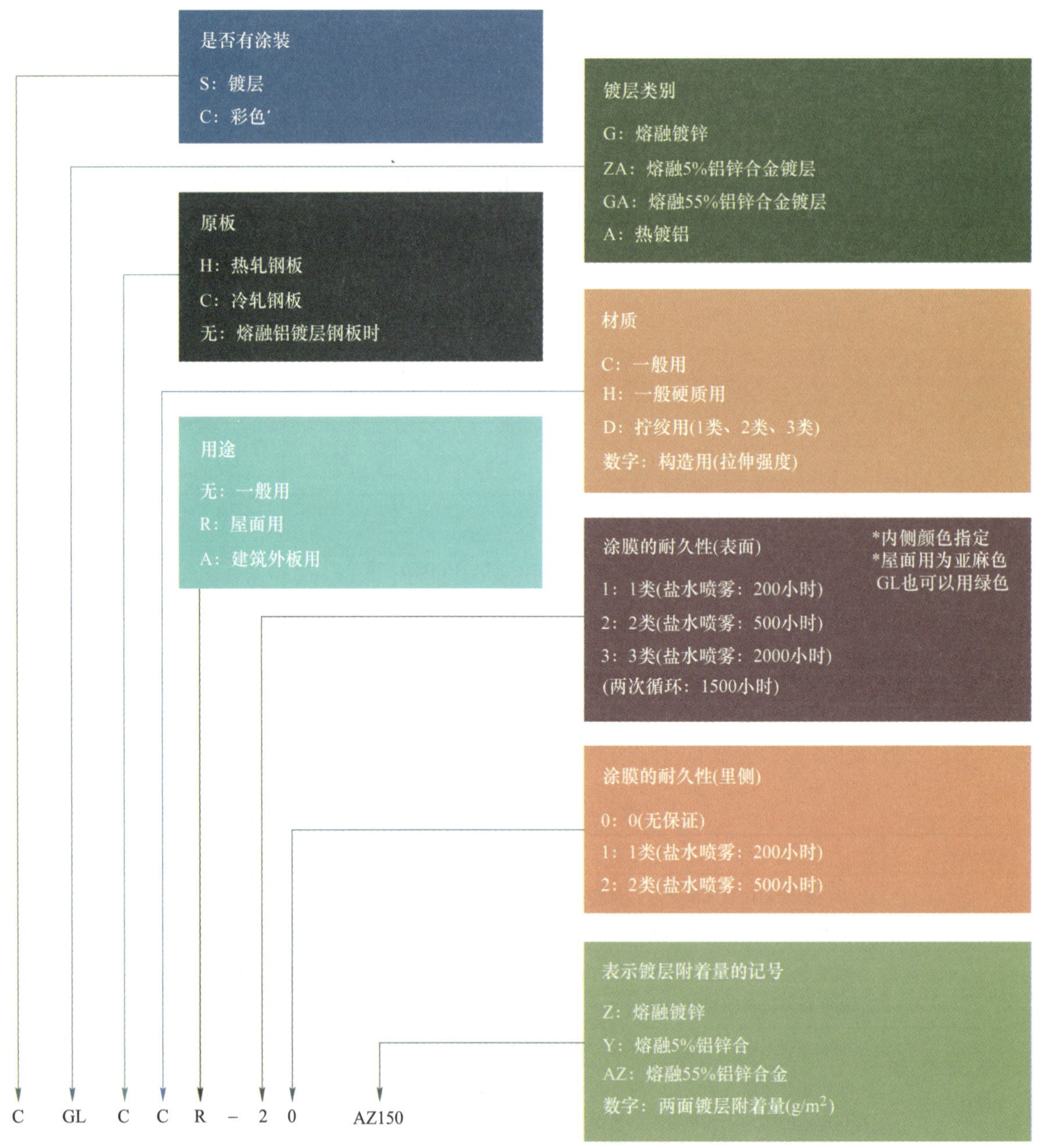

图 2.6.8　钢板的牌号

参考文献

[1] 渡邊敬三、石川廣三：屋根と壁の構法システム，建築技術，1996.
[2] 石川廣三：雨仕舞いの仕組み　基本と応用，彰国社，2004.
[3] 増田奏：すまいの解剖図鑑　心地よい住宅を設計する仕組み，エクスナレッジ，2009.

第3章

确保安全和放心

无论是春夏秋冬，金属外墙和屋面每天在风霜雨雪、烈日炎炎的外部环境中伫立，守护着千家万户。

金属屋面和外墙基本性能的最低要求如下表所示。本章讲解对保证安全放心所需的各性能（见图 3.1）的确认方法。

性能项目		性能内容
3.1　外力风和雪	抗风性能	在强风作用下，外墙板及连接部位不产生有害的变形、破损或脱落
	耐积雪性能	在积雪荷载作用下，外墙板及连接部位不产生有害的变形、破损或脱落
3.2　地震	抗震性能	在地震作用下，外墙板及连接部位不产生有害的变形、破损或脱落
3.3　雨	防水性能	在一般风雨条件下，不发生室内漏水及外装板材层间的有害浸水
3.4　火灾	防耐火性能	在一般火灾时，防止火花引起建筑物火灾的发生
3.5　长期使用	耐久性能	在一般的自然条件、使用条件和维护管理条件下，在使用年限内不发生有害的劣化
3.6　温度伸缩	温度伸缩性能	对于热辐射和气温变化，外墙板和连接部位不产生有害的变形或破损

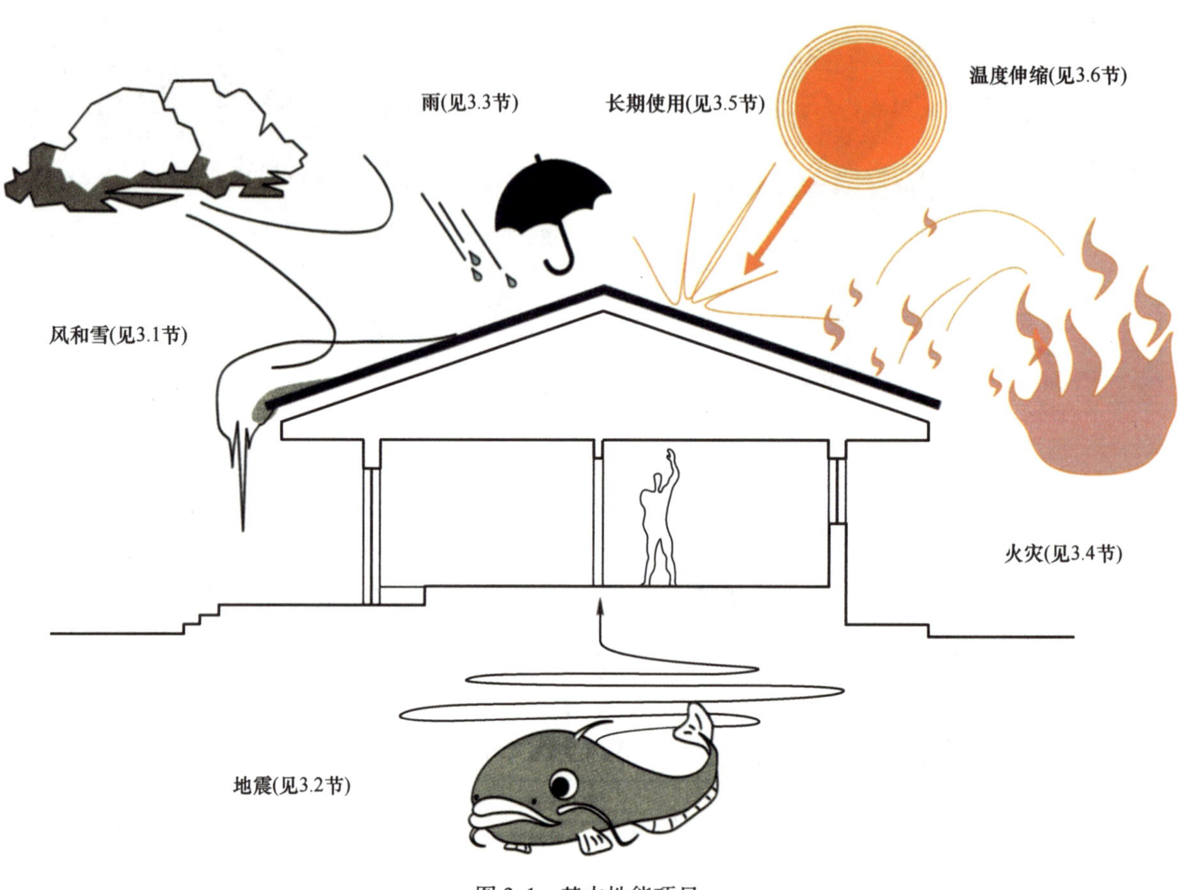

图 3.1　基本性能项目

3.1 抵御外力（风和雪）

风和雪作为自然现象，以物理上的外力形式作用在屋面和外墙上。抗风压设计的工作内容便是将这种自然现象以设计荷载的形式用具体数字表现，然后从力学上验算屋面（外墙）在这种设计荷载作用下的变形和承载力，如图 3.1.1 所示。

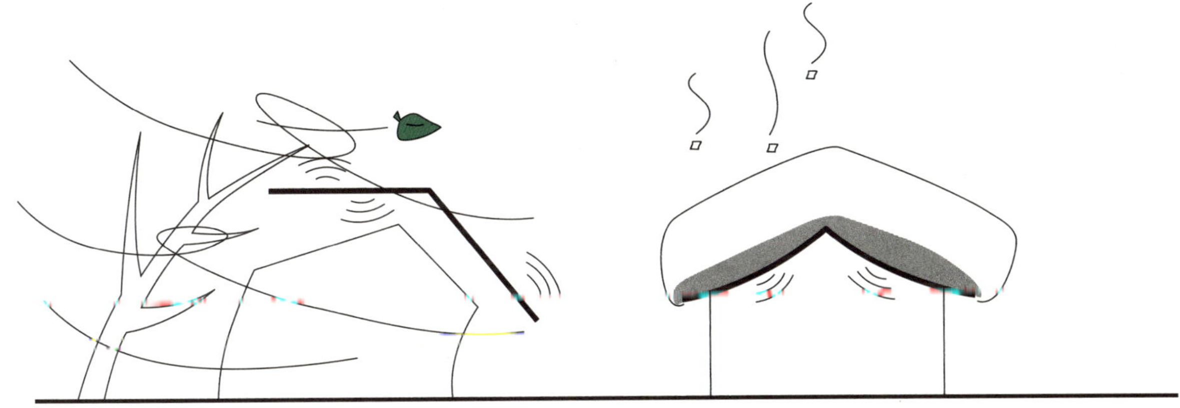

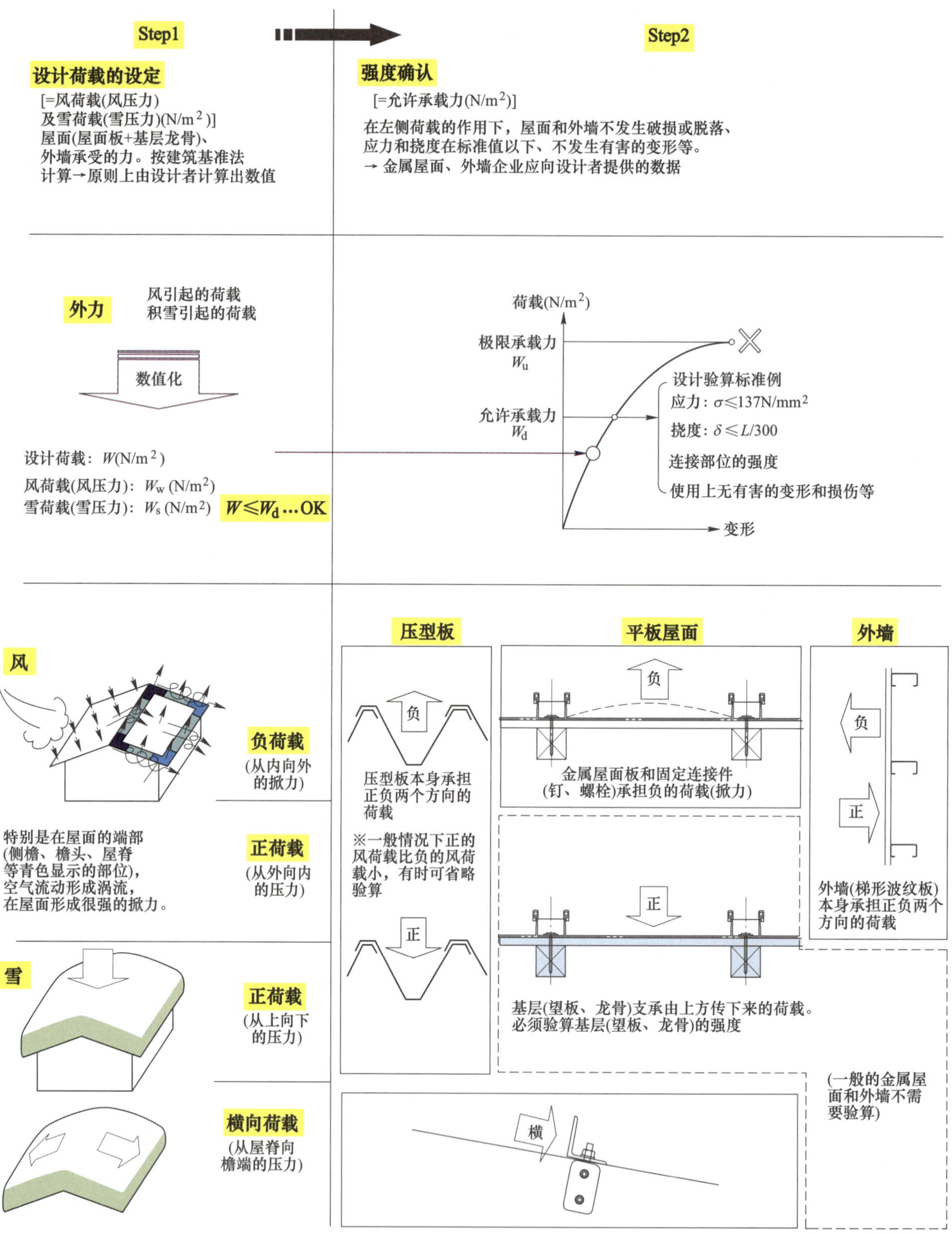

图 3.1.1　将外力（风及雪）数值化为设计荷载及对金属屋面（外墙）的承载力的要求

3.1.1　外力的计算

由风产生的风压力被称为风荷载，由积雪的重量产生的荷载被称为雪荷载。在设计过程中，这些荷载被量化为设计荷载。在建筑士法中规定设计者为设计作业的主体。

设计荷载 N(N/m²) 原则上由设计者提供。设计人员应根据建筑用途、重要性等进行技术判断，所设定的荷载应大于按照建筑基准法确定的荷载。对于金属屋面和外墙施工人员作为技术配合设定的设计荷载，则必须得到设计者的确认和批准。

3.1.1.1 设计风荷载（风压）的设定

设计风荷载用压力表示（单位面积的荷载），采用国际单位制 SI(N/m^2 或 Pa)。这里 $1(N/m^2)=1(Pa)$。以往 MSK 单位系的 $1(kgf/m^2)=9.80665(N/m^2)$，因此 $100(kgf/m^2)\approx1000(N/m^2)(Pa)$。

与设计风荷载计算相关的法规见表 3.1.1。风荷载在建筑基准法中以“风压力”的形式出现。

2000 年建设省告示第 1458 号—屋面及墙面风荷载作用下的结构计算标准（以下简称告示）中列出了风荷载计算公式。

表 3.1.1 与风荷载设计计算相关的法规

<table>
<tr><td rowspan="3">相关法规</td><td colspan="4">建筑基准法施行令第 82 条的四（屋面板材等的结构计算）</td></tr>
<tr><td colspan="4">2000 年第 1458 号屋面及墙面风荷载作用下的结构计算标准</td></tr>
<tr><td colspan="4">2000 年第 1454 号 E 值的计算方法及与 V_0 和风压系数值的相关规定</td></tr>
<tr><td colspan="5">$W=\bar{q}\hat{C}_f$</td></tr>
<tr><td>W</td><td colspan="4">风压力（N/mm²）</td></tr>
<tr><td rowspan="5">$\bar{q}$</td><td colspan="4">平均速度压（N/mm²）
$\bar{q}=0.6E_r^2\cdot V_0^2$
式中 E_r——高度方向平均风速分布系数，与地面粗糙度有关；
V_0——所在地区的标准风速，m/s</td></tr>
<tr><td colspan="2">对应于地表面粗糙度的平均速度压</td><td colspan="2">《屋面验算》中的简略公式</td></tr>
<tr><td>Ⅰ</td><td>$\bar{q}_{Ⅰ}=0.6\left\{1.7\left(\frac{H}{250}\right)^{0.1}\right\}^2V_0^2$</td><td>$0.58\times H^{0.2}\times V_0^2$</td><td rowspan="3">$H$——建筑物的高度和檐口高度的平均值（m），5 m 以下时取 5 m；
V_0——所在地区的标准风速，m/s</td></tr>
<tr><td>Ⅱ</td><td>$\bar{q}_{Ⅱ}=0.6\left\{1.7\left(\frac{H}{350}\right)^{0.15}\right\}^2V_0^2$</td><td>$0.3\times H^{0.3}\times V_0^2$</td></tr>
<tr><td>Ⅲ</td><td>$\bar{q}_{Ⅲ}=0.6\left\{1.7\left(\frac{H}{450}\right)^{0.2}\right\}^2V_0^2$</td><td>$0.151\times H^{0.4}\times V_0^2$</td></tr>
<tr><td>$\hat{C}_f$</td><td colspan="4">最大风压系数（峰值外压系数及峰值内压系数）</td></tr>
</table>

计算软件《屋面验算》用以下 5 个输入项计算风荷载。

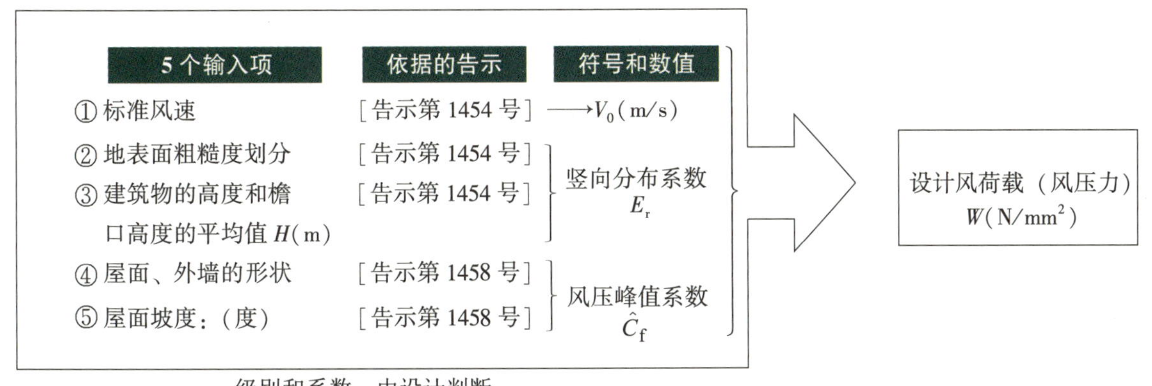

级别和系数，由设计判断

A 标准风速 V_0

以全国的市镇村为单位确定标准风速。告示中所示标准风速相当于重现期 50 年、地上 10 m 处 10 min 的平均风速。告示中市镇村的名称为 2000 年时的情况，之后由于市镇村合并等原因，名称可能发生变化，应特别予以注意。

《屋面验算》软件的标准风速设定界面如图 3.1.2 所示，设定的选择地域栏中的标准风速比告示中的数值更安全。第 8 章中刊载了各地的标准风速。

①设置区域(标准风速)

设置标准风速时 ○	36 m/s

参考值	不同地区的设定值
北海道 ○（右の地域以外）	○ 礒谷郡、奥尻郡、久遮郡、古宇郡、山越郡、爾志郡、寿都郡、瀬棚郡、島牧郡、桧山郡、岩内郡（岩内町）
東北 ○	
関東 ○（右の地域以外）	○ 千葉県 銚子市、鴨川市、長生郡、市原市、館山市、君津市、夷隅郡、匝瑳郡、木更津市、富津市、安房郡、八日市場市、茂原市、袖ヶ浦市、旭市、勝浦市、東金市、海上郡、山武郡（大綱白里町、九十九里町、成東町、蓮沼村、松尾町及び横芝町）
	○ 東京都 御蔵島村、新島村、大島町、利島村、三宅村、神津島村
	○ 東京都 小笠原村、青ヶ島村、八丈町
甲信越 ○	
北陸 ○	
東海 ○（右の地域以外）	○ 静岡県 伊東市、下田市、賀茂郡（東伊豆町、河津町、南伊豆町）
近畿 ○	
中国 ○	
四国 ○（右の地域以外）	○ 高知県 室戸市、安芸郡（東洋町、奈半利町、田野町、安田町及び北川村）
九州 ○（右の地域以外）	○ 鹿児島県 枕崎市、加世田市、揖宿郡、指宿市、西之表市、川辺郡、日置郡（金峰町）、薩摩郡（里村、上甑村、下甑村及び鹿島村）、肝属郡（根占町、田代町及び佐多町）
	○ 鹿児島県 熊毛郡（中種子町及び南種子町）
	○ 鹿児島県 熊毛郡（上屋久町及び屋久町）、鹿児島郡（三島村）
	○ 鹿児島県 名瀬市、大島郡、鹿児島郡（十島村）
沖縄 ◉	

图 3.1.2 《屋面验算》软件的标准风速设定界面

B　地表面粗糙度类别

地表面粗糙度从“极为平坦的无障碍物区域”到“城市化非常显著的”一共划分成Ⅰ~Ⅳ类。由于“Ⅰ”和“Ⅳ”为“特定行政厅按照规则规定的区域”，而且对于屋面和外墙，“Ⅳ”类按照“Ⅲ”类的数值进行计算，因此一般采用“Ⅱ”和“Ⅲ”。城市规划区域内地表面粗糙度类别的设定如图 3.1.3 所示。

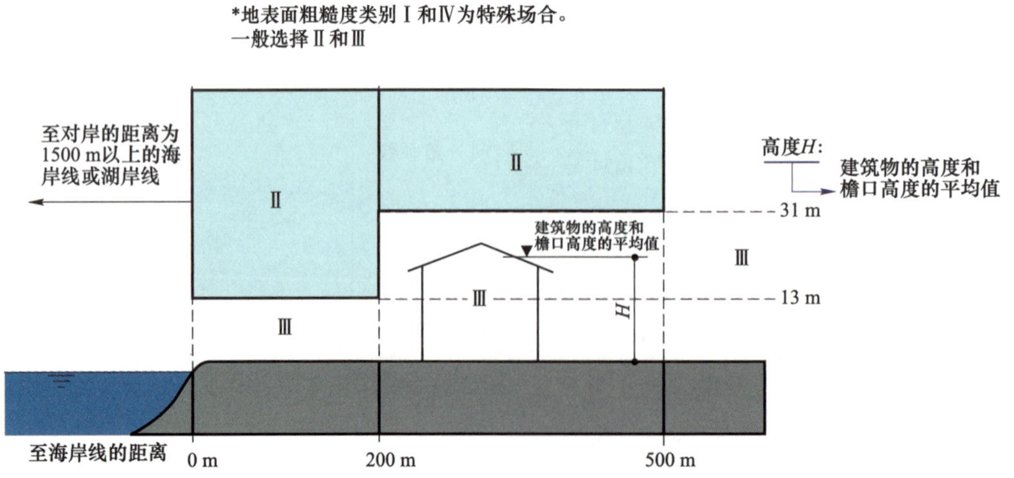

*地表面粗糙度类别Ⅰ和Ⅳ为特殊场合。
一般选择Ⅱ和Ⅲ

至对岸的距离为
1500 m以上的海
岸线或湖岸线

Ⅱ
Ⅱ
高度H:
建筑物的高度和
檐口高度的平均值
31 m
建筑物的高度和
檐口高度的平均值
Ⅲ
Ⅲ
H
13 m
Ⅲ
至海岸线的距离
0 m
200 m
500 m

图 3.1.3 城市区域内的地表面粗糙度类别的设定

《屋面验算》软件的地表面粗糙度类别设定界面如图 3.1.4 所示。地表面粗糙度类别的输入有两种方法。

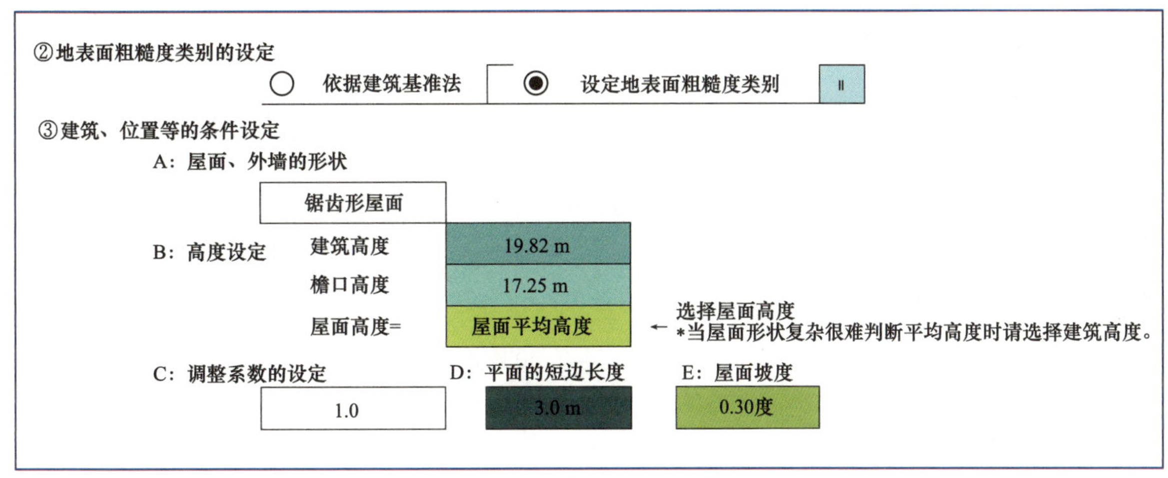

图 3.1.4 《屋面验算》软件的地表面粗糙度类别设定界面

（1）当选择“依据建筑基准法”时：

1）高度设定；

2）建筑地点的环境（选择城市规划区域内或区域外）；

3）到海岸的距离。

（2）当选择“设定地表面粗糙度类别”时：选择地表面粗糙度类别，直接输入。

当设计者直接指定地表面粗糙度时（比如：根据建筑场所周围的状况判断，与建筑高度和地表面粗糙度类别无关，属于地面平坦、风力强劲的区域，适用于地表面粗糙度类别Ⅱ等情况时），可以直接在“设定地表面粗糙度类别”中输入Ⅱ。

同样，当设计者认为应适当加大建筑基准法中规定的风荷载时，则会通过设置“调整系数”，得到乘以了调整系数的风荷载。

C　屋面、外墙的形状

告示中有 5 种屋面形状和外墙，如图 3.1.5 所示。近年来，国立研究开发法人建筑研究所对“四坡屋面”进行了风洞实验。因此在《屋面验算》软件中也可以选择“四坡屋面”。告示针对不同的屋面形式设定了对应的外墙外压系数 C_{pe}。

特别是对屋面的不同部位详细设置了负风压值，如图 3.1.5 所示。

《屋面验算》软件的形状、坡度等的设定界面如图 3.1.6 所示。

在平面的短边长度处输入平面形状（俯视看到的形状）中较短边的长度，如图 3.1.7 所示。周边区域、角部区域、屋脊端部等的宽度 a' 值由该平面的短边长度决定。30 m 以上时取 30 m。

另外，对于封闭型和开放型的内容请参考专栏。

D　建筑物的高度和檐口高度的平均值

建筑物的高度和檐口高度的平均值如图 3.1.8 所示。当屋面复杂，对高度确定有疑惑时可与设计者协商，也可以偏于安全取建筑物的高度（最高高度）。

E　屋面坡度

屋面坡度用角度“°”表示，图 3.1.9 为寸（译者注：相当于十分之几）、分数和角度表示坡度时的对照表。

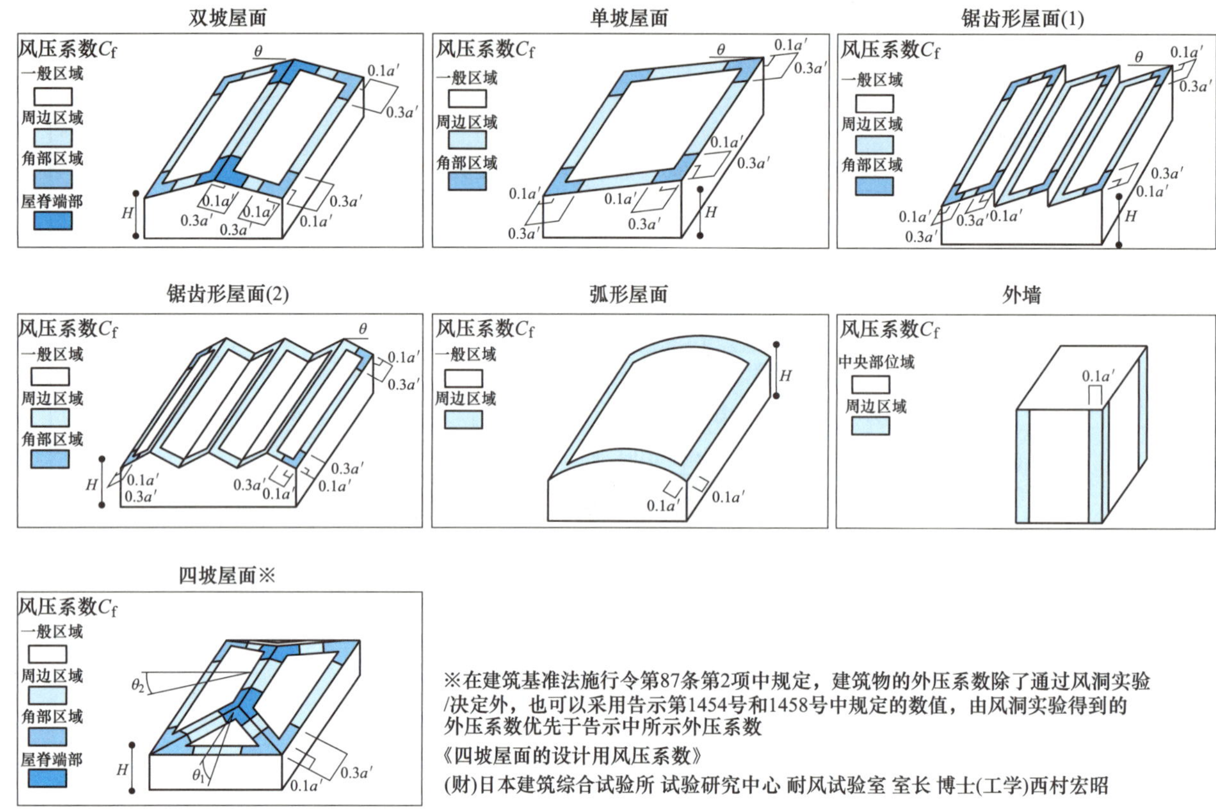

图 3.1.5　屋面形状、外墙形状的种类

图 3.1.6　《屋面验算》软件的形状、坡度等的设定界面

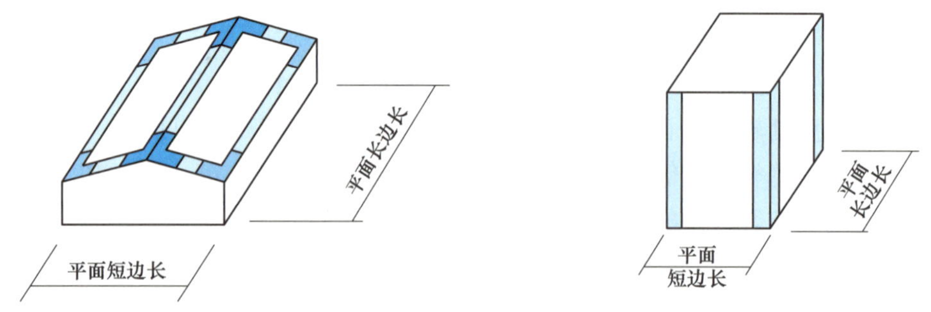

图 3.1.7　平面的短边长度

《屋面验算》软件的坡度设定界面如图 3.1.10 所示。分别对应于寸、数值表示（角度）的任一表示法。

《屋面验算》软件的计算结果输出界面如图 3.1.11 所示。

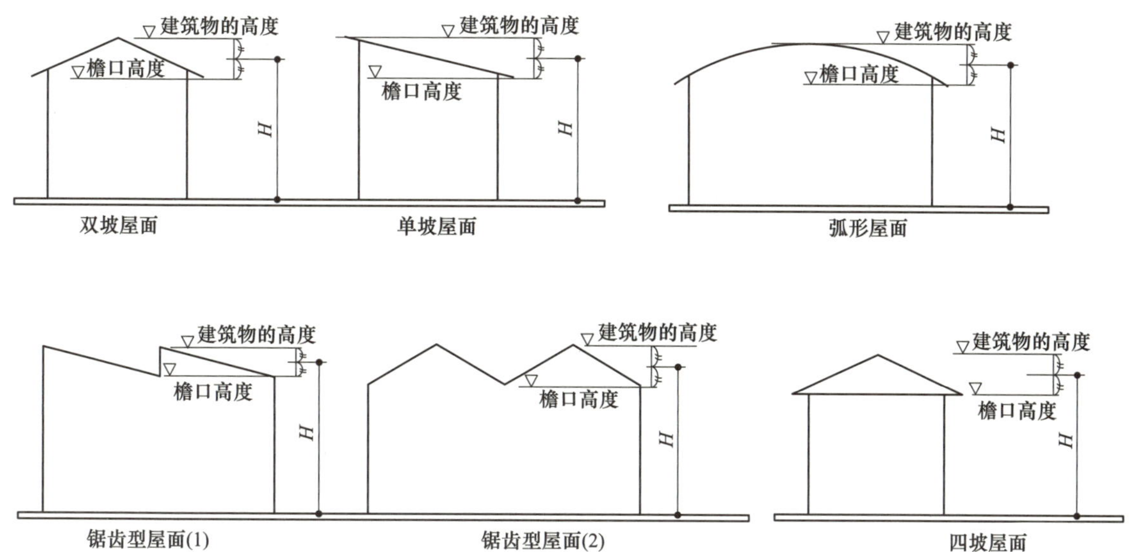

图 3.1.8 建筑物的高度和檐口高度的平均值

0.5[寸]	5/100	2.9[°]
1.0[寸]	10/100	5.7[°]
1.5[寸]	15/100	8.5[°]
2.0[寸]	20/100	11.3[°]
2.5[寸]	25/100	14.0[°]
3.0[寸]	30/100	16.7[°]
3.5[寸]	35/100	19.3[°]
4.0[寸]	40/100	21.8[°]
4.5[寸]	45/100	24.2[°]
5.0[寸]	50/100	26.6[°]
5.5[寸]	55/100	28.8[°]
6.0[寸]	60/100	31.0[°]

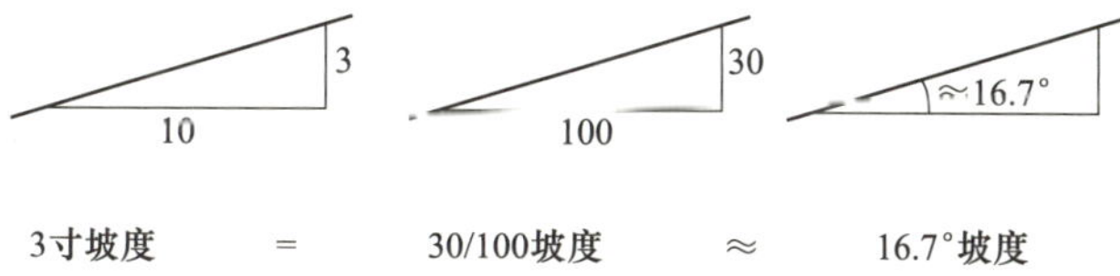

图 3.1.9 用寸、分数和角度表示坡度时的对照表

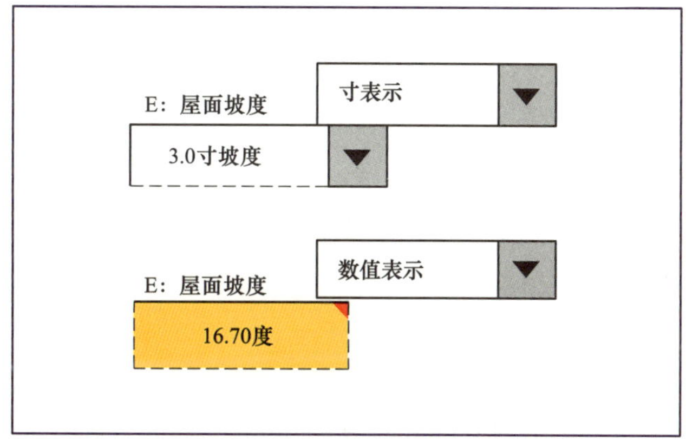

图 3.1.10 《屋面验算》软件的坡度设定界面

建筑地区	关东			
建筑高度	13.0 m			
屋面形状	双坡屋面			
屋面坡度	0.3寸			
建筑形式	封闭式			
标准风速(V_0)	36 m/s			
地面粗糙度类别	Ⅲ			
a'	26.00 m			
峰值风压系数(C_f)	双坡屋面	中央部		−2.5
		外周部		−3.2
		隅角部		−4.3
平均速度压(q)	546 N/m^2			
调整系数(X)	1.0			
风压力 ($W=C_f \cdot \bar{q} \cdot X$)	双坡屋面	中央部	−1365 N/m^2	
		外周部	−1747 N/m^2	
		隅角部	−2348 N/m^2	

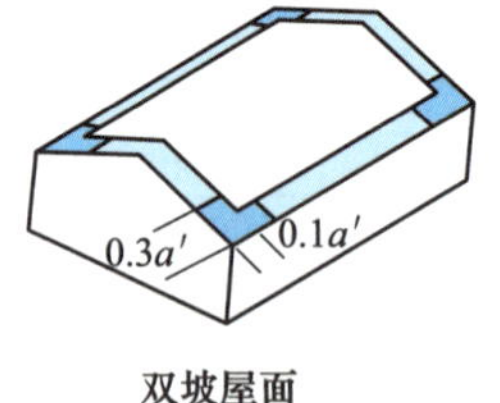

双坡屋面

图 3. 1. 11 《屋面验算》软件的计算结果输出界面

专栏
关于风速

风速是指风的速度，正如我们在日常生活中感受到的，风的速度时刻发生着变化，因此对于风速的定义有很多种。在日本，“风速”本身多指地上气象观测中地上约 10 m 高度处 10 min 的“平均风速值”。每 0. 25 s 更新一次时长 3 s（12 个样本）的平均值为“瞬间风速”。另外，平均风速的最大值为最大风速，瞬时风速的最大值为最大瞬时风速，如专图 3. 1. 1 所示。

此外，作为设计用荷载的风速在建筑基准法中称为“标准风速：V_0”，告示第 1454 号中规定了全国各地的标准风速。

标准风速为：

（1）重现期 50 年；

（2）将观测数据换算成地形平坦、地表面粗糙度划分为Ⅱ的地上 10 m 高度处的 10 min 的平均风速。

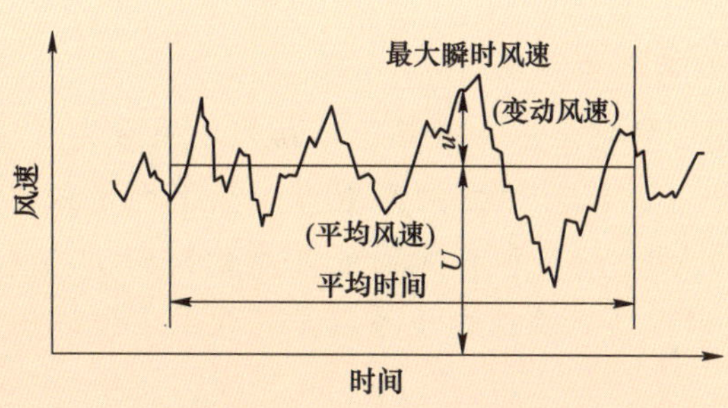

专图 3.1.1 风速的变化

专栏 关于 E_r

地表附近的风近似于沿水平方向吹。由于风与地面的摩擦，在一定高度以下风的速度随着高度增加而增加。风速发生变化的层被称为大气边界层，该层的风向和风速不论是在时间上还是空间上都产生剧烈变动，其性质由地表面粗糙度决定。

告示中将地表面粗糙度划分为四类（地表面粗糙度划分如专图 3.1.3 和专表 3.1.1 所示），外围护结构验算时，地表面粗糙度为Ⅳ时取Ⅲ的数值进行计算。

这种由地表面粗糙度决定的平均风速在其高度上的变化，用平均风速的竖向分布系数 E_r 表示。从 E_r 值分布图可以看出，地表面粗糙的程度越平坦、高度越高，该值越大，如专图 3.1.2 所示。

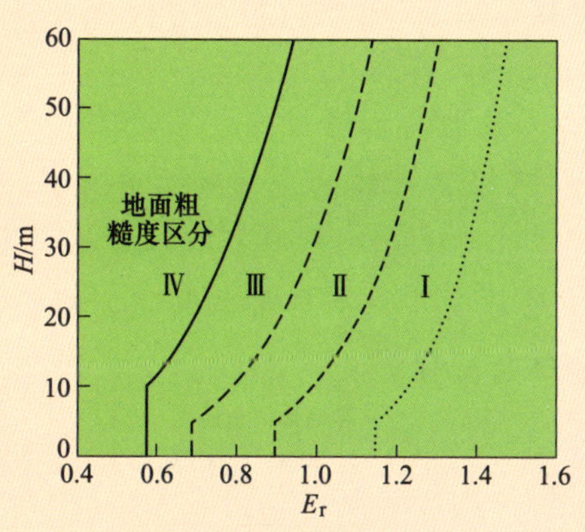

专图 3.1.2 E_r 值

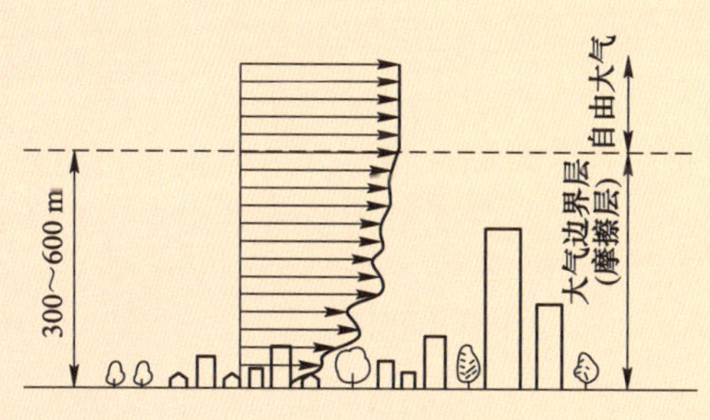

专图 3.1.3 地面粗糙度

专表 3.1.1 地面粗糙度

地表面粗糙度划分		周边地域地表面状况
平坦 ↑ ↓ 粗糙	Ⅰ	与海上一样几乎无障碍物的平坦地区
	Ⅱ	与田园或草原一样，仅有农作物等的平坦地区，有少量树木、低层建筑物等的平坦地区
	Ⅲ	树木、低层建筑物密集地区，或者有少量多层建筑物（4~9 层）的地区
	Ⅳ	以多层建筑物（4~9 层）为主的城市地区

专栏

峰值外压系数和峰值内压系数

在建告第 1458 号中规定，峰值风压系数等于峰值外压系数减去峰值内压系数。

这样将“内压”和“外压”作为独立的系数考虑，把两者的差定义为风压系数，如专图 3.1.4 所示。所以，对于迎风面开敞型和背风面开敞型的建筑的内外风压系数可以进行简单整合。应特别留意的是在不同情况下，峰值内压系数是变化的，而峰值外压系数是不变的。

$$\hat{C}_f = \hat{C}_{pe} - \hat{C}_{pi}$$

峰值系数　峰值外压系数　峰值内压系数

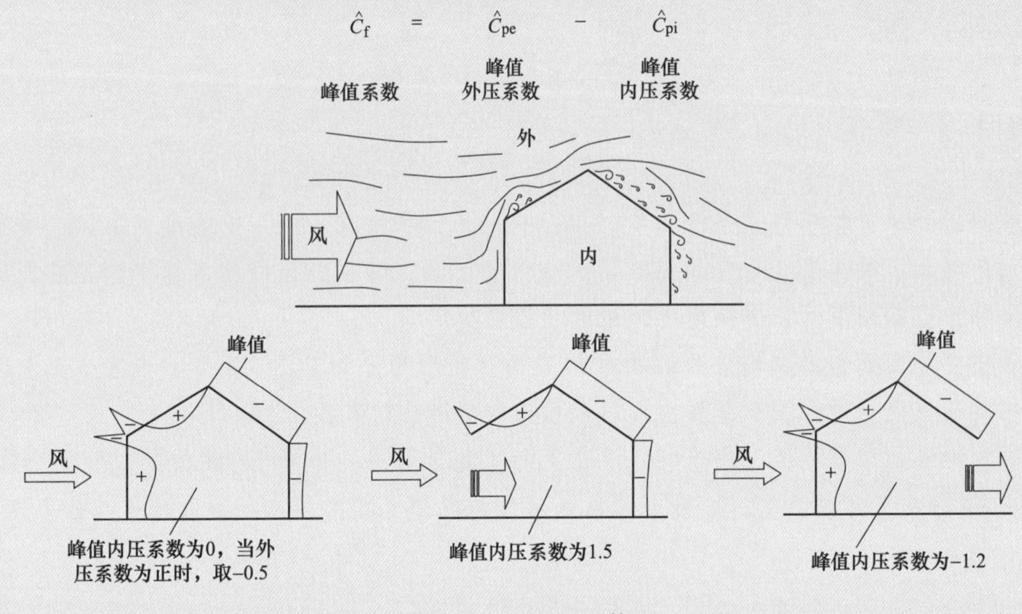

专图 3.1.4　风压系数

按照这种思路，挑檐或者雨棚等的峰值风压系数等于屋面的负峰值外压系数减去正峰值内压系数。风压为空气的压力，与气球的原理相同，我们可以将气球的皮理解为外墙或者挑檐。专图 3.1.5 中 A 与 B 的压力是相同的。

檐口经常受损也是出于相同的原因。虽然建筑基准法原文中没有详细的规定，在设置屋面挑出部分的峰值风压系数时要特别注意。对于侧檐部分也是一样。

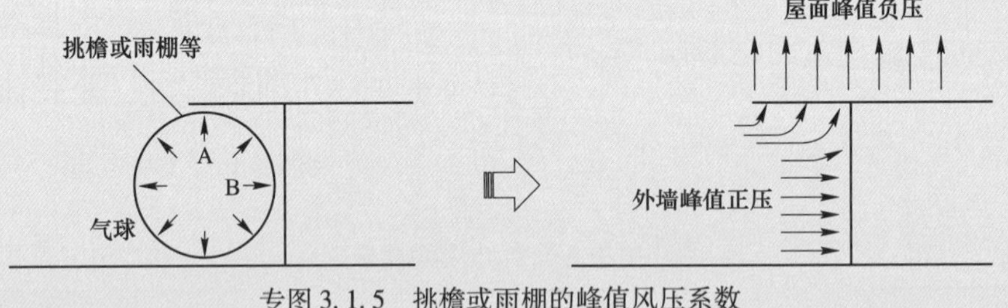

专图 3.1.5　挑檐或雨棚的峰值风压系数

专栏

风荷载的分布范围

对于双坡屋面，迎风面为正风压、背风面为负风压。

但是由于风吹的方向是任意的（见专图 3.1.6），风向引起的正压和负压的分布在各个部位发生变化。因此在设定负的峰值风压系数时，分布范围沿着屋面整体扩散。正压时也一样，应对屋面的所有部位进行验算。

双坡屋面负的峰值风压系数与屋面坡度变化的关系如专图 3.1.7 和专图 3.1.8 所示。特别是在角部区域和屋脊端部，负的峰值风压系数受屋面坡度的影响很大。

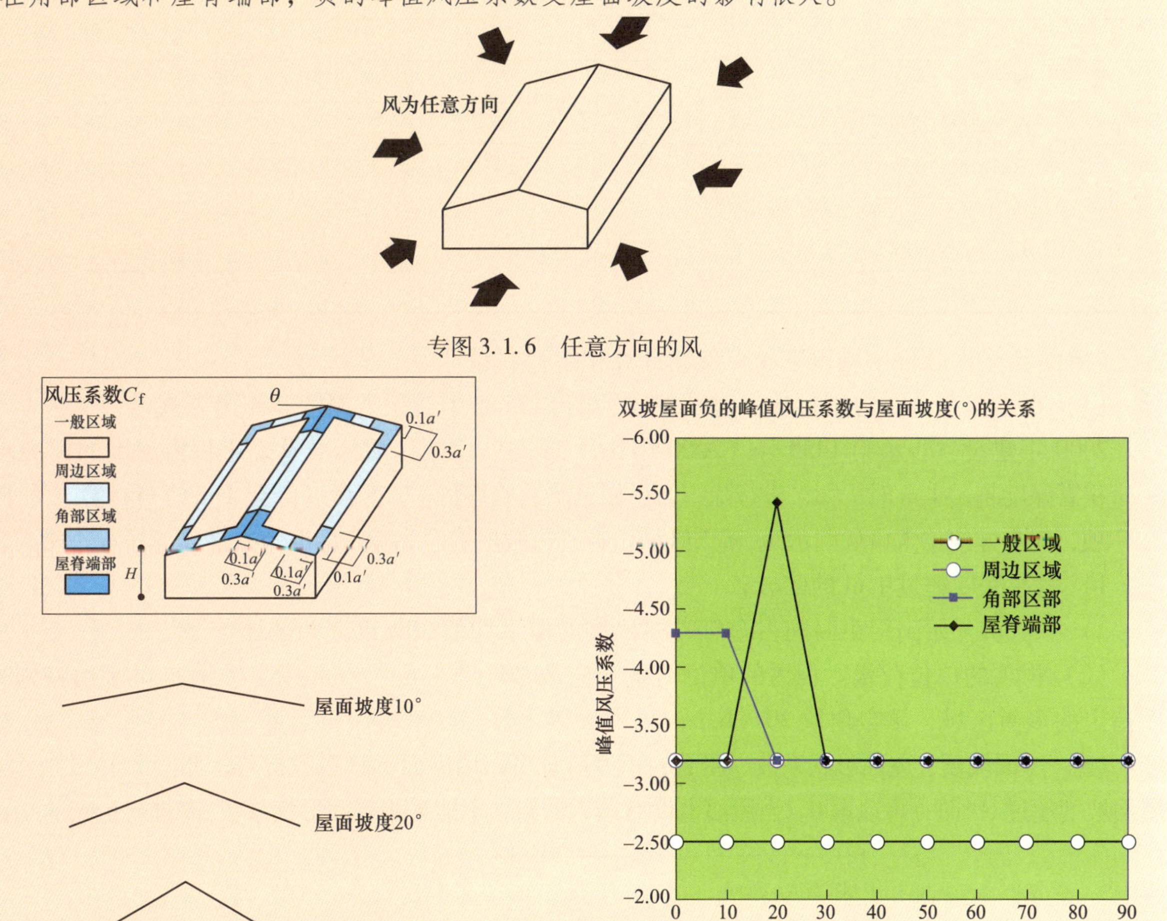

专图 3.1.6 任意方向的风

专图 3.1.7 负风压系数的分布范围

专图 3.1.8 双坡屋面的风压系数

3.1.1.2 设计雪荷载的设定

雪荷载是指下雪时屋面上积雪的重量，通常用“S”表示。雪荷载的计算按照建筑基准法施行令第 86 条（积雪荷载）中的规定执行。积雪单位荷重和垂直于地面的积雪量受积雪持续时间或所在地区气象条件等的影响，差别很大。一般情况下由当地的特别行政厅分别对各个区域的数值进行规定。在计算积雪荷载时，应事先确认建设场地的特别行政厅规定的数值。

应考虑屋面积雪荷载不均匀时可能带来的影响，如图 3.1.12 所示。《屋面验算》软件考虑到这种情况，专门设置了调整系数，可以适当提高荷载。

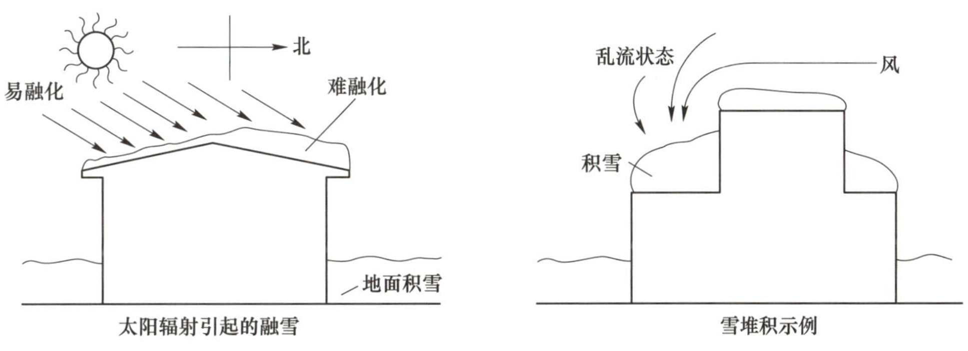

图 3.1.12 荷载不均匀现象

建筑基准法施行令第 86 条规定的积雪荷载设计值计算公式如下。

$S = d \times \rho \times \mu b \times X$	
S	积雪荷载（N/m^2）
d	积雪深度（cm）
ρ	积雪的单位荷载［($N \cdot m^{-2}$)/cm］
μb	屋面的形状系数 $\mu b = \sqrt{\cos(1.5\beta)}$　β：屋面斜率(°) $\beta = \tan^{-1}(\alpha/100)$
X	调整系数

《屋面验算》软件中用以下 4 个参数计算积雪荷载设计值。

（1）积雪深度。在特别行政厅建设省告示第 1455 号中对积雪深度 d 作出了规定。

2000 年建设省告示第 1455 号（2000 年 5 月 31 日：多雪区域标准及确定积雪深度的标准）。

积雪深度超过 1 m 时，如果进行除雪，可根据除雪状态将积雪深度 d 降至 1 m 进行计算（令 86 条 6、7 项，应在建筑出入口处明示）。多雪区域由特别行政厅确定，确定标准为满足以下任意一项：

1）积雪深度超过 1 m 的区域；

2）积雪从开始到结束时间占全年时间比例的年平均值 30%以上的区域。

（2）积雪的单位荷量。积雪的单位荷重 ρ 应取 20（$N \cdot m^{-2}$)/cm 以上。但是对于由特别行政厅指定的多雪区域，该数值取 30（$N \cdot m^{-2}$)/cm 以上。

（3）屋面坡度、屋面形状系数。屋面的积雪荷载可以用屋面形状系数折减，如图 3.1.13 所示。当屋面坡度超过 60°时，可以取 0。当屋面上设有挡雪器时，不能采用屋面形状系数 μb 进行折减。

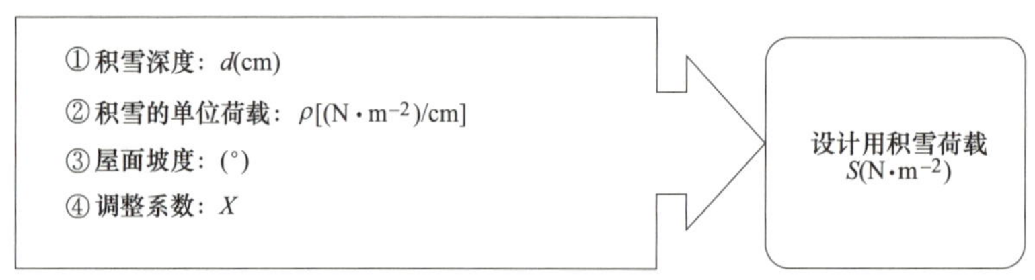

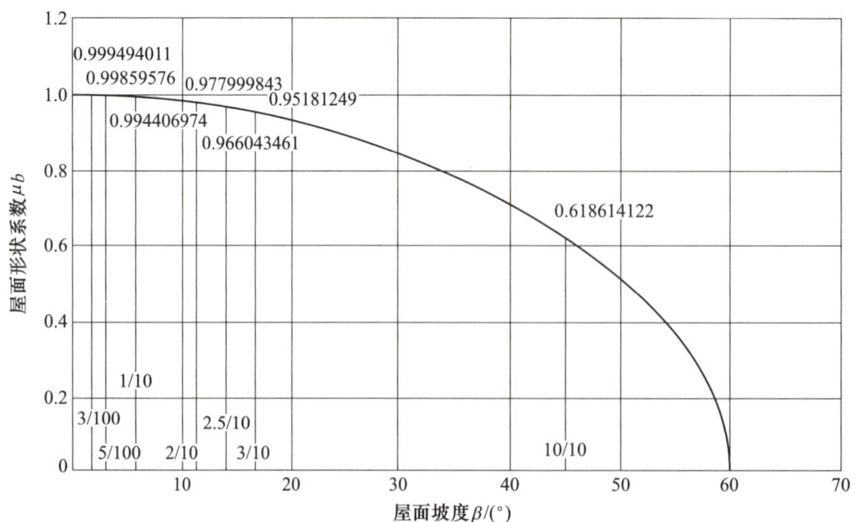

图 3.1.13　屋面形状系数与屋面坡度的关系

（4）调整系数。由于在不同的地域和所在地条件下积雪的形态会发生变化，故设置了考虑风向、气温、雪质等因素的荷载调整系数 X。调整系数的设定请参考 MSRW 2014。

《屋面验算》软件积雪荷载输入界面如图 3.1.14 所示。由于 2014 年关东地区发生了重大雪灾事故，预计国土交通省会发布新的关于积雪荷载的公告，应注意今后的动向。

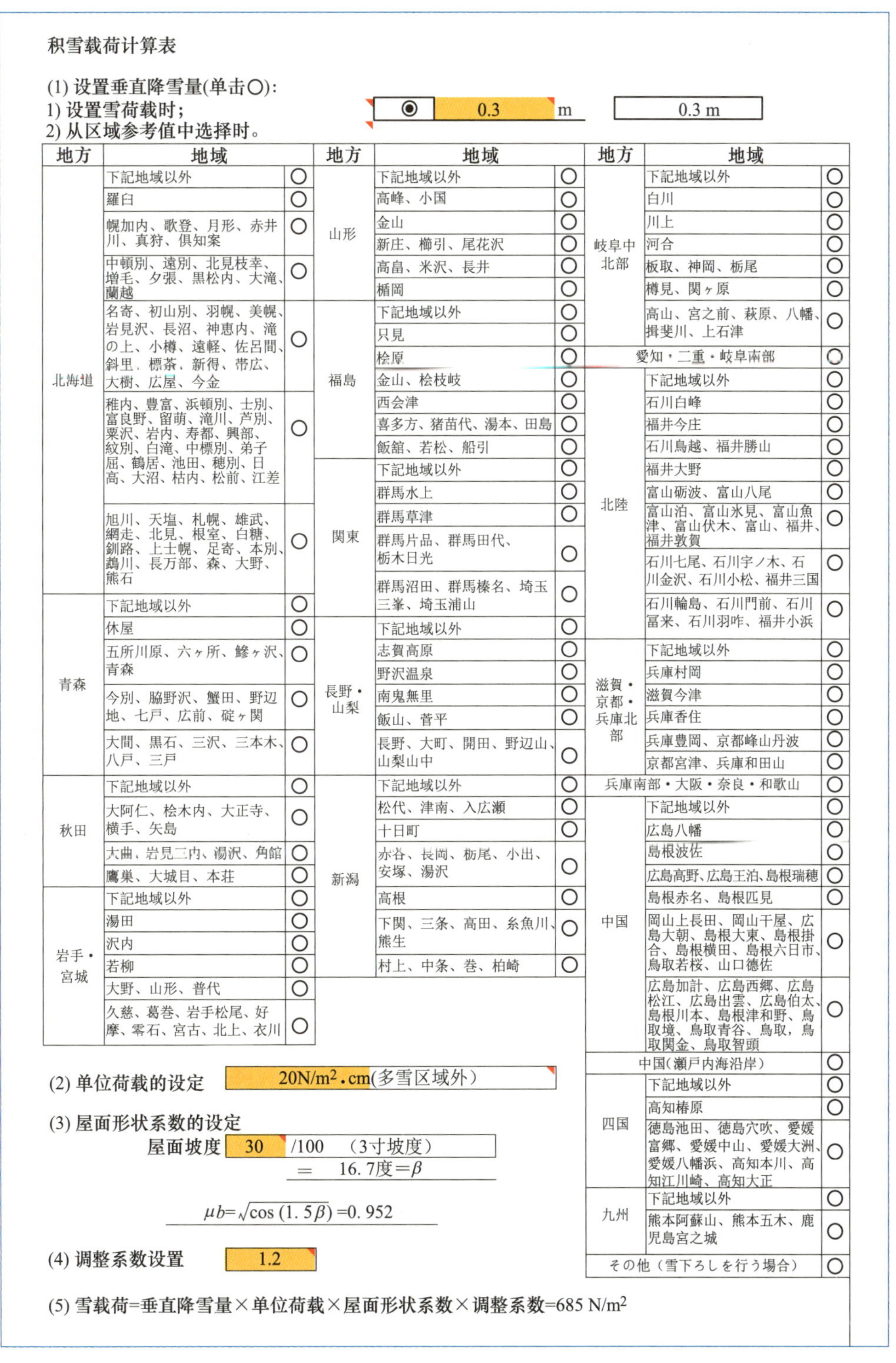

积雪载荷计算表

(1) 设置垂直降雪量(单击○):
1) 设置雪荷载时；　◉ 0.3 m　　0.3 m
2) 从区域参考值中选择时。

地方	地域	
北海道	下記地域以外	○
	羅臼	○
	幌加内、歌登、月形、赤井川、真狩、倶知案	○
	中頓別、遠別、北見枝幸、増毛、夕張、黒松内、大滝、蘭越	○
	名寄、初山別、羽幌、美幌、岩見沢、長沼、神恵内、滝の上、小樽、遠軽、佐呂間、斜里、標茶、新得、帯広、大樹、広屋、今金	○
	稚内、豊富、浜頓別、士別、富良野、留萌、滝川、芦別、栗沢、岩内、寿都、興部、紋別、白滝、中標別、弟子屈、鶴居、池田、穂別、日高、大沼、枯内、松前、江差	○
	旭川、天塩、札幌、雄武、網走、北見、根室、白糖、釧路、上士幌、足寄、本別、鵡川、長万部、森、大野、熊石	○
青森	下記地域以外	○
	休屋	○
	五所川原、六ヶ所、鯵ヶ沢、青森	○
	今別、脇野沢、蟹田、野辺地、七戸、広前、碇ヶ関	○
	大間、黒石、三沢、三本木、八戸、三戸	○
秋田	下記地域以外	○
	大阿仁、桧木内、大正寺、横手、矢島	○
	大曲、岩見三内、湯沢、角館	○
	鷹巣、大城目、本荘	○
岩手・宮城	下記地域以外	○
	湯田	○
	沢内	○
	若柳	○
	大野、山形、普代	○
	久慈、葛巻、岩手松尾、好摩、零石、宮古、北上、衣川	○

地方	地域	
山形	下記地域以外	○
	高峰、小国	○
	金山	○
	新庄、櫛引、尾花沢	○
	高畠、米沢、長井	○
	楯岡	○
福島	下記地域以外	○
	只見	○
	桧原	○
	金山、桧枝岐	○
	西会津	○
	喜多方、猪苗代、湯本、田島	○
	飯舘、若松、船引	○
関東	下記地域以外	○
	群馬水上	○
	群馬草津	○
	群馬片品、群馬田代、栃木日光	○
	群馬沼田、群馬榛名、埼玉三峯、埼玉浦山	○
長野・山梨	下記地域以外	○
	志賀高原	○
	野沢温泉	○
	南鬼無里	○
	飯山、菅平	○
	長野、大町、開田、野辺山、山梨山中	○
新潟	下記地域以外	○
	松代、津南、入広瀬	○
	十日町	○
	赤谷、長岡、栃尾、小出、安塚、湯沢	○
	高根	○
	下関、三条、高田、糸魚川、熊生	○
	村上、中条、巻、柏崎	○

地方	地域	
岐阜中北部	下記地域以外	○
	白川	○
	川上	○
	河合	○
	板取、神岡、栃尾	○
	樽見、関ヶ原	○
	高山、宮之前、萩原、八幡、揖斐川、上石津	○
愛知・二重・岐阜南部		○
北陸	下記地域以外	○
	石川白峰	○
	福井今庄	○
	石川鳥越、福井勝山	○
	福井大野	○
	富山砺波、富山八尾	○
	富山泊、富山氷見、富山魚津、富山伏木、富山、福井、福井敦賀	○
	石川七尾、石川宇ノ木、石川金沢、石川小松、福井三国	○
	石川輪島、石川門前、石川冨来、石川羽咋、福井小浜	○
滋賀・京都・兵庫北部	下記地域以外	○
	兵庫村岡	○
	滋賀今津	○
	兵庫香住	○
	兵庫豊岡、京都峰山丹波	○
	京都宮津、兵庫和田山	○
兵庫南部・大阪・奈良・和歌山		○
中国	下記地域以外	○
	広島八幡	○
	島根波佐	○
	広島高野、広島王泊、島根瑞穂	○
	島根赤名、島根匹見	○
	岡山上長田、岡山千屋、広島大朝、島根大東、島根掛合、島根横田、島根六日市、鳥取若桜、山口德佐	○
	広島加計、広島西郷、広島松江、広島出雲、広島伯太、島根川本、島根津和野、鳥取境、鳥取青谷、鳥取，鳥取関金、鳥取智頭	○
中国（瀬戸内海沿岸）		○
四国	下記地域以外	○
	高知椿原	○
	徳島池田、徳島穴吹、愛媛富郷、愛媛中山、愛媛大洲、愛媛八幡浜、高知本川、高知江川崎、高知大正	○
九州	下記地域以外	○
	熊本阿蘇山、熊本五木、鹿児島宮之城	○
その他（雪下ろしを行う場合）		○

(2) 单位荷载的设定　20N/m²·cm（多雪区域外）

(3) 屋面形状系数的设定
屋面坡度　30　/100　（3寸坡度）
= 16.7度 = β

$\mu b=\sqrt{\cos(1.5\beta)}=0.952$

(4) 调整系数设置　1.2

(5) 雪载荷=垂直降雪量×单位荷载×屋面形状系数×调整系数=685 N/m²

图 3.1.14 《屋面验算》软件积雪荷载输入界面

3.1.2 强度验算（设计允许应力）

确认屋面（外墙）的强度（允许承载力）是否大于设计荷载（风荷载或积雪荷载）。

一般情况下，金属屋面和外墙的生产厂商提供各自产品的技术数据等，与设计者进行技术合作共同推进设计工作的开展。但是必须注意的是，法律上的最终责任人依然是设计者，其设计工作的开展必须经设计者同意后进行。

在压型板屋面构造或梯形板等外墙构造中，压型钢板本身承受正向和负向的荷载，所以应该对两个方向的荷载分别进行验算。而在平板型屋面构造中，积雪荷载等正向荷载由基层檩条（望板或檩条等）负担，屋面金属板材仅承受负向的荷载（负压的风荷载），因此原则上只需要对屋面板上风荷载引起的掀力进行验算。

3.1.2.1 容许承载力和极限承载力

在评价屋面（外墙）的强度时，明确区分容许承载力 W_d 和极限承载力 W_u 是非常重要的。极限承载力是指破坏荷载（破损、脱落时），极限承载力与容许承载力之比，一般被称为“安全系数”。

另外，在承载力确认试验中，必须确保试件不出现以下的变形形状：

（1）加压阶段出现有损于承载力的变形和损伤；

（2）压力卸载后出现影响使用的变形和损伤。

承载力的安全系数如何考虑在 MSRW 2014 等中有论述，可以参考。

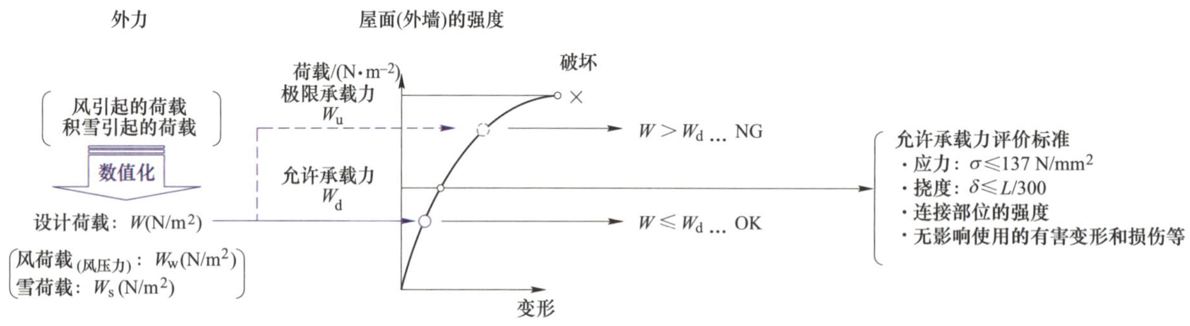

扣合型直立锁边动风压试验中的允许承载力评价

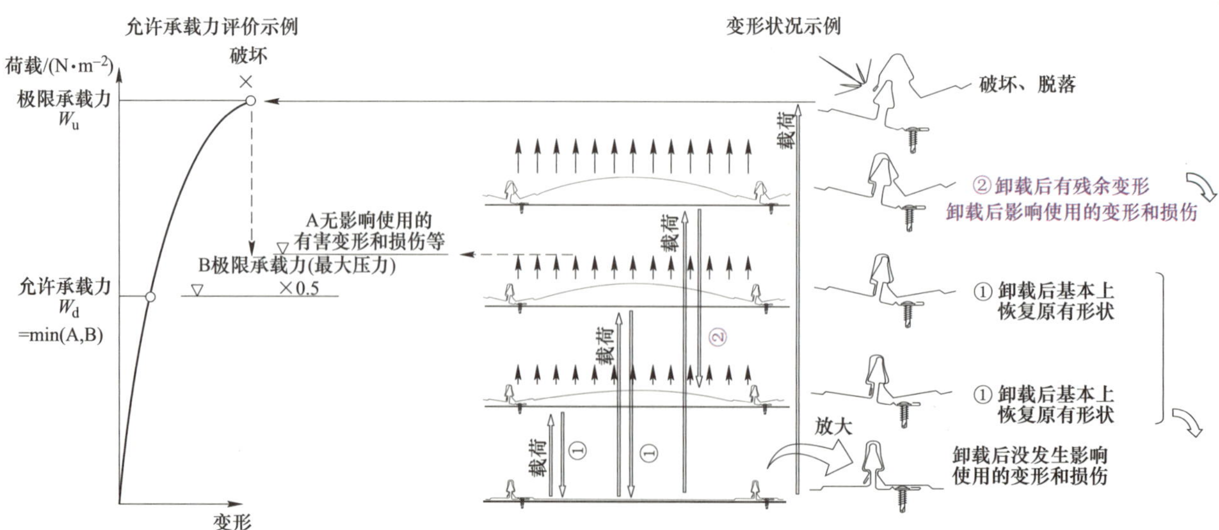

影响结构强度的变形和损伤示例

影响使用的变形和损伤示例(墙檩在外墙表面上的变形痕迹)

3.1.2.2 平板型屋面强度确认

直立锁边、瓦条、横铺屋面等形式的平板型屋面，由于屋面板下有基层望板，所以正荷载由屋面基层负担。平板型屋面金属板只对负风荷载进行验算。对平板型屋面承载力验算有以下两种方法。

（1）执行 SSR 2007 规程的用容许承载力确认的方法。屋面板如果符合 SSR 2007 的对应规程，则可直接在 SSR 2007 中查到基于以往试验得到的容许承载力。表 3.1.2 为 SSR 2007 提供的直立锁边规程规格对应的允许承载力，表中的“荷载”为容许承载力。

采用该确认方法的前提条件是，屋面板宽度、板厚、紧固件固定间距、固定零件（螺钉和钉子）的尺寸、侧檐外伸长度为标准尺寸。

表 3.1.2 直立锁边屋面与鸠尾型屋面的标准规格

荷载/(N·m^{-2})(kgf·m^{-2})	槽形板的厚度/mm	连接配件间距/mm	鸠尾连接配件间距/mm
2058 (-210)	0.35	225	900
	0.4		
2646 (-270)	0.4		

（2）用实验方法得到允许承载力。屋面板如果不符合 SSR 2007 中的对应标准，则可通过试验得到容许承载力。在 SSR 2007 中列举了静载荷试验方法的参考例，在 MSRW 2014 中列举了风压动载试验方法的事例。表 3.1.3 所示摘自 MSRW 2014，其中记载了通过对扣合形直立锁边屋面用风压动载试验（见照片 3.1.1）得到的允许承载力进行评价的事例。

表 3.1.3 用风压动载试验进行容许承载力评价的例

<table>
<tr><th rowspan="2">加压方向</th><th rowspan="2">最大压力/(N·m^{-2})</th><th rowspan="2">最大压力×0.5/(N·m^{-2})</th><th rowspan="2">1/300 挠度时的压力/(N·m^{-2})</th><th colspan="4">中途减压时的变形和损伤发生状况</th><th rowspan="2">容许荷载/(N·m^{-2})</th></tr>
<tr><th colspan="2">中途减压阶段的压力 pn/(N·m^{-2})</th><th>相对残余变形（屋面中央部）</th><th>是否发生影响使用的变形</th></tr>
<tr><td rowspan="7">负压</td><td rowspan="7">-7000</td><td rowspan="7">-3500</td><td rowspan="7">评价对象外</td><td>$p1$</td><td>-1000</td><td>-0.6</td><td>无</td><td rowspan="7">-3500</td></tr>
<tr><td>$p2$</td><td>-2000</td><td>-1.5</td><td>无</td></tr>
<tr><td>$p3$</td><td>-3000</td><td>-2.3</td><td>无</td></tr>
<tr><td>$p4$</td><td>-4000</td><td>1.5</td><td>无</td></tr>
<tr><td>$p5$</td><td>-5000</td><td>-14.8</td><td>残余变形大</td></tr>
<tr><td>$p6$</td><td>-6000</td><td>-17.9</td><td>残余变形大</td></tr>
<tr><td>$p7$</td><td>-7000</td><td>-21.8</td><td>残余变形大</td></tr>
</table>

照片 3.1.1　扣合型直立锁边屋面的风压动载试验

3.1.2.3　压型板屋面的强度确认

所有外力由压型板本身承担，应保证压型板的允许承载力大于风荷载和积雪荷载。

对于压型板的强度的确认包括以下几项内容：

（1）压型板本身；

（2）檐口端部；

（3）连接构件和连接节点；

（4）支架的焊接强度。

对于双层压型板，压型板本身的强度验算是指对上压型板的验算。

（1）压型板本身。对于压型板本身，按照 JIS A6514 进行受弯承载力试验得到截面特性值（I 和 Z），应保证用上述截面特性计算的挠度和受弯应力在容许值以下；支架等连接器具、节点等，用容许承载力进行验算（用 SSR 2007 中所示连接对象的试验结果等计算）。另外，在 SSR 2007 中介绍了风压动载试验的方法，可供参考。

《屋面验算》软件中的压型板强度验算界面有三种结构形式：

1）连续梁；

2）简支梁；

3）檐端。

各种结构形式如图 3.1.15 所示。

图中三角表示支座（固定支架、连接节点）的位置。

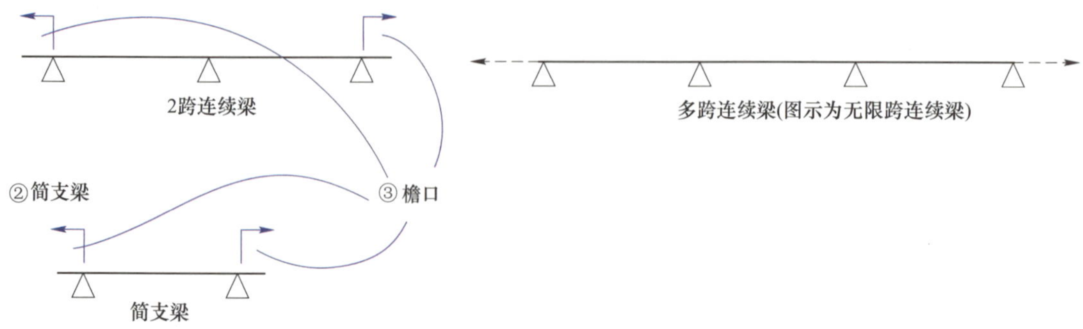

图 3.1.15　结构形式

《屋面验算》中连续梁软件的输入界面如图 3.1.16 所示。

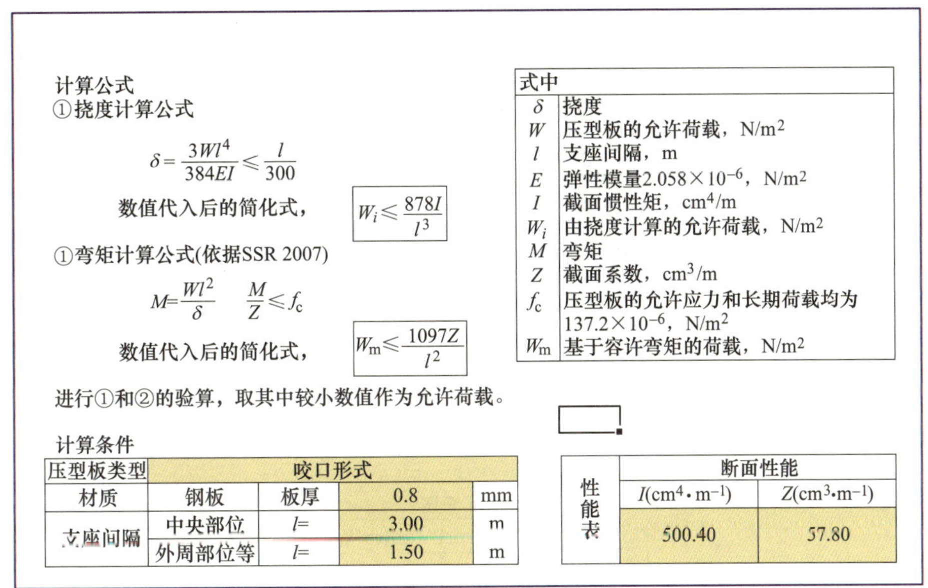

图 3.1.16 《屋面验算》连续梁软件的输入界面

压型板本身强度验算需要的数据		
压型板形式	从设计图纸中读取	
钢板的板厚	从设计图纸中读取	
中央部位的支座间隔	从设计图纸中读取	支架与支架之间的长度
边缘区域的支座间隔	从设计图纸中读取	边缘区域等风荷载大的位置
截面性能 I、Z	由压型板厂家的产品手册提供	

（2）连续梁、简支梁的注意事项。对压型板本身进行验算时，有时需要注意积雪荷载（正荷载）时截面模量（Z）的输入。简支梁和连续梁的弯矩图及挠度图如图 3.1.17 所示。

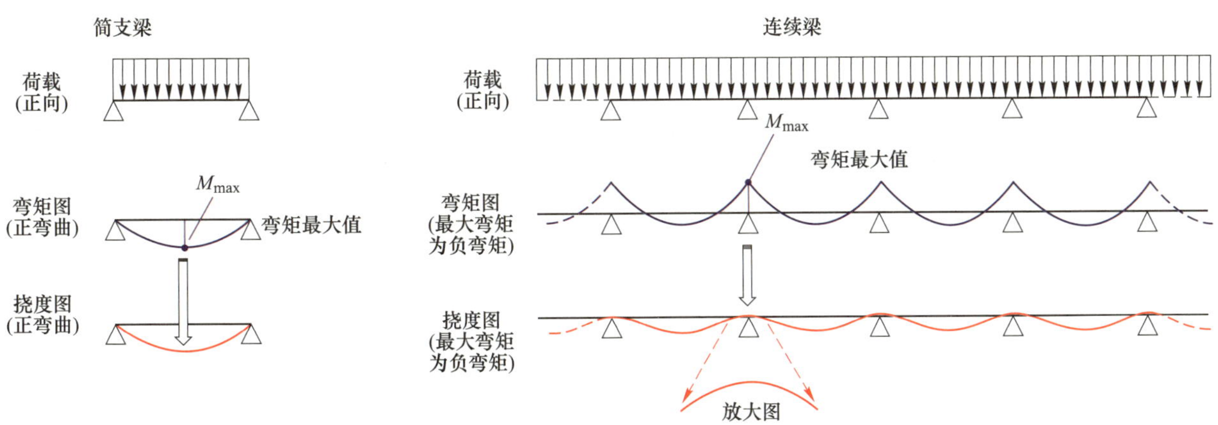

图 3.1.17 简支梁和连续梁的弯矩图和挠度图

简支梁或连续梁同样受正荷载作用时，简支梁的最大弯矩发生在跨中正弯矩处，而连续梁的最大弯矩发生在支座负弯矩处，从挠度图中可以理解为什么为负弯矩。这种在连续梁上出现的荷载方向与受弯方向相反的现象，在施加负荷载时也会出现。

传统的搭接型压型板的形状基本上为上下对称，因此正负方向的截面抗弯系数（Z）基本相同。因此即使受弯方向反转，在实际计算时也不会出现问题。而现在使用的板型，尤其是500型的咬合型压型板为宽底板形状，正弯方向的 Z 通常比负弯方向的 Z 大。对于正荷载（特别是积雪荷载大时）的最大弯矩，如果输入了正弯方向的 Z，得出的计算结果是不安全的，应特别注意。

荷载方向与受弯方向反转的现象，在 MSRW 2014 中有详细论述，可供参考。

（3）檐端的注意事项。檐端的挑出长度原则上以波高的5倍为标准。详细内容可参考 MSRW 2014 附录5.1试验结果及分析。在该试验中，从满足强度要求的观点出发，得出了檐端挑出长度的结论。若考虑实际施工安全性的问题，檐端的挑出长度过长会增加施工的危险性。另外，《屋面验算》软件可以验算屋面檐口端部的强度。图3.1.18所示为截面特性的输入栏。其中，验算檐口端部强度时，截面特性值要减半（1/2）。檐口端部的截面变形及连续性的中断如图3.1.19所示。

<table>
<tr><td rowspan="3">特性表</td><td colspan="2">负压</td></tr>
<tr><td>I/(cm^4·m^{-1})</td><td>Z/(cm^3·m^{-1})</td></tr>
<tr><td>517.00</td><td>49.20</td></tr>
<tr><td rowspan="3">计算用</td><td colspan="2">考虑檐口端部界面变形和连续性中断引起的特性下降，取特性值的50%</td></tr>
<tr><td>I/(cm^4·m^{-1})</td><td>Z/(cm^3·m^{-1})</td></tr>
<tr><td>258.50</td><td>24.60</td></tr>
</table>

图3.1.18　《屋面验算》软件的檐口端部特性值的输入界面

图3.1.19　檐口端部截面变形及连续性的中断

挑檐强度验算需要的数据		
压型板形式	从设计图纸中读取	
钢板的板厚	从设计图纸中读取	
挑檐的挑出长度	从设计图纸中读取	从最端部的支架到屋檐端部的长度
截面特性 I、Z	由压型板厂家的产品手册提供	

（4）连接部件和连接强度。连接部件是指压型板本身与梁、檩条固定在一起时使用的配件，指固定支架、双层压型板的绝热金属件等。连接部件的作用是将作用于压型板本身上的荷载、外力传递到主体结构上，所以必须有足够的强度，如图3.1.20所示。

连接强度是指压型板与固定器具（连接配件）的连接强度，在 SSR 2007 中详细讲述了连接强度确认的试验方法，如照片3.1.2所示。

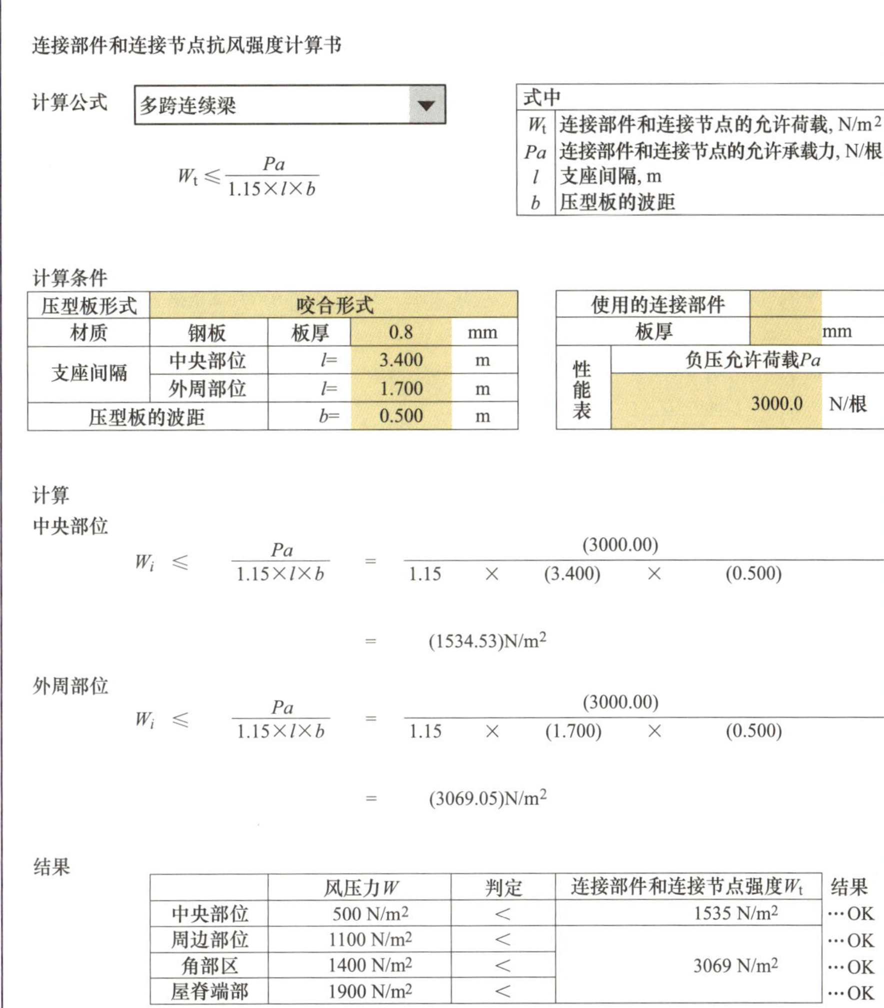
连接部件和连接节点抗风强度计算书

计算公式　多跨连续梁

$$W_t \leqslant \frac{Pa}{1.15 \times l \times b}$$

式中	
W_t	连接部件和连接节点的允许荷载，N/m²
Pa	连接部件和连接节点的允许承载力，N/根
l	支座间隔，m
b	压型板的波距

计算条件

压型板形式	咬合形式			
材质	钢板	板厚	0.8	mm
支座间隔	中央部位	l=	3.400	m
	外周部位	l=	1.700	m
压型板的波距		b=	0.500	m

使用的连接部件			
	板厚		mm
性能表	负压允许荷载Pa		
		3000.0	N/根

计算

中央部位

$$W_i \leqslant \frac{Pa}{1.15 \times l \times b} = \frac{(3000.00)}{1.15 \times (3.400) \times (0.500)} = (1534.53)\text{N/m}^2$$

外周部位

$$W_i \leqslant \frac{Pa}{1.15 \times l \times b} = \frac{(3000.00)}{1.15 \times (1.700) \times (0.500)} = (3069.05)\text{N/m}^2$$

结果

	风压力W	判定	连接部件和连接节点强度W_t	结果
中央部位	500 N/m²	<	1535 N/m²	…OK
周边部位	1100 N/m²	<	3069 N/m²	…OK
角部区	1400 N/m²	<		…OK
屋脊端部	1900 N/m²	<		…OK

图 3.1.20 《屋面验算》软件的连接部件验算的界面

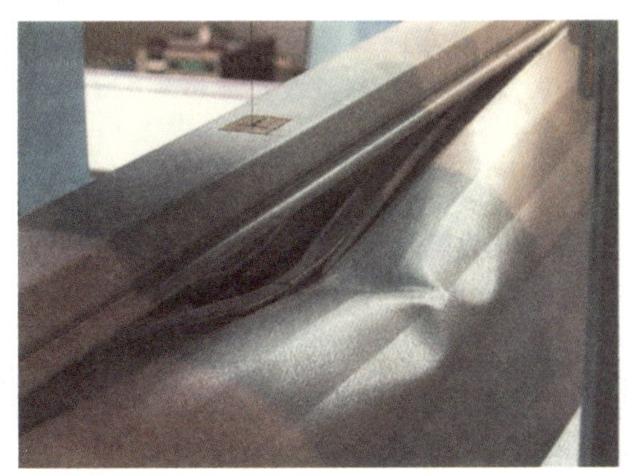

照片 3.1.2 连接部位强度确认试验

连接部件、连接硬度验算需要的数据		
压型板形式	从设计图纸中读取	
钢板的板厚	从设计图纸中读取	
中央部位的支承间隔	从设计图纸中读取	支架与支架之间的长度
边缘区域的支承间隔	从设计图纸中读取	边缘区域等风荷载大的位置
使用部件的允许承载力	由部件厂家的产品手册提供	支架、绝热金属件、压型板与固定配件的连接强度等

（5）支架的焊接强度。焊接支架采用角焊缝。反 V 形支架由支架根部的焊缝平均负担荷载，所以焊缝数量为 4；对于反レ形支架，由于荷载集中在正对荷载下方的焊缝上，设计上的焊缝数量为 2。《屋面验算》软件中支架焊接强度的输入界面如图 3.1.21 所示。

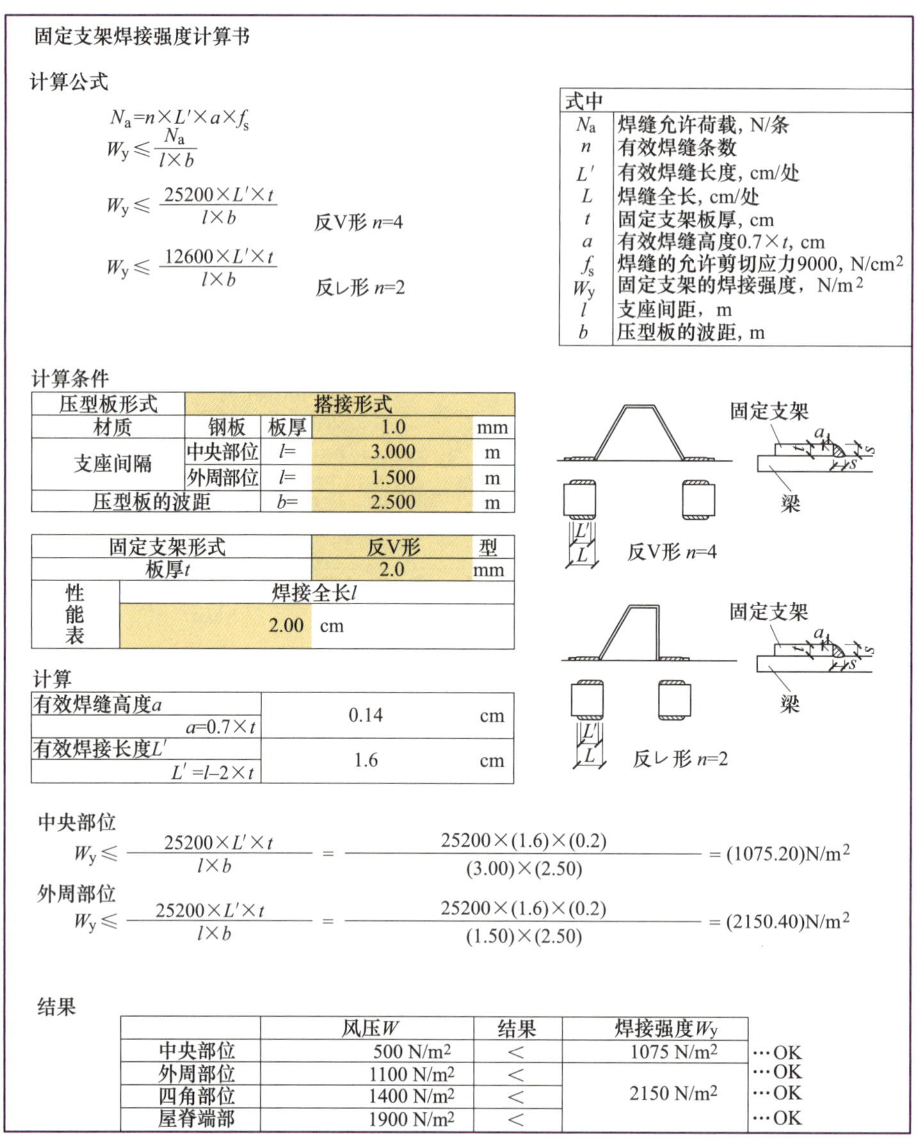

固定支架焊接强度计算书

计算公式

$N_a = n \times L' \times a \times f_s$

$W_y \leqslant \dfrac{N_a}{l \times b}$

$W_y \leqslant \dfrac{25200 \times L' \times t}{l \times b}$　反V形 $n=4$

$W_y \leqslant \dfrac{12600 \times L' \times t}{l \times b}$　反レ形 $n=2$

式中	
N_a	焊缝允许荷载，N/条
n	有效焊缝条数
L'	有效焊缝长度，cm/处
L	焊缝全长，cm/处
t	固定支架板厚，cm
a	有效焊缝高度 $0.7 \times t$，cm
f_s	焊缝的允许剪切应力 9000，N/cm²
W_y	固定支架的焊接强度，N/m²
l	支座间距，m
b	压型板的波距，m

计算条件

压型板形式			搭接形式	
材质	钢板	板厚	1.0	mm
支座间隔	中央部位	$l=$	3.000	m
	外周部位	$l=$	1.500	m
压型板的波距		$b=$	2.500	m

固定支架形式	反V形	型
板厚 t	2.0	mm
性能表	焊接全长 l	
	2.00	cm

计算

项目	数值	单位
有效焊缝高度 a　$a=0.7 \times t$	0.14	cm
有效焊接长度 L'　$L'=l-2 \times t$	1.6	cm

中央部位

$W_y \leqslant \dfrac{25200 \times L' \times t}{l \times b} = \dfrac{25200 \times (1.6) \times (0.2)}{(3.00) \times (2.50)} = (1075.20)\text{N/m}^2$

外周部位

$W_y \leqslant \dfrac{25200 \times L' \times t}{l \times b} = \dfrac{25200 \times (1.6) \times (0.2)}{(1.50) \times (2.50)} = (2150.40)\text{N/m}^2$

结果

	风压 W	结果	焊接强度 W_y	
中央部位	500 N/m²	<	1075 N/m²	…OK
外周部位	1100 N/m²	<	2150 N/m²	…OK
四角部位	1400 N/m²	<		…OK
屋脊端部	1900 N/m²	<		…OK

图 3.1.21　《屋面验算》软件的支架焊接强度的输入界面

支架焊缝强度验算需要的数据		
压型板形式	从设计图纸中读取	
钢板的板厚	从设计图纸中读取	
中央部位的支承间隔	从设计图纸中读取	支架与支架之间的长度
边缘区域的支承间隔	从设计图纸中读取	边缘区域等风荷载大的位置
压型板的波距	由压型板厂家的产品手册提供	
固定支架形式	由部件厂家的产品手册提供	反 V 形、反レ形
固定支架板厚	由部件厂家的产品手册提供	
固定支架的焊缝长度	从设计图纸中读取	

专栏

关于“I”和“Z”

进行压型板强度计算时常常出现 I 和 Z 的符号，在各厂商的产品手册中也都有 I 值和 Z 值，也经常有人咨询“I 值和 Z 值是多少”。I 为截面惯性矩，Z 为截面模量，这些值统称为“截面特性值”。截面特性值是指“截面形状所固有的特性值”。截面形状不同，截面特性值也不同。但当截面形状相同时，即使材质不同，截面特性值也是相同的。此外，即使是相同的成型形状，板厚不同，截面形状（板厚部分）发生改变，那么截面特性值也会有差异。一般情况下，波峰越高、板厚越大，截面特性值越大，强度性能也就越强。

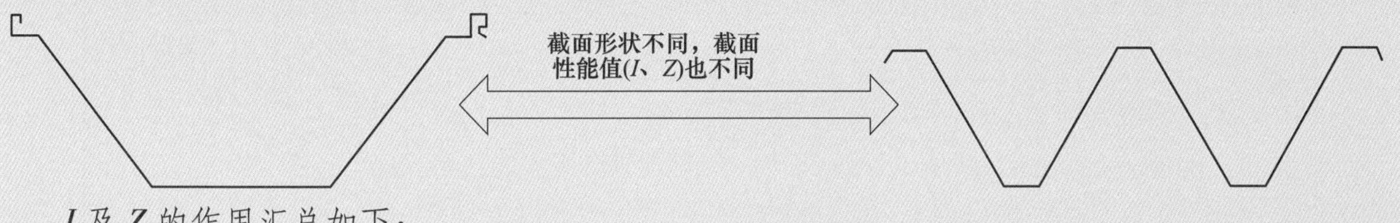

I 及 Z 的作用汇总如下：

名称		记号	单位	作用	备注
截面特性值	截面惯性矩	I	cm^4/m	用于计算挠度（受弯变形量）	与变形有关
	截面模量	Z	cm^3/m	用于计算受弯应力（拉应力或压应力）	与力（应力）有关

如专图 3.1.9 所示，在两端简支的压型板中间施加荷载。随着荷载的增加，压型板的弯曲变形（挠度）也在增加，截面惯性矩 I 用于计算该挠度值。

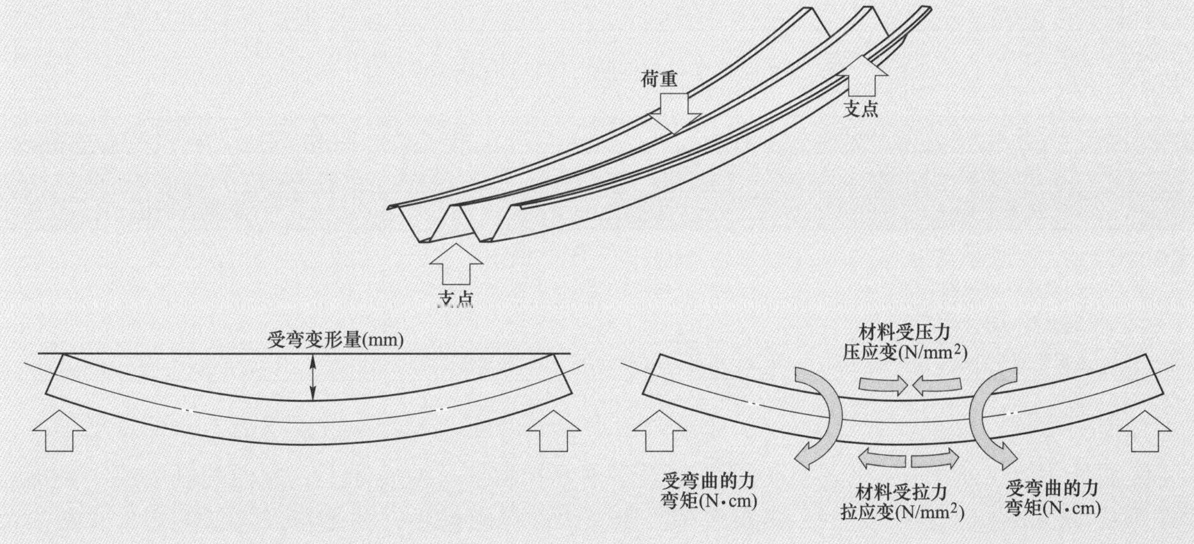

专图 3.1.9 简支压型板梁的应力与变形

此时压型板上作用着使板材弯曲的力（弯矩），材料截面的中和轴的上方受压力作用，下方受拉力作用，这些力使材料内部分别产生压应力和拉应力。截面模量 Z 用于计算该应力。

如果想了解更具体的内容，可以阅读简单的结构力学的相关书籍。只需想象一下用手弯折筷子时的感觉，只要记住与弯折时的难易程度相关的特性是 Z，与变形的难易程度相关的特性是 I 即可。

3.1.2.4 安装挡雪器的间隔

安装挡雪器不是为了完全阻止积雪的滑落。挡雪器是临时阻止屋面积雪滑落的部件，这一点必须让所有使用者充分理解。在 MSRW 2014 中对挡雪器进行了详细讲解，应进行验算。

《屋面验算》软件中关于挡雪器的安装间距的输入界面如图 3.1.22 所示。

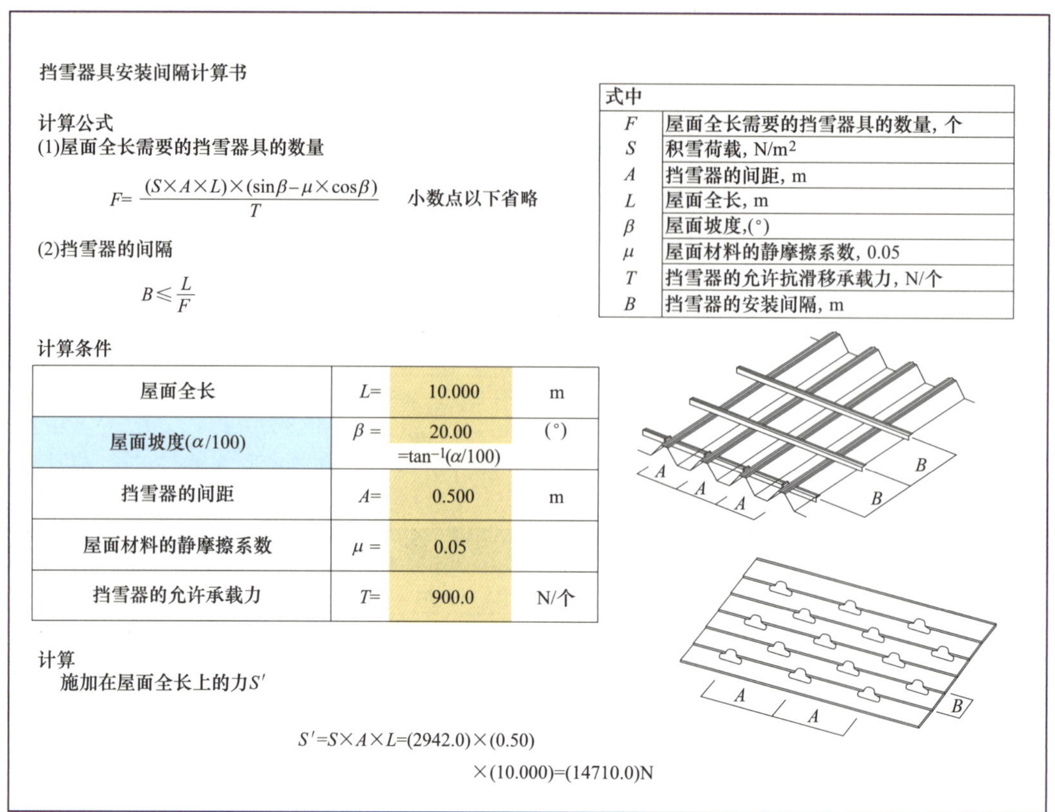

图 3.1.22　《屋面验算》软件的挡雪器的间隔验算的输入界面

挡雪器的间隔验算需要的数据		
积雪荷载	设计者提供	
屋面全长	从设计图纸中读取	屋面板长度
屋面坡度	从设计图纸中读取	(°)
挡雪器的间隔	从设计图纸中读取	
屋面材料的静摩擦系数	0.05	
挡雪器的允许承载力	由部件厂家等的产品手册提供	

屋面为缓坡、坡度小于 5/100 时，如果积雪与屋面的摩擦力大于雪滑落的力，计算结果会显示不需要挡雪器，所以普遍容易认为缓坡屋面不需要挡雪器。但实际上，屋面的振动或小震可能使积雪从屋面滑落。为了防止这一现象发生，应至少在屋面檐头（压型板时在低端固定支架的位置）设置一道挡雪器。

专栏

静摩擦系数

屋面上冰雪的坠落由屋面板材的静摩擦系数决定。一般情况下，钢板与雪的静摩擦系数 μ= 0.3~0.35。但是由于温度（主要因素）等条件的影响，雪（冰）与屋面之间一定有水存在，所以静摩擦系数变得非常小。因此，《屋面验算》软件中静摩擦系数取 μ=0.05。

3.1.2.5　外墙的强度验算

原则上，外墙板由其自身负担所有外力，应使容许承载力大于正负风荷载。用容许承载力的验算方法与平板型屋面一样，采用以下两种方法。

（1）执行 SSW 2011 规程的容许承载力确认的方法。如果外墙板为梯形波钢板，且符合 SSW 2011 的对应标准，可以直接在 SSW 2011 中查到基于以往试验得到的容许承载力。

SSW 2011 针对标准梯形波钢板（波高 12.5 mm 以上且小于 22.5 mm）的允许承载力的例子见表 3.1.4。

表 3.1.4 标准梯形波钢板（波高 12.5 以上且小于 22.5 mm）的允许承载力

荷载绝对值 /(N·m^{-2})	垂直于板长方向的固定间距 /mm	檩条间距/mm 外墙钢板的厚度		
		0.4 mm	0.5 mm	0.6 mm
1000	140 mm 以下	606	606	910
	280 mm 以下	606	606	606
1200	140 mm 以下	606	606	910
	280 mm 以下	606	606	606
1400	140 mm 以下	606	606	606
	280 mm 以下	606	606	606
1600	140 mm 以下	606	606	606
	280 mm 以下	606	606	606
1800	140 mm 以下	606	606	606
	280 mm 以下	606	606	606
2000	140 mm 以下	606	606	606
	280 mm 以下	606	606	606
2400	140 mm 以下	606	606	606
	280 mm 以下	455	606	606
2800	140 mm 以下	606	606	606
	280 mm 以下	455	606	606
3200	140 mm 以下	606	606	606
	280 mm 以下	455	455	455

注：荷载为绝对值，正荷载和负荷载取相同值。

（2）用试验得到的容许承载力确认的方法。对于插入形式等不在标准构造范围内的情况，可通过试验得到容许承载力。在 SSW 2011 中分别列举了静载荷试验方法和风压动载试验方法的事例。表 3.1.5 所示为 SSW 2011 中记载的对插入形式屋面用风压动载试验（见照片 3.1.3）得到的容许承载力进行评价的事例。

表 3.1.5 对插入型屋面用风压动载试验得到的容许承载力进行评价的例

试件	荷载方向	板厚 /mm	最大压力 /(N·m^{-2})	W_{a1} 最大压力×0.5 /(N·m^{-2})	W_{a2} 1/300 挠度时的压力/(N·m^{-2})	W_{a3}变形和损伤发生状况		容许荷载 /(N·m^{-2})
						最大挠度变形残余量/mm	影响使用的变形	
A	负压	0.35	-1000	-500	无	0.0（1000 N/m^2 之后）	无	-500
B		0.5	-2000	-1000	无	0.1（2000 N/m^2 之后）	无	-1000
C	正压	0.35	9750	4875	4500（1/313）	0.1（3000 N/m^2 之后）	波峰处有檩条痕迹（3500 N/m^2）	3500

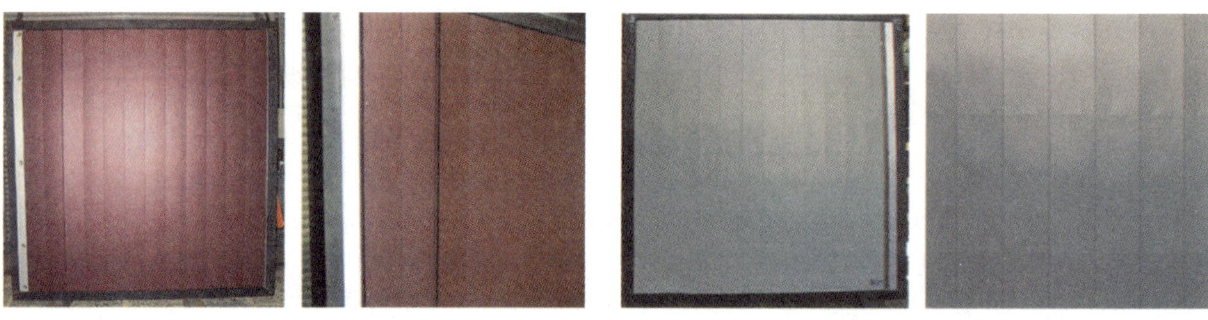

负压：插入部脱落　　正压：达到加压装置上限时的荷载

照片 3.1.3　试验后状况

3.1.3　受灾事例和确认试验

3.1.3.1　檐端挑出长度验算

照片 3.1.4 为茨城县筑波市的自行车库在 2012 年 5 月 6 日的龙卷风袭击后，压型板屋面的破坏状况。该压型板屋面采用的是螺栓连接形式，在强风作用下遭到严重破坏，但是屋面板依然完整地保留在屋面上。这类例子中，虽然屋面本身遭到严重损伤，但屋面没被吹飞，不会造成次生灾害。

照片 3.1.4　挑檐的受灾状况

在 MSRW 2014 的附 5.1 中，论述了“压型板屋面挑出长度承载力比较试验（抗风性能试验）”（见照片 3.1.5），同时对实际建筑中压型板屋面挑檐处的性能进行了分析，证明了“将挑出

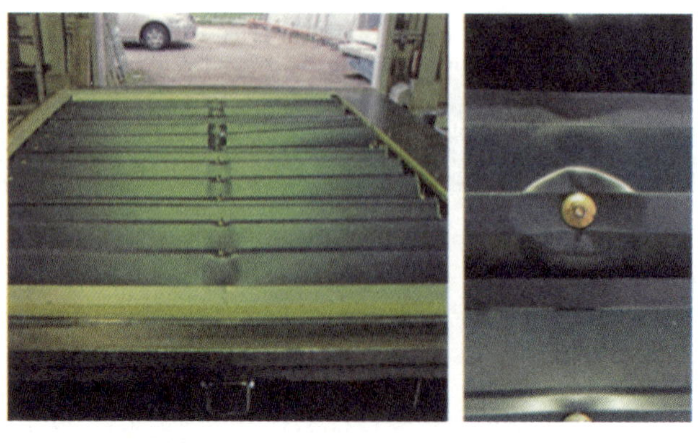

照片 3.1.5　压型板屋面外挑长度承载力比较试验（抗风试验）

长度为波峰高度的5倍作为标准”这一经验法则的合理性。

在MSRW 2014的附5.1中指出：“分析结果所示，当挑出长度为波峰的10倍时，挑檐起点负担的支点反力及弯应力都比一般部位高出很多，而当挑出长度为波峰的5倍时，上述反力和应力与一般部位基本一致。由此可知，当挑出长度为波峰的10倍时，挑檐的起点成为整个屋面的薄弱部位。”

3.1.3.2 侧檐及挑檐的验算

照片3.1.6所示为爱知县内的室内运动设施的屋面侧檐和局部挑檐在2015年的台风作用下被掀的受灾事例。

照片3.1.6 侧檐及挑檐的受灾状况

在MSRW 2014附5.2中，论述了“平板型屋面封檐饰板附着抓接承载力比较试验”，对常规形式封檐饰板和下折形式封檐饰板（见图3.1.23）的附着承载力再次进行了确认，见表3.1.6。

在MSRW 2014附5.2中指出：“为了不影响屋面板整体的抗风性能，按照出挑的端部尺寸不大于有效宽度的1/2进行排板非常关键。另外，将封檐板牢靠地固定在基层上、在沿海等强风地区采用下折形式的封檐、增加封檐板的厚度、增加屋面板与封檐板的附着尺寸等，诸如此类的措施对降低强风灾害是有效的。”

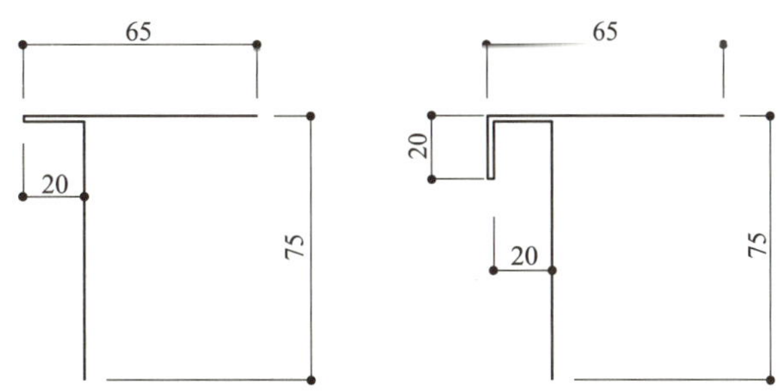

图3.1.23 封檐饰板形式（常规形式及下折形式）

表3.1.6 平板型屋面封檐饰板附着承载力比较试验结果的概要

试件	封檐的形式	屋面板的端部尺寸/mm	最大荷载/N	破坏状况
A-1	常规形式	400	-3627	屋面板附着部分与封檐饰板滑脱破坏
A-2		200	-5052	
B-1	下折形式	400	-6033	
B-2		200	(-7462)	

3.1.3.3　长尺板的温度伸缩引起的连接部位的劣化

照片 3.1.7 所示为香川县内的室内运动设施在 2004 年 6 号、10 号台风和 23 号台风的作用下的受灾事例。该设施的瓦条型钢板屋面通过削去端头的铝钉固定在 ALC 材料的望板上。铝钉打入 ALC 板后裂成两半可以提供抗拔强度。据推测，破坏的原因可能是很多钉子在热胀冷缩的影响下钉头断裂，在受强风作用的时候已经失去了足够的承载力。

照片 3.1.7　长尺板的温度伸缩引起的连接部位的劣化

在 MSRW 2014 附 5.3 中论述了“平板型屋面直接固定在望板上的构造确认试验（温度伸缩往复试验 拉伸试验）”(见照片 3.1.8)。

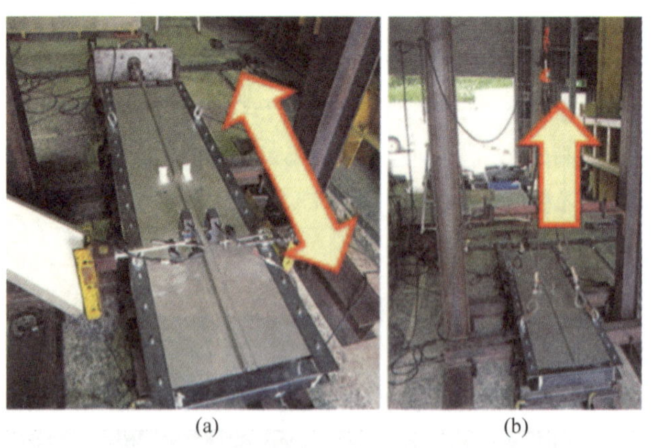

(a)　(b)

照片 3.1.8　平板型屋面直接固定在望板上的构造确认试验
(a) 水平方向往复位移载荷试验；(b) 竖向上掀载荷试验

该试验确认了以下内容：

(1) 固定在 ALC 基板上时，连接强度可能会出现明显下降；

(2) 固定在刨花水泥板和木片水泥板上时也会有一定程度的强度降低；

（3）固定在住宅中使用的结构胶合板上时，未发现强度降低（屋面板材长度 10 m）。

3.1.3.4 薄板之间的固定

压型板屋面是固定在固定支架上的，而屋脊盖板的连接大多不使用固定支架，而是采用与压型板本身的扣合连接或者用螺钉连接。照片 3.1.9 所示为屋脊盖板因连接强度低而被掀离的事例。

照片 3.1.9 屋脊盖板被掀离

在 MSRW 2014 附 5.4 中论述了“固定在钢基材上连接构造的确认试验（螺钉拉力试验）”（见图 3.1.24），证明了当屋面的侧檐包板、外墙阳角等处的附属配件只要牢靠地固定在墙檩等基层构件上，就可以有效地降低强风灾害。

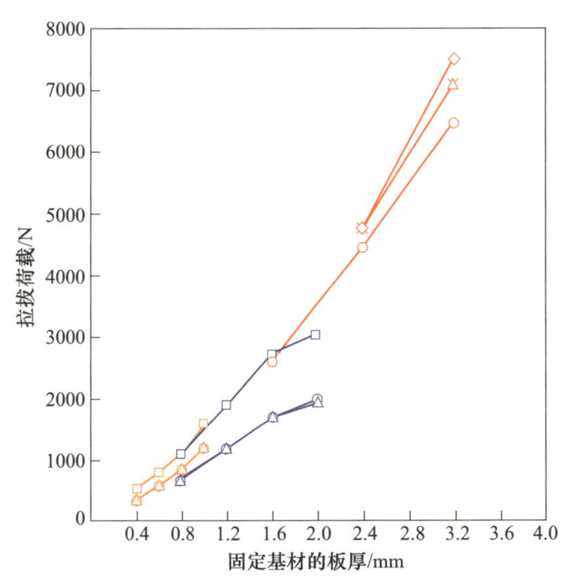

	A型(钢材)	B型(钢材)	
		1枚	2枚
圆头	○	○	○
单垫圈	*	—	—
六角(ϕ5)	△	△	△
六角(ϕ6)	◇	—	—
垫片(ϕ4.5)	—	□	□

图 3.1.24 固定基材的板厚和拉拔荷载的关系

在 MSRW 2014 附 5.4 中指出：“被固定配件的强度比基层构件的强度小很多，薄钢板板厚仅为 0.4~1.0 mm，与基层使用的 C 型钢（壁厚 2.3 mm 以上）相比，很难得到较大的拉拔能力。因此可以认为：如果将侧檐封板、外墙阳角等处的附属配件牢靠地固定在基层构件上，则可以有效降低强风灾害。”

3.1.3.5 螺钉固定处板边撕裂验算

照片 3.1.10 所示为静冈县内的室内运动设施在 2011 年 15 号台风中的受灾事例，可以观察到一般部位的屋面板材上螺钉帽脱落以及屋面板边撕裂的现象。

在 MSRW 2014 附 5.5 中论述了“固定螺钉的边距强度试验（剪切方向、掀力方向的拉伸试

照片 3.1.10　螺钉头部脱落及屋面板边撕裂的现象

验）”，确认了边距、有无卷边及荷载方向的差异对端部撕裂强度的影响。

关于抗剪（见图 3.1.25），对剪切方向无卷边的试件，当端距为 5 mm 左右时，承载力下降；端距为 10 mm 以上时，承载力基本上为定值。对于有卷边的试件，只有端部卷边被螺钉压住时，才能期待端部卷边加工带来的强度增加。如果卷边没有被压住，则不应考虑端部卷边对强度增加的贡献。

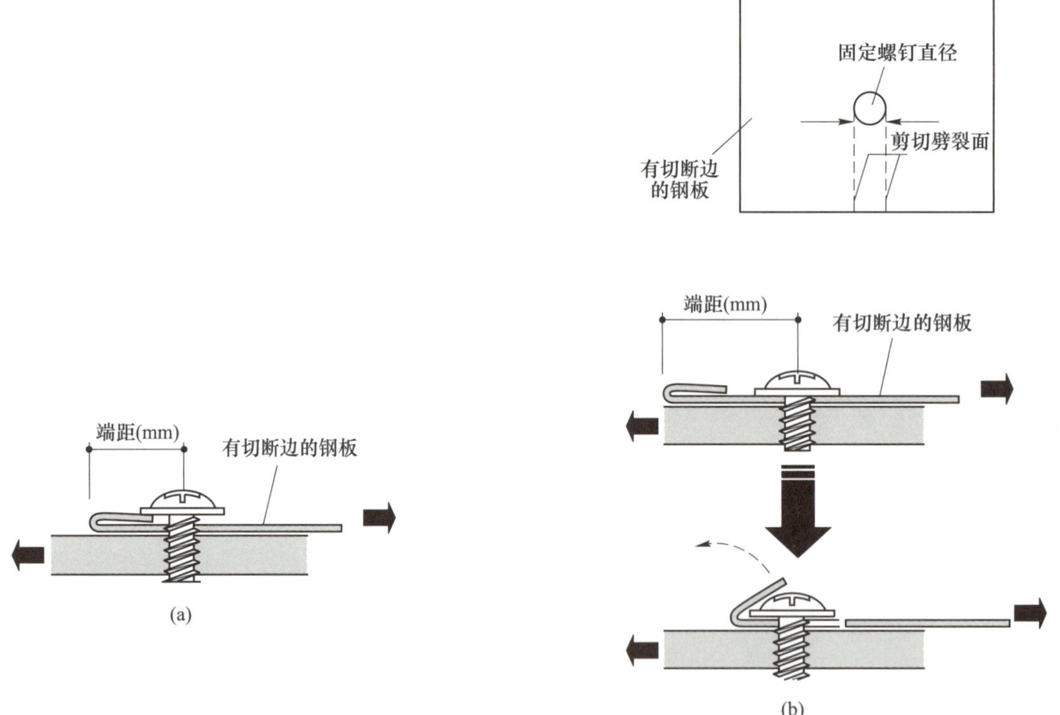

图 3.1.25　剪切方向的破坏模式

（a）卷边被压住时（端距 10 mm 以下）；（b）卷边未被压住时（端距 15 mm 以下）

在掀力方向（见图 3.1.26），当固定螺钉头压住边部时，承载力容易达到最大值。因此，最大承载力与端距大小、有无卷边无关，基本为定值。

3.1.3.6　外墙板的耐冲击性

照片 3.1.11 中所示的为建筑物的外墙板在台风或龙卷风等强风中，受飞溅物袭击而受损的事例。

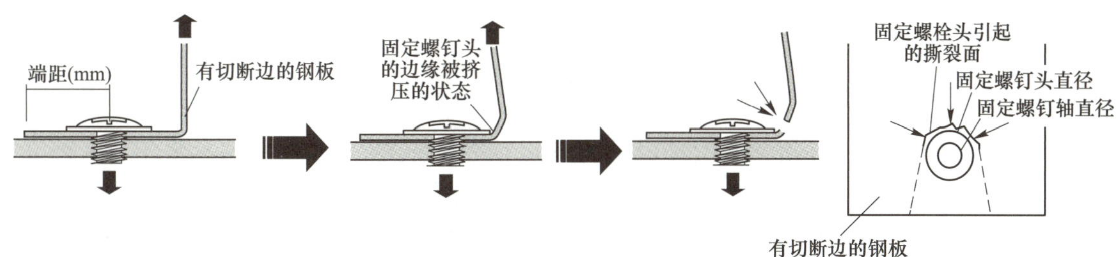

图 3.1.26 掀力方向的破坏模式

照片 3.1.11 外墙板的损伤

在 MSRW 2014 附 5.6 中论述了“外墙板的耐冲击性试验”（见照片 3.1.12），试验证实了在梯形波钢板外墙中，只要保证一个波峰的搭接状态（见图 3.1.27）就可以大幅度提高耐冲击性能。

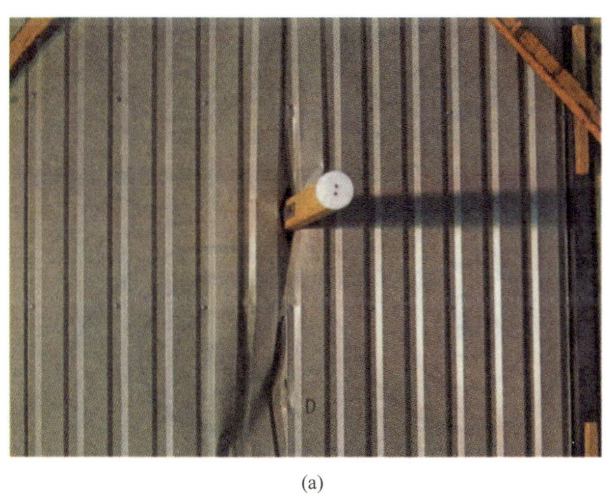

(a)

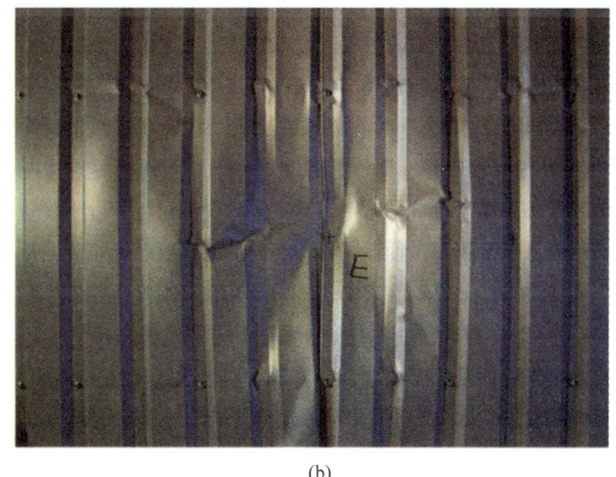

(b)

照片 3.1.12 飞溅物冲击性试验中的损伤差异

（a）飞弹穿透（标准搭接处，室外侧）；（b）飞弹的冲击痕迹（一个波峰搭接处，室外侧）

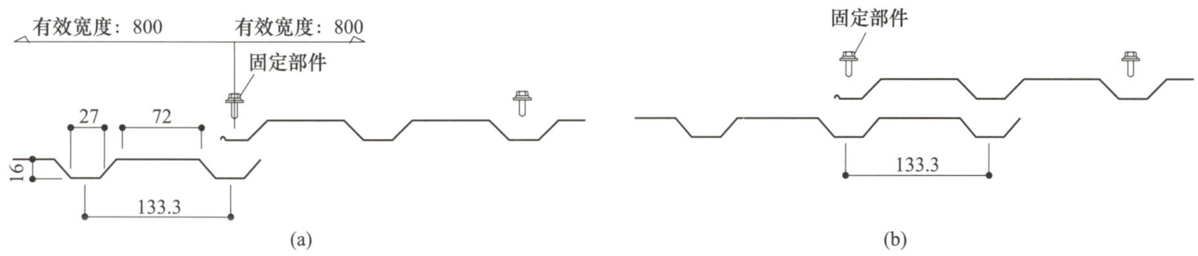

图 3.1.27 搭接状态的差异

（a）标准搭接状态；（b）一个波峰搭接状态

3.1.4 有关风和雪的参考资料

3.1.4.1 风的产生

风是气压差引起的大气运动。最大规模的大气运动是对流圈，即大气的大循环。这种大循环会形成如图 3.1.28 所示的平均风带。在这巨大的风带中加入局部地区低气压和高气压的影响，就是我们平常所说的风。近年来异常气候多发，其最大的原因可能就是因为大循环系统出现了偏差。

当产生气压差时，空气从高压处向低压处加速移动。在天气图中气压差用等压线的间隔表示，间隔越窄，风力越强。天气图的风向除台风中心附近之外如图 3.1.29 所示，基本上与等压线平行。这是因为地球在自转。

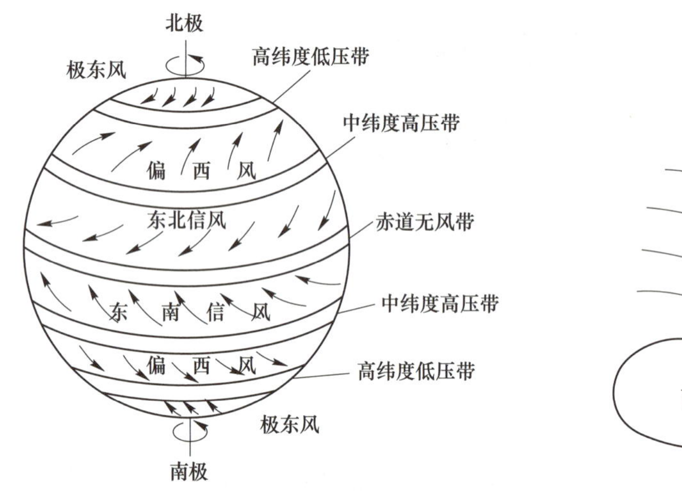

图 3.1.28　地球上的平均风系

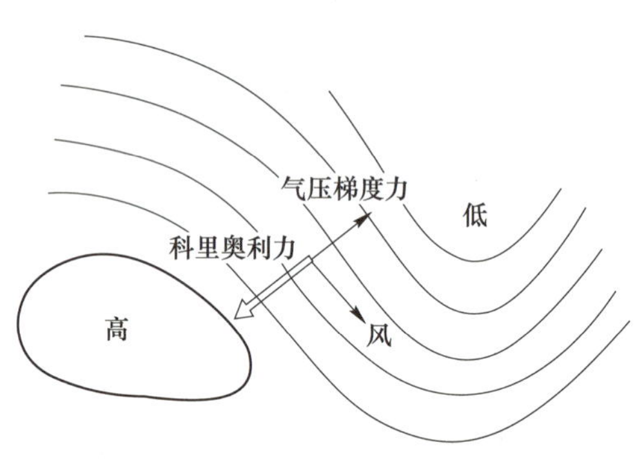

图 3.1.29　在天气图中常见的等压线和风向的关系（北半球）

运动的物体、大气团在北半球由于受地球自转的影响，有向右偏移的趋势，可以将这种现象看作一种力的作用，这种假想力被称为科里奥利力（地转偏向力）。其力的大小与运动物体的速度成正比。科里奥利力与前述气压差产生的气压梯度力达成平衡，形成了图 3.1.29 所示的沿着等压线流动的风。这种风被称为地转风。然而由于高气压中心附近和低气压中心附近的等压线近似于圆形，风沿着圆周移动，这种风被称为梯度风，由地转偏向力、气压梯度力和伴随圆运动的离心力三力平衡共同决定，如图 3.1.30 所示。

上述空气的运动未考虑地表面摩擦力的影响。当考虑大气界面层的地表面附近空气层内的风时，不能忽略地表面摩擦力的影响。考虑该摩擦力时，在高气压中心附近的风顺时针吹，低气压中心附近的风逆时针吹。这是现实里风的状况，如图 3.1.31 所示。台风时的强风是典型的低气压中心附近的风，由此可以明白风为什么会沿逆时针方向吹。

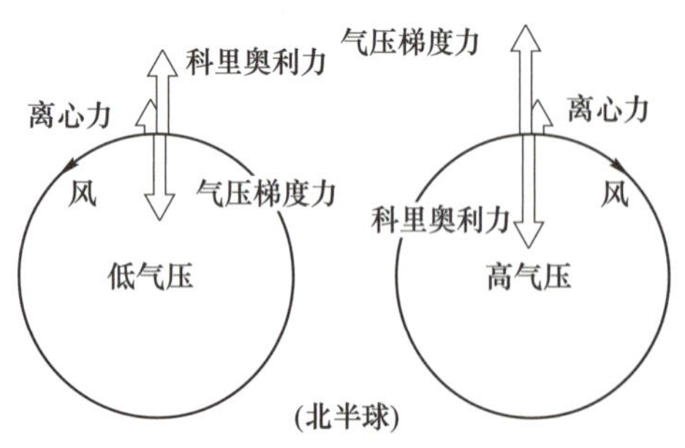

图 3.1.30　高气压及低气压中心附近的空气运动（北半球）

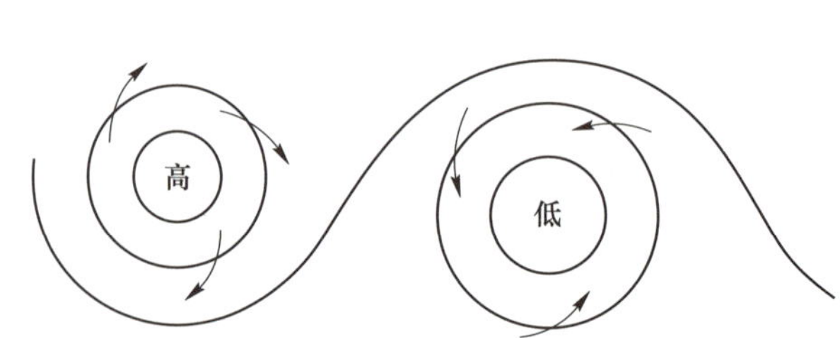

图 3.1.31　表面的摩擦引起的风向的变化

3.1.4.2 风压

在受风侵袭的建筑上存在着改变空气流向的压力（p）。用该压力（p）减去大气压①（p_∞）得到的压力（$P=p-p_\infty$）被称为风压（P）。通常作用在该侧外面的风压称为外压，作用在该侧内面的风压称为内压。压力（P）大于大气压时的风压称为正压（P_1）。正压如图 3.1.32 所示，是作用在面上的垂直压力；压力（P）小于大气压时的风压称为负压（P_2），是作用在面上的垂直吸力。负压的作用可以用图 3.1.33 所示的图解释，可类比喷雾水箱中的水由于管端部的负压作用被吸起从而飞溅开来。

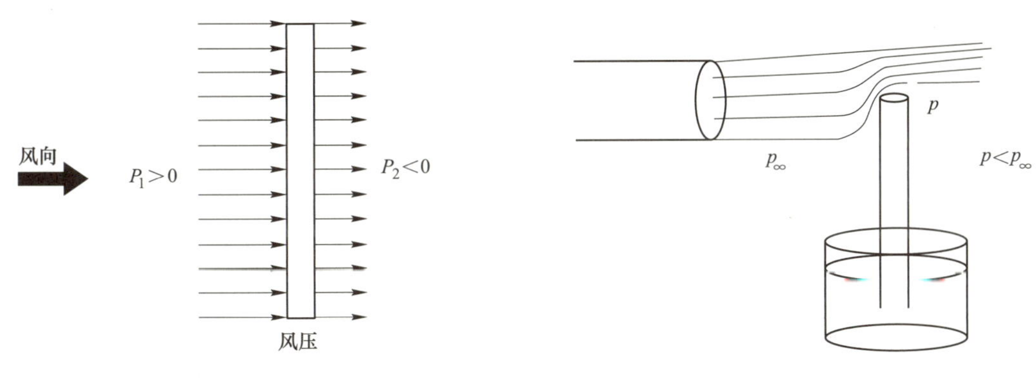

图 3.1.32 作用在物体上的风压

图 3.1.33 喷雾

3.1.4.3 气流和外压

风吹到建筑物上，风的流动方向和速度急剧变化。如图 3.1.34 所示，风的流线在拐角处发生分离，即人们所说的分离现象。这种流线的变化使作用于屋面和墙面的外压发生大的变化。

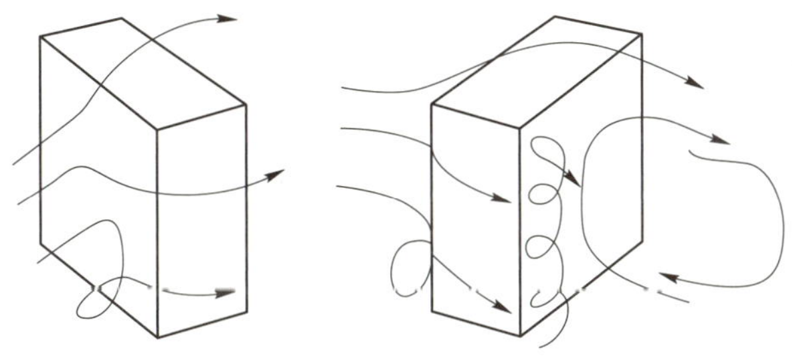

图 3.1.34 建筑物周边的气流状况

图 3.1.35 为双坡屋面周边的气流和风压的关系。小坡度屋面上的风压如图 3.1.35（a）所示，由于气流在檐口处分离，屋面整体为负压，屋面承受向上的掀力。当屋面坡度为 30°时，在檐口处分离的气流重新附着在屋面上，沿着屋面流动，到了屋脊处又形成分离的气流。在这种状态下，檐口附近为负压，当气流又附着之后在屋面上为正压。气流分离后，屋脊处下风口的屋面外压为负压。当屋面坡度为 45°时，气流在檐口处没有分离，而是沿着屋面流动在屋脊处发生分离。这时的气流状况为：在上风口的屋面为正压，在下风口的屋面为负压。

曲面形状的穹顶屋面或墙面的气流性状随气流速度的不同而变化。因此外压也随着风速的变化而发生明显改变。另外，由于曲面周围的气流由于曲面粗糙度的不同也会发生很大变化，因此，外压的性状还受曲面粗糙度的影响。

从以上的叙述可以看出，气流的状况和外压的性状存在密切关系。

① 这里所说的大气压是指不受建筑物影响的静压。

3.1.4.4　局部外压

有时在屋面和墙面某些狭窄区域会产生很强的负压，这时，外压被称为局部外压。局部外压的和由分离气流引起的涡旋有紧密联系。这种旋涡在屋面上主要发生在檐口、侧檐和屋脊附近，在墙面上多发生在拐角部位。因此，局部外压也多发生在这些部位。如图 3.1.36（a）所示，当风从平屋面建筑的侧面吹来时，会在其上风口的角部发生旋涡。这种旋涡被称为圆锥旋涡，会在檐口和侧檐附近产生强负压，如图 3.1.36（b）所示。大跨平屋面建筑如图 3.1.37 所示，会在其上风口的檐口附近产生局部外压。该局部外压如图 3.1.37（b）所示，与分离旋涡有关。在进行屋面板和墙面板的抗风设计时，需要考虑局部外压。

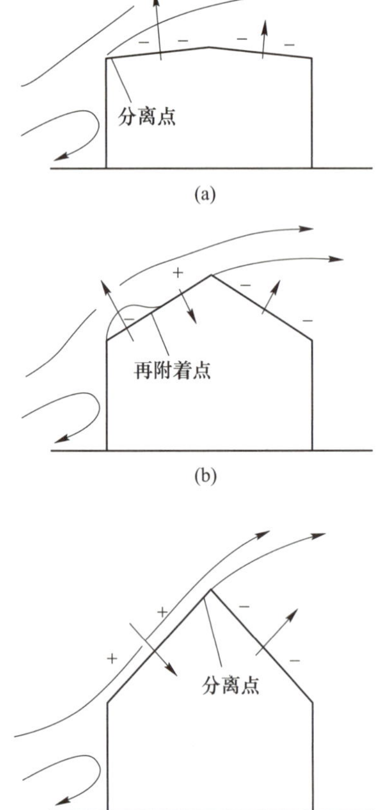

图 3.1.35　双坡屋面周边的气流和风压
（a）坡度 5°；（b）坡度 30°；（c）坡度 45°

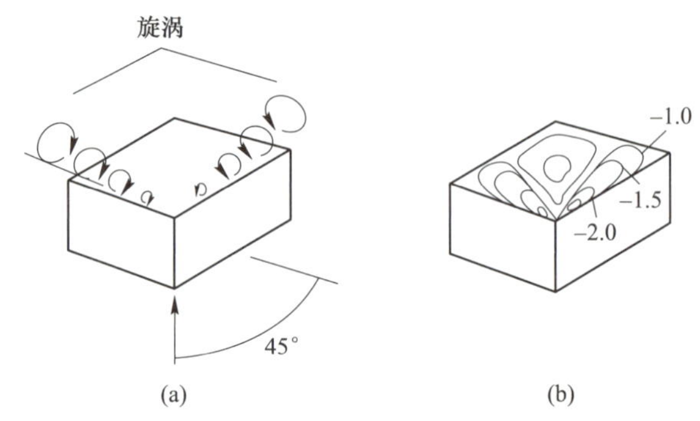

图 3.1.36　平屋面上发生的圆锥旋涡与风压分布
（a）锥旋涡；（b）风压分布

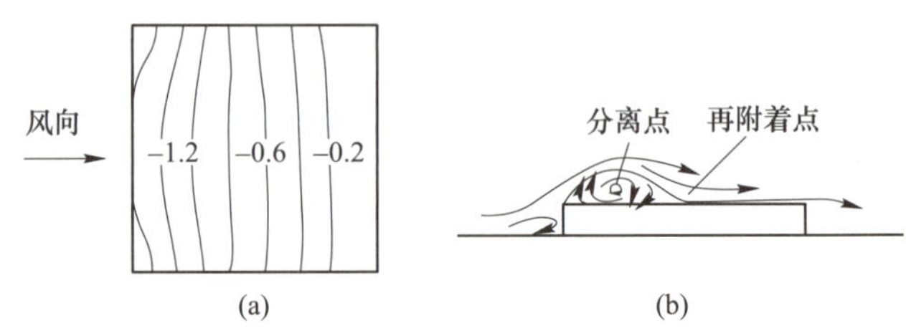

图 3.1.37　屋面上发生的分离旋涡与局部风
（a）风压分布；（b）分离点

3.1.4.5　外压系数

作用在建筑物上的外压用 P 表示，速度压用 q 表示。速度压 $q(=\rho U^2/2$，ρ 为空气密度，U 为风速）是指在不受建筑物影响的地方，单位体积风流运动所产生的动能。作用在建筑物上的外压的大小用外压与速度压的比值 $C(=P/q)$ 表示。该倍数 C 被称为外压系数，假定建筑物的形状、尺寸及当时的风速是确定的，则可以通过实验求出该系数，结果为定值。外压系数的正负由外压的正负决定。

图 3.1.38 所示为通过风洞实验测得的方柱模型表面的瞬间外压系数的分布。迎风面正面为正压，正压最大值出现在从下方起 2/3 高度处。在两侧面的下方产生了很强的负压。该负压产生的原因主要是侧面下方产生了旋涡。背风面的负压比其他墙面小。另外，侧面和屋面的上风拐角处有很强的负压，该结果表示：在气流分离处的附近负压变大。

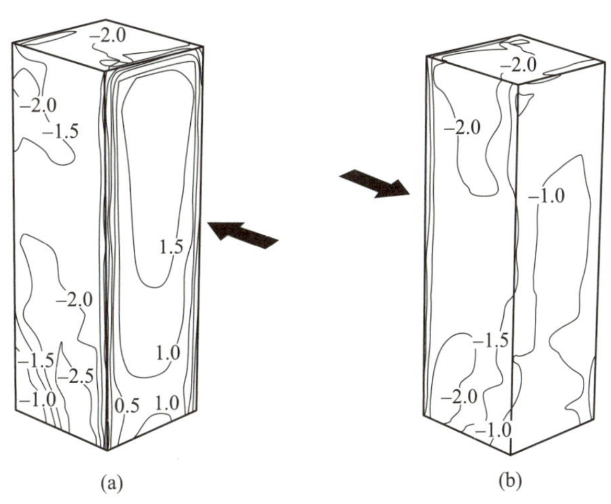

图 3.1.38　瞬间风压系数分布

（a）迎风面；（b）背风面

3.1.4.6　内压

一般情况下，建筑物的室内和屋架内侧不可能与外界完全隔绝。当有强风发生时，空气会在外压作用下通过窗户和门的缝隙，在建筑的室内外流动。因此建筑物的内部压力会发生变化。这种由风引起的建筑物内的压力被称为内压或室内压。如图 3.1.39 所示，形成正压的迎风面的墙面上有开口或缝隙时，内压为正压。形成负压的背风面的墙面上有开口或缝隙时，内压为负压。因此，内压也受外压变动的影响。

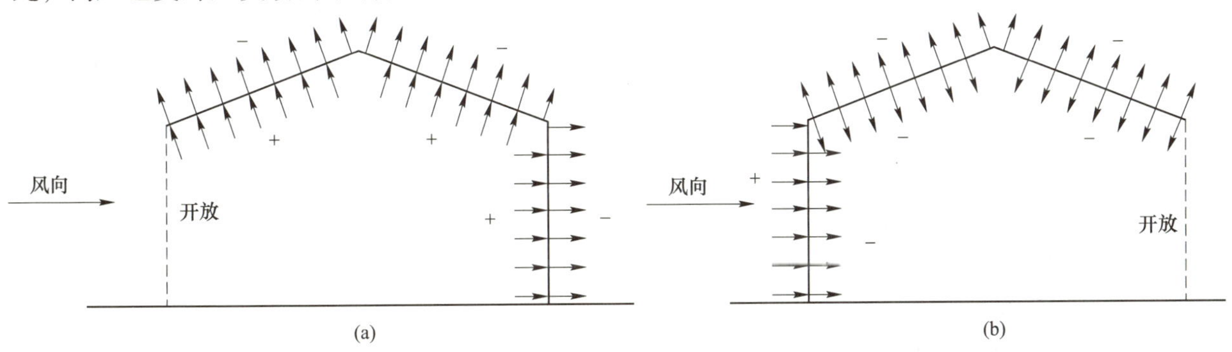

图 3.1.39　内压的变化

（a）迎风面；（b）背风面

内压与速度压的比值被称为内压系数或室内压系数。

3.1.4.7　风力

如图 3.1.40 所示，作用于物体两侧风压的差 $[p_1-(-p_2)]$ 形成了将物体向下风口推动的风力 $F(=[p_1-(-p_2)]A$，A 为正面面积）。用该风力 F 除以物体的正面面积 A 得到的值被称为单位面积的风压力。作用在物体上的风压在时间和空间上复杂变动，故而风力也必然会变动。

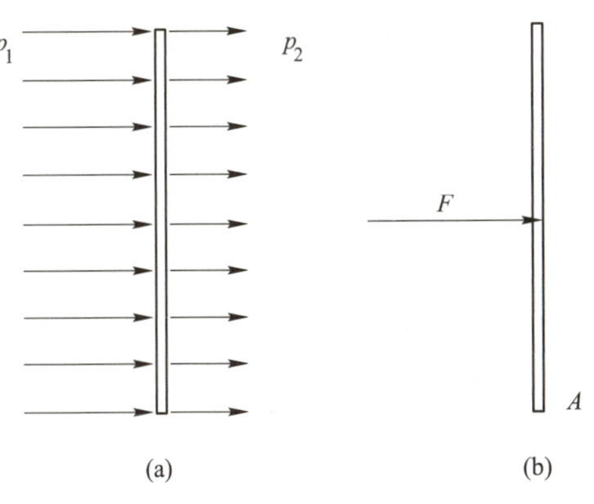

图 3.1.40　作用在物体上的风力

（a）风压分布；（b）风力

3.1.4.8　风力系数

作用在物体上的力与速度压的比值称为风力系数。风力系数用 $C = F/(qA)$ 定义。风力系数与风压系数一样，也是由实验得出的常数。

3.1.4.9　作用于屋面板上的风压力和风力

作用在屋面板上的风力等于作用在屋面板上的风压与作用在屋架内侧或望板之间内压的压差。风压性状、屋面板种类、屋架内侧或望板之间状态对内压的影响非常大。比如，如图3.1.41（a）所示有望板的屋面，如果檐头或望板的气密性不好，进入屋面板和望板之间的气流会使屋面板与望板之间的内压上升。当屋面板固定不牢靠时，屋面板可能会上浮或者被吹飞。

另外，当屋面板下的屋架内侧在室内为开放状态时，作用在屋面板上的风力对室内压有很大影响。如图3.1.41（b）所示，当屋面板像瓦一样有缝时，气流会沿着屋面板流入缝中，使屋面板的上面与望板之间压差变大。

如图3.1.41（c）所示，风压急剧上升的部位内侧产生向高负压部流动的气流，该部分的内压上升。因此，作用于屋面板和外墙上的风力不仅受表面的（外压）影响，还受屋架或望板之间的内压的影响。

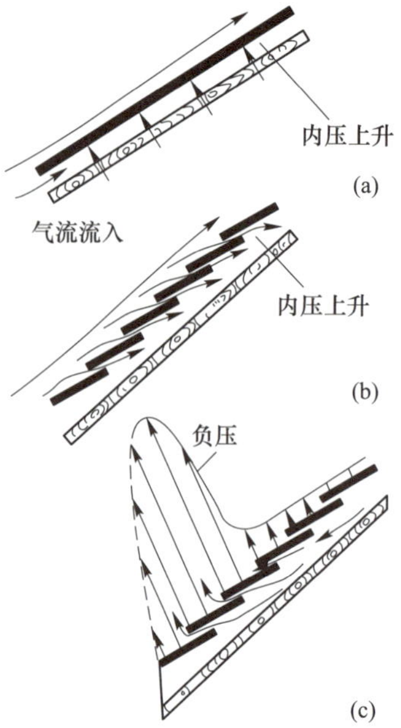

内压上升
(a)
气流流入
内压上升
(b)
负压
(c)

图3.1.41　作用在物体上的风力
（a）望板或檐头有缝时；（b）屋面板材之间有缝隙时；（c）风压急剧变化时

3.1.4.10　降雪的原理（出处：松江地区气象台）

日本多数的降雨都是水在高空处成长为冰的结晶后，在下降的过程中融化，变成水滴降落到地面。下降过程中未融化便降落到地面上的是雪、冰雹或软雹（霰）。降雪的原理如图3.1.42所示。

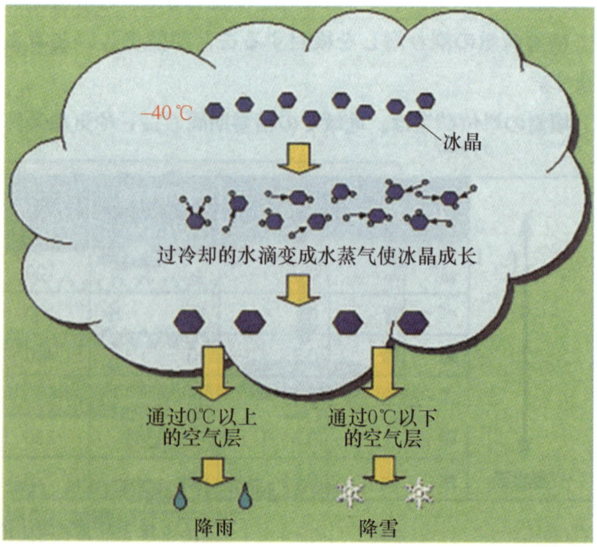

雪檐

-40℃
冰晶
过冷却的水滴变成水蒸气使冰晶成长
通过0℃以上的空气层
通过0℃以下的空气层
降雨
降雪

图3.1.42　降雪的原理

数千米以上的高空大气温度始终在 0 ℃以下，在这个高度形成的云大多是过冷却状态（0 ℃以下仍以液体状态存在）的小水滴和非常细的冰晶。在更高空约 10 km 附近，大气的温度低至 -40 ℃，这里的云完全由冰晶组成。

现在，假设上空的冰晶降落到由水滴和冰晶混合而成的过冷却的层中，冰晶聚集了周围的水蒸气开始生长。此时，上空降下的冰晶周围水蒸气减少，过冷却的水滴蒸发变成水蒸气予以补充，冰晶吸收水蒸气后继续成长。冰晶一边成长一边降落，当降落至 0 ℃以上的空气层中，融化变成雪水。如果大气温度低，未融化便降落到地面的就是雪。

另一方面，含有水蒸气的空气在上升过程中遇冷形成云。大气中，离地面越远气压越低，上升的空气发生膨胀，引起温度下降。空气上升有以下几种形式：

（1）在日光照射下变暖，空气因此而变轻上升，如图 3.1.43（a）所示；

（2）冷空气和暖空气相遇，暖空气上升，如图 3.1.43（b）所示；

（3）空气向低气压处移动，形成上升气流，如图 3.1.43（c）所示；

（4）因为风的影响，空气沿着山的斜面上升，如图 3.1.43（d）所示；

（5）上空中冷空气流入使大气状态不稳定，形成上升气流。

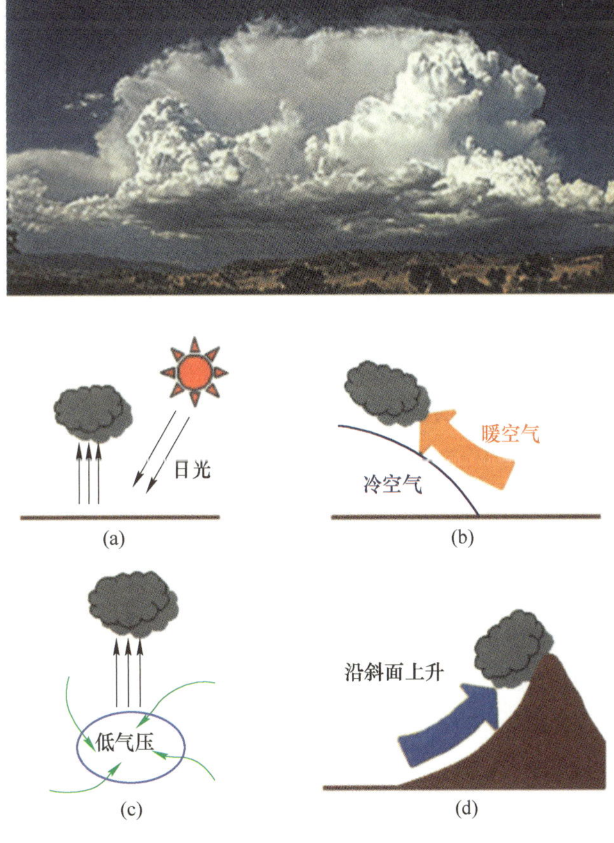

图 3.1.43 空气上升形式

3.1.4.11 积雪的单位荷载

积雪的状态因为建筑物的所在地的环境（多雪区域等）、建筑物的形状和建筑物的部位（檐头、侧檐）不同，会有很大差异。因此，设定积雪荷载时需要进行充分研究。最近降雪状况的报告指出，除了短时间暴雪外，总体积雪密度也在增加。

设定积雪荷载时应注意如下事项。在可能出现以下所示现象的场所或部位要根据实际情况适当增加积雪荷载。

积雪的单位荷载会根据所在地区积雪期的长度、气象条件等实际情况而发生变化。另外，在以下状况时，单位荷载会比较大：

（1）反复融雪和结冰；

（2）积雪量大，下层积雪被压实；

（3）屋面除雪等作业引起的雪被压实；

（4）隔热性差，屋面上的积雪因为室温高而融化。

在令第 86 条中规定积雪荷载原则上取 20 $N/cm/m^2$。并要求设计时还应考虑建筑地点的实际状况及经验，如图 3.1.44 所示。另外，在由特别行政厅规定的多雪区域，有时会有专门的积雪荷载规定，设计之前应予以确认。

	积雪的状态	密度/(t/m^3)	单位荷载/($N/cm/m^2$)	积雪/mm	
	细雪	0.05	5	100	1400
	黏湿雪	0.1	10	100	
	积雪	0.3	30	400	
	粗粒积雪	0.45	45	400	
	硬冻雪	0.7	70	230	
屋面	压实冻雪	0.9	90	170	

昭和 49 年 3 月宫城县仙北郡南外村附近

图 3.1.44　檐端积雪状况实测值（三晃金属工业提供）

3.2 抗震

3.2.1 金属屋面、外墙和地震

3.2.1.1 地震晃动与传播方式

2016年4月发生的熊本地震是前所未有的、震度7的预震与主震连续发生的事例。人们对熊本地震的分析才刚刚开始。以下是东日本地震前的知识汇总，阐述金属屋面和外墙与地震的关系。

2011年3月11日，日本发生了史（日本史）上规模最大的特大地震（东北地区太平洋地震带地震/东日本大地震）。最大震级为宫城县栗原市的7级地震，与“阪神、淡路大地震”“新潟县中越地震”为同一震级，但是建筑的受灾状况不同，具体比较见表3.2.1。

表3.2.1　震灾比较

项目			熊本地震（前震）	熊本地震（主震）	东北地区太平洋冲地震	新潟县中越地震	兵库县南部地震
发生日期			2016年4月14日约21点26分	2016年4月16日约1点25分	2011年3月11日约14点45分	2004年10月23日约5点56分	1995年1月17日约5点46分
震源深度			约11 km（暂定值）	约12 km（暂定值）	24 km	13 km	16 km
震级			4.5（暂定值）	7.3（暂定值）	9.0	6.8	7.3
最大烈度			7（熊本县益城町）	7（熊本县益城町、西原村）	7（宫城县栗原市）	7（新潟县川口町）	7（神户市须磨区鹰取，长田区大桥，兵康区大开，中央区三空滩区六甲道，东滩区住吉，芦屋市芦屋駅附近，西宫市夙川等，宝塚市的一部，淡路岛北部的北淡町、一宫町、津名町的一部）
灾害状态	人受灾	死亡	69		19418	68	6434
		重伤	372		698	633	10683
		轻伤	1312		5337	4172	33108
		程度不明	58		185	—	—
		失踪	—		2592	—	3
	住宅受灾	全损毁	7996		121809	3176	104906
		半损毁	17886		278496	13810	144274
		一般损坏	73035		744190	105682	390506
		程度不明	—		—	—	—
	非住宅受灾	公共建筑	248		14322	41737	1579
		其他	671		88883		40917
	火灾		16		330	9	293
参考资料			消防局 第55报（H28.5.24 8:00）		消防局 第153报（H28.3.8 14:00）	消防局 最终报（H21.10.21 10:00）	消防局 最终报（H18.5.19）

最近的研究成果表明，地震波的周期与建筑物的损坏有很强的相关性。地震波包含各种周期的波，无论是多么复杂的波都能分解成几条有规则的波，如图3.2.1所示。地震的晃动与传播方法如图3.2.2所示。

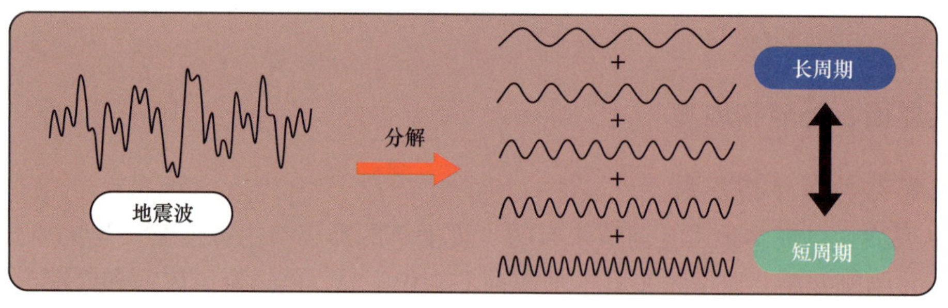

相同烈度的地震
长周期成分多(长周期型)
短周期成分多(短周期型)
每种波的占比决定了建筑物的破坏特性

图 3.2.1　关于地震波

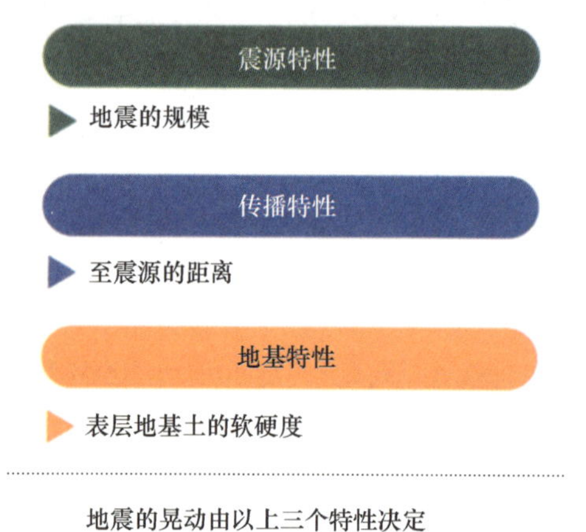

出处:
(1) 内阁府主页“表层地基的晃动难易度全国分布地图”;
(2) 东京都都市整备局主页“东京都耐震门户网站”。

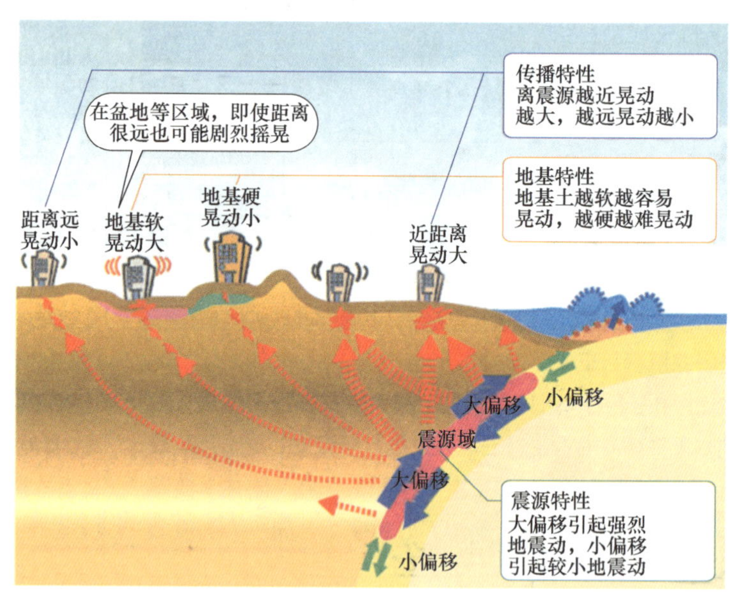

图 3.2.2　地震的晃动与传播方式

东日本大地震中，建筑物的倒塌原因中，“地震的晃动”这一项占比很小，据报告称不足5%。而90%以上的建筑破坏是海啸造成的。幸运的是，在地震烈度最大的宫城县栗原市，地震未造成人员死亡，倒塌的建筑只有55栋。

3.2.1.2　晃动方式的差异

（1）长周期型→建筑倒塌。周期长达1~2 s的晃动与建筑的倒塌有很强的关联性。“阪神、淡路大震灾”中长周期的晃动较多，其晃动如图3.2.3所示。

（2）短周期型→屋面材料坠落。晃动周期较短、为0.5 s左右时，可认为损伤主要与屋面材料本身有关，如图3.2.4所示。新潟县中越地震和东日本大地震中短周期的晃动较多。

3.2.1.3　轻型金属屋面的优势

（1）日本建筑学会《非结构构件的抗震设计指针同解说及抗震设计及施工要领》中并未针对金属屋面和外墙特别提出需要注意的确认事项。其原因之一是金属屋面材料与其他屋面材料相比之下非常轻，如图3.2.5所示。

（2）针对建筑的晃动，金属屋面和外墙不仅采用了牢靠的固定方法，所有金属板屋面（压型

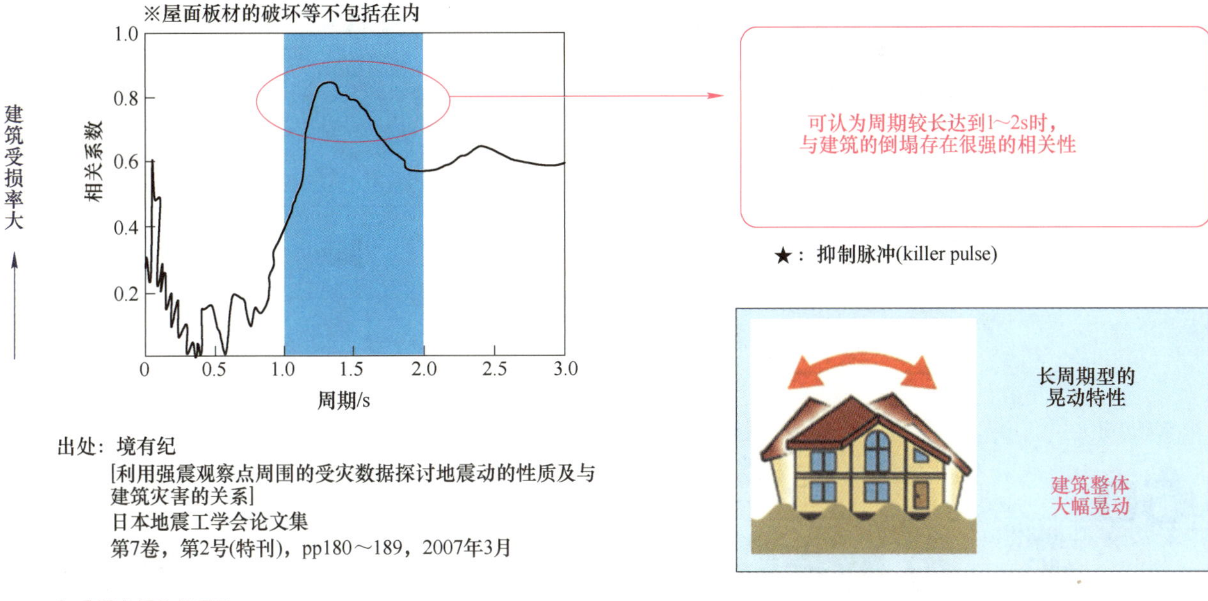

与受损率相关的系数

相关系数	0～0.2	0.2～0.4	0.4～0.7	0.7～1.0
相关关系	基本无关	弱相关性	有相关性	强相关性

图 3.2.3　长周期地震波

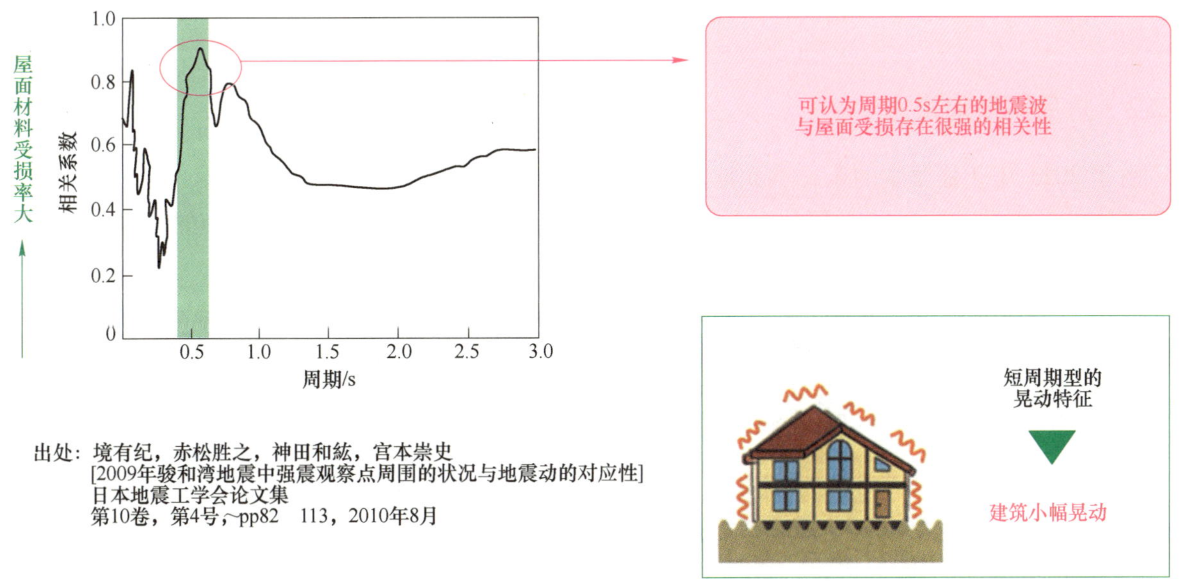

与受损率相关的系数

相关系数	0～0.2	0.2～0.4	0.4～0.7	0.7～1.0
相关关系	基本无关	弱相关性	有相关性	强相关性

图 3.2.4　短周期地震波

板屋面、瓦条型屋面、横铺屋面、直立锁边屋面）与连接构件（固定支架、固定器具等专用配件，或者檩条、墙檩等结构构件）的固定方法都采用的是焊接、螺栓、螺钉（钉子）等非常可靠的连接方式，面对由短周期晃动引起的屋面板损伤（剥离、脱落、变形）非常有优势，如图 3.2.6 所示。

图 3.2.5　金属屋面的优势（对建筑倒塌的影响）

图 3.2.6　金属屋面的优势（屋面材料本身受损）

3.2.2　防吊顶坠落措施

由于 2011 年 3 月发生的东日本大地震以及其他大地震中，发生了多起体育馆、音乐厅等大空间建筑物的吊顶坠落事故（见照片 3.2.1），由此新制定了有关防止吊顶坠落措施的标准（2014 年 4 月 1 日施行）。

照片 3.2.1　吊顶的受灾例

3.2.2.1　法规修正的概要（有关防止吊顶坠落措施的规定）

（1）特殊的吊顶结构必须采用结构承载力上安全的、由国土交通大臣规定的结构方法，或是取得国土交通大臣认证的产品。

（2）改扩建时，根据法规第 3 条第 2 项的规定，对于不符合第 20 条规定的建筑物中的特殊吊顶，必须采用不会坠落的、符合国土交通大臣标准的结构方法。

（3）在任何情况下，当有腐蚀、腐朽的可能性时，必须采取防劣化措施。

“与防止建筑物吊顶脱落对策相关的技术标准的说明”、特殊吊顶的相关信息可以从日本建筑性能标准促进会等网站获得。

3.2.2.2 采用特殊吊顶时的措施

为了保证吊顶满足结构承载力的要求，有以下三种规定方法。

（1）标准做法：各吊顶的组成部件满足规定的标准做法要求（见图 3.2.7）。

（2）计算方法：通过计算验算吊顶支承构件的结构承载力。

（3）大臣认定方法：取得国土交通大臣的认定。

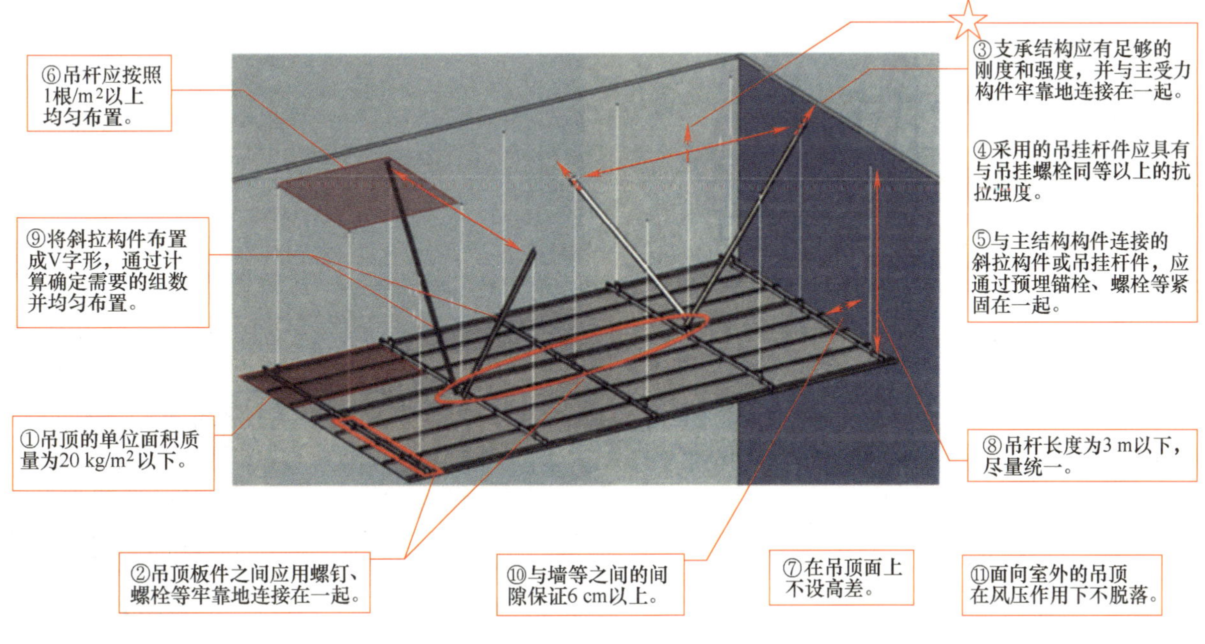

※该表提供了规定中的概要，详细内容请参考告示。

图 3.2.7　标准做法

什么是特殊吊顶？

特殊吊顶是指如果脱落会造成重大安全事故的吊顶，具体是指符合以下各事项的吊挂吊顶：

吊顶高度超过6 m

水平投影面积超过200 m²

单位面积质量超过2 kg/m²

（参考）

石膏板9.5 mm+龙骨；7.1～10 kg/m²

金属拱肩：6.5 kg/m²

设置在日常使用的场所

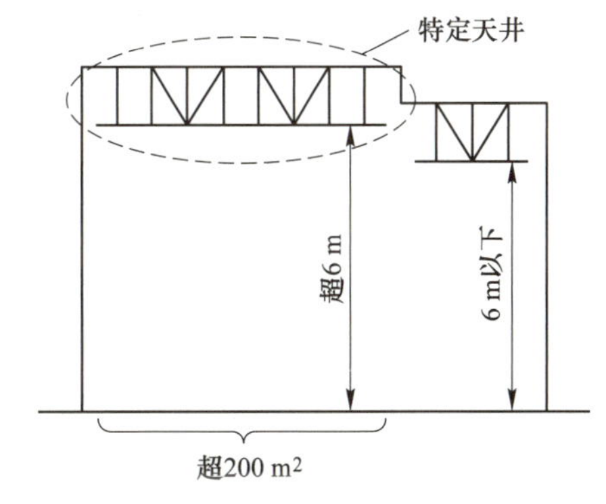

禁止在压型板上直接用吊挂吊顶及其部件

在关于支承结构技术标准的说明中规定：“禁止在一般压型板屋面下直接设置吊件吊挂吊顶及其组成部件。”

【技术标准的说明】

当吊挂部件不是连接在主结构构件上而是连接在支承结构上时，为了使吊挂件上端产生的力能够传递到主要承载的结构件上，支承结构必须具有足够的刚度和强度，并与主要承载的结构件檩条连接在一起。

由于一般压型板屋面不具有足够的刚度和强度，所以不能直接在板上设置吊件吊挂吊顶的支承檩条。

另外，檩条一般只承担竖直荷载，可以设置吊挂件。但是当吊挂件中设有斜杆时，必须考虑地震力的作用，使其具有足够的刚度和强度。

檩条支承结构应具有足够的刚度和强度，应与主体结构一样，考虑吊挂件上端产生的力，对长期和短期荷载作用下的结构安全性进行验算。

3.2.3　外墙的层间位移

地震发生时，在产生层间位移（见图 3.2.8）的状态下，外墙板以及连接部件不应发生损坏或脱落，如照片 3.2.2 所示。层间位移是指地震时外墙的变形角度（rad）。

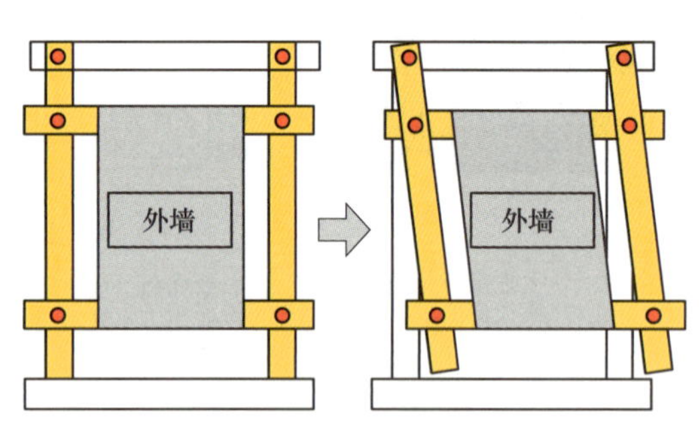

图 3.2.8　层间位移

照片 3.2.2　层间位移造成的损伤

法规中关于层间位移有如下规定。

（建筑基准法施行令第 82 条的 2）

在规定的地震力作用下，各层产生的水平方向层间位移与该层层高的比值（即层间位移角）应控制在 1/200 以内（在地震力作用下，主体结构变形不会引起建筑物发生明显的损坏时，则应控制在 1/120 以内）。

（建设省告示第 109 号 1991 年最终修订 建设省告示第 86 号）

高于 31 m 的建筑物（除去高度 31 m 以下部分不受 31 m 以上结构承载力影响的部分）的围护系统在其高度 1/150 的层间位移发生时，不应发生脱落。当通过结构计算确认围护系统不会发生脱落时，不受此规定限制。

由此，外墙板的层间位移角的目标值为 1/120～1/200。

【JIS A1414-2 2010 按照建筑用板性能试验方法进行的试验实例】

在 SSW 2011 编制过程中，进行了钢板外墙（梯形波钢板）的层间位移角试验，如照片 3.2.3 和表 3.2.2 所示。试验至层间位移角 1/60 时，墙板未发生脱落。根据经验，钢板外墙可以适应不大于 1/120 的层间位移角。

照片 3.2.3　试验状态

表 3.2.2　变形适应性试验结果（墙檩间距@606）

变现阶段	层间位移角 /rad	观察结果	
		所有波谷固定	隔一个波谷固定
1	±1/400	无脱落	无脱落
2	±1/300		
3	±1/200		
4	±1/150		
5	±1/120		
6	±1/75		
7	±1/60		

＊试验实施（财）日本建筑综合试验所

饰面板、梯形波钢板系列外装材的层间位移角在达到 1/60 时没有发生脱落等问题。

参考文献

[1] 国交省：熊本地震における建築物被害の原因分析を行う委員会，第 1 回配布資料，2016.

[2] 日本建築学会：非構造部材の耐震設計指針・同解説及び耐震設計・施工要領，1995.

[3] 建築研究所：建築研究資料 No. 146・建築物における天井脱落対策に係る技術基準の解説，2013.

[4] 日本建築性能基準推進協会 HP.

[5] 日本建築性能基準推進協会 HP.

[6] 楠岡盛：金属屋根による耐震改修のおすすめ、施工と管理 No. 290，日本金属屋根協会，2012.

[7] 建築物における天井脱落対策：日本金属屋根協会 HP.

3.3　排水

3.3.1　防水的原理

3.3.1.1　防水功能

对坡屋面防水与卷材防水进行性能评价时的方法不同。屋面和外墙最重要的功能之一就是防水。虽然没有严格的区分标准，但大致可以分为通过设置排水坡度的坡屋面防水（如金属屋面、瓦屋面等）和积水也不会造成漏水的卷材防水，见表 3.3.1。这两种防水的功能和性能以及评价方法是不同的。

表 3.3.1　坡屋面与卷材防水的区别

<table>
<tr><th colspan="2">项目</th><th>坡屋面</th><th>卷材防水</th></tr>
<tr><td colspan="2">优点</td><td>●传统排水构造
●基本上不需要维护
●可以做出具有创意的屋面</td><td>●随着工业技术的发展该工法得以实现。
●平面布置灵活（可以自由布置开口和采光等）</td></tr>
<tr><td colspan="2">缺点</td><td>●在屋面上不宜设置开口和采光等
●设计时必须考虑屋面坡度</td><td>●由于有积水，需要定期维护。
●在屋面上很难做创意设计</td></tr>
<tr><td rowspan="3">评价方法</td><td>水密（水深）试验</td><td>—</td><td>有 100 mm（上翻低）、300 mm、800 mm（混凝土保护层）的三种标准：JASS8 防水工程</td></tr>
<tr><td>压力箱水密试验</td><td>●瓦屋面不太适合
●金属屋面中多作为参考试验</td><td>●作为参考试验</td></tr>
<tr><td>强风雨发生装置试验</td><td>●一般适用于瓦屋面
●金属屋面中多作为参考试验</td><td>—</td></tr>
</table>

由于外墙上雨水是向下流的，故与坡屋面一样，也可以通过排水防止雨水渗漏。

（1）坡屋面的功能（防水功能）。坡屋面之所以不积水，是利用了屋面坡度排水的方法。因此当排水受阻时，可能会发生室内漏水现象。如果充分研用本书提出的要点，便可以防止漏雨发生。该方法是利用雨水的重力进行自然排水，是符合自然法则的构造功能。

（2）卷材防水的功能。卷材防水的构造是指即使在积水状态下，雨水也不会渗入屋面内侧。该排水构造的原理是：使积水以最小的坡度流入雨水口（落水口）。其优点是不需要考虑屋面形状，可以实现灵活设计（平面布置）；缺点是必须全面进行防水施工管理及考虑积水对屋面的不利影响（防水材料的劣化现象会造成耐候性的下降，及造成尘土落叶堆积）。

（3）防漏水功能及其评价方法的区别。目前对于坡屋面防漏水功能并没有明确的评价标准和方法，允许按照经验对于不同的屋面构造采用不同的排水坡度。雨水处理有排水和积水两种不同的方法，只凭卷材防水耐水压性能（水密试验、压力箱试验）这一种评价标准很难对其进行比较。

关于外墙的防漏水功能，外墙板、窗框的性能试验方法已经形成了 JIS 标准，都是采用压力箱水密试验法。因此轧制成型的钢板外墙的防漏水功能也多采用以下列出的试验方法。特别是窗框在 JIS 的等级中分为 5 个水准，如图 3.3.1 所示。当采用钢板外墙时，有时要求其与建筑物的窗框具有同样的性能。

JIS A1414 建筑用组成材（板）及其构成部分的性能试验方法（压力箱水密试验）

JIS A1517 门窗的水密性能试验方法

JIS A4706 窗框（水密性能等级的定义）

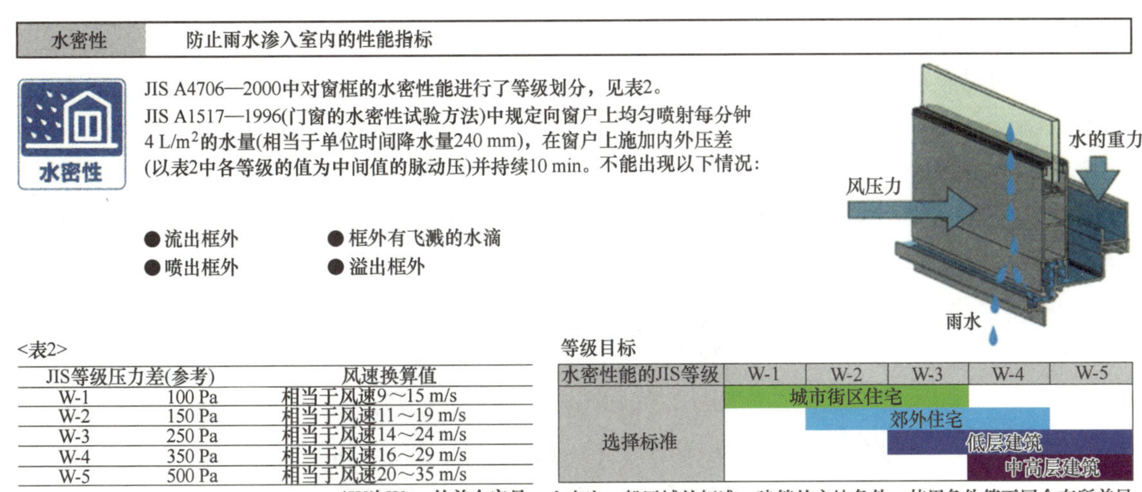

水密性	防止雨水渗入室内的性能指标

JIS A4706—2000中对窗框的水密性能进行了等级划分，见表2。
JIS A1517—1996(门窗的水密性试验方法)中规定向窗户上均匀喷射每分钟4 L/m²的水量(相当于单位时间降水量240 mm)，在窗户上施加内外压差(以表2中各等级的值为中间值的脉动压)并持续10 min。不能出现以下情况：

- 流出框外
- 框外有飞溅的水滴
- 喷出框外
- 溢出框外

<表2>

JIS等级	压力差(参考)	风速换算值
W-1	100 Pa	相当于风速9～15 m/s
W-2	150 Pa	相当于风速11～19 m/s
W-3	250 Pa	相当于风速14～24 m/s
W-4	350 Pa	相当于风速16～29 m/s
W-5	500 Pa	相当于风速20～35 m/s

*W为Water的首个字母

等级目标

水密性能的JIS等级	W-1	W-2	W-3	W-4	W-5
选择标准	城市街区住宅	城市街区住宅	城市街区住宅		
		郊外住宅	郊外住宅	郊外住宅	
			低层建筑	低层建筑	低层建筑
				中高层建筑	中高层建筑

上表为一般区域的标准。建筑的立地条件、使用条件等不同会有所差异。

图 3.3.1　窗框水密性能的 JIS 等级

3.3.1.2　坡屋面的防水

按照材料、工法的防水分类。

(1) 允许雨水浸入材料，利用屋面材料本身所具有的排水性能和适度的屋面坡度防止雨水浸入室内。

典型的例子有茅屋面（见照片 3.3.1）、桧皮屋面（见照片 3.3.2）等。材料本身为天然植物，其单体本身没有防漏水的功能，当多层摞在一起时，利用其厚度和适当的坡度使雨水从屋脊（上水端）向檐端（下水端）流走而不会浸入室内。这是最基本的防水方法。

照片 3.3.1　茅屋面和用金属屋面翻修后的茅屋面（施工与管理）

照片 3.3.2　桧皮屋面 屋脊为铜板（施工与管理）

（2）如瓦、装饰石板瓦、横铺屋面等的垫层（沥青卷材），即使强风雨时雨水浸入，但在雨水产生危害之前已经从檐端排走或屋面已经风干的方法。

典型的例子有瓦（见照片 3.3.3）、装饰石板瓦、横铺屋面（见照片 3.3.4）等。材料本身具有止水性能，由于是定制产品，在材料的宽度方向和长度方向一般采用搭接连接，会产生一定的缝隙。一般降雨时，在搭接连接的接缝处不会浸水，但是在台风等强降雨的作用下，少量雨水会被吹入连接接缝。但是因为下面有基材，雨水可以顺着基材流向檐端排走或者自然风干，不会使内部受损。

照片 3.3.3　瓦屋面（全国陶器瓦工业组合联合会）

照片 3.3.4　横铺屋面（施工与管理）

（3）金属屋面纵铺板（压型板、直立锁边、瓦条屋面等）。金属板纵铺时，具有止水性的金属板从头至尾为连续材料，在水流方向上没有搭接接缝，因此可以做成缓坡屋面。

直立锁边（见照片 3.3.5）和瓦条型金属板宽度方向的连接高度（咬合连接）低，雨水顺着

照片 3.3.5　直立锁边屋面（施工与管理）

屋面坡度向下流时可能到达咬合连接部位。为了防止雨水从接缝处渗入，可以在咬合连接缝内填充（定型或非定型）密封材料，以提高止水性能。

压型板屋面（见照片 3.3.6）的咬合连接高出板底许多，至檐端的排水能力强，因此屋面可以做得更平（3/100）（屋面坡度的选择见表 2.5.1）。

照片 3.3.6　压型板屋面（施工与管理）

3.3.1.3　钢板外墙的防水措施

梯形波钢板等搭接形式的钢板外墙系统，在强风作用下，雨水可能从纵向的搭接缝处渗入室内，如图 3.3.2 所示。详细内容参照 SSW 2011 1.3 对钢板外墙的要求性能。协会实施的压力箱水密性能试验中，窗框等级 W-1(100 Pa)~W-3(250 Pa) 时，雨水流进了内侧。因此可以采取以下措施：

（1）在搭接部位填充密封材料；

（2）减小墙檩间距；

（3）增加搭接波峰数量；

（4）在里侧设置隔水层和防水膜（沥青卷材、防水透气膜），利用防水膜阻止内侧的雨水浸入室内。

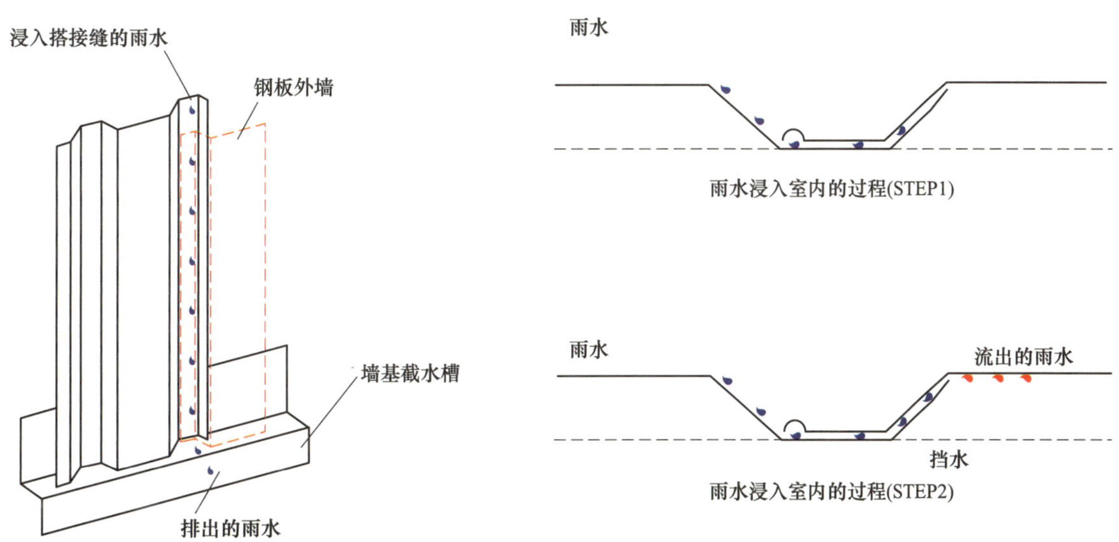

图 3.3.2　钢板外墙体系中雨水的流动（SSW 2011）

当为插入形式等扣合形连接时，截面形状不同，水密性能也不同。因此使用前应向各制造业者咨询确认，外墙的防水必须考虑窗框等开口及与屋面和其他外墙的交接部位，这些部位最容易漏水。与其他工序的衔接缝多采用密封条填充，这些部位也经常出现漏水问题。特别需要注意的是，应通过总承包与相关企业加强磋商，明确责任范围，确保交接处不发生问题。

3.3.2　设计降雨量（降水）的设定和排水量计算（降雨强度）

3.3.2.1　单位时间降水量（降雨强度）

气象厅观测的最大降雨量主要是记录 1 天、1 h、10 min 的降雨量。记录时间越短，单位时间的降雨量越大。

（1）1 天的最大降雨量小于 1 h 的最大降雨量×24 倍。

（2）1 h 的最大降雨量小于 10 min 的最大降雨量×6 倍。

这是因为降雨量在时刻变化的过程中，强降雨难以长时间持续。

3.3.2.2　本协会设定的降雨强度

在计算降雨量时，有时将距建筑场地最近的气象厅的观测记录得到的 10 min 的最大降雨量作为参考值。

本协会《屋面验算》计算软件中的设定值如下，也可以将地域细分后设定。

（1）北海道・东北：144 mm/h(0.00004 m/s，24 mm/10 min)。

（2）其他区域：180 mm/h(0.00005 m/s，30 mm/10 min)。

表 3.3.2 为日本国内创纪录的 10 min 最大降雨量的新潟县室名和八大城市及那霸的 10 min（乘以 6 换算成 1 h 的值）与 1 h 降雨量的比较。由表 3.3.2 可见，如 3.3.2.1 中单位时间降雨量中所述，各个区域中，由 10 min 的 6 倍得到的数值均大于 1 h 的降雨量。

表 3.3.2　10 min 与 1 h 的降水量记录

地名	10 min 的最大降雨量 /(mm · 10 min^{-1})	(10 min) 换算成 1 h，6 倍值 /(mm · h^{-1})	记录日期	1 h 最大降雨量比较值 /(mm · h^{-1})	记录日期	备注
新潟县室名	50.0	300.0	2011/7/26	77.0	2013/7/27	10 min 的最大纪录
札幌	50.0	116.4	1958/8/14	50.2	2013/7/27	
仙台	30.0	180.0	1950/7/19	94.3	1948/9/16	
东京	35.0	210.0	1966/6/7	88.7	1993/8/27	
横滨	39.0	234.0	1995/6/20	92.0	1998/7/30	
名古屋	30.0	180.0	2013/7/25	97.0	2000/9/11	
大阪	27.5	165.0	2013/8/25	77.5	2011/8/27	
广岛	26.0	156.0	1987/8/13	79.2	1926/9/28	
福冈	23.5	141.0	2007/7/12	96.5	1977/7/28	
那霸	29.5	177.0	1998/7/17	110.5	1999/9/22	

协会的计算软件中使用的上述数值（北海道・东北 144 mm/h，其他 180 mm/h）与八大城市的 1 h 降雨量比较有 1.5~3 倍的安全系数。而与 10 min 的 6 倍的数值比较，有些未到 1 倍。

设计外檐沟（见图 3.3.3）时，按照 10 min 的最大降雨量 30~100 年一遇的溢流考虑，即使雨水溢出室外也不会造成实质性破坏。故与其危险性相比，增大天沟尺寸的性价比很小。

而设计内天沟（见图3.3.4）时，按照10 min的最大降雨量30~100年一遇的溢流考虑，一旦发生溢水，雨水不能及时排走就会造成室内漏水。

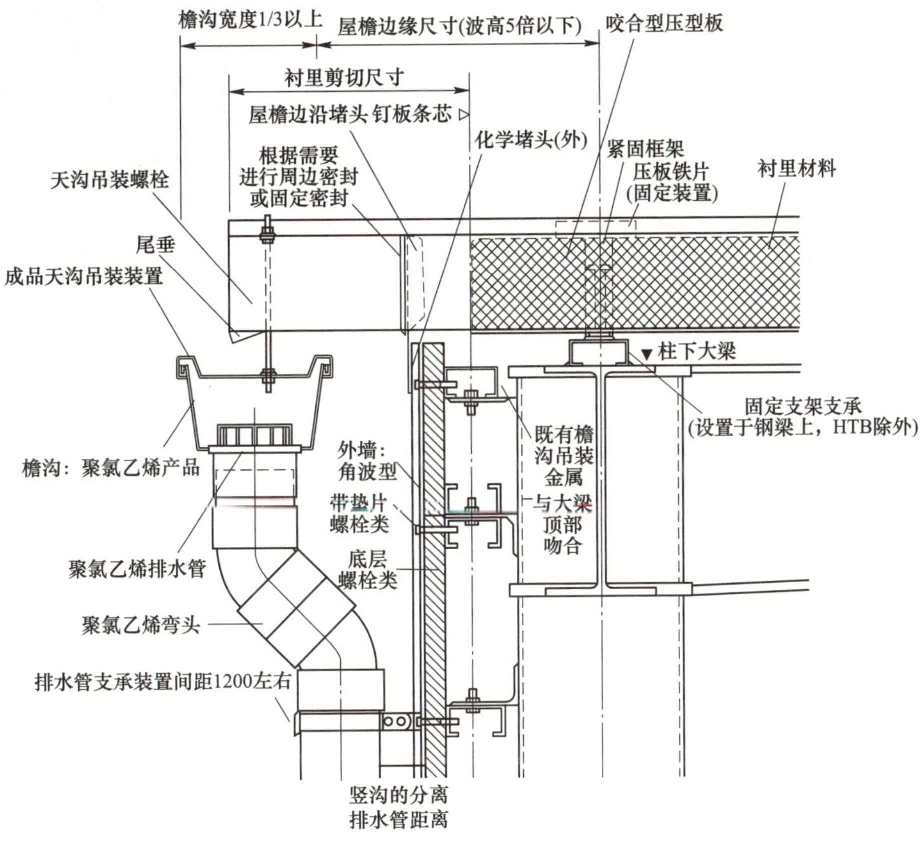

图 3.3.3　氯乙烯制品檐沟（MSRW 2014）

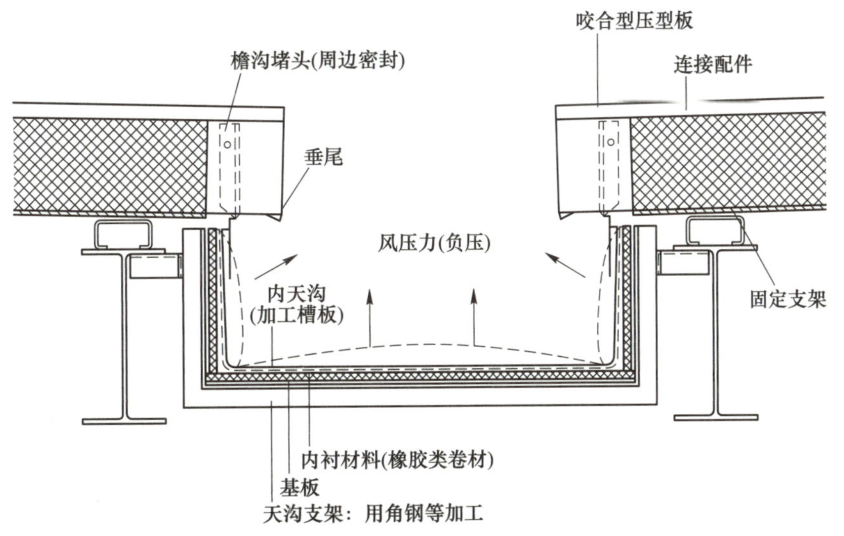

图 3.3.4　内天沟（MSRW 2014）

验算雨量时降雨量如何设定、安全系数如何取值，应根据天沟的设置位置、建筑的使用用途等状况进行合理判断。

（1）天沟的安全系数应取2倍以上（协会计算软件为3倍）；

（2）设计天沟时应采取防溢流措施。

专栏

必须注意降雨量的增加！

必须特别注意的是，表 3.3.2 中记录的包括八大城市 10 个场所的观测值中有 6 个发生在 1990 年之后。出现这种现象的原因是因为全球变暖等因素使日本的气象环境发生了变化。今后这种趋势还将继续，可能会有更大的降雨量。

建筑物的使用年限很长，采用内天沟时要认真分析需设置多大雨量，确保安全。

3.3.2.3　屋面投影面积（A）

计算雨量时的屋面面积（A）是指檐沟、内天沟上一个雨落口所对应的屋面的水平投影面积（见图 3.3.5 和表 3.3.3）。一般采用落水管之间的最大长度，如图 3.3.6 所示。

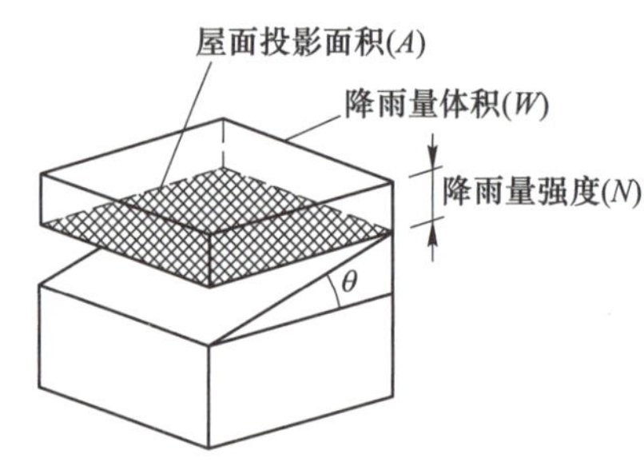

图 3.3.5　屋面投影面积为水平面的面积

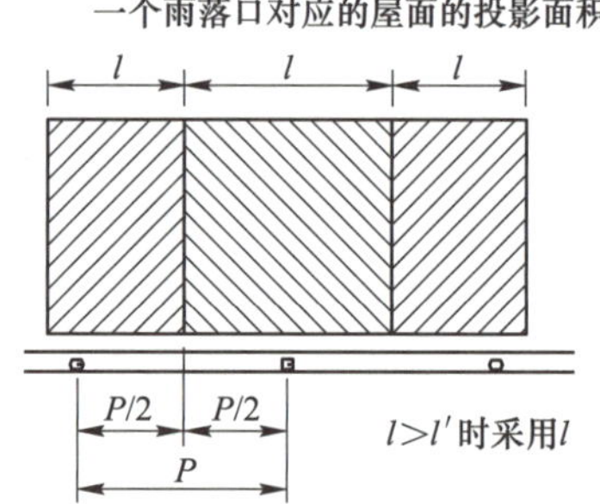

图 3.3.6　落水口之间的距离（采用最大值）

当有相邻外墙或有上层屋面的雨水流下时，屋面投影面积应附加该部分的面积。

表 3.3.3　典型屋面坡度时对应的屋面投影面积的比值

屋面坡度	tanθ	θ/(°)	水平投影面积比（cosθ）(屋面面积×系数)
	3/100	1.718	0.9996
	5/100	2.862	0.9988
1 寸坡度	1/10	5.711	0.9950
2 寸坡度	2/10	11.310	0.9806
2.5 寸坡度	2.5/10	14.040	0.9701
3 寸坡度	3/10	16.700	0.9576
3.5 寸坡度	3.5/10	19.290	0.9439
4 寸坡度	4/10	21.800	0.9279
4.5 寸坡度	4.5/10	24.230	0.9119
5 寸坡度	5/10	26.570	0.8944
10 寸坡度	10/10	45.000	0.7071

3.3.2.4　相邻墙的附加面积

当屋面上有相邻外墙，计算雨量时需要加上该部分雨量。相邻墙的面积如图 3.3.7 所示。附加面积为相邻外墙面积的 1/2。

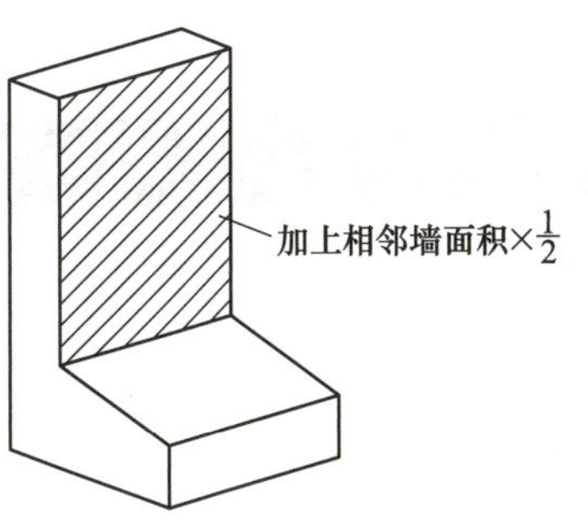

图 3.3.7　相邻墙的面积

3.3.3　排水能力计算

3.3.3.1　设计降雨量的计算

一个雨落口所负担的檐沟、内天沟的降雨量用以下公式计算。

排水能力的计算公式引用了河川流水量的计算公式，需注意长度的单位为 m。

$Q = N \times A$	
$Q/(\mathrm{m^3 \cdot s^{-1}})$	计算降雨量
$N/(\mathrm{m \cdot s^{-1}})$	降雨强度，换算成 m/s 的数值 协会计算软件采用值： （1）北海道和东北 144 mm/h（0.00004 m/s）； （2）其他区域 180 mm/h（0.00005 m/s） ※根据需要可采用气象局数据等中建设场所附近的气象台数据
$A/\mathrm{m^2}$	排水口对应的屋面水平投影面积（不是斜坡的面积，是水平投影面积） 有相邻墙时，加上墙面积的 1/2 有上层屋面时，加上上层屋面面积

3.3.3.2　檐沟、内天沟的排水能力计算

檐沟、内天沟的排水能力（Q_n）计算。

$Q_n = \frac{1}{K} \times S_n \times V_1$	
$Q_n/(\mathrm{m^3 \cdot s^{-1}})$	檐沟、内天沟的排水量
K	安全系数 协会计算软件采用值 檐沟 1.5，内天沟 3.0 可根据需要调整
$S_n/\mathrm{m^2}$	天沟的有效排水截面面积
$V_1/(\mathrm{m \cdot s^{-1}})$	檐沟、内天沟的流速

A　S_n（天沟的有效排水截面面积）的计算方法

$S_n = W \times 0.8h$	$S_n/\mathrm{m^2}$	天沟有效排水截面面积
	W/m	天沟的宽度
	h/m	天沟的（有效）截面高度

B　流速的计算方法

天沟中水流的速度（以下称流速）受天沟内侧与雨水接触面的材质的影响，天沟的截面积如图 3.3.8 所示。水流动的难易系数被称为粗糙系数（见表 3.3.4），协会计算软件中采用了两种材质。

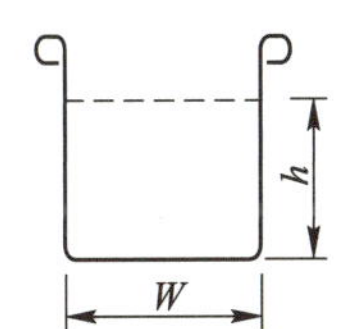

图 3.3.8　天沟的截面积

表 3.3.4　粗糙系数

天沟材质	粗糙系数
彩色钢板、氯乙烯钢板、不锈钢板、镀层钢板的原板、天沟用卷板、氯乙烯等	0.011
东方金属板	0.015

粗糙系数 0.011 的流速 $V_1=\dfrac{114R\sqrt{i}}{\sqrt{R}+0.257}$	R/m	檐沟、内天沟的面积周长比
粗糙系数 0.015 的流速 $V_1=\dfrac{89R\sqrt{i}}{\sqrt{R}+0.35}$	i	檐沟坡度 （用 3/100 等的分数表示的计算值）
库塔新公式的简化公式		

C　面积周长比的计算

（1）面积周长比是计算檐沟、内天沟中雨水流动难易度的系数。

（2）周长为檐沟、内天沟与雨水接触面的三边长度之和。

$R=\dfrac{S_n}{L}$	R/m	面积周长比
	S_n/m^2	天沟的有效排水截面面积
	L/m	天沟的周长 $L=2h+W$

3.3.3.3　竖管的排水能力计算

计算竖管的排水能力（Q_t）。

$Q_t=\dfrac{1}{K}\times C\times S_t\times V_2$	$Q_t/(\mathrm{m}^3\cdot\mathrm{s}^{-1})$	竖管的排水量
	K	安全系数：从檐沟的高度 H 和竖管的长度（包括水平段）l 之比的关系考虑，协会计算软件采用表 3.3.5 中的数值。这是考虑了横向流动部分流量下降的安全系数，如图 3.3.9 所示
	C	流量系数。协会计算软件采用 0.6
	S_t/m^2	竖管的有效排水截面面积 圆形天沟时，采用内径的截面积 $S_t=\pi$(圆周率约为 3.14)×(竖管的内径/2)^2 注意单位为 m^2
	$V_2/(\mathrm{m}\cdot\mathrm{s}^{-1})$	竖管中水的流速 g——重力加速度（9.8 $\mathrm{m/s}^2$） h——檐沟的截面高度（m）

表 3.3.5　安全系数

竖管长度/檐沟高度	安全系数 K
$l/H=1.0$	1.0
$l/H<1.5$	1.2
$l/H<2.0$	1.3
$l/H<3.0$	1.6

3.3.3.4　排水能力验算

分别计算上述 3.3.3.1 节～3.3.3.3 节，若檐沟、内天沟、竖管的排水能力均大于设计降雨量，则表示没有问题。

3.3.3.5　天沟截面积计算（反算）

若天沟的排水能力明显低于设计降雨量，可以通过反算求出天沟的截面面积。这种确认方法的优点是可以得到所需尺寸。

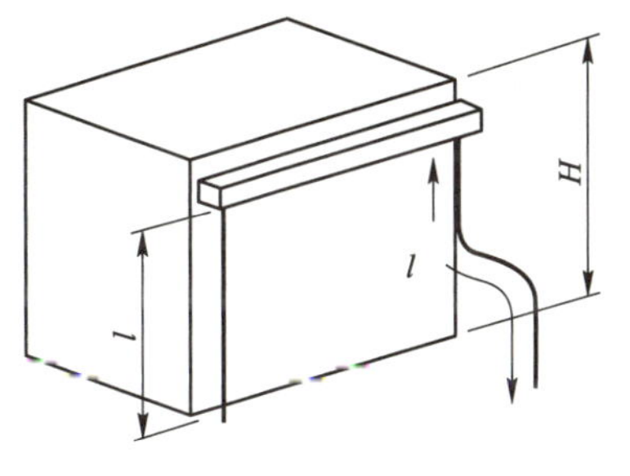

图 3.3.9　竖管的长度

（1）檐沟、内天沟所需要的截面面积（a_1）。

$a_1=\dfrac{Q\times K}{V_1}$	a_1/m^2	檐沟、内天沟所需要的截面面积
	Q/m^2	设计降雨量
	K/m^2	檐沟、内天沟的安全系数
	V_1/m^2	檐沟、内天沟的流速

（2）竖管所需要的截面面积（a_2）。

$a_2=\dfrac{Q\times K}{C\times V_2}$	a_2/m^2	竖管所需要的截面面积
	Q/m^2	设计降雨量
	K/m^2	竖管的安全系数
	V_2/m^2	竖管的流速

3.3.3.6　屋面板的檐端水流高度（深度）计算

檐端水流高度计算是通过水位（深度）来判断屋面板之间的连接部位（搭接、咬合、扣合）是否会发生水淹的验算。验算对象是沿坡度方向连续铺设的屋面板，如压型板屋面、瓦条型屋面、直立锁边型屋面等。而一字形屋面、横铺屋面、瓦屋面等沿铺设方向非连续的屋面，由于采用的是增加屋面坡度使雨水快速流向檐端、防止室内漏水的方法，因此不在本验算范围之内（始终处于水淹状态）。

【参考例子】

用协会计算软件对 K-0920（搭接形式，波峰高度 90 mm，有效宽度 200 mm，3 个波峰）板型的檐端水流高度进行计算，如图 3.3.10 所示。

檐头水流层高度计算　　（社）日本金属屋面协会样式

计算条件

<table>
<tr><td rowspan="5">屋面的尺寸</td><td>有效宽度（W）……波峰间距</td><td>0.2</td><td rowspan="3">m</td></tr>
<tr><td>波底宽度（w）</td><td>0.035</td></tr>
<tr><td>有效高度（h）（至搭接位置处）</td><td>0.085</td></tr>
<tr><td>斜边斜率（m）</td><td colspan="2">0.75335</td></tr>
<tr><td>板长（L）</td><td>15</td><td>m</td></tr>
<tr><td>屋面材料 1 个波峰对应的面积（A）</td><td>$=W\times L$</td><td>3</td><td>m^2</td></tr>
<tr><td>屋面坡度（i）</td><td>= 1/(　20　)</td><td colspan="2">0.05</td></tr>
<tr><td>有效截面积（S）</td><td>$=w\times h$</td><td>0.002975</td><td>m^2</td></tr>
<tr><td>周长（L）</td><td>$=w+2\sqrt{l+m^2}\times h$</td><td colspan="2">0.247842188</td></tr>
<tr><td>面积周长比（R）</td><td>$=S/L$</td><td colspan="2">0.012003606</td></tr>
<tr><td>粗糙度系数（α）</td><td>东方金属公司的产品除外</td><td colspan="2">0.011</td></tr>
<tr><td colspan="2">安全系数（K）</td><td colspan="2">1.5</td></tr>
<tr><td colspan="2">檐端的风速（V_{air}）：一般假定为 10 m/s</td><td>10</td><td>m/s</td></tr>
<tr><td rowspan="2">最大降雨量（N）</td><td>北海道　东北　○　｜　北海道　东北以外　○</td><td>0.00005</td><td>m/s</td></tr>
<tr><td>自由设定　○</td><td colspan="2"></td></tr>
<tr><td colspan="2">空气的密度（ρ_{air}）</td><td colspan="2">0.1229kg · s²/m⁴</td></tr>
<tr><td colspan="2">水的密度（ρ_{rain}）</td><td colspan="2">101.79 kg · s²/m⁴</td></tr>
</table>

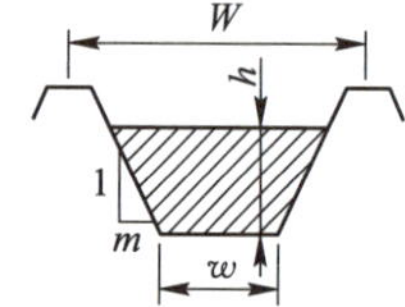

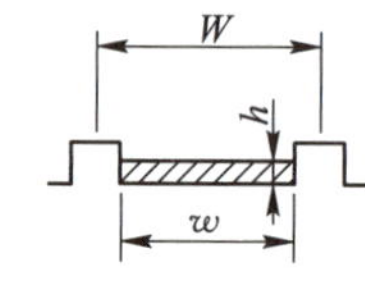

雨水的流速、截面积计算：

（1）雨水量：

$$(W_r) = N\times A = (\quad 0.00005 \quad)\times(\quad 3 \quad) = (\quad 0.00015 \quad)\,m^3/s$$

（2）雨水的流速…库塔新公式的简化式（S'）：

当 $n=0.01$ 时，流速为$\dfrac{114R\sqrt{i}}{\sqrt{R}+0.257}$；当 $n=0.015$ 时，流速为$\dfrac{89R\sqrt{i}}{\sqrt{R}+0.35}$。

$$\text{流速}(V_{rain}) = \frac{114\times(\quad 0.012 \quad)\times\sqrt{\quad 0.05 \quad}}{\sqrt{\quad 0.0120 \quad} + \quad 0.0257} = (\quad 0.83474796 \quad)\,m/s$$

（3）雨水的截面积（S）：

$$S = \frac{W_r\times K}{V_{rain=0}} = \frac{(\quad 0.00015 \quad)\times 1.5}{(\quad 0.834747965 \quad)} = (\quad 0.0002695 \quad)\,m^2\cdots\text{无风状态}$$

檐头水流层高度计算：

（1）风的运动能量（F_{air}）：

$$F_{air} = \frac{S\times\rho_{air}\times V_{air}^2}{2} = \frac{(\quad 0.00027 \quad)\times 0.1229\times(\quad 10 \quad)^2}{2} = (\quad 0.002 \quad)$$

（2）风所增加的面积（S'）：

$$S' = \frac{2\times F_{air}}{\rho_{rain}\times V_{rain}^2} = \frac{2\times(\quad 0.001656338 \quad)}{101.79\times(\quad 0.834747965 \quad)^2} = (\quad 4.67\times 10^{-5} \quad)\,m^2$$

（3）檐头水流层高度（h）：

$$h = \frac{s+s'}{w} = \frac{(\quad 0.00027 \quad)+(\quad 0.000047 \quad)}{(\quad 0.035 \quad)} = (\quad 0.0090356 \quad)\,m$$

结果　$A<B$ 时 OK

A：檐头水流层高度/m	B：屋面板有效高度/m	判断
$h=$　0.00903564	$h=$　0.085	OK

图 3.3.10　檐端水流高度计算（日本金属屋面协会计算软件）

板型为有效宽度 200 mm，波峰高度 85 mm，坡底宽度 35 mm，各条件如下所示。

基本思路是首先计算（屋面 1 个波谷×水流）所对应面积的雨水量（W_r）；然后采用库塔新公式的简化式，由屋面的截面形状和屋面坡度计算出流速；再由雨水量和流速计算出由一个波谷流入檐头的流水的断面面积（S）；用流水的断面面积除以底宽则得到檐头雨水的高度。用该高度与屋面板连接有效高度比较则可以精确地判断出屋面连接部位是否会被水淹。

用协会计算软件可以计算出风引起的檐头流速的降低。

3.3.4 防水构造（构造要点）

3.3.4.1 屋面板上的雨水流动

三种流动方式的差异，如照片 3.3.7 所示。

（1）点状流动。雨水滴落并附着在涂层钢板上，当水滴大到一定程度后便会与其他水滴结合，开始沿着坡度向下流动。随着质量的增加，流动速度变快。

（2）条状流动。沿着坡度方向形成多条水线，与流动途中的水滴结合并向下流动。

（3）膜状流动。覆盖板表面形成流动的水膜，水膜表面有小波浪。

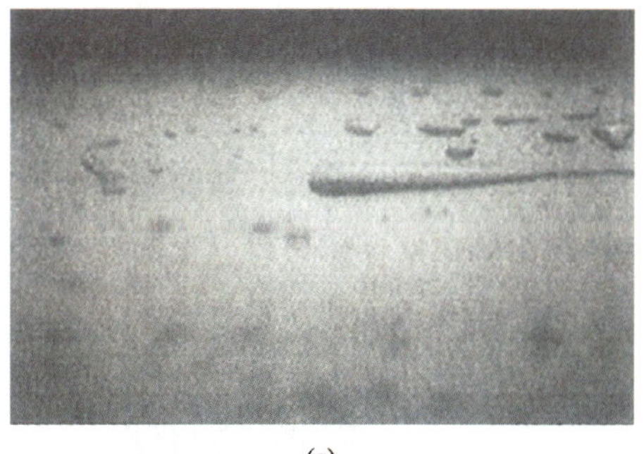

(a)

(b)

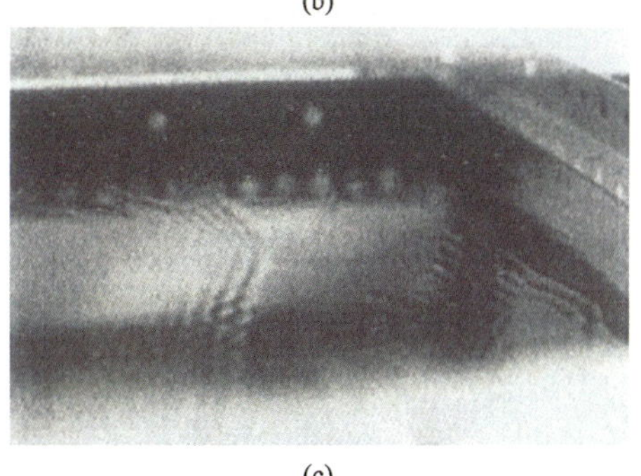

(c)

照片 3.3.7　钢屋面板上的雨水流动

（a）点状流动；（b）条状流动；（c）膜状流动

影响水流形式的首要因素是水量。水量多则有形成膜状水流的趋势。水量与屋面的长度有关，越接近檐端，水流越多，越容易形成水膜。

影响水流形式的第二因素是屋面板表面的浸润性和亲水性（与憎水性相反）。憎水性是指形成水珠的程度，越容易形成水珠，憎水性越高。

3.3.4.2 缝隙中的雨水流动

当雨水浸入（流入）屋面或外墙板的连接缝隙中时，雨水并不一定会充满缝隙后再流动。更多情况下是夹带着空气流动，可分为以下五种形式，如图 3.3.11 所示。

（1）连续填充水流。缝隙非常窄，只有在足量雨水长时间大量供给时才会发生。

（2）非连续填充水流。缝隙非常窄，在没有足够的雨水供给时发生。

（3）夹带气泡水流。雨水滞留在缝隙中，在入口处夹带空气时产生的现象。水花有时会飞溅进入室内。

（4）表面附着水流。缝隙宽，当气流通过缝隙时，被气流推动的水珠向四面飞溅。

（5）穿透水滴。雨水直接飞溅进室内，雨水在气流推动下直接穿过缝隙。

（4）和（5）同时发生的情况较多。

3.3.4.3　截水、挡水效果

（1）截水的效果和需要的尺寸。沿着外墙的高度方向按照一定间隔设置截水板（截水槽），如图 3.3.12 所示。这是为了防止大量的雨水沿着墙壁连续向下冲刷的情况发生，同时也是防止窗口等开口部位的雨水顺着外墙向下流的处理措施，如图 3.3.13 所示。

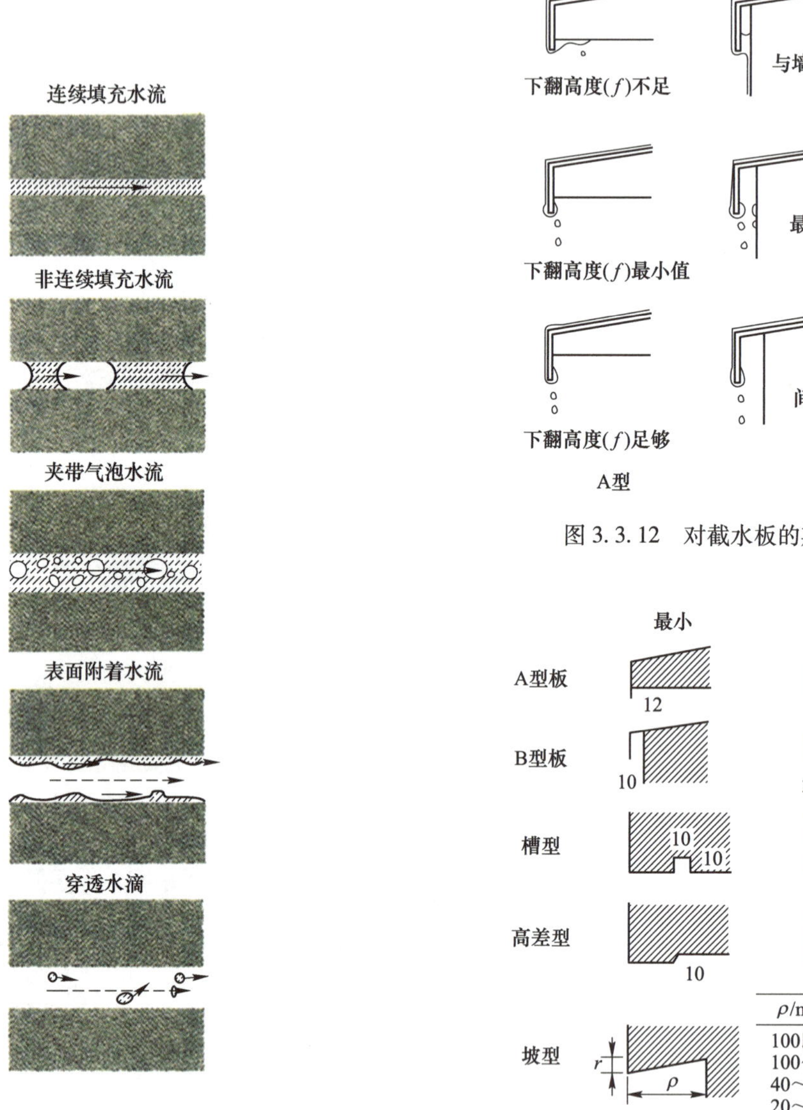

ρ/mm	r/mm
100以上	6
100～40	7
40～20	8
20～10	9
10～5	10

图 3.3.11　缝隙中的雨水流动

图 3.3.12　对截水板的期待效果

图 3.3.13　截水板需要的尺寸

（2）泛水板的上翻尺寸。图 3.3.14 在压型板屋面和横铺屋面与外墙交接处标注了泛水板上翻尺寸的推荐值。在台风等强风作用下，阻止沿墙壁流下的雨水被吹进室内的上翻尺寸标准做法推荐值为 150 mm。

防雨水渗漏不仅仅要设置上翻尺寸，还需要根据各种屋面构造进行封缝处理，并设置防止雨水浸入的各种配件（封板、堵头、接缝密封材等），如图 3.3.15 所示。

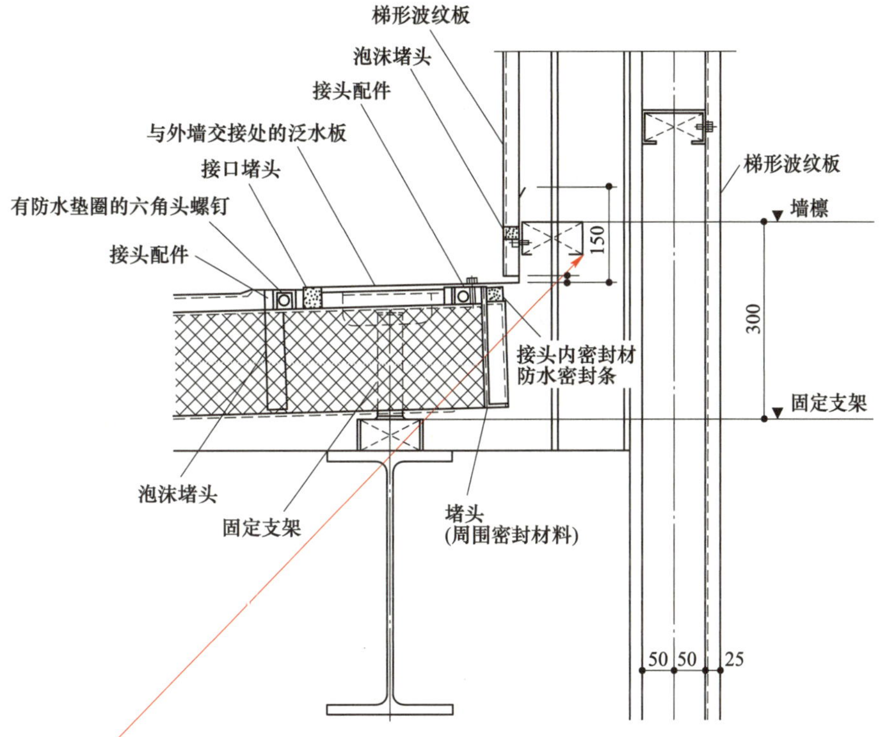

图 3.3.14　泛水板上翻尺寸的例 1（MSRW 2014）

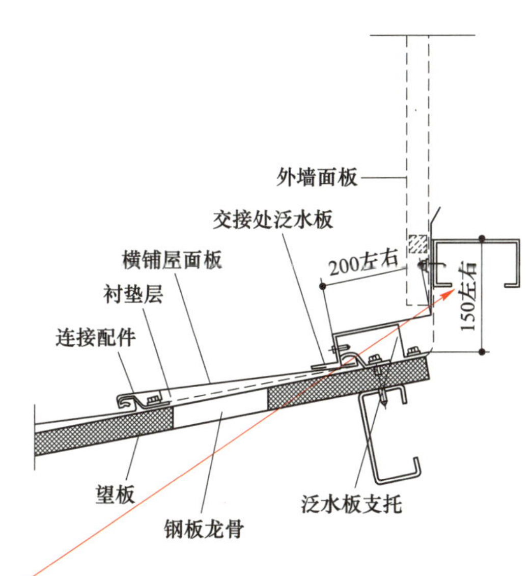

图 3.3.15　泛水板上翻尺寸的例 2（MSRW 2014）

3.3.4.4　附属配件的防水对策（这里刊载的是压型板屋面的参考例子）

【与墙交接处的泛水板（挡雨板）（见图 3.3.16~图 3.3.18）】

（1）端封板。

（步骤）① 在压型板的上端部插入端封板。

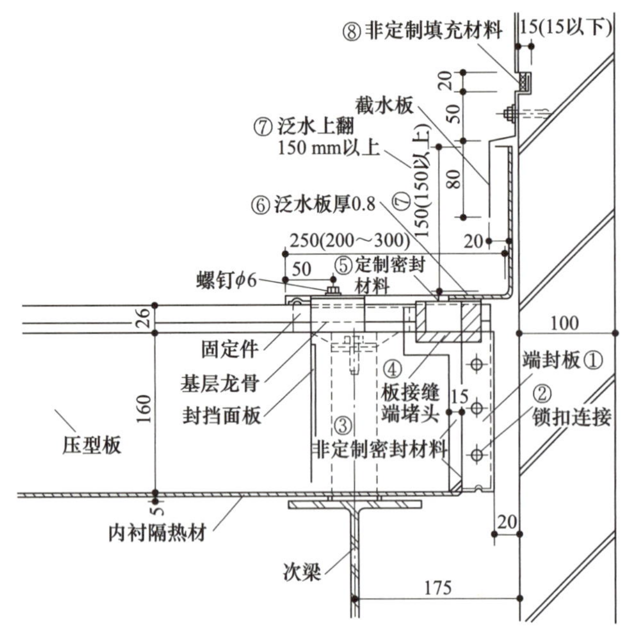

图 3.3.16　压型板上端与外墙的衔接

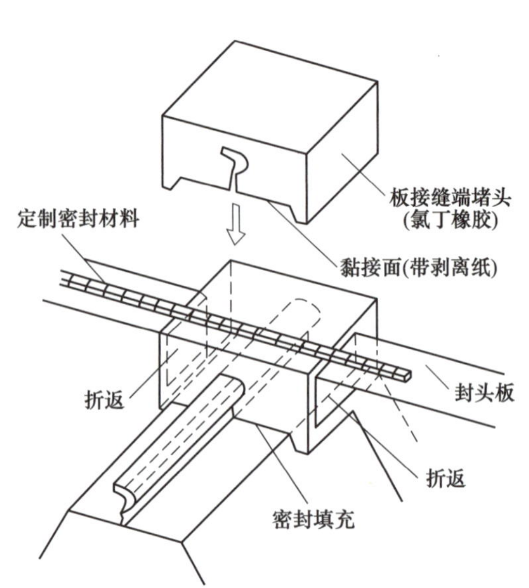

图 3.3.17　接头堵头构造

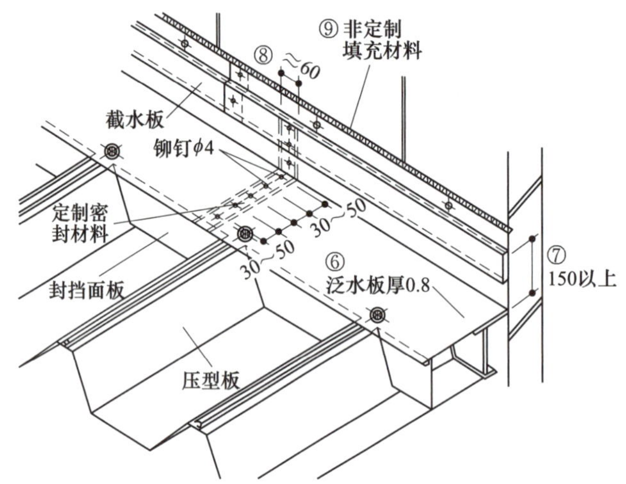

图 3.3.18　与外墙侧面连接挡水构造

（步骤）② 用锁扣或防水铆钉等固定端封板（底板宽约 200 mm 时固定 3 处，宽 50 mm 时固定 1 处，在左右斜腹板上各固定 3 处）。有些厂家采用将压型板端部的底面向上翻折的方法。

（步骤）③ 在端封板的底面和斜腹板面用非定制密封条（填入式密封材）密封（一边 15 mm 以上）。

（2）板接缝端堵头。

（步骤）④ 将板接缝端堵头设在上端接缝端部的端封板之间。

（步骤）⑤在板接缝端堵头和端封板的上方贴定制密封条。有些厂家用非定制密封材料填充板接缝堵头周围的缝隙。

（3）屋面外墙交接处的泛水（挡雨）。

（步骤）⑥ 将封挡面板夹在泛水板沿墙上翻的弯曲部位并固定。

（步骤）⑦ 泛水板上翻高度取 150 m 以上（带阻水板）。当处于积雪地区时，泛水板的高度有时还需要按照积雪高度确定。

（步骤）⑧ 泛水板接缝处的搭接长度取 60 mm 左右，内夹定制密封材，用直径 $\phi3$ mm 以上的耐水铆钉按照@ 30~50 间距紧固。由于泛水板弯折部分无法用定制密封材填充，故可以采用非定制密封材。

（步骤）⑨ 当外墙材料为混凝土或 ALC 板时，应另外设置泛水板，在端部和墙之间留出填缝宽度，固定端部后填充密封材料。

【侧檐包边（见图 3.3.19 和图 3.3.20）】

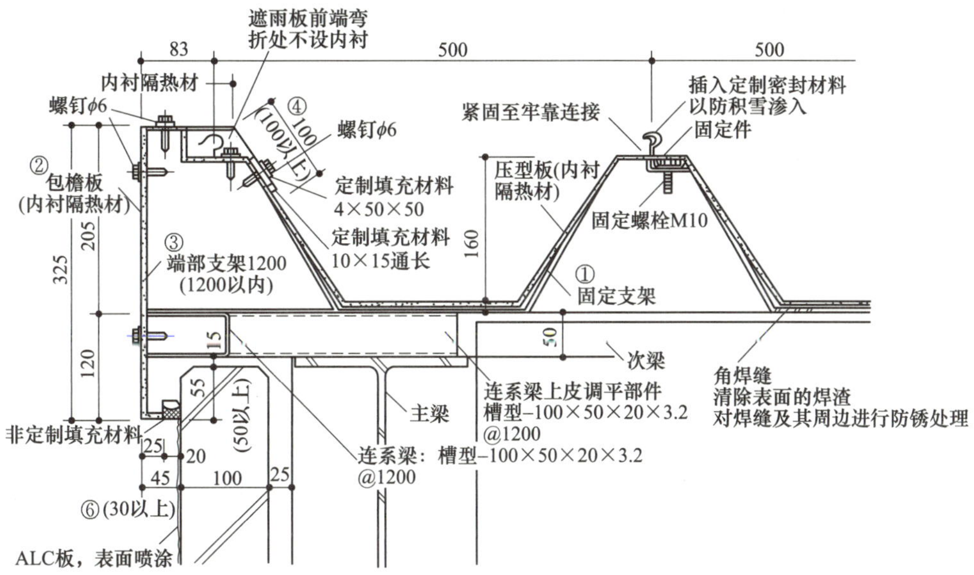

图 3.3.19 侧檐包边细部构造

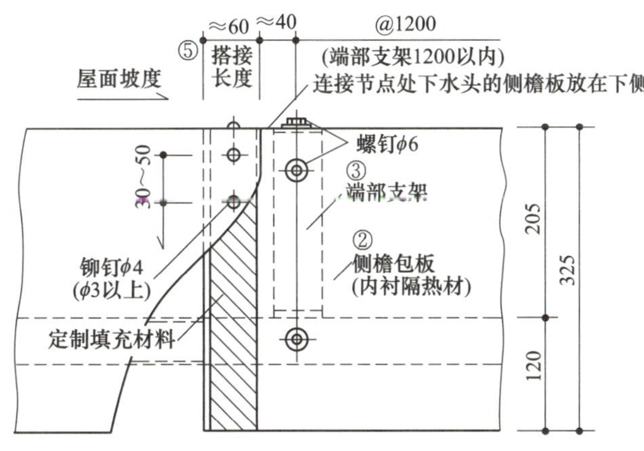

图 3.3.20 侧檐包板连接细部构造

（1）固定支架。

（步骤）①屋面坡度大于 3/100 时，在固定支架下设置坡度调整件以适应屋面坡度的变化（各厂家的做法不限于此）。

（2）侧檐包板。

（步骤）②根据建筑物的用途确定侧檐包板是否需要内衬隔热材。

（步骤）③由于固定侧檐包板的端部支架间距为@ 1000 mm 左右，在梁上设置辅助构件。将端部支架固定在辅助构件上。

（步骤）④侧檐包板压型板斜腹板的搭接长度取 100 mm 以上，在搭接板之间夹定制密封材料，并用螺钉固定在端支架上。

（步骤）⑤侧檐包板的搭接长度取 60 mm 左右，在搭接板之间夹定制密封材料，用 ϕ3 mm 以上的耐水铆钉按照 30~60 mm 间隔牢靠连接。在弯曲部位还需要进行嵌缝处理。另外，应将接缝的位置设在端部支架附近。

（步骤）⑥ 形成外墙完成面的侧檐应突出外墙外侧 30 mm 以上，外墙上端与侧檐包板的搭接长度建议取 50 mm 以上。另外，需对交接处进行密封处理。

【侧檐与侧墙交接处的泛水板（见图 3.3.21 和图 3.3.22）】

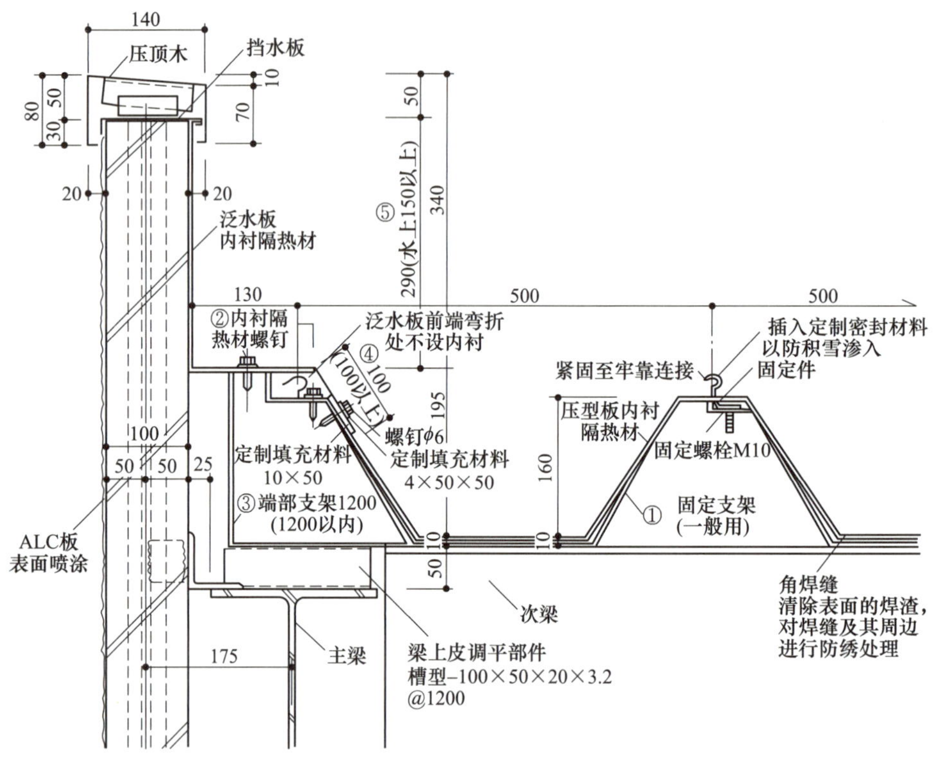

图 3.3.21　侧檐与外墙交接处泛水板的细部构造

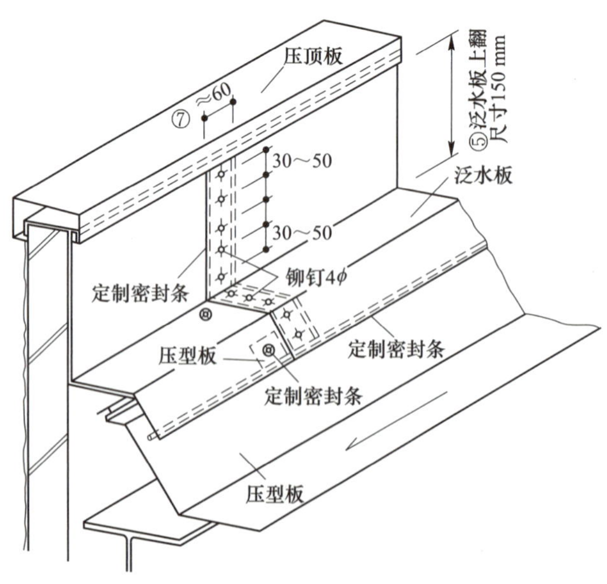

图 3.3.22　侧檐与侧墙交接处的防水构造

（1）固定支架。

（步骤）① 屋面坡度大于 3/100 时，在固定支架下设置坡度调整件以适应屋面坡度的变化（各厂家的做法不限于此）。

（2）侧檐与外墙交接处的泛水板。

（步骤）② 根据建筑物的用途，决定侧檐与外墙交接处的泛水板是否需要内衬隔热材。

（步骤）③ 固定侧檐泛水板的端部支架间距为 1000 mm 左右，在梁上设置辅助构件。将端部支架固定在辅助构件上。

（步骤）④ 侧檐泛水板的压型板斜腹板的搭接长度取 100 mm 以上，在搭接板之间夹定制密封材料，用螺钉固定在固定支架上。在弯曲部位还需要进行嵌缝处理。

（步骤）⑤ 侧檐泛水板的搭接长度取 60 mm 左右，在搭接板之间夹定制密封材料，用 3 mm 以上的耐水铆钉按照 30~60 mm 间隔牢靠连接。另外，接缝的位置应在端部支架附近。

参考文献

［1］日本サッシ協会 HP.

［2］気象庁記録データ：2015. 11.

［3］石川廣三：雨仕舞の仕組み，彰国社，2004.

［4］田中享二監修：水問題を未然に防ぐ設計術，建築技術別冊 11，建築技術，2004 年.

3.4 耐火

建筑基准法考虑了火灾时的状况，规定了各种保障生命安全的措施。在设计建筑物时必须遵守。

在这里做简明扼要的介绍。由于是简要介绍，所以在建筑物的设计实践中，还应向专业人士确认（建筑士、特别行政厅）。

在以下说明中，若没有特别标注，则“法”代表建筑基准法，“令”代表建筑基准法施行令，“告示”代表建设省或国土交通省告示。

3.4.1 防耐火管制的概要

图 3.4.1 所示为建筑基准法中规定的防耐火管制的概要。

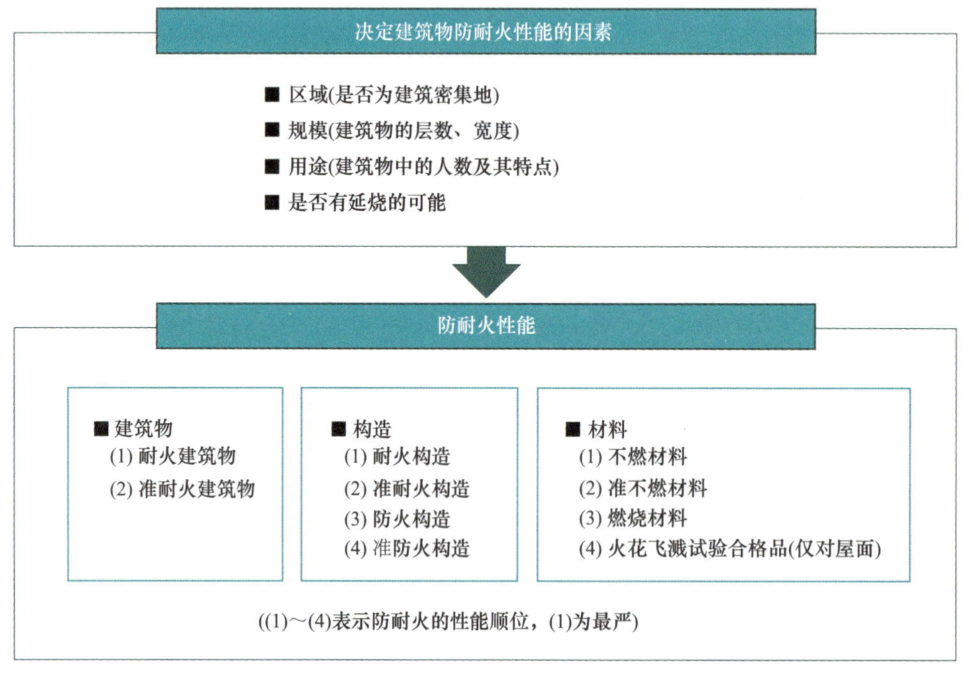

图 3.4.1　防耐火规定概要

火灾发生时需要进行人员疏散。车站周边地区建筑物密集、人群聚集或老弱病残聚集的场所、高层建筑等巨大建筑物，当这类场所发生火灾时，疏散和灭火都需要耗费较长时间。因此对于这类场所和火灾易于蔓延的场所（可能发生蔓延的部位），在建筑的防耐火性能上有严格的规定。而对于周边几乎没有，或只有独栋住宅的建筑物则可以放松规定，如图 3.4.2 所示。

以此为原则，建筑基准法根据区域、规模、用途规定了建筑物的防耐火性能。

防耐火性能大致可以分为与建筑整体相关的性能（耐火建筑物、准耐火建筑物）、各主要结构[①]构造相关的性能（耐火构造、准耐火构造），以及与材料相关的性能（不燃材料、准不燃材料）。

① 在建筑基准法中，主要结构是指墙、柱、楼板、梁、屋面、楼梯。有时也会对结构上的非重要部位（内隔墙）进行防耐火上的规定。

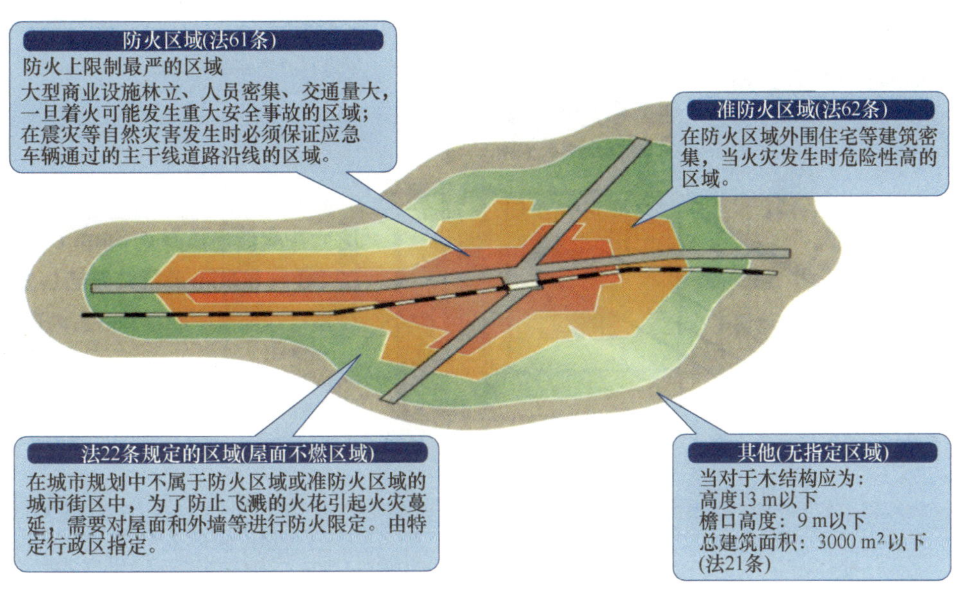

图 3.4.2　区域限制规定

3.4.2　决定防耐火性能的因素

3.4.2.1　关于区域

在建筑基准法和城市规划法中将区域分为防火区域、准防火区域、法 22 条规定的区域和其他区域。其概要如图 3.4.2 所示。

各区域的概要如图 3.4.3 所示，防火区域是指车站周围等高层建筑密集的区域，这是防火规定最严的区域；准防火区域为低层建筑密集区域；法第 22 条规定的区域为独栋住宅密集区域；无指定区域为建筑物分散布置的场所，是防火限制最松的区域。区域的指定由城市规划法或由知事、市町村长指定。

（1）防火区域的建筑物 防火区域（由城市规划决定）。

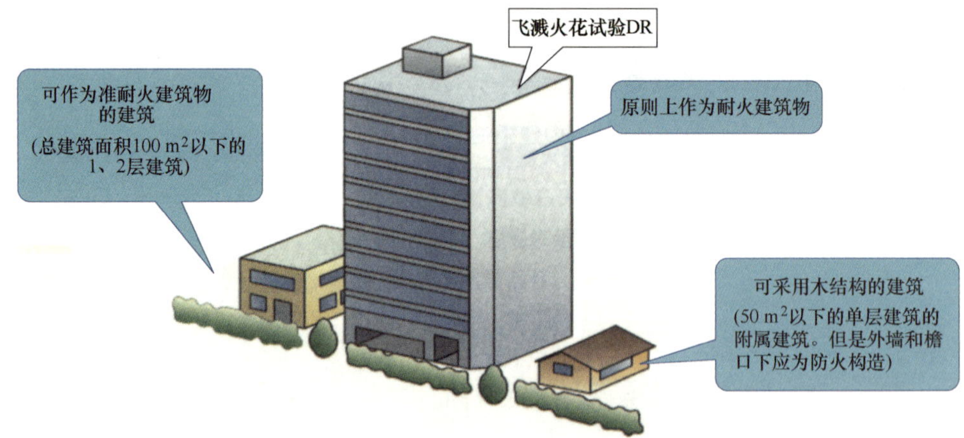

（2）准防火区域的建筑物 准防火区域（由城市规划决定）。

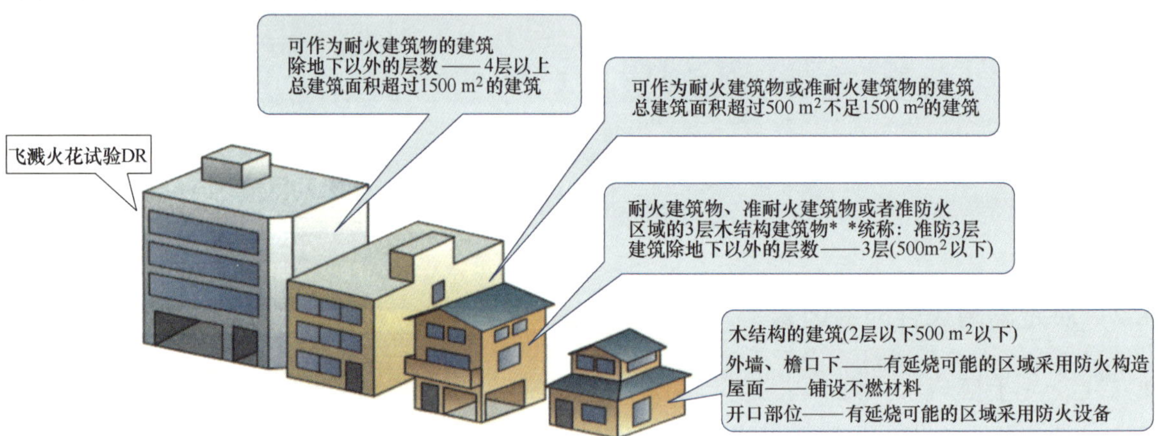

（3）法 22 条区域的建筑物 建筑基准法第 22 条区域（由知事或市町村长决定）。

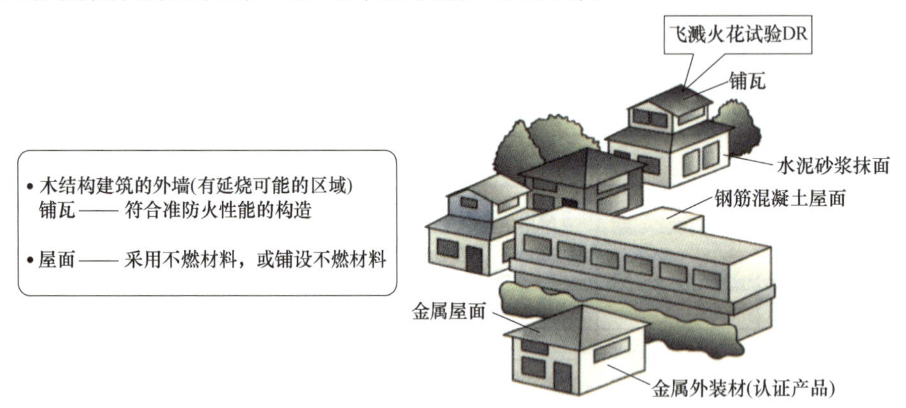

图 3.4.3　对各防火区域建筑的规定

下面结合图 3.4.3 分别对各区域建筑的防耐火性能进行说明。

防火区域：原则上是防火限制最严的区域。但如果是小型建筑，可认为是准耐火建筑物。当对各主要构造性能都满足防耐火的规定时，小型建筑也可以采用木结构。

准防火区域：根据规模和用途决定。除了耐火建筑物，也可以采用准耐火建筑物。对于各主要构造性能都满足防耐火的规定时，小型建筑也可以采用木结构。

法规 22 条规定的区域：对各主要构造的防耐火性能进行了规定的建筑物。当然按照其规模和用途，有些必须是耐火建筑物或准耐火建筑物。

其他（无指定区域）：除了一定规模以上的建筑物、特殊用途的建筑物外，没有防耐火上的限制。

3.4.2.2 规模

建筑物的规模越大，对防耐火性能的要求越高。在建筑基准法中，建筑物的规模用大小、层数和建筑面积表示。

上面讲述的其他（无指定区域），在原则上没有防耐火的限制，但是当建筑物超过所规定层数或所规定楼层面积时，必须按耐火建筑物设计，这类建筑在防耐火上是受限的。

3.4.2.3 关于用途

在建筑基准法中，由人群聚集，或者由行动不便者聚集的建筑物被定义为特殊建筑物，防耐火上的要求更加严格。

必须作为耐火建筑物或者准耐火建筑物的基本要件见表 3.4.1。例如，在属于其他（无指定区域）建筑物中，如果是 3 层的医院，则必须为耐火建筑物。

表 3.4.1　必须满足耐火建筑物、准耐火建筑物要求的建筑物

（法第 2 条 2、法第 6 条、法第 27 条等）

用途	须为耐火建筑物的必要条件	须为准耐火建筑物的必要条件
剧场电影院等人群聚集的设施	该用途的设施在 3 层以上或面积为 200 m^2 以上（室外观众席 1000 m^2 以上）	该用途的设施在 2 层以下或面积不足 200 m^2（室外观众席 1000 m^2 以下）
医院等有收容患者设施的建筑	该用途的设施在 3 层以上	2 层有收容患者的设施
旅馆、公共住宅等	该用途的设施在 3 层以上	该用途的设施在 2 层且面积为 300 m^2 以上
学校、体育馆等	该用途的设施在 3 层以上	面积为 2000 m^2 以上
店铺、饮食店等	该用途的设施在 3 层以上或面积为 3000 m^2 以上	面积为 500 m^2 以上
仓库等	3 层以上且建筑面积 500 m^2 以上	面积为 1500 m^2 以上
机动车车库等	该用途的设施在 3 层以上	总建筑面积 150 m^2 以上

3.4.2.4 可能发生火灾蔓延的部分

相邻建筑物发生火灾时，火灾蔓延可能性大的部分必须具有更高的防耐火性能。

如图 3.4.4 所示，该部分是指与建筑红线或者至前方道路中心线的距离在“一层时 3 m 以下，2 层以上时 5 m 以下”的部分。

至建筑红线
至前方道路中心线
相邻建筑物的中心线距离　}　1 层——3 m 以下部分
2 层以上——5 m 以下部分

<例外情况> 面对防火有效的部分，例如面对公园广场等空地、河流海洋等水面或防火构造墙等。

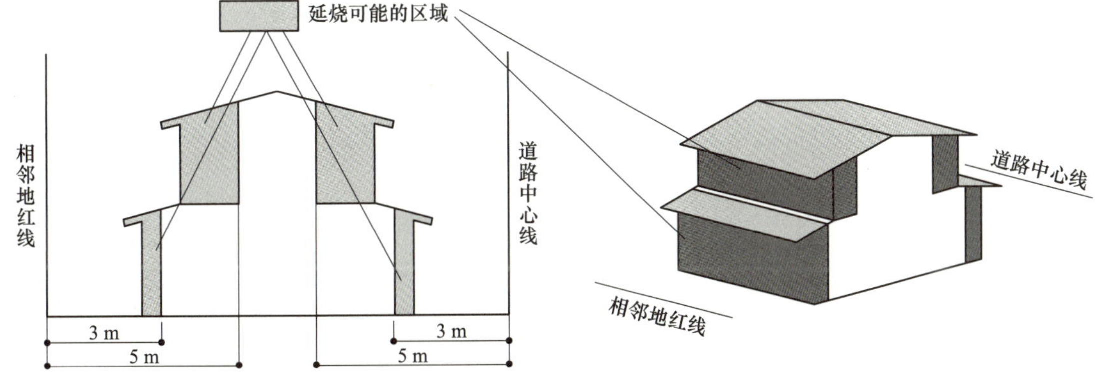

图 3.4.4　延烧可能的区域（法第 2 条 6）

3.4.3　建筑物的防耐火性能要求

对耐火建筑物和准耐火建筑物各结构部分的性能要求见表 3.4.2 和图 3.4.5。

表 3.4.2　对耐火建筑物各结构部分的性能要求

结构部分			由顶层向下 2~4 层	由顶层向下 5~14 层	由顶层向下 15 层以上
隔墙	非承重墙		耐火构造 1 h	耐火构造 1 h	耐火构造 1 h
	承重墙		耐火构造 1 h	耐火构造 2 h	耐火构造 2 h
外墙	承重墙		耐火构造 1 h	耐火构造 2 h	耐火构造 2 h
	非承重墙	可能发生延烧的部分	耐火构造 1 h	耐火构造 1 h	耐火构造 1 h
		上述以外的部分	耐火构造 30 min	耐火构造 30 min	耐火构造 30 min
柱			耐火构造 1 h	耐火构造 2 h	耐火构造 3 h
楼板			耐火构造 1 h	耐火构造 2 h	耐火构造 2 h
梁			耐火构造 1 h	耐火构造 2 h	耐火构造 3 h
屋面			耐火构造 30 min		
楼梯			耐火构造 30 min		

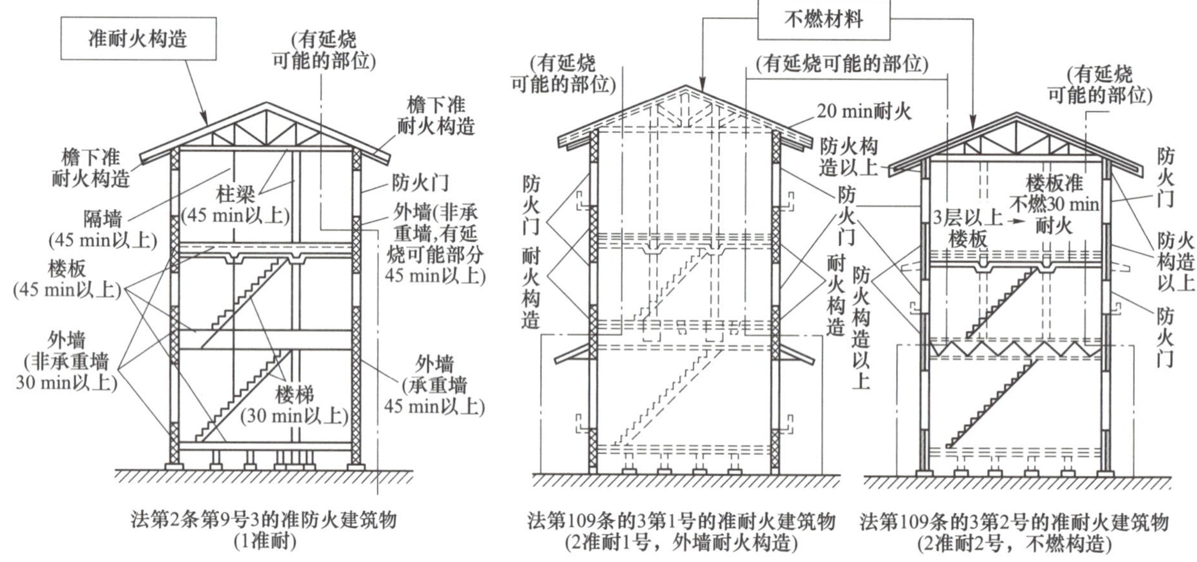

图 3.4.5　对准耐火建筑物的防耐火性能要求

注：1. 准耐的主要构造部分采用准耐火构造，或者准耐火构造及耐火构造；

2. 防火构造是指防火构造、准耐火构造和耐火构造。

（1）耐火建筑物。耐火建筑物是指室内发生火灾或周围发生火灾时，在火灾结束之前不发生蔓延或引起倒塌、变形和损伤的建筑物。耐火建筑物要求主要结构部位为耐火构造（30 min~3 h：时间越长耐火性能越严）。性能要求与层数有关，层数越高，对耐火构造的要求越严。耐火建筑物各结构部位的性能要求见表 3.4.2。

（2）准耐火建筑物。准耐火建筑物是指室内发生火灾或周围发生火灾时，不容易蔓延并不发生倒塌的建筑物。防耐火性能的概要如图 3.4.5 所示。准耐火建筑物一般分为三个等级，即 1 准耐、2 准耐 1 号、2 准耐 2 号。对各等级准耐火建筑物主要结构部位耐火性能的要求是不同的。除了要求耐火构造外，还要求准耐火构造、防火构造、防火材料等性能。

（3）其他。对于准防火区域的小型建筑、法 22 条区域以及其他（无指定）区域，当建筑物达到一定规模时，即使不是耐火建筑物或准耐火建筑物，对屋面、外墙等也需要进行防耐火上的限制。

3.4.4　防耐火构造及防火材料

讲述对各主要结构部位构造性能（耐火构造、准耐火构造、防火构造等）和材料性能（不燃材料、准不燃材料等）的要求。

3.4.4.1　耐火构造及准耐火构造

耐火构造、准耐火构造是建筑物必要的构造性能，可以在一般火灾扑灭之前或耐火构造在火灾扑灭之后，防止建筑物倒塌及延烧。这里所指的构造性能的对象包括外装材料、内装材料、结构材料（柱）等所有组成墙的部件。此时考虑建筑内部发生火灾和建筑周边发生火灾这两种情况。

具体构造做法由建筑基准法规定。图 3.4.6 和图 3.4.7 中所示为承重墙等外墙的准耐火构造及屋面准耐火构造的例子。

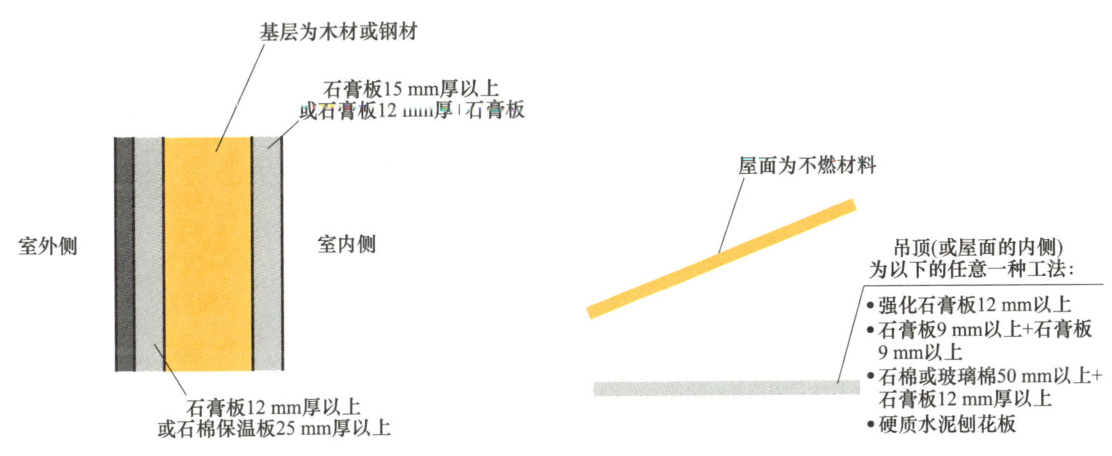

图 3.4.6　外墙为承重墙的准耐火构造
（告示第 1358 号第 1 中刊载的构造）

图 3.4.7　屋面的准耐火构造
（告示第 1358 号第 1 中刊载的构造）

除了特殊试验、满足相应标准的构造方法外，还包括国土交通大臣个案认证的方法。交通大臣认证方法是认证那些用建筑基准法中没有涵盖的工法制成的耐火构造或准耐火构造。试验方法的包括屋面耐火构造试验（耐火构造屋面载荷加热试验方法）及外墙（承重墙）耐火构造试验（耐火构造外墙荷载加热试验方法），分别如图 3.4.8、图 3.4.9 所示。在图 3.4.9 的外墙试验中，测定耐火构造及准耐火构造时，外墙必须同时通过室外侧加热试验和室内侧加热试验这两种类型的考验。

A　耐火构造屋面载荷加热试验

（1）试件设置。将试件两端固定在檩条上，然后放入水平加热炉中，每平方米施加 65 kg 的垂直荷载，如图 3.4.8（a）所示。

（2）加热方法。按照 ISO 834 的标准加热温度曲线设置炉内温度。在试件下方加热 30 min，如图 3.4.8（b）所示。

（3）放冷。加热结束后，将试件搁置冷却，冷却时间为加热时间的 3 倍（1 h 30 min）。

（4）判断方法。在加热放冷过程中必须满足以下所有要求。

1）试件的最大挠度及最大挠曲速度（每分钟挠度的增加量）不超过规定值。

最大挠度规定值（mm）：$dL^2/400$

最大挠曲速度规定值（mm/min）：$dL^2/9000$

上式中，L 为跨度（mm），d 为屋面的厚度（mm）

但是当最大挠度超过 1/30 时，最大挠度速度规定值不再适用。

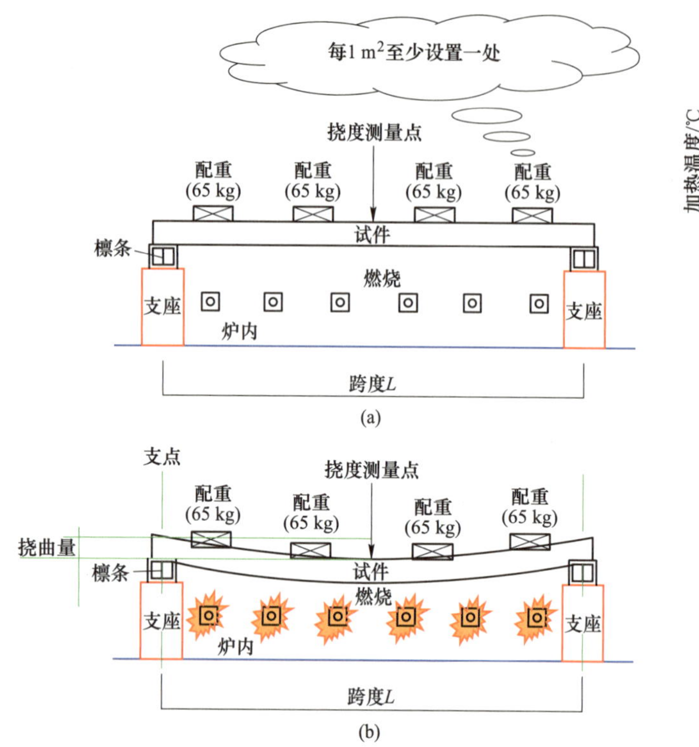

图 3.4.8　耐火构造屋面载荷加热试验方法[2]

（a）试验前的状况（剖面图）；（b）试验中的状况（剖面图）

对应条文：（1）建筑基准法第 2 条第七号；

（2）建筑基准法施行令第 107 条一号。

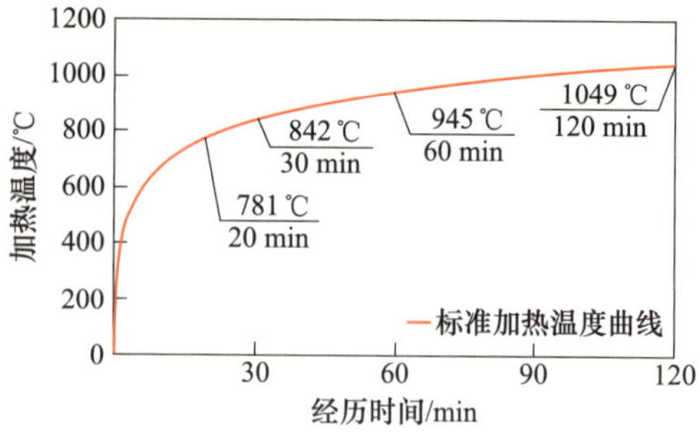

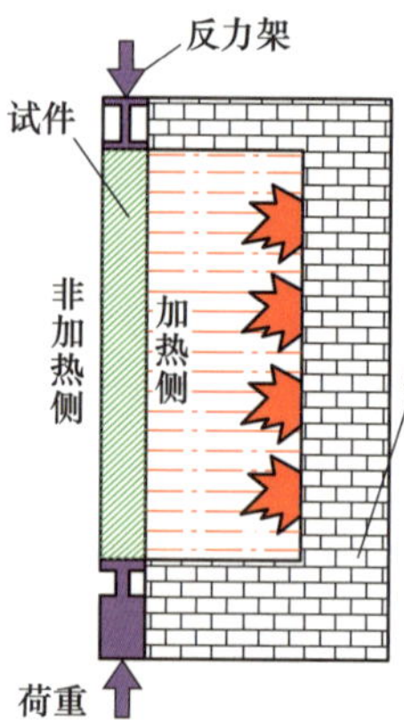

图 3.4.9　耐火构造外墙载荷加热试验方法

对应条文：（1）建筑基准法第 2 条第七号；

（2）建筑基准法施行令第 107 条第一号、第二号及第三号。

2）在非加热侧（屋面上部）不会出现火苗或有持续 10 s 以上火焰喷出的现象。

3）在非加热侧看不见炉内情况。

B　耐火构造外墙荷载加热试验

（1）试件安装。将试件放在壁炉前，在试件上施加等于长期允许应力的压力。

（2）加热方法。按照 ISO 834 的标准加热温度曲线设置炉内温度。按照相应的耐火性能时间进行加热。

（3）加热时间。试验时间按照以下两种方法设定：

1）加热时间采用耐火性能时间，加热结束后，按照 3 倍的加热时间保持载荷；

2）当构造上主要构成材料为准不燃材料时，加热时间采用耐火性能时间的 1.2 倍，将其作为试验时间。

（4）判断方法。在加热放冷过程中，必须满足以下所有标准。

1）试件的最大轴向收缩量及最大轴向收缩速度（1 min 轴向收缩的增加量）不超过规定值。(非损伤性)

最大轴向收缩量规定值（mm）：$h/100$

最大轴向收缩速度规定值（mm/min）：$3h/1000$

h：试件的初期高度（mm）

2）试件里侧温度上升，平均值为 140 K 以下，最高值为 180 K 以下（隔热性）。

3）在非加热侧不会出现火苗或持续 10 s 以上火焰喷出的现象。不产生可穿透火焰的龟裂等损伤（隔焰性）。

3.4.4.2 防火构造及准防火构造

防火构造及准防火构造是指为了控制建筑物周围发生的一般火灾的蔓延，外墙和檐口采用具有防耐火性能的构造。防火构造及准防火构造只考虑建筑物周围发生火灾的情况。

与耐火构造一样，具体构造做法由建筑基准法规定。具体例子如图 3.4.10 所示。同样，除特殊试验、满足相应标准的构造方法外，还包括国土交通大臣个案认证的方法。

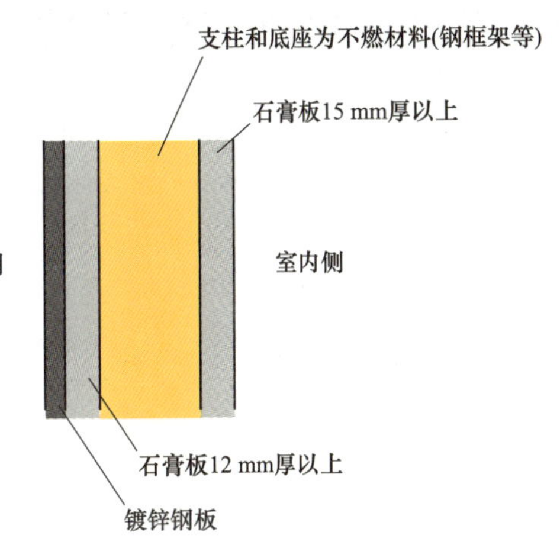

图 3.4.10　外墙的防火构造

（H12 告示第 1359 号第 1 刊载的构造）

【参考】关于外墙的防耐火构造

表 3.4.3 表示外墙防耐火构造的必要条件及试验方法概要。试验方法的详细内容可咨询进行防耐火相关试验的试验所（一般财团法人建材实验中心、一般财团法人 BETTER LIVING、一般财团法人日本建筑综合试验所、公益财团法人日本住宅、木材中心、北方建筑综合研究所）。

表 3.4.3　外墙防耐火构造的必要条件及试验方法（概要）

构造	必要条件	试验方法				
		概要	加热面	加热时间	加热后放置时间	是否合格的判断标准[①]
耐火构造（30 min~3 h）	对于一般的室内或室外火灾，火灾扑灭后建筑物不发生倒塌，或不发生延烧	对由外装材、内装材、柱等组成的外墙，在室内侧或室外侧加热，未加热一侧（非加热侧）的温度在规定温度以下	室内侧及室外侧	30 min ~ 3 h（例如，耐火构造 1 h 时取 1 h，准耐火构造45 min时取45 min）	加热时间的 3 倍（例如，耐火构造 1 h 时取 3 h）	加热时间（耐火构造时，包括放置时间）应满足以下事项。非加热侧平均上升温度 140 ℃以下。非加热侧最大上升温度 180 ℃以下。非加热侧不喷出火苗或发生火苗。不产生可穿过火苗的裂纹
准耐火构造（30 min~1 h）	对于一般的室内或室外火灾，在火灾扑灭之前、建筑物不发生倒塌，或不发生延烧				无	
防火构造	对于一般的室外火灾，在火灾扑灭之前、建筑物不发生倒塌，或不发生延烧		仅室外侧	30 min	无	
准防火构造				20 min	无	

①试件取两件，均应合格。耐火构造、准耐火构造中室内侧试件 2 个，室外侧试件 2 个，均应合格。

3.4.4.3 防火材料的分类

前述防耐火构造是指构件性能（如外墙板、柱等结构构件与内装材料结合在一起的构造所具有的防耐火性能），防火材料是指单体的性能。防火材料的必要条件及分类、建筑基准法中规定的具体分类见表 3.4.4。

表 3.4.4　防火材料的必要条件与分类（法第 2 条 9，令第 1 条 5，令第 1 条 6，告示 1400~1402 号）

材料的分类	必要条件	规定时间	分类
不燃材料	规定时间满足以下的（1）~（3）项： （1）不燃烧； （2）不产生对防火有害的损伤； （3）不产生对疏散有害的烟气	20 min	（告示第 1400 号中记载的材料）混凝土、砖、瓦、陶瓷质地的瓷砖、石棉板、强化纤维水泥板、玻璃纤维水泥板（厚度 3 mm 以上）、含有纤维的硅酸钙板（厚度 5 mm 以上）、钢铁、铝、金属板、玻璃、水泥砂浆、灰浆、石材、石膏板（厚度 12 mm 以上）、岩棉、玻璃棉板等
准不燃材料		10 min	（告示第 1401 号中记载的材料）不燃材料、石膏板（厚度 9 mm 以上）、水泥刨花板（厚度 15 mm 以上）、硬质水泥刨花板（厚度 9 mm 以上，密度 0.5 t/m³ 以上）、纸浆水泥板（厚度 6 mm 以上）等
难燃材料		5 min	（告示第 1400 号中记载的材料）准不燃材料、难燃胶合板（厚度 5.5 mm 以上）、石膏板（厚度 7 mm 以上）等

对不燃材料的要求最为严格，不燃材料的必要条件是在火灾中 20 min 不发生燃烧等。

另外除了建筑基准法规定的防火材料外，还包括经过特别试验验证可满足相应标准后，通过国土交通大臣认证的材料。试验之一的发热性试验如图 3.4.11 所示。

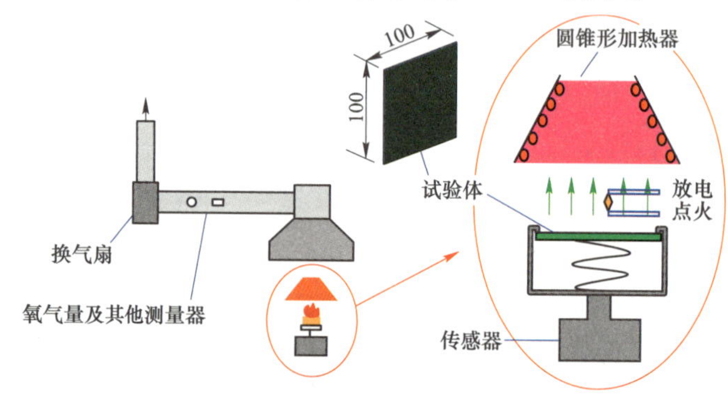

图 3.4.11　发热性试验方法及试验的判断标准

■ 试验结果判断（不燃材料，或准不燃材料，或难燃材料）：

加热开始后 20 min（或 10 min，或 5 min）的总发热量为 8 MJ/m² 以下；

加热开始后 20 min（或 10 min，或 5 min）期间，无防火上有害的贯穿里侧的裂纹或穿孔；

加热开始后 20 min（或 10 min，或 5 min）期间，最高发热速度 200 kW/m² 不会持续 10 s 以上

在试件上方一边加热一边用火花塞放电点火。

分析此时的燃烧气体，通过氧气消耗量测量发热量。

用总发热量是否在 8 MJ/m² 以下，发热速度“是否在规定以下，是否有裂纹”作为评判标准。

3.4.4.4　火花飞溅试验合格品（仅限屋面）

火花飞溅试验合格品在建筑基准法第 22 条或法 63 条中做出了规定，为防止火花引起建筑物火灾，屋面必须具备这种性能。实验对象是需要通过个别试验达到标准并通过国土大臣认证的产品。试验方法如图 3.4.12 所示。

3.4.5　区域、规模及限制的概要

由以上的说明可知，在建筑基准法中，根据所在地区域以及建筑物的规模和用途，对建筑物和各结构提出了防耐火的规定。

最后作为总结，举例说明对屋面和墙面的防耐火规定。

对屋面、外墙要求的防耐火的规定概要见表 3.4.5。其中对用途和规模的进一步说明见表 3.4.6（屋面）和表 3.4.7（外墙）①。在这些表中，根据不同区域、三层建筑的不同层、建筑面积、

① 除表 3.4.6 和表 3.4.7 所示用途外，表 3.4.1 中所示用途的（1）~（7）项的防耐火要求是不同的。

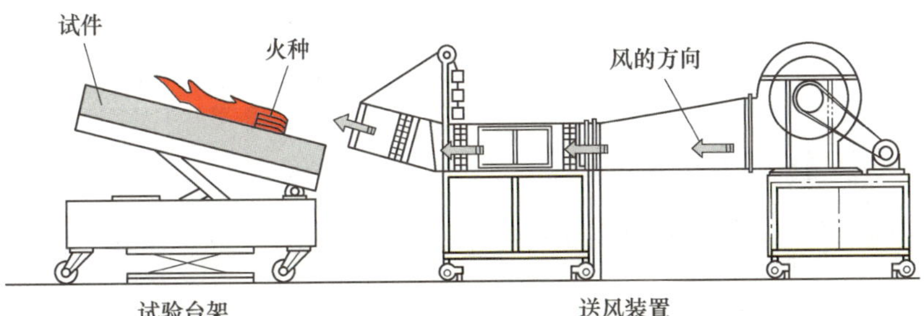

屋面火花飞溅试验

试验装置由送风装置、试验台架、点火使用的火炬组成，送风装置为可以均匀送风的风洞，试件台架可以设置为屋面坡度0°～30°的任意角度。

(1) 试验准备。

1) 试件台架按任意坡度(0°～30°)设置。

2) 设定屋面材料上方的风速为3m/s。

(2) 试验开始。

1) 设置火种(2个火种错时设置)。

2) 观察火种引起屋面材料的延烧状况并观察屋面内侧是否有烧穿孔等。

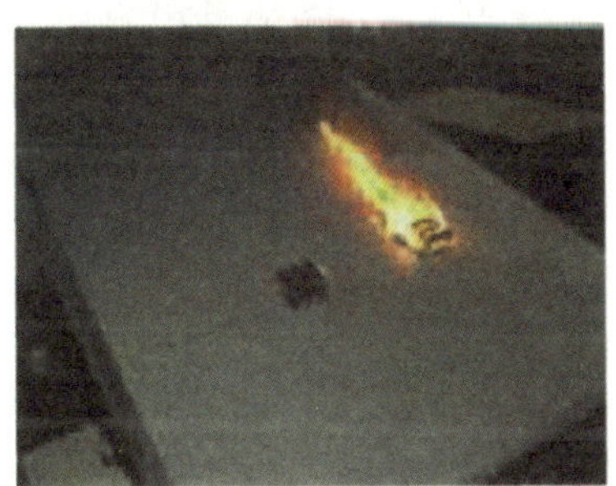

屋面材料的燃烧状况

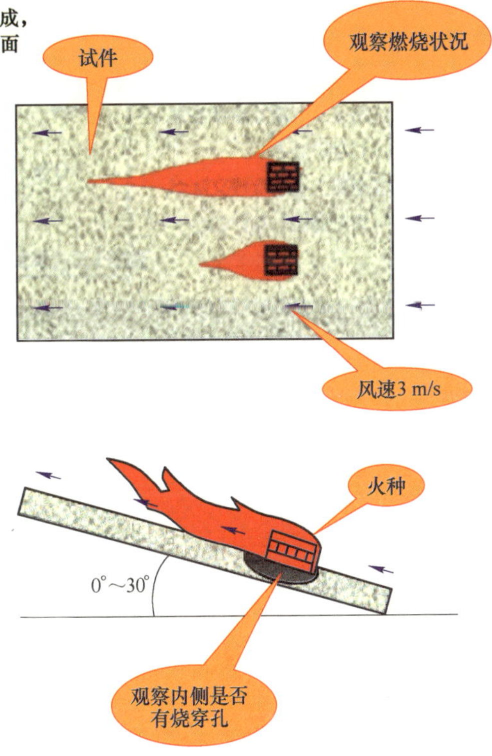

图 3.4.12　火花飞溅试验

相关标准：(1) ISO 12466-1：2003 Test method for external fire exposure to roofs；

(2) 国土交通省性能评价确认所制定《防耐火性能试验、评价业务方法书》。

木结构住宅或者钢结构等不燃材料等，规定了对建筑的防耐火要求。在建筑基准法中，对安全性要求越严的区域、层数越高和面积越大的建筑，对屋面和外墙的限制越严格，设计者必须遵守这些规定。

表 3.4.5　屋面、外墙防耐火规定概要

<table>
<tr><th colspan="2" rowspan="2">部位、建筑物</th><th rowspan="2">耐火建筑物</th><th colspan="3">准耐火建筑物</th><th rowspan="2">在非耐火建筑物或非准耐火建筑物中，对屋面和外墙的防耐火性能要求</th></tr>
<tr><th>1 准耐</th><th>2 准耐 1 号</th><th>2 准耐 2 号</th></tr>
<tr><td rowspan="2">屋面</td><td>有蔓延可能性的部位</td><td rowspan="2">耐火构造</td><td rowspan="2">耐火构造</td><td>准耐火构造①</td><td rowspan="2">火花飞溅试验合格品②</td><td>根据区域（法 22 条区域等）和建筑物的规模采用火花飞溅试验合格品②</td></tr>
<tr><td>其他部位</td><td>火花飞溅试验合格品②</td><td>根据区域（法 22 条区域等）和建筑物的规模确定为防火构造或准防火构造</td></tr>
<tr><td rowspan="2">外墙</td><td>有蔓延可能性的部位</td><td rowspan="2">耐火构造</td><td rowspan="2">准耐火构造</td><td rowspan="2">耐火构造</td><td>防火构造</td><td></td></tr>
<tr><td>其他部位</td><td>准不燃材料</td><td></td></tr>
</table>

①耐火构造也可；

②不燃材料也可。

表 3.4.6　建筑基准法中关于屋面防耐火规定

<table>
<tr><th>区域</th><th>总建筑面积层数</th><th>S≤100</th><th>100<S≤500</th><th>500<S≤1000</th><th>1000<S≤1500</th><th>1500<S≤3000</th><th>3000<S</th></tr>
<tr><td rowspan="2">防火区域（法 61 条）①</td><td>3 层</td><td colspan="6">耐火构造　法第 61 条</td></tr>
<tr><td>1、2 层</td><td>准耐火建筑物② 法第 61 条</td><td colspan="5">耐火构造　法第 61 条</td></tr>
<tr><td rowspan="2">准防火区域（法 62 条）①</td><td>3 层</td><td colspan="2">准耐火建筑物② 法第 62 条</td><td colspan="2" rowspan="2">准耐火建筑物② 法第 62 条</td><td colspan="2" rowspan="2">耐火构造②法第 62 条</td></tr>
<tr><td>1、2 层</td><td colspan="2">NM，NE，DR③ 法第 63 条</td></tr>
<tr><td rowspan="2">法 22 条区域①</td><td>3 层</td><td colspan="5" rowspan="2">NM，NE，DR，UR③ 法第 22 条</td><td rowspan="2">耐火构造法第 21 条第 2 项</td></tr>
<tr><td>1、2 层</td></tr>
<tr><td>其他</td><td>1、2、3 层</td><td colspan="3">无限制</td><td colspan="2">NM，NE，DR，UR③ 法第 25 条</td><td></td></tr>
<tr><td rowspan="2">防火区域（法 61 条）①</td><td>3 层</td><td colspan="6">耐火构造　法第 61 条</td></tr>
<tr><td>1、2 层</td><td>准耐火建筑物② 法第 61 条</td><td colspan="5">耐火构造　法第 61 条</td></tr>
<tr><td rowspan="2">准防火区域（法 62 条）①</td><td>3 层</td><td colspan="2">准耐火建筑物② 法第 62 条</td><td colspan="2" rowspan="2">准耐火建筑物② 法第 62 条</td><td colspan="2" rowspan="2">耐火构造 法第 62 条</td></tr>
<tr><td>1、2 层</td><td colspan="2">NM，NE，DR③ 法第 63 条</td></tr>
<tr><td rowspan="2">法 22 条区域②</td><td>3 层</td><td colspan="6" rowspan="2">NM，NE，DR，UR③ 法第 22 条</td></tr>
<tr><td>1、2 层</td></tr>
<tr><td>其他</td><td>1、2、3 层</td><td colspan="6">无限制</td></tr>
</table>

注：1. 木结构、独栋住宅等（不属于建筑基准法别表第一用途的建筑）。
　　2. 不燃基层、办公楼等（不属于建筑基准法别表第一用途的建筑）。
　　3. 本表为参考资料，最终应由管辖行政区的主管负责人确认。

① 防火区域、准防火区域的屋面全部需要 NM、NE、DR③（耐火构造、准耐火构造时，这些构造还必须为 NM、NE、UR）。法 22 条区域的屋面均必须为 NM、NE、UR③（耐火构造、准耐火构造时，这些构造还必须为 NM、NE、UR）。

② 建筑物为 1 准耐时，准耐火构造。
建筑物为 2 准耐 1 号时，为 NM、NE、UR③，有延烧可能性时采用屋面遮焰性能试验合格品（20 min 耐火构造）。
建筑物为 2 准耐 2 号时，为 NM、NE、UR③。

③ NM：不燃材料；
NE：不燃材料（外装饰面用）；
DR：根据法 63 条为火花飞溅试验合格品；
UR：根据法 22 条为火花飞溅试验合格品。

表 3.4.7　建筑基准法中关于外墙防耐火规定

<table>
<tr><th>区域</th><th>总建筑面积层数</th><th>S≤100</th><th>100<S≤500</th><th>500<S≤1000</th><th>1000<S≤1500</th><th>1500<S≤3000</th><th>3000<S</th></tr>
<tr><td rowspan="2">防火区域（法 61 条）①</td><td>3 层</td><td colspan="6">耐火构造　法第 61 条</td></tr>
<tr><td>1、2 层</td><td>45 min 准耐火构造① 法第 61 条</td><td colspan="5">耐火构造　法第 61 条</td></tr>
<tr><td rowspan="2">准防火区域（法 62 条）①</td><td>3 层</td><td colspan="2">准防火 3 层构造（法第 62 条，令 136 条的 2）防火构造+内装石膏板 12 mm</td><td colspan="2" rowspan="2">45 min 准耐火构造 法第 62 条</td><td colspan="2" rowspan="2">耐火构造　法第 62 条</td></tr>
<tr><td>1、2 层</td><td colspan="2">防火构造①法第 62 条</td></tr>
</table>

续表 3.4.7

<table>
<tr><td>区域</td><td>总建筑面积层数</td><td>S≤100</td><td>100<S≤500</td><td>500<S≤1000</td><td>1000<S≤1500</td><td>1500<S≤3000</td><td>3000<S</td></tr>
<tr><td rowspan="2">法 22 条区域①</td><td>3 层</td><td colspan="3" rowspan="2">防火构造①
法第 22 条</td><td colspan="2" rowspan="2">防火构造①
法第 25 条</td><td rowspan="3">耐火构造
法第 21 条第 2 项</td></tr>
<tr><td>1、2 层</td></tr>
<tr><td>其他</td><td>1、2、3 层</td><td colspan="5">无限制</td></tr>
<tr><td rowspan="2">防火区域（法 61 条）①</td><td>3 层</td><td colspan="6"></td></tr>
<tr><td>1、2 层</td><td>a. 45 min 准耐火构造［准耐］
b. 防火构造① + 准不燃材料［2 准耐 2 号］法 61 条，令 109 条的 3</td><td colspan="5">耐火构造
法第 61 条</td></tr>
<tr><td rowspan="2">准防火区域（法 62 条）①</td><td>3 层</td><td colspan="2">准防火 3 层构造（法第 62 条，令 136 条的 2）防火构造+内装石膏板 12 mm</td><td colspan="2" rowspan="2">45 min 准耐火构造
法第 62 条</td><td colspan="2" rowspan="2">耐火构造
法第 62 条</td></tr>
<tr><td>1、2 层</td><td colspan="2">无限制</td></tr>
<tr><td rowspan="3">法 22 条区域①</td><td rowspan="2">3 层</td><td colspan="3" rowspan="3">无限制</td><td colspan="3">局部 45 min 准耐火构造②③</td></tr>
<tr><td colspan="3">a. 45 min 准耐火构造［准耐］
法 26 条，令 109 条的 3</td></tr>
<tr><td>1、2 层</td><td>b. 防火构造① + 准不燃材料［2 准耐 2 号］法 26 条，令 109 条的 3</td><td colspan="2">b. 防火构造①+准不燃材料［2 准耐 2 号］法 26 条，令 109 条的 3（局部 45 min 准耐火构造）②</td></tr>
<tr><td>其他</td><td>1、2、3 层</td><td colspan="6">无限制</td></tr>
</table>

注：1. 木结构、独栋住宅等（不属于建筑基准法别表第一用途的建筑）。
2. 不燃基层、办公楼等（不属于建筑基准法别表第一用途的建筑）。
3. 本表为参考资料，最终应由管辖行政区的主管负责人确认。

① 有延烧可能性的部位。

② 包括与防火分区连接 90 cm 以上的部分为准耐火构造。

参考文献

［1］日本金属サイディング工業会・日本金属屋根協会 技術委員会：屋根・外壁 防耐火マニュアル，施工と管 No. 242，日本金属屋根協会，2007.

［2］一般財団法人 日本建築総合試験所ホームページ.

［3］田坂茂樹：屋根に求められる防耐火性能と評価・試験の現状，施工と管理 No. 281，日本金属屋根協会，2011.

【参考资料】屋面 30 min 耐火构造试验（隔热镀锌钢板委员会：试验，一般财团法人 BETTER LIVING）

压型板：H1733。

(1) 试件制作：组装试验框并喷刷耐火涂料

(2) 试件制作：在檩条上设置固定支架

(3) 试件制作：安装压型板

(4) 试件制作：压型板接缝的连接

(5) 试件制作：在压型板端部设置耐火被覆(陶瓷毡CERAMICS BLANKET)

(6) 试件制作：用陶瓷板或毡子对试件表面(非加热面)端部进行处理

(7) 试验炉(正面照片)

(8) 试件设置状况(俯视照片)

(9) 燃烧开始(从上方摄影)

(10) 燃烧30 min(从上方摄影)

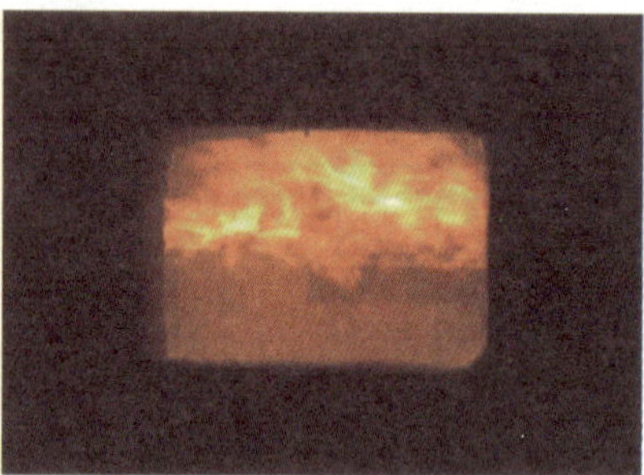
(11) 燃烧炉内部(燃烧室)

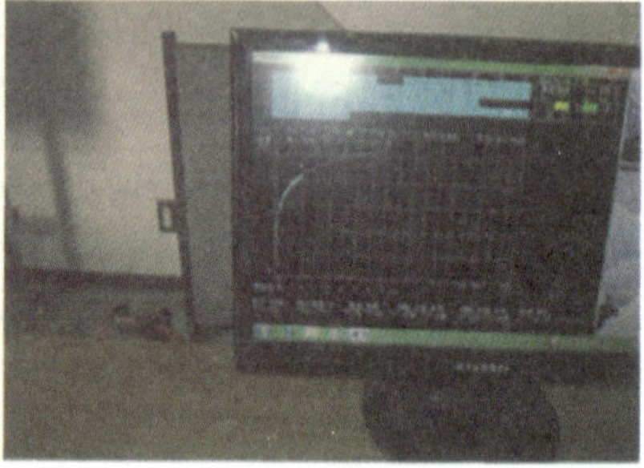
(12) 监控器显示的温度曲线

(13) 燃烧炉加热结束后一个半小时

(14) 屋面内侧状态

(15) 屋面外表面状况

3.5 使用寿命

如果设计合理、选材及施工恰当，且后期维修管理及改造非常到位，那么金属外装材料的使用寿命是很长的。本节主要阐述从材料选择到施工阶段，如何防止或控制金属材料劣化的问题。

3.5.1 选择可长期使用的材料

3.5.1.1 材料选择的重要性

用金属加工的外装材料无法避免金属的特点之一——腐蚀问题。当大气中的氧气（O_2）融入水中，与金属接触就会造成金属腐蚀。而腐蚀速度与环境因素之间的关系非常复杂。

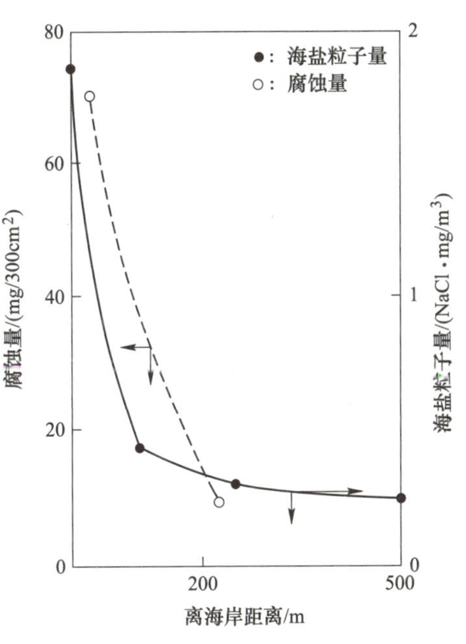

图 3.5.1 离海岸距离产生的含盐量与钢板腐蚀量的关系

在这里首先介绍海水的影响。图 3.5.1 表示与海岸的距离、含盐量与钢板腐蚀量的关系。从图 3.5.1 中可见，离海岸越近，含盐量和钢板腐蚀量都在增加，可以得知盐分加速了钢板的腐蚀。钢板腐蚀现象的产生和发展过程为：波浪产生浪花→风把浪花吹到大气中→飞溅的水分蒸发，产生过饱和滴液（盐分较浓的液体）→附着在外装材上→加速腐蚀。

除此之外还有酸雨加速金属腐蚀的例子。如图 3.5.2 所示，工厂和机动车排出的废气飘散在空气中，与雨水一起降落，形成酸雨。因为这种雨水的 pH 值低，含有硫酸离子、硝酸离子，故加速了金属的腐蚀。图 3.5.3 所示为锌在大气中的腐蚀速度与 SO_2 污染的关系。可以看出随着 SO_2 的增加，锌在大气中的腐蚀速度也在加快。

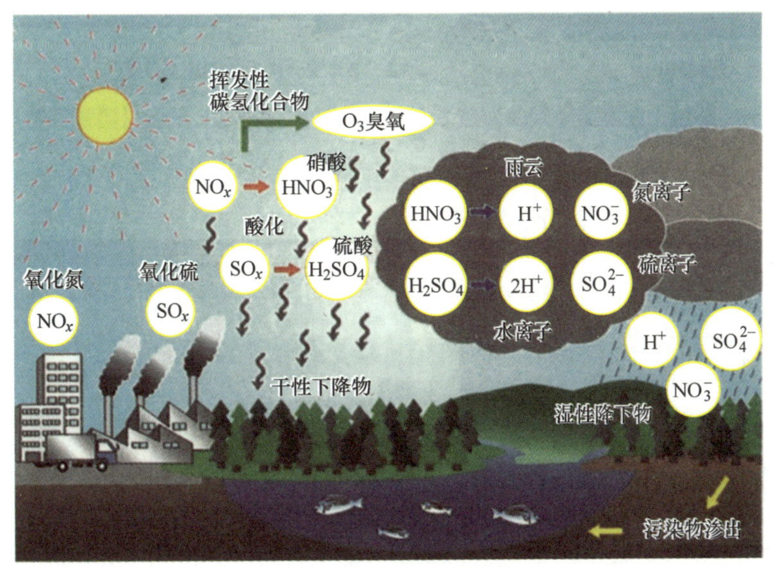

图 3.5.2 酸雨的形成机理

在上述环境（腐蚀环境、特殊环境等）中，金属的寿命比一般环境下所期待的金属寿命短。因为维修次数增加，最终造成建筑在使用寿命期内的费用昂贵（初期建设费用与维修管理费用之和，即全寿命期费用，也称为 LCC）。在海洋等特殊环境中，金属更易于被腐蚀，采用耐强腐蚀的材料可以减少维修的次数，减少全寿命期费用。因此，建设初期的材料选择非常重要。

3.5.1.2　怎样选择金属材料

用于外表材料的金属有镀锌钢板、涂层钢板、不锈钢、铜等，种类很多。每种材料都有各自的特点，选用的材料应充分发挥其特点。表 3.5.1 针对各种金属材料列出了价格和耐蚀性、耐候性以及是否可以在特殊环境中使用。

镀锌钢板便宜，但不能用于特殊环境。在特殊环境中，如果采用彩色镀铝锌板、铁素体不锈钢或彩色不锈钢，虽然初期投资费用高，但从材料的全寿命期考虑，综合造价便宜。

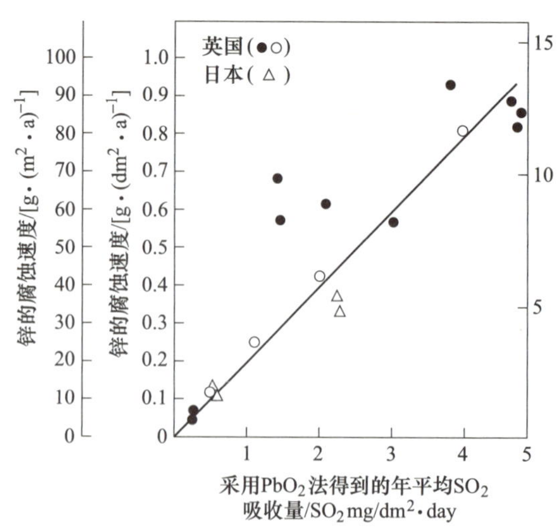

图 3.5.3　锌在大气中的腐蚀速度及 SO_2 污染的影响

选择材料必须考虑使用场所的环境。委托人、设计者应与材料厂商协商确定。

表 3.5.1　外装用材料（金属）的比较

材质（密度）	名称	涂膜	价格	耐酸性、耐候性		特殊区域的使用		备注
				母材	涂膜	海岸	工业地区	
钢板（7.85 t/m³）	镀锌钢板	原材料	0.8	△	—	×	×	很少用于外装材料
	彩色钢板	聚乙烯	1	（△）	○	×	×	涂层制品以镀铝锌钢板为主
		氟碳	2.1	（△）	◎	○	◎	
	镀铝锌钢板	原材料	0.95	○	—	○	△	
	彩色镀铝锌钢板	聚乙烯	1.7	（○）	○	○	○	
		氟碳	2.6	（○）	◎	◎	◎	
	镀铝板	原材料	1.2	○	—	○	△	限定厂商
	氯乙烯板	聚乙烯	1.7	（△）	○⁺	○	○	外装材的应用减少
	耐酸覆膜钢板	耐酸覆膜	5	（△）	◎	◎	◎	有镀铝锌产品
不锈钢板（7.93 t/m³）	不锈钢板	SUS304 原材料	5	◎	—	×	△	
		SUS316 原材料	6	◎	—	○	○	市场上少见
	铁素体不锈钢	SUS445 原材料	6	◎⁺	—	◎	◎	J1 和 J2 有性能差别
	彩色不锈钢板（SUS304）	聚乙烯	6	（◎）	○	○	○	
		氟碳	7.1	（◎）	◎	◎	◎	
铝板（2.71 t/m³）	铝板	原材料	7.1	○⁺	—	○	△	
	彩色铝板	聚乙烯	9.7	（○⁺）	○	○	○	
		氟碳	10.7	（○⁺）	◎	◎	◎	
铜（8.9 t/m³）	铜	原材料	4.2	◎	—	◎	△	
钛（4.5 t/m³）	钛	原材料	50	☆	—	☆	☆	

注：1. 评价分为×→△→○→◎→☆5 个档次。分别对各个项目制定评价标准，相互之间无关联。对于耐蚀性和耐候性，各材质的试验方法不同，直接进行比较和验证困难。为安全起见，在特殊区域避免使用“×”的制品。

2. 价格比较以重量为单位，以上是与加工成咬合型压型板屋面板材（板厚 0.8 mm、有效宽度 500 mm）的价格比较。以彩色钢板（聚乙烯）的价格为 1.0。不包括附属部件、配件和施工费。价格比会随市场变动。铜和钛为原材料价格的比较。

3. 涂膜中有些有耐磨损性、隔热性和耐污染性等。此时的价格和性能也会存在不同。

3.5.2 不恰当的设计和施工

上一节讲解了选择材料的方法。选好材料后，使用不当也会造成材料的过早腐蚀。本节中讲解保证材料达到预期寿命必须避免的设计和施工方法。

3.5.2.1 不同金属之间的接触腐蚀（电化学腐蚀）

（1）现象。不同金属在接触部位浸水后，总有一方金属会发生腐蚀。这种现象称为不同金属之间的接触腐蚀，或称为电化学腐蚀。比如，用不锈钢螺钉固定的镀锌钢板上，锌与不锈钢接触部位滞留雨水时，锌就会早期腐蚀（见参考1）。照片3.5.1所示为在镀锌钢板上设置的落水管发生电化学腐蚀的例子。由于该部分附近设有融雪加热装置，雪水使该部分始终处于湿润状态，因此产生了腐蚀。照片3.5.2所示为在镀锌钢板上设置的不锈钢管发生电化学腐蚀的例子。该建筑处于盐害地区，且该部位处于檐下腐蚀环境中，加速了电化学反应的发生。

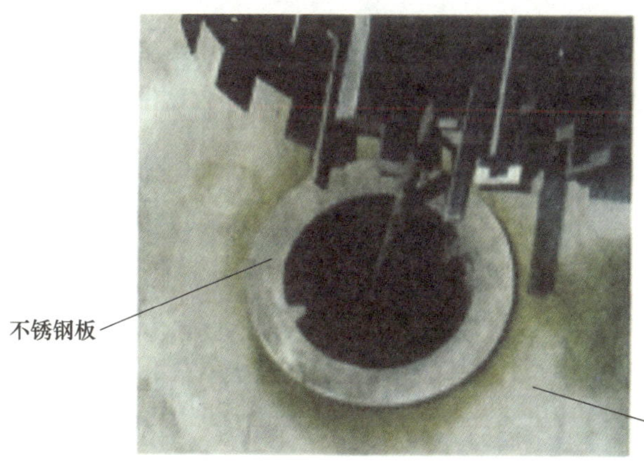

积雪地区不锈钢排水管引起镀铝锌钢板的腐蚀
加热器融雪形成长期潮湿环境，与不锈钢板的直接接触引起的接触腐蚀

照片3.5.1 电化学反应的例子（1）

(全景)

(腐蚀部分)

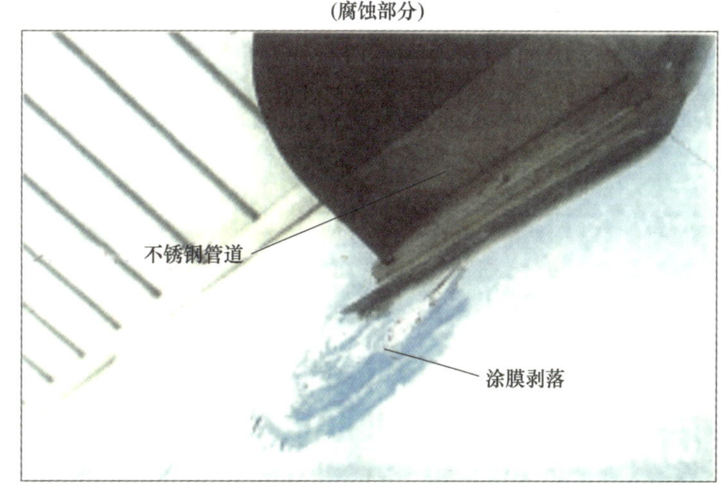

盐害地区不锈钢管引起的涂装镀铝锌钢板的腐蚀
盐害地区与檐下不锈钢管直接接触引起的钢板涂层的牺牲腐蚀，涂膜剥落。

照片3.5.2 电化学反应的例子（2）

（2）对策。

尽量避免镀层钢板、涂层钢板与铜或铅直接接触。配件、零部件等选用铝和不锈钢

（SUS304）等经过镀锌耐久性涂膜处理或涂层处理的制品。在特殊环境或积雪环境中，使用同种金属或进行了防蚀（包括密封处理）、隔绝等处理的不锈钢产品。为防止避雷针等发生腐蚀，应采用铝丝或用绝缘布对其进行隔绝处理等。

（参考 1）不同种类金属接触腐蚀的原理

电化学腐蚀的原理如图 3.5.4 所示。当不同种类金属的接触位置有水存在时，两种金属之间的电位差形成腐蚀电位电池，其中腐蚀电位较低的金属将溶于水中。这里腐蚀电位是指金属溶于水的难易度。活泼的金属易溶于水，稳定的金属难溶于水。

腐蚀电位低的金属被称为“贱金属”或“活泼金属”、腐蚀电位高的金属被称为“贵金属”或“惰性金属”。图 3.5.5 所示为金属在海水中的腐蚀电位。当不同金属接触时，腐蚀电位差越大越容易发生电化学腐蚀。比如，与锌和铝合金接触比较，锌和不锈钢接触时，锌的溶解速度更快。

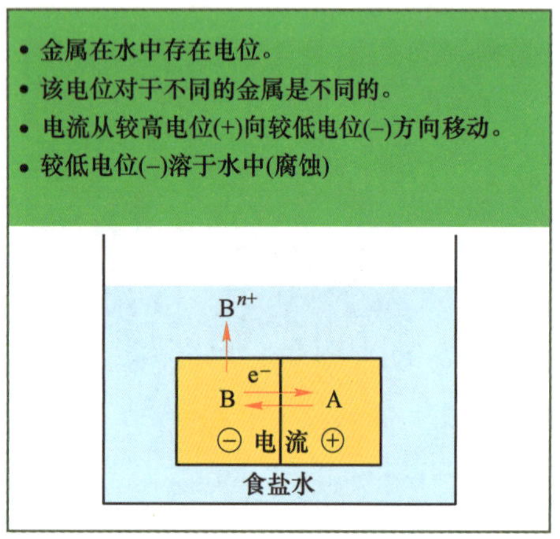

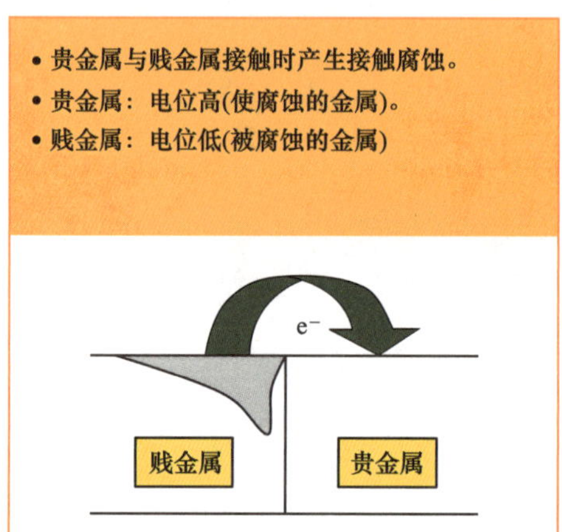

图 3.5.4　电化学反应（不同金属接触腐蚀）的原理

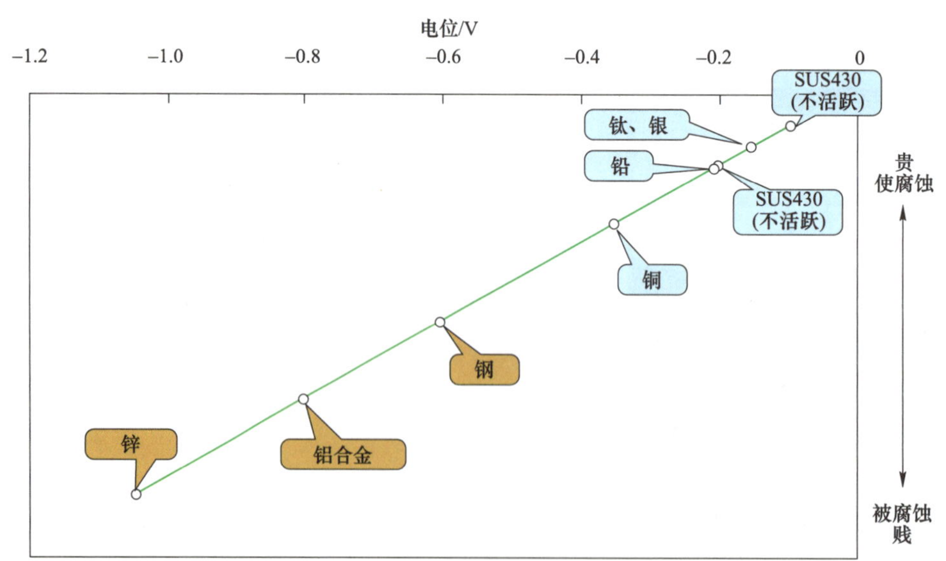

图 3.5.5　海水中金属腐蚀电位的顺序

3.5.2.2　与防腐、防蚁处理木材的接触腐蚀

（1）现象。经过防腐防蚁处理的木材有时含有铜离子。这种铜离子会造成锌和铝的腐蚀。腐蚀的案例如照片 3.5.3 所示，这是与瓦条芯木接触部位的涂层镀层钢板（里侧）发生腐蚀的案例。

照片 3.5.3 与防腐木材接触引起的腐蚀事例

（2）对策。在与防腐防蚁处理木材直接接触的墙基部位的接缝处（见图 3.5.6）插入绝缘用垫层（丁基胶条、卷材等），避免两者直接接触。

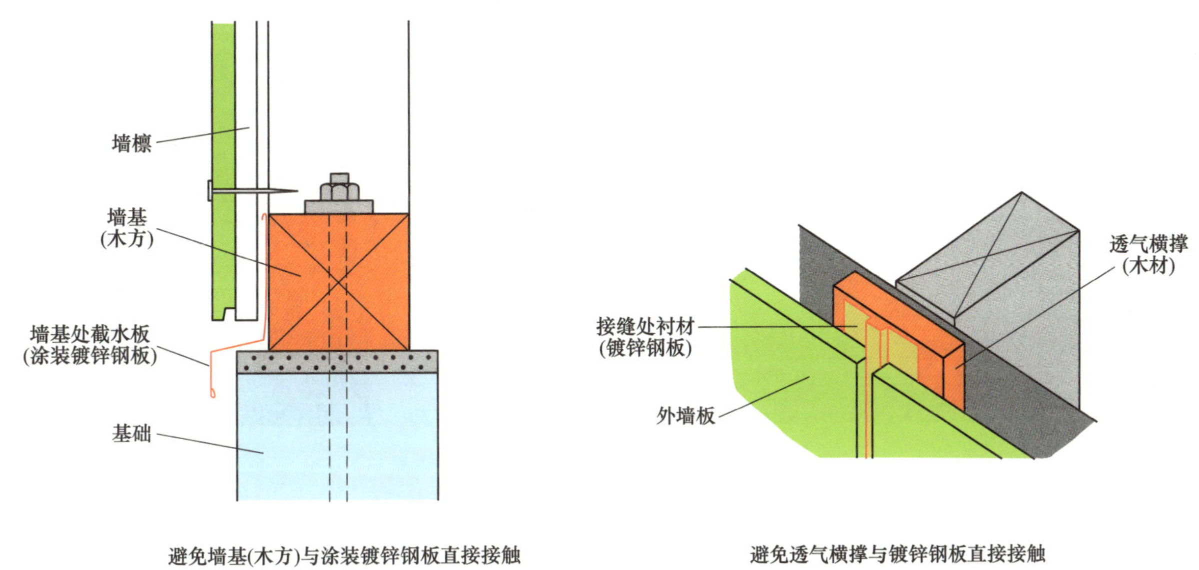

图 3.5.6 涂层镀锌钢板与木材（防腐防蚁处理）直接接触可能出现问题的施工示例

3.5.2.3 与混凝土的接触腐蚀

（1）现象。主要成分为石灰的材料，如水泥等为碱性材料（pH 值约 12.5），这些材料浸水后变成碱水流出。图 3.5.7 表示水溶液的 pH 值与各种镀锌钢板腐蚀减量的关系。从图中可见，镀锌钢板在较低的 pH（酸性）值和较高的 pH 值（碱性）时，都有加速腐蚀的趋势。含铝的镀铝锌钢板和镀铝钢板在高 pH 值时腐蚀明显。镀锌钢板和水泥接触，如果存在水，镀锌钢板会发生早期腐蚀，如照片 3.5.4 所示。

（2）对策。使混凝土与镀锌钢板或铝板绝缘，并防止雨水或结露水浸入。

3.5.2.4 压型板檐口端部的钢板里侧贴的隔热材料（隔热材的蓄水引起的腐蚀）

（1）现象。若在用压型板加工的檐口端部张贴了与室内相同的隔热材料，那么隔热材料中进入雨水后，蓄水状态会在降雨结束后持续很长时间，加速了腐蚀的发生。照片 3.5.5 为该状态时的腐蚀事例。

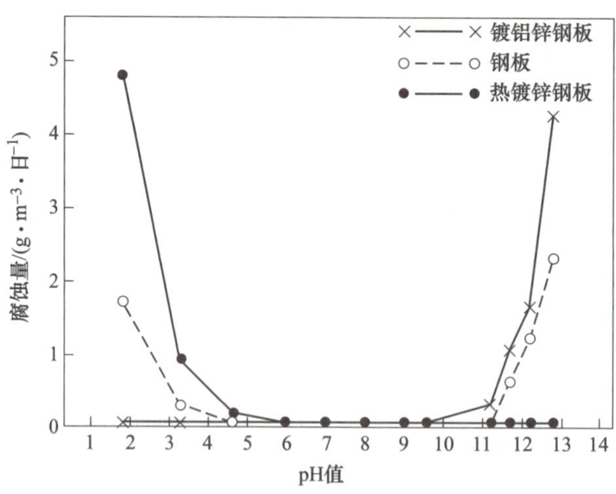

图 3.5.7　水溶液的 pH 值与镀锌钢板腐蚀减量的关系

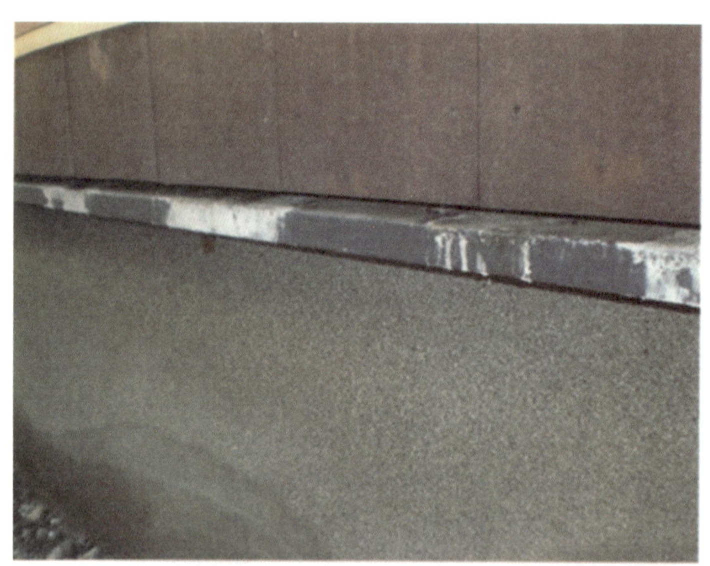

与混凝土接触部位，墙基截水板的腐蚀

照片 3.5.4　与混凝土接触部位镀铝锌钢板的腐蚀

在压型板的搭接部位残留着檐口端部的玻璃纤维膜(蓄水率720%)，由于该部分蓄水，使钢板从内部开始腐蚀并达至表面。在搭接部位以外玻璃纤维膜剥落，所以没有产生腐蚀

照片 3.5.5　隔热材料蓄水引起腐蚀的事例

除了檐口端部，其他部位因为某种原因漏水时，隔热材料也会处于滞水状态，从而发生与檐口端部相同的问题。

（2）对策。不在檐口部位贴隔热材料，或避免使用吸水性隔热材料。

对于屋面其他部位，原则上采用的是防漏工法。但是当发生漏水时，考虑到屋面可能腐蚀，也应该及时采取补漏措施。

3.5.2.5 屋面积水

（1）现象。如果屋面坡度不够，在长屋面板的槽板上会出现积水现象。障碍物等造成的积水会使屋面板发生早期腐蚀。照片 3.5.6 所示为其中的一例。缓坡度的直立锁边屋面由于积水造成板面腐蚀。

屋面基本没有坡度，直立锁边屋面上积水引起腐蚀。

照片 3.5.6 积水引起腐蚀的事例

（2）对策。关键是尽量增加屋面坡度（见参考 2），屋面上不能存在有可能会引起积水的障碍物。

（参考 2）外露角度造成的腐蚀变化

图 3.5.8 所示为暴露角度与腐蚀量的关系。角度越小腐蚀越早，特别是在 0 ℃时非常显著。这是因为外露材上雨水滞留时间长造成的。增加屋面坡度可减少漏雨的可能性，在积雪区域还可以有效减少“雨雪侵入”。当然屋面坡度并不完全由排水决定，还需要同时考虑抗风性能、成本、施工性能、建筑高度限制等多重因素。

3.5.2.6 排烟引起的腐蚀

（1）现象。在工厂，烟囱烟道喷出的腐蚀性气体会造成屋面和墙面的腐蚀。在照片 3.5.7 所示腐蚀事例中，烟囱正下方的金属屋面发生了腐蚀。

腐蚀性气体除了工厂烟囱喷出的气体外，还包括火山喷出的气体和温泉的蒸汽。

（2）对策。在腐蚀性气体发生的烟囱或烟道附近，及火山和温泉附近，应采用高耐腐蚀性材料，可根据具体情况向供应厂商予以确认。同时还必须经常检查是否有腐蚀发生。

3.5.2.7 结露

（1）现象。压型板屋面下面未设衬垫层时，大气温度（较低温度）和室内温度（较高温度）的差异会使压型板屋面的室内侧发生结露。结露使压型板的内侧始终处于潮湿状态，很容易发生

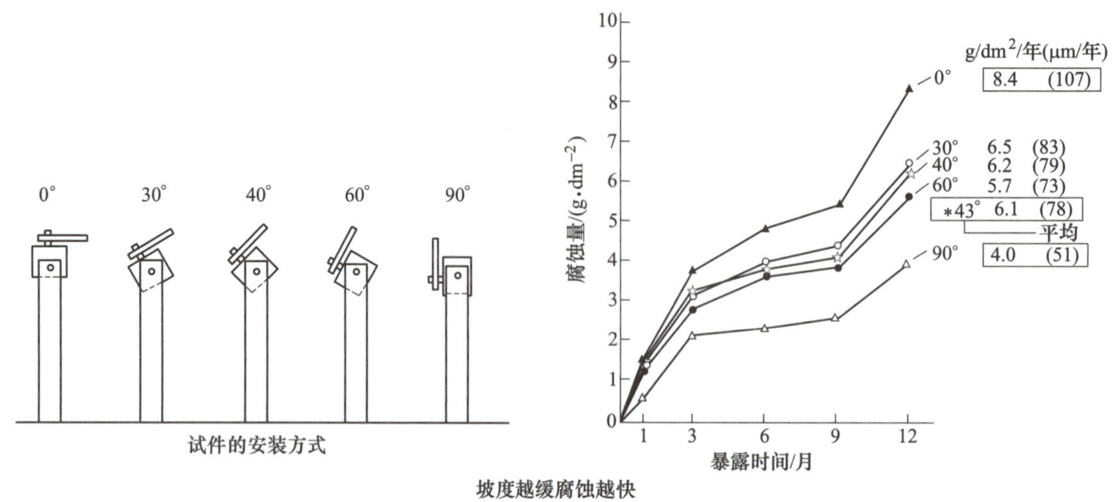

图 3.5.8　外露角度与腐蚀量的变化（SPCC）

照片 3.5.7　烟囱冒出的腐蚀性气体引起镀铝锌钢板腐蚀

腐蚀（见参考 3）。

（2）对策。在压型板屋面下张贴不会结露的隔热材料。

（参考 3）从里侧开始的腐蚀

照片 3.5.8 所示为腐蚀从里侧发展并到达钢板表面的事例。腐蚀在钢板里侧的发展很难被发现，当发现时往往已经锈蚀穿孔。腐蚀从钢板里侧发展的原因除了结露以外，还有前述的因压型板檐头隔热材的吸水、漏雨引起的隔热材的吸水等。

涂层钢板虽然在钢板的里侧和外侧都进行了涂层处理，但里侧的涂层比外侧的涂层薄。因此钢板里侧的耐久性不如钢板外侧，不能对里侧涂膜的效果有过高的期待。

3.5.2.8　铁钉、铁屑等的处理不当

（1）现象。照片 3.5.9 所示为屋面上残留的铁钉引起的屋面腐蚀事例。未进行任何防腐处理的铁钉先发生锈蚀，然后诱发了屋面板的腐蚀。同理，如果在屋面施工中切割金属时产生的金属屑不进行处理，也会发生同样的事情。

（2）对策。施工完后对屋面进行检查，清除屋面上残留的铁粉铁屑等异物（垃圾）。

从里侧发展的腐蚀穿透钢板达到表面

照片 3.5.8 从钢板里侧开始腐蚀的事例

照片 3.5.9 残留铁钉等锈蚀诱发镀铝锌钢板锈蚀的事例

3.5.3 简单的维修

金属外装材需要长时间使用，因此使用过程中必须对其进行检查和维护。检查和维护在第 6 章中有详细记述。

在这里简单介绍金属外装材的日常维护和管理。委托人是对金属外装材维护的主体。在向委托人（或施工总承包人）交付成品时，应同时进行必要的说明。

（1）简单的水洗。外装材料从远处看也许很干净，但是如果仔细看就会发现上面有许多灰尘或油渍。如果置之不理，可能会成为日后产生污垢或锈蚀的诱因。特别是雨淋不到的部位（如檐下），由于得不到雨水的冲刷，便会长期处于被污垢污染的状态。照片 3.5.10 所示为雨淋不到的檐口下的腐蚀事例。

照片 3.5.10 雨淋不到的檐口下的腐蚀事例

定期清洁这些部位（见参考 4）可以延长金属板的使用寿命。

（参考 4）清洁

如果污染不严重，可以用水冲洗灰尘和污垢，然后用软布、海绵等清洗，再用软干布擦拭干净。高压冲洗有漏水的可能性，应当避免。当污染严重时，应用含有中性洗涤剂（1%~2%的水溶液）的布擦去表面的污物，然后用水充分冲刷，再用软干布擦拭干净。应避免用稀料等有机溶剂清洗。

清洗周期参考：海岸地带 4 次/年，工业地带 3 次/年，城市地带 2 次/年，田园地带 1 次/年。

（2）台风、地震、大雪过后的检查。台风、地震、大雪等特殊自然现象有时会造成外装材料的破坏。如果放任不管，则会对材料产生不利影响。例如当发生漏水时，可能加速钢板里侧腐蚀的进程。因此在发生异常气候后需要对其进行检查。

（3）漏雨结露的检查。定期对是否漏雨或结露等进行检查，可以延长材料的使用寿命。

专栏

瓦屋面与金属板的混用

像腰封一样在瓦屋面中混用金属板时，金属板可能会变色或劣化，应予以注意。

铜板中的腰封对策

与瓦相邻的铜板的氧化物可能会变成黄色，严重时可能发生穿孔。处理对策为在与瓦相接的部分（包括截水板部分）采用双层铜板或者增加铜板的厚度（例如 0.5 mm 以上）。同理，在瓦屋面的波谷处也需要采取措施，如设置衬板等。

参考照片 瓦屋面和涂层钢板

参考照片 瓦屋面和铜板

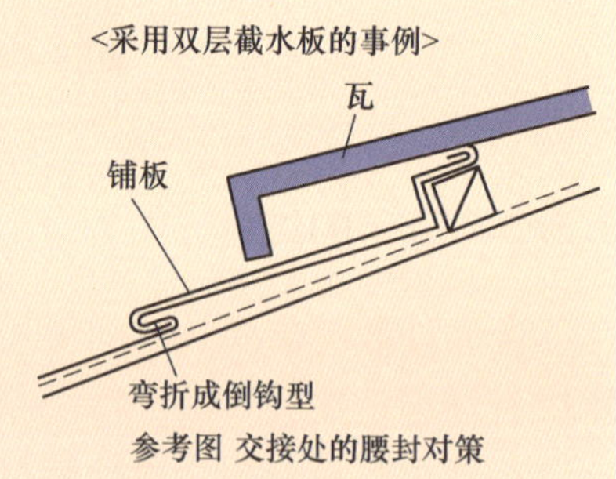

参考图 交接处的腰封对策

参考文献

[1] 木村肇：外装鋼板における塩害腐食の特長，施工と管理 No. 224，日本金属屋根協会，2006.

[2] MSRW 検討委員会：鋼板製屋根・外壁の設計・施工・保全の手続きMSRW 2014，日本金属屋根協会，日本鋼構造協会，2014.

[3] 木村肇：外装鋼板における酸性雨腐食の特徴，施工と管理 No. 225，日本金属屋根協会，2006.

[4] 日本金属屋根協会：素材からみる金属屋根と外壁，p8，2004.

[5] MSRW 検討委員会：鋼板製屋根・外壁の設計・施工・保全の手続きMSRW2014，日本金属屋根協会，日本鋼構造協会，2014.

[6] 日本鉄鋼連盟：塗装/亜鉛系めっき鋼板の接触腐食とその防止方法（パンフレット），2011.

[7] 木村肇：外装鋼板における接触腐食現象と使用条件，施工と管理 No. 223，日本金属屋根協会，2005.

[8] 木村肇：カラー鋼板製屋根の裏面腐食現象，施工と管理 No. 220，日本金属屋根協会，2005.

[9] 木村肇：ガルバリウム鋼板製屋根の長期耐久性条件について，施工と管理 No. 221，日本金属屋根協会，2005.

3.6 温度伸缩的控制

3.6.1 关于温度伸缩

昼夜变化以及太阳是否直射等因素会导致外装材料上产生温度差。如图 3.6.1 所示，屋面温度在夏天白昼接近 70 ℃，到了夜里又降到 20 ℃以下，同日存在 50 ℃的温度差。物质具有热胀冷缩的特性（温度伸缩）。因此在上述 50 ℃温度差影响下，外装材料每天都会产生很大伸缩。

不同材料的温度伸缩程度不同。其指标用表中所示的热膨胀系数（或热膨胀率）表示。钢材的热膨胀系数为 12×10^{-6}。其含义为 1000 mm 长的钢材，在温度上升 1 ℃时产生 $12\times10^{-6}\times1000$ mm×1 ℃ = 0.012 mm 的伸长。因此如果上升 50 ℃，钢材将产生 0.6 mm 的伸长。当发生这种温度伸缩时，会出现外装材变形、在连接外装材的紧固件等部位产生附加外力等问题，如图 3.6.2 所示。本节主要讲解温度伸缩给金属屋面带来的问题。

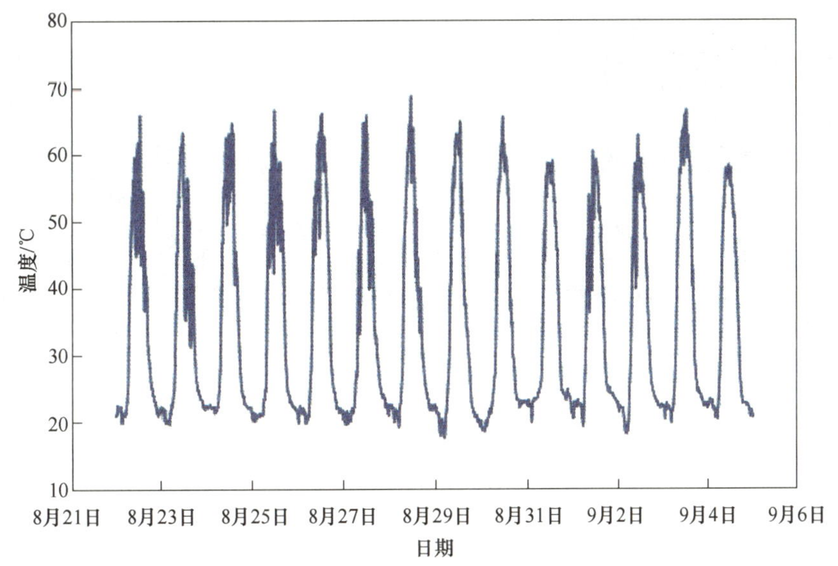

图 3.6.1 屋面的温度变化（屋面材料：白色系彩色压型钢板）

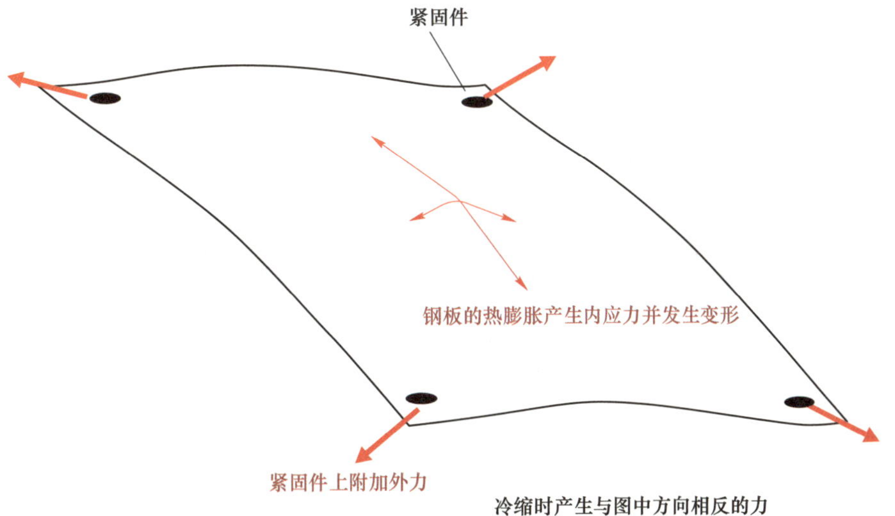

图 3.6.2 热膨胀时施加在连接件上的力

3.6.2　连接节点的破坏及确认试验

（1）金属屋面的温度伸缩引起的连接节点（配件）强度劣化的例子。如前所述，金属板上每天都存在很大的温度差，使用多年会发生相应次数的往复应力，由此可能引发屋面板或支座配件的破坏。

照片 3.6.1 中，用连接配件将金属板固定在高压水泥刨花板上的屋面在台风中被吹飞的事例。屋面被吹飞的原因除了对连接配件的离散性考虑不足外，金属屋面的温度伸缩造成连接配件强度劣化也是其原因之一。

(a)

(b)

照片 3.6.1　台风对屋面的破坏
（a）全景；（b）损坏的连接配件

（2）连接节点强度劣化的确认试验。用在望板上纵向铺设金属屋面板工法，对由于金属屋面的温度伸缩引起的连接配件强度劣化的现象进行试验予以确认。在此介绍试验的概要。具体内容参见“MSRW 2014 附录 5.3 平板屋面直接固定在望板上的确认试验（温度伸缩往复拉力试验）”。

3.6.2.1　试验方法概要

试验方法如图 3.6.3 所示。

制作了各种固定在望板上的直立锁边屋面的试件。试件的具体形状尺寸见表 3.6.1。

表 3.6.1　试件的详细参数

望板	屋面	屋面/望板紧固件
构造用胶合板（JIS2 级品）厚 12 mm	扣合形直立锁边 咬口高度 25 mm 有效宽度 333 mm 板厚 0.4 mm	4.6ϕ×35（木檩条用）
高压水泥刨花板厚 20 mm		4.6ϕ×25（木檩条用）
硬质水泥木片板厚 18 mm		
ALC 板（一般地区用）厚 50 mm		6ϕ×40（ALC 板用）

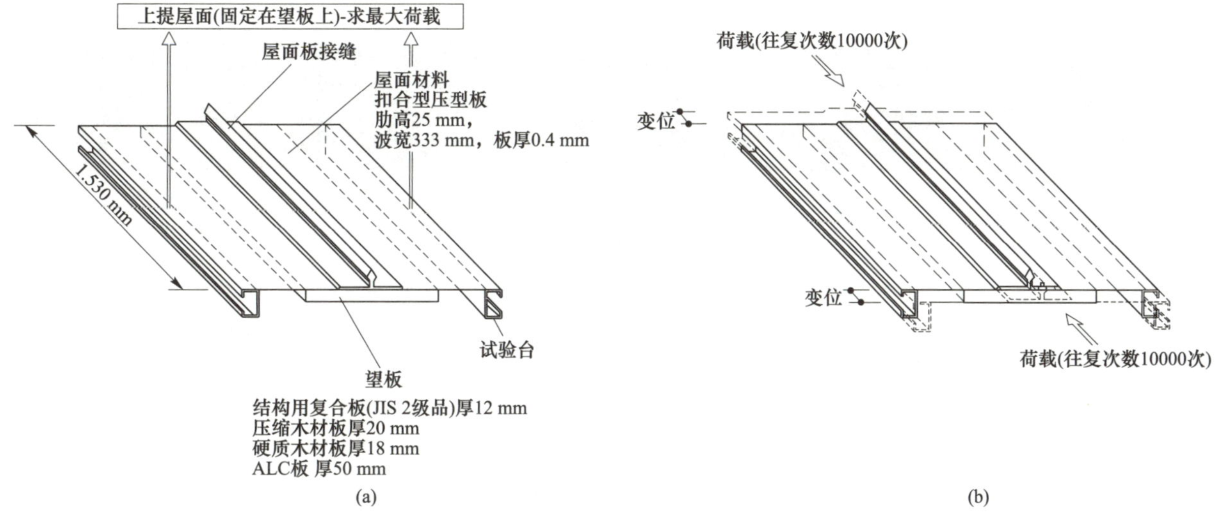

图 3.6.3 直接固定在望板上的直立锁边屋面温度伸缩试验的概要

注：1. 在初期状态，利用屋面板的上提载荷试验得到最大荷载；

2. 水平方向 10000 次往复变位载荷［图（b）后］，利用屋面板的上提载荷试验得到最大荷载［(图（a)］。

（a）竖向上提载荷试验；（b）水平向往复变位载荷试验

试验方法如图 3.6.3（a）所示。

先将试件的屋面板向上提，求出最大荷载[①]；然后用另外的试件，如图 3.6.3（b）所示，沿着板的长度方向施加 10000 次往复荷载[②③]；再依照图 3.6.3（a）所示，对施加往复荷载后的屋面板进行试验，求出最大荷载，如图 3.6.4 所示。

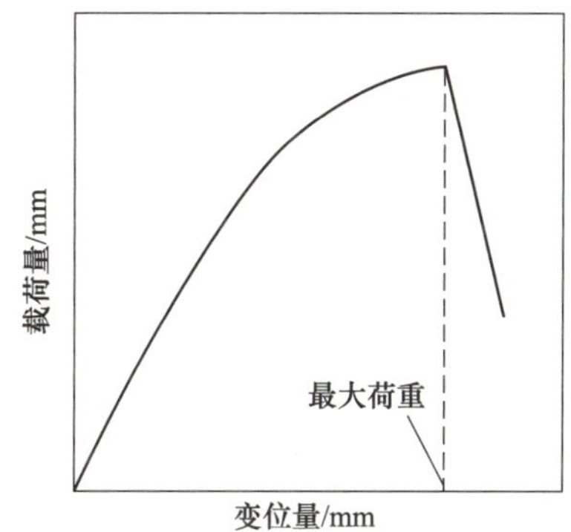

图 3.6.4 关于最大荷载

通过确认 10000 次往复荷载前后的最大荷载、破坏状况，从而分析得出温度伸缩引起的往复力对屋面板、紧固件，以及固定紧固件的望板的影响。

3.6.2.2 结果概要

各种望板往复荷载前（初期）和往复荷载后的上提最大荷载和破坏状况见表 3.6.2 和照片 3.6.2。

表 3.6.2 直接固定在望板上的直立锁边屋面温度伸缩试验结果的概要

望板	往复荷载前（初期状态）	往复荷载 10000 次后	
	上提荷载的最大值 / 破坏状态	往复变位量	上提荷载最大值 / 破坏状态
构造用胶合板（厚 12 mm）	−1360 N	3 mm（假设长度 10000 mm 温度差 50 ℃）	−1340 N
	螺钉从望板中拔出		螺钉从望板中拔出［见照片 3.6.2（a）］
高压水泥刨花板厚（厚 20 mm）	−1720 N	6 mm（假设长度 20000 mm 温度差 50 ℃）	−1110 N
	螺钉从望板中拔出后，扣合滑脱		钢板上螺钉头滑脱［见照片 3.6.2（b）］

① 最大荷载指将屋面板向上提时的最大荷载，是屋面板、紧固件或者望板完全破坏时的荷载。

② 10000 回往复荷载相当于 30 年间的往复次数（1 天的温度变化×365 日×30 年≈10000 次）。

③ 变位量相当于实际环境一天温度差（50 ℃）的变位。将对变位无约束的屋面的中点作为不动点，假设屋面板长 10 m，则变位量为 $10000\ mm/2\times12\times10^{-6}\times50\ ℃=3\ mm$，屋面板长 20 m 时，则变位量为 $20000\ mm/2\times12\times10^{-6}\times50\ ℃=6\ mm$。

续表 3.6.2

望板	往复荷载前（初期状态）	往复荷载 10000 次后	
	上提荷载的最大值	往复变位量	上提荷载最大值
	破坏状态		破坏状态
硬质水泥木片板（厚 18 mm）	-2190 N	6 mm（假设长度 20000 mm 温度差 50 ℃）	-1480 N
	扣合滑脱		钢板上螺钉头滑脱［见照片 3.6.2（c）］
ALC 板（厚 50 mm）	-1410 N		-730 N
	螺钉从望板中拔出		望板上螺钉滑脱［见照片 3.6.2（d）］

注：变位量是指以屋面跨度中点为不动点的单侧变位量。

照片 3.6.2　往复荷载后的上提试验的破坏状况

（a）构造用胶合板（螺钉从望板中拔出）；（b）高压水泥刨花板（钢板上螺钉头滑脱）；
（c）硬质水泥木片板（钢板上螺钉头滑脱）；（d）ALC 板（螺钉从望板中拔出）

望板材料为结构用胶合板的住宅屋面，当屋面跨度为 10 m 时，上提最大荷载在初期和往复荷载前后基本无差异，破坏状况均为螺钉从望板上拔出。因此可以认为，屋面跨度 10 m、望板采用结构用胶合板时，即使屋面板材受到温度伸缩往复荷载的作用，承受风压的强度与初期状态也会保持一致。

对于跨度 20 m 的非住宅屋面，当采用高压水泥刨花板、硬质水泥木片板及 ALC 板作为望板时，初期与往复后的状态不同，各种材料往复荷载后的上提最大荷载均比初期状态时低。当材料为高压水泥刨花板、硬质水泥木片板时，往复荷载后的破坏状况为钢板上螺钉头滑脱。分析认为是在往复荷载作用下，钢板上的螺钉孔变长，使固定能力降低；材料为 ALC 板时，往复荷载后的破坏状况为螺钉从望板中拔出。分析认为是 ALC 板对螺钉的嵌固力下降。

可见，高压水泥刨花板、硬质水泥木片板及 ALC 板作为望板时，实际使用后，抗风能力比预估的强度有所降低，应予以注意①。采用 ALC 板作望板时，螺钉有可能被拔出，应特别注意。

3.6.3 细部构造要点

以下举例说明屋面板在温度伸缩影响下产生的问题以及解决方案。

3.6.3.1 包脊板的变形对策

采用压型板（特别是长尺咬合型压型板）时，有时伸缩会引起包脊板的变形甚至是破坏，如图 3.6.5 所示。

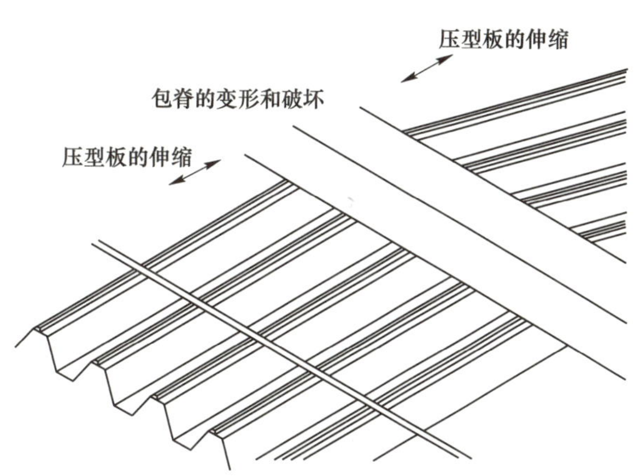

图 3.6.5 压型板温度伸缩引起的包脊板的变形

可以采用图 3.6.6 所示的解决方案，在包脊板上设置伸缩凸起的构造，伸缩凸起可以吸收温度伸缩产生的压型板变形。但需要注意的是在温度伸缩的往复作用下，包脊板上可能会产生裂纹。

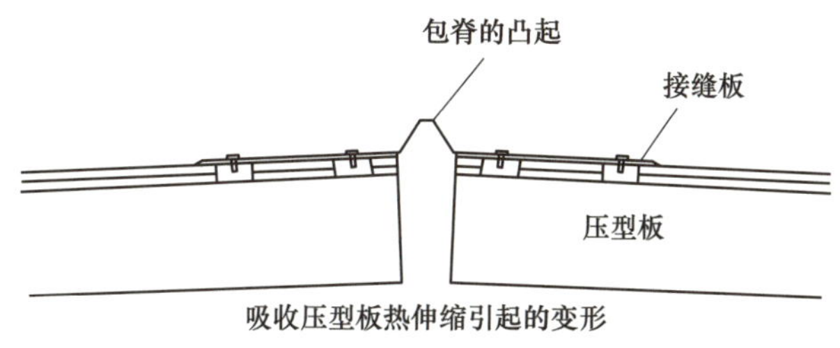

图 3.6.6 包脊板的抗伸缩凸起

照片 3.6.3 采用的构造是将包脊板凸起设置成曲面形状的方法，这是因为曲面形状不容易产生塑性变形。

① 为了防止螺栓头从钢板中滑脱，可以在螺栓头下设置垫圈，增加螺栓头与钢板的接触面，或将连接处的钢板折叠成双层。另外针对望板对螺钉的嵌固力下降这一问题，原则上螺钉应将被连接件固定在椽条上，并根据需要适当增加连接件的数量。

照片 3. 6. 3　将包脊板设置成凸起的曲面形状

3. 6. 3. 2　包边板的接长节点

包边板的接长节点如图 3. 6. 7 所示。侧檐包边接长部位的搭接长度一般取 60～100 mm。该节点必须设在有支座（B 型：端部固定支架等）的部位。如果在无支座处用螺钉将钢板连接在一起，由于钢板温度伸缩等原因，螺钉处容易产生晃动，施工后不久螺钉就有松弛的风险。因此必须用螺钉将包边及压型板牢靠地固定在檩条上。

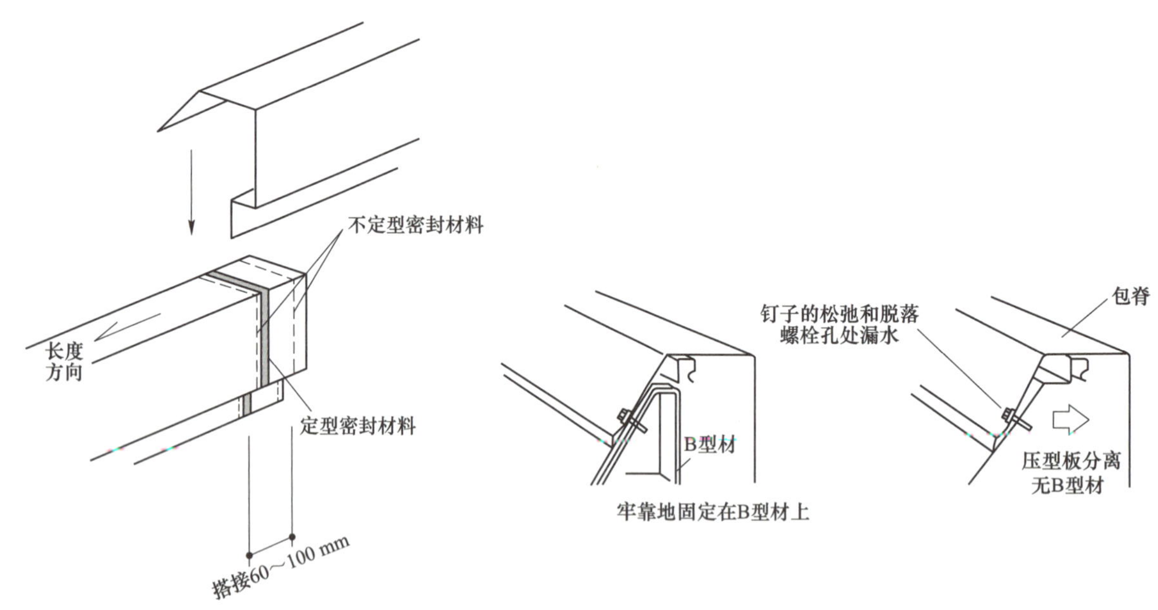

图 3. 6. 7　包边板的连接节点

3. 6. 3. 3　钢板天沟的伸缩缝

用钢板加工的天沟，有时会因天沟的温度伸缩而造成连接部位的破坏。因此应将连接设置成可伸缩结构（伸缩缝）。伸缩缝的加工如图 3. 6. 8 所示。考虑到竖管可能存在排水不畅的问题，于是在每两根竖管之间设置一个伸缩缝。另外，伸缩缝的宽度与伸缩量有关，一般取 50～100 mm。

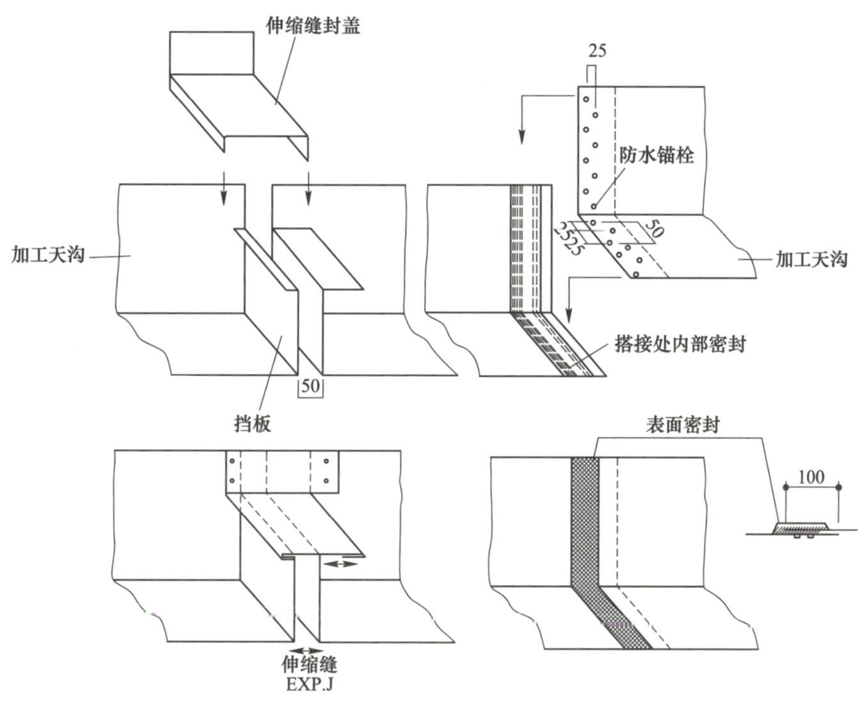

图 3.6.8 钢板天沟的伸缩缝

3.6.4 异响声

3.6.4.1 现象及发生原因

金属屋面（特别是压型板）在使用过程中，经常会发生咔哒咔哒、咯噔咯噔等各种响声。这也是由压型板的温度伸缩引起的。

异响声包括压型板形状突变时由于温度伸缩产生的、压型板上的内应力被释放时的声音、压型板之间的摩擦声、固定压型板的连接配件和压型板之间的摩擦音、压型板的响声。

异响发生的频度受压型板规格、檩条尺寸的影响。板型样式与异响发生频度的关系见表 3.6.3。

表 3.6.3 压型板、基材的规格对压型板异响发生频度的影响

要素	规格	
	异响发生频度较低的做法	异响发生频度较高的做法
压型板形式	单层板	双层板
板厚	厚	薄
颜色	淡色	浓色
内衬（有无）	有	无
内衬（厚度）	厚	薄
压型板形式（斜边部分）	短（分段）	长
原板、成型材	形状好	形状差
屋面板长度	短	长
基层结构（不平）	小	大
基层结构（跨度）	小	大
排板（轴线）	直	蛇形

3.6.4.2 降低压型板异响的解决方案

为了防止压型板发生异常异响，应参考表 3.6.3 选择合适的板型。

还可以采取以下措施：

（1）减少压型板的温度变化（在压型板表面涂一层隔热涂料，或在压型板上铺一层隔热膜等）；

（2）压型板固定配件采用滑动构造，使其能够适应压型板的温度伸缩变化。

3.6.4.3　注意事项

应该注意的是上述针对异响的解决方案只能减少异响，但不能彻底消除异响。

对于非常重视室内环境的建筑物，经常会发生异响投诉事件。压型板的异响从根本上杜绝基本上是不可能的，因此为了防止投诉事件的发生，可以事先向委托人或设计者等详细解释以下内容：

（1）金属屋面的特性决定了发生异响这种情况是不可避免的；

（2）无法事先预测何时会发生异响；

（3）当发生异响时，想要完全阻止这种现象是不可能的；

（4）根据建筑的使用用途，判断是否需要在室内设置吊顶等对应措施。

专栏

金属异响现象

除了压型板企业相关者外，很少有人能够想到压型板会出现异响现象。

产生这种现象的机理为：（1）日照造成屋面板温度上升→（2）温度上升使屋面板膨胀→（3）随着屋面板的膨胀，在板接缝部位等屋面板之间产生相互摩擦声，因热膨胀产生应力集中在屋面板的平坦部分，发生变形应力释放，发出嘭嘭的响声。

金属因热膨胀产生的异响现象并不仅限于屋面本身，在我们附近也会发生这种异响。例如，在向不锈钢等洗涤槽中灌入开水时也会听到“嘭嘭”的响声。

虽然让委托人完全了解压型板的特点（优点和缺点）很困难，但是与今后的使用关系重大，因此，负责解释的人应该充分了解压型板的各种现象并尽量使委托人也尽量理解。

参考文献

[1] MSRW 検討委員会：鋼板製屋根・外壁の設計・施工・保全の手引きMSRW 2014，日本金属屋根協会・日本鋼構造協会，2014.

[2] MSRW 検討委員会：鋼板製屋根・外壁の設計・施工・保全の手引きMSRW 2014，日本金属屋根協会・日本鋼構造協会，2014.

[3] MSRW 検討委員会：鋼板製屋根・外壁の設計・施工・保全の手引きMSRW 2014，日本金属屋根協会・日本鋼構造協会，2014.

[4] 日本金属屋根協会：素材からみる金属屋根と外壁，2005.

第 4 章

提高舒适性

4.1 防止光辐射

4.1.1 抑制光污染

4.1.1.1 光污染的发展和变化

一直以来，光污染是指大城市中室外的过度照明等造成“夜空亮度”增加的现象，一般称其为“光公害”。另外，不恰当的照明和过度使用照明还会因炫光令人产生不快感、降低人们对交通信号等重要信息的认知度、扰乱野生动植物、农作物等的生长发育。人们开始呼吁对此采取措施。后来政府（环境省）开始重视这一问题，于1994年针对“光公害”进行了随机调查，结果显示约四分之三的人对“光公害”有一定程度的认知。环境省在1988年实施了“全国星空持续观测（天体观测网）”活动，报告指出城市周边的夜空亮度过大。于是政府于1998年3月制定了《光公害对策指导准则——为了良好的照明环境》。

此后相继整理出版了《地域照明环境计划策划手册》《光公害防止制度相关手册》，使地方公共团体提高了光公害意识，光公害的治理效果逐渐显现。再后来，整个社会对防止光公害的呼吁声越来越高，为了适应对光公害认识的多样化需求，在8年之后的2006年12月整理出版了《光公害对策手册修订版》。从那时起到现在又过了10年，光污染问题快速增加，且不再是指夜间，而是指白昼太阳光反射引起的问题，如钢板屋面、外墙和天窗，或者是楼房的玻璃窗等建筑物的反射问题，最近比较严重的是太阳能发电板引起的光反射问题。

4.1.1.2 光的反射

光等电磁波在折射率不同的物质临界面上会将部分或全部入射光反射出去。此时入射光的入射角等于反射光的反射角这一反射法则成立。入射角是光的方向与临界面法线之间的夹角。图4.1.1中，左边的夹角α为入射角，右边的夹角α为反射角。由于历史原因，在从电工学发展出来的电磁学中有时将入射角和反射角定义为与反射面的角度。不过无论是哪种情况，入射角都等于反射角。

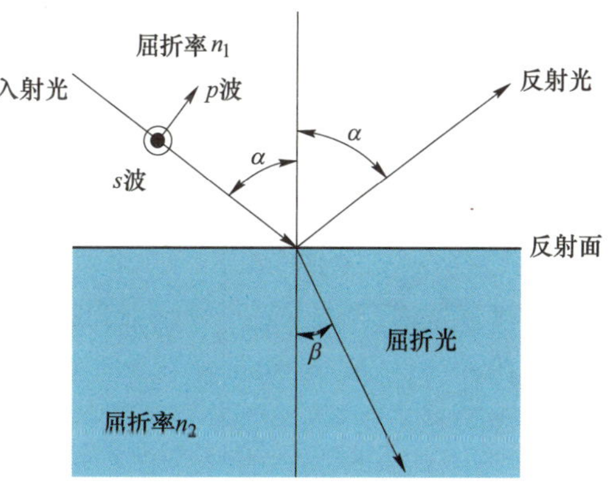

图4.1.1 光的反射

在完全光滑面上，光从一定方向入射后按照一定角度反射出去。但现实中的物体并不一定这样。在光学领域和计算机图像领域中，可以采用双向散射分布函数或双向反射分布函数等构建非完全光滑物体的反射模型。

4.1.2 防止太阳光反射造成的光污染

4.1.2.1 太阳能系统

最近新闻中经常提及的因光反射污染而引发诉讼的案例中，有些案例的主因是搭建在住宅屋面上的、用于太阳能发电的太阳能电池模块的反射光引起了炫光或者过热。光反射污染问题与太阳能系统的普及成比例增加，超大型太阳能系统也存在反射光的问题。

随着节能补贴的不断强化以及节能修订法的实施等各项活动的开展，公众对建筑环境的关注度越来越高。公众开始关注使用反射日光、照明光的建筑材料以及节能效果显著的建筑。与此同时，反射光使周边产生刺眼光芒并引发温度上升等问题也很突出。而能够有效解决反射危害的设计方法还未真正确立，现在可供设计者利用的资料非常少。

比如，当光对太阳能电池模块的入射角度（垂直约 50°）较大时，玻璃的反射率较小，反射光也较弱。而当入射光小于上述角度时，反射率急剧增加。此时如果有太阳强光照射时，其放射光芒会让人感觉到刺眼，如照片 4.1.1 所示。以下是防止上述问题发生的相关信息，希望能够对设计提供帮助。

照片 4.1.1　太阳能电池模块的反射光

4.1.2.2　太阳的位置

太阳的位置随着季节和时刻不断变化。图 4.1.2 表示太阳高度的变化，图 4.1.3 表示日出、日落时的方位，可以作为验算放射光方向时的参考。

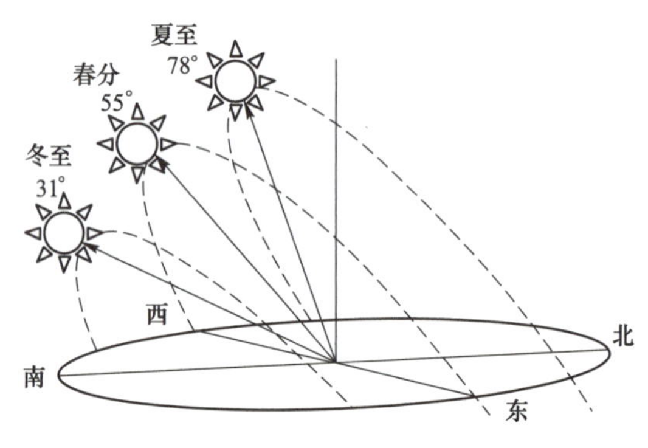

图 4.1.2　太阳高度（东京）　　图 4.1.3　日出、日落时的方位（东京）

4.1.2.3　防止光反射纠纷的发生

在住宅中，一般将太阳能电池模块设置在光线好的南侧屋面上。日本住宅的屋面坡度多为 3~6 寸，换算成角度相当于 16°~31°。而太阳高度如图 4.1.2 所示，在东京地区时为 30°~78°，变化范围很大。在这种条件下，太阳光一般向天空反射，不会射向地面引发纠纷。例如在角度相对不利的屋面（6 寸坡度：31°）时，反射光的状态如图 4.1.4 所示。

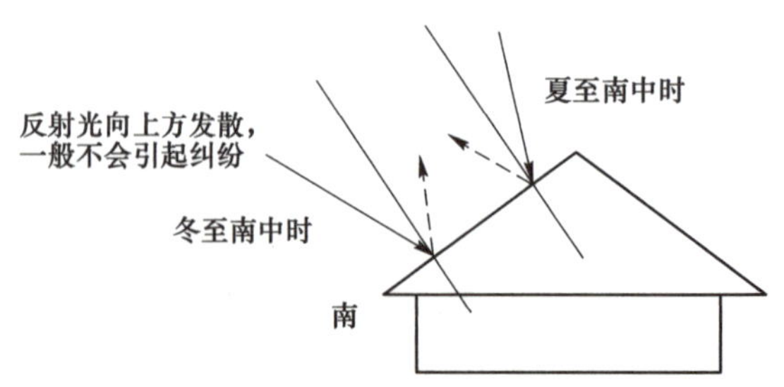

图 4.1.4　设置在南面的太阳能电池模块的反射光

而如果将太阳能电池模块设置在屋面的东面、西面或北面，当太阳光照射时，反射光的方向根据太阳的位置和高度，有时会指向地面。如果光线进入近邻的住宅或建筑的窗子时就容易引起纠纷。图 4.1.5 所示为太阳光向地面反射的例子以及光线进入邻居家南面窗户的例子。

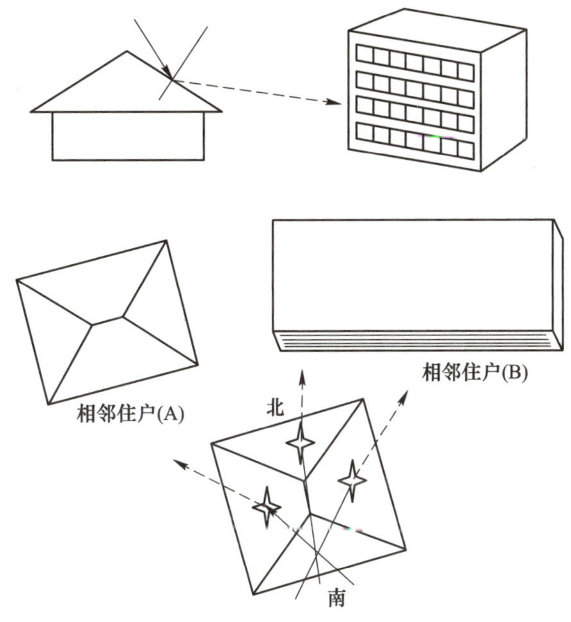

图 4.1.5　反射光指向地面的例子

4.1.2.4　总结

（1）应避免在太阳反射光可能引起纠纷的东面、西面和北面（北面一般不适合）的住宅或建筑物上设置太阳能电池模块或采用反射率高的钢板屋面。

（2）当相邻建筑物存在有可能引起纠纷的大窗时，应考虑太阳的高度和方位，验算反射光线是否会射入其窗中。将手持镜子放在太阳能电池模块上，用目光顺着太阳光的入射方向观察镜子中的景色，可以得出正确的判断。但必须注意太阳的位置随着季节和时间变化，应事先进行确认。

（3）如果上述确认结果显示反射光射入近邻住宅或建筑的可能性大时，应向委托方讲明情况并研究处理方法。

专栏

光反射污染的容忍限度和预防措施

光反射污染简单地说就是建筑物的玻璃、铝板、太阳能发电板（太阳电池）以及反射光污染的对象等各种各样的情况。钢板外装材料中，用于屋面和墙面的不锈钢板、镀铝锌钢板有时也会产生光污染问题。尤其是早期使用的镀铝锌钢板，由于追求板表面晶格的光泽，基本上无表面涂层。

海岸地区建筑的外装板材采用镀铝锌裸板时，在雨水淋不到的挑檐内侧等位置很容易早期产生黑锈或白锈。由于各制造厂商针对使用方法的反复强调、近来耐蚀性和耐候性的高涂层树脂以及涂层颜色的选择范围增多，从预防光污染的角度和高度出发，采用无涂层镀铝锌裸板的情况越来越少。当在屋面上使用镀铝锌裸板时，必须密切注意周围的状况，避免产生光反射污染。

从其增加的绝对量上看，这几年发生得最多的光反射污染纠纷主要是对太阳能电池模块板的投诉。横滨市发生了围绕新建住宅屋面上设置的太阳能发电板反射光问题引发的纠纷。附近的居民对施工住宅的厂商和新建住宅业主提起诉讼，要求拆除太阳能发电板。一审（横滨地方裁判所 2012 年 4 月 18 日判决）支持了原告方的诉求，二审东京高等裁判所推翻了一审的判决（东京高裁 2013 年 3 月 13 日判决）。

判决中争论的焦点是对太阳能发电板反射光的容忍强度（是否能够承受）。该判决结果作为判例，对今后不断增加的太阳能发电板反射光的纠纷将产生不小的影响。现阶段判决结果分不出胜负的情况较多。考虑到为此付出的人力和物力，应当事先仔细分析安装太阳能发电板可能引起的光反射问题，若分析结果显示可能对周围产生超过限度范围的光反射污染时，则采取减少板数量、调整设置位置等限量设计，当用金属板等外装材料时，选择反射少的颜色，可以减少以后发生纠纷的可能性。

另外，可以做到事先对光反射的反射光轨迹进行模拟，计算对象反射物的反射光轨迹，不仅可以了解对附近建筑的影响，还可以掌握其对交通车辆的影响。对太阳光的反射不仅可以针对一整年进行分析，还可以自由设置反射面的位置和角度等，因此可以事先得知是否存在反射光问题。

评价反射光影响的标准采用建筑环境综合性能评价系统“CASBEE”中的“日光在建筑外墙上的反射光对策”。该标准可以判断是否会发生反射光，并对其影响程度进行定性评价。

4.2 隔热钢板

4.2.1 高热反射涂料

高热反射涂料是功能涂料的一种，通过对太阳光中接近紫外线频域的光强力反射，抑制涂膜及被涂物表面的温度上升，这种涂料一般被称为隔热涂料。用涂装设备流水线涂装的镀层钢板、预涂层钢板（per coat metal，PCM）一般被称为隔热钢板。

4.2.2 隔热钢板的期待效果

根据发表的数据，近 100 年来地球的温度上升了 1~2 ℃，世界各国开始举行全球规模的会议讨论全球气候变暖的对策已经有一段时间了。到目前为止，各国的立场微妙，很难达成一致。

近来的异常气象、洪水、北极和南极的冰及冰河的融化、海平面上升等，各种可能直接影响人们生活的异常现象一步一步向我们逼近。

我们亲身经历的有以东京为首的城市中心的热岛（HI）现象，近年来行政部门为此出台了设置通廊等应对措施。

热岛现象产生的主要原因是：绿地的减少、建筑物、沥青地面的增加使地表吸收的热量增加以及水分蒸发减少，引起地表温度上升，由此带来了空调使用量的增加，这些因素与工厂排热等多种因素相互作用，使城市的大气温度上升，还带来了极端暴雨等问题。在屋面或人行步道、运动场等涂刷隔热涂料，或在屋面上使用隔热钢板是上述问题的解决方法之一，很值得期待。

使用隔热钢板的优点是可以在夏季降低室内温度以减少空调负荷，这既可以节能减排，也与热岛对策和地球变暖对策密切相关。另外随之产生的另一个优点是，钢板屋面温度的下降使涂层面的寿命延长，因此建筑相关人员和建筑业主都对降温屋面有着浓厚的兴趣。

4.2.3 高热反射涂料的原理

周围存在的所有物质都是吸收了太阳的光能后散发热量。太阳光如图 4.2.1 所示有日照光谱，根据波长大致可分为三类：紫外线波长范围（夏季晒黑的主要原因：波长 350 nm 以下）、可视光波长范围（肉眼可以感觉到的光线：波长 380~780 nm）、红外线波长范围（750~2500 nm）。其中与热相关的是红外线。太阳光中红外线超过 50%，含量非常大。红外线照到物质上后，被作为热能吸收，温度上升。

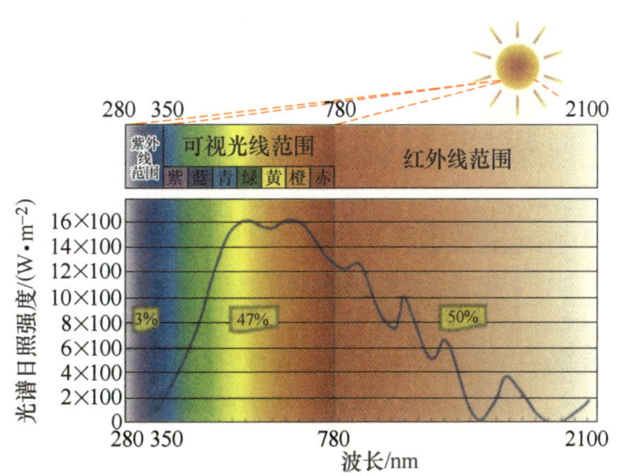

图 4.2.1 太阳光的能量分布

一般情况下，接近黑色的深色调吸收的热量多、温度变高的趋势强。当然决定色相的是可见光，同样是黑色，吸收紫外线的能力也有高低的区别。隔热钢板便利用了这一原理，它是用隔热涂料处理的涂层钢板，看上去虽然色相一样，但由于是用不易吸收红外线的材料制作而成，即使太阳光照射在钢板上，温度也很难升高。

4.2.4　隔热功能的原理

采用隔热颜料的隔热涂料，可以使涂层钢板的表面对日照中紫外线的反射率增加，抑制涂层钢板表面温度上升，如图 4.2.2 所示。

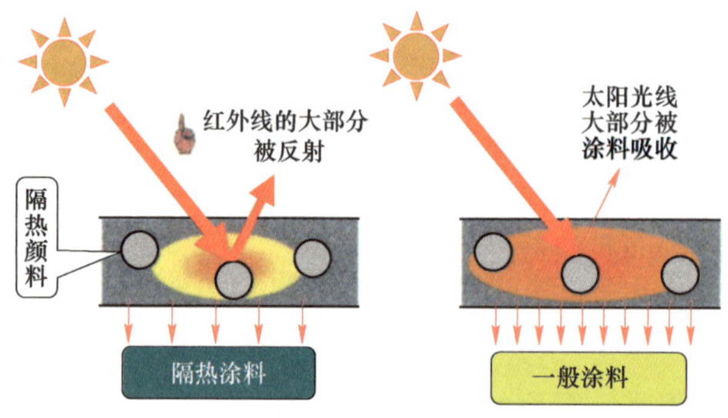

图 4.2.2　隔热功能的机理

4.2.5　施工实测

使用隔热涂料的屋面温度约为 48 ℃，使用一般涂料的屋面温度约为 53 ℃（见照片 4.2.1），证实了隔热涂料可以反射更多的光。

天气：晴
大气温度：32 ℃
场所：大阪府堺市(日铁住金钢板 西日本制造所堺地区)

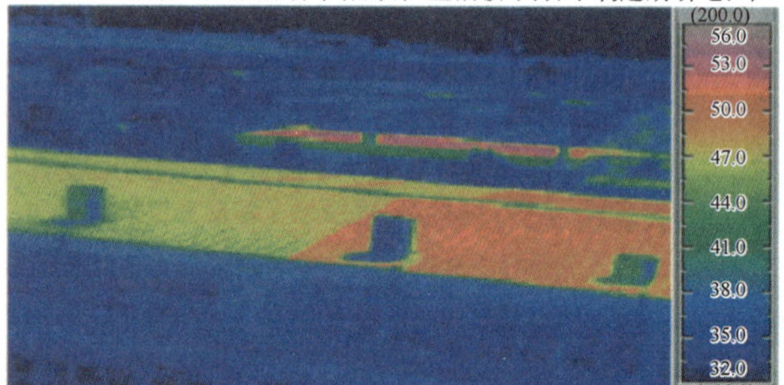

照片 4.2.1　用温度分布图像显示的施工例调查

专栏

镀铝锌涂层钢板（JIS G3322：2012）

关于 JIS 标准的修订

随着 2012 年 6 月对涂层镀铝锌钢板 JIS 标准的修订，为了制定高热反射率钢板的规定，对涂膜的种类进行了详细划分。

表示高热反射率的钢板 4 类、5 类、6 类的定义为“色相亮度 40 以下（深色）且热反射率 40%以上（高反射）”。通过这一修订产生了表示隔热钢板性能的客观标准，可作为使用者选择钢板时的参考。

术语“亮度”是指色彩的亮度
用数值0～100表示，数值越大越明亮

亮度0
最暗的黑色

亮度100
最亮的白色

修订前

	盐水喷雾试验时间		
	200 h	500 h	2000 h + 耐候性试验
种类	1类	2类	3类

修订后

	盐水喷雾试验时间		
	200 h	500 h	2000 h + 耐候性试验
原来的种类（不变）	1类	2类	3类
新增种类 亮度40以下 太阳光反射率40%以上	4类	5类	6类

太阳光反射率的计算方法遵守JIS标准(JIS K5602)的规定。
测定范围780～2500 mm(近红外线波长范围)
注:
亮度超过40的淡色，无论光反射率是多少，根据涂膜的耐久性，分类为1～3类。
亮度40以下，但光反射率不足40%的色相，根据涂膜的耐久性，分类为1～3类。

4.3　降低热传递

本节介绍与隔热性能相关的一般事项以及性能确认的计算手法。另外，本节中还介绍了与隔热性能有密切关系的防结露对策。

4.3.1　为什么需要隔热性能

对建筑物都有隔热性能和防结露性能的要求。由于这两项性能的提升与节能有直接关系，所以应着重研究屋面材料等建筑材料的隔热性能的课题。

如果在住宅中对吊顶、外墙、楼板不进行隔热处理，80%的热量会从室内流失，如图 4.3.1 所示。如果采用 50 mm 厚的玻璃棉隔热材料，流出的热量降至 40%，效果非常明显，如图 4.3.2 所示。由此可以看出进行隔热处理的重要性。另外，当热量流失使得建筑材料处于结露点以下时，不仅会发生结露，还会出现污损、霉菌、腐蚀等问题。

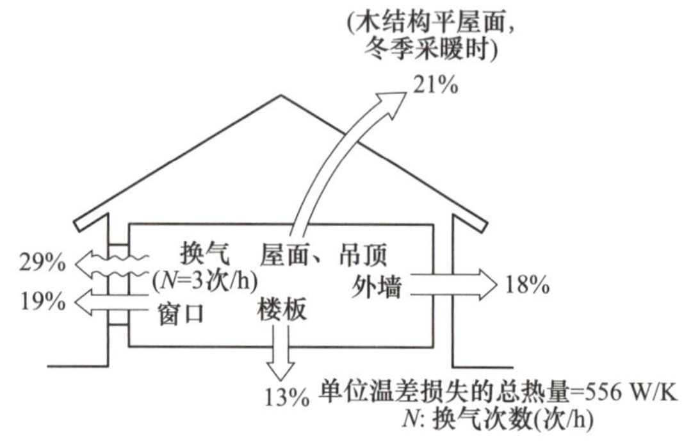

图 4.3.1　穿过建筑各部位的热流比例

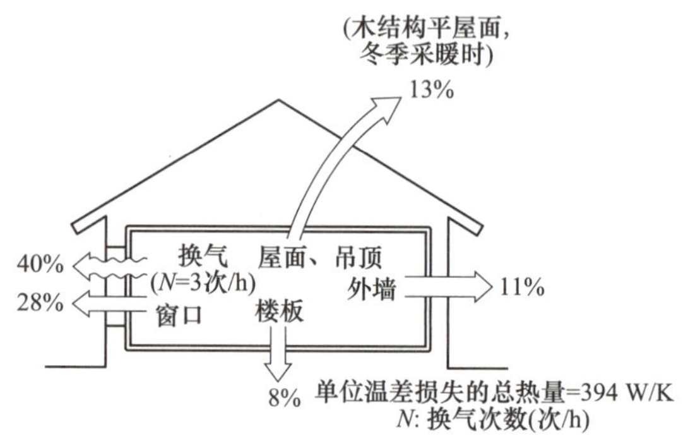

图 4.3.2　有隔热层时的热流比例

建筑中与大气接触的屋面和外墙材料与热能量从室内流向室外的移动直接相关（见图 4.3.3），所以了解屋面和外墙材料的隔热性能非常重要。

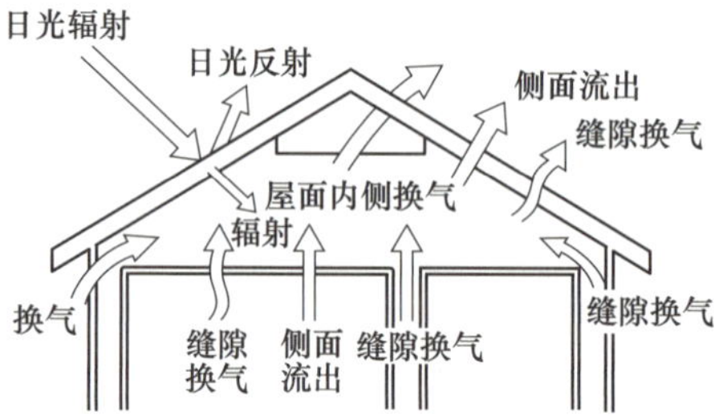

图 4.3.3　穿过屋面的热流

关于单位：

（1）W（瓦特）：SI 单位，表示每小时的热量，1 W = 0.86 kcal/h，1 kcal/h = 1.1628 W。

（2）温度的单位：SI 单位中温度用 K（开尔文）表示。本书为避免混乱仍然用度“℃”表示。K 为绝对温度，换算公式为 0 ℃ = 273 K。使用℃时，计算公式不变。

【参考】热传导率的单位：1 kcal/(m · h · ℃) = 1.16 W/(m · ℃)。

4.3.2　不同构造的隔热性能的差异

提高隔热性能也就是提高“舒适性和节能性”。提高隔热性能的方法有很多种应用途径，且对于不同部件来说差异也很大。在这里介绍各种构造的隔热性能。

4.3.2.1　不同屋面构造的隔热性能

要提高压型板屋面的隔热性能，可以采用双层压型板结构。在平铺屋面中，基层檩条的结构形式对隔热性能影响很大。表示隔热性能的指标用传热系数［W/(m^2 · ℃)］表示，该数值越小，隔热性能越好。单层压型板和双层压型板（保温棉 10 kg，厚度 100 mm）的隔热性能约有 10 倍的差别，见表 4.3.1。

表 4.3.1 各类屋面构造的传热系数比较

构造	单层压型板	双层压型板	直立锁边
构造、材质	屋面材料：彩色钢板 GL t0.8 内衬材料：高填充 P 系 t4.0	上压型板：彩色钢板 GL t0.8 中间材料：GW t100 下压型板：GL 裸板 t0.6 内衬材料：高填充 P 系 t4.0	屋面材料：彩色钢板 GL t0.4 内衬材料：高填充 P 系 t4.0 防水材料：沥青卷材 t1.0 基材：水泥刨花板 t25.0
构造图			
传热系数	4.30 W/(m^2·℃)	0.45 W/(m^2·℃)	3.26 W/(m^2·℃)

这种性能差别对室内表面温度的影响可用协会计算软件《屋面验算》进行计算。具体说明可参见本协会发行的《创造舒适空间，压型板屋面可以做到的事情》一书。

4.3.2.2 不同墙面构造的隔热性能

外墙构造与屋面构造一样，不同基层檩条构造的隔热性能差异很大，见表 4.3.2。基层的种类很多，例如板类、与隔热材一体的制品等。金属夹芯板是一种在加工成型的两面金属板之间夹入隔热材料形成的复合板制品，具有高隔热性能。由于外墙有外立面美观性、防耐火性等多个方面的性能要求，因此在选择外墙板时，不能只考虑隔热性能，还需要综合考量，满足各方面要求。

表 4.3.2 外墙构造类别、传热系数比较

构造	梯形波钢板	梯形波钢板+PB 基层	金属夹芯板
构造、材质	外墙材料：彩色钢板 GL t0.5	外墙材料：彩色钢板 GL t0.5 基材：石膏板 t12.5	外墙材料：金属夹芯板 t35
构造图			
传热系数	7.06 W/(m^2·℃)	5.04 W/(m^2·℃)	0.59 W/(m^2·℃)

4.3.3 隔热构造的原理

屋面和外墙的隔热性能由组成材料的热特性（传热系数、比热容、表面颜色、空气层等）、接触空气的流速以及是否有空调决定。

4.3.3.1 传热系数（U 值）、热阻（R 值）

屋面或墙面的隔热性能可运用具体的数值来表现屋面或墙面的热量传导难度（由材料的厚度和热传导系数决定）以及大气及室内空气的热量传导难度。

传热系数和热阻的关系用 $U=1/R$ 表示。传热系数越小，热量通过材料的难度越大，传热系数用以下公式计算。

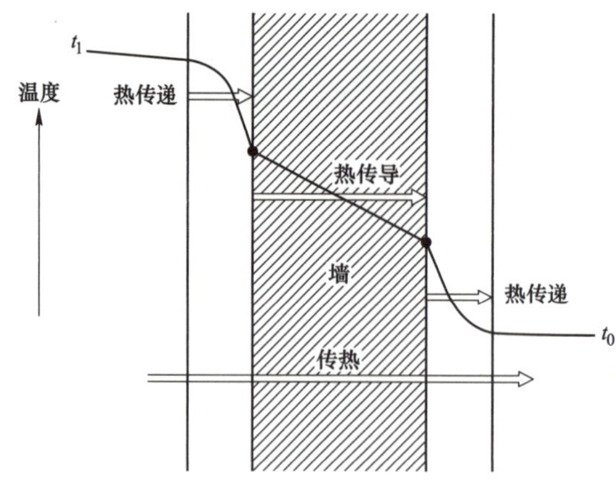

$U=\frac{1}{R}=\frac{1}{\frac{1}{\alpha_i}+\sum\frac{l}{\lambda}+\frac{1}{\alpha_o}}$	U	传热系数，W/(m²·℃)
	R	热阻，m²·℃/W
	α_i	室内侧热传导系数，W/(m²·℃)
	α_o	室外侧热传导系数，W/(m²·℃)
	$\sum\frac{l}{\lambda}$	构件的热阻，m²·℃/W

4.3.3.2　太阳光吸收与夜间辐射

穿过材料的热量（传热量）用传热系数和室内外气温的差计算。必须考虑日照和辐射对建筑物的影响。这是因为屋面和外墙在白天受到日照而升温，在晚上由于热辐射而降温。

一般用将日照和辐射考虑在内的材料的温度上升和下降的外气温（一般称为近旁温度，相对外气温）进行验算。

专栏

热传导率（λ）和传热系数（U）

两个系数都是表示热传递容易度的数值，考虑隔热性能时一定会被提到。两者意思相近，在使用时很容易混淆。简而言之可以认为：

热传导率（λ）＝一种材料，单位 W/(m·℃)

传热系数（U）＝多种材料，单位 W/(m²·℃)

更详细的说明见下图。

热传导率是表示材料传热的容易度。对于一种材料，当厚度 1 m、两侧的温度差为 1 ℃时，穿过材料面积 1 m² 的热量，用瓦特（W）表示。可以在同样条件下比较材料的隔热性能，该值越小，热量越难通过，则隔热性能越好。

热传导率(λ)，单位W/(m·℃)

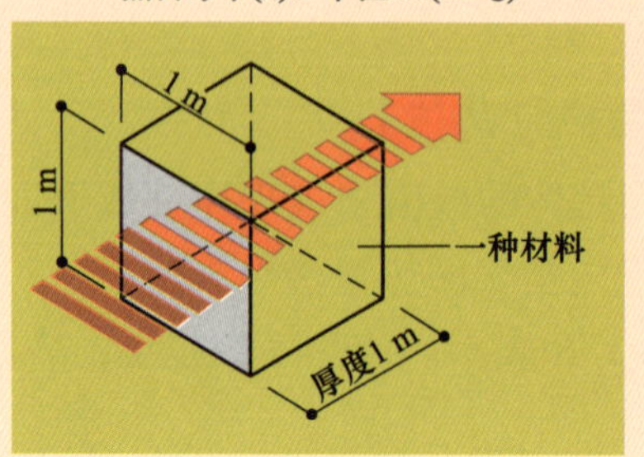

传热系数是表示楼板、外墙、窗户等部位隔热性能的数值。当两侧的温度差为 1 ℃时，通过该部位 1 m^2 面积的热量，用瓦特（W）表示。该值越小，热量越难通过，则隔热性能越好。

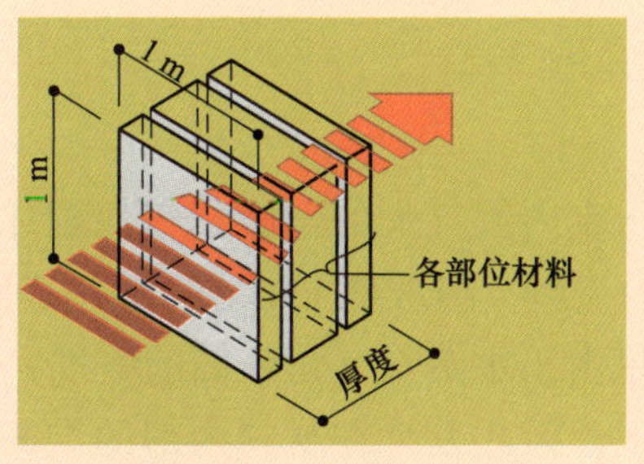

传热系数(U)，单位W/(m²·℃)

小常识：*K*值和*U*值

2009 年 4 月 1 日起实施的节能修正法中，为了与国际上使用的符号一致，将表示传热系数的符号从“*K*”变成了“*U*”，但是其含义和内容并没有改变。

专栏

热阻（热阻抗）(*R*)

单位：$m^2 \cdot ℃/W$

该术语在验算隔热性能时经常出现。是表示阻止热量传递的指标，对于同一种材料和厚度，当两侧的温度差为 1 ℃时，通过该部位 1 m^2 面积的热量，用瓦特（W）表示（该值被称为传热系数）。该值的倒数为热阻。热阻越大，热量越难通过，隔热性能越好。

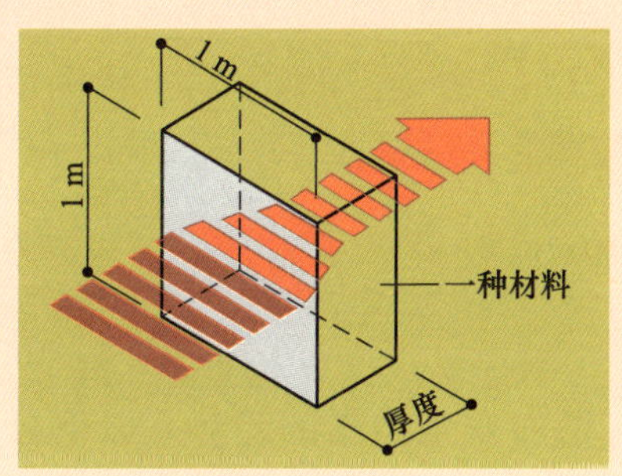

※ 该图表示“传热系数”

热阻为该热传导率的倒数

$$\text{热阻 } R(m^2 \cdot ℃/W) = \frac{\text{材料的厚度 } d(m)}{\text{材料的热传导率 } \lambda[W/(m \cdot ℃)]}$$

4.3.4 结露的原理

由于高隔热、高气密性而发生的结露现象是无法避免的。前面讲解了隔热性能的相关原理，在本节中介绍结露发生的原理和预防对策。

一定体积的空气中包含的水蒸气量与温度有关，温度越高，含量越高，温度越低，含量越少。某一时刻空气中的实际水蒸气含量与最大水蒸气含量的比值被称为相对湿度。因此即使水蒸气的含量相同，温度变化，湿度也会发生变化。

从图 4.3.4 的空气线图可见，温度 20 ℃、相对湿度 60%的状态时，假定温度降低到 15 ℃，则相对湿度上升至 82%(A 点)；当温度继续下降，湿度超过 100%时，空气中的水蒸气变成了水滴的形状，这种现象被称为结露，此时的温度被称为露点温度（B 点）。温度 20 ℃、湿度 60%时的空气的露点温度为 12 ℃。因此，只要知道温湿度，在其环境中露点温度以下的物质的表面就会产生水滴，也就是说会发生结露。

4.3.5　结露的类型和事例

4.3.5.1　表面结露和内部结露

（1）表面结露。表面结露是指室内湿气大的温暖空气遇到冰冷的窗户、墙壁、吊顶、楼板等时发生的露珠现象。在寒冷天气的清晨，窗玻璃上的水珠也是表面结露。

（2）内部结露。内部结露是指由于水蒸气（湿度高的空气）流入材料内部，使材料内部的水蒸气压大于该场所的饱和水蒸气压，因此发生在材料内部的结露现象，如图 4.3.5 所示。具体事例有当防潮措施不足时，室内的暖空气（湿度高）侵入墙体内部，又被室外侧的低温大气冷却，在墙内部、楼板下、吊顶里侧等产生水滴的现象。严重时可能伴随结构件的腐蚀，影响住宅的寿命。

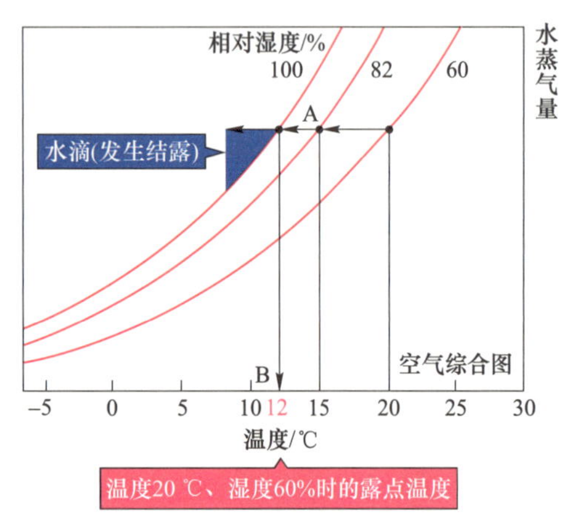

图 4.3.4　结露的发生和相对湿度

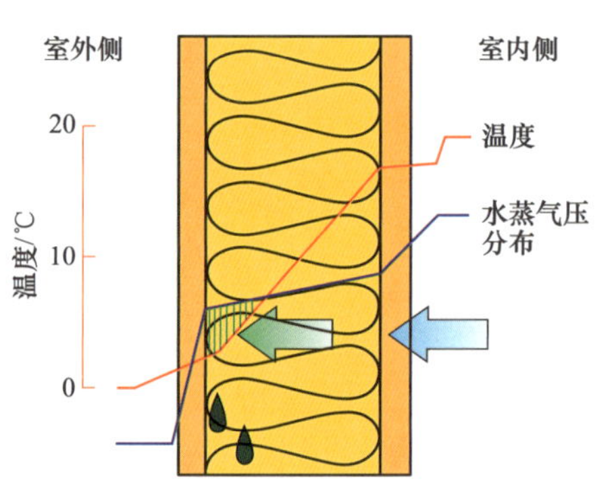

图 4.3.5　内部结露

4.3.5.2　结露的事例

住宅的高隔热性和高气密性有增加发生结露的趋势。以下分别是一般住宅和其他建筑易发生结露的部位。

（1）一般住宅。家具内侧、壁橱中、浴室、窗玻璃、楼板下、屋架内、窗帘内侧、墙壁内等。

（2）工厂、仓库、体育馆。屋面里侧接缝处、固定支架、钢骨、屋架吊顶里侧、墙表面连接部位等。

（3）室内的水蒸气会因地面混凝土、人员（呼吸、出汗）、开放型暖气设备的使用、湿气从室外的流入等因素而增加。这样的场所如果在夜间将室内封闭的话，容易发生结露现象。

（4）使用高透湿性吊顶时，吊顶上的空间的湿度上升易使吊顶发生结露。另外，易产生热传递的部位（冷桥部位、缝隙、隔热性低的部位等）、施工不良部位以及错误使用材料等都容易发生结露。

4.3.6　怎样防止结露

防止表面结露的方法之一是提高各个部位的隔热性能。

尤其需要注意的是，侵入墙体或屋面吊顶的内部的湿气使温度降低到露点温度以下时，会形成水滴而产生内部结露的现象。内部结露经常发生在意想不到的地方，是造成腐蚀和锈蚀的原因。

结露有时候连续发生、有时候在一定条件下间断发生。一般情况下即使发生结露，马上擦干的话不会有什么不良后果。但是如果连续发生，或者虽然是间断发生但周期较短无法干燥，结构总是处于湿润状态，就会产生较大影响。

4.3.6.1　防止表面结露

当窗户和外墙等温度低于露点温度时会发生表面结露。此时防止结露的最好方法是采取隔热结构。在隔热、防潮设计施工时确保窗户和外墙的温度不低于露点温度。

4.3.6.2　防止内部结露

防止内部结露首先要防潮湿。在外墙、吊顶、楼板的室内侧设置防潮层，以防止室内的水蒸气侵入墙内、吊顶上的空间或楼板的下面。设置防潮层基本上能防止水蒸气的侵入，但是水蒸气可能从防潮层的接缝处进入。此时如果外墙的构造允许湿气迅速排出墙外，也不会出现大问题。因此还应该在外墙的室外侧设置透汽层排出水蒸气，即采用“透汽构造”（见图 4.3.6）作为防结露对策。

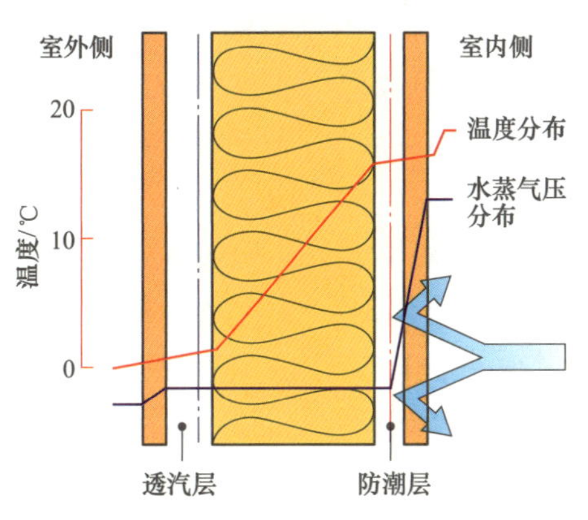

图 4.3.6　内部结露的防止

4.3.6.3　透汽构造的效果

木结构住宅为了追求舒适性，对气密性要求很高。但这却造成湿气滞留在室内无法排出，从而使墙体上出现结露现象，同时引起的还有柱、墙间柱、基础木横梁等构件的腐朽，以及受潮后隔热材料的隔热效果降低等与住宅耐久性相关的问题。

针对这些问题，采用透汽结构外墙可以减少墙体内出现结露现象，提高耐久性。关于透汽构造，各产品供应企业有多种不同方案，设计时应事先进行确认。

透汽构造是指在主墙体上贴一层可使墙体内的湿气逸出的防水透汽膜。设置透汽层时，需要设置为 15~20 mm 的檩条，然后再铺外墙板。分别设置吸入外部空气的进气口和将透汽层中流动的空气和室内水分（湿气）排出室外的排气口，形成透汽构造。进气口一般设置在基础木横梁的泛水部分，然后根据建筑物的形状以及是否有屋脊通风，采用图 4.3.7 所示方法设置排气口。另外透汽构造具有以下效果。

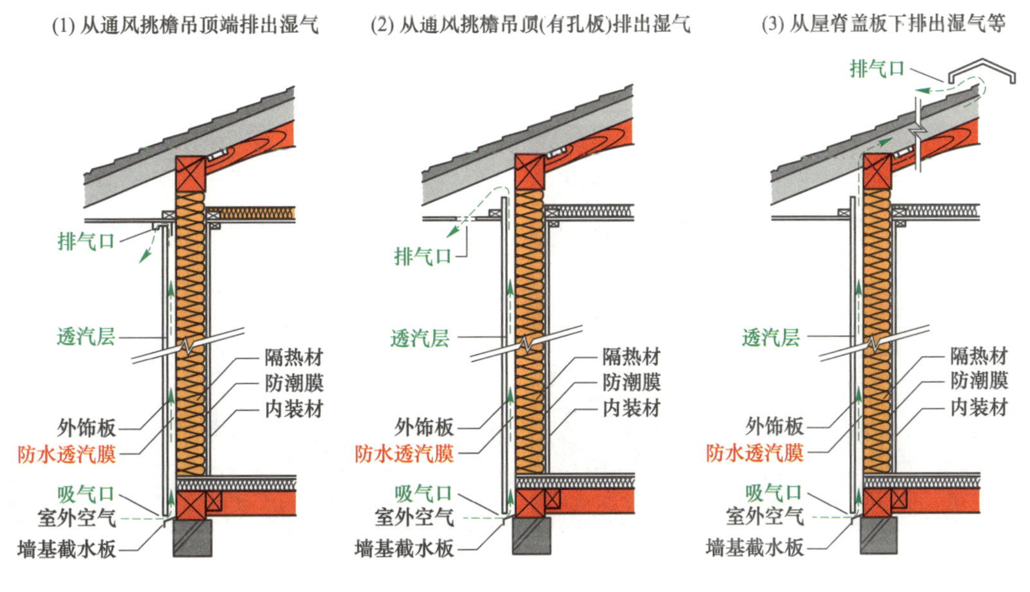

图 4.3.7　外墙透汽构造例

（1）抑制墙体内结露的效果（冬季）。冬季室内取暖会产生大量水蒸气。另外，烧饭烧水、洗浴、人的身体也会散发出水蒸气，这些水蒸气有一部分穿过内装材浸入墙体。墙体封闭时，水蒸气无法逸出，滞留在墙体内部的水蒸气被室外气温冷却，产生墙体内结露现象。“透汽构造”通过让滞留在墙体内的水蒸气逸出室外抑制墙体内结露的发生。

（2）抑制室外侧雨水浸入的效果（台风、强风时）。当台风或强降雨时，雨水可能通过外装材料的接缝浸入。雨水万一浸入，可通过透汽层排出。另外，由于在墙体内侧采用了雨水无法浸入、水蒸气可以通过的防水透汽膜（见图 4.3.8），因此具有双重防水效果。

（3）日照的隔热效果（夏季）。夏季直接照射在外墙上向建筑内传导的太阳光的热量被透汽层阻断或扩散，抑制了室内温度的上升。屋面和墙面一样，也会出现因结露等引起望板的劣化问题。为此产品供应商提出了透汽工法的建议。其例见照片 4.3.1 和照片 4.3.2。

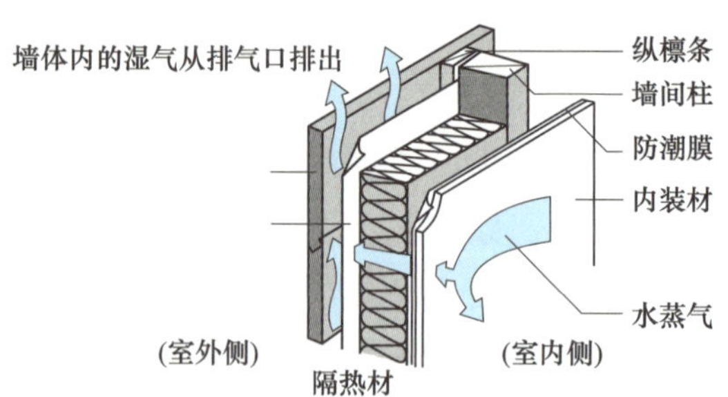

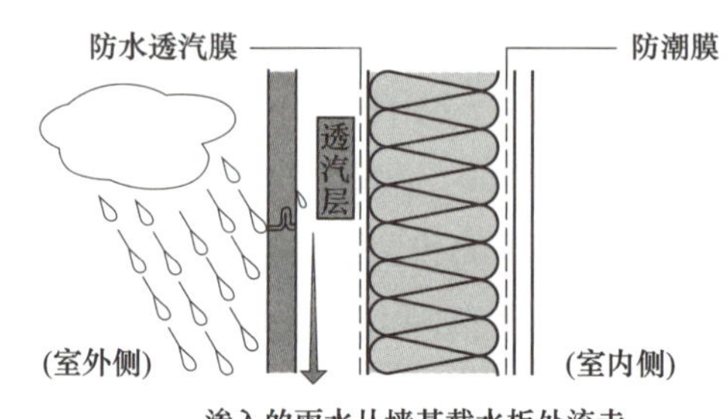

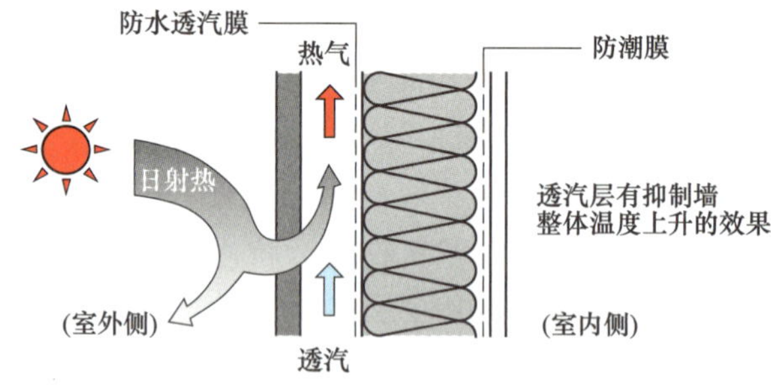

图 4.3.8　透汽构造的效果

4.3.7　隔热计算

隔热、结露分析与强度计算不同，由于所处的条件（室内外的温度、湿度环境）每时每刻都在变化，所以无法计算。所以通常是针对一定条件（一般称为定常状态）进行计算和验算。防止结露不仅仅与建筑设计（屋面、外墙的热性能）有关，而且还受建筑物的使用方法和居民居住习惯的影响。当然为了满足屋面和外墙的热性能，正确的施工方法也很重要。

照片 4.3.1　望板结露

照片 4.3.2　屋面透汽构造

隔热、结露的主要计算流程公式如下。

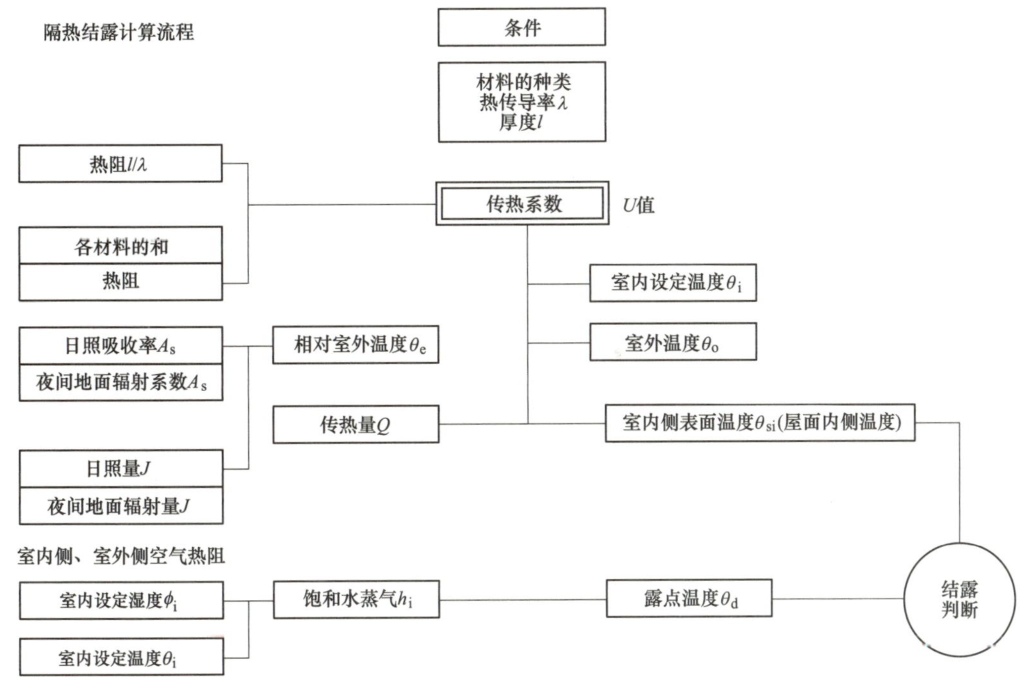

4.3.7.1 传热系数 U 的计算

传热系数用以下公式计算：

公式	符号	说明
$U=\dfrac{1}{R}=\dfrac{1}{\dfrac{1}{\alpha_i}+\sum\dfrac{l}{\lambda}+\dfrac{1}{\alpha_o}}$	U	传热系数，$W/(m^2\cdot ℃)$
	R	热阻，$m^2\cdot ℃/W$
	α_i	室内侧热传导系数，$W/(m^2\cdot ℃)$
	α_o	室外侧热传导系数，$W/(m^2\cdot ℃)$
	$\sum\dfrac{l}{\lambda}$	构件的热阻，$m^2\cdot ℃/W$

（1）U：传热系数［$W/(m^2\cdot ℃)$］。

公式	符号	说明
$U=\dfrac{l}{R}$	U	传热系数，$W/(m^2\cdot ℃)$
	R	热阻，$m^2\cdot ℃/W$

（2）α：与空气的热传导率［$W/(m^2\cdot ℃)$］。

α_i：室内侧热传导率=9.5~11.5，计算时一般取10；α_o：室外侧热传导率=23.5~29，计算时一般取24；空气热传导率受空气流动的速度、风速、房间大小、材料角度（纵、横、屋面、外墙、楼板）、热转移方向等影响，一般计算时室内侧取“10”、室外侧取“24”。

（3）$\sum\dfrac{l}{\lambda}$：构件的热阻（$m^2\cdot ℃/W$）。

公式	符号	说明
$\sum\dfrac{l}{\lambda}$	l	材料厚度，m
	λ	材料的导热系数，$W/(m\cdot ℃)$

构件热阻之和。如望板、隔热材、金属板等由数种材料组成的金属屋面的构件的热阻为：

$$\sum\frac{l}{\lambda}=\frac{l_1}{\lambda_1}+\frac{l_2}{\lambda_2}+\frac{l_3}{\lambda_3}+\cdots$$

（4）λ_α：空气层的热阻（$m^2\cdot ℃/W$）。

当墙内有密闭空气层（中空层）时，隔热性能提高。空气层的厚度超过2 cm以上时，中空层的隔热性能与厚度的关系不大。一般木结构内空气层的热阻为 0.1(m^2 · ℃/W) 左右，工厂制作的双层玻璃（密封性较高时）为 0.2(m^2 · ℃/W)。横铺屋面的中空构造等可以期待这种热阻的效果。有空气层的热传导率按下式计算。

$U=\dfrac{1}{R}=\dfrac{1}{\dfrac{1}{\alpha_i}+\sum\dfrac{l}{\lambda}+0.1+\dfrac{1}{\alpha_o}}=\dfrac{1}{0.24+\sum\dfrac{l}{\lambda}}$	0.1	空气层的热阻

专栏

钢板的隔热性能

组成双层压型板的各材料的热抵抗（热阻）见专表 4.3.1（t/λ）。可以看出，钢板（上压型板和下压型板）与 GW（玻璃棉）和内衬板比较，钢板的热阻非常小，其差值达到 10^5。因此在隔热计算中可忽略不计。即使钢板的板厚、压型板的形状发生变化，计算结果也不会受到影响。

专表 4.3.1 每个构件的热阻

序号	使用材料	导热系数（λ）	厚度（t）/m	t/λ
①	上压型板：彩色钢板 GL t0.8	45	0.0008	0.0000178
②	GW t100	0.05	0.07	1.4000000
③	下压型板：裸板 t0.6	45	0.0006	0.0000133
④	内衬板：高填充 P 系 t4.0	0.035	0.004	0.1142857
⑤				
⑥				
⑦				
⑧				
合计：（$\sum t/\lambda$）				1.5143168

4.3.7.2 计算传热量 Q

传热量用以下公式计算：

$Q=U\times(\theta_e-\theta_i)$	Q	传热量，W/m^2 +时为流入室内的热量 −时为流出室外的热量
	U	传热系数，W/(m^2 · ℃)
	θ_e	相对室外温度，℃
	θ_i	室内设定温度，℃

θ_e：相对室外温度（℃）。

考虑了日照和辐射冷却等引起温度升降的影响。

计算公式如下：

$\theta_e=\theta_o+\dfrac{A_s\times J}{\alpha_o}$	θ_e	相对室外温度，℃
	θ_o	室外温度，℃ 参考年内最高气温和最低气温等进行设定
	A_s	太阳辐射吸收系数（或者为夜间辐射扩散系数），随着材质和材料的颜色等发生变化（见表 4.3.3）
	J	太阳辐射量，1050 W/(m^2 · ℃) 地面辐射量，−135 W/(m^2 · ℃)
	α_o	室外侧热传导系数，W/(m^2 · ℃)，一般取 24

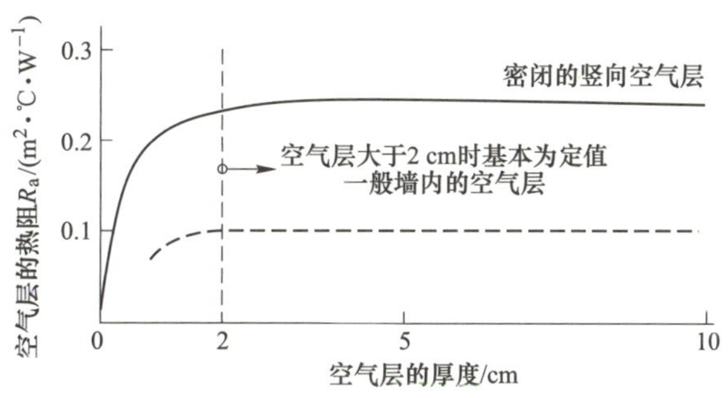

表 4.3.3 太阳辐射吸收系数和夜间辐射扩散系数

材料		太阳辐射吸收系数	夜间辐射扩散系数
镀锌钢板		0.80	0.85
彩色钢板	白	0.20	0.90
	淡色	0.40	0.90
	暗色	0.50	0.90
	黑	0.95	0.90
	银灰金属质感	0.30	0.45
	青铜质感	0.50	0.50
不锈钢板（原板）		0.65	0.35
镀铝锌钢板		0.35	0.40
铝合金板		0.20	(0.30)
石棉瓦（约经过3年）		0.85	(0.30)

注：经过污染及经过年变化后其数值会发生变化。涂层不锈钢的数值采用彩色钢板的数值。

4.3.8 结露计算

屋面和外墙的室内侧表面温度（屋面和外墙的里侧温度）大于室内露点温度时就不会发生结露。室内侧表面温度用下式计算。计算例见第8章。

4.3.8.1 计算室内侧表面温度

公式	符号	说明
$\theta_{si} = \theta_i + \dfrac{Q}{\alpha_i} = \theta_i + \dfrac{U \times (\theta_e + \theta_i)}{\alpha_i}$	θ_{si}	室内侧表面温度，℃
	θ_i	室内设定温度，℃
	U	传热系数，W/(m²·℃)
	θ_e	相对大气温度，℃
	α_i	室内侧热传导系数，W/(m²·℃)，一般取10

θ_i：室内设定温度（℃）。屋子的上方、下方、中央和角部的室内温度分布是有差异的。同样，屋子的形状、空气的流动、空调的有无、换气条件等都会对室内温度的分布造成影响。但计算时一般忽略这些条件，这是因为室内上方温度较高，不易结露。

4.3.8.2 计算室内水蒸气压力

公式	符号	说明
$h_i = H_i \times \phi_i$	h_i	室内水蒸气压力，mmHg①
	H_i	室内设定温度时的饱和水蒸气压，mmHg 从湿空气线图中求得
	ϕ_i	室内设定湿度，% 由设计者等设定

①1 mmHg = 133.322 Pa。

4.3.8.3　计算室内露点温度

室内水蒸气压力利用从湿空气线图求得的饱和水蒸气压温度（露点温度）（见第 8 章）计算。室内设定温度和室内设定湿度由设计者决定。

4.3.8.4　判断是否结露

比较室内露点温度（θ_d）和室内侧表面温度（θ_{si}），当 $\theta_d<\theta_{si}$ 时不会发生结露。

4.3.8.5　开口部位等

开口部位、热桥部位、冷桥部位等建筑材料以外的因素对热的传递的影响很大。以下所述原因以及施工质量对屋面和外墙隔热性能的好坏起着决定性作用。而在实际设计和计算时没有考虑这些方面的因素。

（1）开口部位和缝隙。如果有开口等，空气流动会产生热转移，隔热性能将大大降低。但是开口率增加后换气效果上升，有时可以避免结露。

（2）热桥和冷桥。一般情况下接缝处、附属配件（固定支架、檩条、连接件等）以及连接部位比一般部位的热传递多。有时在这些部位的表面会产生表面结露（局部结露）。

（3）平均 U 值。对于上述含有（1）和（2）等热缺陷的屋面及外墙的隔热性能，应对其平均传热系数（平均 U 值，各材料的 U 值见表 4.3.4）进行研究。另外产生热缺陷的因素和施工质量对隔热性能影响很大。

表 4.3.4　各种材料的热传导率

部位	材料名	热传导率/［$W\cdot(m\cdot℃)^{-1}$］
屋面材料	钢板、铁素体不锈钢板	45
	奥氏体不锈钢板	17
	铝、铝合金板	210
	铜板	385
	钛板	18
	瓦，石棉瓦	1.0
吊顶材料	胶合板、刨花板	0.16
	木材 2 类	0.15
	石膏板	0.22
	岩棉吸声板	0.065
隔热材、衬板	喷涂岩棉 1 类	0.048
	玻璃棉（10 kg/m³）	0.05
	玻璃纤维（80 kg/m³）	0.32
	聚乙烯泡沫	0.44
	硬质聚氨酯	0.28
望板、底板	珍珠岩水泥 3 类	0.22
	轻量气泡混凝土 1 类	0.17
	混凝土	1.62
	水泥刨花板	0.17
	硬质木削水泥板	0.19
	砂浆	1.5
	油毡木板瓦	0.11

续表 4.3.4

部位	材料名	热传导率/［W·(m·℃)⁻¹］
其他	平板玻璃	0.78
	雪（200 kg/m³）	0.11～0.15
	水（0 ℃）	0.6

【参考资料】节能标准和建筑节能法

政府规定的节能标准对隔热性能的目标设定影响很大。在2013年的节能标准修订版中，为了更容易掌握节能性能，节能指标被修订为“初始能源消耗量”。但是实际计算中，必须考虑空调、照明的能量消耗量，对于非专业人士来说是非常困难的。但是在选择屋面和外墙的构造时又必须考虑该标准，因此本书重点介绍标准概要、修订过程和现行标准。

（1）节能概要。日本能源匮乏，以19世纪70年代第二次石油危机为契机，于1979年制定并实施了《合理使用能源的相关法律》（以下简称节能法）。节能法中将节能的措施分为厂房等、运输、建筑物、机械设备四个部分，着力于提高能量的使用效率。

在建筑物的相关节能措施中，对非住宅和住宅分别制定标准，提出了构造的隔热、设备的节能等标准。其后，由于海湾战争爆发、缔结和批准京都议定书、京都议定书目标实现计划等原因，节能法经过了多次修订和强化。

从2016年4月1日起建筑节能法正式实施。2017年4月起，对于人员众多、面积超过2000 m²以上的大型店铺、旅馆、医院、集会设施等非住宅建筑物，要求在开工之前必须提交能够满足节能法的节能报告。预计从2020年4月起，满足节能标准将普及到包括住宅在内的所有建筑。

（2）节能标准。

1）节能标准的修订过程。

《节约能量标准》（以下简称节能标准）中对和节能法对应的建筑物的性能水准做出了详细规定，分别提出了非住宅节能标准和住宅节能标准。节能标准制订于1980年，并保持与节能法同步，经历了多次修订和强化。

在节能标准的修订版中，通过规定或重新评估热损失系数的判断标准值，提高了建筑物的隔热性能指标。特别是1999年标准（俗称：近未来节能标准）大幅度提升了隔热性能指标，非常细致地考虑了各区域气候条件的特性，使标准更加合理和精细。

1980年	制订节能标准（旧节能标准）
1992年	修订（新节能标准）
1999年	修订（近未来节能标准）
2013年现行标准	修订（初始能源消耗量标准）

2）现行（2013年修订版）的节能标准。

1999年的节能标准的修订版采用对隔热性能和设备性能分别进行评价的方法，很难对整个建筑物的节能性进行客观比较。因此对前一版进行了修订，现行节能标准已经改为对建筑整体的节能性能进行评价，在隔热性能中增加了国际上使用的初始能源消耗量指标，对设备性能进行综合评价。另外针对评价隔热性能外围护的标准，也采用了与“初始能源消耗量”标准整合后的指标。

“初始能源消耗量”标准。由实际建筑设计图纸计算出的初始能源消耗量≤由标准构造（符合 1999 年的外围护标准与设备标准）计算出的初始能源消耗量。初始能源消耗量为“空调和采暖设备”“换气设备”“照明设备”“热水设备”“升降机”“办公设备和家电厨房”等能量消耗量的总和。

建筑物（非住宅）外围护的热性能。从 PAL 到 PAL^*。与 PAL 一样，是指用每年的热负荷除以楼板面积得到的值。地域划分、房屋使用条件（空调时间、换气量等）等的计算条件与初始能源消耗量的计算条件一致。

住宅外围护的热性能。由修订前的标准热损失系数、夏季日照系数变更为外围护平均传热系数，冷气空调机的平均日照热获得系数。

【用语说明】

1）热损失系数：表示建筑物的隔热性能指标。其值越小隔热性能越高。一般用 Q 表示。

$$Q=\frac{\text{外墙・吊顶・楼板等各部位的热逸出量(热损失量)的合计}}{\text{建筑面积}}$$

2）初始能源消耗量：石化燃料、核能燃料、水力和火力、光等从自然得到的能量被称为“初始能源”。将这些原料加工后得到的能源（电力、燃油、城市燃气等）被称为“二次能源”。用同样的单位计算，通过换算成初始能源的消耗量，计算出建筑物的总能源消耗量。

3）外围护：与大气接触的墙、窗、吊顶和楼板等。

4）单位日照强度：水平面上的全天日照量［直射光（指阳光直射）和散射光（通过大气、云等的散乱反射到达地面的阳光）］之和，W/m^2。

5）总日照热获得量：从屋面、外墙等结构体和窗玻璃侵入的日照量在建筑内部产生的热量。

（3）建筑节能法。2016 年 4 月 1 日起，提升建筑物能源消耗性能的相关法律（建筑节能法）开始实施。本法规为提升建筑物的节能性能，规定了大型非住宅建筑必须满足节能标准的限制措施，将达到节能标准时的标识制度和符合推荐性标准的建筑物容积率特例的推荐措施等作为整体进行考虑。

1）建筑节能标准。

住宅用途。评价住宅的节能性能采用以下两个标准。住宅的窗户、外墙等外围护性能的评价标准；机械设备等初始能源消费量的评价标准。

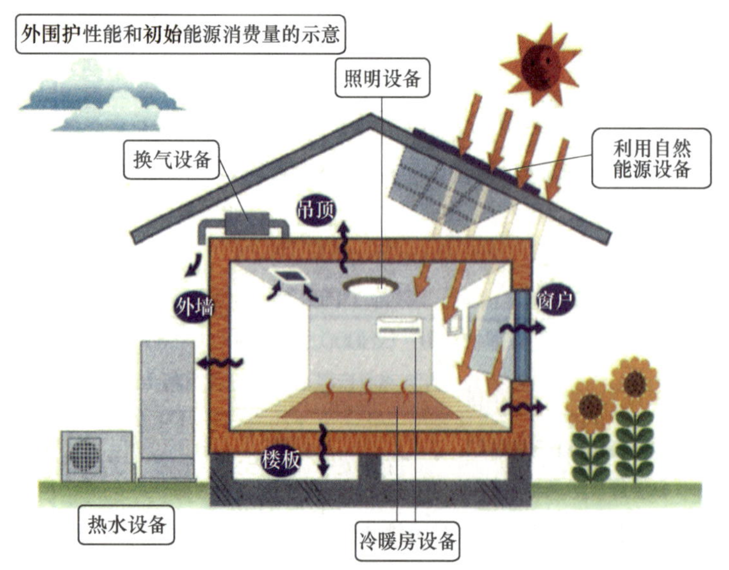

● 外围护性能

○ 外围护平均传热系数(U_A)的标准：

$$U_A=\frac{\text{单位温度差的总热损失量}}{\text{外围护总面积}}$$

○ 用冷气时平均日照热吸收率(η_{AC})的标准：

$$\eta_{AC}=\frac{\text{单位日照强度的总日照热获得量}}{\text{外围护总面积}}\times 100$$

● 初始能源消费量

+ 冷暖气设备**初始能**源消费量
+ 通风设备**初始能**源消费量
+ 照明设备**初始能**源消费量
+ 热水设备**初始能**源消费量
+ 其他(家电等)**初始能**源消费量
− 利用自然能源设备的**初始能**源消费量的减少量

= **初始能**源消费量

非住宅用途。评价非住宅的节能性能采用以下两个标准。住宅的窗户、外墙等外围护性能（PAL^*）的评价标准；机械设备等初始能源消费量的评价标准。

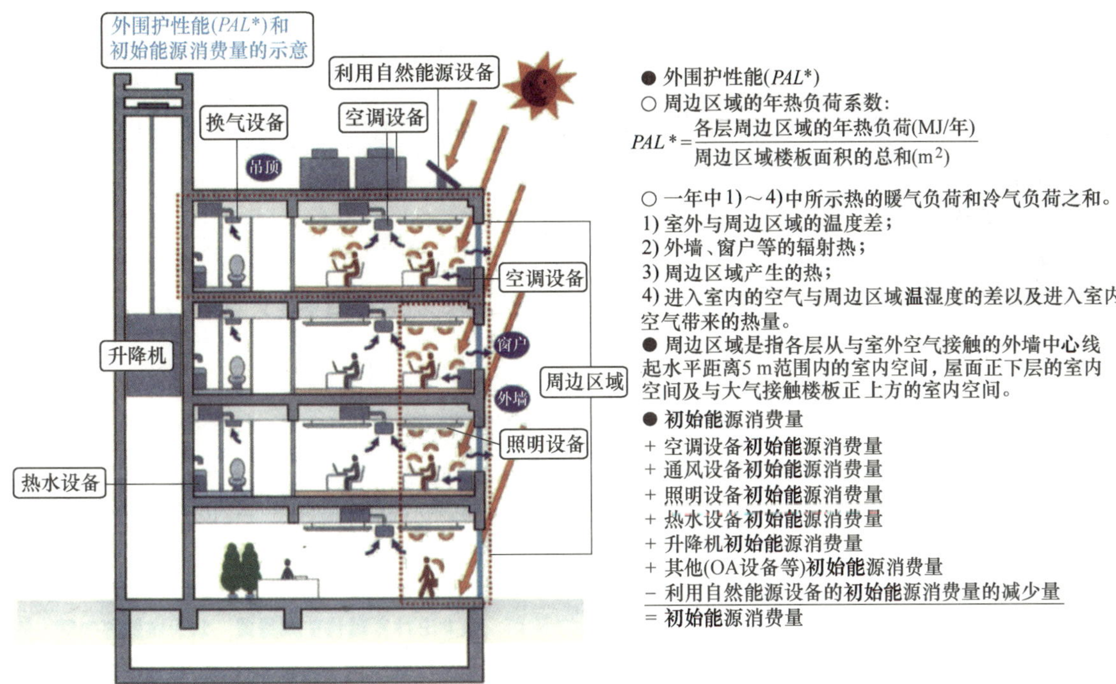

2）节能标准的三个水准。

建筑节能法中适用的标准有三个，即《能源消费性能标准（节能标准）》《推荐性标准》《住宅事业建筑主标准（方案）》。

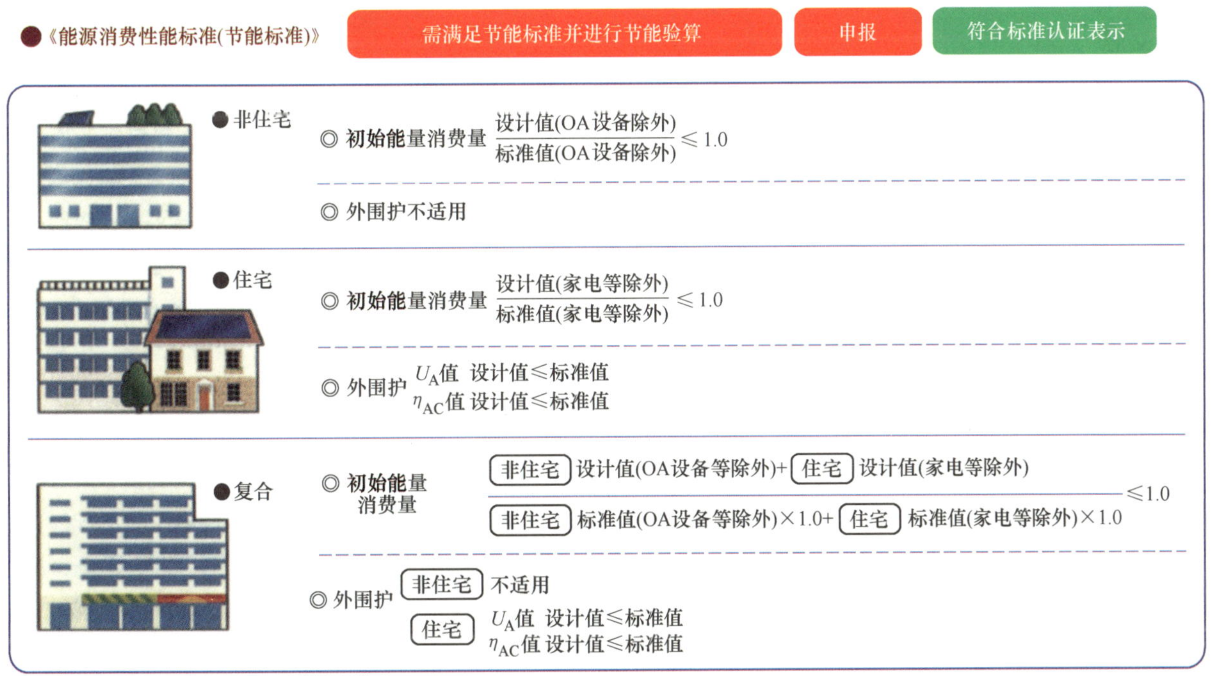

●《推荐性标准》 性能提升计划认证·容积率特例

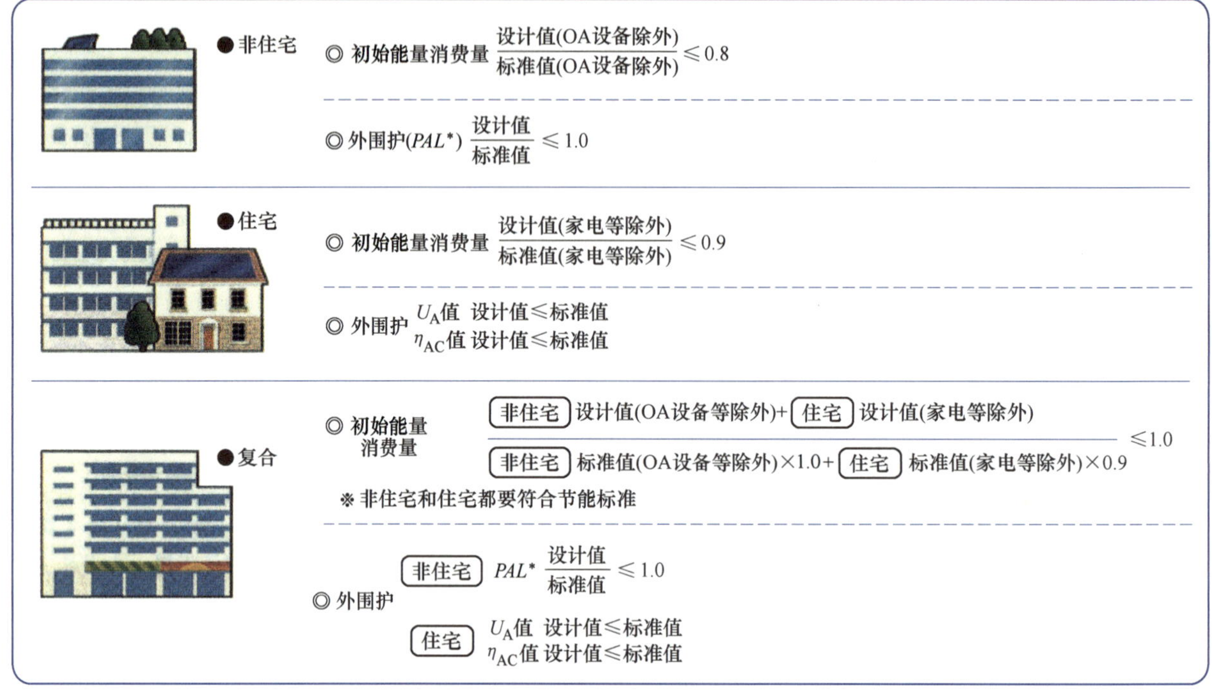

●《住宅事业建筑主标准(方案)》 住宅领跑者制度

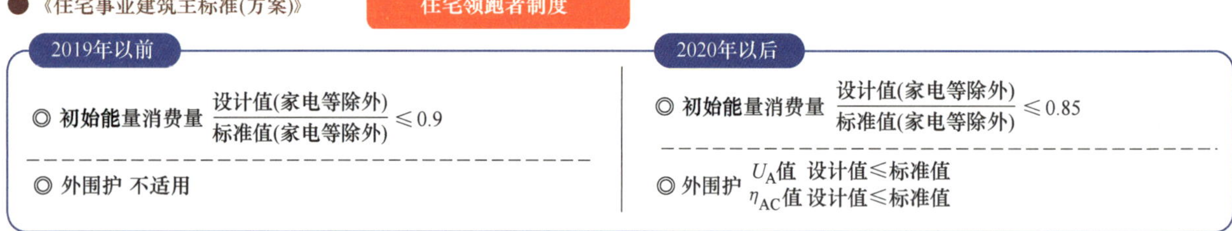

参考文献

[1] パラマウント硝子工業：グラスウール総合カタログ，2015-2016.

[2] 日本金属サイディング工業会：金属サイディング外壁リフォーム施工マニュアル，2015.

4.4 降低声音传播

本节介绍有关隔声和吸声的基本事项以及性能确认的计算方法。

4.4.1 隔声

4.4.1.1 什么是隔声

隔声性能是指墙或屋面等建筑部件隔绝声音的性能。一般用传声损失（*TL* 值，单位为 dB）表示。该值的单位为能量单位，传声损失表示通过该部位的声音能量的衰减程度。

一般的声音里面混有各种高度的声音（不同频率），而对于屋面和墙面，不同构造和材料的传声损失是不同的。

可以用代表性频率（如 125 Hz、250 Hz、500 Hz、1000 Hz、2000 Hz）的性能表示隔声性能，也可以用图 4.4.1 所示用隔声等级表示。

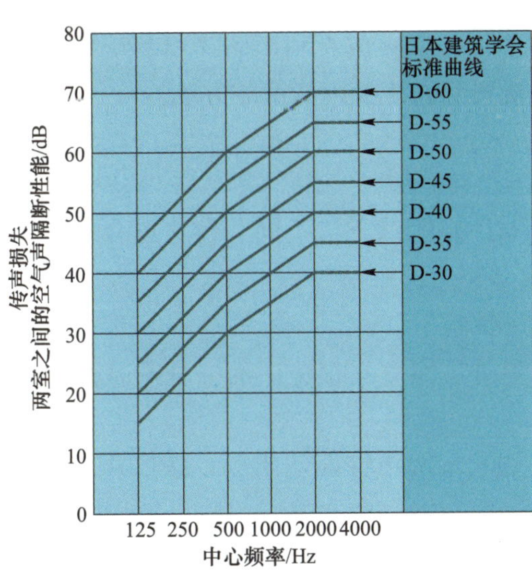

图 4.4.1 隔声等级

传声损失表示声音能量的衰减程度，数值越大，隔声性能越好。同样，隔声等级也是数值越大，性能越好。用隔声等级表示时，当某结构隔声性能的测定值刚好在 D-35 的标准曲线上时，则该构造的隔声等级为 D-35。

4.4.1.2 隔声构造的原理

一般情况下，越重的材料隔声性能越好。像均匀密实的混凝土墙等，面密度越大，结构传声损失越大。另外对于同一种材料，入射声音的频率越高，隔声性能越好。这种关系被称为质量法则。

钢板材料质地密实且密度大，但是由于板本身很薄，面密度小，所以钢板本身的隔声性能并不好。当在有隔声性能要求的地方采用钢板时，应与其他重型材料组合使用（注意中间的缝隙不能过大）。

【术语解释】 面密度：每平方米的质量，密度×厚度(kg/m^2)。

4.4.1.3 影响隔声（防声）的主要因素

屋面、墙的传声损失用质量法则计算，同时还受以下因素的影响。

（1）吸声。在室内，声音的大小不仅与屋面、墙的传声损失有关，还与室内的吸声能力有关。

（2）中空双层构造（空气层）。将某厚度的墙设置为双层，传声损失与单层比较仅仅增加了 5 dB。但是如果在两墙之间设置 10 cm 以上的空气层，传声损失与单层板比较则增加了 15 dB，如

图 4.4.2 所示。

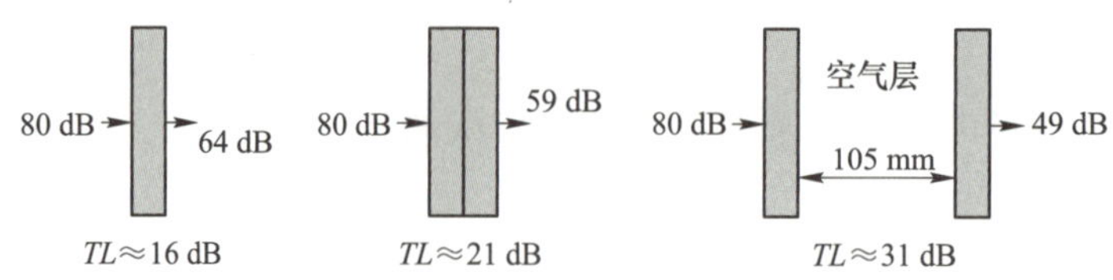

图 4.4.2　空气层的影响

（3）开口部和缝隙。屋面和墙面的传声损失是决定建筑物隔声性能的重要因素，但更重要的是开口部（门、窗、换气口等）的状态。有时因为开口，隔声性能可以损失一半。如果存在缝隙和接缝，同样会造成隔声性能的下降。

（4）距离衰减。声源到屋面和外墙的距离越远，声音越小。距离 2 倍约减少 6 dB，距离 10 倍约减少 20 dB。

（5）防振与减振。不仅空气声会形成噪声，固体声（振动）也经常引发问题。防振是指在声音的传播路径上设置防振材料以截断声音的传递，或者利用防振材料吸收声能量。减振是指在声音的发生源或传播路径上直接粘贴减振材料等以减少声能量的方法。

4.4.2　传声损失

对于不同的使用用途和构件，提高隔声性能的方法不同。在这里介绍压型板屋面、直立锁边屋面的传声损失。

4.4.2.1　各种构造的传声损失（隔声性能）

双层压型板具有一定的隔声效果。另外，像直立锁边屋面一样有基层的构造中，望板对隔声的贡献很大。

各种屋面和外墙用传声损失（*TL*）表示的隔声性能的指标，按照声音频率分别见表 4.4.1 和表 4.4.2。

表 4.4.1　各种屋面构造的传声损失（隔声性能）比较

构造		单层压型板	双层压型板	直立锁边
组成和材质		屋面材料：彩色钢板 GL t0.8 内衬材料：高填充 P 系 t4.0	上压型板：彩色钢板 GL t0.8 中间材料：GW t100 下压型板：彩色裸板 t0.6 内衬材料：高填充 P 系 t4.0	屋面材料：彩色钢板 GL t0.4 内衬材料：高填充 P 系 t4.0 防水材料：沥青卷材 t1.0 基材：水泥刨花板 t25.0
构造图				
传声损失	125 Hz	10.07（dB）	14.10（dB）	16.51（dB）
	250 Hz	14.68（dB）	19.02（dB）	21.25（dB）
	500 Hz	19.64（dB）	24.17（dB）	26.78（dB）
	1000 Hz	24.80（dB）	29.46（dB）	32.13（dB）
	2000 Hz	30.11（dB）	34.85（dB）	37.57（dB）
	4000 Hz	35.52（dB）	40.33（dB）	43.07（dB）

表 4.4.2 各种外墙构造的传声损失（隔声性能）比较

构造		单层压型板	双层压型板	直立锁边
组成和材质		外墙材料：彩色钢板 GL t0.5	外墙材料：彩色钢板 GL t0.5 基材：石膏板 t12.5	外墙材料：金属夹芯板※ t35
构造图				
传声损失	125 Hz	7.16（dB）	14.19（dB）	15（dB）
	250 Hz	11.33（dB）	19.12（dB）	20（dB）
	500 Hz	16.05（dB）	24.27（dB）	25（dB）
	1000 Hz	21.08（dB）	29.56（dB）	28（dB）
	2000 Hz	26.29（dB）	34.96（dB）	22（dB）
	4000 Hz	31.63（dB）	40.44（dB）	47（dB）

※ 日铁住金钢板株式会社《等频带 BL 设计技术资料》。

专栏

面密度

传声损失又称为质量法则，由面密度（单位面积的重量）决定，即越重的材料其隔声性能越好。对于组成双层压型板（内衬玻璃纤维板）的材料分别观察，厚 0.6 mm 的屋面板对传声损失的贡献大于厚 70 mm 的玻璃纤维。这与隔热性能不同，隔热性能与屋面板的板厚关系很大，具体见专表 4.4.1。

专表 4.4.1 组成双层压型板（内衬玻璃纤维板）的每种材料的面密度-屋面验算

规格材料	密度 $d/(\mathrm{kg \cdot m^{-3}})$	厚度 t/m	面密度 $d \times t/(\mathrm{kg \cdot m^{-2}})$
钢板	7850	0.0008	6.28
玻璃棉 10 kg	10	0.07	0.7
钢板	7850	0.0006	4.71
玻璃纤维板	140	0.005	0.7
合计			12.39

4.4.2.2 计算传声损失

一般情况下，屋面和墙面的防声和隔声计算是指计算屋面和墙面的传声损失（*TL*）。传声损失表示声音通过屋面和墙面时的衰减程度，是一种表示隔音特性的数值。传声损失在不同频率时表现出不同的特性。

计算传声损失的步骤是先计算组成屋面或墙面的各材料的面密度之和，然后利用其结果计算垂直入射波的传声损失，最后计算任意入射波的传声损失。计算垂直入射波及任意入射波的传声损失时，通常对 125 Hz、250 Hz、500 Hz、1000 Hz、2000 Hz、4000 Hz 分别计算。传声损失计算流程图如图 4.4.3 所示。

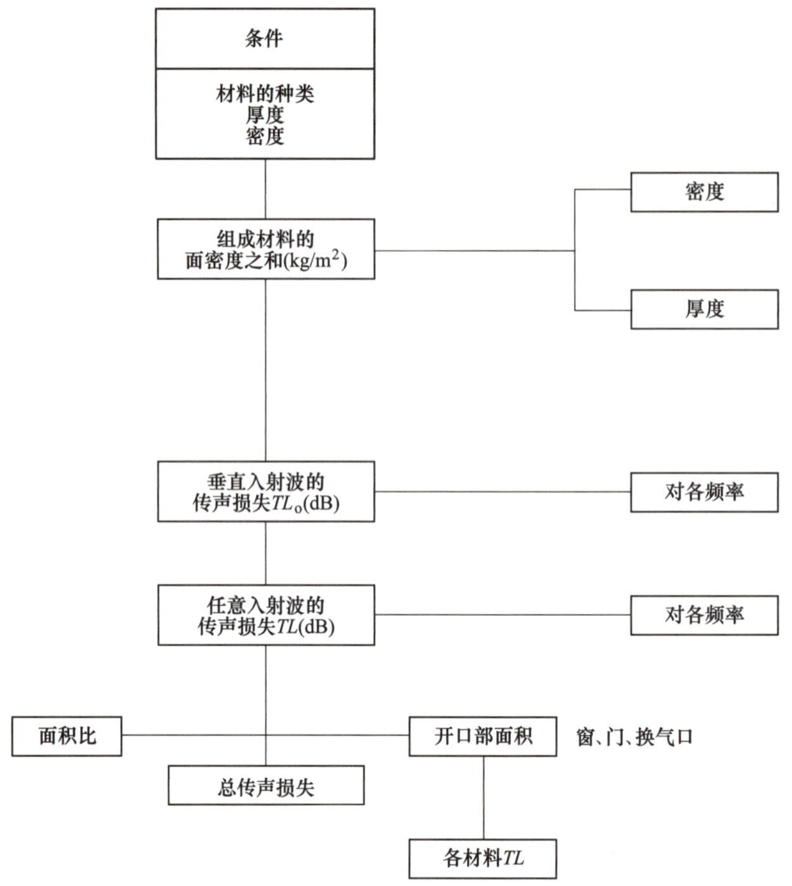

图 4.4.3　传声损失计算流程图

专栏

总传声损失

屋面和墙面的传声损失不仅仅是屋面和墙面组成部分的传声损失，还必须考虑窗、门、换气口、采光等影响，用综合性能表示。该部分由负责防噪的设计工程师负责。另外，施工质量对隔声性能的影响也很大，应特别予以注意。

(1) 一般的防噪和隔声计算是指计算屋面和墙面的传声损失。

(2) 计算降雨冲击声的强度非常困难。另外，掌握振动物体的特性也非常困难。目前只能通过试验方法进行推算。

可利用《屋面验算》软件中传声损失模块进行计算。

输入界面如下所示，输入每种材料的材料类型、密度 d、厚度 t（输入界面中的黄色部分）。第 8 章中有计算算例，可以参考。

然后软件可以自动计算出面密度以及每种频率对应的传声损失（TL_o、TL）。

计算公式

(1) 面密度：

$$M = \sum(d \times t)$$

(2) 垂直入射波的传声损失：

$$TL_o = 20\lg(M \times f) - 42.5$$

(3) 任意入射波的传声损失：

$$TL = TL_o - 10\lg(0.23 \times TL_o)$$

式中	
M	密实材料的面密度，kg/m^2
d	材料密度，kg/m^3
t	材料厚度，m
TL_o	垂直入射波的传声损失，dB
f	声音的频率，Hz
TL	任意入射波的传声损失，dB

计算条件（面密度的计算）

	使用材料	密度 $d/(\mathrm{kg \cdot m^{-3}})$	厚度 t/m	面密度 $d \times t/(\mathrm{kg \cdot m^{-2}})$
①	钢板	100	1	100
②				
③				
④				
⑤				
⑥				
合计				A 100

结果

频率/Hz	125	250	500	1000	2000	4000
TL_o	39.44	45.46	51.48	57.50	63.52	69.54
TL	29.86	35.27	40.75	46.29	51.87	57.50

4.4.2.3 雨声

一般认为，采用钢板屋面时，在室内听到的雨声很大。这是因为雨滴掉在屋面上产生的声音变成了噪声。该噪声的大小由屋面的材料和构造以及屋面下的基层决定。合理选择材料和构造可以防止雨声发生以及形成对室内的噪声。

从图 4.4.4 中可以看出，望板和吊顶等组成材料相同时，即使屋面材料不同，其隔声性能也没有很大差异。

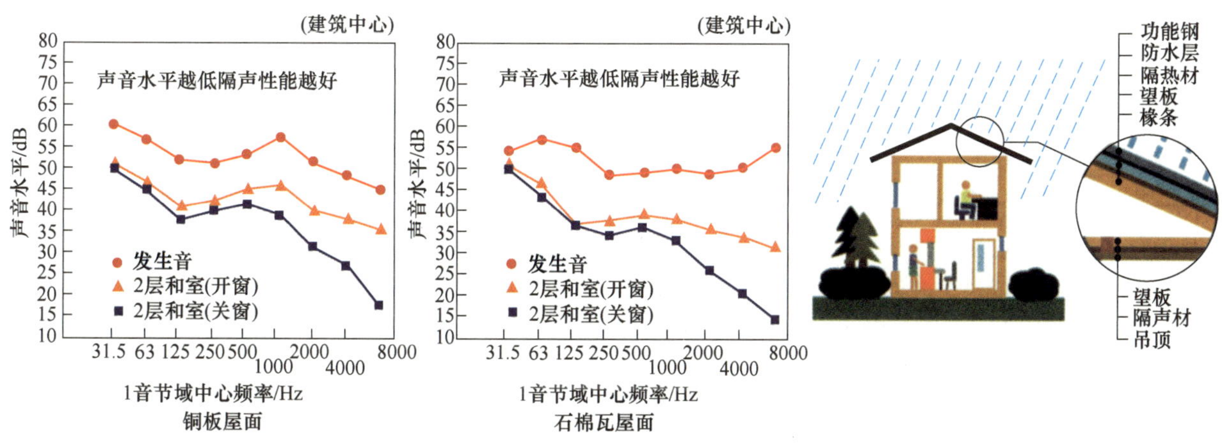

图 4.4.4 各种屋面材料的隔声性能

4.4.3 吸声

4.4.3.1 什么是吸声

声波入射到某界面时，声音的能量一部分穿过，一部分被吸收。吸声性能是指材料、构造或建筑空间吸收声音能量的能力。吸声性能用吸声率指标表示，其概念如下：

$$吸声率=\frac{材料或构造所吸收的声音能量}{射入材料或构造的声音能量}$$

与隔声性能一样，某种材料或构造的吸声率对不同频率的入射声采用不同的值，并且随着材料和构造的不同而发生变化。一般情况下，高音容易被吸收，低音不易被吸收。因此吸声处理时，高音比低音更容易处理。

无论采用多好的吸声材料，如果使用面积太小，基本上没有效果。空间的吸声能力由材料的吸声率和使用面积得到，如下式所示。

$$吸声能力=吸声率\times面积(m^2：等效面积)$$

为了提高吸声能力，必须大量使用吸声力强的材料，且应均匀布置。

4.4.3.2 提高吸声性能的要素

吸声性能是创造室内良好音响环境的重要因素。如果吸声力太小，楼板、墙、吊顶的回声交织，人的交流话语便不易听清。相反，吸声力太大，由于声音干硬，听起来过于刺耳，尤其不适合在欣赏音乐的环境中使用。另外，有时室内吸声力强则可以更好地吸收室内产生的和进入室内的噪声。

4.4.3.3 吸声设计原则

一般情况下，人们从感官上会认为，同样能量的中音和高音比低音更加嘈杂，且这种声音对交谈或打电话的干扰更大。从声音的来源上看，生活噪声等也是中高音等强音占多数。不同材料吸收的音域不同，大致可以分为三类。以下对这三种材料吸声设计的基本原则进行简要介绍。

(1) 多孔吸声材料（岩棉、麻棉、玻璃棉、石棉、毛毡、刨花板等）。多孔吸声材料是最普通的的吸声材料。当声波遇到多孔材料时，在纤维质的小孔和缝隙间产生空气运动，由于黏性等作用，声的能量转变成热能。这类材料吸收中音和高音的效果非常好。一般情况下，材料厚度越大，效果越好。另外如果在背面设置空气层，还可以改善吸收低音域的效果。

(2) 薄板振动吸声结构（胶合板、石膏板、纤维水泥板）。如果在背面设置空气层，当声音接触到固定的板材料后，板材料通过振动吸声。在低音中有共振频率时，吸声效果较好，但不能期待过高的吸声效果。

(3) 共鸣型吸声材料（穿孔结构、狭缝等）。如果施工时在背面设置空气层，将通过与基层内部产生共鸣的形式吸收声音能量。通常情况下表现为以共鸣频率为中心的山型吸音特性。

现在考虑住宅的吸声问题。吸声能力增加则会使室内噪声减少。大致目标为吸声能力增加 2 倍、3 倍和 5 倍时，可分别减少约 3 dB、5 dB、7 dB 的噪声。这一关系用以下公式计算。

$$L=PWL\times 6-10\lg 10A$$

式中 L——室内平均声压水平，dB；

PWL——室内声源功率水平，dB；

A——室内吸声性能，m^2（等效面积）。

【参考资料】声的性质

以下对声的性质进行讲解。

（1）声音的性质和单位。声波是从声源发出的能量，在固体、液体、气体等物质中以疏密波（纵波）的形式进行传播。该声波进入人耳道使鼓膜发生振动，然后通过神经传向大脑使我们感觉到声音。另外，声音具有穿过、吸收、扩散、衍射、反射等性质。

声波在 1 s 内完成周期性变化的次数称为“频率”，用赫兹（Hz）表示。人能听到的频率范围为 20~20000 Hz，频率高的部分为高音，频率低的部分为低音，见表 4.4.3。

表 4.4.3 频率（Hz）标准

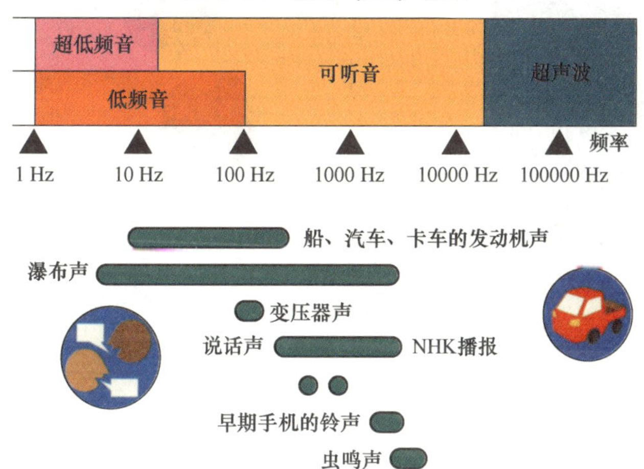

声音的强度（功率）和大小（听觉）与声波的振幅有关，可以看作物理量，并用分贝表示。声音的强度（能量）和大小不是比例关系而是对数关系，见表 4.4.4。

表 4.4.4 声音的感觉

音差/dB	声音的功率/倍	感觉方式
-3	1/2	勉强能够分辨
-5	1/3	能够清晰地分辨
-10	1/10	能感觉到一半的差
-20	1/100	能感觉出很大的差

专栏

人能够听到的声频范围

一般认为人可以听到的声音频率范围为 20~20000 Hz，耳龄标准值见专表 4.4.2。但是可听声音的频率范围因人而异，并且差异很大。特别是对于高音部分，随着年龄的增加，听力结构逐渐减弱。现在有可以免费检查耳龄的应用。

专表 4.4.2 耳龄标准值

约 10000 Hz	60 岁以下
约 12000 Hz	50 岁以下
约 15000 Hz	40 岁以下
约 16000 Hz	30 岁以下
约 17000 Hz	24 岁以下
约 19000 Hz	17 岁以下

（2）生活中的声音水平。声音的构成因素由“强度”（振动）、“高度”（频率）组成，另外还包括音色、声音的快与缓。

噪声会令人产生不适感，应该尽量去除。城市街区的噪声强度多为 60 dB 以上，在这种状态下很难有舒适的生活。一般规定，达到室内舒适标准的噪声允许值为 40 dB 以下，见表 4.4.5。

表 4.4.5　典型噪声水平

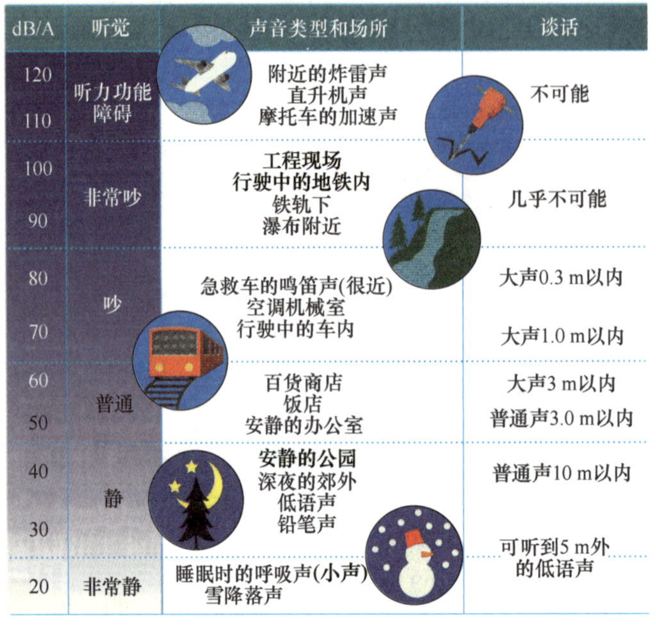

dB/A	听觉	声音类型和场所	谈话
120～110	听力功能障碍	附近的炸雷声 直升机声 摩托车的加速声	不可能
100～90	非常吵	工程现场 行驶中的地铁内 铁轨下 瀑布附近	几乎不可能
80～70	吵	急救车的鸣笛声(很近) 空调机械室 行驶中的车内	大声0.3 m以内 大声1.0 m以内
60～50	普通	百货商店 饭店 安静的办公室	大声3 m以内 普通声3.0 m以内
40～30	静	安静的公园 深夜的郊外 低语声 铅笔声	普通声10 m以内 可听到5 m外的低语声
20	非常静	睡眠时的呼吸声(小声) 雪降落声	

（3）隔声性能要求。隔声性能的要求可以用户外或毗邻空间的噪声水准与室内的允许噪声水准之差表示。只要计算出表 4.4.5 中各种噪声与表 4.4.6 中允许噪声水准的差，就可以得出实际要求的传声损失值。表 4.4.7 所示为一般用途时需要的隔声性能目标值，已成为日本建筑学会的标准。

表 4.4.6　噪声水准允许值

建筑类别	噪声水准/dB
舞台	25～30
音乐厅、小剧场	30～35
医院、电影院、礼堂、教堂、大讲堂	35～40
住宅、旅馆、公共住宅	35～40
会议室、小办公室、图书阅览室	40～55
大办公室、政府机关、银行、商店	45～50
饭店	50～55

表 4.4.7　隔声性能指标

建筑物	场所用途	部位	适用等级			
集合住宅	卧室	毗邻的墙和分界楼板	D-55	D-50	D-45	D-40
旅馆	客房	客房间的隔墙和分界楼板	D-55	D-50	D-45	D-40
办公楼	业务上要求个人隐私的空间	客房间的隔墙、租户间的隔墙	D-50	D-45	D-40	D-35
学校	普通教室	各房间的隔墙	D-45	D-40	D-35	D-30
医院	病房（单人房间）	各房间的隔墙	D-50	D-45	D-40	D-35

表 4.4.8 所示为 JIS 规定的隔声等级的 D 值在现实生活中的实际感觉。

表 4.4.8 隔声等级与实际感觉的对应关系

隔声等级	钢琴、立体声等大声音	电视、聊天等一般声音
D-65	一般听不见	听不见
D-60	几乎听不见	听不见
D-55	隐约听见	一般听不见
D-50	听见一些	几乎听不见
D-45	能听见	隐约听见
D-40	能听到曲子	听见一些
D-35	很清晰	能听见
D-30	非常清晰	能听到说话内容
D-25	吵	能清晰地听到说话内容
D-20	很吵	清晰
D-15	非常吵	清晰可闻
备注	假定距音源 1 m 约 90 dB	假定距音源 1 m 约 90 dB

【术语说明】

(1) 声波。声波是在固体、液体、气体等物质中传播的疏密波（纵波），具有穿过、吸收、衍射、反射等性质。

(2) 分贝（dB）。声的强度（能量）和大小（听觉）不是比例关系而是对数关系。

强度 10 100 1000 10000 ……

大小 10 20 30 40 ……

(3) 噪声水平。用噪声计测量的值，分别对各波段进行了修正，单位为 dB(A)。

(4) 声速。声音的速度为声音的频率与波长的乘积。在空气中，约 340 m/s（常温）；在固体中，约 5200 m/s（钢）。

(5) 声音大小之和。

1) 同音之和 +3 dB。

2) 6 dB 差声音之和 +1 dB。

3) 10 dB 差声音之和 +0.4 dB。

4) 15 dB 差声音之和 +0.1 dB→接近大声。

(6) 频率与声音的高低。声频用赫兹（Hz）表示，单位为每秒的循环次数，高音为频率高的音，低音为频率低的音。

(7) 声音的速度与波长。声音的传播速度（c）受温度的影响，常温时为 340 m/s。

在空气中：
$$c = 331.5\sqrt{\frac{T}{273}} \approx 331.5 + 6t$$

式中 c——声音的传播速度，m/s；

T——绝对温度，°K；

t——摄氏温度，℃。

在固体中：
$$c = \sqrt{E/p}$$
式中　E——弹性模量，N/m^2；

p——密度，kg/m^3。

声音的速度（c）、频率（f）和波长（λ）的关系如下：
$$c = \lambda \times f(m)$$

（8）声压水平（Sound Pressure Lever，*SPL*）。声压水平的单位采用分贝（dB）。声压 P 的水平用以下公式表示。
$$SPL = \frac{20\lg P}{P_0} \quad P_0 = 2 \times 10^{-5}(N/m^2)$$

（9）声源的强度和功率水平（*PWL*）。声源强度的输出功率用单位瓦特（W）表示，由于位数过多，不便于表示，所以改用分贝（dB），并用 *PWL* 表示。
$$PWL = \frac{10\lg P}{P_0} = \frac{10\lg P}{10^{-12}}(dB)$$

（10）功率水平和声压水平（距离衰减）。声源的功率水平和距声源一定距离处声压水平（*SPL*）的关系式如下所示。
$$SPL = PWL - 20\lg\gamma - 11(\text{自由空间})$$
$$SPL = PWL - 20\lg\gamma - 8(\text{地上、楼板上等})$$
式中　γ——距声源的距离。

由该关系式得出距离 2 倍和 10 倍时，声音衰减分别为 6 dB 和 20 dB。

（11）声音的大小水平。声音的大小用听起来同样大小 1000 Hz 纯音的声强水平（dB）表示。单位为 phon。人耳对低音域的小声感觉迟钝。

（12）干扰。这是同时听两种声音时，其中一种声音由于另一种声音的干扰而很难听清的现象。频率越接近的声音干扰越大，干扰声越大干扰效果也越明显。另外，频率低于被干扰声的低频干扰声的干扰作用更明显。

【参考数据】

（1）两种声音之和。

音差	0	1	2	3	4	5	6	7	8	9	10	11	12	…
音差增加值	3.0	2.5	2.1	1.8	1.5	1.2	1.0	0.8	0.6	0.5	0.4	0.3	0.2	…
（心算用）	3		2			1								

（2）距离衰减（点声源）。

$$\Delta L = 20\lg\left(\frac{l_2}{l_1}\right)$$

距离	2 倍	3 倍	4 倍	5 倍	6 倍
衰减量 ΔL/dB	−6	−9.5	−12	−14	−20

（3）频率修正回路特性（合成噪声水准时使用）。

频率/Hz	125	250	500	1000	2000	4000
特性 A/dB	−16	−9	−3	±0	+1	+1

参考文献

[1] 吉野石膏 HP.

[2] 薄板建材技術・普及委員会：ファインスチール読本，日本鉄鋼連盟，2011.

[3] ソーチョー（日本騒音調査）.

[4] 耳年齢チェッカー .

[5] 栗原 HP.

[6] 日本金属屋根協会 金属屋根の施工と管理 2013.

[7] D. S. Pコーポレーション HP.

4.5　采光

建筑采光是指通过设置窗户等开口部位，使太阳光等自然光线射入室内的采光方式，相对于人工照明，这种方式被称为自然采光。近年来，这种方法作为节能的一种手段被广泛应用，但是在设计中需要注意一些问题。下面介绍采光方法。

4.5.1　采光方法

可以采用侧窗采光（见图 4.5.1），也可以采用天窗采光（见图 4.5.2）。这两种方法的特点如下。

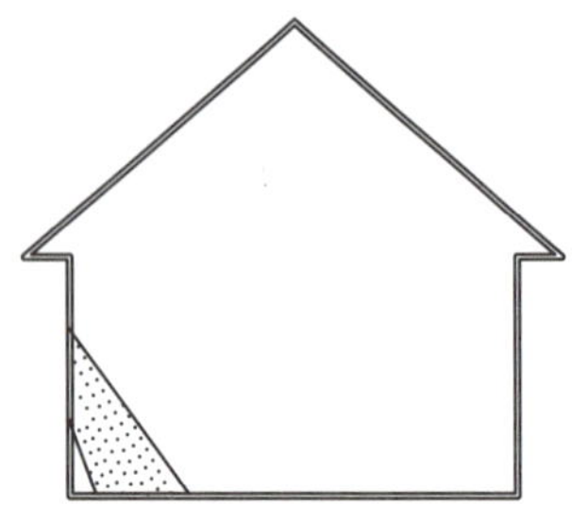

图 4.5.1　侧窗采光

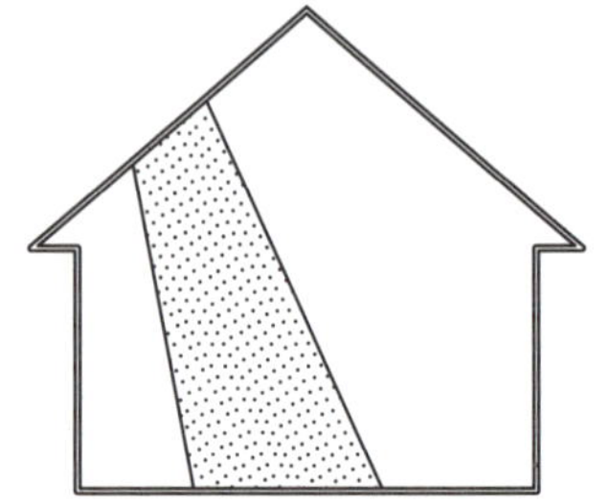

图 4.5.2　天窗采光

4.5.1.1　侧窗采光

优点：

（1）构造、施工容易，有利于防雨；

（2）开合等操作容易，清洁维修容易；

（3）有利于通风和隔热。

缺点：

（1）远离窗口部位采光不足，不适用于大空间；

（2）采光状态受相邻建筑屋等的影响。

4.5.1.2　天窗采光

优点：

（1）采光量大（是侧窗的 3 倍左右）；

（2）采光效果与屋子的大小无关；

（3）不受相邻建筑等其他因素的影响。

缺点：

（1）构造和施工较难，特别是不利于防止渗漏；

（2）开合操作和维修困难；

（3）不利于通风和隔热。

4.5.2　采光材料

采用下列材料可以将透过的光向各个角度扩散，或者通过柔和的采光使室内得到适度照明。

（1）透明性材料：透明玻璃、夹丝玻璃、吸热玻璃、双层玻璃、化学纤维板、聚乙烯板、FRP 板、聚碳酸酯板。

（2）半透明性材料：印花玻璃、透花窗纱、帘子、磨砂玻璃、乳白和着色玻璃、翡翠玻璃、窗户纸。

（3）半扩散材料：印花泥金玻璃、空心玻璃砌块等。

（4）指向性材料：玻璃砖、棱镜玻璃、百叶窗、遮帘、幕布、百叶门。

专栏

扩散板

利用屋面上的自然采光可以得到均匀的采光效果（见专图4.5.1），但是也存在易漏水、直射光易产生炫光及使室内温度上升等问题。

由此开发出了新产品，可以解决夏季采光引起的温度上升及室内亮度不均匀等问题。

专图4.5.1　吊顶的荧光灯部分使用了“扩散板”采光材料

利用天窗采光的顶光可以解决墙面上不易开窗、无法自然采光的问题，但是必须注意夏季大量的热负荷、冬季的热损失，以及暖房结露等多个设计上的问题。以下是压型板屋面经常采用的具有代表性的天窗形式。

（1）平板型。需要耐火构造的建筑物屋面多采用夹丝玻璃材料的平板型天窗。为了提高天窗产品的施工性能，一般需要钢檩条，也有些产品不需要钢檩条。平板型天窗如照片4.5.1所示。

（2）穹顶型。穹顶形状多采用FRP或聚碳酸酯板材料。由于必须设置支承天窗的钢檩条，所以造价较高。一般认为穹顶型的防漏水性能优于平板天窗。穹顶型天窗如照片4.5.2所示。

照片4.5.1　平板型

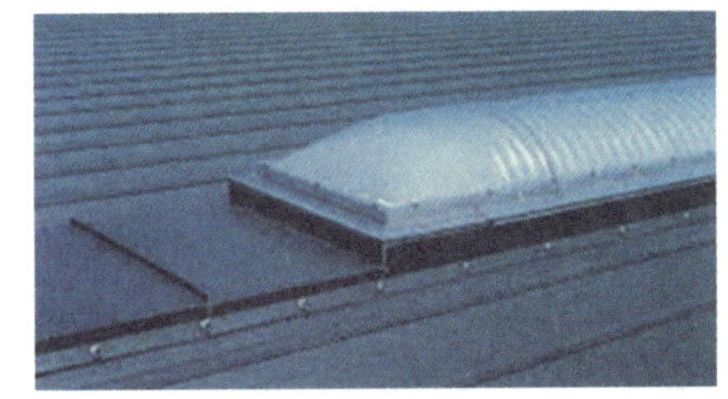

照片4.5.2　穹顶型

（3）压型板型。这种类型的天窗有很多种，是可以与供应商提供的屋面配套使用的产品。压型板型天窗的特点为：与屋面形状相同，结构简单，造价比其他形式的天窗便宜。压型板仅仅采用螺栓等紧固件来紧固，因此抗负压风荷载的能力较弱。如照片4.5.3所示，在采光板的上方需要采用角钢等固定措施。

照片4.5.3　压型板型

4.5.3　防火规定

外墙的开口部有明确规定，而屋面没有。因此，在屋面上设置采光天窗时必须符合防火上的各种规定。应采用大臣认定的（飞溅火花）屋面材料作为天窗材料使用。

对于有防火规定的部位，在防火区域、准防火区域或特别行政机关指定的区域（法第 22 条区域）内，应保证周围建筑飞溅的火星不会引起屋面延烧，“用不燃材料建造或铺设屋面，或采用大臣认定的产品”。对于其他区域的要求也同上，当建筑面积超过 1000 m^2 的大型木结构建筑发生火灾时，其延烧会对周围建筑造成极大危害，所以所有地区都必须采取如上所述相同的措施。当主结构为耐火构造（耐火建筑物）或准耐火构造（准耐火建筑物）时，其建筑物本身具有防延烧性能。

见表 4.5.1，大臣认定的防止飞溅火星的防火性能分为 DR、DW、UR、UW 这四类。防火性能的优劣排序为 DR>DW、UR>UW、DR>UR。因此，DR 的防火性能最好，还包括大臣认定的其他防火性能。因此，在各个地域和地区进行 DR 认证是非常普遍的。

【屋面开口部的耐火构造】

对于耐火构造屋面的开口部，要求有 30 min 的阻燃性能。因此只能采用“用钢材补强的夹丝玻璃”（2000 年建设省告示第 1399 号）。

表 4.5.1　飞溅火星防火性能认定的分类

对象部位	大臣认定码
防火区域或准防火区域中的屋面	DR
用途规定：储存不燃性物品的仓库等①	DW
防火区域或准防火区域中的屋面	UR
用途规定：储存不燃性物品的仓库等①	UW

①“储存不燃性物品的仓库等”仅限于屋面以外的主结构部分为准不燃材料的建筑，如：

（1）滑冰场、游泳场、运动练习场及其他类似的运动设施（如网球练习场、门球场、运动专用的几乎没有可燃物的视野开阔的场所）；

（2）处理不燃性物品的分货场以及发生同类以上的火灾的可能性很小的场所（通廊、商店街、休息场所、基本处于开放状态的车站、机动车车库（30 m^2 以下）、自行车车库、机械加工厂房）；

（3）家畜棚、堆肥棚以及水产物的繁殖场和养殖场。

表 4.5.1 中更加详细的内容见表 4.5.2。

表 4.5.2　详细划分

<table>
<tr><th colspan="4" rowspan="2">耐火建筑物等</th><th colspan="2">防火及准防火区域</th><th colspan="2">22 条区域</th></tr>
<tr><th>DR 认证</th><th>DW 认证</th><th>UR 认证</th><th>UW 认证</th></tr>
<tr><td colspan="4">耐火建筑物</td><td>×</td><td>×</td><td>×</td><td>×</td></tr>
<tr><td rowspan="6">准耐火建筑物</td><td rowspan="2">1 准耐</td><td colspan="2">-1（木结构 3 层公共住宅）</td><td>×</td><td>×</td><td>×</td><td>×</td></tr>
<tr><td colspan="2">-2（如上，-1 以外）</td><td>×</td><td>×</td><td>×</td><td>×</td></tr>
<tr><td rowspan="4">2 准耐</td><td rowspan="2">1 号</td><td>有延烧</td><td>◎</td><td>○①</td><td>◎</td><td>○①</td></tr>
<tr><td>无延烧</td><td>◎</td><td>○①</td><td>◎</td><td>○①</td></tr>
<tr><td rowspan="2">2 号</td><td>有延烧</td><td rowspan="2">◎</td><td rowspan="2">○①</td><td rowspan="2">◎</td><td rowspan="2">○①</td></tr>
<tr><td>无延烧</td></tr>
</table>

续表 4.5.2

耐火建筑物等	防火及准防火区域		22 条区域	
	DR 认证	DW 认证	UR 认证	UW 认证
耐火、准耐火建筑物以外的建筑物	◎	○①	◎	○①
大型木结构建筑物等（建筑总面积 1000 m^2 以上）	◎	×	◎	×
机动车车库	◎	○②（30 m^2 以下）	◎	○（30 m^2 以下）

注：◎—可使用；○—可使用（用途限定）；×—不可使用。

① 建筑物用于机动车车库时，限建筑面积 30 m^2 以下。

② 防火和准防火区域以及 22 条区域以外的地区，限建筑面积 150 m^2 以下。

专栏

照度标准

本节讲解从外部引入光线的方法。这里介绍照度，厂房的照度见专表 4.5.1。作业区需要合适的亮度和分布，这对作业和活动的安全性与便利性非常重要。比如光线太暗很难进行精细的手工作业，而太亮又会令人感到炫目。因此应根据作业的工种设定合理的照度。

在 JIS Z9110：2010 照明标准总则中对合理的照度范围作出了规定。结合该规定，在设计时考虑引入太阳光自然采光和人工照明的荧光灯等进行组合设计。以下整理了 JIS Z9110 的照度标准（厂房），可供参考。其他用途的照度可参考 JIS Z9110。

专表 4.5.1　厂房的照度

照度/lux	场所	作业
3000～1500	控制室等的仪表盘及控制盘	精密仪器及电气部件的制造，在印刷厂房等中的精密的视觉作业
1500～750	设计室、制图室	纤维厂房中的筛选和检查、印刷工厂中的排字和校对、化学厂房中的分析等精密的视觉作业
750～300	控制室、会议室	一般制造工程中的普通视觉作业
300～150	电气室、空调机械室	较粗的视觉作业
150～75	出入口、楼道、通道、楼梯、盥洗室、卫生间、有作业功能的仓库	非常粗的视觉作业

【参考资料】怎样施工

下面介绍使用“扩散板”平板型天窗的作业流程。

开口部检查：隔热层端头，连接配件，接缝

检查开口部：端堵头

卡具、内天沟成型加工

吊装

摊开卡具和内天沟

安装支承结构

预铺设

安装内天沟和卡具

安装扩散板

对扩散板边进行密封

插入衬垫和玻璃

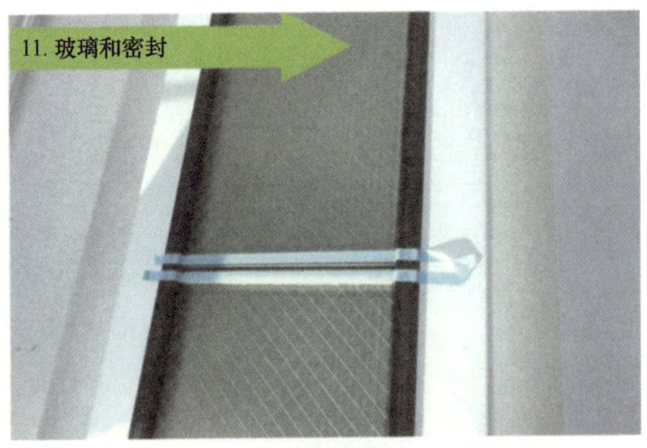

对玻璃进行密封

屋脊构造

检查完成面

第5章

施工、安全及施工工具

5.1 施工流程

5.1.1 压型板屋面的标准施工流程

以下按照咬合型压型板屋面的施工顺序介绍施工的工序流程，并对主要内容进行讲解。咬合型压型板屋面的标准施工流程如图5.1.1所示。

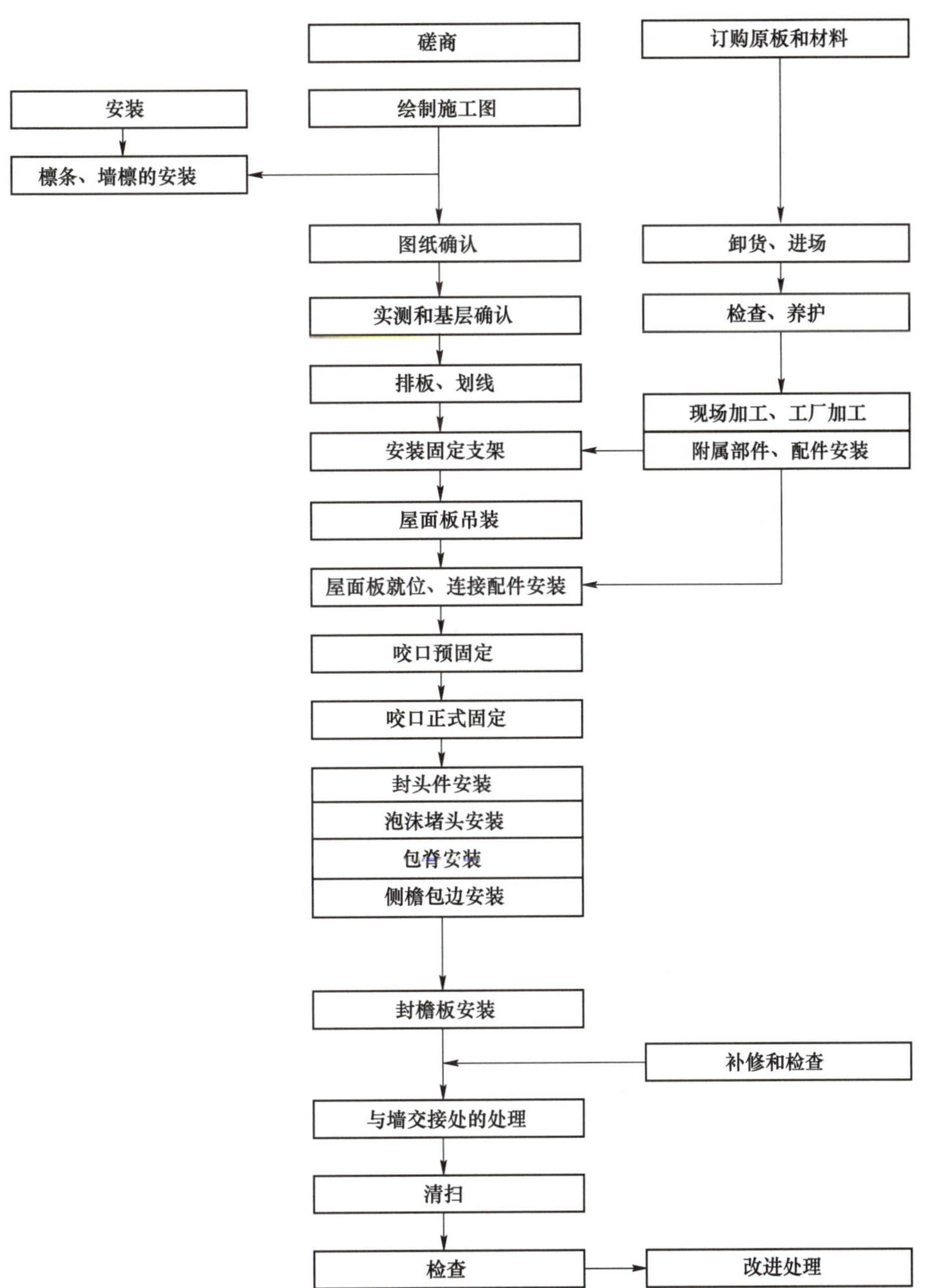

图5.1.1 压型板屋面的标准施工流程

5.1.1.1 制定施工图、工程进度表和施工要领书

A 施工图

施工图是以设计图纸为依据，根据施工勘查的实际情况绘制。施工图在开工前必须得到设计

者和总承包单位的批准。施工图包括以下内容。

（1）屋面布置图和立面图。在屋面布置图和立面图等排板图上（见图 5.1.2），应明确标出材料的长度和张数、固定支架或墙檩等基层构造的位置。一般情况下，屋面布置图和立面图的绘图比例为 1/200～1/100。

（2）各构造详图。参照 MSRW 2014 等，根据工程的实际情况绘制各部分的细部构造详图。一般各构造详图的绘图比例为 1/5～1。

1）屋面：檐口、侧檐、屋脊、开口部等；

2）墙：墙基、阴阳角、节点、开口部等。

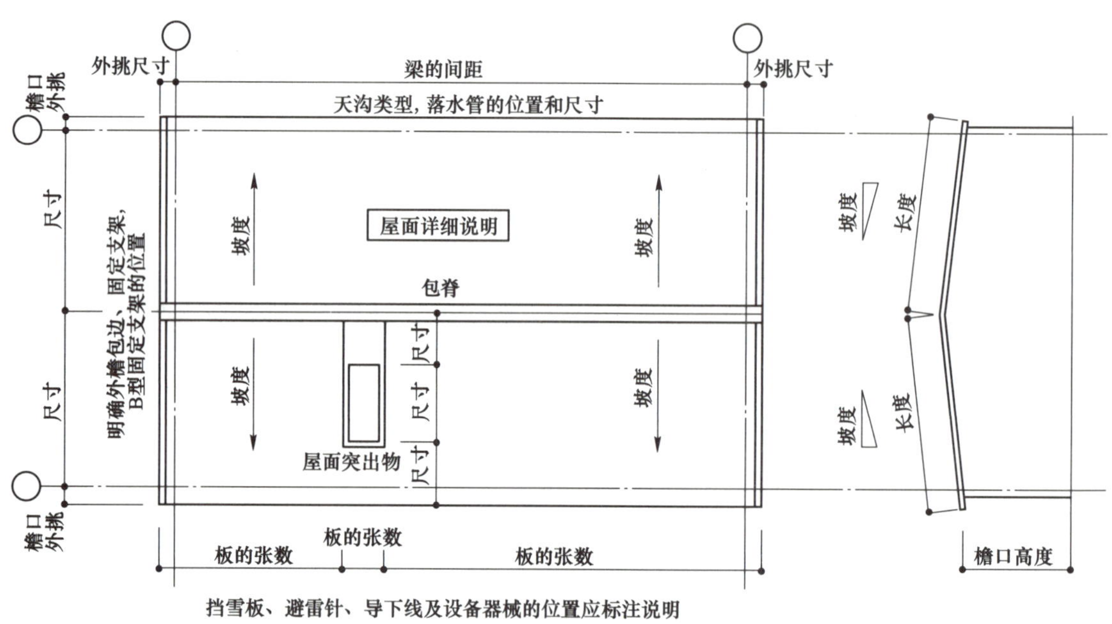

图 5.1.2　屋顶俯视图示例

B　工程进度表

在开工之前，应对材料、施工方法、劳务和安全计划、质量管理、养护计划等进行充分讨论，为保证工程顺利进行制订详细的工程运营计划。为了施工按计划完成，除需要考虑季节、气象条件外，还需要充分考虑工作日、时间、作业的难易度等各种制约条件。特别是最近由于前面工序的延误使屋面和外墙的实际工期比计划工期大幅度缩短的事例很多，应予以注意。

C　施工要领书

施工要领书的内容包括施工范围、作业条件、自主管理及施工顺序等（见表 5.1.1），与施工图一样是指导施工的手册，非常重要。专业承包企业在施工要领书获得工程监理的批准后，应让每个作业员充分了解其中的内容。

表 5.1.1　施工要领书的例子

目　录
第 1 章　总则
1-1　适用范围
1-2　适用资料及依据的图纸文件
1-3　变更、质疑、协议

续表 5.1.1

第 2 章　一般事项 　2-1　工程概要 　2-2　施工管理组织图 　2-3　工程进度表 　2-4　屋面工程概要 　　(1) 工法、施工数量 　　(2) 使用材料 　　(3) 轧机规格 　　(4) 临时电源 　　(5) 临时脚手架及维护 　　(6) 临设场地、成型加工场地平面布置 　　(7) 进场计划 　　(8) 吊装计划 第 3 章　实施计划 　3-1　实施计划整体概要 　3-2　施工顺序 　3-3　进度表 　3-4　屋面实施计划 　3-5　外墙实施计划 第 4 章　管理 　4-1　检查 　4-2　检查表（施工过程中） 　4-3　检查表（施工完成后） 　4-4　机械设备管理 第 5 章　管理组织表 　5-1　安全组织 　5-2　安全管理实施事项 　5-3　作业中的安全确认事项 第 6 章　附图及参考图

5.1.1.2 开工之前需要确认的事项

为了保证施工顺利进行，开工之前必须对以下所示内容进行确认。其具体内容在施工计划书中规定，可参见 5.1.2 项施工前的检查表及 MSRW 2014。

(1) 施工体制的确认。

现场状况的再确认	施工现场的实际情况与施工计划方案时的状况出入很大的事情经常发生。因此在作业之前必须对现场情况进行再确认
施工图的批准和承诺	施工图在开工之前必须获得批准和承诺
工程进度表确认	对照工程进度表掌握施工人员的调度和机械材料安排等事项，同时考虑下一道工序，进行有序施工
是否有施工要领书	确认是否有施工要领书，在了解施工范围、作业条件、自主管理及施工顺序等的基础上进行施工
施工组织图确认	了解施工组织的内容和作用
安全管理体制确认	工程进行过程中，不断对施工计划中制定的安全措施进行反复确认。由于现场的情况不断发生变化，还应采取预警措施等确保施工安全

续表

施工工序和方法的确认	为了保证可以按照作业工序和施工方法进行施工，充分了解其内容。同时在施工过程中还要随时进行检查
机械设备和工具的准备和检查	确认准备使用的机械设备和工具，避免调度上的错误。在使用前和使用后必须对机械设备和工具进行检查
提交文件的确认	检查准备提交的各类文件是否已经提交并获得批准。主要文件包括施工图、施工要领书、安全卫生相关文件、材料检查表等

（2）安全。

安全对策的实施	确实按照安全计划实施。注意周围的状况
安全管理者的确认	确认任命的安全管理者是否到位
安全教育的实施	保证施工过程中施工人员确实按要求进行
灾害发生时的应急措施的确认	了解并掌握灾害发生时的联系方式及紧急处置办法
脚手架检查	进行日常检查，确认安全性及是否利于施工作业。当发现问题时及时反馈进行修正

（3）劳务。

安排并保证作业人数	确认工程进度表的作业内容，确保作业人数
入场人员的确认	作业人员名单及进场人员确认
掌握作业员的技能水平	掌握作业员的技能水平，确认各工序的作业内容和效率等
确认持证上岗者人数	再次确认各工序中持证上岗者的人数是否符合要求
出勤及行程的再确认	按照工程进度表安排好工作
作业员的健康检查	通过健康诊断书了解作业员的健康状况，在早会和休息时通过观察脸色或询问检查作业员每天的健康状况。对身体状况不佳者不能勉强作业

（4）材料订货。

临设材料和电源的订货	对工程计划书的内容和现场实际情况进行再确认后立即进行安排，以免耽误工期
工程用材料的安排	按照材料计划和工程进度表安排。另外还要考虑货物的进场时机（场所、起重设备、养护）以提高使用效率
入场日期、路面交通的确认	应按照工程计划安排货物进场日期，并考虑能运输实际货物的车辆大小保证交通路线
物料堆场以及材料安排计划的确认	确认是否能够按照计划保证堆场的容积，应根据需要进行维护。屋面形状、施工顺序、施工区段是重要的影响因素，安排时必须考虑
检查规格尺寸和数量	确认准备材料的型号、规格和数量是否无误

（5）进货。

屋面板的基材、颜色、板厚	确认货单的同时，开包进行现场检查
屋面板的形状、尺寸、数量	确认是否与要求的类型、形状、尺寸、数量相符
屋面板材是否有损伤	施工后当发现板上有损伤时，无法判断是加工或搬运过程中产生的，还是施工过程中产生的，所以在进货时一定要进行检查。当发现有缺陷时，在供货厂商、工程管理者的现场见证下进行处理
耐火做法的确认	当要求为耐火构造时，应确认是否与要求做法一致
是否有内衬板及质量	确认是否有内衬板及其型号、厚度、檐端切口尺寸，以及是否剥离、污染或破损等，如果存在问题及时进行处理

续表

对说明书中的内容进行确认	屋面板的规格和施工方法对于不同的生产厂家会有一定的差异。因此进货时应检查是否有操作说明书，没有时要求生产厂家提供
固定用配件的确认	确认螺钉、螺栓等的材质、表面（镀锌等）、尺寸、数量及使用位置
下铺材	当有下铺材时，应确认数量（考虑搭接余量），并确认材质规格等
支承材和隔热材料	当铺设支承材和隔热材料时，确认材质、形状、数量以及是否有损伤
附属部件	除现场加工以外，附属部件作为附属构件进场，因此需对其确认材质、形状、尺寸、数量以及是否有损伤
其他材料	对进场的密封材料、天沟、采光等其他材料也应进行确认
养护和保护措施	为了保证材料的品质应对进场的货物进行适当的保护或保养，事先准备好保护用具

（6）吊装。

吊车和持证者的准备	确认是否按照施工计划和工程进度表安排的吊车（起重量、台数）。预先准备好吊装空间、人员、吊装卡具等，确认持证者（司索工）是否到位
手势信号	手势信号指挥工作必须准确无误。为了达到这一目的在作业之前召开会议，吊车司机、司索工、打手势者、作业员等相关人员就相关事项进行充分交流
搬运及吊装卡具的确认	采用与吊装物匹配的卡具，使用前对卡具、尼龙吊带等进行认真检查，看是否有破损
合理设置临时堆场	考虑下一道工序合理选择堆场。根据需要采取飞溅物防止或防滑措施
横向移动方法和移动脚手架	在坡屋面或作业面不平的场所，设置移动脚手架、保证移动卡具等搬运手段进行作业。当架设钢索横向移动时，应检查钢索的张拉状况、附属设备的安全
禁止上下同时作业	在吊装范围的上方或下方禁止进行施工作业

专栏

安全是重中之重

<安全第一>

安全是指平稳无事，无危险的状态。

危险是指有危害或者可能有损失。

危害是指可能对生命或者身体造成伤害。

损失是指财产损失。

<安全计划的制定>

在施工现场（包括制造现场）有很多危险的萌芽。

消除所有危险因素是不可能的。预先进行演练，预知危险确立对应措施非常关键。

<工程管理者和工长的告诫安全第一：作业工人的安全、建筑物的安全>

提高安全意识，为了确保现场安全使工程顺利进行必须做好安全预案。

5.1.1.3 施工的必备工具

压型板屋面中使用的主要工具如图 5.1.3 所示。

5.1.1.4 实测与基层检查

必须进行现场实测。同时还要检查作业条件。

（1）作业可能的季节、星期、时间。

图 5.1.3　压型板屋面工程的必备工具（SEKINO 兴产）

（2）可作业的范围，或者可用场地。

(3) 材料等的进场路线、进场时间、保管场所、废料等的堆场和处理方法。

(4) 需要保护的范围和方法。

(5) 可用火的范围和保护方法。

(6) 施工对周围环境的影响。

(7) 施工时的安全管理体制。

(8) 现场办公室、卫生间和给排水系统等。

(9) 工程用电源和容量。

屋面的基层在屋面施工开始后很难再进行变动，因此应该在计划阶段进行确认。特别是压型板屋面，其屋面性能受基层状态的影响，当基层状态有缺陷时可能造成屋面掀起或漏水等事故，如图 5.1.4 所示。

(1) 梁、檩条间距、标高及尺寸（宽度、板厚等）。

(2) 是否有障碍物，梁是否有高差。

(3) 坡度。

(4) 屋脊的翼宽。

(5) 外装材需要的基层。

当存在问题时，应要求总承包单位或设计者进行修正或变更。当屋面出现掀起或漏水事故时，追究屋面专业厂家责任的事例很多。但实际上很多事故是因为基层存在缺陷造成的。为了避免事故发生后责任不清，应对基层的完成情况进行仔细检查。

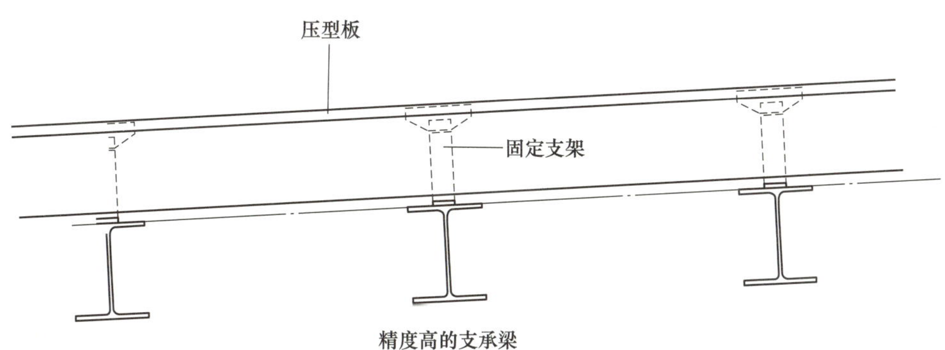

精度高的支承梁

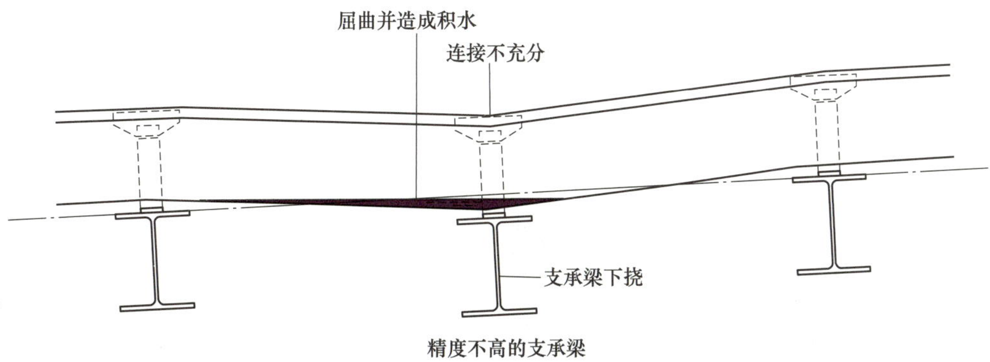

精度不高的支承梁

图 5.1.4 支承梁的精度

专栏
基层很重要

轧制成型的钢板外装材（屋面材料、外墙材料）很容易受基层凹凸的影响，并在完成面上表现出来。另外，基层是将作用于外装材上的荷载和外力传递给主结构的重要部件，如果与基层的连接强度不够，该部位的损伤使屋面板材等大面积脱落和飞散的可能性将大幅度增加。

因基层的原因引起外墙变形

因此要求基层构造必须能将外装材上的荷载和外力传递给主结构（见图 5.1.5~图 5.1.7），构成基层的各个部件都必须具有足够的强度、刚度和耐久性以保证荷载和外力的传递。另外根据基层的特点选择合理的连接方法也很重要。

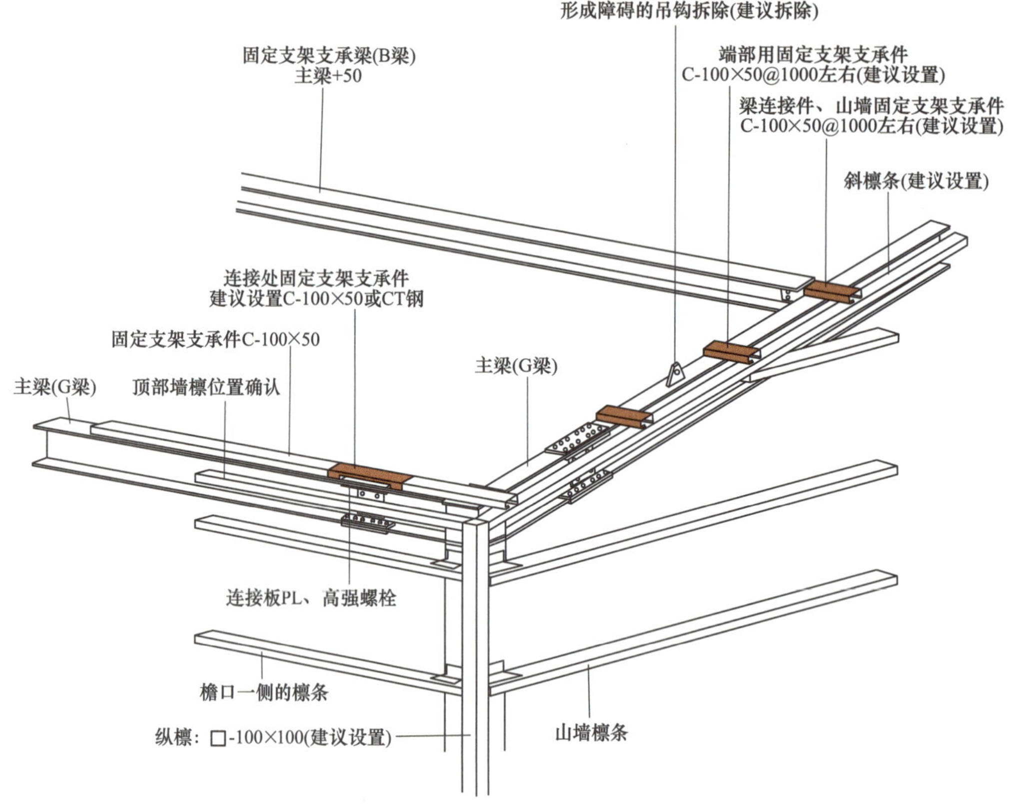

图 5.1.5　基层检查要点

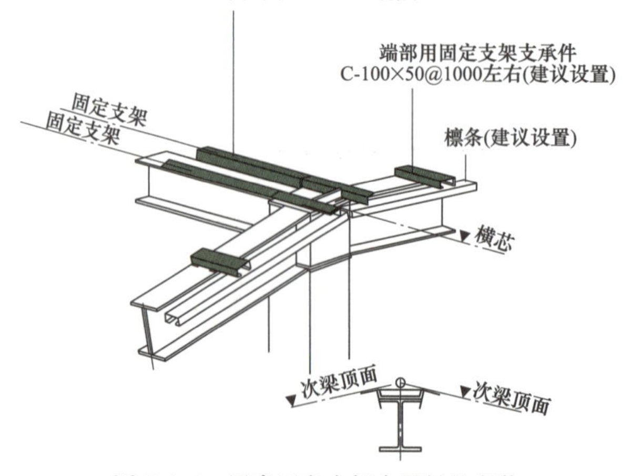

图 5.1.6　屋脊固定支架支承材的安装

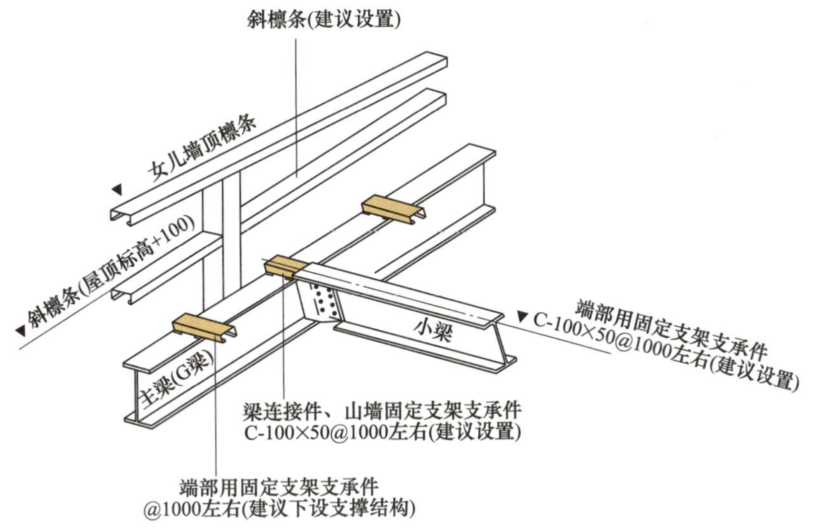

图 5.1.7 侧檐女儿墙檩条构造

5.1.1.5 排板与弹墨线

以基准墨线为准在所有的梁上面弹出墨线，如图 5.1.8 所示。排板一般是按照沿建筑梁的方向由中间向两侧左右对称的方式进行排布，如图 5.1.9 所示。

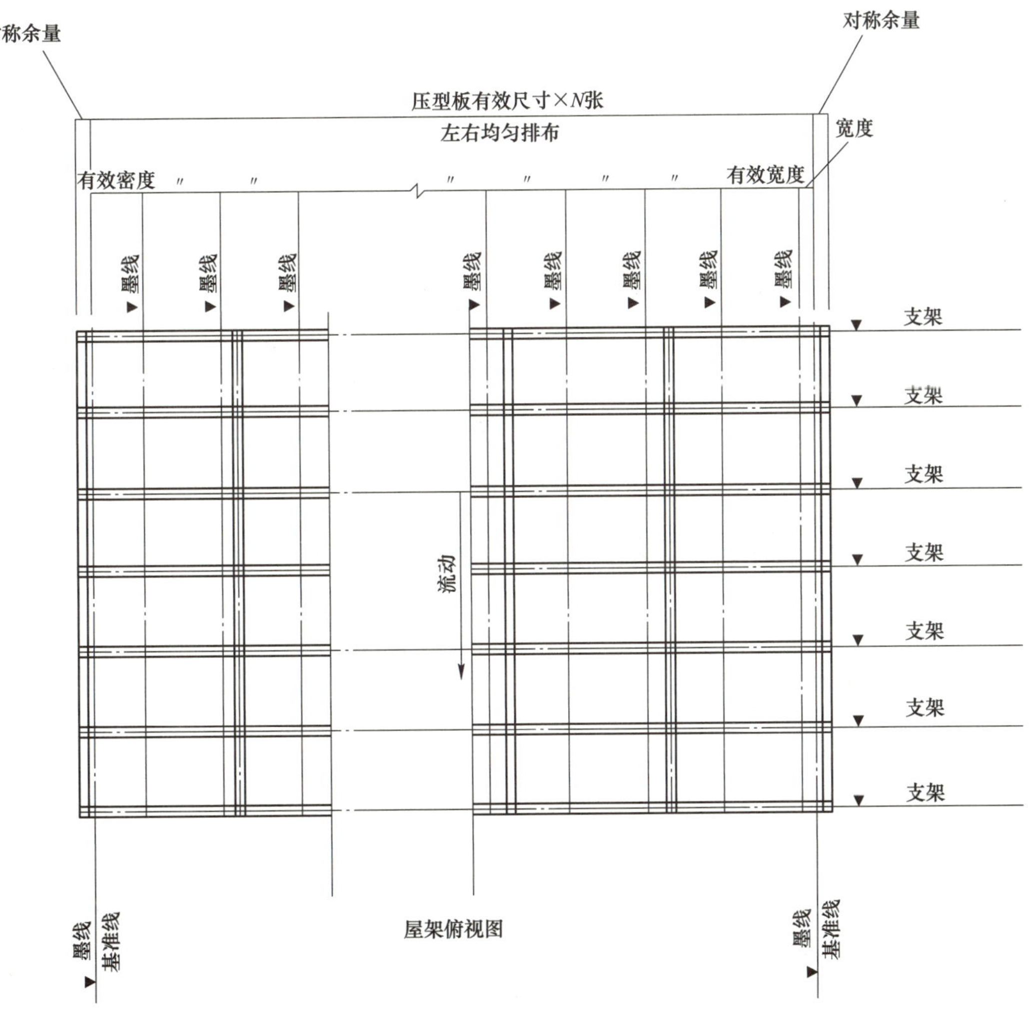

图 5.1.8 排板与弹墨线

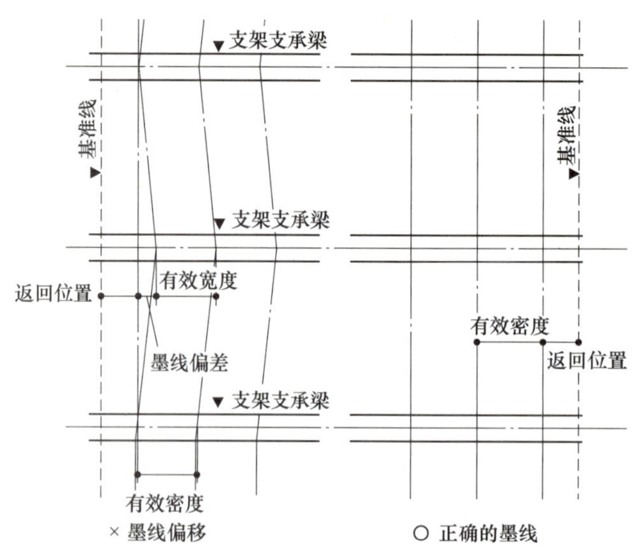

图 5.1.9　支架支承梁上的墨线

在弹墨线之前应对支承固定支架的梁的平整状况和变形状况等进行检查。

如果支架的支承梁表面不平整，会造成压型板连接部位的负荷增加，还会产生异响等问题。在现场必须先检查钢结构的精度之后再开始弹墨线工作。当钢结构的精度有问题时，应报告给总承包单位等寻求解决办法。

5.1.1.6　固定支架安装

固定支架是将压型板固定在基层檩条结构上的部件。固定支架应根据板的有效宽度布置，采用电弧焊的角焊缝固定在支承梁上，如照片 5.1.1 所示。沿板铺设方向，支架的位置应该对齐，如照片 5.1.2 所示。

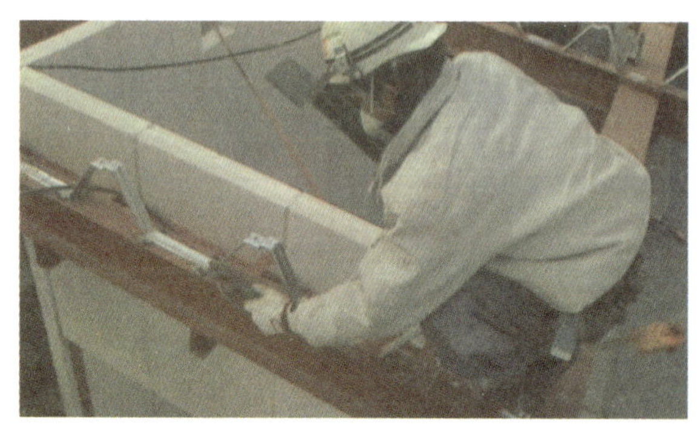

照片 5.1.1　在梁上焊接固定支架

照片 5.1.2　固定支架焊接完成

固定支架焊接后应除去焊渣，并按照规定对焊接部位及其周边进行防锈处理，焊接部位修补如照片 5.1.3 所示。当焊接在 H 型钢上时，里侧有时会烧焦（见图 5.1.10），因此应事先磋商梁的涂层和防锈处理的时间和方法，如图 5.1.11 所示。

5.1.1.7　压型板的成型加工

屋面板的加工场所分为工厂加工和现场加工两种，如图 5.1.12 所示。用拖车等可运输的屋面板材或外墙板材一般在工厂加工，当不能运输时则将材料和机械设备运往现场进行现场加工。

现场加工时，压型板可用吊装设备吊装时板材在地面加工；吊装设备吊装困难时，在屋面上搭建平台在屋面上加工。当屋面为拱形时，有时将成型轧机斜向设置。

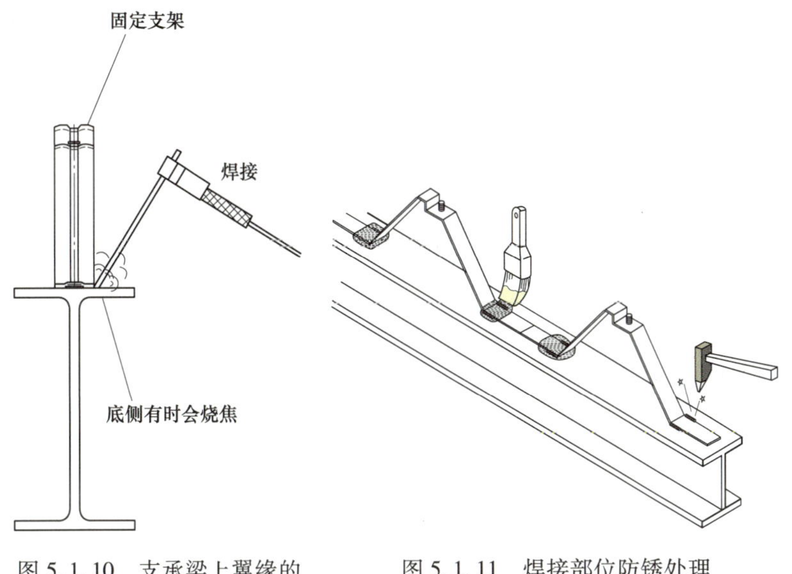

图 5.1.10 支承梁上翼缘的底侧被烧焦

图 5.1.11 焊接部位防锈处理

照片 5.1.3 焊接部位修补

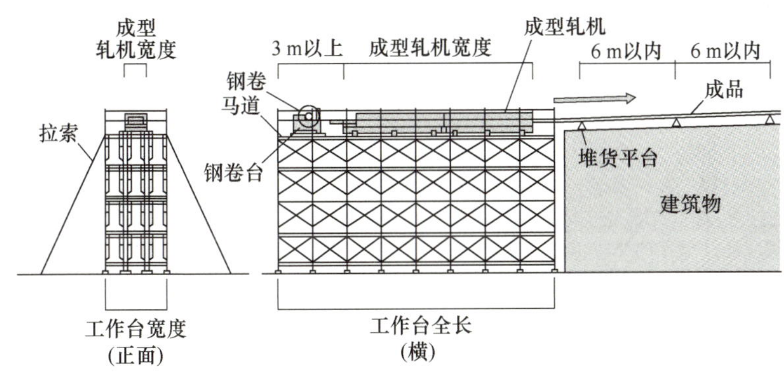

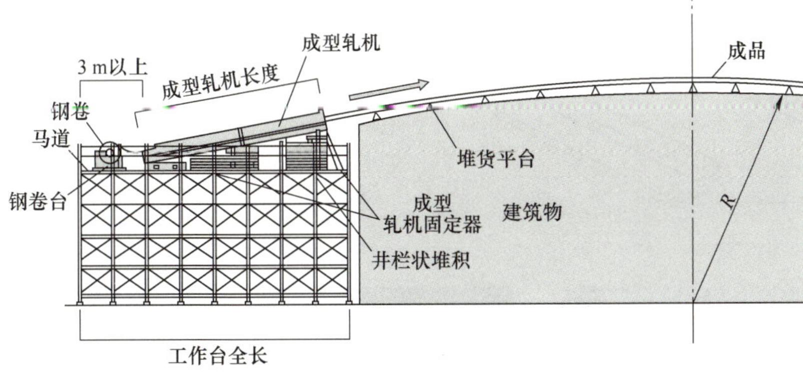

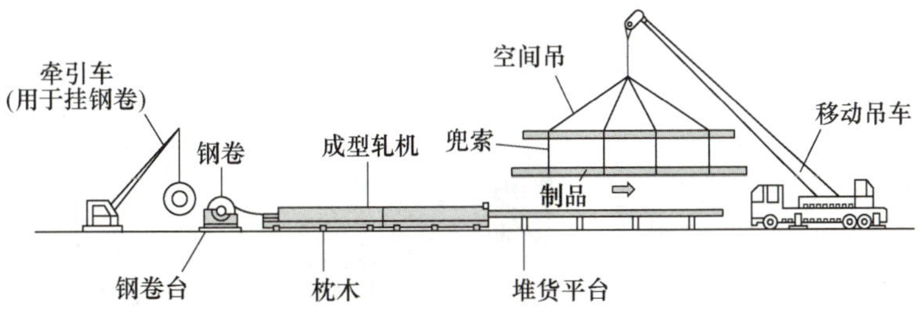

图 5.1.12 地面成型和屋面成型（SEKINO 兴产）

5.1.1.8　进场、起吊（吊装）和保护

确定进场及吊装方法（见图 5.1.13）时，必须对以下事项进行确认。

（1）材料的输送方法和路径。除了了解天气、道路等情况外，还必须掌握现场的各种限制条件（货车无法进场的时间和日期）。

（2）装货和卸货计划。根据卸货计划、堆放场所、材料尺寸和重量等，准备吊装设备。

（3）吊装时的台架、夹具等的准备。为了防止屋面板材的变形或坠落，准备相应的吊装台架、夹具（起吊夹具、尼龙绳、吊篮等）

（4）堆货平台。有些屋面形状，将材料直接放在屋面上可能出现滑落或坠落的危险。因此为保证安全，有时需要准备水平堆放位置或平台。在屋面上设置堆放平台时，需要确认檩条和主结构的强度。

（5）材料的保护方法。

1）直接将材料放在地面上，材料可能因水、污染等原因发生腐蚀。

2）当材料长时间搁置在室外时，用保护布等遮盖。

3）为防止不同种类的金属制品接触发生电化学反应，在金属制品之间应插入木材。

4）设置排水坡度。

5）有隔热材料等内衬材时，应用聚乙烯膜等保护以防止进入灰尘。

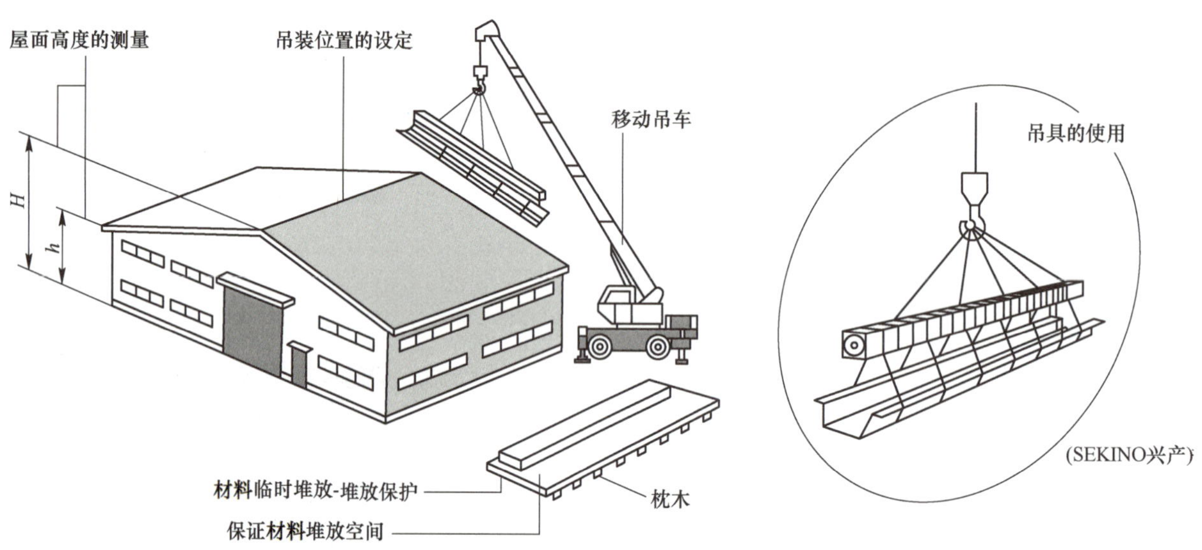

图 5.1.13　吊装

5.1.1.9 压型板的临时固定

咬合型压型板的临时就位，是将压型板嵌入固定支架中，将压型板下咬口勾住固定支架（连接配件），另一端用螺栓固定在固定支架上，然后覆盖相邻压型板的上咬口，如图5.1.14所示。

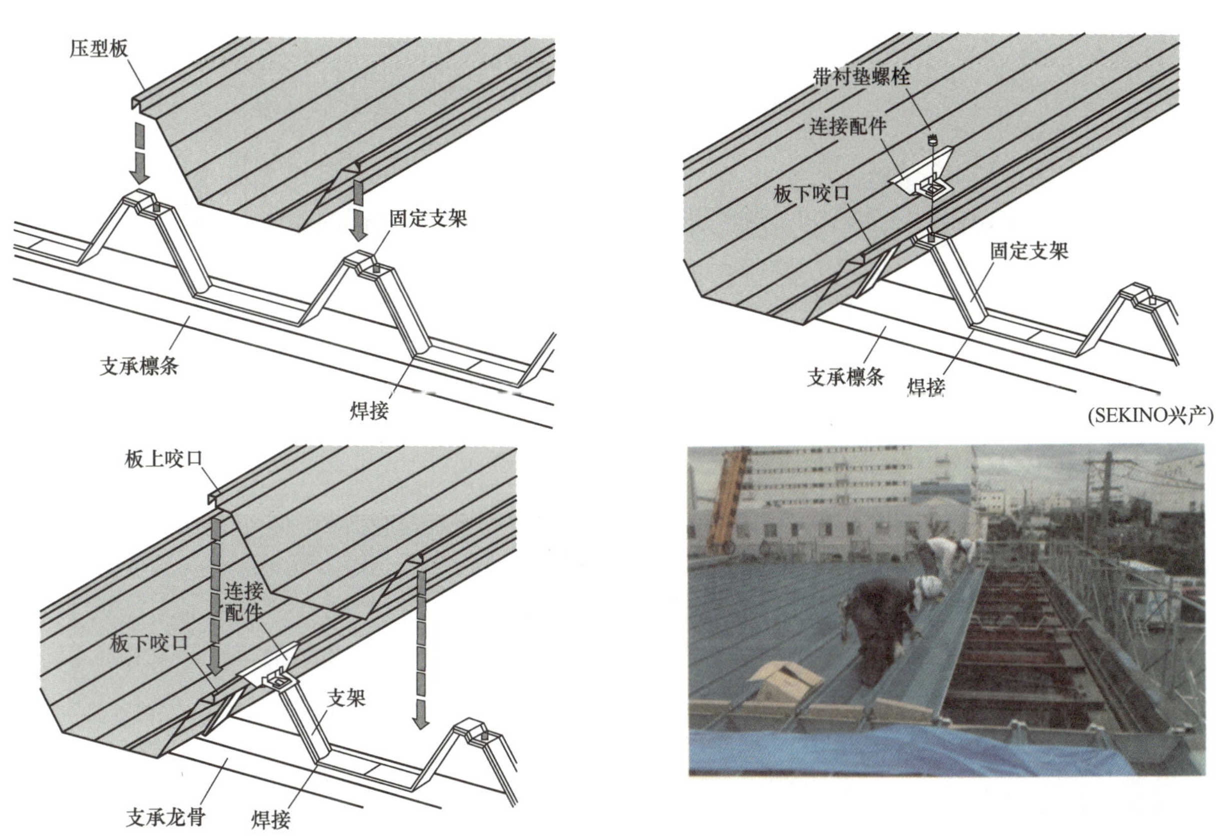

图5.1.14 临时固定

专栏

防雨布使用上的注意事项

一般认为防雨布是防止被雨水淋湿用的，但实际上，用防雨布遮盖后会将材料和湿气一起封闭起来。因为防雨布内的钢材处于闷热状态，反而使镀锌铝板更容易变成黑色。

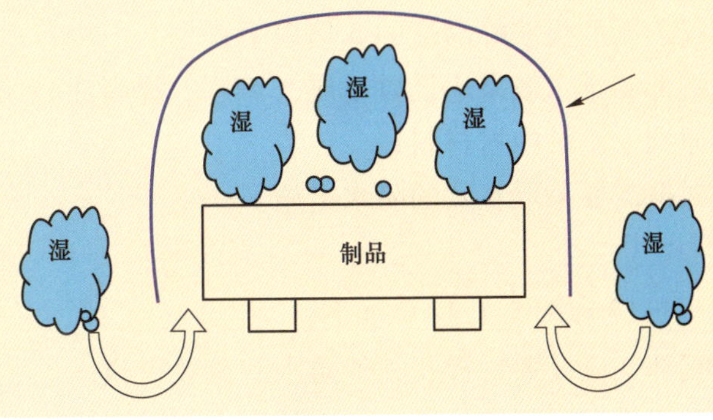

5. 1. 1. 10　压型板的二次固定

咬合型压型板的安装需要分临时固定和二次固定（见图 5. 1. 15）两步进行。临时固定是用手动锁边机（咔嚓机）将支架的固定件和各梁之间的两三个位置处固定。咬边的临时固定是防止用电动咬边机（电动锁边机）固定时咬边发生偏移。特别需要注意的是，在发生偏移状态锁边机继续锁边时，会造成咬边破坏等问题，这也是直接造成漏水和强度降低的原因。

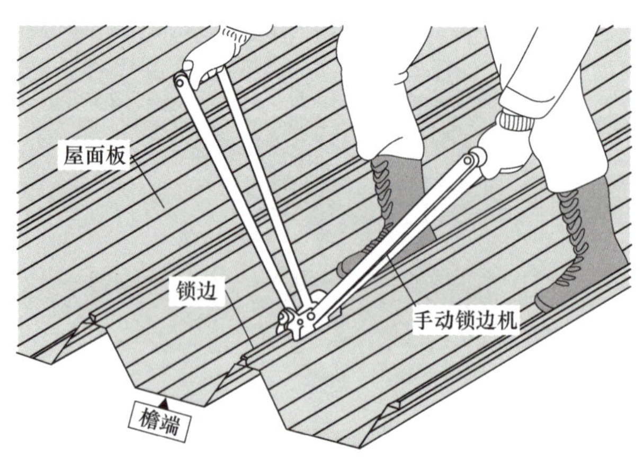

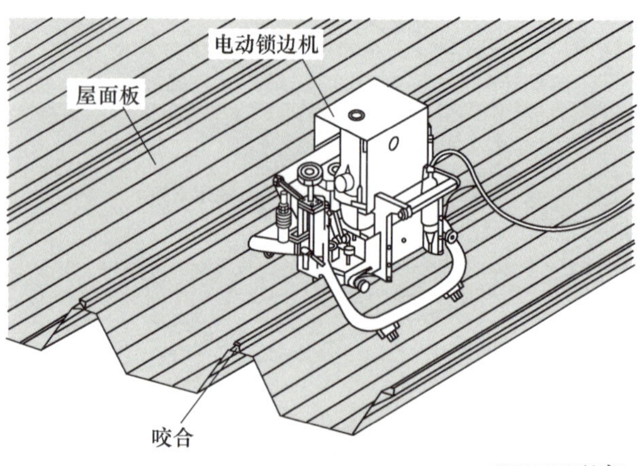

(SEKINO兴产)

图 5. 1. 15　二次固定

5. 1. 1. 11　附属部件（檐口、屋脊、侧檐等）的安装

A　檐端

檐端一般构造（见图 5. 1. 16）如下：

（1）檐端挑出尺寸建议为压型板波峰高度的 5 倍以下；

（2）为了提高压型板端部的泛水效果应设置垂尾（滴水，译者注）；

（3）屋檐的外露部分原则上不贴内衬材料；

（4）在封檐板位置，根据需要采取有效的防水措施。

B　屋脊

屋脊一般构造（见图 5. 1. 17 和图 5. 1. 18）如下：

（1）在压型板的屋脊端部，应设置封板及其他防水的有效措施；

（2）包脊钢板应与压型板具有同等的品质，加工长度应与压型板的有效宽度相匹配；

（3）包脊板直接固定在咬边配件上或者压型板上；

（4）包脊接长的搭接部分采用小螺钉或者耐水铆钉连接，连接节点设在压型板的波峰处；

（5）压型板可能受温度伸缩的影响时，采用压型板在长度方向可以伸缩的包脊板。

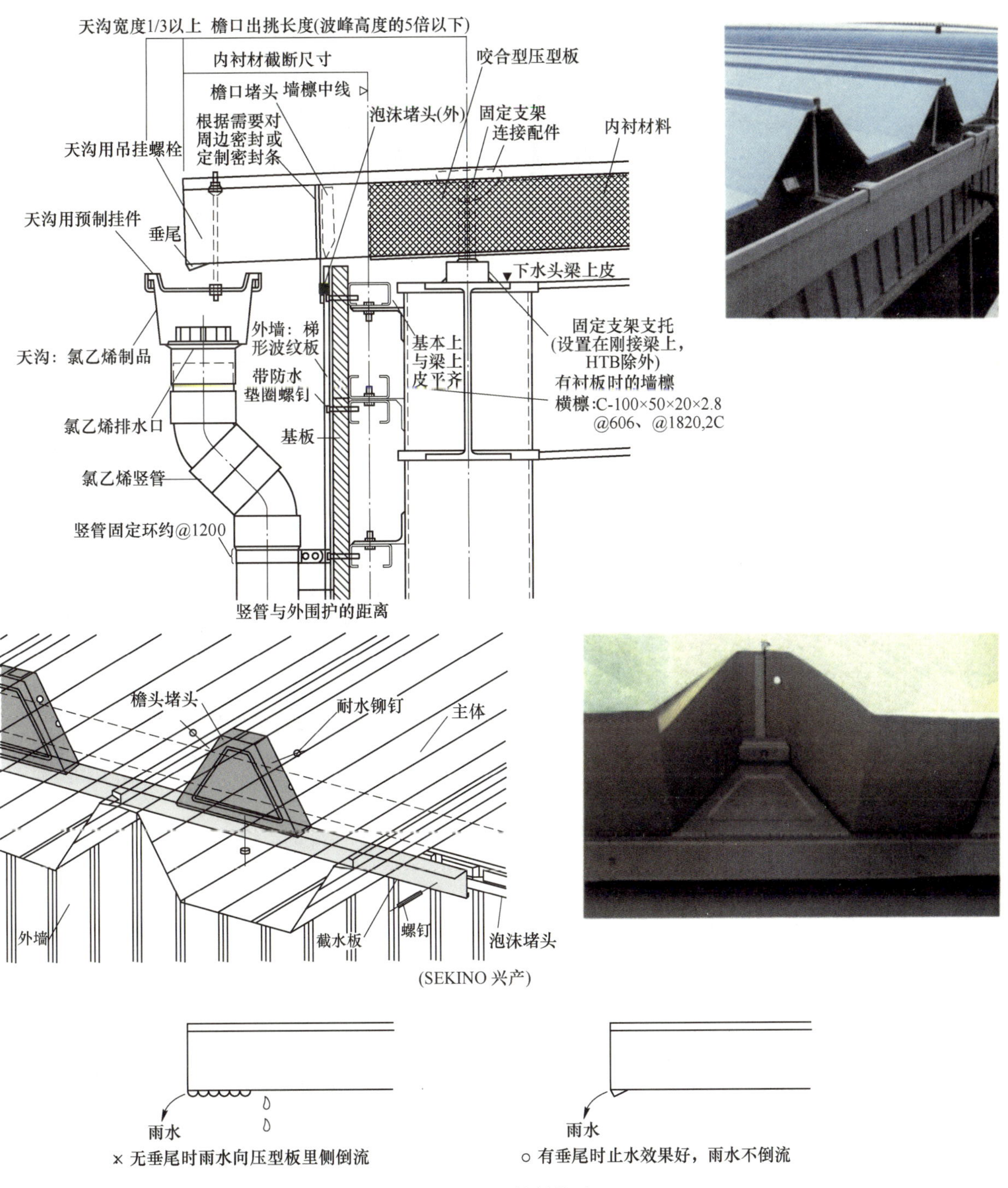

图 5.1.16 檐端构造

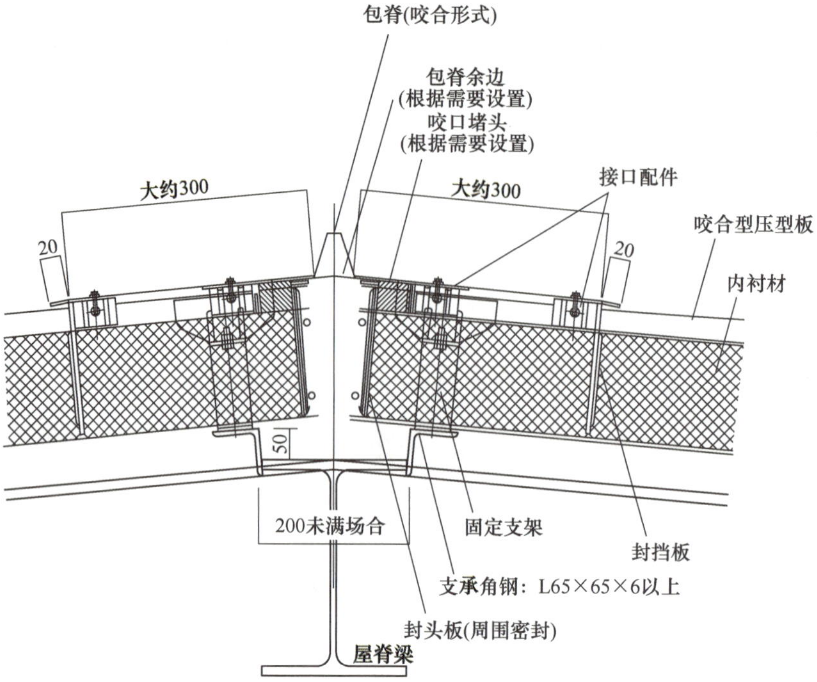

包脊(咬合形式)
包脊余边
(根据需要设置)
咬口堵头
(根据需要设置)
接口配件
大约300
大约300
20
20
咬合型压型板
内衬材
50
200未满场合
固定支架
封挡板
支承角钢：L65×65×6以上
封头板(周围密封)
屋脊梁

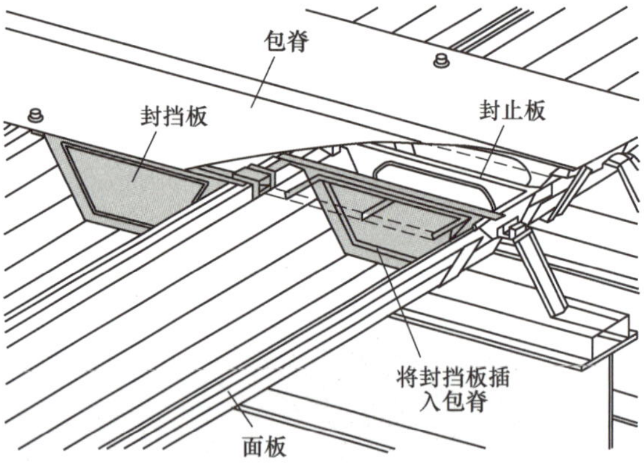

包脊
封挡板
封止板
将封挡板插
入包脊
面板

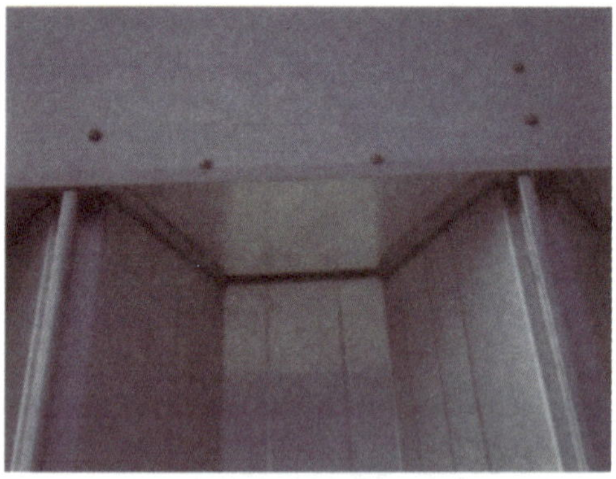

图 5. 1. 17　采用封头板、封挡板的屋脊细部构造

本体上翻
上翻机
压型板

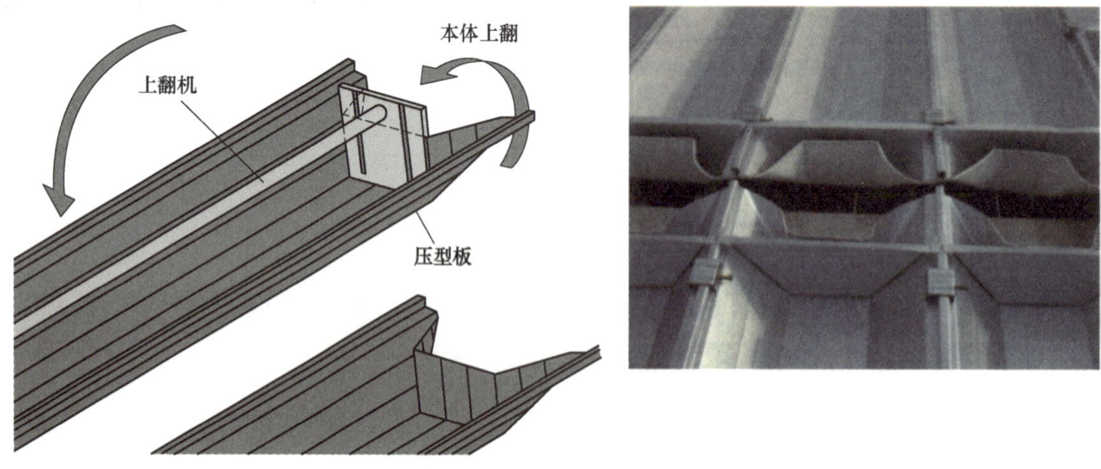

图 5. 1. 18　采用八千代弯折法的屋脊细部构造（SEKINO 兴产）

C 侧檐

侧檐构造（见图 5.1.19）如下：

（1）用端部支架对侧檐进行加强；

（2）用于侧檐的钢板应与压型板具有同等的品质；

（3）用端部支架或者基层连接件固定侧檐包板；

（4）侧檐接长的搭接部分采用小螺钉或者耐水铆钉连接。

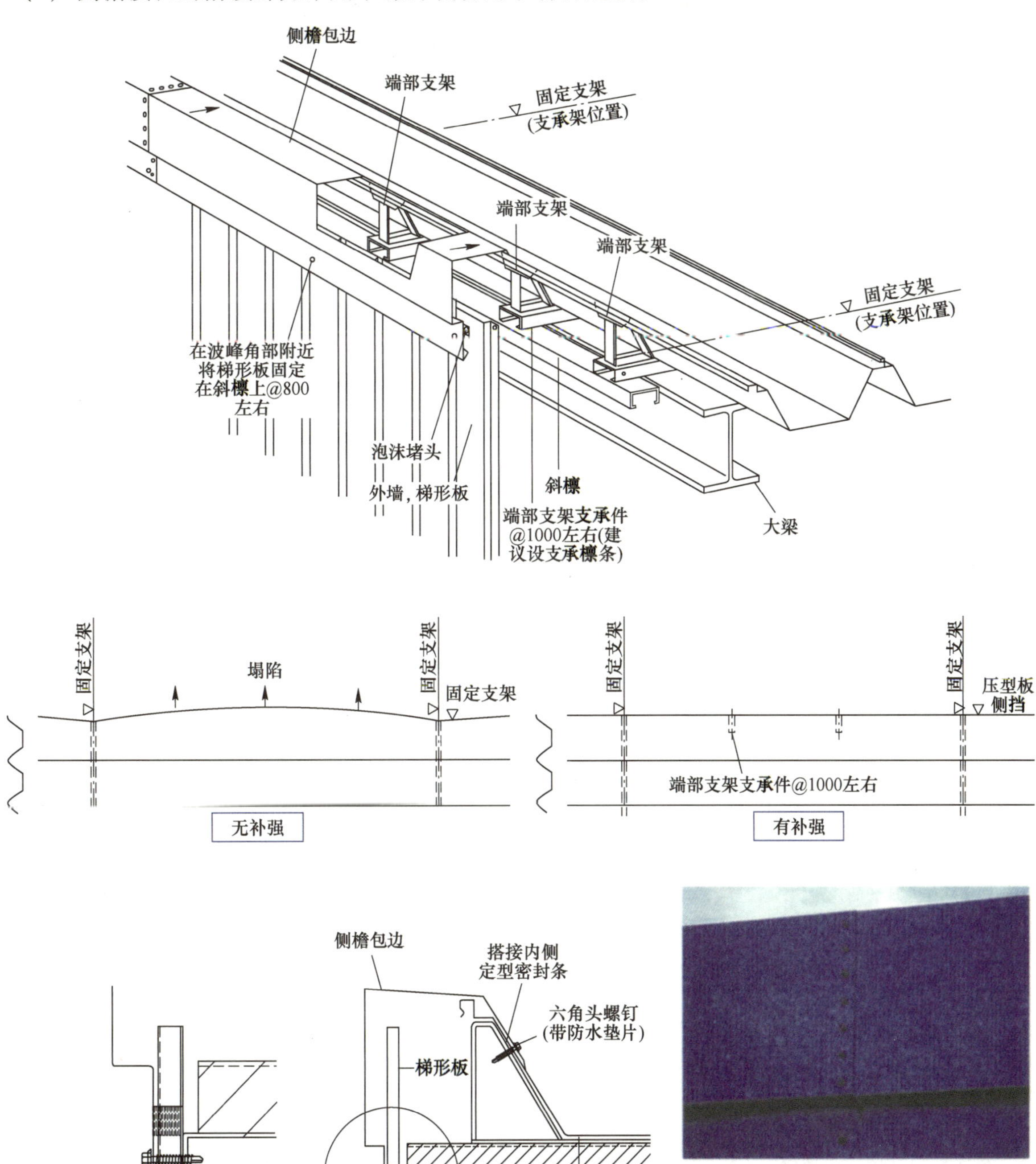

图 5.1.19 侧檐的细部构造

5.1.1.12 验收、交付使用

施工完成后应对以下事项进行确认。

屋面清扫	交付之前打扫整个屋面。铁屑等是生锈的主要原因必须清扫干净。应检查是否有其他工种的污渍、锈蚀等。应特别注意是否有附属配件的残留物、部件、螺钉等
完成检查	事前做好检查表，施工开始后按照检查表的项目逐项确认
有漏水可能的部位	对有漏水可能的部位（换气设备、采光、止水、配件、阴角、阳角、凸起物周围）做好防水处理，检查螺钉的安装状态等是否与施工图一致。应特别注意是否有无用的开口、螺钉的松弛、附属部件、止水接长的密封状态等
不同种金属连接的部位的处理	确认对天线的锚固部位、圆环、避雷针的安装配件、挡雪配件等是否进行了绝缘处理。另外检查是否对屋面板有附加外力
检查损伤和污物	检查是否有污物，按照铺设屋面的方法打扫屋面。检查是否有破损，当有破损时用补修涂料等进行修补
检查完成面状态	按照施工图再次检查附属部件的安装状态、泛水构造等。检查与其他工序衔接部位的处理状态
提交文件	交付前进行竣工验收检查，提交所有文件。如有必要，建议提交维护管理委托书
领取工程完成证明	竣工验收检查完成后，尽快从总承包单位手中领取工程完成证明。由于工程完成证明是证明工程完成的重要文件（第三者证明），所以必须领取

专栏

清洁与返修

■必须清扫并除去残留物或污物。 注意 “残留物”或污物搁置不理将成为生锈的主要原因。		■不要采用可能对表面涂层造成损伤的清洗工具。 ■不要采用金属或塑料的刷子、刮刀等。	
■清除作业现场的遗留物，为避免对检查工作形成障碍整理现场环境。		■对屋面表面的涂层损伤，在清扫之后用布等进行擦拭，彻底清除表面的灰尘。 ■然后用与表面同色的补修材料进行修补。 ■涂料应使用纯正的补修材料。	Paint
■对于无法简单剔除的污物，可以用中性洗剂清洗后，用干布擦拭干净。		（SEKINO兴产）	

5.1.2 施工前的检查表（屋面和外墙相同）

以下以表格的形式整理出了开工之前的确认事项，也可用于压型板屋面以外的金属屋面和外墙。

<table>
<tr><th colspan="2">项目</th><th>检查内容</th><th>标准</th><th>确认</th><th>MSRW 2014</th></tr>
<tr><td rowspan="3">合同</td><td rowspan="3">合同内容确认</td><td>合同内容</td><td></td><td></td><td rowspan="3">参照 2.2.4 项</td></tr>
<tr><td>费用负担是否明确</td><td></td><td></td></tr>
<tr><td>对工程内容的变更、追加工程等进行确认</td><td></td><td></td></tr>
<tr><td rowspan="32">工程计划</td><td rowspan="4">设计标准确认</td><td>现场说明书</td><td></td><td></td><td rowspan="4">参照 2.2.5 项</td></tr>
<tr><td>特殊事项说明</td><td></td><td></td></tr>
<tr><td>一般事项说明</td><td></td><td></td></tr>
<tr><td>质疑的确认</td><td></td><td></td></tr>
<tr><td rowspan="5">设计图纸确认</td><td>施工现场导图</td><td></td><td></td><td rowspan="5">参照 2.2.5 项</td></tr>
<tr><td>布置图</td><td></td><td></td></tr>
<tr><td>立面图（含檩条布置图）</td><td></td><td></td></tr>
<tr><td>剖面图</td><td></td><td></td></tr>
<tr><td>各部位构造详图</td><td></td><td></td></tr>
<tr><td rowspan="2">工程量确认</td><td>建筑物的规模、大概数量</td><td></td><td></td><td rowspan="2">参照 2.2.5 项</td></tr>
<tr><td>工程数量</td><td></td><td></td></tr>
<tr><td rowspan="11">工法与规格标准的确认</td><td>抗风性能</td><td></td><td></td><td rowspan="11">参照 2.2.2 项及 2.2.5 项</td></tr>
<tr><td>耐积雪性能</td><td></td><td></td></tr>
<tr><td>抗震性能</td><td></td><td></td></tr>
<tr><td>耐久性能</td><td></td><td></td></tr>
<tr><td>防水性能</td><td></td><td></td></tr>
<tr><td>防耐火性能</td><td></td><td></td></tr>
<tr><td>隔热性能</td><td></td><td></td></tr>
<tr><td>隔声性能（冲击声隔断性能）</td><td></td><td></td></tr>
<tr><td>吸声性能</td><td></td><td></td></tr>
<tr><td>抗冲击性能</td><td></td><td></td></tr>
<tr><td>质疑确认</td><td></td><td></td></tr>
<tr><td rowspan="6">基层檩条的确认</td><td>梁和檩条或墙檩的间距（双檩）</td><td></td><td></td><td rowspan="6">参照 2.3 节 ~ 2.8 节</td></tr>
<tr><td>梁和檩条或墙檩的标高</td><td></td><td></td></tr>
<tr><td>梁和檩条或墙檩的尺寸（宽度、板厚等）</td><td></td><td></td></tr>
<tr><td>障碍物</td><td></td><td></td></tr>
<tr><td>梁和檩条或墙檩的端头</td><td></td><td></td></tr>
<tr><td>构造上需要的檩条等</td><td></td><td></td></tr>
<tr><td rowspan="3">施工调查的实施</td><td>实测</td><td></td><td></td><td rowspan="3">参照 2.2.5 项</td></tr>
<tr><td>作业条件</td><td></td><td></td></tr>
<tr><td>调查时的安全体制</td><td></td><td></td></tr>
</table>

续表

项目		检查内容	标准	确认	MSRW 2014
工程计划	制订工程进度表	制订工程运营计划			参照 2. 2. 5 项
		制作工程进度表			
	制定材料计划表	使用材料及厂家的确定			参照 2. 2. 5 项
		产品标准和规格是否有问题			
		材料的种类和数量			
		确认交货期			
		确认材料堆场			
		进场日期是否决定			
		进场通道、时间是否存在问题			
		是否需要补修材料			
		废弃材料、余料的处理方法			
	临设、设备的确认	临设材料			参照 2. 2. 5 项
		安全设备			
		保护材料（内部、外部）			
		临设厂家			
		搭设脚手架的作业主任			
		电气设备的有无及容量			
		现场办公室、卫生间、给排水			
	运输和吊装方法的确认	材料的运输方法和路径			参照 2. 2. 5 项
		装货和卸货计划			
		吊装时的台架、夹具等的准备			
		堆货平台			
		材料的保护方法			
	作业员的确认	了解作业员的技能程度			参照 2. 2. 5 项
		确保持证上岗人数			
		通勤和行程的确认			
		宿舍、现场办公室等的安排			
		作业员的健康检查			
	安全计划方案	现场状况确认			参照 2. 2. 5 项
		成立安全管理组织			
		制定作业规则			
		记录作业须知			
		灾害预防措施			
		安全教育			
		灾害发生时的应急措施			
	施工要领书的制作	制定施工要领书			参照 2. 2. 5 项
		制作填入事项表			
	施工图的绘制与承诺	开工前的承诺			参照 2. 2. 5 项及 2. 2. 6 项
		【外墙篇】			
		外墙排板图（平面、立面）			

续表

项目		检查内容	标准	确认	MSRW 2014
工程计划	施工图的绘制与承诺	剖面图			参照 2.2.5 项及 2.2.6 项
		节点详图（搭接等）			
		落水管根部构造详图			
		窗下墙周边构造详图			
		阳角和阴角构造详图			
		门扇窗扇周边构造详图			
		与屋面交接处构造详图			
		披屋、挑檐交接处构造详图			
		梁截断处构造详图			
		机器设备周边构造详图			
		排板图			
		其他交接处构造详图			
		【压型板篇】			
		屋面排板图、布置图			
		剖面图			
		檐端、天沟构造详图			
		屋脊、单坡屋脊构造详图			
		侧檐构造详图			
		与墙交接处构造详图			
		采光、屋顶风扇周边构造详图			
		其他交接处的构造详图			
工程的准备和进行	施工组织的确认	对现场状况的再确认			参照 2.2.6 项
		施工图报批			
		工程进度表的确认			
		是否有施工要领书			
		是否有施工组织图			
		安全管理体制的确定			
		作业顺序和方法			
		机械设备和工具的准备和确认			
	提交文件的确认	提交给总承包者的文件			参照 2.2.6 项
	安全对策的实施	作业整体安全对策的实施			参照 2.2.6 项
		安全管理者的确认			
		安全教育的实施			
		灾害发生时应急措施的确认			
		脚手架的保护和检查（包括脚手架的拉结）			
	作业人员的确认	作业人员的安排及保证			参照 2.2.6 项
		按照名单确认进场人员			
		了解作业员的技能水平			
		保证持证上岗人的数量			
		至现场上班及路途的再确认			

续表

项目		检查内容	标准	确认	MSRW 2014
工程的准备和进行	作业人员的确认	作业员的健康检查			参照 2.2.6 项
	材料订货	临设材料和临时电源订货			参照 2.2.6 项
		工程用材料调配			
		进场日和路面交通的确认			
		是否有物料堆场以及具体安排的确认			
		检查规格、尺寸和数量			
	材料进场时的确认事项	次构件的种类、尺寸、数量和是否有损伤			参照 2.2.6 项
		外装材的母材、颜色、板厚			
		外装材的形状、尺寸、数量			
		外装材上是否有损伤			
		防火及耐火要求			
		是否有内衬板及其质量			
		是否有说明书及其说明书中的内容			
		固定部件的确认			
		附属部件			
		其他材料			
		养护和保护措施的实施			
	成型加工（工厂成型）	外装材的种类是否正确			参照 2.2.7 项
		外装内衬板材是否正确			
		外装材的品质是否有问题			
		运输路线是否有问题			
	成型加工（现场成型）	现场对作业内容是否了解			参照 2.2.7 项
		选用的机械设备及工具是否恰当			
		作业空间是否保证			
		作业中必需的电力等是否保证			
		进场的道路是否确认			
		成型轧机的设置准备工作是否完成（地面加工）			
		成型加工的检查是否完成			
	吊装时的确认事项	起吊设备和有资质人员的安排			参照 2.2.7 项
		手势信号的掌握			
		搬运和吊装夹具的检查			
		临时堆场的合理设置			
		横向移动方法，移动脚手架			
		安全观察员的配置			

5.1.3 压型板屋面的施工检查表

压型板屋面工程的确认事项整理如下，可根据需要使用。

项目	检查内容	标准	确认	MSRW 2014
基层檩条	梁及檩条的间距是否满足施工和性能上的要求			参照 2.3.1 项
	梁及檩条的标高是否满足施工和性能上的要求			
	梁及檩条的尺寸（宽度、板厚等）是否合适			
	障碍物（梁节点部位）及梁的端头处置是否得当			
	檩条结构的坡度与屋面坡度是否一致			
	屋脊的翼缘宽度是否足够			
	跨度和开间方向基层檩条是否有遗漏			
	构造上需要的檩条			
	开口部位周边的檩条			
	檐口端部 R 部分的檩条			
	泛水上翻处的固定部件			
	是否有檐沟支托安装用的支承梁			
	是否有屋顶排风扇的支承梁			
	是否有端部支架的支承构件			
	结构梁的吊件			
	斜切压型板的支承梁			
	压型板上是否有重物			
	与凸出屋面设施相交位置等无法设置端部支架			
	在高出屋面的换气窗等的交界处无支承梁			
	从压型板上伸出的悬挂雨篷			
	悬挂雨篷的梁靠墙面过近			
固定支架的安装	是否指定了固定支架的形状和尺寸			参照 2.3.1 项
	检查标准墨线位置（是否与排板一致）			
	排板墨线（是否按照压型板的有效宽度划线）			
	焊接状态（检查角焊缝的尺寸）			
	焊接后的处理（是否存在有害缺陷）			
	安装精度（是否与所划墨线一致）			
	焊缝的补修涂料（焊渣的清除状态、用防锈涂料修补）			
预铺屋面	移动方法（安全确认）			参照 2.2.8 项
	移动用脚手架（安全确认）			
	铺板方向确认			
	挑檐（轴线是否正确）			
	固定支架的临时固定			
	中间螺栓的间隔（紧固螺栓）			
	中间螺栓的开孔尺寸			
预铺设	连接配件固定			参照 2.2.8 项
	卷边临时固定			
	附属金属件的临时固定（确认固定位置）			

续表

项目	检查内容	标准	确认	MSRW 2014
最终铺设	螺栓紧固情况确认（是否沿垂直方向拧紧）			参照 2. 2. 8 项
	锁边部位的锁紧状态确认			
	咬合状态确认			
檐口构造	挑檐的尺寸（是否与施工图一致）			参照 2. 3. 2 项
	挑檐的轴线（是否有错误）			
	封边的材质（是否与施工图一致）			
	封边的固定			
屋脊构造	封边的固定			参照 2. 3. 3 项
	密封（密封状态确认）			
	封挡板的安装			
	包脊尺寸（是否与施工图一致）			
	包脊的接长处理			
	包脊的固定（是否与施工图一致）			
侧檐构造	形状、材料（是否与施工图一致）			参照 2. 3. 4 项
	接长处的密封			
	檩条（确认是否有檩条）			
	补强角钢的规格和尺寸（是否与施工图一致）			
	补强角钢的安装间距（是否与施工图一致）			
泛水	上翻尺寸（是否与施工图一致）			参照 2. 3. 5 项
	上水部分			
	水流方向			
采光	檩条的确认（布置是否正确）			参照 2. 3. 7 项
	迎水端和背水端的处理			
	二侧边的处理			
	采光的形状和种类			
屋面通风扇	檩条的确认			参照 2. 3. 7 项
	周围的截水处理			
屋面上设施	支承设施的基础的固定方法确认			参照 2. 3. 8 项
	设施固定强度的确认			
避雷针、避雷导体	固定器具、支架的强度确认			参照 2. 3. 8 项
天沟构造	落水口周围			参照 2. 3. 2 项及 2. 3. 6 项
	排水坡度			
	连接接头			
	固定配件			
	落水管			

5.1.4 安全对策的实施

应将安全计划中的各项安全措施落实到位。“安全施工周期”的要点和安全对策项目见表5.1.2。

表5.1.2 “安全施工周期”的要点

周期	活动	时间	谁（与谁）
每个作业日	安全早会	每天早上，作业开始之前	所有作业员
	安全会议	作业开始前	工长和作业员
	安全检查	作业开始前	工长和作业主任等
	作业中的指导和监督	作业中随时	安全卫生主管、工长和作业主任等
	安全碰头会	一定时间	（总包安全主管），（业主）安全卫生主管、工长等
	收拾现场	作业完成前5分钟	（作业场所）业主 （公共部分）指定人
	收工时的确认	作业完成时	（总包）相关负责，安全值日 （业主）工长
每周	安全碰头会	周一次定期进行	（总包）安全主管 （业主）安全卫生主管、工长等
每周	一周检查	定期	（总包）安全当班等 （业主）工长等
	全面清理	定期	总负责以下的所有人
每月	特别安全卫生协议会	月一次以上定期	（总包）总负责，安全主管等 （业主）经营干部、安全卫生主管、工长等
	定期检查自查	月一次定期	（总包）主管 （业主）主管
	安全（卫生）大会	月一次以上定期	所有作业人
	工长会	月一次以上定期	各工序工长
随时	新入场职员培训	新作业员进场时	（总包）安全主管等 （业主）安全卫生主管、工长
	准备进场企业的事前碰头会	业主决定后进场前	（总包）总负责、主管人员 （业主）公司干部、工长

5.1.4.1 安全遵守事项（作业员）

（1）必须戴安全帽。

（2）必须穿与工种匹配的工装。

（3）使用的脚手架必须满足安全规范。

（4）除指定场所以外禁止吸烟。

（5）动火作业完成后，必须检查现场是否有着火隐患。

（6）作业完成后，对现场进行整理和清扫。

（7）安全大会、早会、大扫除必须参加。

（8）必须严格遵守安全规则和上班须知。

搭脚手架时使用安全带

走道板和防护网

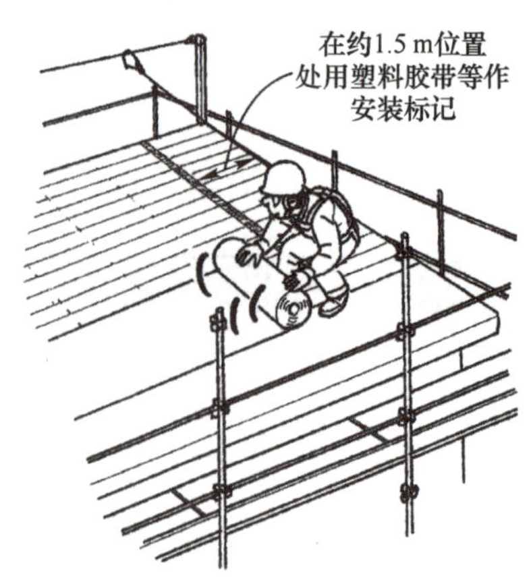

尽量不对着背后作业

5.1.4.2　防坠落措施

检查吊挂式脚手架（作业平台）、作业脚手架（栏杆）、安全防护网、主网绳的状态。

（1）脚手架和跳板上必须设置扶手。

（2）高处移动必须利用脚踏板。

（3）在有坠落危险的场所作业时必须设置安全防护网。

（4）檐端和铺墙板作业时，必须系安全带或使用脚手架等，使用保险绳。

（5）在强风、降雨等恶劣气候时，原则上应停止高空作业。

从移动塔架上坠落　　水泥刨花板踏空　　从湿滑的屋面上滚落

5.1.4.3　防飞溅物措施

对产品等的保护（保护盖布、绑绳等）、禁入措施、安全通道进行确认。

旋风将材料吹飞

禁入措施

施工中部件的坠落

5.1.4.4 机械、吊装灾害防治措施

A 成型设备等

(1) 设备检修时必须切断电源。

(2) 指定手势信号人员，必须对手势信号确认后进行作业。

(3) 对机械设备必须设置地线和安全罩。

B 吊装和搬运

(1) 所有的操作员必须持有上岗证。

(2) 指定手势信号人员，必须对手势信号确认后进行作业。

(3) 作业前，必须对钢丝绳和尼龙带等进行检查。

(4) 吊车的影响范围内禁止有人员进入（设置椎体路栏、路障等）。

(5) 在设置吊车场所，为防止吊车侧翻应铺设铁板等，保证水平方向的地基坚固。

工作服被成型轧机夹住

操作时往别处看使同伴受伤

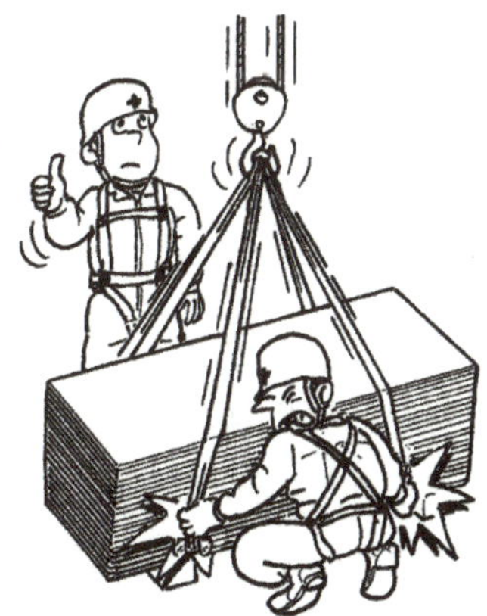
手被吊绳夹住

5.1.4.5 防火措施

焊接作业或动火作业时，应准备防火保护布以及有初期灭火能力的灭火设备。保管稀释剂等危险品时，宜放入不燃性的保管库中存放并上锁。

焊接和熔断的事前保护　　焊接时的飞溅火花引起火灾　　使用遮光眼罩

5.1.4.6　其他灾害防治措施

（1）材料搬入时应由安全员引导。

（2）预计有强风（风速 10 m/s 左右）、大雨、大雪等危险时，应中止作业。

（3）作业前的碰头会上，应明确作业顺序。

（4）必须佩戴并使用安全帽。

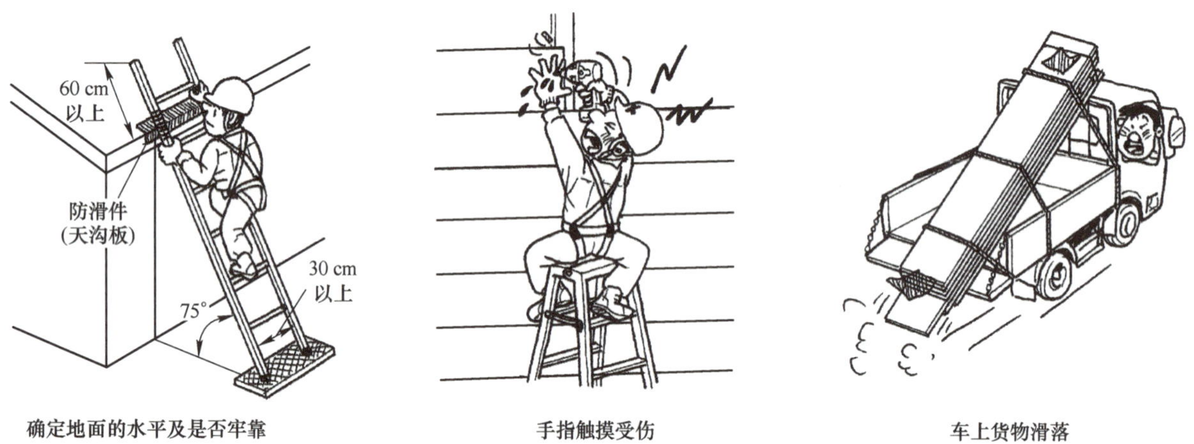

确定地面的水平及是否牢靠　　手指触摸受伤　　车上货物滑落

5.1.4.7　安全管理

（1）向总包企业提交安全管理组织报告以及作业流程。

（2）提交作业人员名单、健康诊断书、资质等，并合理进行人员安排。

（3）对新入职员工的入场培训和健康状态进行检查。

（4）确认入场设备并提交入场申请。

5.1.4.8　安全对策中的其他确认事项

（1）安全管理员的确认。根据劳动安全卫生法应设置以下主管：

1）安全卫生主管；

2）安全管理员和卫生管理员；

3）安全宣传员；

4）职业医生；

5）作业主任。

（2）安全教育的实施。安全教育是提升安全意识，实施安全作业的重要安全活动之一。在工程进行过程中，必须对以下人员进行培训：

1）新入场员工；

2）作业内容发生变化的员工；

3）生产技术员；

4）从事危险作业人员；

5）工长、现场监督员；

6）安全员等。

（3）对劳动灾害发生时的解决方案进行确认。以下是劳动灾害发生时的紧急措施方法示例：

1）立即停止与灾害有关的机械设备等的运行；

2）救出受灾人员；

3）寻求近邻的帮助，呼叫急救车等；

4）对受伤人员紧急施救；

5）与直接相关者联系；

6）防止次生灾害的发生；

7）保护灾害发生现场；

8）使作业人员保持镇静。

（4）脚手架的保护和检查。对脚手架等进行日常检查，确认其是否安全、是否适合作业。如果有问题，立即向综合工程企业提出修改申请。

5.1.4.9 金属屋面和外墙工程中从事危险作业应具备的资质

金属屋面和外墙工程中，对于有些工种按照法规的要求必须进行专业培训或者技能培训。

在制订安全计划时，依法对每个作业员是否有资格进行检查非常重要。表5.1.3为其中的一例。

表5.1.3 工种和资格

工种	资格种类	相关法规
电弧焊工（焊接、熔断）	专业培训	安卫则36的3
气焊工（焊接、熔断、加热）	技能讲习	安卫令20的10
司索工（吊重1 t以上）	技能讲习	安卫则20的16
司索工（吊重1 t以下）	专业培训	安卫令36的19
高空作业车司机（作业平台10 m以上）	技能讲习	安卫令20的15
高空作业车司机（作业平台10 m以下）	专业培训	安卫则36的10的5
吊篮车司机	专业培训	安卫则36的20
搭建脚手架等作业的工长	技能讲习	安卫则565，566
有机溶剂作业工长	技能讲习	安卫则19，19的2

安卫规：劳动安全卫生规则；安卫法：劳动安全卫生法施行令；有机则：有机溶剂中毒预防规则

参考文献

[1] 全日本板金工業組合連合会：安全作業入門，2015.

5.2　工具和设备

钣金加工中会使用各种各样的工具和设备。本节中将其分为“一般手工工具”和“其他工具和机械工具等”，以下进行简单介绍。

钣金切割加工

用“剪刀：shear”进行切割作业。

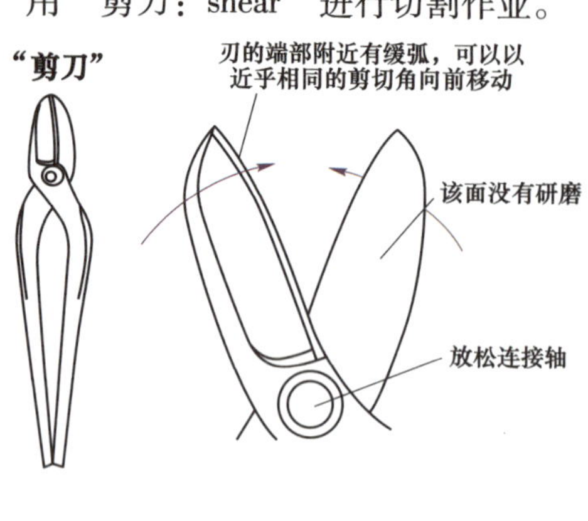

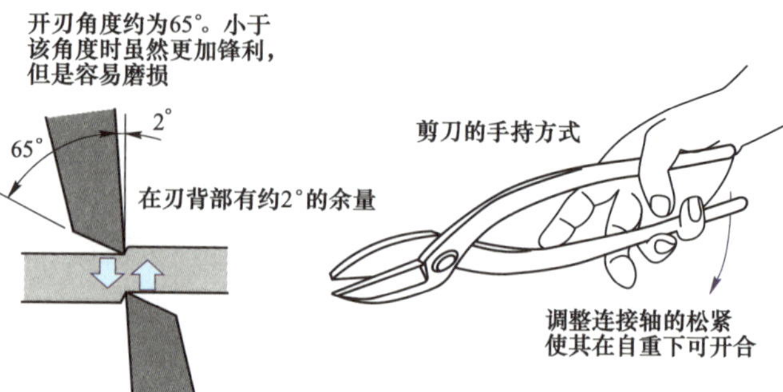

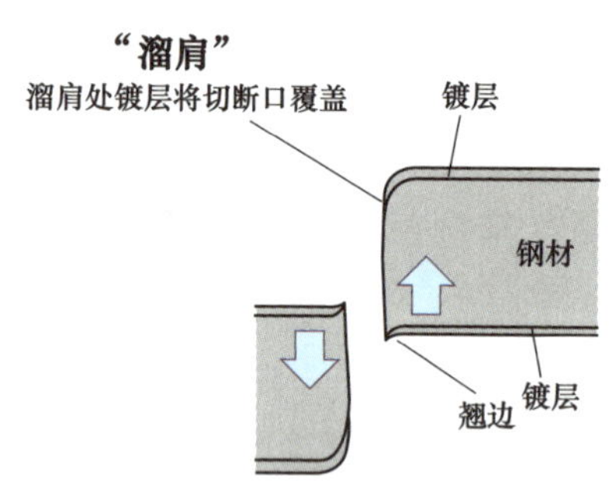

在剪切面，溜肩部分被“镀层”覆盖。镀层钢板的剪断面是防锈上的薄弱处，通过“镀层覆盖”效果可以抑制剪切面腐蚀的发展

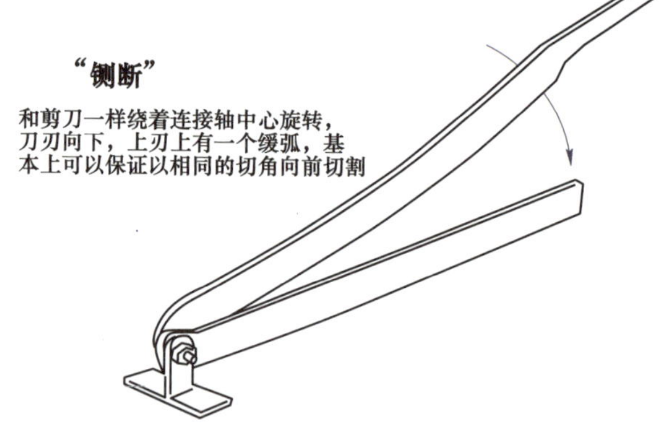

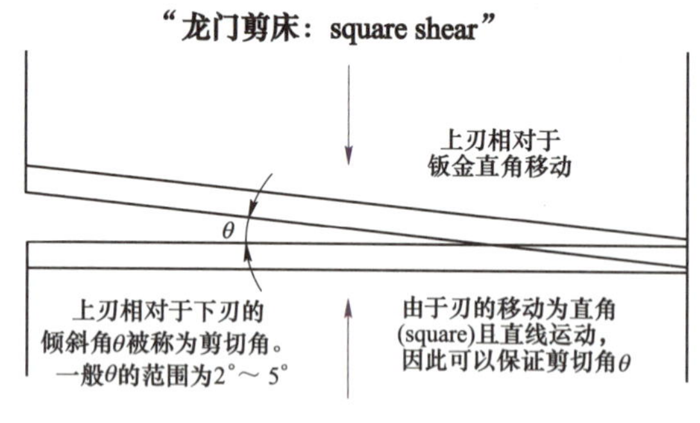

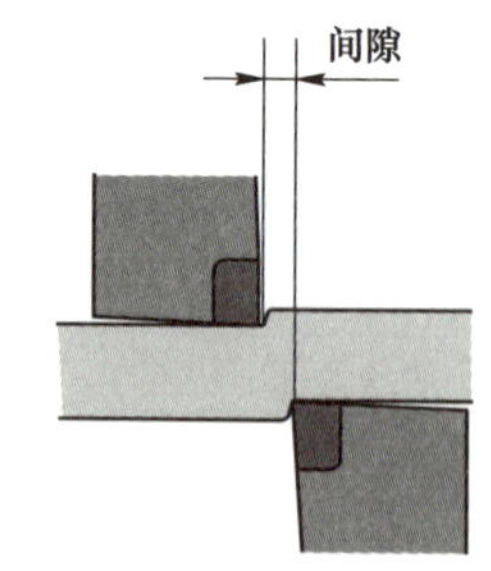

在上刃与下刃之间设置的空隙被称为间隙。一般取剪切板厚的5%～10%。间隙大时，溜肩和翘边增加。间隙小时，需要动力增加，刃的寿命缩短

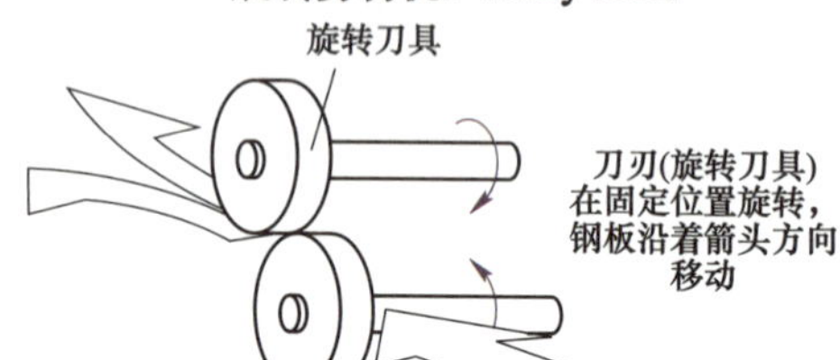

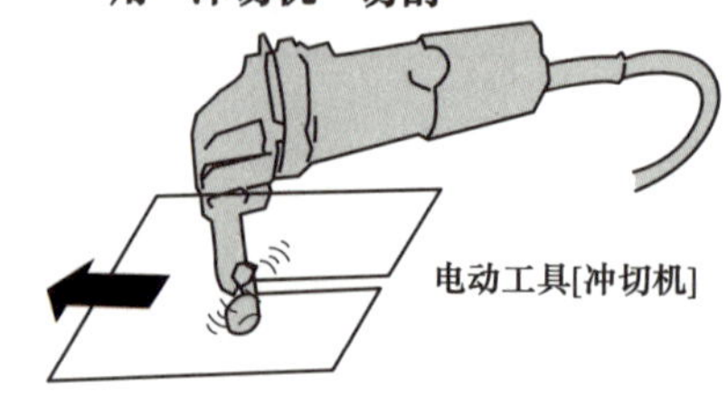

端部的小刀具高速振动，重复冲击动作。顶盖冲床(turret punch press)是利用这一原理的自动切割机，通过大版和NC控制(Numerical Control)可剪切出复杂形状

钣金弯折加工

“钳子”

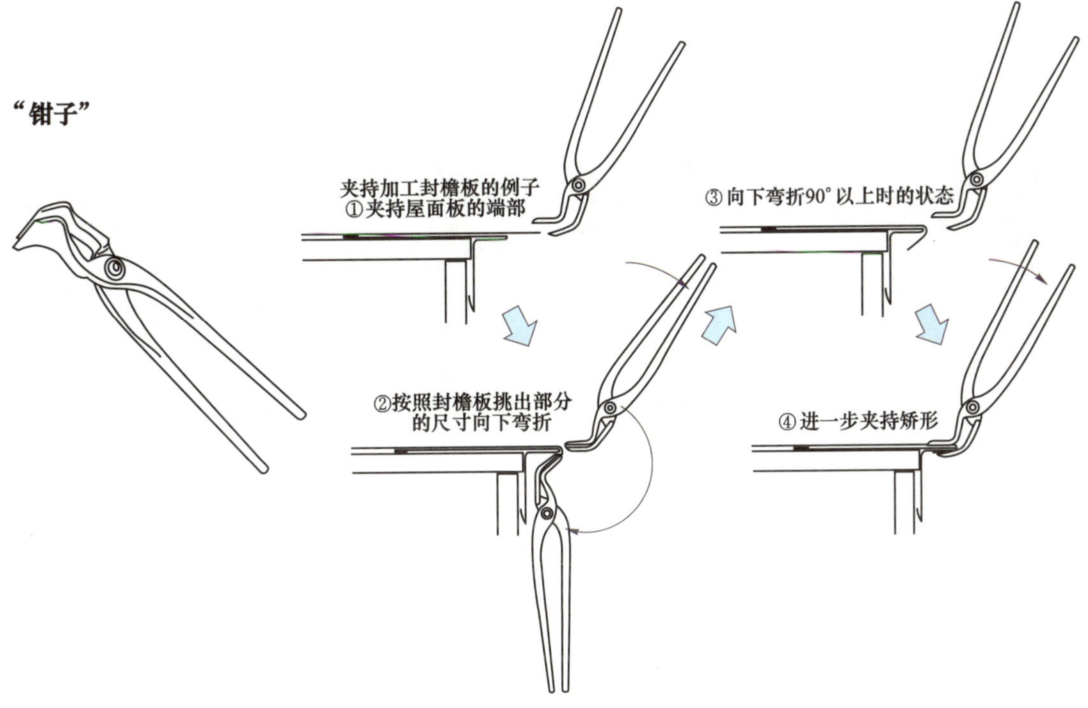

“弯折台”“拍子木”“刀具”

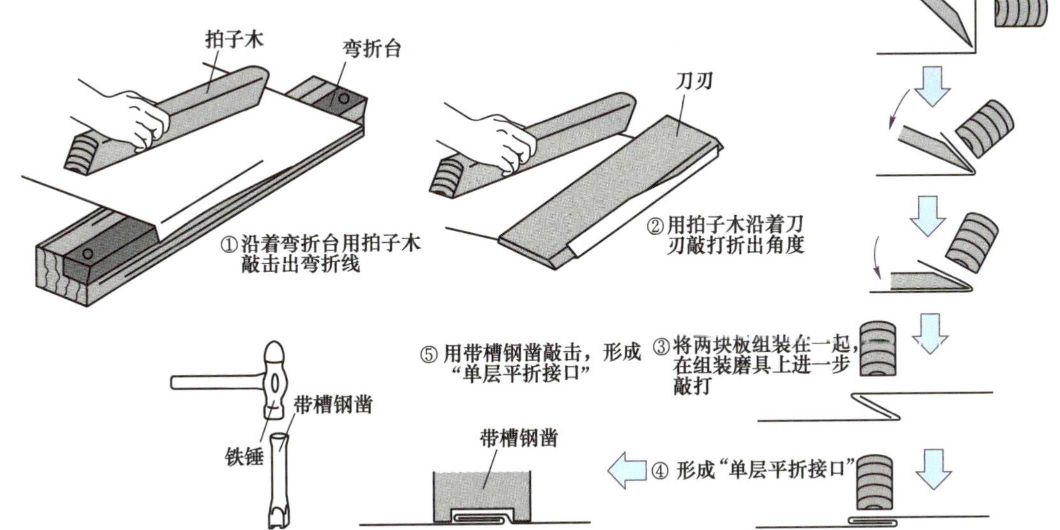

“折弯机：bender”

“压弯机：press break”

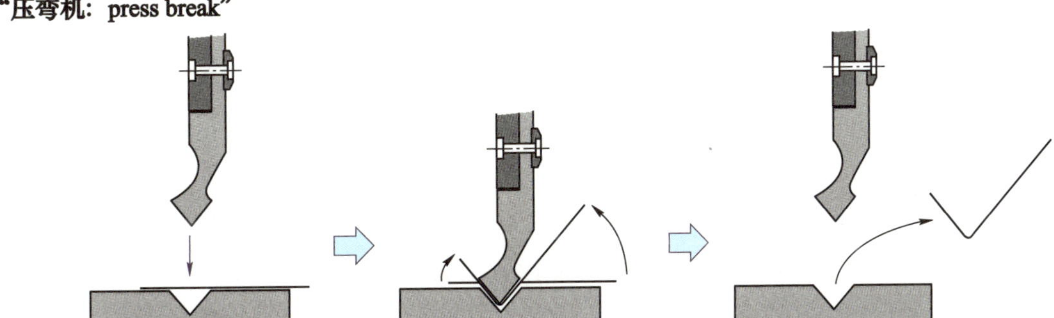

5.2.1　切割、折弯、敲打用工具

以下介绍钣金加工中使用的主要工具，有剪刀、钳子、铁锤。

（1）剪刀。

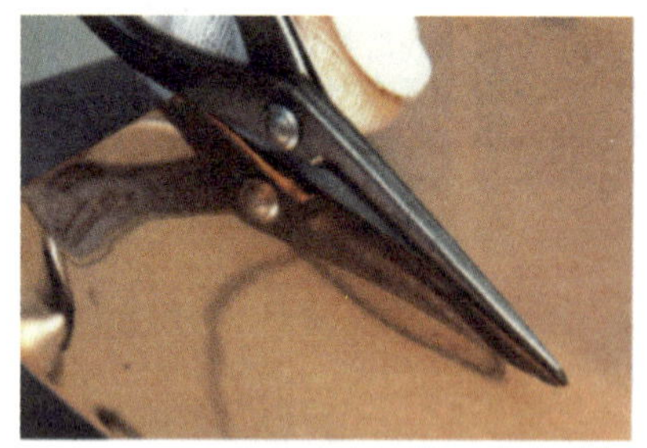

直刃
用于直线剪切

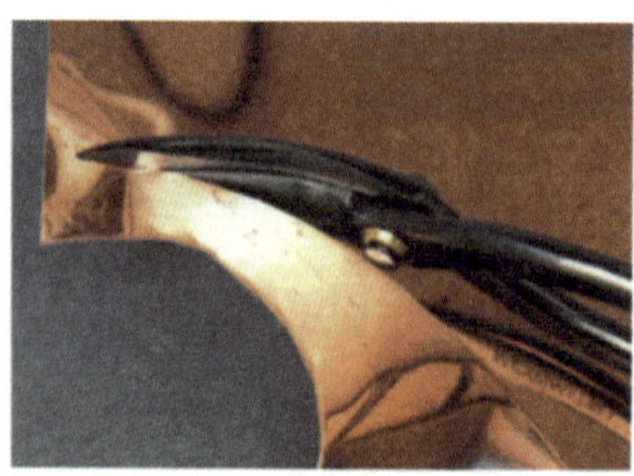

柳叶刃
可以剪直线和曲线，是万能剪刀

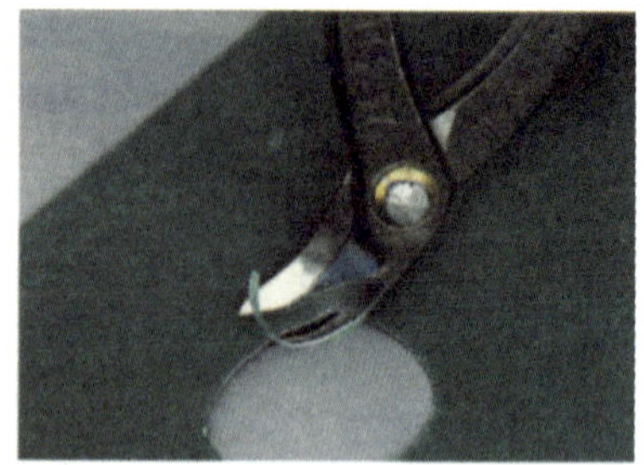

剜刃
用于大曲率弧线的切割和穿洞

（2）钳子。

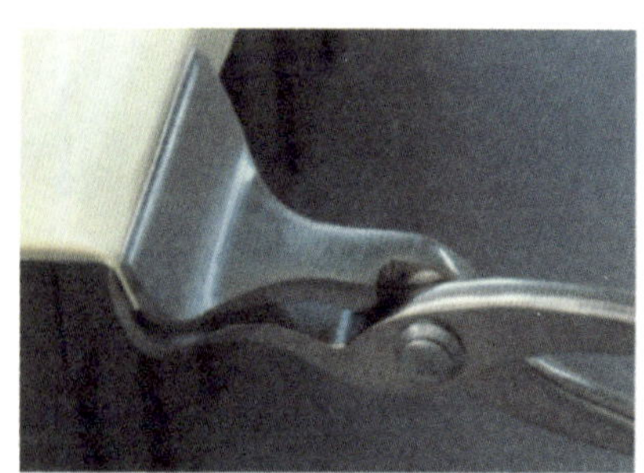

夹持住薄板后折弯，将接口锁紧

（3）铁锤。

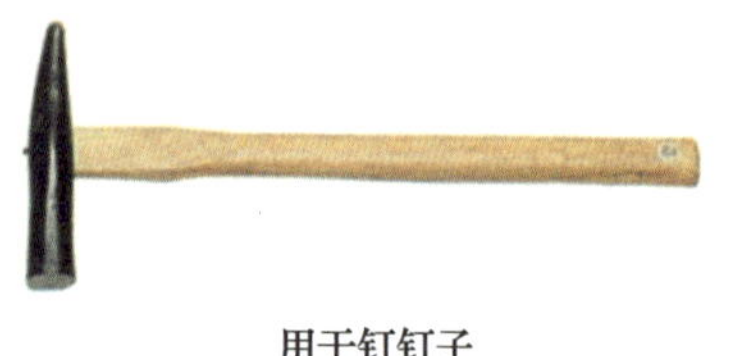

用于钉钉子

用于展平钢板

用于起钉子

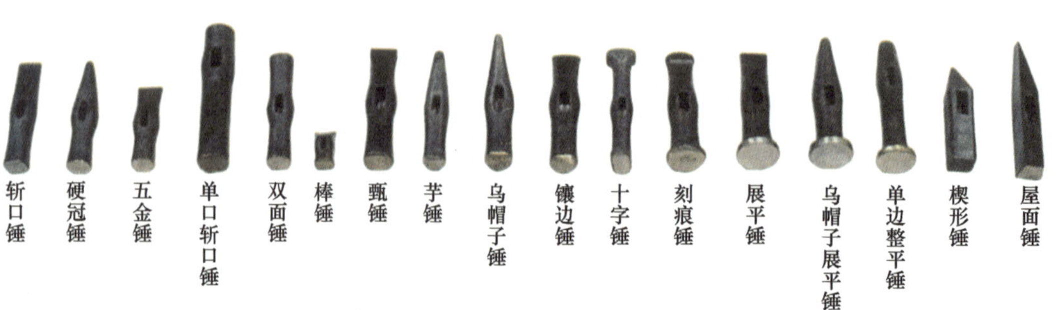

锤子：根据使用方式的不同而形状各异。

（4）弯扭压花加工。

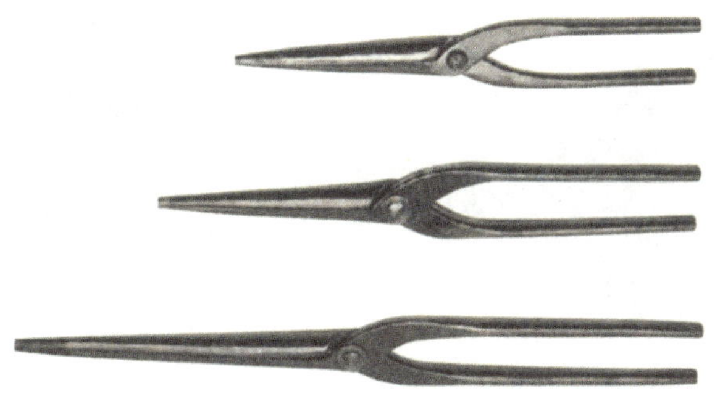

扭花：用于弯扭压花加工

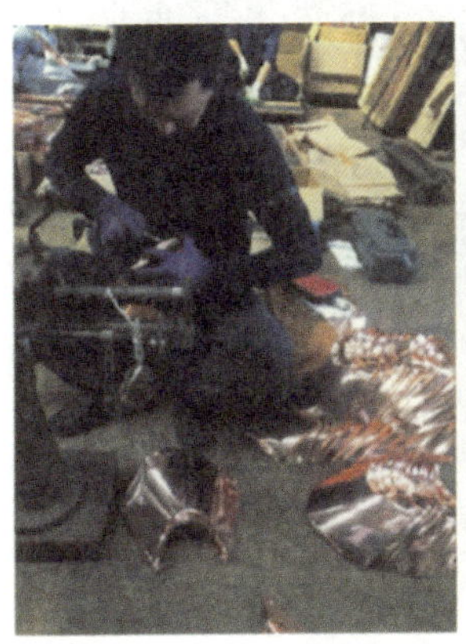
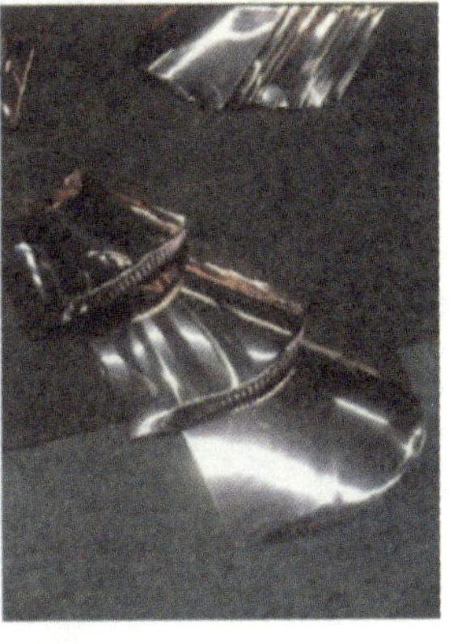

弯扭压花(技术委员会)

（5）弯折加工。

弯折台：用于沿墨线弯折时使用

刀刃：钣金回弯时作为挡板使用

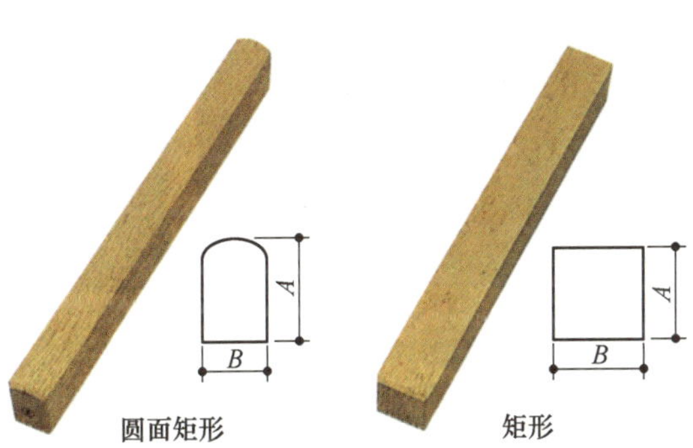

拍子木：弯折时使用，与弯折台配套使用

木方块：加工较短直线时使用

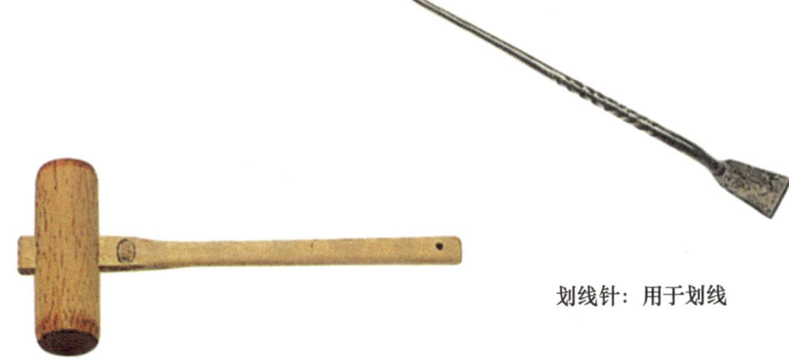

划线针：用于划线

木槌：折弯、修正变形等矫形加工时使用

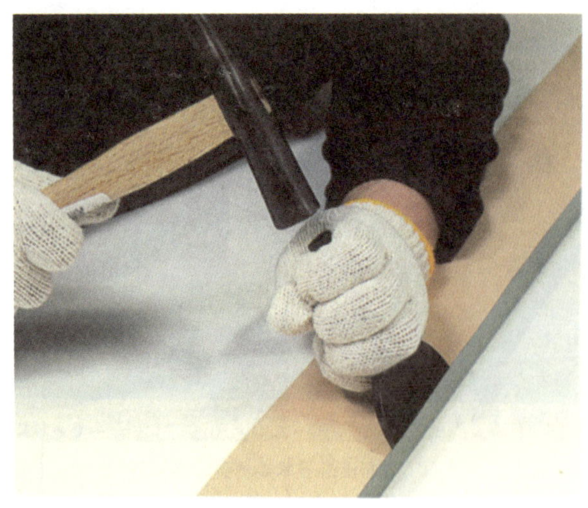

(技术委员会)

影凿：在划线上敲打，使弯折加工更容易。还可用于修正角度

起缝器：用于撬开接口

封缝器：不损坏接口将接口封死

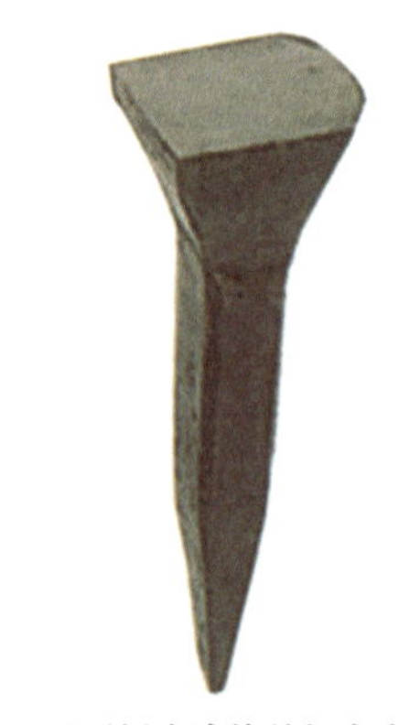

驹爪：用于钣金边缘的折弯和凸痕加工

5.2.2　其他工具和机械工具等

（1）切割。

铡刀

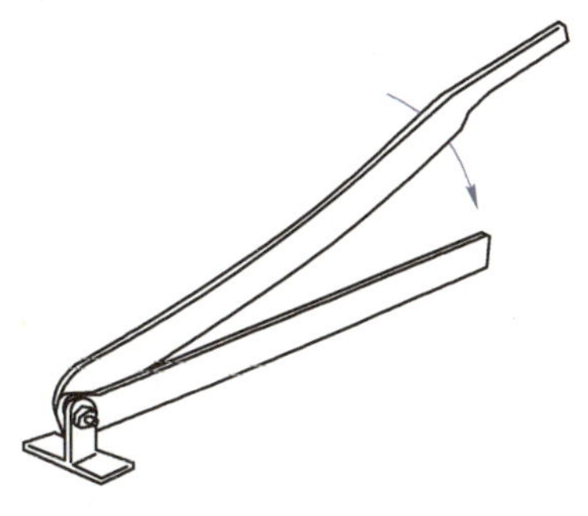
与剪刀一样，刀柄以支点为中心向下旋转，上刃口有较缓的弧度，基本上可以保证剪切角向前移动

龙门剪床

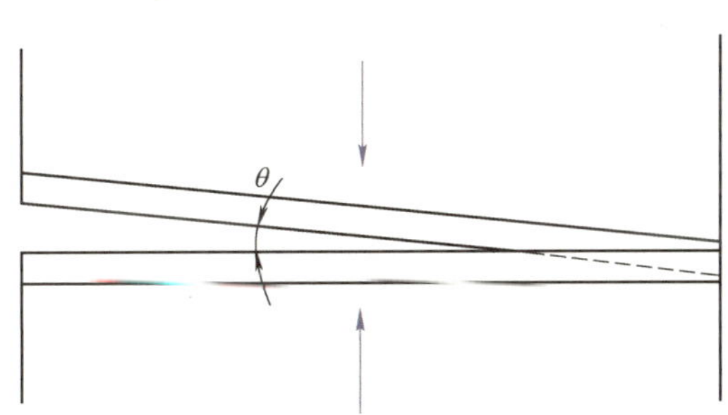

上刃相对于钣金直角移动。
上刃相对于下刃的倾斜角θ被称为剪切角。
剪切角一般取2°~5°。
由于刃的移动始终保持直角且直线运动，因此可以保证剪切角θ

电锯切割机

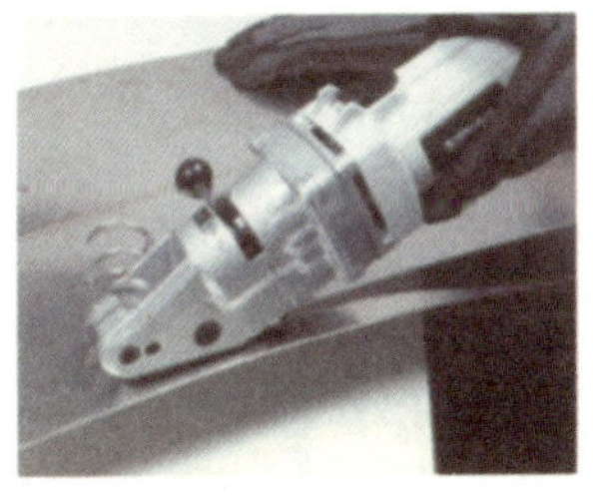
电机的转动力通过偏心转动轴上下变换，使薄片状刃具上下运动，与固定端的刃具夹持住中间的被剪切物进行切割。被剪切物在这种连续动作中被切断

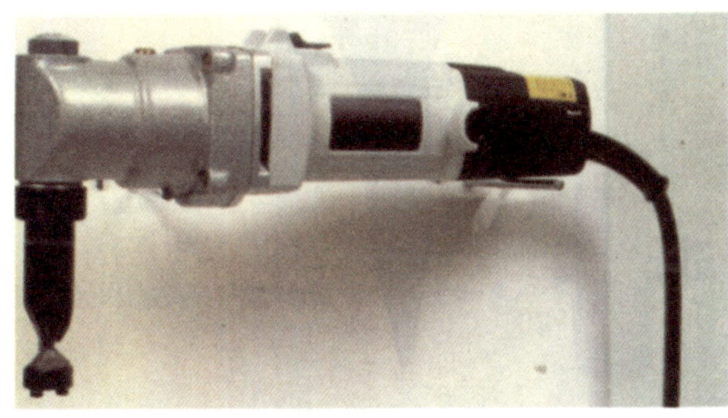
冲切、冲孔机

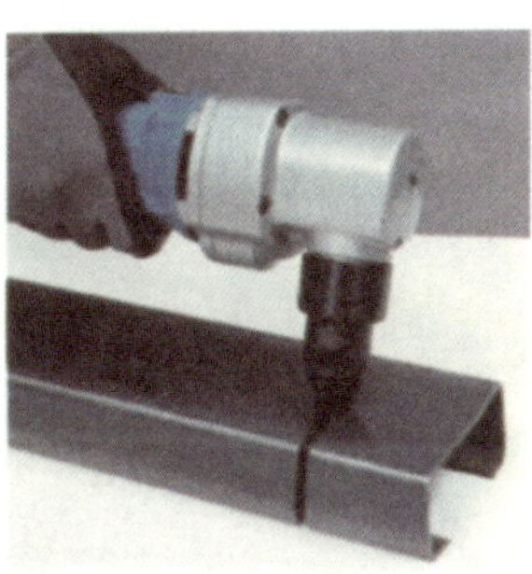
通过端部小刃的高速振动，不断重复冲切动作将被切割物切断

切板机

转刀

宽幅卷板在上下布置的多组转刀之间通过，被切割成多个一定宽度的条板。这种同时切割设备被称为联动切割机

（2）弯板。

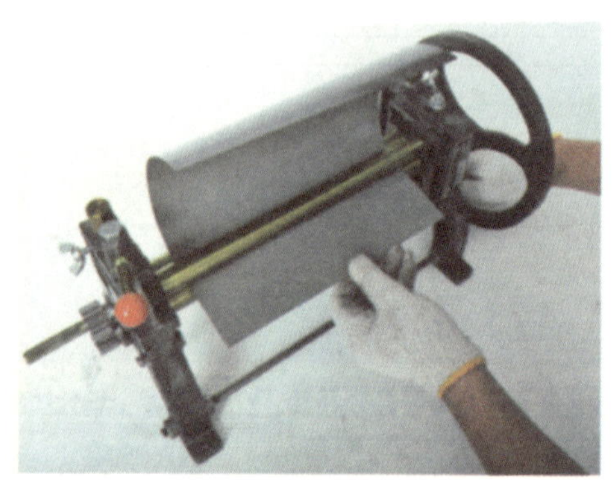

三辊弯板机
弯曲成型作业不能一次弯曲过度，需要一点一点分多次进行

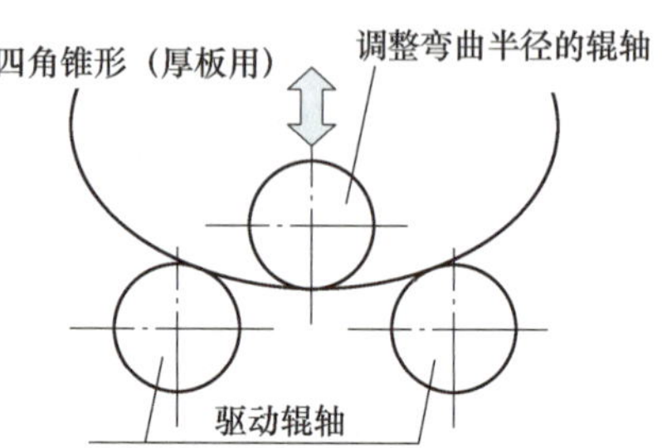

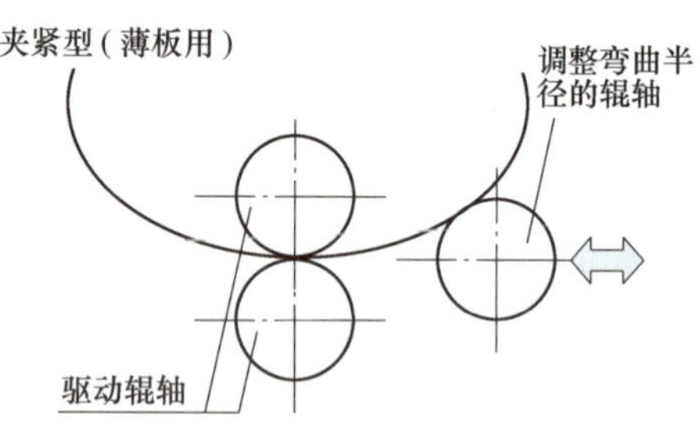

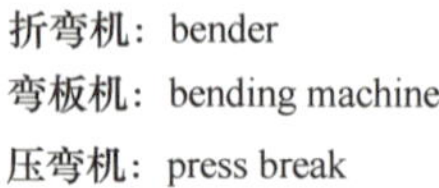

折弯机：bender

弯板机：bending machine

压弯机：press break

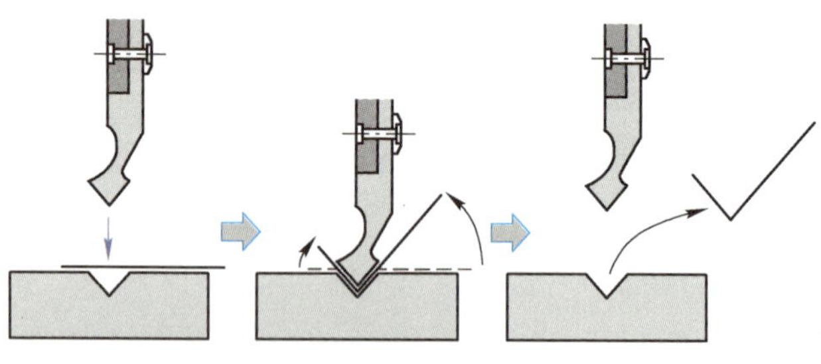

手动设备

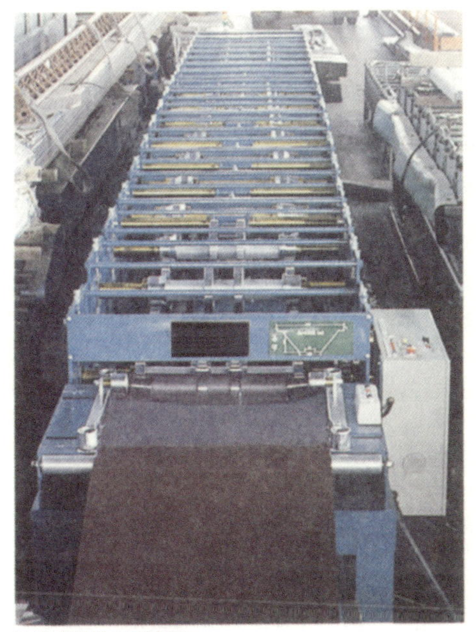
轧辊成型机（压型板）

轧辊成型机

第①段 第②段 第③段

第③段 第②段 第①段

第③段 第②段 第①段

轧辊成型图示

将板分段渐进式弯折，直到最后成型。可以对长尺寸的板进行折弯加工

轧辊成型机流水线

轧辊成型机

第①段 第②段 第③段

长尺度产品

主要由开卷机、剪板机、成型轧机、垛板机等组成的长尺寸板成型生产线

（3）其他。

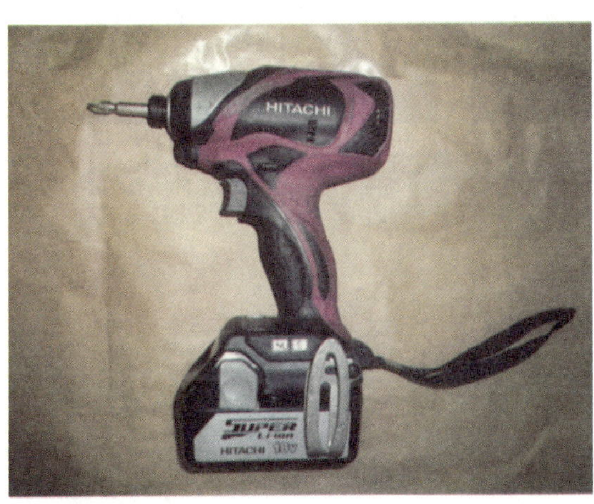

冲击螺丝刀(技术委员会)

冲击螺丝刀在普通螺丝刀功能的基础上，在转动方向增加了冲击力,与普通螺丝刀比较可以快速紧固螺钉。

由于转动扭矩是靠扳手调整，所以没有扭矩调整环

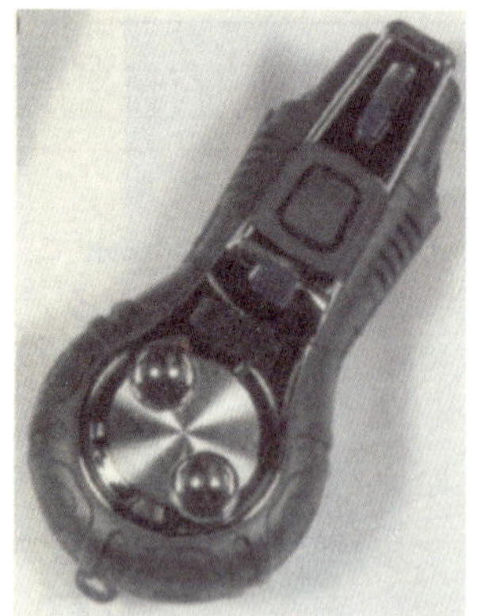

采用墨线斗的优点是弹出的墨线不会消失。但是如果在装修材料表面使用，由于墨线不消失就会弄脏其表面。

因此，在钣金作业中多采用粉笔线。由于划线器中装的是白粉，不会出现墨线斗一样弹出的默线无法消失的情况

划线器

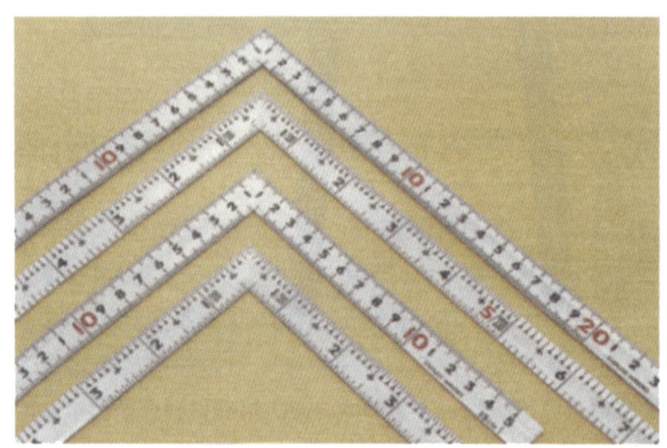

形状是直角弯曲的尺子，不仅可以直角划线，还可以利用刻度进行45°、30°和60°等角度划线

角尺、曲尺

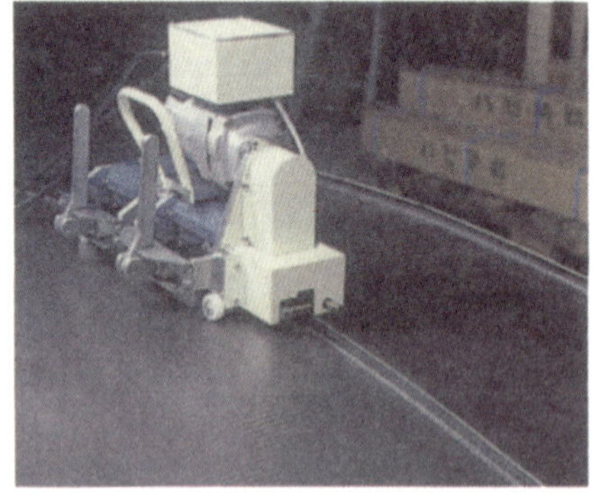

电动锁边机

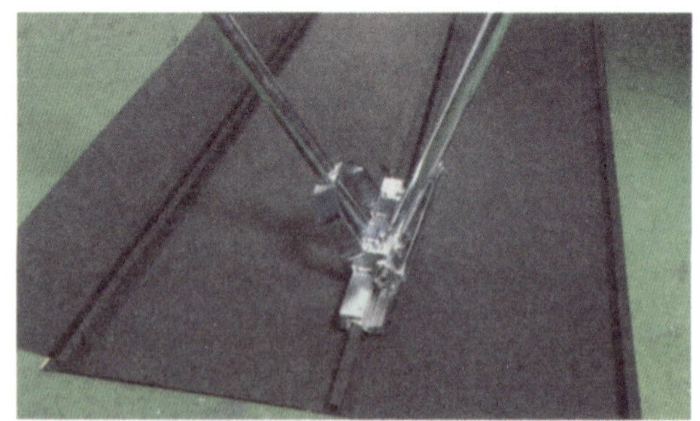

手动锁边机

参考文献

[1] 小林一清、萩原國雄、水沢昭三：板金工作の実技，理工学社，1994.

[2] 盛光：製品情報 · http：//morimitu. co. jp/products，2016.

【参考资料】剪刀

(1) 剪刀的起源。钣金剪刀起源于欧洲，日本最早使用钣金剪刀的是打铁锻刀匠，在明治时代初期制造出了现在直刃剪的雏形。

剪刀最早用于切割铜板、铅板或者锡铁板。近年来特别是建筑钣金中采用的钢板的种类越来越多。与传统的镀锌钢板相比出现了多种采用高科技涂层技术的彩色钢板，材质有不锈钢、镀铝锌钢板等，由此直接生产出原板和涂层钢板，另外还有铝板、钛板等，被切割的材料种类非常多。很难进行切割加工的钢板不断出现。为了适应这一变化，剪刀的材料和形状也发生了很大的变化。下面从剪刀的种类、构造以及组成材料几个方面进行讲解。

(2) 剪刀各部分名称。首先介绍剪刀的构造和各部分的名称。

以“刃具”为主体对剪刀的构造进行说明。如照片 5.2.1 所示，上下两片刃具通过被称为关节的转动轴组成剪刀。各部分的名称如照片 5.2.1 所示。

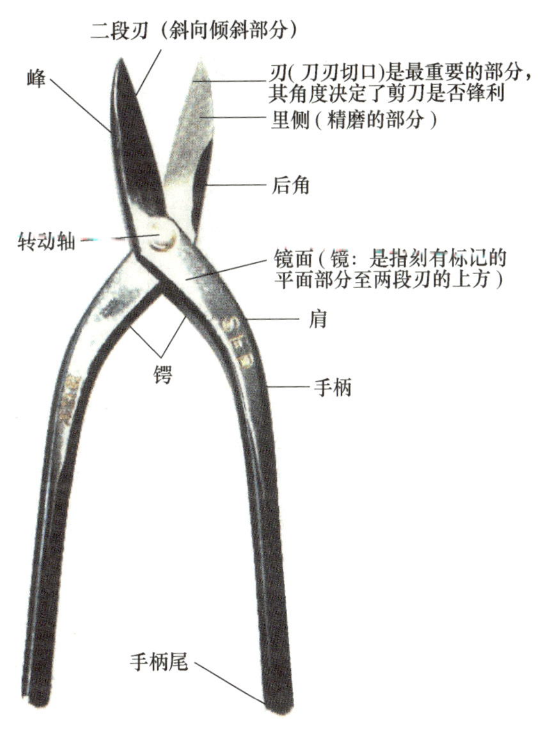

照片 5.2.1 剪刀各部分名称

剪刀上有刻字的面为正面，从正面看从上面切的部分为上刃，看到的右肩和上刃与左肩和下刃组成一个整体。

(3) 剪刀的制造。剪刀是怎么制造出来的呢?下面介绍基本的制造过程。

剪刀的制造，各个制造企业都有自己的独门绝技。有些企业重视传承，花费很长时间一个一个用手工精心打造。为了取得一定的规模，采用机械化和精细化分工以提高生产力是不可避免的。

因此在金属模具统一形状的基础上，发挥钢的性能以提高锋利度的回火的硬度管理等均采用机械化手段。

下面介绍剪刀的制造过程。

剪刀母体采用通常被称为极软钢（SAE1006）的材料，对于有强度要求的剪刀采用不锈钢（SUS410）。

1）将母体钢材的极软钢和形成刃的刀具材料合在一起。

2）用白蜡将两者粘在一起后放入炉中，在高温烧红之后锤击使刃和母体形成一体。

3）调整形状，将手柄部分加工成圆形，用辊子将手柄伸展成棒状。

4）然后用金属模具进行机械锻造加工。

5）再次矫形进行淬火。以前在高温烧红状态时用油或水降温，现在为了发挥钢的特性用仪器进行温度控制。

6）淬火完成后，打磨手柄和镜部进行矫正，然后染成黑色，进一步对里侧研磨。

7）按照上下顺序组装成剪刀的形状。

最近的高级剪刀中，有些为镀层处理，镀层处理作业在组装之前进行。最后将刃具组装好后，对刃具进行抛光，对每把剪刀边切割测试边进行研磨直到合格。最后的精磨作业是决定剪刀性能的重要工序，需要相当的熟练。

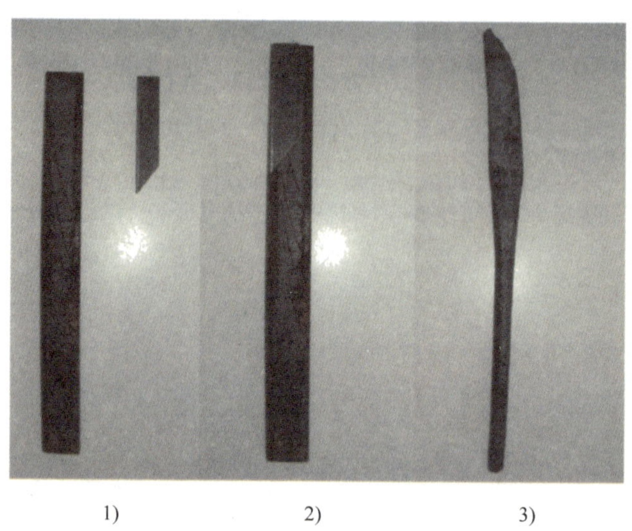

1)　　2)　　3)

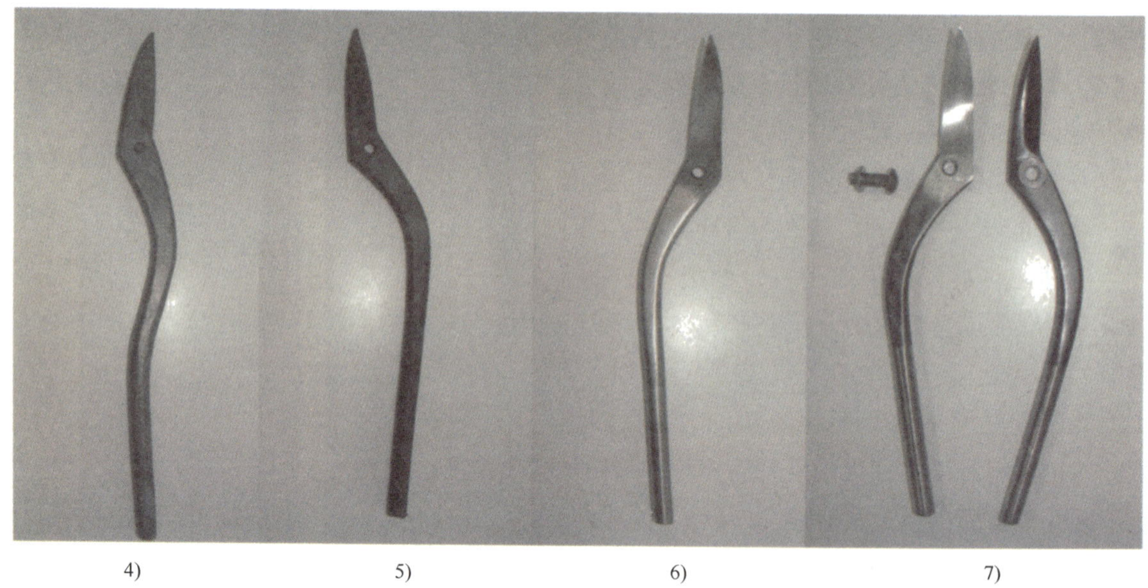

4)　　5)　　6)　　7)

（4）决定剪刀性能的刃铁。剪刀是否锋利最终由刃铁的性能决定。

钣金剪采用刃铁材料中的日立安来钢①的黄纸钢、白纸钢、青纸钢。

最近的高级锻造刃铁，SLD 钢②、HAISU 钢等使用特殊工法开刃，然后与母材接合锻造后采用高级淬火技术进行处理。

① 安来钢以前是指以岛根县和鸟取县为中心的云伯国境地区的铁矿砂为原料，用直接制钢法生产出的钢的总称，与“和钢”的意思相同。现在是指安木市生产的钢材。现在用安木法直接制钢法生产出的钢只有白纸钢、青纸钢、黄纸钢等作为刃铁使用。

② SLD 钢含有的铬接近于不锈钢，还含有大量的碳和钼、钒等元素。因此不会像碳素钢一样生锈，是硬度高、韧性好的特殊合金钢，不仅锋利而且可长期保持锋利度。

加工材料的种类近来非常多，以前切割加工的板材只局限于镀锌板和镀锡板，因此用于剪刀的刃铁材料多采用黄纸钢和白纸钢。而现在的标准剪刀为了适应多种板材的需要，多采用更高级的青纸钢。随着钣金材料中更硬的不锈钢等钢材的使用越来越多，将青纸钢也分成几个等级，其中较高级的刃铁可用于不锈钢的切割。最近对于难切割的不锈钢常用 SLD 钢作刃铁，还出现了用更高级的 HAISU 钢的剪刀，并得到广泛使用。刀刃从表面上看很难区分，其实存在很大差异。

锋利的 HAISU 钢和 SLD 钢在加工时需要高精度的温度控制。淬火工程一般不被特别关注，但实际上只有在淬火中除去所有斑驳，才能保证刃无缺损，具有稳定的质量。

（5）剪刀的锋利度。如前所述，剪刀的性能主要由刃铁的性能决定。而锋利度除了与剪刀形状和刃的匹配度相关之外，还受刀具母体刚度等均衡性的影响。关于形状在后面叙述，根据用途有很多种形状，另外根据使用目的有时还需要准备几种不同的尺寸。

对锋利度进行分析比较时，多采用作业现场使用最多的柳叶刃 8 寸（240 mm）、9 寸（270 mm）进行测试。

怎么研磨刀具才能保持刀刃的锋利度呢？就像采用钣金机械可以提高效率一样，大到切割设备小到剪刀，其切割原理都是一样的。

（6）剪刀的种类。剪刀按照形状进行分类，基本形状有直刃、柳叶刃、剜刃。为了使用方便根据不同的用途还有很多种变化。

按照形状分，剪刀主要有以下的形式。

基本形状

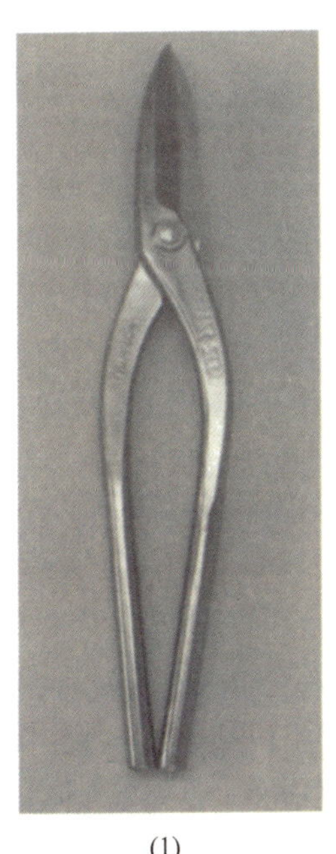

(1)

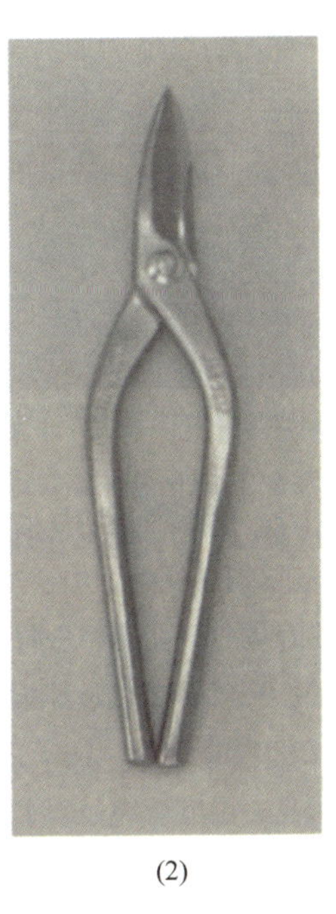

(2)

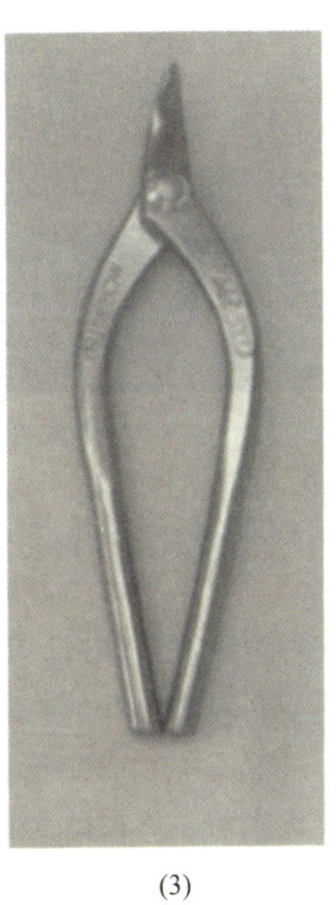

(3)

(1) 直刃。最基本的形式，与其名字一样用于直线切割。
(2)柳叶刃。柳叶刃是万能剪刀，可以剪直线、曲线，可以用于任何场合。
(3)剜刀。从刀刃的形状也可以看出，既可以剪出锐利的曲线，也可以旋孔。

演变出来的形状

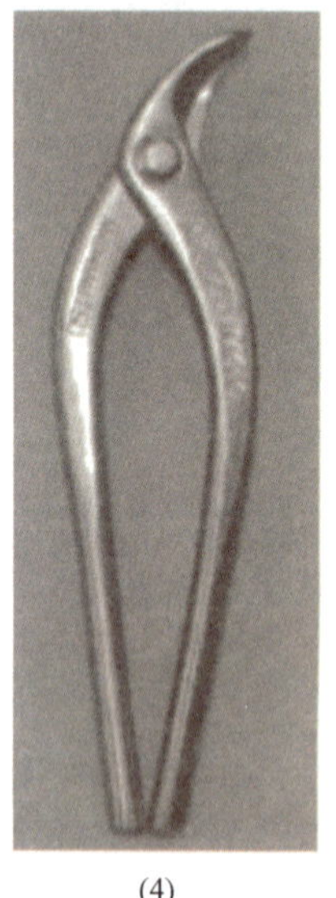
(4)

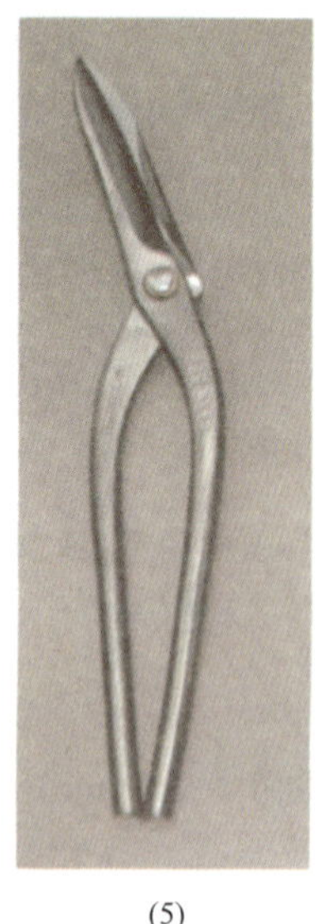
(5)

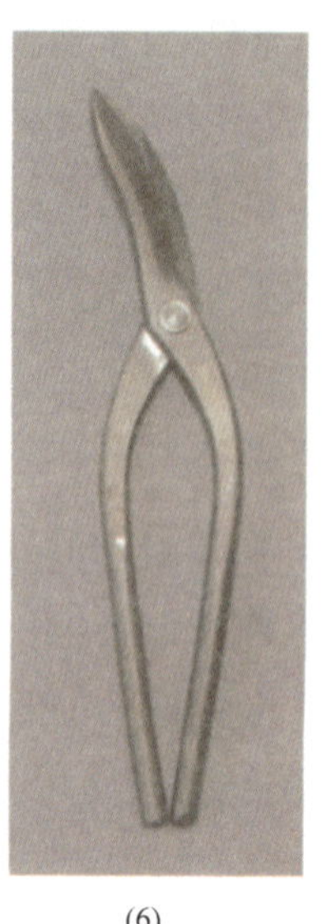
(6)

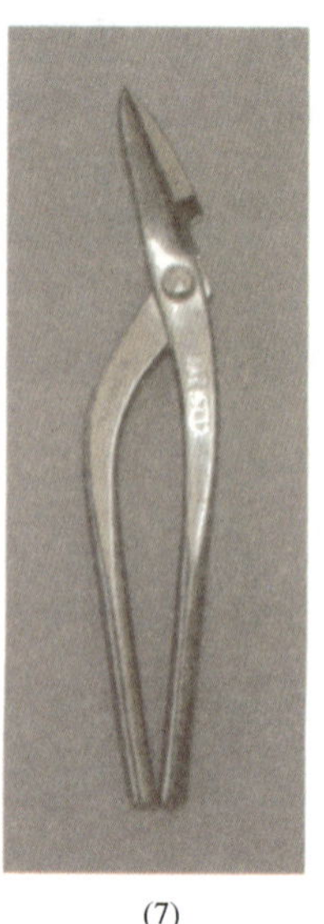
(7)

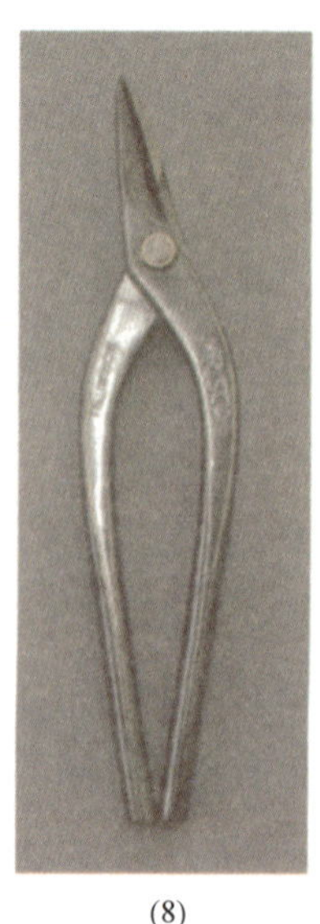
(8)

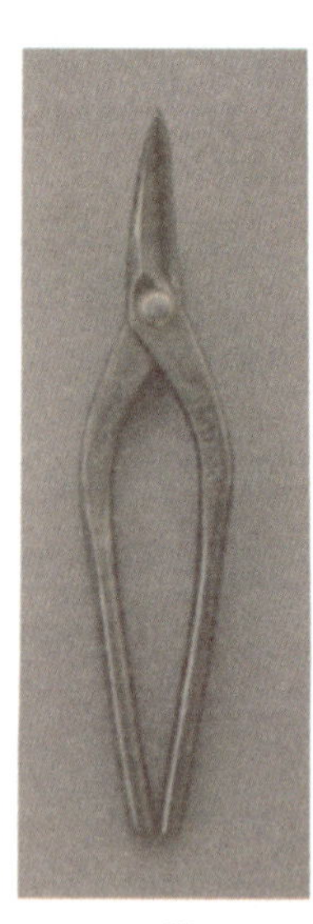
(9)

(4) 立剜刃。用于旋更小直径的孔，及剪刀无法平着使用时。
(5) 纵切剪。主要用于压型钢板的纵向切割，也用于平板长度方向的切割。
(6) 月牙剪。增加了立剜刃的弧度，可以立着使用。

(7) 新纵切剪。切削纵切剪刀具的内侧，留出余量，剪刀在板的剪切方向移动更加顺畅。
(8)横切剪。正如其名称，适合横铺材的切割和加工，特别是适合搭接接缝的切割和加工， 用于上下搭接接缝的横向切割非常便利。
(9)魔术剪。可以将剪刀放平进行切割作业，适合立体文字、艺术图像等的剪裁，可以左右灵活地转动刃具。

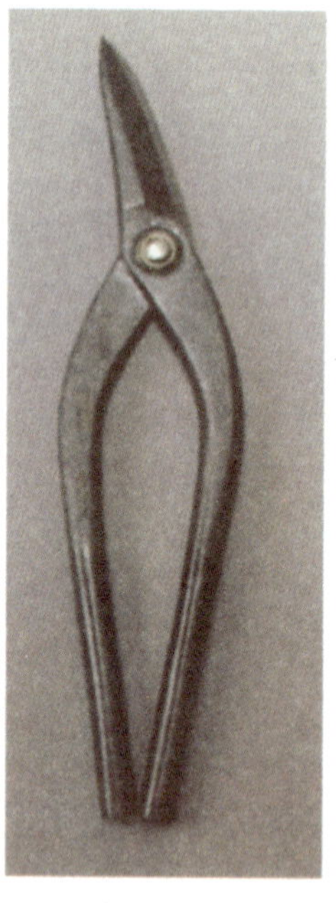
(10)

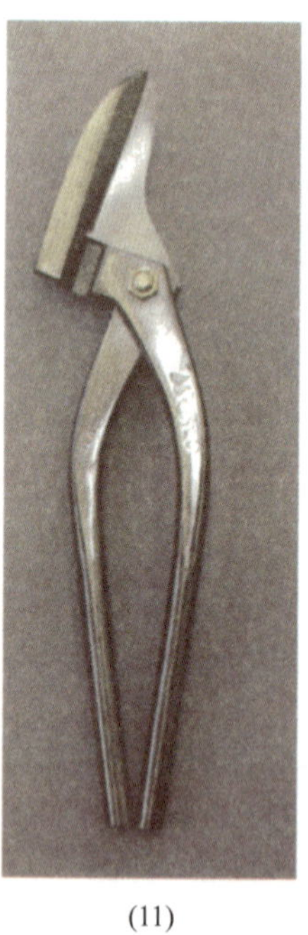
(11)

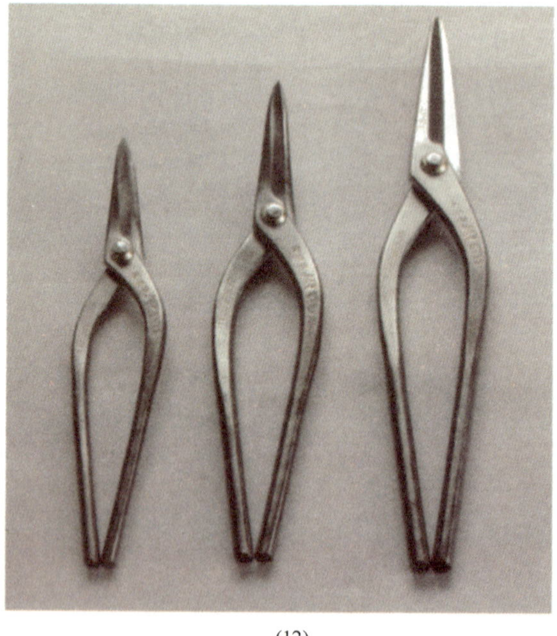
(12)

(10) 三德剪。可以同时作为柳叶刃、剜刃、纵切剪使用，是铜板、薄板制作工艺品时使用的剪刀。特别适用于铜制品的加工。
(11) 直线剪。在平板的上下可以自由移动，不会产生偏移，剪完后左右板的切口都很平整。

(12)铜板用剪刀。为了剪切软铜板而开发的剪刀。由于剪切软板时容易跑偏，因此将剪刀的刃部厚度加工得又细又薄以使被切割板保持平整。另外由于切割铜板不需要很大的力度，可尽量削减剪刀上不需要的部分，使精细加工更容易。剪刀的种类有直刃和柳叶刃。

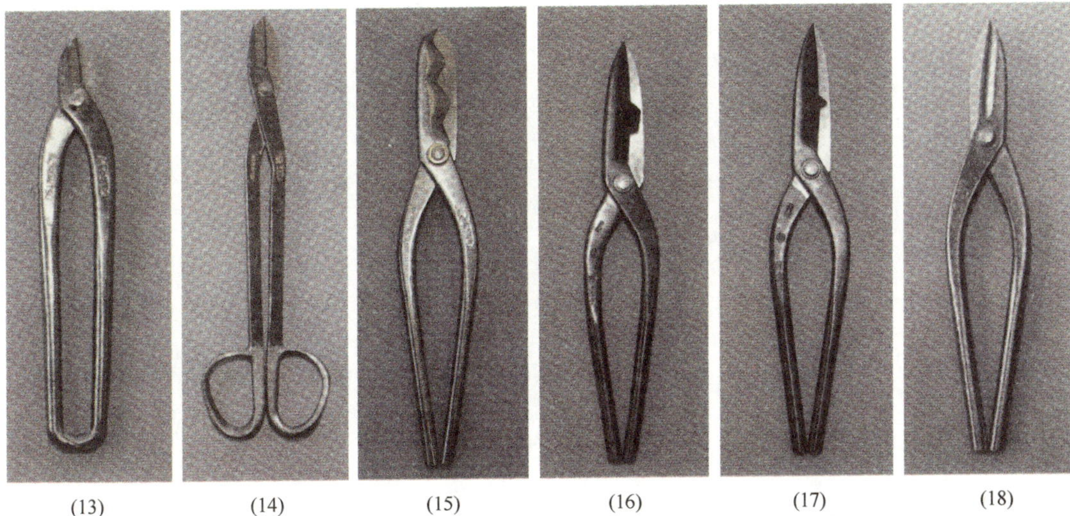

(13) (14) (15) (16) (17) (18)

(13) 卷边切割剪。用于剪切凹凸不平的材料如W卷边接缝而开发的剪刀。用这种剪刀对搭接宽度10～15 mm的不锈钢弯入式卷边进行切割作业非常容易。由于需要很大力度，为了防止手柄内侧交叉用力时夹手，将手柄尾部向内侧弯折。
(14) 筒剪。由于需要单手切割厚镀锌钢板，将手柄做成眼睛状。切割平铺的镀锌钢板时，一边使剪刀的手柄环在铁板上滑动，一边压上体重进行剪切。
(15) 弧波剪。切割时不会破坏波板的形状。
(16) 直波剪。按照波峰的形状和大小设计的剪刀，种类非常丰富。最近还开发出了切割梯形波板的剪刀。
(17) 肋板剪。剪切印花板、肋板的剪刀种类非常多。
(18) 左撇子剪。直刃、柳叶刃、纵切刃等主流剪刀，都有专供左撇子使用的产品。剪刀的制作采用标准流程，只是左右对称。

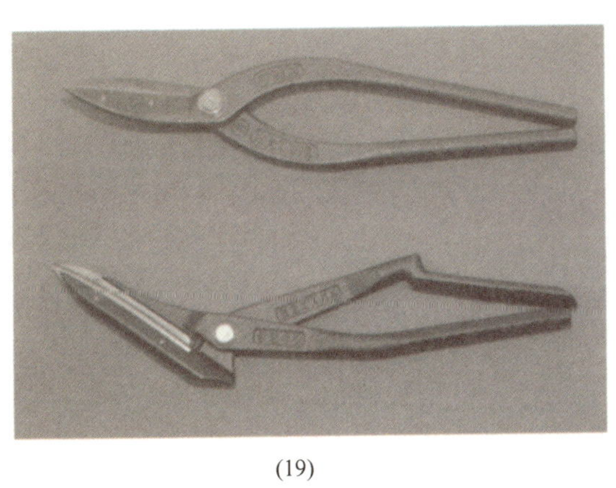

(19)

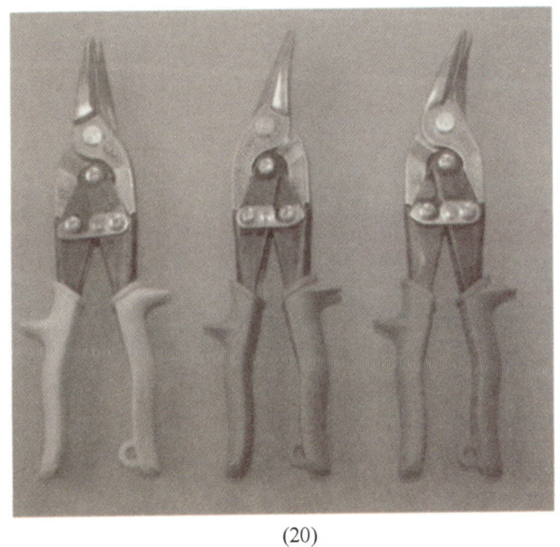

(20)

(19) 可替换刀刃的剪刀。最近不再是稀有品的东北爱思帕鲁增加了产品的种类。

可替换的刀刃不仅有柳叶刃，还包括直刃和剜刃，制造出了多种锰合金材料的轻质剪刀产品。

(20) 洋剪刀。进口产品为刀刃很短的增力结构，有些剪刀还带有树脂夹。照片中所示为WISS剪刀，同形状的剪刀有进口产品也有国产产品，目前有多个制造商在销售该类产品。

该类产品根据刀刃形状和刀口结合形状的不同进行分类，有直线型、右弯型和左弯型。其特点是刀口为锯齿状，可防止剪裁板时的打滑。这种剪刀的弹簧使手始终处于打开状态，所以普通的非熟练工也可以使用。

(7) 剪刀的尺寸。钣金剪刀主流形式的直刃、柳叶刃、剜刃对于不同的板厚有各种尺寸。如照片5.2.2所示，仅直刃剪刀就有多种尺寸。有150 mm、180 mm、210 mm、240 mm、270 mm、300 mm、330 mm、360 mm、390 mm、450 mm。

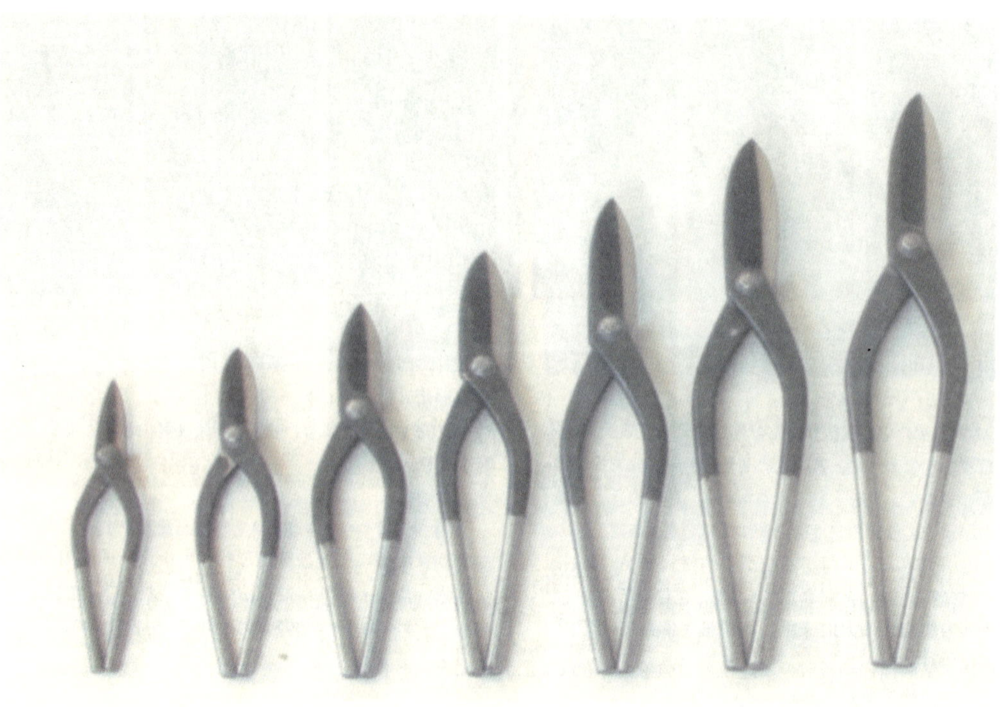

照片 5.2.2　钣金剪刀

第 6 章

检查和维保

6.1 检查和维保

本章中讲解在建筑物使用过程中如何对围护结构进行检查和维保。近年来随着钢板材料耐久性的提升，用钢板加工的外装材料在大型建筑物的屋面和外墙中采用得越来越多，在外观复杂多变的建筑中和多种用途的建筑中的应用也在增加。因此为了延长钢板屋面和外墙等外装材料的使用寿命，有必要在使用过程中进行有计划的维保。

MSRW 2014 中对 SSR 2007 和 SSW 2011 中所示的维保的必要性进行了更系统化的整理，并且归纳总结了保证钢板外装材料耐久性的对策措施。设计、施工、保养流程如图 6.1.1 所示。

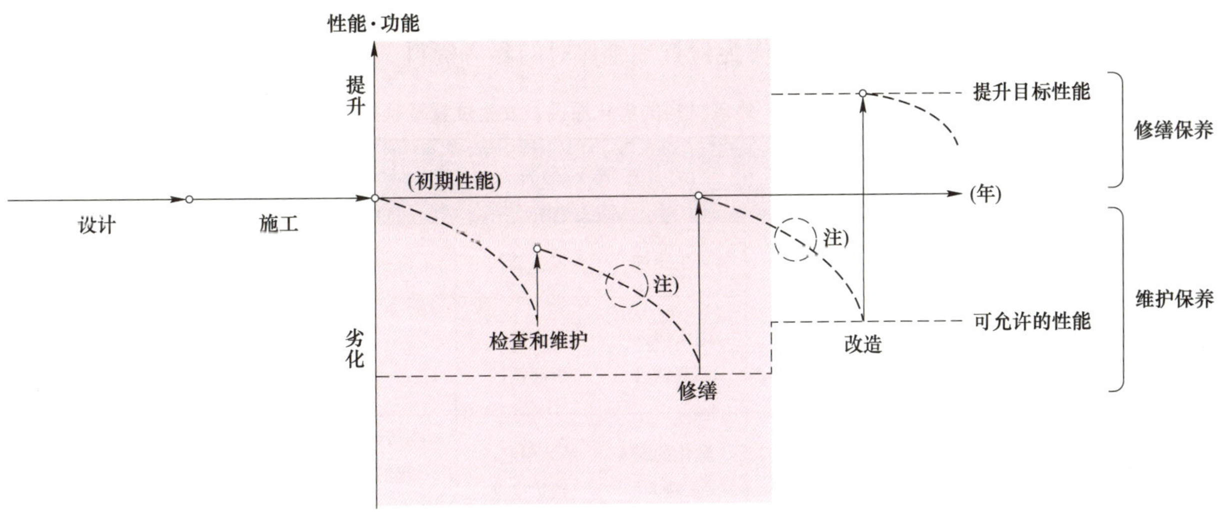

图 6.1.1 设计、施工、保养流程

（当遇到台风或地震等灾难时，外装材料的性能可能出现瞬间降低的情况）

“保养”行为一般可分为以下所述的“维护保养”和“修缮保养”。本章的对象为“维护保养”，主要针对使用过程中产生的劣化现象进行的维护活动。检查、维护、修缮等术语的定义见表 6.1.1。

对于外装材料的耐久性，即使设计者在设计中充分给予了考虑，如果施工管理出现问题，或使用者、管理者没有持续进行恰当的维护管理，其耐久性可能达不到设计时的预期效果。

在 MSRW 2014 的第 3 章及附录 4 中，详细记载了使用者和管理者作为主体在使用过程中应进行的维护保养的内容。

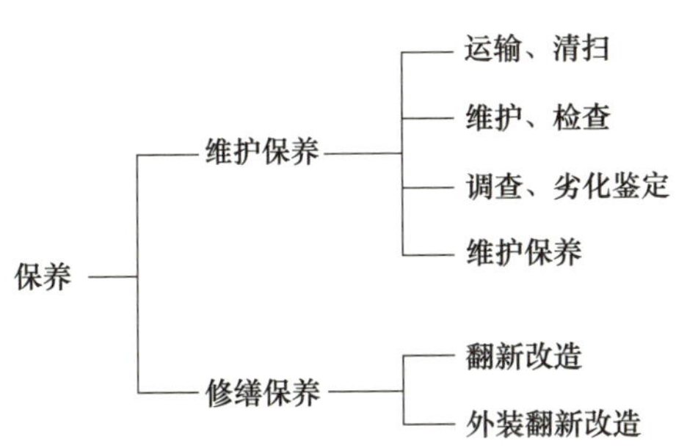

表 6.1.1 术语定义

术语	定义
检查	检查对象物是否正常发挥作用以及对象物的损耗程度等
日常检查	在对象物日常运行中可进行的检查
定期检查	在对象物非使用等状态下，按照一定周期进行的检查
临时检查	日常检查和定期检查以外的临时检查
维护	为保证对象物正常发挥作用和确保其耐久性而进行的作业，如消耗部件的更换或污物清理等
修缮	为恢复发生劣化或腐蚀的构件或部件等的功能、性能、外观或不影响正常使用的状态而进行的作业。不包括维护范围中消耗部件的更换作业

6.2 检查及处理方法

在对钢板屋面和外墙的维保过程中，必须通过检查随时掌握对象物的状态。为了能够根据检查结果采取必要的修缮措施，在维保中制定检查计划至关重要。在检查计划中应该明确以下内容：

（1）检查位置、检查周期等与实施方法相关的事项；

（2）检查项目、判断标准等与检查方法相关的事项；

（3）与检查实施组织相关的事项；

（4）检查结果的记录及报告等其他与针对检查结果制定相应对策（措施）相关的事项。

表 6.2.1 中列出了金属屋面和外墙板的劣化原因和发生位置及其状况。照片 6.2.1 ~ 照片 6.2.9 所示为劣化状况。这些内容可作为检查和维保时的参考资料。

表 6.2.1　外装材料的劣化原因、发生位置及状态

项目		钢板的外表面	钢板的内表面	钢板的搭接处	包括钢板锁边的弯折部分	螺栓、螺母螺纹、垫圈	螺栓、螺钉的垫片	支架、堵头和附属部件
室外环境因素	受太阳光或紫外线长期照射	烤漆层劣化镀层劣化		发生锈蚀	发生锈蚀	发生锈蚀	性能劣化	
	降雨	排水不良引起的烤漆、镀层的劣化		雨水侵入引起锈蚀	雨水侵入引起锈蚀			
	降雪	积雪坠滑引起的损伤		融化的雪水浸入	结冰引起的锁边松弛	积雪坠滑引起的损伤（凸出屋面部分）	积雪坠滑引起的损伤（突出屋面部分）	构件变形
	强风			搭接部位变形	变形引起的咬合部位松弛	变形引起的松弛	松弛引起的密实性下降	构件变形
	强风雨			风压引起的雨水侵入	变形引起的咬合部位的松弛	变形引起的松弛		
	高温	加速镀层的减损					高温劣化和融解	
	低温		结露水引起的劣化				低温劣化和硬化	
	高湿度		结露水引起的劣化					
	气体等引起的大气污染	发生锈蚀	侵入气体引起锈蚀	侵入气体引起锈蚀	发生锈蚀	发生锈蚀	有时会产生性能劣化	发生锈蚀
	空气中的灰尘	灰尘引起的锈蚀		灰尘侵入搭接缝内部				
	坠落物	形状破坏	形状破坏	形状破坏	形状破坏	形状破坏	形状破坏	变形和脱落
	海水（漂浮的海盐粒子）	发生锈蚀		发生锈蚀	发生锈蚀	发生锈蚀		生锈
	落叶堆积	发生锈蚀		发生锈蚀	发生锈蚀	发生锈蚀		
	金属锈蚀附着	锈蚀发展	锈蚀发展	锈蚀发展	锈蚀发展	锈蚀发展		锈蚀发展
	与其他金属接触	发生锈蚀	发生锈蚀	发生锈蚀	发生锈蚀	发生锈蚀		生锈
	建筑物的振动	产生变形引发声响		螺丝孔的变形和增大	咬合部位松弛	松弛		脱落

续表 6.2.1

项目		钢板的外表面	钢板的内表面	钢板的搭接处	包括钢板锁边的弯折部分	螺栓、螺母螺纹、垫圈	螺栓、螺钉的垫片	支架、堵头和附属部件
室内环境因素	建筑内部高湿度		锈蚀发生并发展	发生锈蚀		锈蚀发生并发展		生锈
	建筑内部高温		锈蚀发生并发展			发生锈蚀		
	室内气体	产生的气体引起锈蚀	发生锈蚀	发生锈蚀				生锈
	与其他金属接触	生锈	发生锈蚀	发生锈蚀	发生锈蚀	发生锈蚀		生锈
其他	人为破坏	变形和损伤	变形和损伤	变形和损伤	变形和损伤	松弛变形和损伤	变形和损伤	变形和损伤

项目		连接部位的密封材料	钢檩条	木檩条和椽条	水泥刨花板（木削、木片）	木望板	基层材料	固定钉	隔热材料
室外环境因素	受太阳光或紫外线长期照射	性能劣化	发生锈蚀	因干燥产生的龟裂和弯曲等	因干燥产生的龟裂和弯曲等	因干燥产生的龟裂和弯曲等	因干燥产生的收缩	因木材干燥脱落	经年变化产生的性能劣化和变形
	降雨		漏雨引起的锈蚀	漏雨引起的腐蚀	漏雨引起的腐蚀	漏雨引起的腐蚀		漏雨引起的锈蚀	漏水引起的性能下降
	降雪	低温引起的性能劣化	积雪荷载过大引起的变形和破坏	积雪荷载过大引起的变形和破坏	积雪坠滑时的冲击力引起的折断破坏	落雪引起的破损		积雪荷载过大引起的变形和脱落	落雪时的振动引起的脱落
	强风	变形引起的剥落和断裂	风压引起的变形和破坏	风压引起的变形和破坏				变形引起的钉子脱落	变形引起的脱落
	强风雨		风压引起的变形和破坏	风压引起的变形和破坏				变形引起的钉子脱落	变形引起的脱落
	高温	高温劣化和溶解		虫害引起的折断和腐蚀		虫害引起的折断和腐蚀	材质劣化		低温区域发生结露
	低温	低温劣化和硬化					硬化		低温区域发生结露
	高湿度			加速腐蚀	加速腐蚀	加速腐蚀			
	气体等引起的大气污染	有时会产生性能劣化	侵入气体引起锈蚀				成分分解融化	发生锈蚀	
	空气中的灰尘						灰尘附着		隔热层污浊
	坠落物	破坏和剥离	破坏	折断	折断	折断和破坏	折断和破坏	脱落和破坏	受损
	海水（漂浮的海盐粒子）		发生锈蚀					发生锈蚀	

续表 6.2.1

项目		连接部位的密封材料	钢檩条	木檩条和椽条	水泥刨花板（木削、木片）	木望板	基层材料	固定钉	隔热材料
室外环境因素	落叶堆积								
	金属锈蚀附着		锈蚀发展					发生锈蚀	
	与其他金属接触		发生锈蚀					发生锈蚀	
	建筑物的振动		变形	变形			变形和发生龟裂	脱落	脱落
室内环境因素	建筑内部高湿度		锈蚀发生并加速发展	加速腐蚀	加速腐蚀	加速腐蚀		锈蚀发生并发展	湿润状态下性能下降
	建筑内部高温		锈蚀发生并加速发展	干燥引起龟裂和弯曲等	干燥引起龟裂和弯曲等	干燥引起龟裂和弯曲等	材质劣化		变质引起性能下降
	室内气体		发生锈蚀				成分分解融化		变质引起性能下降
	与其他金属接触		发生锈蚀					发生锈蚀	
其他	人为破坏	剥落和破坏	变形和损伤	折断	折断	折断	折断和破坏	脱落和破坏	折断和破坏

照片 6.2.1　挡水板接缝密封条劣化照片

照片 6.2.2　挡水板固定螺钉松弛

照片 6.2.3 螺钉的松弛（上）和脱落（下）

照片 6.2.4 天沟中堆积的尘土

照片 6.2.5 天沟中堆积的尘土和落叶

照片 6.2.6 天沟中的污泥状态的堆积物

照片 6.2.7 瓦楞板：屋面板和天沟全面生锈（1961 年的建筑，距海边约 60 km 的内陆地带，2014 年调查）

可以看到劣化严重的檐头部分有修补的痕迹，不建议采用这种翻新方法

照片 6.2.8　屋面的劣化

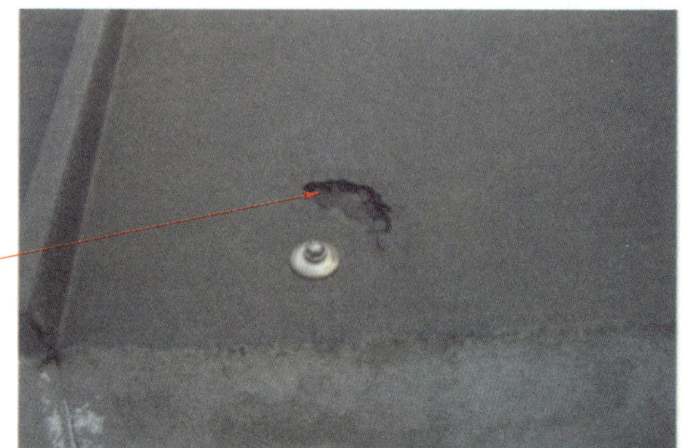

海岸边，建成后25年以上，镀铝锌板。可以观察到由于螺钉拧得过紧在钢板凹陷部分的积水加速了钢板的劣化过程

照片 6.2.9　坡屋面的坡上盖板生锈并局部腐蚀

6.2.1　检查周期

检查的种类一般可分为常规检查、定期检查和临时检查。

(1) 常规检查。常规检查是在日常适宜的时候进行的检查。从地面上观察建筑外观很难把握铺板本身的状态。所以，常规检查的主要目的是掌握天沟等附属设施、屋檐或者侧檐处附属部件的状态。

(2) 定期检查。钢板涂层的劣化不仅与使用钢板的种类有关，而且受使用地域及建筑物的环境影响。因此，应该在考虑上述影响条件的基础上决定实施定期检查的周期。另外，设定的第二次以后的检查周期应比初次检查的周期短。

表 6.2.2 中所示为烤漆镀锌系列钢板的检查周期的例子。环境条件中的“恶劣环境”是指：

1) 受盐害、亚硫酸气体、碱等影响的环境；

2) 持续排出水蒸气、腐蚀性气体的环境；

3) 容易附着烟尘、粉尘、金属粉、石粉、木粉、砂土、落叶或动物排泄物等的环境；

4) 周边为湖泊、河川等的水域环境；

5) 位于工业排热口等附近的高温环境。

另外，通常认为围护结构如果表面长期受雨水冲刷可以维持良好的状态。但另一方面则必须注意雨水冲刷不到的部位，如屋檐下，屋檐下外墙等的状态。

当然对于有些建筑物，由于其用途的重要性需要频繁实施检查。此时的检查周期，不是按照表 6.2.2 中的规定，而是根据建筑物的使用功能决定的。

例如，《关于国家机关建筑物保养标准的实施要领》中规定，对于建筑中包括屋面板和外墙板等非结构构件的检查周期为一年。

表 6.2.2 烤漆镀锌系列钢板检查周期

环境条件	检查周期/年	
	初次	第二次以后
一般环境	5	3
恶劣环境	3	2

注：根据实际状况适当调整上述周期（间隔）也是非常重要的。

(3) 临时检查。除了常规检查和定期检查之外，当建筑物经受台风等袭击后应进行临时检查，特别应该对连接部位、落水管等附属部件进行检查。

6.2.2 检查项目及方法

以下分别对钢板、连接部位和附属部件的检查方法进行了整理。对各部位的检查一般都是采用通过肉眼观察（根据需要可同时采用双筒望远镜、光泽度计、色差计等）进行外观检查的方法和触摸检查的方法。当发现部件发生劣化时，可详细记录劣化的程度。

6.2.2.1 钢板

烤漆钢板的外观随着劣化阶段的不同表现出不同的特征。按照烤漆发生变化和磨损、镀锌层减少、钢板腐蚀的顺序逐渐发展。在定期检查时要仔细观察钢板表面的变化，确定劣化程度（参照图 6.2.1）。

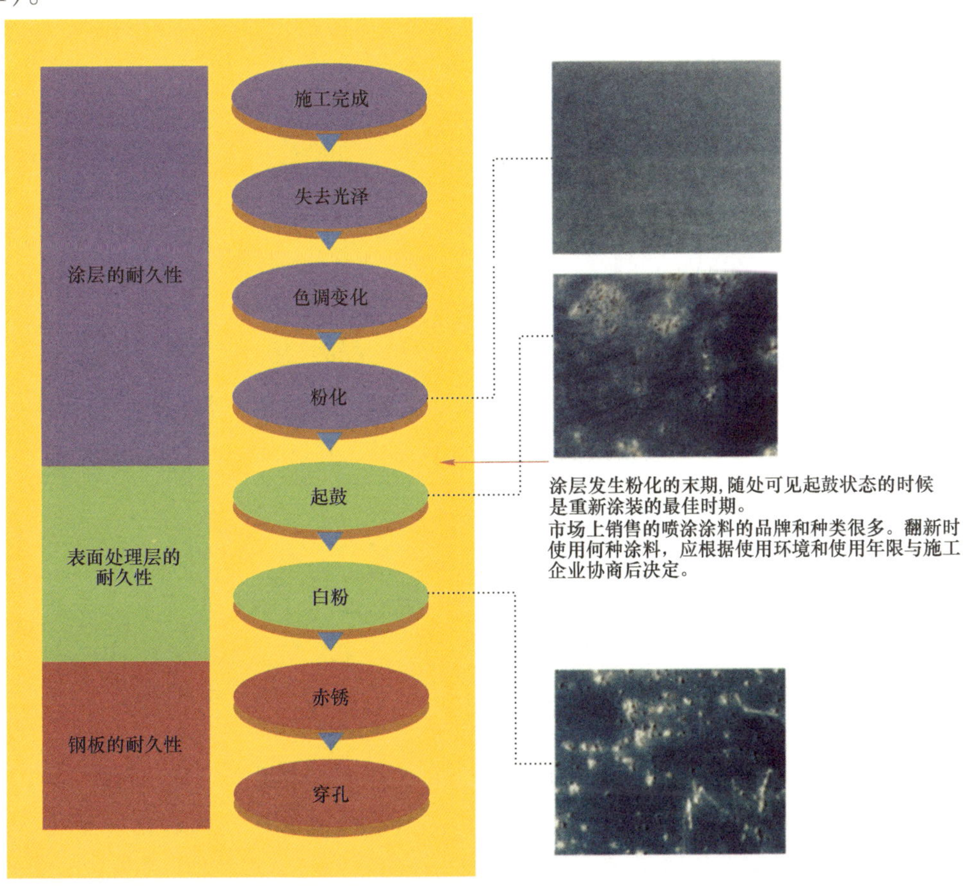

图 6.2.1 烤漆镀锌系列钢板的劣化过程

下面以烤漆镀锌系列钢板为例，介绍定期检查的项目和如何确定判定标准。参考文献［1］中重点关注通过外观检查可观察到的与污垢和劣化相关的变化现象，表 6.2.3 提供了判定标准。除了表中列举的项目之外，根据需要还应该检查是否有局部变形、凹陷、翘起等外观变形。尤其是当屋面板上有局部凹陷时会造成积水从而加速钢板的劣化进程，应特别引起重视。另外，还可以从建筑的内部检查是否有漏水或水痕、漏光和漏气、因变形引起的异常声响等。

表 6.2.3　烤漆镀锌系列钢板的检查项目和判定标准的例子

综合等级和检查状况		与污垢、劣化相关的检查项目						
		污垢	变褪色	白粉	龟裂	起鼓	剥离	锈蚀
A	涂膜基本上无异常	可以观察到中等程度的污垢	少许	少许	无	无	无	无
B	涂膜上基本上无等级 E 显示异常，但是有明显的污垢、土、落叶等堆积物	可以观察到污垢、土等堆积物	少许	少许	无	无	无	无
C	涂膜上没有锈蚀，但是光泽减退，有白粉产生	有污垢	多	相当白	无	无	无	无
D	涂膜上有生锈的迹象，光泽减退，白粉明显，有些区域涂膜完全消失	有污垢	显著	显著	有开裂趋势	面积 0.3%以下	面积 0.5%以下	面积 0.3%以下
E	在涂膜上多处散布着锈点，涂膜局部出现裂纹、锈蚀、剥落等，局部残存有活膜	污垢严重	显著	显著	有一些	面积 0.3%以上	面积 0.5%以上	面积 5%以下
F	在涂膜上发生锈蚀、裂纹、剥落等，完全丧失了涂膜效果	污垢严重	显著	显著	发生	面积 0.5%以上	面积 0.5%以上	面积 5%以上

6.2.2.2　连接部位和附属配件

对于连接部位和落水管等附属配件的检查与钢板检查一样应定时进行。对于连接部位的检查项目有：

（1）连接部件（螺钉等）是否松弛；

（2）连接部件周边的钢板是否有翘起现象。

例如，连接部件周边有翘起现象可能是连接部件损坏引起的。另外对落水管等附属配件的检查项目，包括是否存在造成坠落的裂纹及其他损伤或变形等。

专栏

维护能力

从车站到码头经过几个街区，眼前的住房和庭院给我留下了深刻的印象。房屋都是标准尺寸，虽然已经非常老旧，但是样式令人惊叹。

这里的住户都是普通的劳动者，看着这些住宅和院子，我不禁开始思考他们是如何进行维护和管理的。

判断一个社会是否有活力，最好的办法就是看这个社会是否具有可持续性。任何社会无论开展怎样的建设活动，都能在一段时间内充满活力。但是很少有社会具有每天精心经营维护这种活力的意愿和技术。

然而印加人在维护上倾注了很多的精力，其管理者要求所有的村和部落都必须对道路、桥梁和建筑物进行精心维护。

记得在什么地方读过，古罗马人如果不精心打理自家的院子，会失去公职候选人的资格。

Eric Hoffer 港口日记，mimizu 书店，2014

6.2.3 检查后的处理方法

根据检查结果研究具体的处理方法。处理方法有很多种，可以是普通的维护（定期打扫、连接部件的更新），也可以是较大范围的修缮（全部重新涂装等）。但是当受台风侵袭，围护结构发生严重损坏时，还必须考虑实施第 7 章中的翻新方案。

6.2.3.1 钢板

对于烤漆镀锌系列钢板，根据检查结果在合适的时机采取对策，不仅可以保证耐久性，而且还可以保证美观性。检查后采取的最常用的处理方法是“重新涂装”。在发生色调变化、出现白粉、还未发生起鼓之前，即表 6.2.3 中的等级 C 时，进行重新涂装是最佳时机。

初次重新涂装的时间节点见表 6.2.4。特别是对于海岸或工业区等恶劣条件下的建筑，必须尽早进行维护。维护的具体事项可与钢板生产厂家协商确定。

翻新喷涂，有喷涂底漆和喷涂面漆两种方法，应考虑建筑的使用目的和耐久性合理选择涂料。另外当在雨雪霜露等环境条件下进行喷涂翻新作业时，由于钢板表面潮湿或处于冷冻状态，不仅形成的涂层效果不好，且不能充分发挥涂料性能。因此应在考虑气象条件的基础上决定施工作业的具体时间。

表 6.2.4 钢板初次喷涂翻新的时间指标

钢板类别	涂层材料种类	环境条件	初次喷涂翻新的时间/年	备注
涂层制品	聚酯类	一般	7~9	假定发生了白粉等
		恶劣	5~9	
	氯乙烯树脂类	一般	约 15 年	
		恶劣	6~10	
	氟化乙烯树脂	一般	20~22	
		恶劣	8~12	
	耐酸涂覆	一般	20~25	
		恶劣	10~15	
电镀制品		一般	9~12	假定发生了赤锈等
		恶劣	5~9	

注：表中用“初次喷涂”代替参考文献［3］中的“初次维修”。

（1）刷底漆（底漆涂装）。底漆涂料是具有防腐效果的基层，与钢板表面有很强的附着性，为了保证防腐性能需要有一定的厚度。另外，与必要的防锈颜料配合使用可以提高防腐性能。刷底漆与下述（2）的面漆比较，与颜料的配合比率高，与光泽色彩等外观和耐候性（褪色等）基本上没有关系。

（2）刷面漆。面漆涂料与大气环境直接接触，根据使用条件提出针对环境条件的耐候性、耐水性等要求。当要求隔绝腐蚀性物质或者要求保持美观性时，则需要选择能够保证色泽的涂料。

6.2.3.2 连接部位和配件

对连接部位进行检查，当发现连接件松弛时可以重新拧紧，有时根据需要更换原有连接件。

表 6.2.5 中列出了各相关的技术资料、按照规范确定的技术标准中提供的检查周期、检查项目等，可供参考。

表 6.2.5　各种技术资料、基于法规的技术标准中的检查项目及其对策一览

出处	材料和部位	检查周期	检查项目和判定标准	检查方法	处理措施
烤漆镀锌类钢板使用手册（日本钢铁联盟）	烤漆镀锌类钢板	（1）一般环境：3 年（仅初次为 5 年后）。（2）恶劣环境①：2 年（仅初次为 3 年后）	光泽减退，色调变化，产生白粉、锈蚀等	观察	有（重新涂装）
从母板看金属屋面和墙面（日本金属屋面协会）	主要金属屋面板材	初次维修：（1）涂层产品：例聚酯类 7~9 年，（恶劣环境 5~9 年）。（2）电镀制品：例镀铝锌钢板 9~12 年，（恶劣环境 5~9 年）	（1）涂层产品：白粉化（不包括变褪色）。（2）电镀制品：赤锈	观察	有（重新涂装）
屋面翻新改造工程手册（日本金属屋面协会）	屋面材料，落水管	定期检查：1 次/年	（1）外部是否有变形、凹陷、隆起等。钉子是否松弛，是否有积水。（2）内部是否有漏水、漏光，是否有异常响声	从外部和内部分别肉眼检查和接触检查（按敲等）	修补涂层、更换或紧固钉子等定期清扫
政府机关建筑物及其附属设施的保养标准（2005 年国交告第 551 号）	建筑非结构构件	—	应保证不产生造成装修材料、附属部件等坠落的裂纹，以及其他损伤、变形、鼓起或者腐蚀，以及连接部位松弛等不良状态	—	—
政府机关建筑物用地及结构定期检查时的检查项目、方法及对结果的判定标准（2008 年国交告第 1350 号）	外装材料等［金属板（包括围挡结构）］的劣化及损伤状况	—	因板面或者接合部位等的明显锈蚀造成的变形	有必要时，利用双筒望远镜等进行观测	—
政府机关建筑物等保养标准的实施要领（国交省大臣官房厅营缮部）	建筑非结构构件	一年周期	（1）坡屋面的外观及固定：屋面板材上有裂纹、锈蚀或者腐蚀等。紧固连接件上有明显腐蚀。（2）外装饰材的外观及固定：在板面上或者接缝处有因腐蚀引起的变形。（3）爬梯、挑檐，落水管等的外观：可引起外装饰材料、附属部件等坠落的裂纹，以及其他损伤、变形、鼓起或者腐蚀，以及结合部位的松弛。（4）附属装饰材料、金属件的外观和固定：判定标准与（3）相同	有必要时，采用双筒望远镜等进行观测，或者用测试锤敲打进行确认	

① 恶劣环境是指：（1）受盐害、亚硫酸气体、碱等影响的环境；（2）持续排出水蒸气、腐蚀性废气的环境；（3）容易附着烟尘、粉尘、金属粉、石粉、木粉、砂土、落叶或动物排泄物等的环境；（4）周边有湖泊、河川等水域环境；（5）位于工业排热口等附近的高温环境。

专栏

涂层钢板重新进行涂装

既有建筑物的涂层一般会随着时间的流逝先从表面发生变化，涂层的性能和功能明显下降。一般外装涂料的劣化现象的发展过程和劣化原因的相关性见专表6.2.1。暴露在各种劣化环境中的涂膜先发生附着污垢、光泽度下降、变褪色、白粉化等表面劣化；然后发展到鼓起、裂纹、剥落等涂膜内部的劣化，造成对钢板保护作用的下降；最终发展至出现浮皮、截面缺损等含基层的涂膜的整体劣化。在涂膜劣化现象发展过程中，尽量在比较早的时期对涂膜层进行修补和修缮，在既有建筑物的维保中是非常重要的。

进行重新涂装时，原有涂膜的劣化程度和基层调整水平的对应关系见专表6.2.2。

专表6.2.1 劣化现象的发展过程和劣化原因

劣化发展	劣化位置	主要劣化现象	主要劣化原因
↓	涂膜表面	附着污垢 光泽度下降 褪变色 白粉化 表层涂料的起鼓、裂纹、剥落（磨损）	气象因素 大气污染因素等外力
	涂膜内部	磨损 涂膜的鼓起 裂纹 剥落	大气污染因素等外力 气象因素 涂层基层的劣化作用
	含基层的涂膜整层	磨损 涂膜的鼓起 裂纹 剥落 粉化 底漆开裂 钢材锈蚀 基层浮皮 基层表面变脆 基层的缺陷和断裂	大气污染因素等外力 气象因素 涂层基层引起的劣化作用 基层（母板）本身的劣化

(1) 既有涂膜的劣化现象主要表现为附着污垢、光泽度下降、变褪色、白粉化等，劣化位置仅为涂膜表面。应在不损坏母材的前提下，用砂轮、砂纸等除去涂膜表面的污垢和附着物，调整好基层水平后，进入下一道翻新涂装作业。

(2) 既有涂膜的劣化现象主要表现为鼓起、裂纹、剥落等，劣化位置进入至涂膜内部。应用砂轮、刮削器、砂纸等除去原有涂膜的劣化部分，在保持母材附着性的活膜部分仅除去涂膜表面的污垢和附着物，调整好基层水平后，进入下一道翻新涂装作业。

(3) 既有涂膜的劣化现象主要表现为腐蚀、腐朽、裂纹、粉化等，劣化位置贯穿涂膜厚度深入基层。应用砂轮、刮削器、砂纸等全面除去原有涂膜的劣化部分和活膜部分，对基层进行适当处理后形成新的涂层基层，进入下一道翻新涂装作业。

（4）如果既有涂膜和翻新涂料不匹配，可能造成的不良现象和原因如专表 6.2.3 所示。翻新产生的不良现象一般有：翻新涂料在既有涂膜上的浸润性差引起的排斥现象，翻新涂料的溶剂渗入既有涂膜引起的浮起现象，以及翻新涂料硬化时由于其凝聚力强于既有涂膜而产生的剥离现象。如果出现这类现象则不能保证重新涂装所期待的性能和功能。

专表 6.2.2　原有涂膜的劣化程度和基层调整水准

原涂膜	劣化位置	涂膜表面的劣化	涂膜内部的劣化	含基层的劣化
	劣化现象	污垢、变褪色、光泽度下降、白粉化、白化等	鼓起、裂纹、剥落等	腐蚀、腐朽、裂纹、粉化等
基层调整水平	基层调整	去除污垢、附着物	除去原涂膜（仅除去劣化部分的涂膜）	除去原涂膜（除去所有的劣化膜和活性膜）
	表面处理	用砂轮、砂纸等在不损害原板的基础上除去污垢和附着物	用砂轮、刮削器、砂纸等除去劣化部分的涂膜，保留活性膜	用砂轮、刮削器、砂纸等除去所有的劣化膜和活性膜

专表 6.2.3　原有涂膜和翻新涂料间的不匹配引起的不良现象

不良现象	示意图	原因及状况
排斥	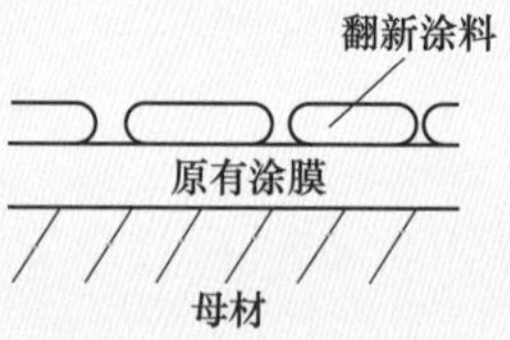 翻新涂料 原有涂膜 母材	翻新涂料在既有涂膜上的浸润性差，涂装时发生排斥，翻新涂料不能均匀地附着在原有涂膜上
浮皮	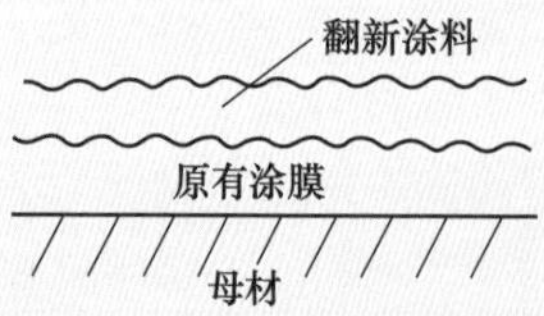 翻新涂料 原有涂膜 母材	翻新涂料的溶剂渗入既有涂膜中，造成既有涂膜产生收缩而浮起
剥离	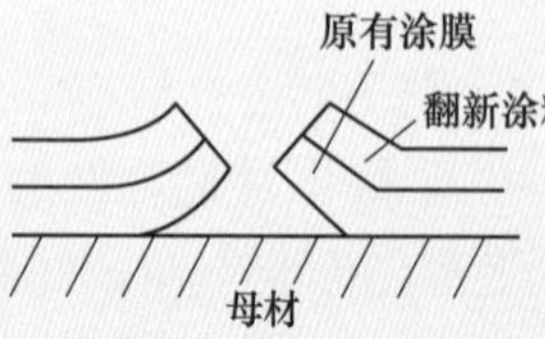 原有涂膜 翻新涂料 母材	当翻新涂料的凝聚力强于原有涂料时，翻新涂料硬化时带起原有涂料而产生的剥离现象

【参考资料】对暴露于室外 30 年从屋面板上提取的试样进行的试件调查报告

■ 调查委托概要：对于暴露于室外 30 年的屋面试样样本，在拆除的同时，委托屋面板团体对屋面板暴露室外的劣化状态进行调查。

■ 调查委托单位：国土技术政策综合研究所“与提高木结构住宅耐久性相关的针对建筑外围护的结构、构造及其评价的研究”WG。

■ 暴露试件的设置场所：茨城县千叶市，建筑研究所暴露试验场。

■ 试件概要：

（1）屋面板：搭接型梯形波钢板 K0920（波高约 88 mm，波距约 200 mm，有效宽度 600 mm 左右）。

（2）原板：烤漆镀锌钢板（镀锌钢板+硅聚酯涂层）。

（3）板厚：0.6 mm。

（4）坡度：屋面坡度 3/100~5/100，由于支架的支承材料（木材）腐蚀产生变形。

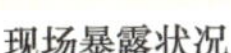

现场暴露状况

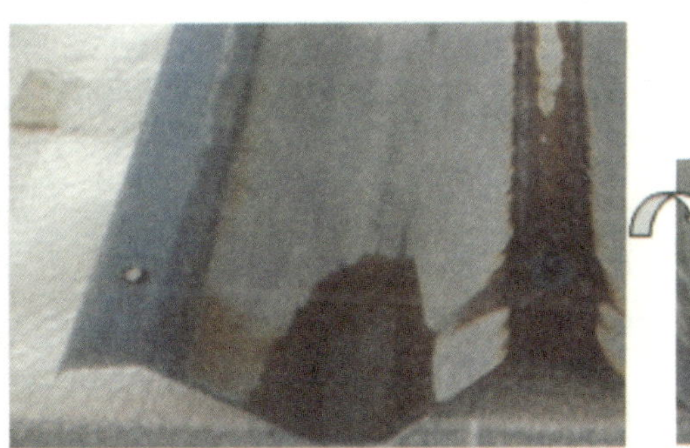

(参考)内侧

提取的样品

茨城县千叶市建筑研究所：对从暴露于室外 30 年的屋面板上提取的试样样本的调查

■ 调查概要：

用显微镜观察切口剖面，对以下内容进行测量。

（1）钢板厚度；

（2）镀层厚度（两面）｝损耗、消失时，

（3）涂膜厚度（两面）｝测定值为 0。

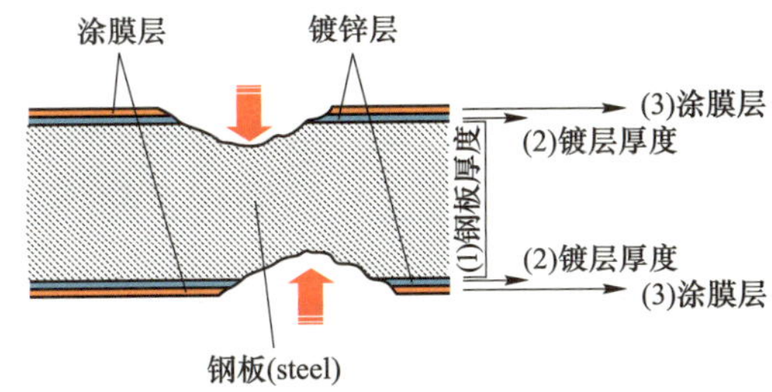

* 烤漆镀锌钢板的腐蚀概念图

样品编号

A　梯形波纹板K0920型

(屋面板)

钢材：烤漆镀锌钢板

板厚0.6 mm

测量位置

①～⑧

※⑧为涂层的残存部分

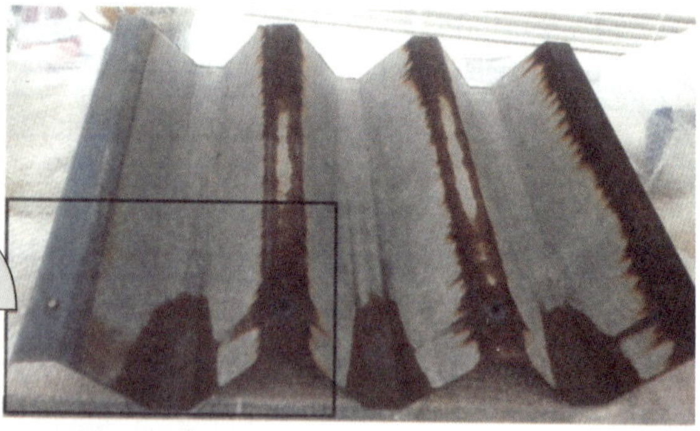

整体照片

①
②
③
④
⑤
⑥
⑦
⑧

①
②
③
④
⑤
⑥
⑦
⑧

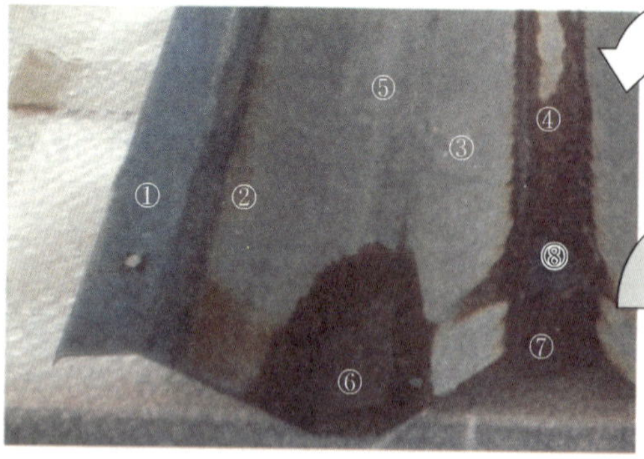

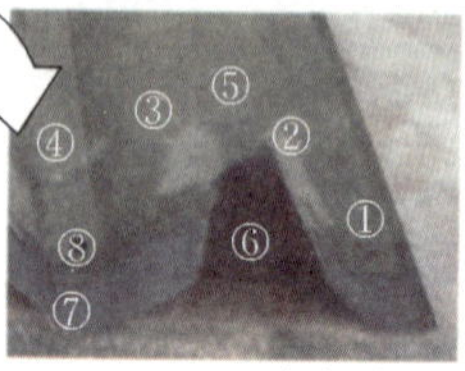

(参考)内侧

A-①

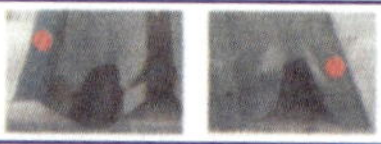

截面状况

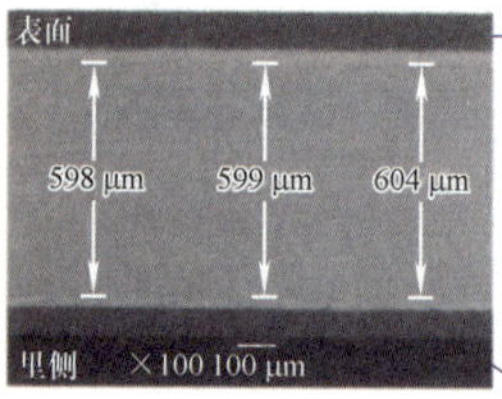

表面
598 μm
599 μm
604 μm
里侧
×100 100 μm

放大

表面
16.9 μm
18.8 μm
18.2 μm
32.0 μm
30.7 μm
29.5 μm
15 kV ×800 20 μm
涂层
镀层

里侧
25.2 μm
23.2 μm
23.5 μm
2.7 μm
3.6 μm
2.0 μm
15 kV ×800 20 μm
镀层
涂膜

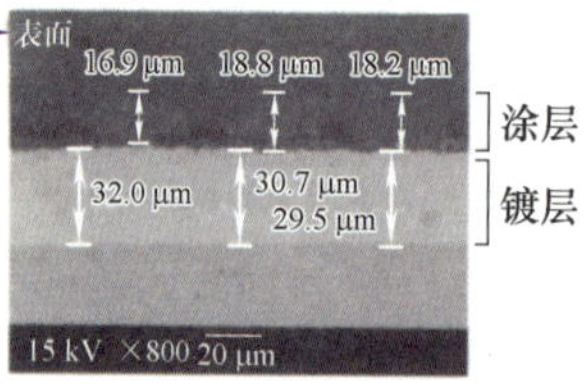

表面和里侧都有涂膜

A-②

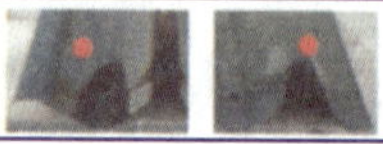

截面状况

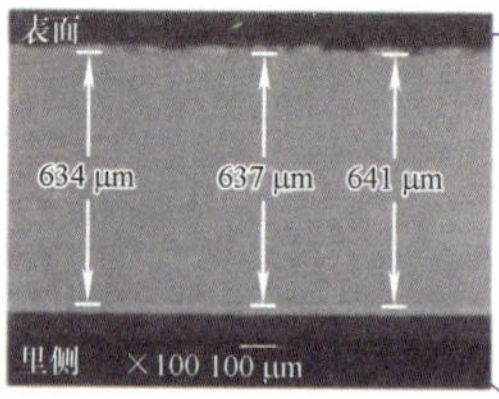

表面
634 μm
637 μm
641 μm
里侧
×100 100 μm

放大

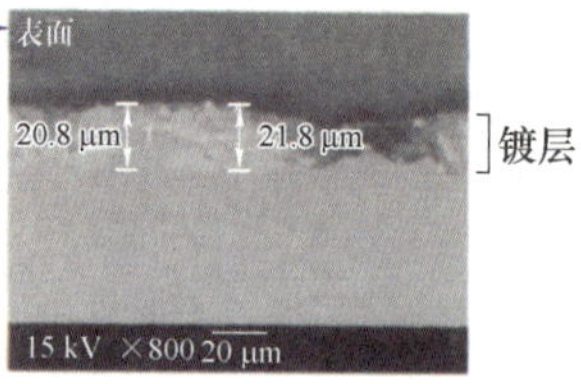

表面
20.8 μm
21.8 μm
15 kV ×800 20 μm
镀层

里侧
24.1 μm
24.4 μm
23.5 μm
3.1 μm
2.8 μm
3.3 μm
15 kV ×800 20 μm
镀层
涂膜

表面无涂膜

镀层局部腐蚀

里侧有镀层和涂膜

A-③

截面状况

表面
613 μm
623 μm
621 μm
里侧
×100 100 μm

放大

表面
19.9 μm
18.8 μm
17.2 μm
15 kV ×800 20 μm
镀层

里侧
23.8 μm
23.2 μm
24.9 μm
2.8 μm
3.3 μm
3.3 μm
15 kV ×800 20 μm
镀层
涂膜

表面无涂膜

镀层局部腐蚀

里侧有镀层和涂膜

A-④

截面状况

表面
634 μm
623 μm
638 μm
里侧
×100 100 μm

放大

里侧
23.3 μm
22.7 μm
21.6 μm
4.1 μm
3.6 μm
3.4 μm
15 kV ×800 20 μm
镀层
涂膜

表面无涂膜和镀层，产生赤绣。

但是钢板的厚度与其他部分基本相同，

可以认为钢板基本上没有厚度损失

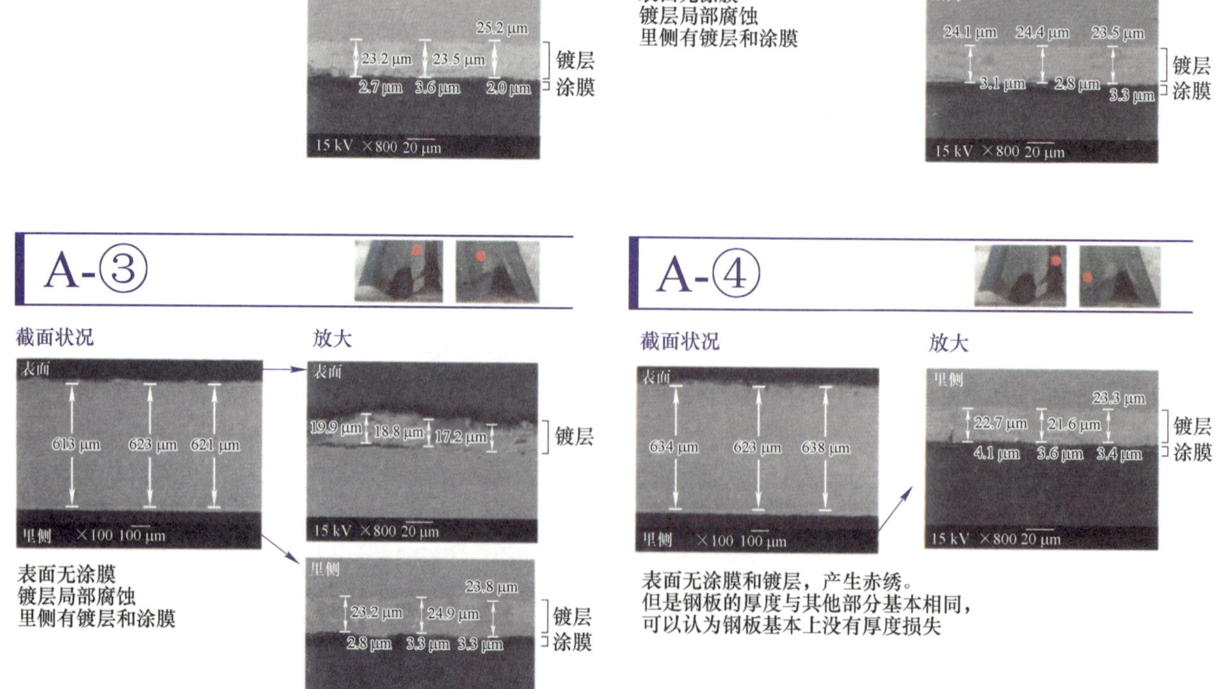

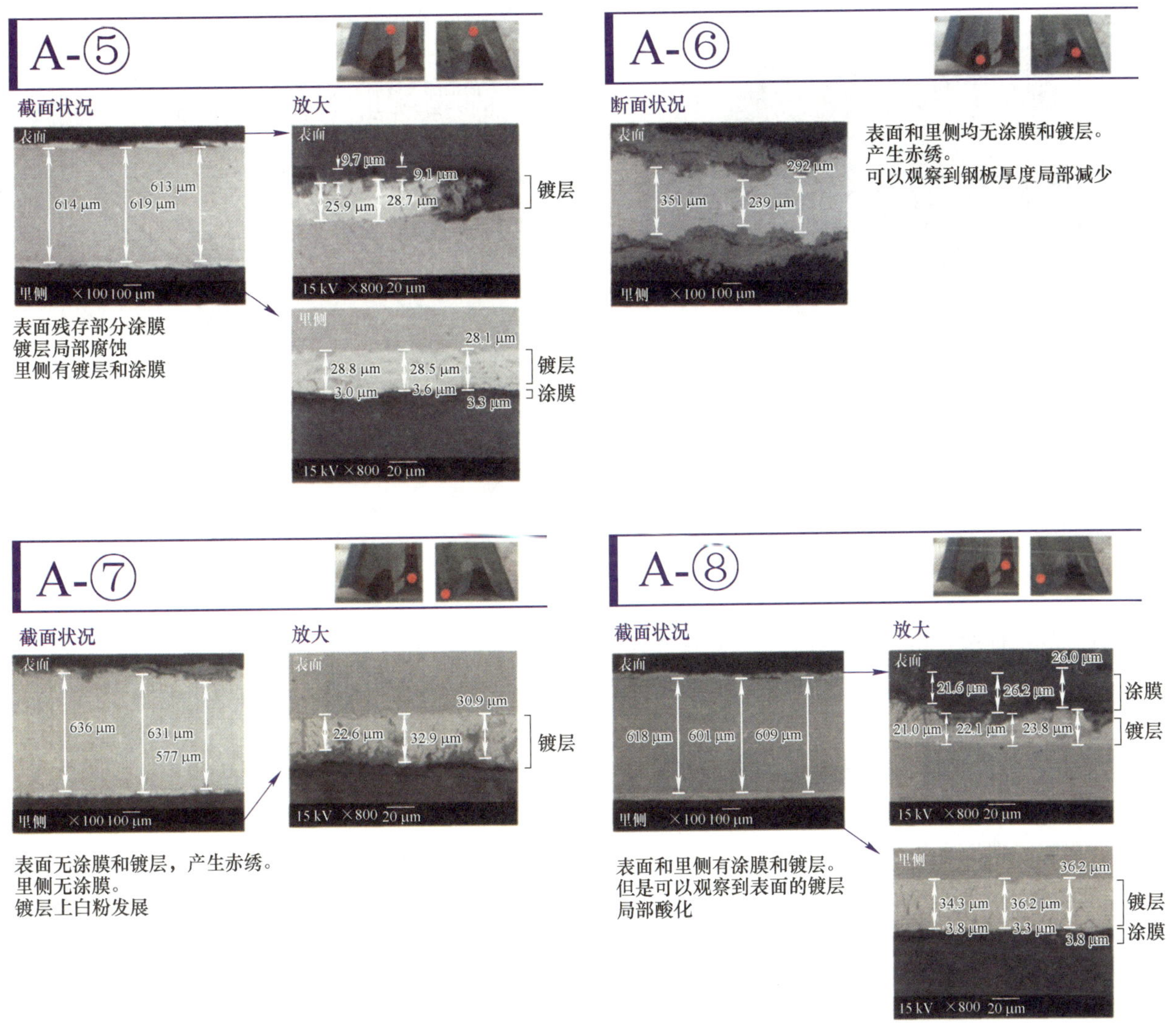

■ 总结

尽管是 30 年前的工艺（样本的镀层为热浸镀锌，而现在金属屋面板的镀层几乎全部都是镀铝锌：熔融 55%镀铝锌，其耐久性为热浸镀锌的 5~6 倍），但钢材的腐蚀程度比预想的低很多。其原因可能与当地的腐蚀环境（茨城县千叶市）与钢材的表面处理方法更加温和有关。

样本：梯形波钢板 K0920 型

在主要的梯形波钢板上，可看到有多处表面处理层（镀层、涂层）减少或消失，在钢材的局部位置发现了赤锈，钢材保持了原有的板厚（0.6 mm），可认为没有影响钢板的强度性能和防雨性能。由此可以认为，通过对钢板表面进行适当的维护（基层处理→重新涂装），可以延长钢板的使用寿命。

另一方面，在挑檐端部不仅可以观察到表面处理层的磨损和消失，还可以看到钢板板厚的减损。挑檐的端部一般多被加工成垂尾形状（为防止雨水倒流进行的弯曲加工）。但是本试件的端部未被加工成垂尾形状，因此可以认为产生上述现象的原因是，由于挡雨效果不好使钢板长期处于潮湿状态加快了板的腐蚀速度。由此可以看出，端部的形状对腐蚀状况也会产生影响。

【参考】檐口端部腐蚀的发展状况与有无垂尾的相关性

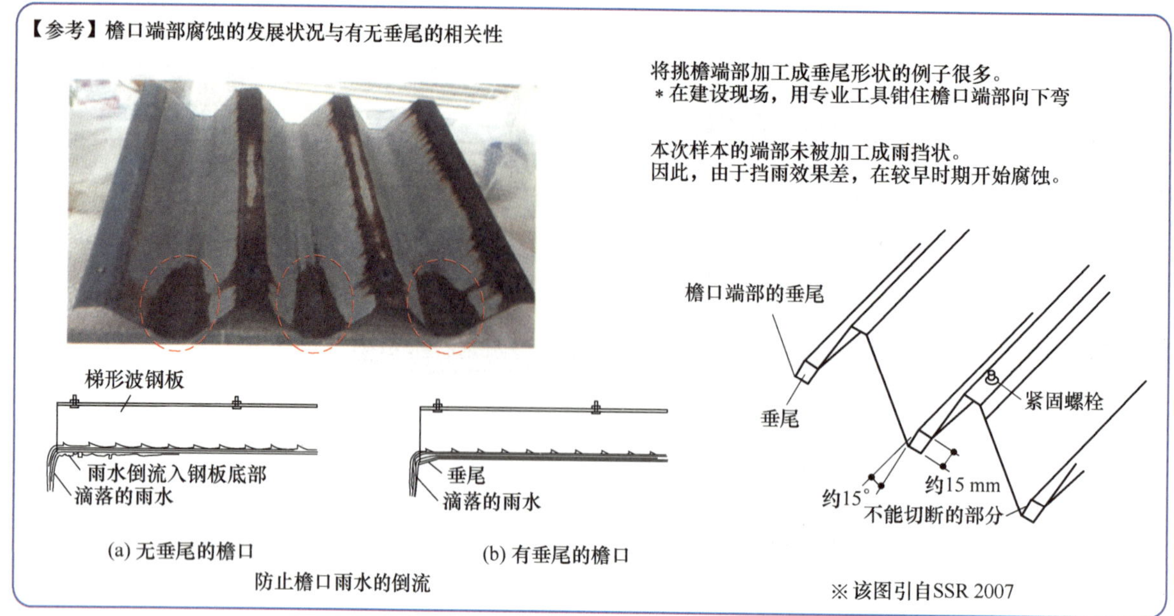

参考文献

［1］ 日本鉄鋼連盟：塗装亜鉛系めっき鋼板ご使用の手引き，2010.
［2］ 国土交通省大臣官房官庁営繕部：国家機関の建築物等の保全に関する基準の実施に係る要領，2005.
［3］ 日本金属屋根協会：素材からみる金属屋根と外壁，2006.
［4］ 日本金属屋根協会・技術委員会：鋼板製屋根・外壁の維持保全と点検，施工と管理 No. 331，日本金属屋根協会，2015.

第 7 章

屋面和外墙的翻新改造

对屋面和墙面的翻新改造可分为三种形式：（1）重新涂装；（2）覆盖；（3）拆除后重新铺设。

木结构（住宅）	
（1）重新涂装 重新涂装适用于外装材料的劣化不是很严重的情况。 重新涂装是经济且易于施工的方法	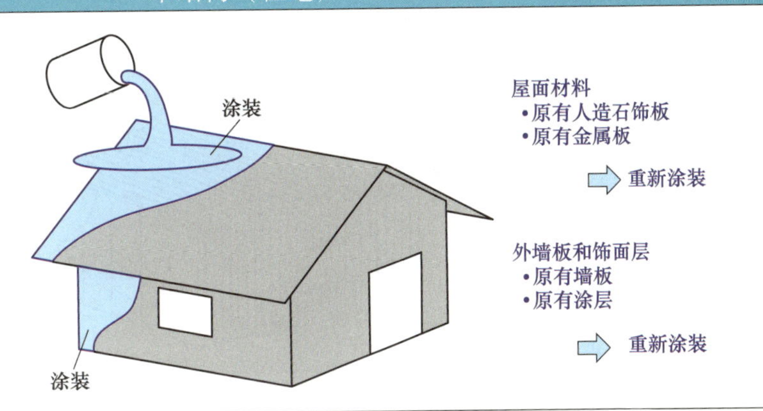
（2）覆盖 覆盖是在保留原有外装材料的基础上，再铺一层轻型外装材料的方法。 新覆盖的板材避免了原有外装材料受风雨和紫外线的侵袭，可以抑制其劣化的进一步发展	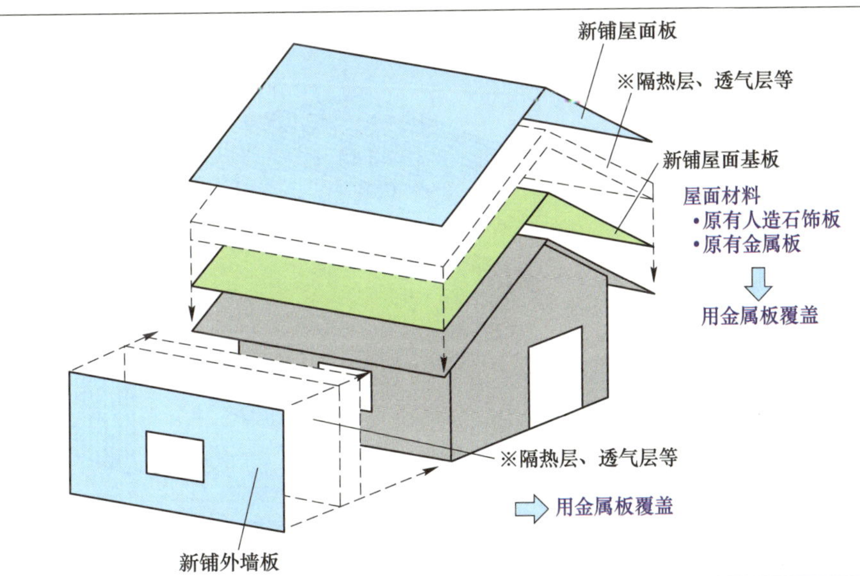
（3）拆除后重新铺设 拆除后重新铺设是拆除原外装材料，用新外装材料重新铺设的方法	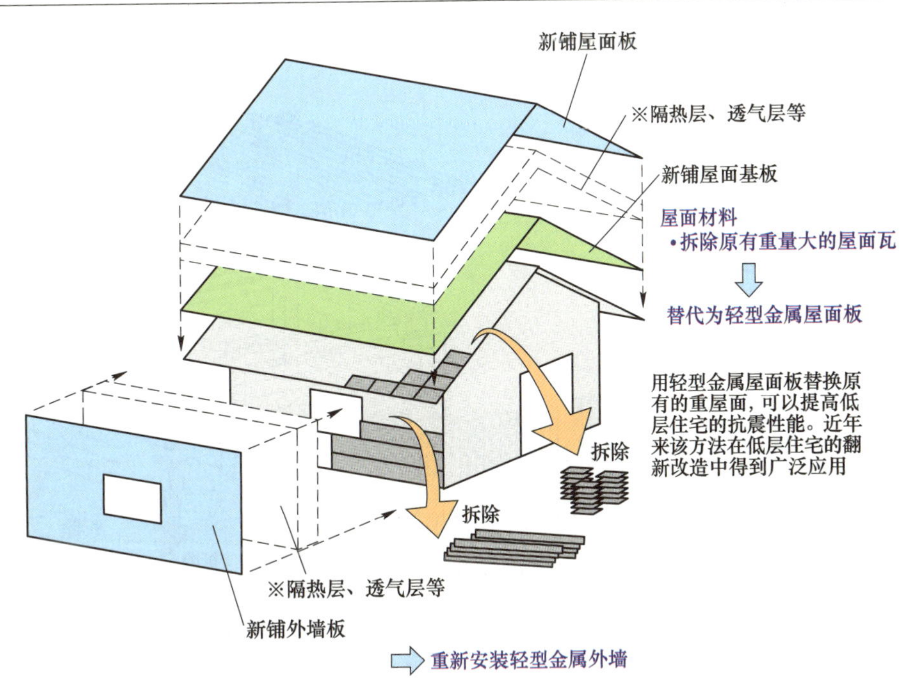

续表

钢结构	
（1）重新涂装 重新涂装适用于外装材料的劣化不是很严重的情况。 重新涂装是经济且易于施工的方法	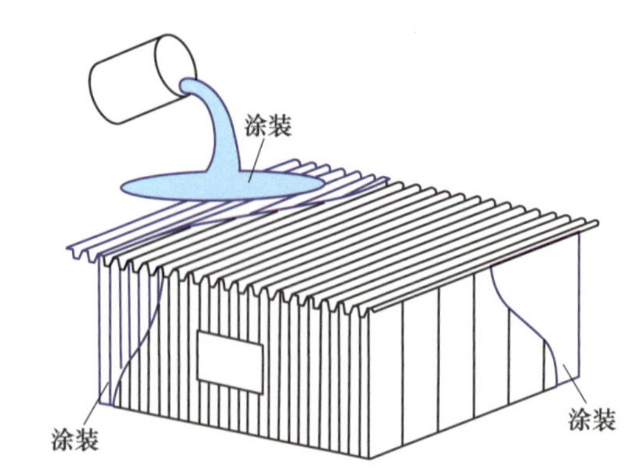 屋面材料 •原有梯形波纹板 •原有人造石板  重新涂装 外墙材料 •原有金属波纹板 •原有ALC板  重新涂装
（2）覆盖 覆盖是在保留原有外装材料的基础上，再铺一层轻型外装材料的方法。 新覆盖的板材避免了原有外装材料受风雨和紫外线的侵袭，可以抑制其劣化的进一步发展	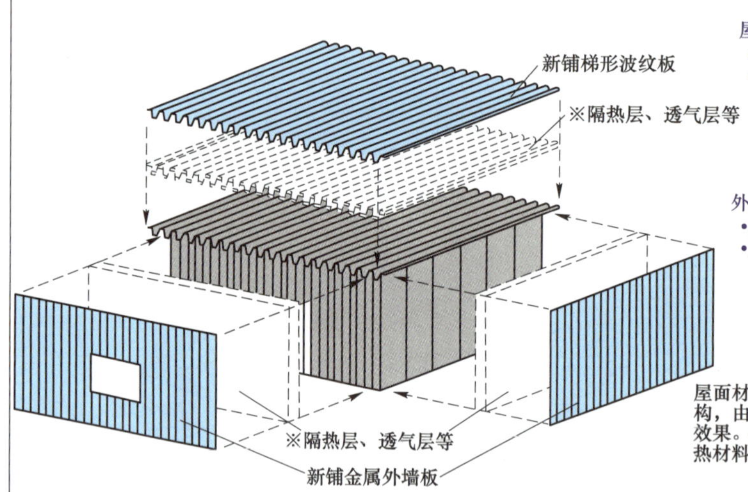 屋面材料 •原有梯形波纹板 •原有人造石板  用金属梯形波纹板覆盖 用金属波纹板覆盖 外墙材料 •原有金属梯形波纹板 •原有ALC板  用金属梯形波纹板、拱肩等覆盖 屋面材料和墙面材料均为双层结构，由此形成的空气层具有隔热效果。也可以在空气层中配置隔热材料
（3）拆除后重新铺设 拆除后重新铺设是拆除原外装材料，用新外装材料重新铺设的方法。 采用钢结构建筑时，边使用边改造非常困难，所以很少采用这种方法	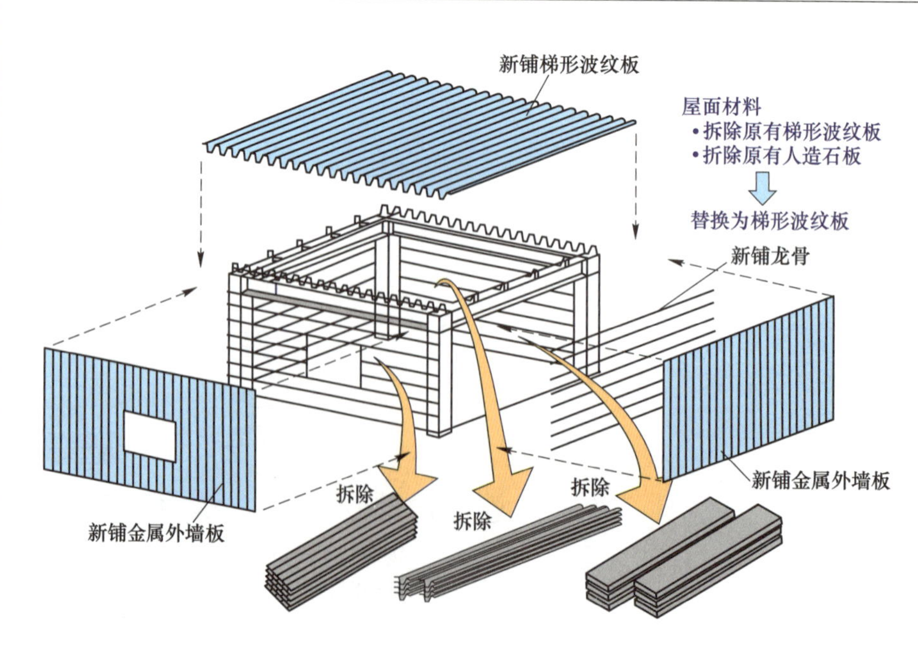

续表

<table>
<tr><th colspan="2">混凝土结构</th></tr>
<tr><td>（1）重新涂装
重新涂装适用于外装材料的劣化不是很严重的情况。
重新涂装是经济且易于施工的方法</td><td>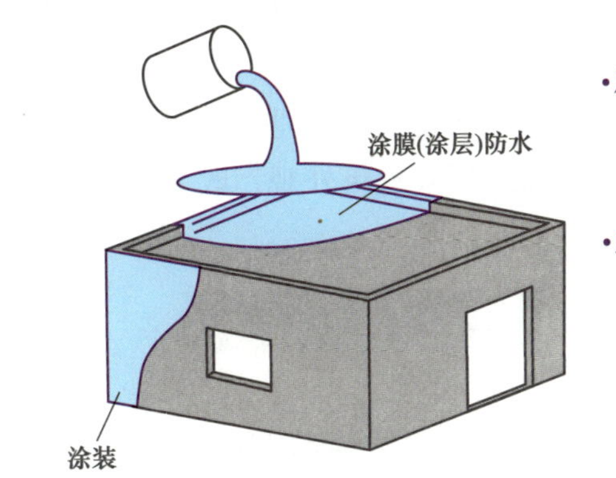
</td></tr>
<tr><td>（2）覆盖
覆盖是在保留原有外装材料的基础上，再铺一层轻型外装材料的方法。
新覆盖的板材避免了原有外装材料受风雨和紫外线的侵袭，可以抑制其劣化的进一步发展</td><td>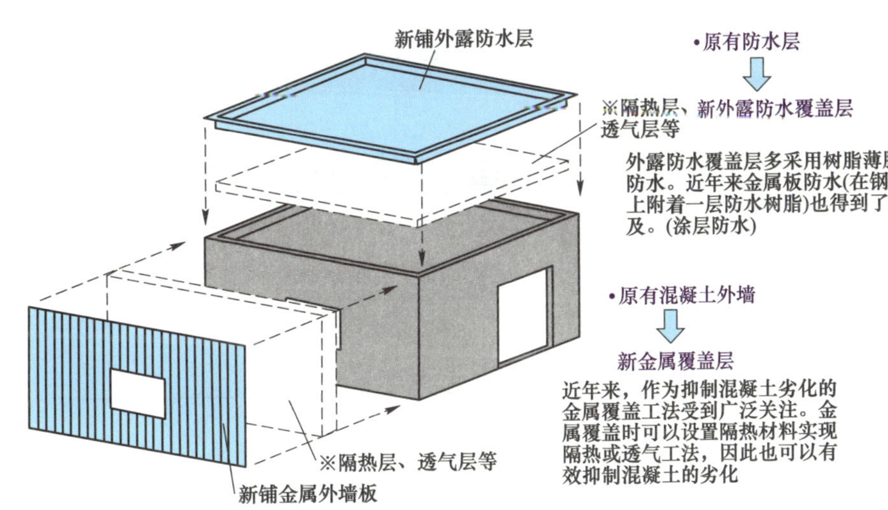
</td></tr>
<tr><td>（3）拆除后重新铺设
拆除后重新铺设是拆除原外装材料，用新外装材料重新铺设的方法</td><td>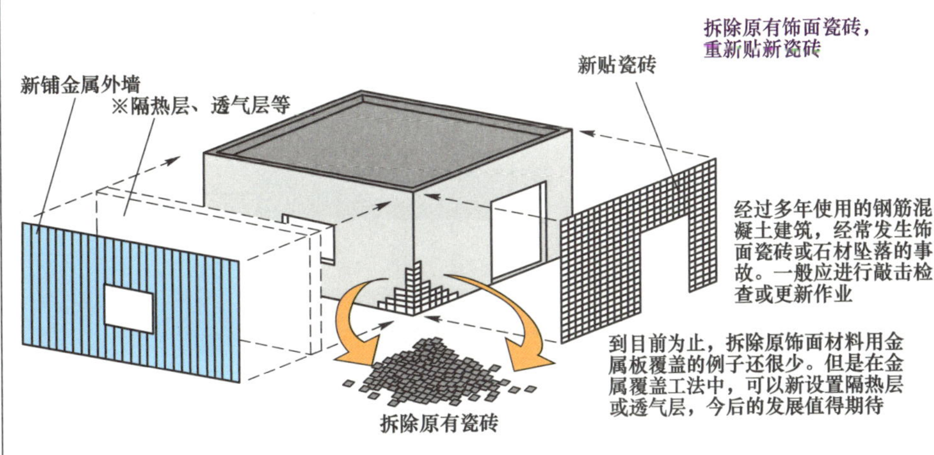
</td></tr>
</table>

7.1　金属屋面的翻新改造

MSRW 2014 中阐述了对钢板屋面和外墙翻新改造的思路。图 7.1.1 是对性能水准的设置、调查、鉴定方法和翻新改造的要点的整理结果。

（1）性能水准研究。首先要明确修复的目的是要达到新建时的功能或者相同水准，还是要求达到新设定的目标（提高使用寿命、提升建筑外观，改变室内环境、环境措施、变更建筑用途）。应根据用户需求制定翻新改造方案。

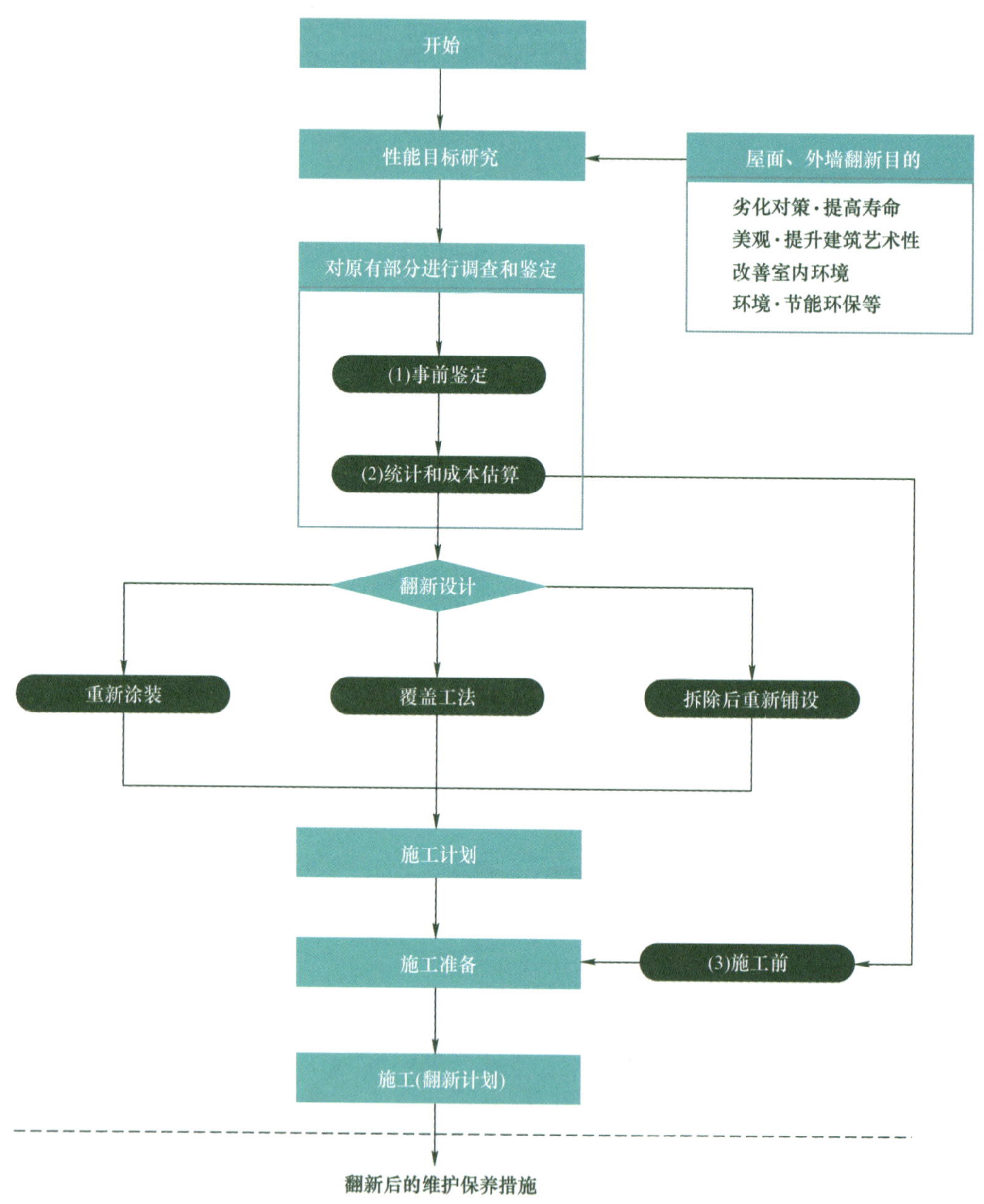

图 7.1.1　钢板屋面、外墙翻新改造的设计思路（MSRW）

（2）调查和鉴定。在制订翻新改造方案之前，先要对原有外装材料的劣化程度以及外装材料的基底状态（基层的板厚和形状、安装间距等）进行调查和鉴定，如照片 7.1.1 所示。原则上应进行现场调查。此外，调查和鉴定可分为初步调查和正式调查。初步调查是对外装材料的劣化程度等进行判断。正式调查是进行全面调查，内容包括调查基层的状态，并根据需要对基层的固定强度进行确认试验等（具体参照 MSRW 2014 的 4.2 节的翻新改造流程）。

照片 7.1.1 金属屋面板发生劣化

（3）翻新改造设计。

1）原外装材料的重新涂装。本工法适用于原外装材料没有因腐蚀发生劣化的场合。其目的是延长耐久年限和提高隔热性能。与工法（2）和（3）比较，翻新改造成本低。并且因为只是重新涂装，施工不影响建筑物的正常使用。

2）既有外装材料的覆盖工法。不拆除原有外装材料，用专用金属连接件（支架）进行机械固定，然后覆盖一层新的外装材料。该工法与（1）的工法相同，可以在使用状态下进行施工。由于不需要在屋面上开孔，不会造成灰土进入室内，充分考虑了委托人的方便需求。

另外由于在原有外装材料和新设外装材料之间插入玻璃棉等形成了隔热层，可以提升隔热性能。

3）更新外装材料工法。更新外装材料工法中，因为必须拆除原有外装材料，很难在不影响建筑物正常使用的状态下施工。所以适用于变更建筑用途时和需要对建筑整体进行改造的场合。此时需要确认新设外装材料是否适用（对原有支承部件是否安全，屋面坡度、永久荷载是否增加、是否符合新的抗震规范以及防耐火性能等进行确认）。

7.1.1 金属屋面涂层翻新工法

7.1.1.1 对原有屋面的调查和鉴定

（1）对原有屋面的饰面（涂层样式）进行确认。在金属屋面涂层翻新之前，应对照竣工图、屋面施工图检查屋面的饰面（涂层样式）情况，为确定重新涂装的材料和工法做准备。当无法掌握原有屋面的涂层材料时，可通过漆膜划格试验（JIS K5600-6）确认与原有涂膜的附着度。

（2）对原有屋面的涂膜劣化状态及锈蚀状态进行现场调查和确认。通过现场调查掌握原有屋面的涂膜劣化状态及锈蚀情况是非常必要的。当锈蚀轻微时可能得出不需要重新涂装的结论，因此现场调查是非常重要的确认作业。有时还需要调查原有涂膜的状态。

（3）对是否可重新涂装做出判断，并对委托方提出建议。现场调查之后，需要研究进行重新涂装工程的可行性。当屋面锈蚀严重，甚至因锈蚀发生穿孔时，一般情况下进行重新涂装作业是非常困难的。根据重新涂装后的使用年限以及原有涂膜的状况、锈蚀状况，确定清除作业（除锈除垢、剔除原有涂膜的作业）的种类、涂层的材料和工艺。然后向委托方提出处理方案。

7.1.1.2　涂装方法及其管理

对建筑物的屋面进行大面积重新涂装，其涂装工艺一般可分为两种：第一种是辊涂工艺，虽然施工效率低，但是涂料的四周喷溅少；另一种是喷涂工艺，施工效率高，且能保证涂膜厚度，但为防止涂料向四周喷溅必须采取喷溅防护措施。涂层方式含基层（底漆）有涂两层和涂三层均含底漆的方法等。

（1）辊涂工艺。辊涂工艺是由人工借助转辊将涂料涂敷在被涂物表面的方法。虽然施工效率低，但是由于施工中没有涂料飞溅，适用于需要考虑周边环境的场合。如处于城市近郊的工程，与邻近建筑物相接的工程。

（2）喷涂工艺。喷涂工艺是用空气压缩机将涂料喷在被涂物表面的方法。施工效率非常高，但是必须采取防止飞溅的现场防护措施。适用与邻近建筑物有一定距离，或者半径1 km之内无飞溅对象物的工程。

（3）涂装施工管理。施工中对涂层状态的管理方法主要是指对涂膜厚度的管理。简易的现场管理方法是用测厚仪管理涂膜厚度，如照片7.1.2~照片7.1.7所示。

照片7.1.2　现场调查（测量涂膜厚度）

照片7.1.3　辊涂工艺

照片7.1.4　喷涂工艺

照片7.1.5　用测厚仪管理涂膜厚度

照片 7.1.6 重新涂装之前

照片 7.1.7 重新涂装之后

7.1.2 原有金属屋面覆盖工法

7.1.2.1 瓦楞板覆盖工法

（1）原有屋面材料的处理。屋面上有锈蚀时，应清除后进行防锈处理。当发生锈蚀穿孔时，应用板封堵（打补丁）。

（2）对原有瓦楞板和檩条及望板的确认。在事前调查时，对原有瓦楞板的有效宽度和板肋进行再度确认。即使是相同的屋面，由于扩建等原因，其有效宽度也可能会存在差异，应特别予以注意。对原屋面檩条的设置间距、形状和板厚进行再度确认。并且要确认原有望板的种类和板厚，以此判断新设专用连接件（支架）的固定螺钉是否合适。

（3）在原檩条上弹墨线（定位）。在原檩条上弹墨线做标记，如照片 7.1.8 所示。当原檩条上有基板时，可在基板上弹墨线，如图 7.1.2 和图 7.1.3 所示。

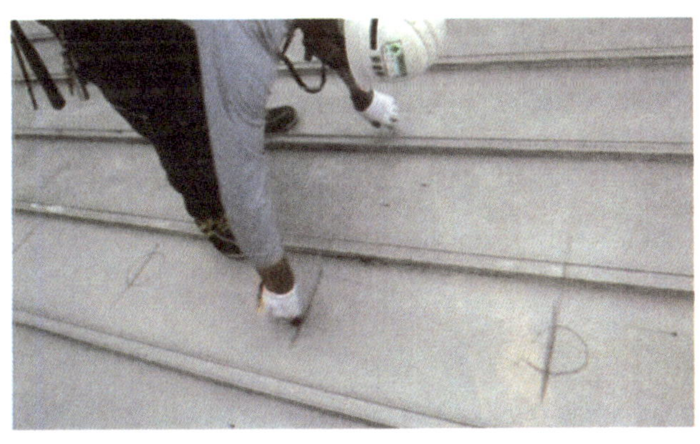

照片 7.1.8 在新屋面板上弹出檩条墨线

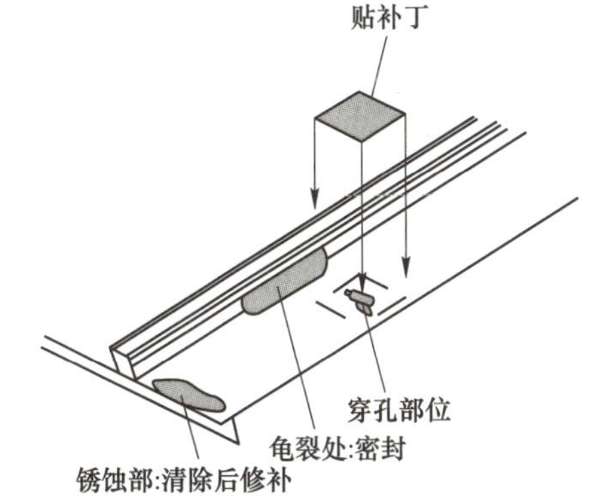

图 7.1.2 对原有屋面材料的处理

（4）铺基板。瓦楞板覆盖工法是顺着屋面坡度方向铺基板，如图 7.1.4 所示。也可以预先比照原有瓦楞板的有效宽度，按照一定宽度剪裁加工基板。当固定方法是利用专用金属件（支架）夹住原有瓦楞板肋时，为了检查固定状态，有时不设基板。当采用专用金属件时，也可以在安装好专用金属件后顺着板坡度方向嵌入基板。

（5）安装专用金属件（支架）。用与原有檩条或望板匹配的螺钉将专用金属件固定在原檩条上，如图 7.1.5 所示。当在使用建筑物的状态下进行施工时，必须明确一天之内的配件安装量，在当天完成该部分屋面的铺设作业。

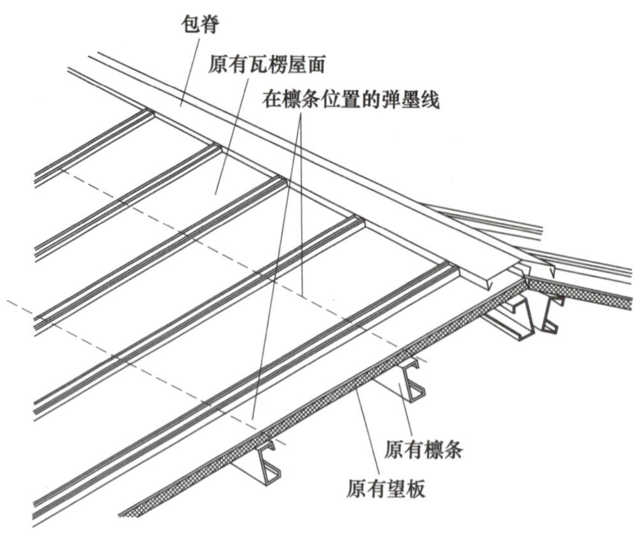

图 7.1.3　在原有屋面板的檩条上弹墨线

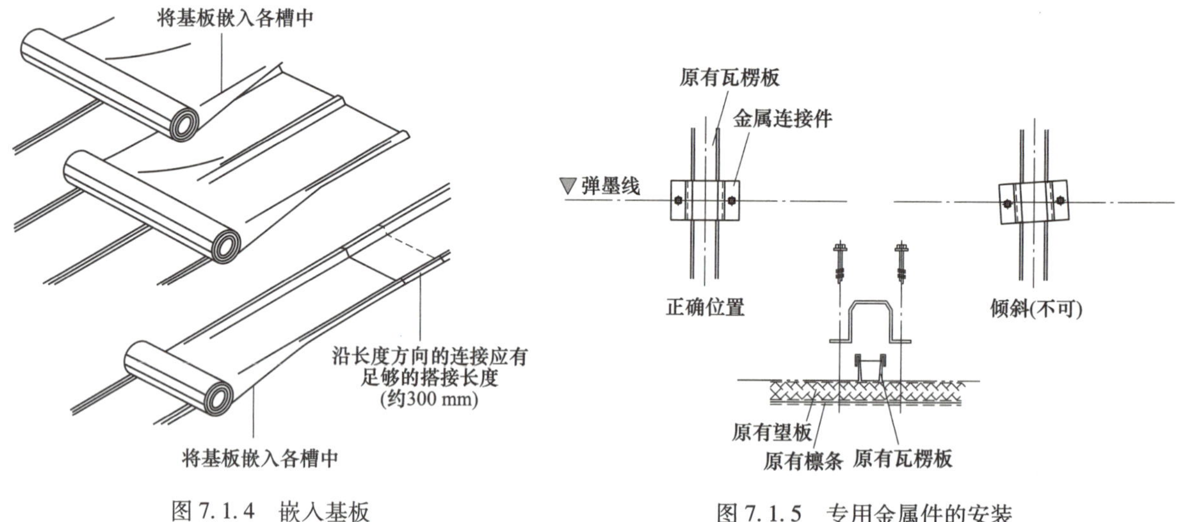

图 7.1.4　嵌入基板　　　　图 7.1.5　专用金属件的安装

为了防止工程中室内出现漏水的情况，可以在专用金属件的里侧填充密封材料，也可以粘贴胶带。当采用与原有瓦楞板肋扣合形式的金属连接件时，不需要防雨措施，此时对紧固扭矩的管理非常重要，如照片 7.1.9 和照片 7.1.10 所示。

照片 7.1.9　专用金属件的安装

照片 7.1.10　新设屋面材料的搬运

（6）安装其他附属配件。对于檐口端部、侧檐等的封檐，应先确认原有状态，然后比照其尺寸进行加工并安装。并用填充剂封堵檐头处的封檐与原瓦楞板肋之间的缺口部分。

覆盖工法中，对檐口端部的处理方式不是采用向内收紧样式，而是采用如小型压型板一样的挡板形式。

（7）新铺屋面板材的就位和正式铺设。覆盖工法中，各个产品供应商的做法可分为搭接工法、咬合工法和扣合工法。施工之前应该认真阅读产品供应商提供的安装说明和施工要领等，做到心中有数，如照片 7.1.11~照片 7.1.13 所示。

照片 7.1.11 专用金属件安装全景

照片 7.1.12 屋面板材的就位

照片 7.1.13 屋面板材的就位

（8）各部位收头处理。对于檐口端部、侧檐、屋脊、与外墙的接缝、防水措施等各衔接部位的附属配件（见照片 7.1.14~照片 7.1.17），是拆除还是直接覆盖［详细内容参照 MSRW 2014 的 4.2.5 施工（2）瓦楞板屋面］应根据对原有状态的调查结果确定。

照片 7. 1. 14　新设屋脊的例子

照片 7. 1. 15　安装附属配件的例子

照片 7. 1. 16　翻新改造前的原有瓦楞板屋面

照片 7. 1. 17　采用覆盖工法翻修改造后的新设屋面

（9）利用瓦楞板的翻新改造。利用瓦楞板的翻新改造是在原有瓦楞板的上方利用板肋覆盖新瓦楞板的方法，如图 7. 1. 6 所示。这种方法基本上不改变原屋面的外观造型，构件数量少，是比较经济的方法。

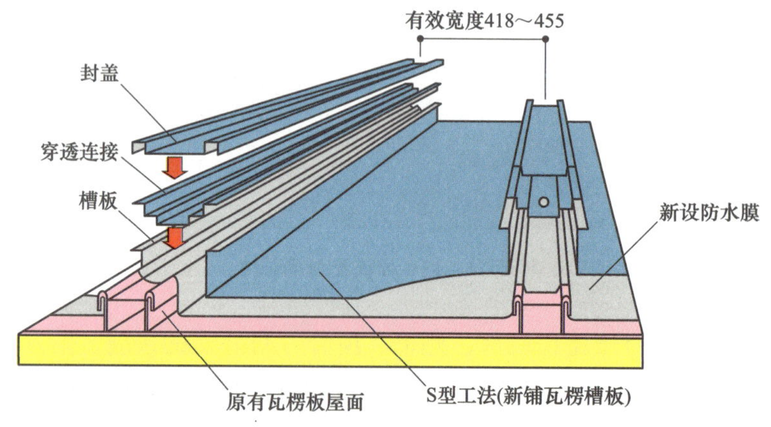

图 7. 1. 6　用瓦楞板覆盖的翻修工程实例（单位：mm）

7.1.2.2 横铺覆盖工法

用覆盖工法对既有横铺屋面进行翻新改造时，以原有屋面为基板，是否设置钢竖檩（支承骨架），其施工方法是不同的。

（1）不需要新设钢竖檩（支承骨架）的情况。

当原有屋面的下方有竖向设置的檩条或竖向设置的椽条时，按照原有屋面的形状再铺一层屋面板贴在原有屋面上，直接用螺钉将新设屋面穿过原有屋面固定在原来的基层骨架或竖向檩条上，如照片 7.1.18 和照片 7.1.19 所示。采用这种方法时，应预先确认檩条或椽条的位置，按照适当间距进行固定。

照片 7.1.18 横铺板覆盖施工 ①不需要钢檩条

照片 7.1.19 横铺板覆盖施工 ②不需要钢檩条

（2）需新设钢檩条时。

当原有横铺屋面的下方没设竖向檩条只有横向铺设的檩条时，原则上应在原有横铺屋面上新设钢檩条，用紧固件穿过原有屋面固定在原有檩条上，如照片 7.1.20 和照片 7.1.21 所示。然后在钢檩条之间铺设覆盖板材。

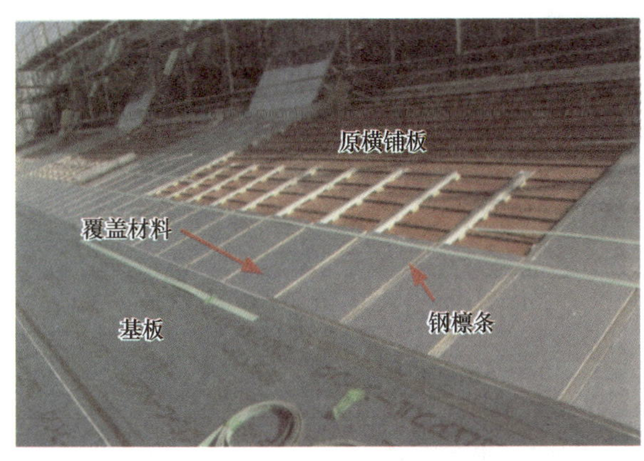

照片 7.1.20 横铺板覆盖施工 ③需要钢檩条

照片 7.1.21 横铺板覆盖施工 ④需要钢檩条

当直接将新设的横铺屋面固定在原有望板上时，在事前调查时应对望板的螺钉进行拉力试验，确认风压作用下的螺钉承载力，并计算固定螺钉的间距。

7.1.2.3 梯形波钢板覆盖工法（双层梯形波钢板工法）

采用有效宽度相同的梯形波钢板覆盖原有梯形波钢板时，有两种固定方法：一种是用螺钉将新设支架固定在原有支架上的方法（见图 7.1.7）；另一种是将带螺钉的支架固定在原有梯形波钢板的锁口上，如图 7.1.8 所示。为了提升隔热性能，还可以在新设梯形波钢板的下方嵌入隔热材料，如图 7.1.9 和图 7.1.10 所示。

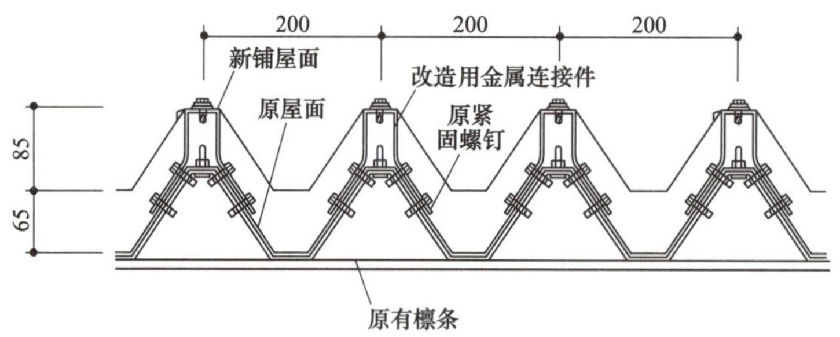

图 7.1.7　用螺钉连接的安装例子（螺钉固定）

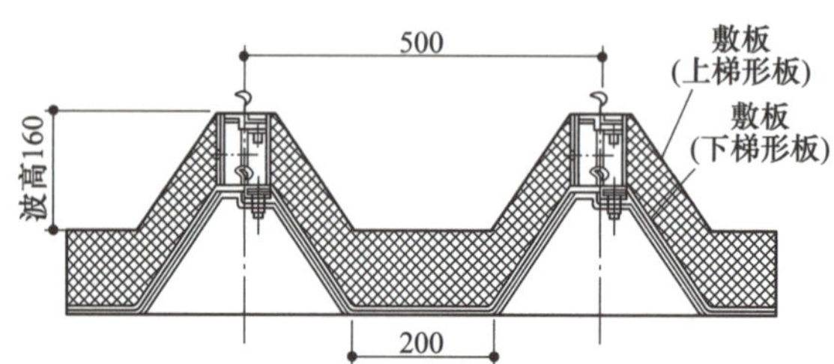

图 7.1.8　固定在锁口上的安装例子（金属件固定）

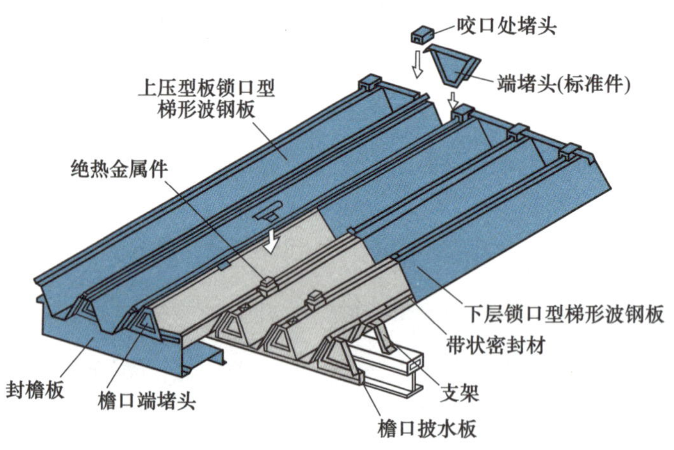

图 7.1.9　无隔热材料的例子

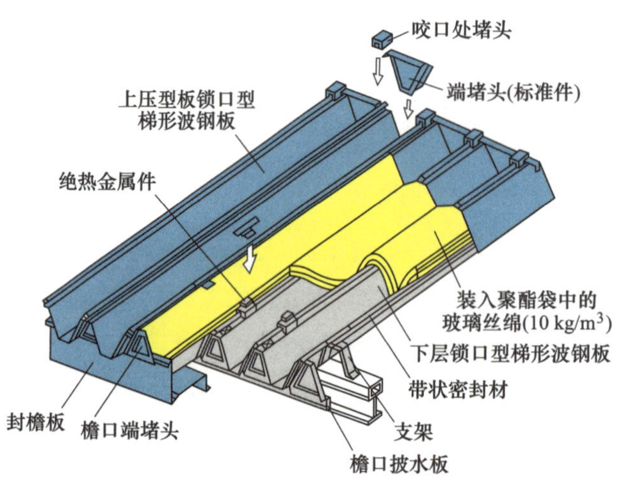

图 7.1.10　有隔热材料的例子

（1）原有屋面材料的处理。与瓦楞板覆盖工法一样，当屋面上有锈蚀时应先进行除锈和防锈处理，如照片 7.1.22 和照片 7.1.23 所示。当有锈蚀穿孔时，应用板封堵（打补丁）。

照片 7.1.22 原有屋面板基层的防锈处理

照片 7.1.23 基层处理全貌

（2）对原有支架位置的确认。用专用金属件或者螺钉将新设支架固定在原有支架位置上，如照片 7.1.24 和照片 7.1.25 所示。当用螺钉固定在原有支架上时，必须采取防止室内漏水的措施。

照片 7.1.24 用螺钉固定支架的安装实例

照片 7.1.25 用螺钉固定支架的安装

（3）新设梯形波钢板屋面的就位和最终固定。新设梯形波钢板（见照片 7.1.26～照片 7.1.31）根据供应商提供的产品可以分为搭接型、咬合型和扣合型等多种形式。在事前认真阅读产品供应商的使用说明书和施工要领书是十分重要的。

（4）各部位的收头处理。对于檐口端部、侧檐、屋脊、与外墙的接缝、防水措施等各衔接部位的附属配件，应认真研究对原有状态的调查结果，然后决定是用替换方法还是直接覆盖方法，如照片 7.1.32 和照片 7.1.33 所示。特别是用梯形波钢板覆盖时，檐口端部的原有天沟是保留还是拆除，细部构造是不一样的，应特别予以注意。

照片 7.1.26　新设屋面板材的现场成型

照片 7.1.27　新设屋面板材的吊装

照片 7.1.28　隔热材料的铺设

照片 7.1.29　新设屋面板材的就位作业

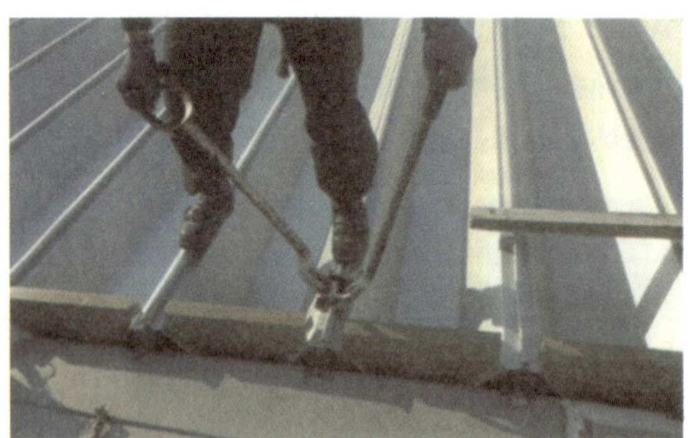

照片 7.1.30　用手动锁边机临时固定

照片 7.1.31　用电动锁边机最终固定

照片 7.1.32　不拆除原有屋脊的方法

照片 7.1.33　拆除原有屋脊的方法

7.1.3 更换原有金属屋面工法

更换原有金属屋面是指拆除原有金属屋面，利用原有的檩条等基层固定新铺金属屋面的方法。这种方法与新建屋面工程类似，但是因为要利用原来的屋面基层，必须注意以下事项。

(1) 确认原有屋面的基层是否适用。对原有屋面的基层，针对以下 1) ~5) 项的内容进行检查。当基层不适用时，应考虑更换基层的方法。

1) 基层的固定间距；

2) 基层形状；

3) 基层厚度；

4) 新设屋面材料的固定方法；

5) 新设屋面的自重（对原有基层进行使用荷载验算）。

(2) 检查原有屋面的坡度。新设屋面的坡度是否适用于原有屋面的坡度。如果不适用，需要研究具体的施工方法。

(3) 检查施工现场环境。在施工之前，必须确认是否具有对梯形波钢板、瓦楞板、纵横向等铺设的屋面材料的现场成型能力，工厂成型构件的搬运车辆是否可以进入现场。即使能够满足原有屋面新建的要求，由于扩建或其他构筑物等原因，无法进行现场加工或加工好的屋面材料无法运入现场的情况也时有发生。

(4) 对与屋面的衔接部位进行确认。在进行屋面板的拆除翻新施工时，必须明确与外墙、开口部位、檐口内侧等与屋面的衔接部位的翻修改造范围，特别是对于与非拆除部位的接合部位，要仔细确认原有构造，确定连接方法。

7.2　石棉板屋面的翻新改造

7.2.1　波形石棉板

石棉板多用于工厂或仓库的屋面（见照片 7.2.1），其中很多因为老化产生了开裂、反翘、爆裂、错位等引起的漏水，以及表面的风化、厚度减薄引起的承载力下降等问题。通过用金属屋面翻新，可以增加建筑物的使用年限。

根据日本石棉协会 2003 年 12 月 1 日公布的资料，在 1971—2001 年期间，共生产了 125368 万平方米的石棉板

照片 7.2.1　波形石棉板屋面

7.2.1.1　波形石棉板屋面翻新方法

（1）“更换原有屋面工法”：拆除原有屋面，重新铺设金属屋面。

（2）“覆盖工法”：在原有石棉板屋面上铺一层新的金属屋面。

“覆盖工法” 又分为直接固定工法和间接固定工法。

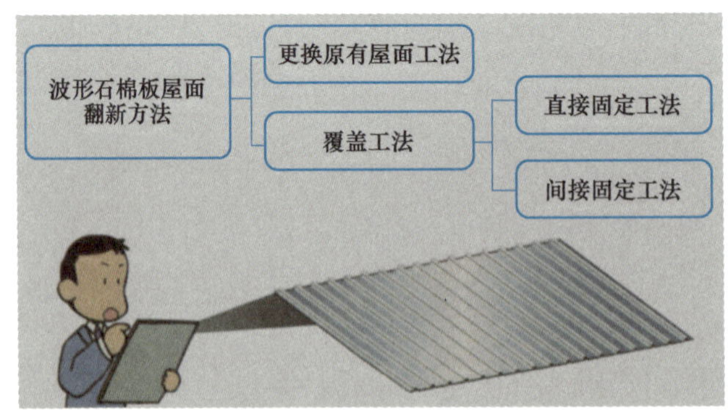

7.2.1.2　更换原有屋面工法

更换原有屋面工法是指拆除原有石棉板屋面，重新铺设金属屋面的工法。石棉板拆除后，需要对废弃的石棉板进行处理（工业废弃物处理）。另外在原有屋面拆除后、新设屋面铺设完成之前的这段期间，除了需要做好防护工作外，有时根据建筑物内部的状况，需要临时停止作业。

7.2.1.3　间接固定工法

间接固定工法是指利用原有的勾头螺栓设置金属基层结构，然后在其上方设置金属屋面板的工法，如照片 7.2.2 所示。原则上不需要在波形石棉板上开新的螺栓孔，基本上不会产生石棉及其他粉尘，不需要担心施工过程中漏雨。因此在建筑物使用过程中也可以进行翻新施工，还可以缩短工期。

另外屋面施工作业的安全措施，有时不用常规的安全网，而是使用安全作业平台，从根本上解决了施工安全问题。

【注意】 对原有勾头螺栓的验算

确定金属连接件的固定间距，保证作用在勾头螺栓上的拉拔力小于原勾头螺栓的允许拉拔承载力（通过承载力调查进行确认）。

7.2.1.4　直接固定工法

直接固定工法是以前常用的方法，即在石棉板屋面上铺一层金属板，直接将其固定在檩条上的方法，如图 7.2.1 所示。

这种方法质量轻（施加在屋面上的荷载约为 6 kg/m²），施加在原有屋面上的荷载小，成本也比较低。施工时需要安全网防护。由于直接在劣化的石棉板上施工，可能出现踩穿石棉板的坠落事故，也会出现建筑内发生粉尘、石棉板片坠落等现象，需要特别注意。

照片 7.2.2　间接固定工法施工

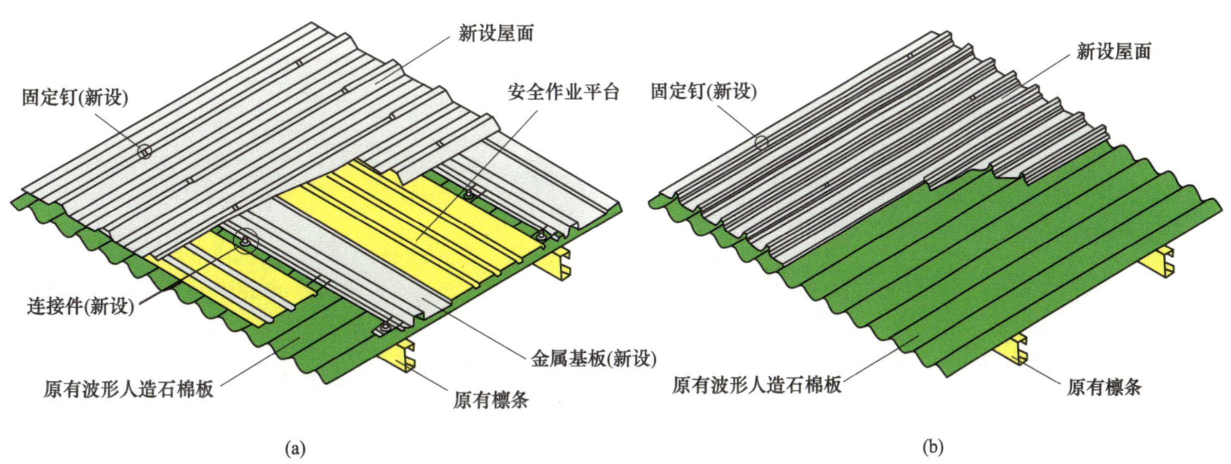

图 7.2.1　间接固定工法和直接固定工法

（a）间接固定工法；（b）直接固定工法

专栏

屋面的重量

金属屋面板厚度为 0.35 mm，约 5.24 kg/m^2。石棉板约 20 kg/m^2。因此即使铺两层，其重量也只有 25.24 kg/m^2，与日本瓦的重量 80 kg/m^{2}比较，不到 1/3。因此不用担心铺两层金属屋面板会造成重量过大的问题。

7.2.2　人造石装饰板

人造石装饰板（见照片 7.2.3）长期在以住宅为主的建筑中广泛使用。经过长年使用的人造石装饰板会出现掉色、因表面长青苔影响建筑外观效果、表面风化和厚度减损引起的裂纹和龟裂等问题。保留原有屋面进行翻新的最佳方法，就是采用金属板覆盖工法，如照片 7.2.4 和照片 7.2.5 所示。

在人造石装饰板（约 20 kg/m^2）上覆盖一层金属屋面板（约 5.24 kg/m^2），可在不增加结构负荷的状态下完成翻新改造工程，如图 7.2.2 所示。

根据日本石棉协会 2003 年 12 月 1 日公布的资料，共供应了 7.6 亿平方米的石棉装饰板屋面

照片 7.2.3　人造石装饰板屋面

照片 7.2.4 人造石装饰板屋面的翻新改造

照片 7.2.5 人造石装饰板屋面的翻新改造

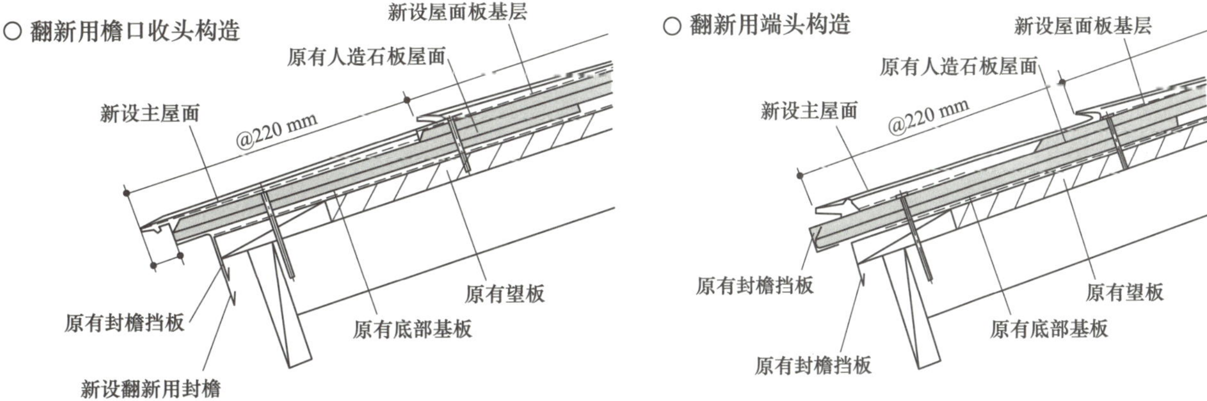

图 7.2.2 人造石装饰板的改造（檐口端部）

7.2.3 覆盖工法的优点

覆盖工法有以下优点。

(1) 形成双层屋面有利于防雨。

(2) 更加美观，可以提升建筑物、企业的形象。

(3) 通过增加环境功能（采光、隔热、绝热、通风、太阳能发电等），可以降低能量，减少二氧化碳排放。

（4）通过提高隔热性能和绝热性能，改善劳动环境和居住环境。

（5）防止原有波纹石棉板的持续劣化，延长建筑物的使用寿命。

（6）不需要拆除原有波纹石棉板，屋面翻修工程基本上不产生工业废弃物处理费。

（7）与更换屋面工法比较，可以缩短工期。另外，在有些条件下可以在内部施工。采用间接固定工法时，施工作业更加安全。

（8）因为屋面上可以走人，提高了将来的维修性。

7.2.4　石棉板屋面翻新改造中的防石棉污染对策

2004 年以后生产的石棉板类产品不含石棉，而以前的产品含有非飞溅性石棉。一般认为，含非飞溅性石棉制品与含有石棉的喷涂涂料、含有石棉的隔热材料比较，在翻新、拆除工程中石棉飞散的程度小。为了防止翻新、拆除工程中石棉粉尘对作业人员的健康及周边环境的影响，必须遵守《劳动安全卫生法》《石棉障害预防规则》（2005 年 7 月 1 日施行），以及《大气污染防止法》。

在《石棉障害预防规则》中，要求在石棉板翻新改造中拆除含有石棉的成型板时，应按照作业类别“水准 3”采取措施。其中的要点如下：

（1）事前制定防止和控制石棉粉尘飞散的方法，以及预防施工人员暴露在石棉粉尘环境中的具体措施；

（2）挑选石棉作业负责人，对作业人员进行专业培训；

（3）按照作业类别“水准 3”的规定佩戴防尘口罩，换作业工服；

（4）切割石棉板时，除了需要洒水降尘外，还需要采取其他防止石棉粉尘飞溅的措施；

（5）禁止非相关人员进入作业现场；

（6）委托专业单位将拆除的石棉板垃圾按照工业废弃物送到稳定型垃圾处理厂进行处理。

有些地区对于防止石棉污染有特别的规定，施工时应同时遵守各地方条例或手册。另外，在对石棉板进行高压清洁时可能造成石棉的飞散，应特别引起重视。

本协会发布了《石棉板翻新时的防止石棉污染对策（修订版 2007 年 5 月 30 日）》，以推动满足上述规则的安全对策的实施。

7.3 屋面排水天沟翻新改造

7.3.1 檐沟的翻新改造

7.3.1.1 氯乙烯檐沟的拆除改造

一般情况下，氯乙烯塑料檐沟比屋面更早发生劣化。因此，在翻新改造屋面的同时更换氯乙烯檐沟的情况较多。檐沟的更替一般与新安装差别不大，但是檐沟的位置应根据重新铺设屋面或覆盖屋面的屋檐的挑出情况决定。应根据是否更换檐沟决定檐沟的材料、连接位置和安装方法。

7.3.1.2 金属类檐沟的拆除与更换

原则上与氯乙烯檐沟的拆除改造采用同样的方法。但需要特别注意的是，在鉴定检查项目中应特别关注吊挂檐沟的金属配件是否生锈，其生锈程度是决定是否更换的主要依据。

7.3.1.3 直接利用原有檐沟时

当对氯乙烯檐沟改造不久或原金属类檐沟质量完好，或者因为邻地或道路等关系无法设置临时脚手架等情况时，有时不进行檐沟和竖管的改造。此时瓦楞板、纵横铺板、横铺板以及梯形波钢板的细部构造是不同的。

（1）瓦楞板、纵横铺板和横铺板时。在有望板的屋面构造中，原有檐沟是固定在檐头的幕板上。所以新设出挑和原有出挑没有差别。因此，施工时新设出挑的位置应该能够保证雨水流入原有的檐沟中。

（2）铺梯形波钢板时。梯形波钢板的檐沟直接吊在梯形波钢板的下方，当直接使用原有檐沟时，原有檐口不变（见图 7.3.1），新设的覆盖梯形波钢板的檐口应比原有檐口短，如照片 7.3.1 所示。

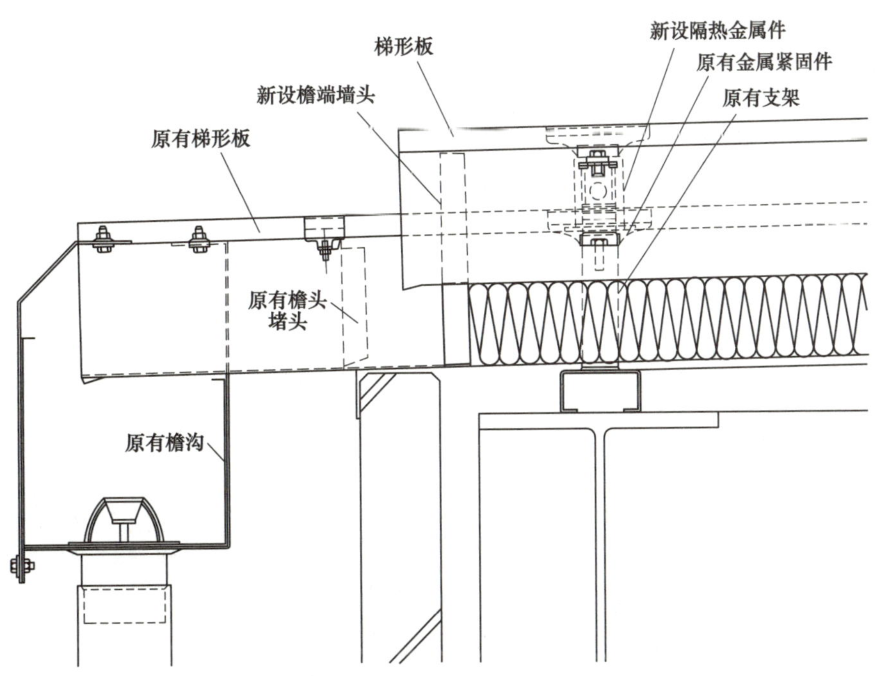

图 7.3.1 采用梯形波钢板覆盖工法，利用原有檐沟

照片 7.3.1　采用梯形板覆盖比原板短

7.3.2　天沟的翻新改造

7.3.2.1　对金属类天沟的覆盖翻新

建筑物在使用状态下进行覆盖翻新改造时，拆除原有天沟后更换的方法几乎不可能。因此，一般采用用新天沟覆盖原天沟的方法，如照片 7.3.2~照片 7.3.5 所示。

照片 7.3.2　瓦楞板翻新时的天沟覆盖

照片 7.3.3　设置覆盖天沟①

照片 7.3.4　设置覆盖天沟②

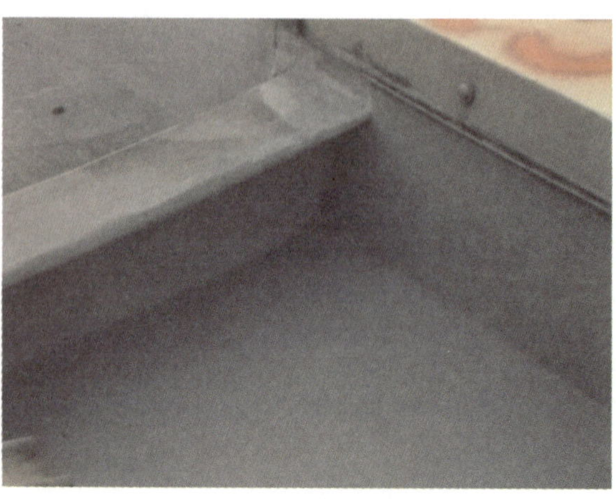

照片 7.3.5　天沟的伸缩缝

（1）瓦楞板、纵横铺板和横铺板时。新设天沟时，如果原有包檐板等构成障碍，应予以拆除。然后清扫原有天沟并检查是否有锈蚀现象。当有锈蚀时应与屋面板材一样，先进行除锈防锈处理。

（2）铺梯形波钢板时。当为梯形波钢板时，为了防止雨水从檐头吹入，一般檐口的挑出长度较大。如照片 7.3.6 所示，有时必须截断原有梯形波钢板（见照片 7.3.7），否则无法安装新设天沟。在事前调查时，充分了解檐头和天沟的覆盖长度是非常重要的。

一般情况下，新设天沟的宽度不能大于原有天沟的宽度。为了保证天沟宽度，有时必须切断梯形波钢板。

照片 7.3.6　原有梯形波钢板的檐端切断

照片 7.3.7　在原有梯形波钢板上标出切断位置

7.3.2.2　对金属类天沟的拆除替换

拆除金属类天沟主要适用于室内用途变更等大范围的翻新改造工程，一般室内也会重新装修。

当原有天沟形状、设置位置、规格等发生变更时，应对现场的实际情况进行详细调查后重新设计，如照片 7.3.8 和照片 7.3.9 所示。近年来由于地球气候变暖，各区域的最大降雨量发生变化。当需要重新计算排水量验算原有天沟的截面尺寸时（为了确保安全），应利用协会计算软件，便于安全地验算雨量。

照片 7.3.8　檐端切断后的状态

照片 7.3.9　加工天沟

7.4 混凝土（RC）墙、加气混凝土（ALC）墙和灰浆墙的翻新工程

混凝土（钢筋混凝土）和轻质混凝土等通过水泥的水化反应发生固化现象的烧窑类材料的表层，在风雨、海盐、日照、冻融等环境作用下劣化逐渐发展烧制类材料的劣化例子如照片 7.4.1 所示。

为了抑制这种劣化的发展，延长建筑物使用寿命并考虑对环境的影响，《金属钣金对混凝土和轻质混凝土的覆盖工法》近年来受到关注。以下是对混凝土结构的学校建筑的翻新改造事例。

干燥收缩裂缝

冻害引起的剥离和裂缝

盐害引起的钢筋腐蚀

照片 7.4.1 烧制类材料的劣化例子

专栏

北海道黑松内町立黑松内小学的翻新事例

采用翻新而不是改建的理由

经过对改建和翻新两种方案综合比较后认为，翻新改造可以保证学校现有的规模，可以减少事业支出费用，最终决定选择翻新改造方案。

提高建筑物耐久性的翻新改造

（1）防止混凝土碳化措施和防止钢筋锈蚀对策。翻新改造时，混凝土的碳化和钢筋的腐蚀尚未达到需要采取措施的程度。本次翻新在建筑主体外做了一层外装材料，可防止混凝土受风雨侵袭，对混凝土的碳化和钢筋腐蚀的发展有一定的保护作用。

（2）使用耐久性好的材料。外装材料和屋面材料采用具有耐候性的镀铝锌钢板。

通过生态翻新改造营造舒适环境

外装、屋面上采取外隔热。

由文学科学省提供

7.4.1　RC、ALC 外墙的翻新改造

对轻质混凝土外墙的改造有两种连接方法：一种是在原有轻质混凝土上开孔，将连接件直接固定在主结构（结构梁）上的方法；另一种是用后锚固锚栓将连接角钢固定在原轻质混凝土板上，然后横向设置通长角钢的连接方法，如图 7.4.1 所示。前一种方法施加在原轻质混凝土外墙上的荷载较小，翻新改造基本不受外墙劣化状态的影响。第二种方法必须在事前对原有 ALC 板上的后锚固锚栓的拉拔强度进行确认。如果因原轻质混凝土板的劣化造成锚栓达不到预期强度时，需要采取增加螺栓数量等措施。

对钢筋混凝土外墙的改造一般采用的方法，主要是用后锚固锚栓将连接角钢固定在原混凝土板上，然后横向设置通长角钢。此时与轻质混凝土外墙的改造一样，也必须事前对混凝土墙板上的后锚固锚栓的拉拔强度进行确认。

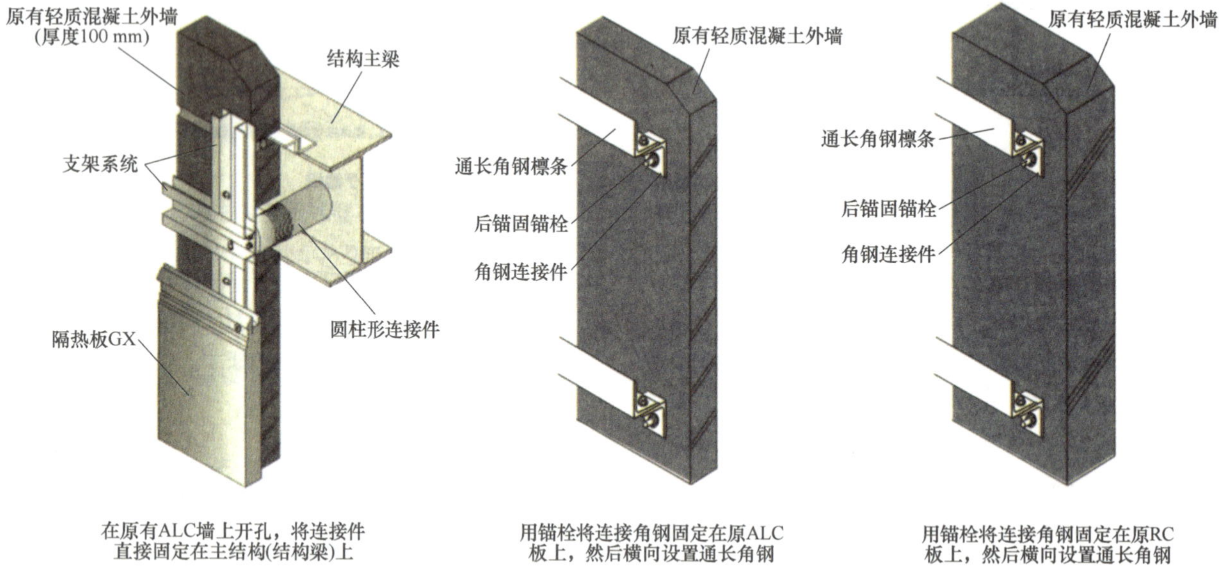

图 7.4.1　钢筋混凝土、轻质混凝土外墙的翻新改造方法

直接利用 RC 墙体和 ALC 板用锚栓连接时，一般的做法是将通长角钢和角钢连接件用螺栓固定，为防止螺母松弛或错位还需要施焊。近年来开发出了不需要焊接的安装檩条的连接件，如图 7.4.2 所示。

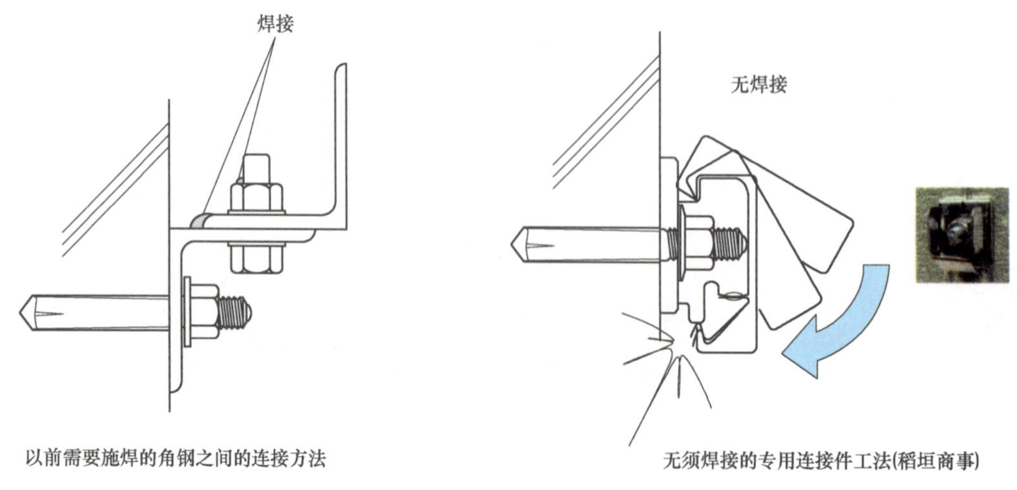

图 7.4.2　用后锚固锚栓连接的例子

直接在 ALC 板上设置后锚固锚栓时，必须确认轻质混凝土板的摇摆适应性。钢结构与钢筋混凝土结构不同，由于地震时层间位移角大，轻质混凝土板因其连接件为摇摆结构可以转动，能够适应主体结构的层间位移。轻质混凝土板的摇摆结构如图 7.4.3 所示。图中，b/a 值为层间位移角，用 1/200、1/300 等表示。

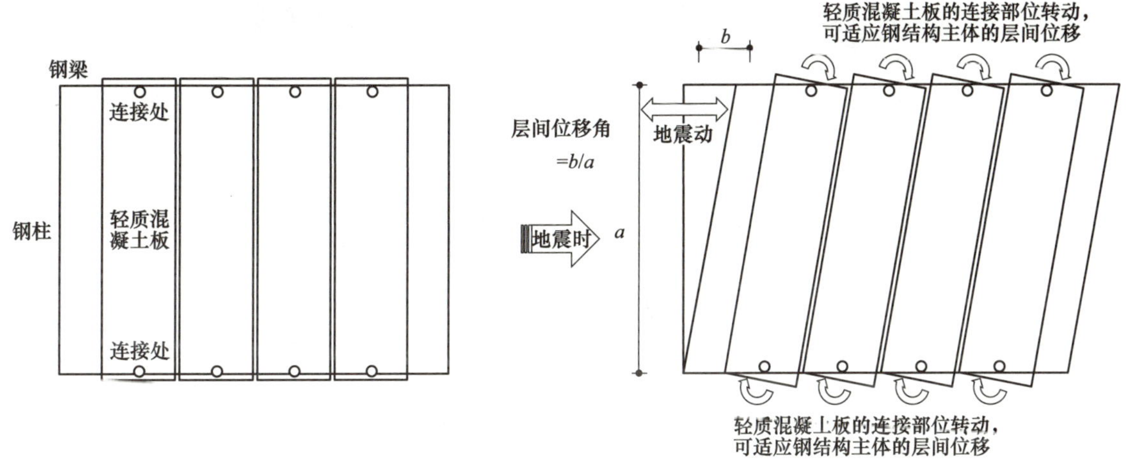

图 7.4.3 地震时适应主体钢结构层间位移的轻质混凝土板的摇摆结构

直接在轻质混凝土板上设置后锚固锚栓，当轻质混凝土板为摇摆结构时，如图 7.4.4 所示，有可能使后锚固锚栓发生强迫转动变形，或者使外墙檩条构件等发生强迫扭曲变形。针对这种由轻质混凝土板的摇摆特性引起的强迫变形特点，应事先对锚栓的强度和檩条构件是否会出现问题进行研究。

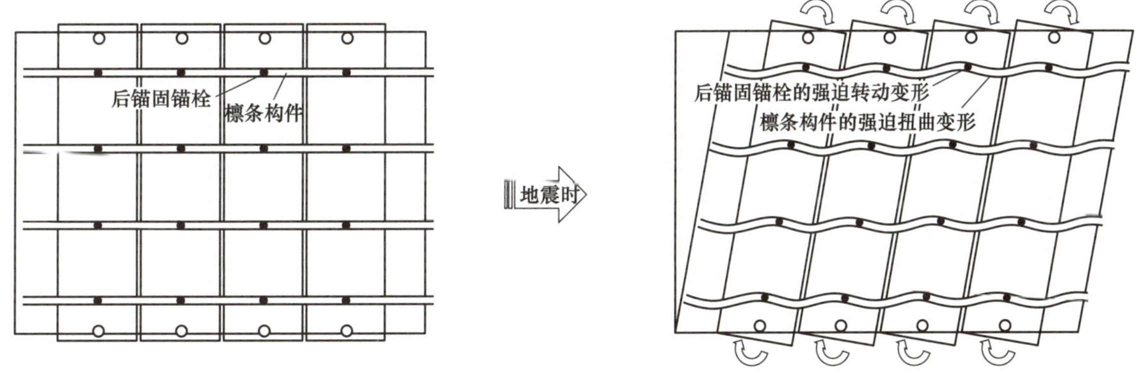

图 7.4.4 轻质混凝土板的摇摆特性引起的锚栓、檩条构件的强迫变形

7.4.2 混凝土屋面（防水）的翻新改造

钢筋混凝土的带坡度屋面的翻新改造方法有用轻质金属板覆盖的方法和更换的方法等，如照片 7.4.2 所示。既有混凝土屋面上有檩条等基层檩条且在翻新工程中可以利用时，则可以继续利用其固定新铺设的屋面材料。当需要植筋锚固时，应事前确认锚栓的拉拔强度。

钢筋混凝土平屋面的翻新改造方法，通常采用重新涂刷聚氨酯涂层（涂膜）或树脂布防水等防水外露的方法。近年来开发出了金属等防水材料，以及在金属不燃材料上覆盖一层热溶层的方法。这是事先在镀锌钢板上热溶一层防水树脂膜等材料的钢板。金属防水工法的例子如照片 7.4.2 所示。

照片 7.4.2　采用金属防水工法的混凝土平屋面翻新改造事例

7.4.3　灰浆墙的翻新改造

对木结构住宅等的灰浆外墙的翻新改造可采用外贴一层金属装饰板的方法。这是在砂浆墙上铺设一层透气檩条以固定金属装饰板的方法。日本金属装饰板工业协会制定的标准中，檩条材质为木材，厚度 15 mm 以下，对于被固定构件具有足够的承载力。墙檩的标准宽度一般部位为 45 mm 左右，基础部位、连接部位、檐口下方、开口周边等约为 90 mm。连接固定件推荐用木螺钉，木檩条的间距不大于 500 mm，如图 7.4.5 所示。

竖向檩条
(金属装饰板横铺)

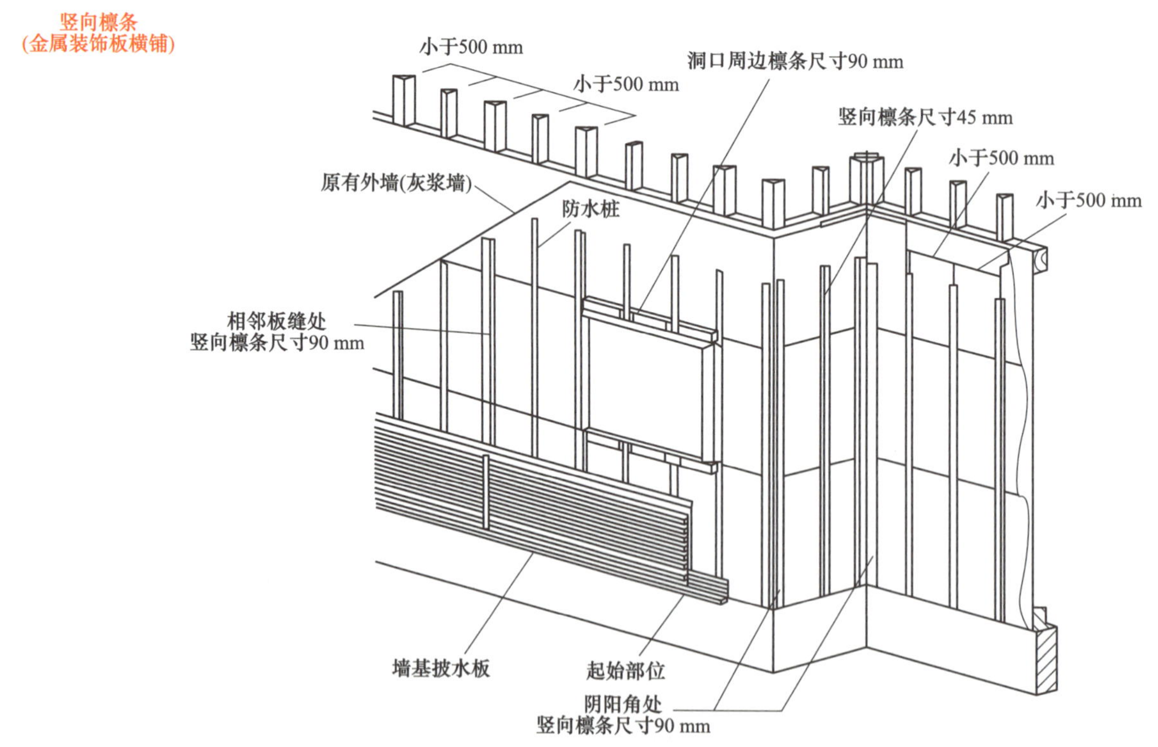

图 7.4.5　金属装饰板横铺时檩条布置示例

另外，原有灰浆外墙的檩条系统中，固定檩条的木螺钉的拉拔强度应为 1000 N/根以上。当拉拔承载力不足时，应对基层采取适当的加强措施。可以用图 7.4.6 所示的方法确认螺钉的承载力。

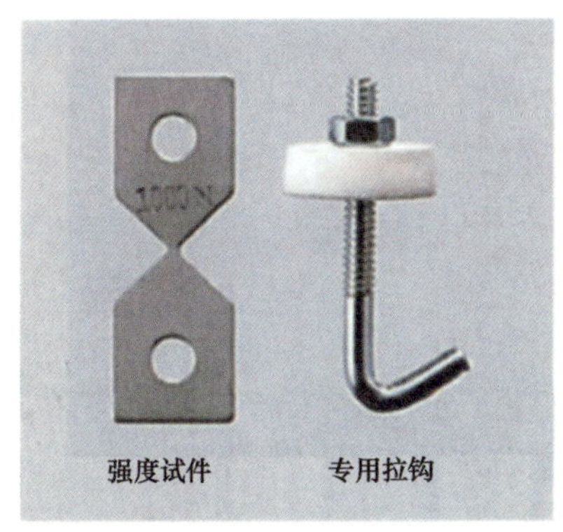

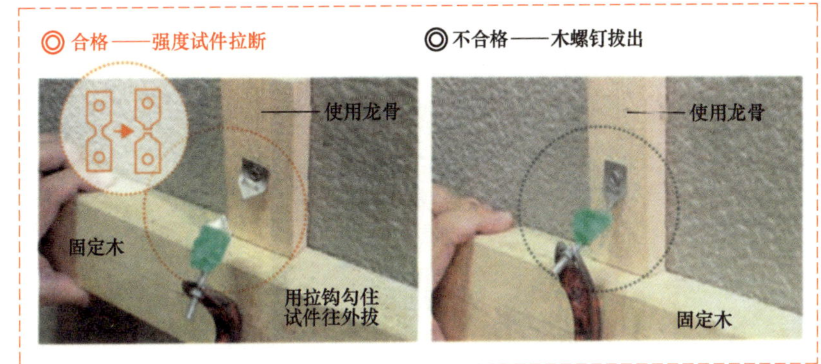

图 7.4.6 用强度试件确认承载力的例子

第 8 章

计算和验算

在《屋面验算》软件中，只要输入需要的数值就可以自动得出最终结果。因此，在设计中很难了解计算的含义和过程。本章通过具体的例子讲解计算的过程，其中大部分计算可通过电脑实现。

8.1 计算外力（风荷载和雪荷载）

计算下图所示建筑物的风荷载和雪荷载。

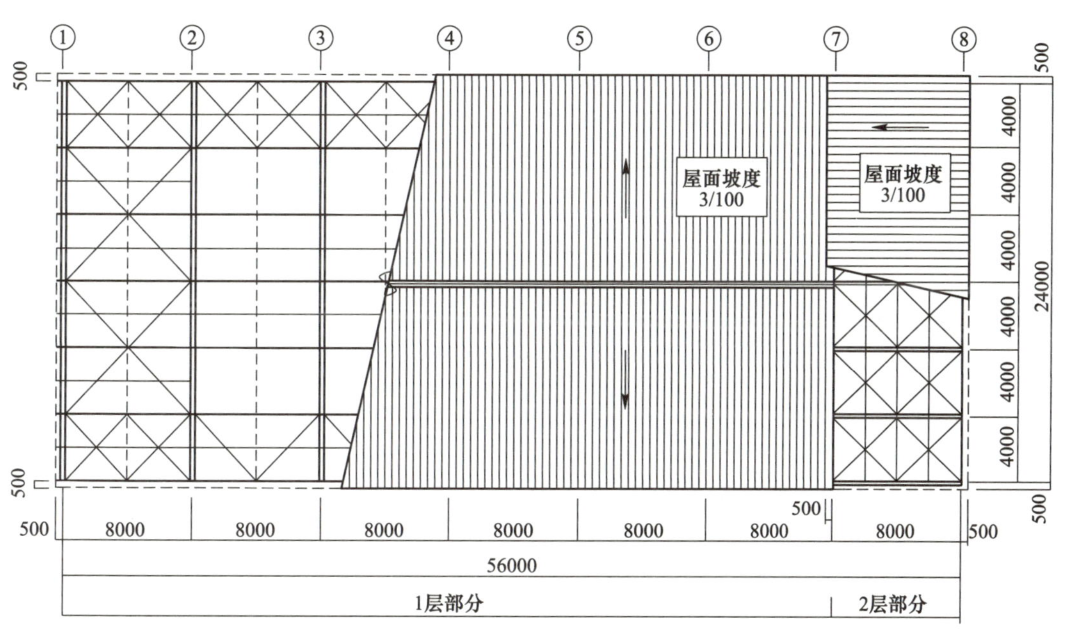

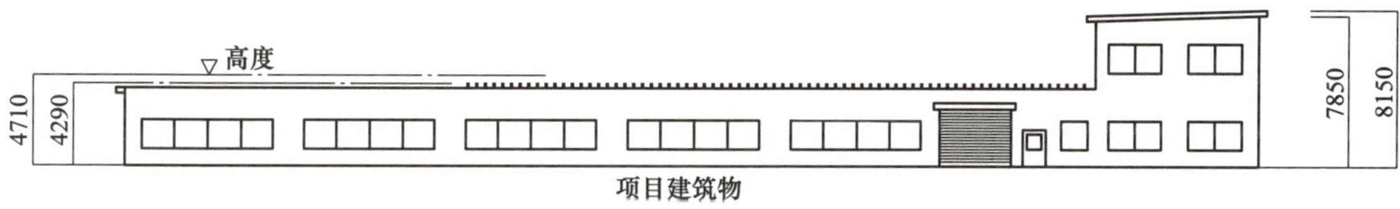

项目建筑物

建筑物概要	
建筑物概要	千叶县千叶市 城市规划区域内
建筑类别	工厂，一般办公楼（封闭式建筑）
主体结构	钢结构单层建筑（工厂），局部二层（办公楼）
规　模	56 m×24 m；檐口高度：一层 4.29 m，二层 7.85 m
屋　面	一层双坡屋面，单层扣合梯形波钢板；二层单坡屋面，二层扣合板
外　墙	梯形波钢板 檩条：C-100×50×20×2.3

建筑场地条件		
最深积雪量	一般区域 30 cm	由千叶市政府确定
标准风速	36 m/s	2000 年建设省告示第 1454 号
地表面粗糙度类别	Ⅲ	在 2000 年建设省告示第 1454 号中，只要输入建设地址，利用《屋面验算》可自动输出

8.1.1　计算积雪荷载

$S = d \times \rho \times \mu b \times X$		
S	积雪荷载（N/m^2）	
d	积雪厚度（cm）	30 cm
ρ	积雪的单位荷载（$N/m^2/cm$）	20 $N/m^2/cm$ 一般区域
μb	屋面的形状系数	屋面斜率 3/100→1
	$\mu b = \sqrt{\cos(1.5\beta)}$ β：屋面斜率(度) $\beta = \tan^{-1}(a/100) = \tan^{-1}(3/100) = 1.72$ 度 $\mu b = \sqrt{\cos(1.5 \times 1.72)} = 0.9995 \rightarrow$ 取 1	
X	调整系数	考虑不均匀分布系数取 1.2
$S = 30 \times 20 \times 1 \times 1.2 = 720\ N/m^2$		

8.1.2　计算风荷载

各计算结果整理如下。

$W = \bar{q} \cdot \hat{C}_f$				
W	风荷载（N/m^2），建筑基准法中的“风压力”			
$\bar{q}$	平均风压（N/m^2） 原文公式 $\bar{q} = 0.6E_r^2V_0^2$ E_r：高度方向的平均风速分布系数，根据地面粗糙度类别划分； V_0：该地区的标准风速，m/s			
	对应于地面粗糙度类别的平均风压		《屋面验算》中的简算公式	
	Ⅰ	$\bar{q}_{\text{I}} = 0.6\left[1.7\left(\frac{H}{250}\right)^{0.1}\right]^2 V_0^2$	$= 0.58 \times H^{0.2} \times V_0^2$	H：建筑物高度与檐口高度的平均值，m，当 5 m 以下时取 5 m。 V_0：该地区的标准风速，m/s
	Ⅱ	$\bar{q}_{\text{II}} = 0.6\left[1.7\left(\frac{H}{350}\right)^{0.15}\right]^2 V_0^2$	$= 0.30 \times H^{0.3} \times V_0^2$	
	Ⅲ	$\bar{q}_{\text{III}} = 0.6\left[1.7\left(\frac{H}{450}\right)^{0.2}\right]^2 V_0^2$	$= 0.151 \times H^{0.4} \times V_0^2$	
$\hat{C}_f$	峰值风压系数（峰值外压系数，峰值内压系数）			

（1）计算平均风速和风压。

地面粗糙度类别Ⅲ		$\bar{q} = 0.151 \times H^{0.4} \times V_0^2$
$\bar{q}$	平均风压/($N \cdot m^{-2}$)	
H	建筑物高度与檐口高度的平均值/m	8
V_0	该地区的标准风速/($m \cdot s^{-1}$)	36
$\bar{q} = 0.151 \times 8^{0.4} \times 36^2 = 450\ N/m^2$		

（2）峰值风压系数。

按照 2000 年建设省告示第 1458 号进行计算。在《屋面验算》中通过自动计算获得。

峰值风压系数的计算条件	
建筑物	封闭型
屋面形状	双坡屋面，单坡屋面
屋面坡度	1.72°
a'：周边区域宽度	16 m　（=8×2） 建筑短边长度（24 m）和建筑高度（8 m）的 2 倍数值中的较小值 30 m 以上时取 30

峰值风压系数（峰值外压系数和内压系数）

由于封闭型建筑的峰值内压系数为 0，因此负峰值风压系数与负峰值外压系数相同

屋面、外墙负峰值外压系数					
θ		10°以下	20°	30°以下	外墙
	中部区域	-2.5	-2.5	-2.5	-1.8
	周边区域	-3.2	-3.2	-3.2	-2.2
	角部区域	-4.3	-3.2	-3.2	—
	屋脊端部	-3.2	-5.4	-3.2	—

该表中所示各区域如下图所示。表中未列出的 θ 值的峰值风压系数用表中所列数值通过插值计算得出。θ 小于 10°的双坡屋面采用单坡屋面的数值

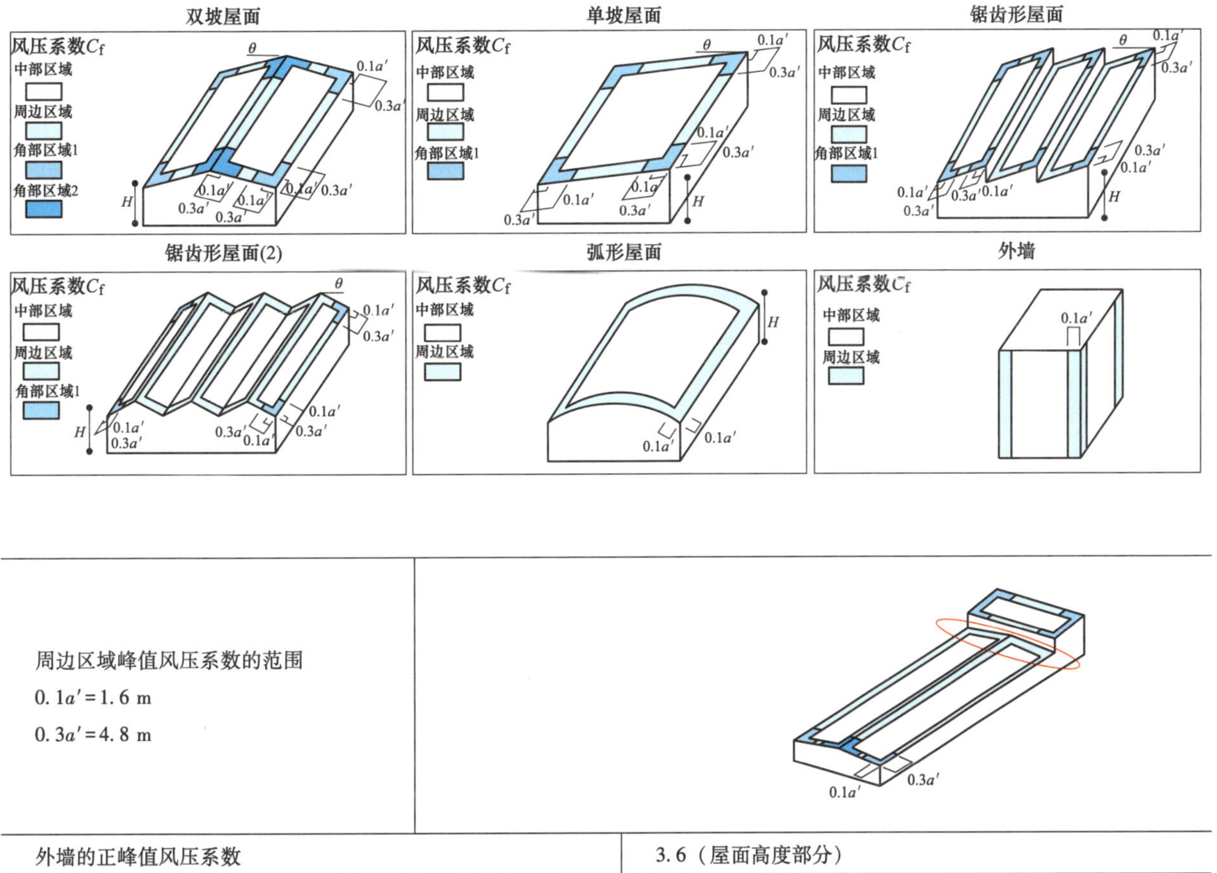

周边区域峰值风压系数的范围 $0.1a'=1.6$ m $0.3a'=4.8$ m	
外墙的正峰值风压系数	3.6（屋面高度部分）

注：在《屋面验算》一软件中，一般部位用中央部位表示。

（3）计算风荷载。

$$W = \bar{q} \cdot \hat{C}_f (N/m^2)$$

屋面负压		平均风压/$(N \cdot m^{-2})$	峰值风压系数	风荷载
	中部区域	450	-2. 5	-1125
	周边区域		-3. 2	-1140
	角部区域		-4. 3	-1935
	屋脊端部		-3. 2	-1140
挑檐部位-4. 3-3. 6=-7. 9①			-7. 9	-3555
外墙的负压			峰值风压系数	风荷载
	中部区域		-1. 8	-810
	周边区域		-2. 2	-990
外墙的正压			峰值风压系数	风荷载
			3. 6	1620

① 挑檐峰值风力系数=屋顶的负峰值外压系数-墙壁的正峰值外压系数。

8.2 验算屋面和外墙的强度

用截面性能和连接部位的允许承载力等对梯形波钢板进行验算，用SSW 2011规程（标准规格选用法）对外墙进行验算。

8.2.1 使用材料

8.2.1.1 屋面板材料

梯形波钢板的规格和截面性能

梯形波钢板	板厚	单位重量	截面性能	
扣合形 G1950	mm	N/m²	正方向	负方向
波峰间距 = 500 mm 波高 = 210 mm	0.8	120	Ix(cm⁴ · m⁻¹)	
			763	517
			Zx(cm³ · m⁻¹)	
			63.9	49.2

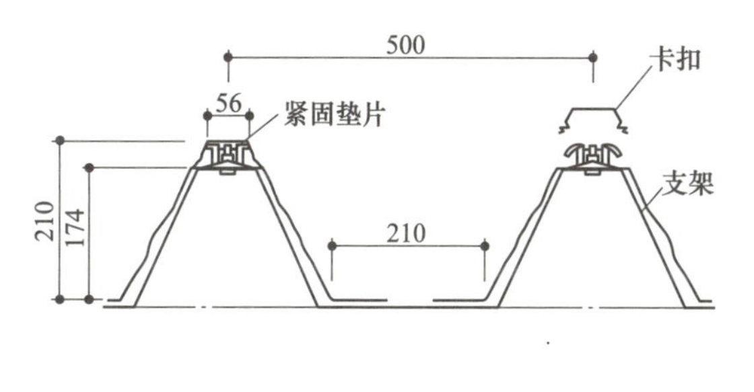

支架等的规格及连接的允许承载力

项目		规格尺寸	
支架（厂房）		t 3.2×w 50	210×500×2 峰
支架（办公）		t 2.3×w 45	170×500×2 峰
支架的焊缝长度		2 cm/1 处	
连接部位的允许承载力	支架	拉力/N	压力/N
		7500	14900
	梯形波钢板及固定金属件	拉力/N	
		4210	
	绝热金属件	拉力/N	压力/N
		4850	14250

8.2.1.2 外墙板

确认是否适用SSW 2011规程。

材料种类	材料（制品）名称	JIS 标准等	尺寸、形状及其他规格		是否适用 SSW 2011 规程
外墙材料	梯形波钢板	JIS G3322（烤漆热浸55%铝-锌合金镀层钢板）中规定的 CGLCC	连接方法	搭接型	适用
			厚度	0.5 mm	
			截面	梯形波纹压型板	
			波高	16 mm	
			波谷间距	133.3 mm	
			有效宽度	800 mm	
固定用配件	螺钉	JIS B1124（带螺纹牙的自攻螺钉）中规定的螺钉	头部形状	六角	适用
			公称直径	5 mm	
			其他	无垫片、衬垫	

续表

材料种类	材料（制品）名称	JIS 标准等	尺寸、形状及其他规格	是否适用 SSW 2011 规程
基层材料（檩条）	钢檩条	JIS G3350（一般结构用轻型型钢）中规定的带肋槽钢	C-100×50×20×2.3	适用

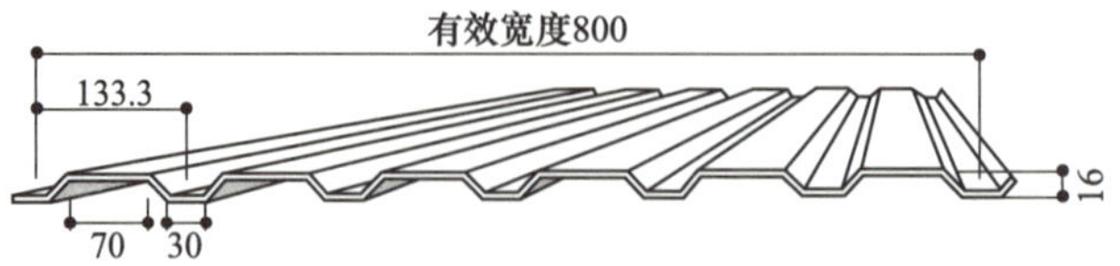

8.2.2　验算雪荷载

8.2.2.1　梯形波钢板（连续梁）

（1）计算公式。

进行以下①和②的验算，取两者中的较小值作为允许荷载。	
①挠度计算公式	$\delta = \frac{3Wl^4}{384EI} \leqslant \frac{l}{300}$ 代入数值简化为 $W_i \leqslant \frac{878I}{l^3}$
②弯矩计算公式	$M = \frac{Wl^2}{8}\frac{M}{Z} \leqslant f_c$ 代入数值简化为 $W_m \leqslant \frac{1097Z}{l^2}$

计算条件	
梯形波纹压型板	扣合型
材质	钢板
板厚	0.8 mm
支座间距，一般区域	4 m
支座间距，周边区域等	2 m
截面性能 $I/(cm^4 \cdot m^{-1})$	517①
截面性能 $Z/(cm^3 \cdot m^{-1})$	49.2①

①从安全角度考虑，截面性能取较小值。

δ	挠度
W	梯形波钢板的允许荷载，N/m^2
l	跨度，m
E	弹性模量 2058×10^8，N/m^2
I	截面惯性矩，(cm^4/m) 10^{-8} (m^4/m)
W_i	由挠度计算的允许荷载，N/m^2
M	弯矩
Z	截面模量，(cm^3/m) 10^{-6} (m^3/m)
f_c	梯形波钢板的允许应力，长期短期均为 137.2×10^6 N/m^2
W_m	由弯矩计算的允许荷载，N/m^2

（2）计算（连续梁）。

1）一般区域。

□　用挠度验算 $W_i \leqslant \frac{878I}{l^3} = \frac{878\times517}{4^3} = 7092.49\ N/m^2$

□　用弯矩验算 $W_m \leqslant \frac{1097Z}{l^2} = \frac{1097\times49.2}{4^2} = 3373.28\ N/m^2$

取两者中的较小值，即 $3373.28\ N/m^2$。

2）周边区域。

□ 用挠度验算 $W_i \leqslant \frac{878I}{l^3} = \frac{878 \times 517}{2^3} = 56740.75\ \text{N/m}^2$

□ 用弯矩验算 $W_m \leqslant \frac{1097Z}{l^2} = \frac{1097 \times 49.2}{2^2} = 13493.10\ \text{N/m}^2$

取两者中的较小值，即 13493.10 N/m^2。

计算结果如下。

部位	积雪荷载 *S*	判断	梯形波纹板强度 *W*	结果
一般区域	720 N/m^2	<	3373 N/m^2	OK
周边区域		<	13493 N/m^2	OK

8.2.2.2 梯形波钢板（挑檐）

（1）计算公式。

进行以下①和②的验算，取两者中的较小值作为允许荷载。	
①挠度计算公式	$\delta = \frac{Wl^4}{8EI} \leqslant \frac{l}{200}$ 代入数值简化为 $W_i \leqslant \frac{82I}{l^3}$
②弯矩计算公式	$M = \frac{Wl^2}{2}\ \frac{M}{Z} \leqslant f_c$ 代入数值简化为 $W_m \leqslant \frac{274Z}{l^2}$

计算条件	
梯形波钢板形式	扣合型
材质	钢板
板厚	0.8 mm
悬挑长度	0.5 m
截面性能 I ($\text{cm}^4 \cdot \text{m}$)	517→258.5①
截面性能 Z (cm^3/m)	49.2→24.6①

① 考虑檐端截面的变形和连续性的中断，截面性能值取 1/2。

δ	挠度
W	梯形波钢板的允许荷载，N/m^2
l	跨度，m
E	弹性模量 2058×10^8，N/m^2
I	截面惯性矩，(cm^4/m) 10^{-8} (m^4/m)
W_i	由挠度计算的允许荷载，N/m^2
M	弯矩
Z	截面模量，(cm^3/m) 10^{-6} (m^3/m)
f_c	梯形波钢板的允许应力，长期短期均为 $137.2 \times 10^6\ \text{N/m}^2$
W_m	由弯矩计算的允许荷载，N/m^2

（2）计算（悬臂梁）。

1）用挠度验算 $W_t \leqslant \frac{82I}{l^3} = \frac{82 \times 258.5}{0.5^3} = 169576.00\ \text{N/m}^2$

2）用弯矩验算 $W_m \leqslant \frac{274Z}{l^2} = \frac{274 \times 24.6}{0.5^2} = 26961.60\ \text{N/m}^2$

取两者中的较小值，即 26961.60 N/m^2。

计算结果如下。

部位	积雪荷载 *S*	判断	梯形波钢板强度 *W*	结果
悬挑部位	720 N/m^2	<	26961 N/m^2	OK

8.2.2.3 连接件

（1）计算公式。对受压允许承载力最小的绝热金属件验算。

对多跨连续梁进行验算	
①2 跨连续梁	$W_t \leqslant \frac{P_\alpha}{1.25 \times l \times b}$
②多跨连续梁	$W_t \leqslant \frac{P_\alpha}{1.15 \times l \times b}$

计算条件	
梯形波钢板形式	扣合型
材质	钢板
板厚	0.8 mm
支座间距，一般区域	4 m
支座间距，周边区域等	2 m
梯形波钢板的波峰间距	0.5 m
绝热金属件的允许承载力	14250 N/根

W_t	连接构件的允许荷载均布荷载，N/m^2
P_α	连接构件的允许强度，N/根
l	跨度，m
b	梯形波钢板的波峰间距，m

（2）计算（连续梁）。

1）一般区域。

$$W_i \leqslant \frac{P_a}{1.15 \times l \times b} = \frac{14250}{1.15 \times 4 \times 0.5} = 6195.65\ \mathrm{N/m^2}$$

2）周边区域。

$$W_t \leqslant \frac{P_a}{1.15 \times l \times b} = \frac{14250}{1.15 \times 2 \times 0.5} = 12391.30\ \mathrm{N/m^2}$$

计算结果如下。

部位	积雪荷载 S	判断	连接部件强度 W_t	结果
一般区域	$720\ \mathrm{N/m^2}$	<	$6195\ \mathrm{N/m^2}$	OK
周边区域		<	$12391\ \mathrm{N/m^2}$	OK

8.2.3 验算风荷载

8.2.3.1 梯形波钢板（连续梁）

（1）计算公式。

进行以下①和②的验算，取两者中的较小值作为允许荷载。	
①挠度计算公式	$\delta = \frac{3Wl^4}{384EI} \leqslant \frac{l}{300}$ 代入数值简化为 $W_i \leqslant \frac{878I}{l^3}$
②弯矩计算公式	$M = \frac{Wl^2}{8}\ \frac{M}{Z} \leqslant f_c$ 代入数值简化为 $W_m \leqslant \frac{1097Z}{l^2}$

计算条件	
梯形波钢板形式	扣合型
材质	钢板
板厚	0.8 mm
支座间距，一般区域	4 m
支座间距，周边区域等	2 m
截面性能 $I/(cm^4 \cdot m^{-1})$	517
截面性能 $Z/(cm^3 \cdot m^{-1})$	49.2

δ	挠度
W	梯形波钢板的允许荷载，N/m^2
l	跨度，m
E	弹性模量 2058×10^8，N/m^2
I	截面惯性矩，(cm^4/m) 10^{-8} (m^4/m)
W_i	由挠度计算的允许荷载，N/m^2
M	弯矩
Z	截面模量，(cm^3/m) 10^{-6} (m^3/m)
f_c	梯形波钢板的允许应力，长期短期均为 137.2×10^6 N/m^2
W_m	由弯矩计算的允许荷载，N/m^2

（2）计算（连续梁）。

1）一般区域。

□ 用挠度验算 $W_i \leqslant \dfrac{878I}{l^3} = \dfrac{878\times517}{4^2} = 7092.49\ N/m^2$

□ 用弯矩验算 $W_m \leqslant \dfrac{1097Z}{l^2} = \dfrac{1097\times49.2}{4^2} = 3373.28\ N/m^2$

取两者中的较小值，即 3373.28 N/m^2。

2）周边区域。

□ 用挠度验算 $W_i \leqslant \dfrac{878I}{l^3} = \dfrac{878\times517}{2^3} = 56740.75\ N/m^2$

□ 用弯矩验算 $W_m \leqslant \dfrac{1097Z}{l^2} = \dfrac{1097\times49.2}{2^2} = 13493.10\ N/m^2$

取两者中的较小值，即 13493.10 N/m^2。

计算结果如下。

部位		风荷载 W	判断	梯形波钢板强度 W_m	结果
	一般区域	1125 N/m^2	<	3373 N/m^2	OK
	周边区域	1140 N/m^2	<	13493 N/m^2	OK
	角部区域	1935 N/m^2	<		OK
	屋脊端部	1140 N/m^2	<		OK

8.2.3.2 梯形波钢板（挑檐）

（1）计算公式。

进行以下①和②的验算，取两者中的较小值作为允许荷载。	
①挠度计算公式	$\delta = \dfrac{Wl^4}{8EI} \leqslant \dfrac{l}{200}$ 代入数值简化为 $W_i \leqslant \dfrac{82I}{l^3}$
②弯矩计算公式	$M = \dfrac{Wl^2}{2}\ \dfrac{M}{Z} \leqslant f_c$ 代入数值简化为 $W_m \leqslant \dfrac{274Z}{l^2}$

计算条件	
梯形波钢板形式	扣合型
材质	钢板
板厚	0.8 mm
悬挑长度	0.5 m
截面性能 $I\,(cm^4 \cdot m^{-1})$	517→258.5①
截面性能 $Z\,(cm^3 \cdot m^{-1})$	49.2→24.6①

①考虑檐端截面的变形和连续性的中断，截面性能值取 1/2。

δ	挠度
W	梯形波钢板的允许荷载，N/m^2
l	跨度，m
E	弹性模量 2058×10^8，N/m^2
I	截面惯性矩，(cm^4/m) 10^{-8} (m^4/m)
W_i	由挠度计算的允许荷载，N/m^2
M	弯矩
Z	截面模量，(cm^3/m) 10^{-6} (m^3/m)
f_c	梯形波钢板的允许应力，长期短期均为 137.2×10^6 N/m^2
W_m	由弯矩计算的允许荷载，N/m^2

（2）计算（悬臂梁）。

□　用挠度验算 $W_i \leqslant \dfrac{82I}{l^3} = \dfrac{82 \times 258.5}{0.5^3} = 169576.00\ N/m^2$

□　用弯矩验算 $W_m \leqslant \dfrac{274Z}{l^2} = \dfrac{274 \times 24.6}{0.5^2} = 26961.6\ N/m^2$

取两者中的较小值，即 $26961.6\ N/m^2$。

计算结果如下。

部位	风荷载 S	判断	梯形波钢板强度 W	结果
悬挑部位	3555 N/m^2	<	26961 N/m^2	OK

8.2.3.3　连接件

（1）计算公式。对受拉允许承载力最小的梯形波钢板的固定连接件进行验算。

对多跨连续梁进行验算	
①2 跨连续梁	$W_t \leqslant \dfrac{P_\alpha}{1.25 \times l \times b}$
②多跨连续梁	$W_t \leqslant \dfrac{P_\alpha}{1.15 \times l \times b}$

计算条件	
梯形波钢板形式	扣合型
材质	钢板
板厚	0.8 mm
支座间距，一般区域	4 m
支座间距，周边区域等	2 m
梯形波钢板的波峰间距	0.5 m
固定连接件的允许承载力	4210 N/根

W_t	连接构件的允许荷载均布荷载，N/m^2
P_α	连接构件的允许强度，N/根
l	跨度，m
b	梯形波钢板的波峰间距，m

梯形波钢板的波峰间距	0.5 m
固定连接件的允许承载力	4210 N/根

（2）计算（多跨连续梁）。

1）一般区域。

$$W_t \leqslant \frac{P_a}{1.15 \times l \times b} = \frac{4210}{1.15 \times 4 \times 0.5} = 1830.43\ \text{N/m}^2$$

2）周边区域。

$$W_t \leqslant \frac{P_a}{1.15 \times l \times b} = \frac{4210}{1.15 \times 2 \times 0.5} = 3660.87\ \text{N/m}^2$$

计算结果如下。

部位		风荷载 W	判断	连接部件强度 W_t	结果
	一般区域	1125 N/m²	<	1830 N/m²	OK
	周边区域	1140 N/m²	<	3660 N/m²	OK
	角部区域	1935 N/m²	<		OK
	屋脊端部	1140 N/m²	<		OK

8.2.3.4 支架的焊缝强度

对 2.3 mm 厚的薄板进行验算。

（1）计算公式。

对倒 V 形进行验算	
$N_a = n \times L' \times a \times f_s \quad W_y = \dfrac{N_a}{l \times b}$	
①倒 V 形 $n=4$	$W_y \leqslant \dfrac{25200 \times L' \times t}{l \times b}$
②倒 L 形 $n=2$	$W_y \leqslant \dfrac{12600 \times L' \times t}{l \times b}$

计算条件	
梯形波钢板形式	扣合型
材质	钢板
板厚	0.8 mm
支座间距，一般区域	4 m
支座间距，周边区域等	2 m
梯形波钢板的波峰间距	0.5 m
支架形式	倒 V 形
支架板厚	0.23 cm（注意单位）
焊缝长度	2 cm（注意单位）

N_a	焊接允许长度，N/根
n	有效焊缝数量
L'	有效焊缝长度，cm/处
L	焊缝全长，cm/处
t	支架板厚，cm
a	有效焊缝高度，cm
f_s	焊缝的允许剪应力，9000 N/cm²
W_y	支架的焊缝强度，N/m²
l	支座间距，m
b	梯形波钢板的波峰间距，m

（2）计算（连续梁）。

有效焊缝高度 $a = 0.7 \times t$	$a = 0.7 \times 0.23 = 0.161$ cm
有效焊缝长度 $L' = L - (2 \times t)$	$L' = 2 - (2 \times 0.23) = 1.54$ cm

1）一般区域。

$$W_y \leqslant \frac{25200 \times L' \times t}{l \times b} = \frac{25200 \times 1.54 \times 0.23}{4 \times 0.5}$$

$$= 4462.92\ \text{N/m}^2$$

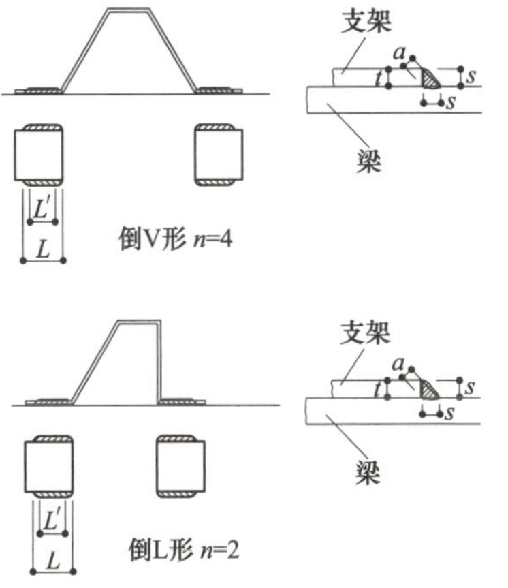

2）周边区域。

$$W_y \leqslant \frac{25200 \times L' \times t}{l \times b} = \frac{25200 \times 1.54 \times 0.23}{2 \times 0.5} = 8925.84\ \mathrm{N/m^2}$$

计算结果如下。

部位		风荷载 W	判断	焊缝强度 W_y	结果
	一般区域	1125 $\mathrm{N/m^2}$	<	4462 $\mathrm{N/m^2}$	OK
	周边区域	1140 $\mathrm{N/m^2}$	<	8925 $\mathrm{N/m^2}$	OK
	角部区域	1935 $\mathrm{N/m^2}$	<		OK
	屋脊端部	1140 $\mathrm{N/m^2}$	<		OK

8.2.3.5　外墙板

设计钢板外墙时，除了遵守 SSW 2011 中规定的“标准构造”外，还需要利用“标准规格选用法”确认在设计荷载作用下的结构安全性。设计适用对象还包括高度 13 m 以下及一层部分的外墙。

（1）结构计算的方法。使用的外墙钢板和固定用连接件等产品（螺钉）均应满足 SSW 2011 中规定的“标准规格选用法”的适用条件。因此，首先从选用表中选择固定间距和檩条间距，然后验算外墙对于设计荷载的结构承载力上的安全性。

标准规格选用法的适用条件

材料类别	材料的尺寸和形状		标准规格选用法的适用条件	是否适用
外墙材料（搭接形式）	厚度	0.5 mm	0.4 mm 以上	适用
	截面	梯形波钢板	梯形波钢板	适用
	波高	16 mm	12.5 mm 以上且小于 27.5 mm	适用
	波谷间距	133.3 mm	110 mm 以上且小于 225 mm	适用
固定部件（螺钉）	头部形状	六角	六角	适用
	公称直径	5 mm	5 mm 以上	适用

（2）标准规格选用法的选择结果。设计荷载（绝对值）的最大值为 1620 $\mathrm{N/m^2}$。外墙板的波高为 16 mm，从 SSW 2011 中的标准规格表（波高 12.5 mm 以上且小于 22.5 mm）中选择固定间距和对应于 0.5 mm 的檩条间隔。选择的结果用红字表示。

由于外墙板的波谷间距为 133.3 mm，固定方法选择每隔一个波谷固定的方法（133.2×2=266.6<280）。

根据设计荷载从标准规格选用表中选择的结果

设计荷载（绝对值）最大值 $/(\mathrm{N \cdot m^{-2}})$	比较	荷载绝对值 $/(\mathrm{N \cdot m^{-2}})$	板宽度方向固定间距	檩条间距/mm 外墙板的板厚			判断
				0.4 mm	0.5 mm	0.6 mm	
		1000	140 mm 以下	606	606	606	OK
			280 mm 以下	606	606	606	
1620	<	1800	140 mm 以下	606	606	606	
			280 mm 以下	606	606	606	OK
		3200	140 mm 以下	606	606	606	
			280 mm 以下	455	455	455	

注：荷载的绝对值对于正负荷载为相同值。

【参考资料】设计用风荷载相关标准

资料1 全国标准风速（2000年建设省告示第1454号精选）

地区	都道府县	基本风速 $V_0/(m \cdot s^{-1})$								
		30	32	34	36	38	40	42	44	46
北海道	北海道	指定以外の地域	札幌市、小樽市、網走市、留萌市、稚内市、江別市、紋別市、名寄市、千歳市、恵庭市、北広島市、石狩市、石狩郡、厚田郡、浜益郡、空知郡(南幌町)、夕張郡(由仁町、長沼町)、上川郡(風連町、下川町)、中川郡(美深町、音威子府村、中川町)、増毛郡、留萌郡、苫前郡、天塩郡、宗谷郡、枝幸郡、礼文郡、利尻郡、網走郡(東藻琴村、女満別町、美幌町)、斜里郡(清里町、小清水町)、常呂郡(端野町、佐呂間町、常呂町)、紋別郡(上湧別町、湧別町、興部町、西興部村、雄武町)、勇払郡(追分町、穂別町)、沙流郡(平取町)、新冠郡、静内郡、三石郡、浦河郡、様似郡、幌泉郡、厚岸郡(厚岸町)、川上郡	函館市、室蘭市、苫小牧市、根室市、登別市、伊達市、松前郡、上磯郡、亀田郡、茅部郡、斜里郡(斜里町)、虻田郡、岩内郡(共和町)、積丹郡、古平郡、余市郡、有珠郡、白老郡、勇払郡(早来町、厚真町、鵡川町)、沙流郡(門別町)、厚岸郡(浜中町)、野付郡、標津郡、目梨郡	山越郡、桧山郡、爾志郡、久遠郡、奥尻郡、瀬棚郡、島牧郡、寿都郡、岩内郡(岩内町)、磯谷郡、古宇郡					
東北	青森県	全域								
	岩手県	指定以外の地域	久慈市、岩手郡(葛巻町)、下閉伊郡(田野畑村、普代村)、九戸郡(野田村、山形村)、二戸郡	二戸市、九戸郡(軽米町、種市町、大野村、九戸村)						
	秋田県	指定以外の地域	秋田市、大館市、本荘市、鹿角市、鹿角郡、北秋田郡(鷹巣町、比内町、合川町、上小阿仁村)、南秋田郡(五城目町、昭和町、八郎潟町、飯田川町、天王町、井川町)、由利郡(仁賀保町、金浦町、象潟町、岩城町、西目町)	能代市、男鹿市、北秋田郡(田代町)、山本郡、南秋田郡(若美町、大潟村)						
	宮城県	全域								
	山形県	指定以外の地域	鶴岡市、酒田市、西田川郡、飽海郡(遊佐町)							
	福島県	全域								
関東	茨城県	指定以外の地域	水戸市、下妻市、ひたちなか市、東茨城郡(内原町)、西茨城郡(友部町、岩間町)、新治郡(八郷町)、真壁郡(明野町、真壁町)、結城郡、猿島郡(五霞町、猿島町、境町)	土浦市、石岡市、龍ヶ崎市、水海道市、取手市、岩井市、牛久市、つくば市、東茨城郡(茨城町、小川町、美野里町、大洗町)、鹿島郡(旭村、鉾田町、大洋村)、行方郡(麻生町、北浦町、玉造町)、稲敷郡、新治郡(霞ヶ浦町、玉里村、千代田町、新治村)、筑波郡、北相馬郡	鹿嶋市、鹿島郡(神栖町、波崎町)、行方郡(牛堀町、潮来町)					
	群馬県	全域								
	栃木県	全域								
	埼玉県	指定以外の地域	川越市、大宮市、所沢市、狭山市、上尾市、与野市、入間市、桶川市、久喜市、富士見市、上福岡市、蓮田市、幸手市、北足立郡(伊奈町)、入間郡(大井町、三芳町)、南埼玉郡、北葛飾郡(栗橋町、鷲宮町、杉戸町)	川口市、浦和市、岩槻市、春日部市、草加市、越谷市、蕨市、戸田市、鳩ヶ谷市、朝霞市、志木市、和光市、新座市、八潮市、三郷市、吉川市、北葛飾郡(松伏町、庄和町)						
	千葉県			市川市、船橋市、松戸市、野田市、柏市、流山市、八千代市、我孫子市、鎌ヶ谷市、浦安市、印西市、東葛飾郡、印旛郡(白井町)	千葉市、佐原市、成田市、佐倉市、習志野市、四街道市、八街市、印旛郡(酒々井町、富里町、印旛村、本埜村、栄町)、香取郡、山武郡(山武町、芝山町)	銚子市、館山市、木更津市、茂原市、東金市、八日市場市、旭市、勝浦市、市原市、鴨川市、君津市、富津市、袖ヶ浦市、海上郡、匝瑳郡、山武郡(大網白里町、九十九里町、成東町、蓮沼村、松尾町、横芝町)、長生郡、夷隅郡、安房郡				
	東京都	指定以外の地域	八王子市、立川市、昭島市、日野市、東村山市、福生市、東大和市、武蔵村山市、羽村市、あきる野市、西多摩郡(瑞穂町)	２３区、武蔵野市、三鷹市、府中市、調布市、町田市、小金井市、小平市、国分寺市、国立市、田無市、保谷市、狛江市、清瀬市、東久留米市、多摩市、稲城市		大島町、利島村、新島村、神津島村、三宅村、御蔵島村		八丈町、青ヶ島村、小笠原村		
	神奈川県	指定以外の地域	足柄上郡(山北町)、津久井郡(津久井町、相模湖町、藤野町)	横浜市、川崎市、平塚市、鎌倉市、藤沢市、小田原市、茅ヶ崎市、相模原市、秦野市、厚木市、大和市、伊勢原市、海老名市、座間市、南足柄市、綾瀬市、高座郡、中郡、足柄上郡(中井町、大井町、松田町、開成町)、足柄下郡、愛甲郡、津久井郡(城山町)	横須賀市、逗子市、三浦市、三浦郡					

续表

地区	都道府县	基本风速 $V_0/(m \cdot s^{-1})$								
		30	32	34	36	38	40	42	44	46
甲信越	長野県	全　域								
	新潟県	指定以外の地域	両津市、佐渡郡、岩船郡(山北町、粟島浦村)							
	山梨県	指定以外の地域	富士吉田市、南巨摩郡(南部町、富沢町)、南都留郡(秋山村、道志村、忍野村、山中湖村、鳴沢村)							
東海	岐阜県	指定以外の地域	多治見市、関市、美濃市、美濃加茂市、各務原市、可児市、揖斐郡(藤橋村、坂内村本巣郡(根尾村)、山県郡、武儀郡(洞戸村、武芸川町)、加茂郡(坂祝町、富加町)	岐阜市、大垣市、羽島市、羽島郡、海津郡、養老郡、不破郡、安八郡、揖斐郡(揖斐川町、谷汲村、大野町、池田町、春日村、久瀬村)、本巣郡(北方町、本巣町、穂積町、巣南町、真正町、糸貫町)						
	静岡県	指定以外の地域	静岡市、浜松市、清水市、富士宮市、島田市、磐田市、焼津市、掛川市、藤枝市、袋井市、湖西市、富士郡、庵原郡、志太郡、榛原郡(御前崎町、相良町、榛原町、吉田町、金谷町)、小笠郡、磐田郡(浅羽町、福田町、竜洋町、豊田町、豊岡村)、浜名郡、引佐郡(細江町、三ヶ日町)	沼津市、熱海市、三島市、富士市、御殿場市、裾野市、賀茂郡(松崎町、西伊豆町、賀茂村)、田方郡、駿東郡	伊東市、下田市、賀茂郡(東伊豆町、河津町、南伊豆町)					
	愛知県	指定以外の地域	豊橋市、瀬戸市、春日井市、豊川市、豊田市、小牧市、犬山市、尾張旭市、日進市、愛知郡、丹羽郡、額田郡(額田町)、宝飯郡、西加茂郡(三好町)	名古屋市、岡崎市、一宮市、半田市、津島市、碧南市、刈谷市、安城市、西尾市、蒲郡市、常滑市、江南市、尾西市、稲沢市、東海市、大府市、知多市、知立市、高浜市、岩倉市、豊明市、西春日井郡、葉栗郡、中島郡、海部郡、知多郡、幡豆郡、額田郡(幸田町)、渥美郡						
	三重県			全　域						
北陸	富山県	全　域								
	石川県	全　域								
	福井県	指定以外の地域	敦賀市、小浜市、三方郡、遠敷郡、大飯郡							
近畿	滋賀県	指定以外の地域	大津市、草津市、守山市、滋賀郡、栗太郡、伊香郡、高島郡	彦根市、長浜市、近江八幡市、八日市市、野洲郡、甲賀郡、蒲生郡、神崎郡、愛知郡、犬上郡、坂田郡、東浅井郡						
	京都府		全　域							
	大阪府		高槻市、枚方市、八尾市、寝屋川市、大東市、柏原市、東大阪市、四條畷市、交野市、三島郡、南河内郡(太子町、河南町、千早赤阪村)	大阪市、堺市、岸和田市、豊中市、池田市、吹田市、泉大津市、貝塚市、守口市、茨木市、泉佐野市、富田林市、河内長野市、松原市、和泉市、箕面市、羽曳野市、門真市、摂津市、高石市、藤井寺市、泉南市、大阪狭山市、阪南市、豊能郡、泉北郡、泉南郡、南河内郡(美原町)						
	兵庫県	指定以外の地域	姫路市、相生市、豊岡市、龍野市、赤穂市、西脇市、加西市、篠山市、多可郡、飾磨郡、神崎郡、揖保郡、赤穂郡、宍粟郡、城崎郡、出石郡、美方郡、養父郡、朝来郡、氷上郡	神戸市、尼崎市、明石市、西宮市、洲本市、芦屋市、伊丹市、加古川市、宝塚市、三木市、高砂市、川西市、小野市、三田市、川辺郡、美嚢郡、加東郡、加古郡、津名郡、三原郡						
	奈良県	指定以外の地域	奈良市、大和高田市、大和郡山市、天理市、橿原市、桜井市、御所市、生駒市、香芝市、添上郡、山辺郡、生駒郡、磯城郡、宇陀郡(大宇陀町、菟田野町、榛原町、室生村)、高市郡、北葛城郡	五條市、吉野郡、宇陀郡(曽爾村、御杖村)						
	和歌山県			全　域						
中国	鳥取県	指定以外の地域	鳥取市、岩美郡、八頭郡(郡家町、船岡町、八東町、若桜町)							
	島根県	指定以外の地域	益田市、美濃郡(匹見町)、鹿足郡(日原町)、隠岐郡	鹿足郡(津和野町、柿木村、六日市町)						
	岡山県	指定以外の地域	岡山市、倉敷市、玉野市、笠岡市、備前市、和気郡(日生町)、邑久郡、児島郡、都窪郡浅口郡							
	広島県	指定以外の地域	広島市、竹原市、三原市、尾道市、福山市、東広島市、安芸郡(府中町)、佐伯郡(湯来町、吉和町)、山県郡(筒賀村)、賀茂郡(河内町)、豊田郡(本郷町)、御調郡(向島町)、沼隈郡	呉市、因島市、大竹市、廿日市市、安芸郡(海田町、熊野町、坂町、江田島町、音戸町、倉橋町、下蒲刈町、蒲刈町)、佐伯郡(大野町、佐伯町、宮島町、能美町、沖美町、大柿町)、賀茂郡(黒瀬町)、豊田郡(安芸津町、安浦町、川尻町、豊浜町、豊町、大崎町、東野町、木江町、瀬戸田町)						
	山口県			全　域						

续表

地区	都道府县	基本风速 $V_0/(m \cdot s^{-1})$								
		30	32	34	36	38	40	42	44	46
四国	徳島県			三好郡(三野町、三好町、池田町、山城町)	徳島市、鳴門市、小松島市、阿南市、勝浦郡、名東郡、名西郡、那賀郡(那賀川町、羽ノ浦町)、板野郡、阿波郡、麻植郡、美馬郡、三好郡(井川町、三加茂町、東祖谷山村、西祖谷山村)	那賀郡(鷲敷町、相生町、上那賀町、木沢村、木頭村)、海部郡				
	香川県			全　域						
	愛媛県			全　域						
	高知県			土佐郡(大川村、本川村)、吾川郡(池川町)	宿毛市、長岡郡、土佐郡(鏡村、土佐山村、土佐町)、吾川郡(伊野町、吾川村、吾北村)、高岡郡(佐川町、越知町、梼原町、大野見村、東津野村、葉山村、仁淀村、日高村)、幡多郡(大正町、大月町、十和村、西土佐村、三原村)	高知市、安芸市、南国市、土佐市、須崎市、中村市、土佐清水市、安芸郡(馬路村、芸西村)、香美郡、吾川郡(春野町)、高岡郡(中土佐町、窪川町)、幡多郡(佐賀町、大方町)	室戸市、安芸郡(東洋町、奈半利町、田野町、安田町、北川村)			
九州・沖縄	福岡県		山田市、甘木市、八女市、豊前市、小郡市、嘉穂郡(桂川町、稲築町、碓井町、嘉穂町)、朝倉郡、浮羽郡、三井郡、八女郡、田川郡(添田町、川崎町、大任町、赤村)、京都郡(犀川町)、築上郡	北九州市、福岡市、大牟田市、久留米市、直方市、飯塚市、田川市、柳川市、筑後市、大川市、行橋市、中間市、筑紫野市、春日市、大野城市、宗像市、太宰府市、前原市、古賀市、筑紫郡、糟屋郡、宗像郡、遠賀郡、鞍手郡、嘉穂郡(筑穂町、穂波町、庄内町、頴田町)、糸島郡、三潴郡、山門郡、三池郡、田川郡(香春町、金田町、糸田町、赤池町、方城町)、京都郡(苅田町、勝山町、豊津町)						
	佐賀県			全　域						
	長崎県			長崎市、佐世保市、島原市、諫早市、大村市、平戸市、松浦市、西彼杵郡、東彼杵郡、北高来郡、南高来郡、北松浦郡、南松浦郡(若松町、上五島町、新魚目町、有川町、奈良尾町)、壱岐郡、下県郡、上県郡	福江市、南松浦郡(富江町、玉之浦町、三井楽町、岐宿町、奈留町)					
	熊本県	指定以外の地域	山鹿市、菊池市、玉名郡(菊水町、三加和町、南関町)、鹿本郡、菊池郡、阿蘇郡(一の宮町、阿蘇町、産山村、波野村、蘇陽町、高森町、白水村、久木野村、長陽村、西原村)	熊本市、八代市、人吉市、荒尾市、水俣市、玉名市、本渡市、牛深市、宇土市、宇土郡、下益城郡、玉名郡(岱明町、横島町、天水町、玉東町、長洲町)、上益城郡、八代郡、葦北郡、球磨郡、天草郡						
	大分県	指定以外の地域	大分市、別府市、中津市、日田市、佐伯市、臼杵市、津久見市、竹田市、豊後高田市、杵築市、宇佐市、西国東郡、東国東郡、速見郡、大分郡(野津原町、狭間町、庄内町)、北海部郡、南海部郡、大野郡、直入郡、下毛郡、宇佐郡							

续表

地区	都道府县	基本风速 $V_0/(m \cdot s^{-1})$								
		30	32	34	36	38	40	42	44	46
九州·沖縄	宮崎県		西臼杵郡(高千穂町、日之影町)、東臼杵郡(北川町)	延岡市、日向市、西都市、西諸県郡(須木村)、児湯郡、東臼杵郡(門川町、東郷町、南郷村、西郷村、北郷村、北方町、北浦町、諸塚村、椎葉村)、西臼杵郡(五ヶ瀬町)	宮崎市、都城市、日南市、小林市、串間市、えびの市、宮崎郡、南那珂郡、北諸県郡、西諸県郡(高原町、野尻町)、東諸県郡					
	鹿児島県				川内市、阿久根市、出水市、大口市、国分市、鹿児島郡(吉田町)、薩摩郡(樋脇町、入来町、東郷町、宮之城町、鶴田町、薩摩町、祁答院町)、出水郡、伊佐郡、姶良郡、曽於郡	鹿児島市、鹿屋市、串木野市、垂水市、鹿児島郡(桜島町、肝属郡(串良町、東串良町、高山町、吾平町、内之浦町、大根占町)、日置郡(市来町、東市来町、伊集院町、松元町、郡山町、日吉町、吹上町)	枕崎市、指宿市、加世田市、西之表市、揖宿郡、川辺郡、日置郡(金峰町)、薩摩郡(里村、上甑村、下甑村、鹿島村)、肝属郡(根占町、田代町、佐多町)	熊毛郡(中種子町、南種子町)	鹿児島郡(三島村)、熊毛郡(上屋久町、屋久町)	名瀬市、鹿児島郡(十島村)、大島郡
	沖縄県									全　域

资料 2　作用于屋面及外围护墙上的风压力（2000 年建设省告示第 1458 号）

对作用于屋面及外围护墙上的风压力进行结构安全验算的结构计算标准

2000 年 5 月 31 日建设省告示第 1458 号

（最终修订 2007 年 9 月 27 日国土交通省告示第 1231 号）

根据建筑基准法施行令（1950 年政令第 338 号）第 82 条 4，针对作用于屋面和墙面上的风压，验算承载力安全性的结构计算标准如下。

(1) 建筑基准法施行令（以下简称“令”）第 82 条 4 中规定的对于作用于屋面和墙面（只限于高度超过 13 m 的建筑物（不包括高度 13 m 以下不受 13 m 以上部分结构承载力影响的部分、一层部分以及与其类似的有凸出屋外的出入口（专用避难口除外）的楼层）上的外墙，验算承载力的结构计算标准如下。

1）对以下公式计算出的风压无安全问题。

$$W = \bar{q}\hat{C}_f$$

式中　W——风压力，N/m^2；

$\bar{q}$——用以下公式计算出的平均风压，N/m^2；

$\hat{C}_f$——作用于屋面或墙面上的峰值风压系数。可采用风洞试验的结果，也可以采用第（2）条 3）项规定的数值。

$$\bar{q} = 0.6E_r^2V_0^2$$

式中　E_r——2000 年建设省告示第 1454 号第 1 项和第 2 项中规定的 E_r 值。当地面粗糙度为Ⅳ时，采用地面粗糙度为Ⅲ时的数值；

V_0——2000 年建设省告示第 1454 号第 2 项中规定的标准风速。

2）当外围护为玻璃时，按照上述 1）的规定计算风压。并根据玻璃的类别、组成、板厚及表面积，按照下表确认其不大于允许承载力。

单层玻璃及双层玻璃	$P = \dfrac{300k_1k_2}{A}(t + t^2)$
多层玻璃	用上式计算每层玻璃的值，取其中的最小值

该公式中各符号的定义如下。

P——玻璃的允许承载力，N/m^2；

k_1——按照玻璃的分类取下表中的数值（双层玻璃时，取对应于玻璃总厚度的单层玻璃的数值和对应于各玻璃厚度的 k_1 值中的较小值）；

普通平板玻璃			1.0
磨砂平板玻璃			0.8
浮法玻璃	厚度	8 mm 以下	1.0
		大于 8 mm 且 12 mm 以下	0.9
		大于 12 mm 且 20 mm 以下	0.8
		大于 20 mm	0.75
倍强度玻璃			2.0
强化玻璃			3.5
夹丝磨砂玻璃			0.8
夹丝平板玻璃			0.6
印花玻璃			0.6
变色玻璃			2.0

k_2——按照玻璃的组成取下表中数值；

单层玻璃	1.0
双层玻璃	0.75
多层玻璃	$0.75(1+r^3)$
该表中，r 是指计算多层玻璃的 P 值时，一对玻璃的厚度（多层玻璃时指成对的玻璃）与多层玻璃中各层玻璃厚度的比值（超过 2 时取 2）。	

A——玻璃的表面积，m^2；

t——玻璃厚度（双层玻璃时不包括中间膜的各层玻璃厚度之和，多层玻璃时取各层玻璃之和），mm。

(2) 屋面的峰值风压系数应根据公告中公布的以下各屋面形式，按照该公告中的规定通过计算得出。

1）双坡屋面、单坡屋面以及锯齿型屋面取下述①中规定的峰值外压系数（从室外侧对该部分作用的垂直压力为正，以下同）减去②中规定的峰值内压系数（从室内对该部分的垂直压力为正，以下同）后得到的值。

①峰值外压系数，当为正时取表 1 中规定的 C_{pe} 乘以表 2 中规定的 G_{pe} 后得到的数值，当为负时取表 3 中规定的数值。

②峰值内压系数取表 6 中规定的数值。

2）圆弧屋面取下述①中规定的峰值外压系数减去②中规定的峰值内压系数后得到的数值。

①峰值外压系数，当为正时取表 4 中规定的 C_{pe} 乘以表 2 中规定的 G_{pe} 后得到的数值，当为负时取表 5 中规定的数值。

②峰值内压系数取表 6 中规定的数值。

3）独立罩棚：根据 2000 年建设省告示第 1454 号第 3 项中规定的风压系数，风压系数大于 0 时乘以表 2 中规定的 G_{pe}、0 以下时乘以表 7 中规定的 G_{pe} 后得到的数值。

表 1　双坡屋面、单坡屋面以及锯齿形屋面的正压 C_{pe} 值

θ	10°	30°	45°	90°
C_{pe}	0.0	0.2	0.4	0.8

该表中的 θ 见表 3 中的图所示。对于其他 θ 时的 C_{pe} 值利用线性插值法计算得到。当 $\theta<10°$ 时，计算中可不考虑本系数。

表 2　屋面正压部分的 G_{pe} 值

地表面粗糙度	H		
	（一）	（二）	（三）
	5 以下	大于 5 且小于 40	40 以上
Ⅰ	2.2	用（一）和（三）的数值进行直线差值计算	1.9
Ⅱ	2.6		2.1
Ⅲ及Ⅳ	3.1		2.3

该表中，H 为建筑物的高度和檐口高度的平均值（单位：m）。

表 3　双坡屋面、单坡屋面以及锯齿形屋面的负的峰值外压系数

部位	10°以下	20°	30°以上
的部位	-2.5	-2.5	-2.5
的部位	-3.2	-3.2	-3.2
的部位	-4.3	-3.2	-3.2
的部位	-3.2	-5.4	-3.2

该表中各图例表示的部位如下图所示。对应于其他 θ 时的峰值外压系数可利用线性插值法计算得到。$\theta<10°$ 的双坡屋面采用相同 θ 时的单坡屋面数值。

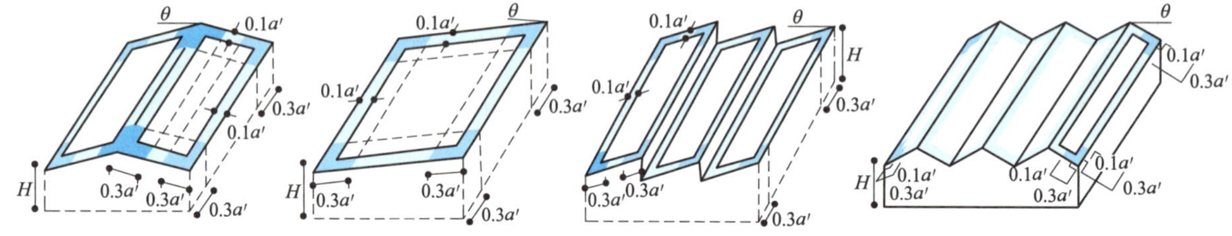

图中各符号的含义如下：

H：建筑物的高度和檐口高度的平均值（单位：m）；

θ：屋面与水平面的夹角（单位：(°)）；

a'：平面上的短边长度和两倍 H 中的较小值（超过 30 时取 30）（单位：m）。

表 4　圆弧屋面的正压 C_{pe} 值

h/d	f/d			
	0.05	0.2	0.3	0.5 以上
0	0.1	0.2	0.3	0.6
0.5 以上	0	0	0.2	0.6

该表中的 f、d、h 见表 5 中的图示。对应于 f/d、h/d 以外的 C_{pe} 值利用线性插值法计算得到。当 f/d 小于 0.05 时，计算中可不考虑本系数。

表 5 圆弧屋面的负的峰值外压系数

部位	系数
的部位	-2.5
的部位	-3.2

该表中，各图例代表的部位如下图所示。

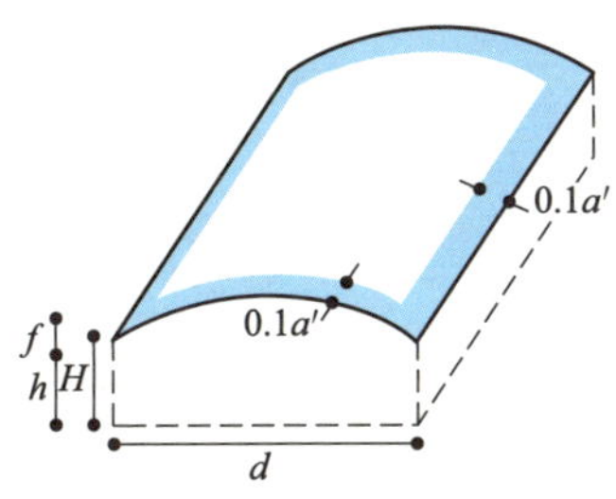

图中各符号的含义如下：

H：建筑物的高度和檐口高度的平均值（单位：m）；

d：圆弧屋面跨度方向的长度（单位：m）；

h：建筑物的檐口高度（单位：m）；

f：建筑物高度和檐口高度的差（单位：m）；

a'：平面上的短边长度和两倍 H 中的较小值（超过 30 时取 30）（单位：m）。

表 6 屋面的峰值内压系数

封闭型建筑	峰值外压系数为 0 以上时	-0.5
	峰值外压系数小于 0 时	0
开放型建筑	坡的高端敞开时	1.5
	坡的低端敞开时	-1.2

表 7 独立罩棚的 G_{pe} 值（2000 年建设省告示第 1454 号第 3 项中规定的风压系数小于 0 时）

部位	G_{pe}
的部位	3.0
的部位	4.0

该表中，各图例代表的部位如下图所示。

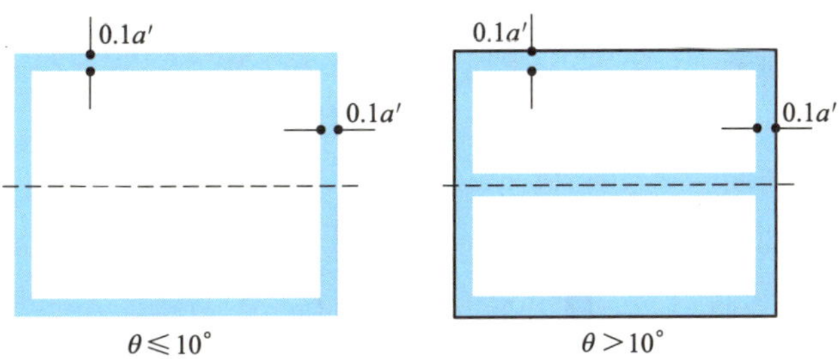

$\theta \leq 10°$　　$\theta > 10°$

图中各符号的含义如下：

θ：屋面与水平面的夹角（单位：(°)）；

a'：平面上的短边长度和两倍 H 中的较小值（超过 30 时取 30）（单位：m）。

(3) 作用于外围护墙上的峰值风压系数为下列 1）中规定的峰值外压系数减去下列 2）中规定的峰值内压系数后得到的值。

1）峰值外压系数，当为正时取表 8 中的 C_{pe} 值乘以表 9 中的 G_{pe} 值后得到的数值，当为负时取表 10 中规定的数值。

2）峰值内压系数取表 11 中规定的数值。

表 8　围护墙的正压 C_{pe} 值

H 为 5 以下时	1.0	
H 大于 5 时	Z 为 5 以下时	$\left(\frac{5}{H}\right)^{2\alpha}$
	Z 大于 5 时	$\left(\frac{5}{H}\right)^{2\alpha}$

表中各符号的含义如下：

H：建筑物的高度和檐口高度的平均值（单位：m）；

Z：围护墙地面以上的高度（单位：m）；

α：2000 年建设省告示第 1454 号第 1 第 2 项中规定的数值。当地面粗糙度为Ⅳ时采用地面粗糙度为Ⅲ时的数值。

表 9　围护墙正压部分的 G_{pe} 值

地表面粗糙度	Z		
	（一）	（二）	（三）
	5 以下	大于 5 且小于 40	40 以上
Ⅰ	2.2	用（一）和（三）的数值进行直线差值计算	1.9
Ⅱ	2.6		2.1
Ⅲ及Ⅳ	3.1		2.3

该表中，Z 表示地面以上围护墙的高度（单位：m）。

表 10　围护墙的负外压峰值系数

部位	H		
	（一）	（二）	（三）
	45 以下	超过 45 且小于 60	60 以上
□ 的部位	-1.8	由（一）和（三）的数值进行线性插值计算	-2.4
■ 的部位	-2.2		-3.0

该表中，各图例代表的部位如下图所示。

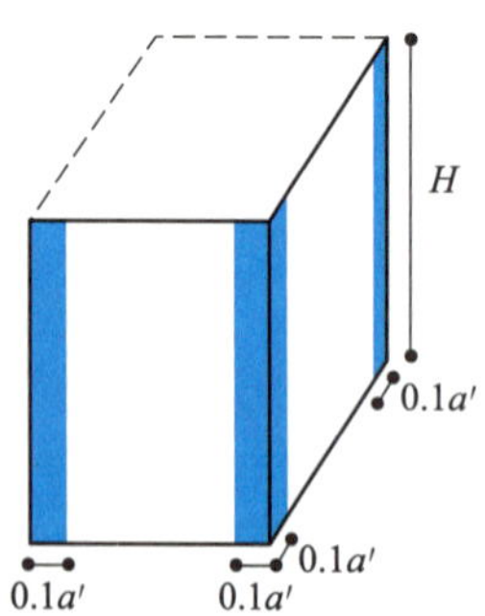

图中各符号的含义如下：

H：建筑物的高度和檐口高度的平均值（单位：m）；

a'：平面上的短边长度和两倍 H 中的较小值（单位：m）。

表 11 围护墙的峰值内压系数

封闭型建筑	峰值外压系数为 0 以上时	-0.5
	峰值外压系数小于 0 时	0
敞开型建筑	坡的高端敞开时	1.5
	坡的低端敞开时	-1.2

8.3　计算挡雪金属板的安装间距

8.3.1　计算公式

积雪荷载	$S = d \times \rho \times X$　不使用屋面形状系数（μb）
①屋面全长需要的挡雪金属板的数量	$F \leqslant \frac{(S \times A \times L) \times (\sin\beta - \mu\cos\beta)}{T}$ 小数点以下进位
②挡雪金属板的安装间距	$B \leqslant \frac{L}{F}$

计算条件	
积雪深度	120 cm
积雪的单位荷载	30 N/m²/cm
水准系数	1.2
屋面全长	12 m
屋面斜率	30/100→16.7°
挡雪金属板的间距	0.333 m
挡雪金属板的允许力	900 N/处

S	雪荷载，N/m²
d	垂直积雪量，cm
ρ	积雪的单位荷载，N/m²/cm
X	调整系数
F	屋面全长需要的挡雪金属板的数量，件
A	挡雪金属板的间距，m
L	屋面全长，m
β	屋面斜率，度
μ	屋面的静摩擦系数，0.05
T	挡雪金属板的允许力，N/件
B	挡雪金属板的安装间距，m

8.3.2　计算

（1）积雪荷载。

$S = d \times \rho \times X = 120 \times 30 \times 1.2 = 4320\ \text{N/m}^2$

（2）作用于全屋面上的力。

$S' = S \times A \times L = 4320 \times 0.33 \times 12 = 17262.7\ \text{N}$

（3）沿长度方向的力（考虑斜率）。

$P = S' \times \sin\beta = 17262.7 \times \sin 16.7 = 4960.6\ \text{N}$

（4）计算摩擦力。

$P\mu = S' \times \mu \times \cos\beta = 17262.7 \times 0.05 \times \cos 16.7 = 826.7\ \text{N}$

（5）积雪的下滑力。

$P_{net} = P - P_u = 4960.6 - 826.7 = 4133.9\ \text{N}$

分析如下。

$P_{net} \div T = 4133.9\ \text{N} \div 900\ \text{N} = 4.59$ 件

取 F=5 件。

计算结果如下。

（1）需要挡雪金属板数量：12 m 板需要 5 件——段数。

（2）挡雪金属板的安装间距：$B \leqslant \frac{L}{F} = \frac{12}{5} =$ 2.4 m 以下。

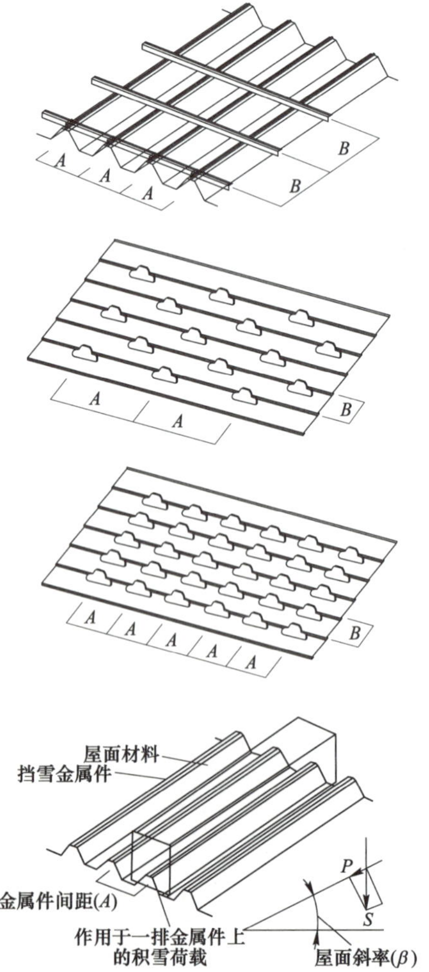

8.4　降雨量和排水能力计算

计算下图所示建筑物的降雨量和天沟的排水能力。

建筑地理位置和屋面形状		
建筑位置	静冈县	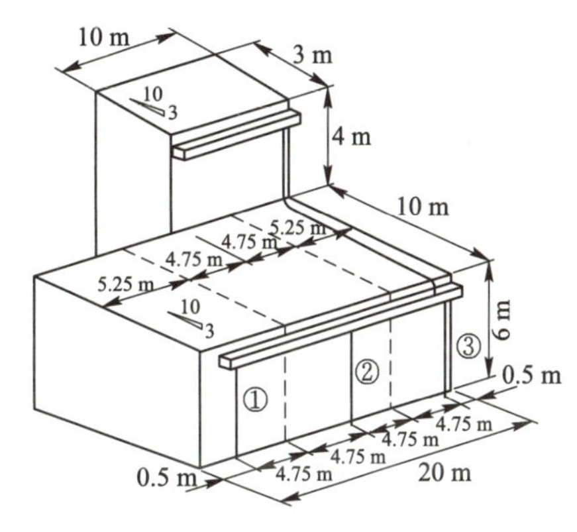
屋面形状	见右图	
屋面斜率	3/10	
天沟坡度	1/200（0.005）	

使用的天沟形状等				
檐沟	卷板加工	宽 W	0.15 m	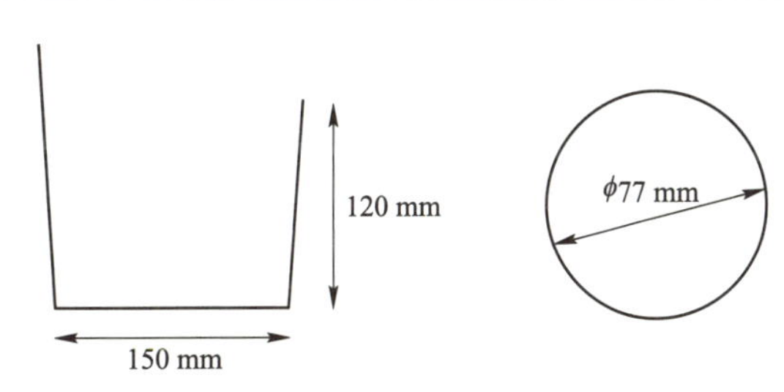
		高 h	0.12 m	
竖管	聚乙烯	内径 ϕ	0.077 m	

8.4.1　天沟排水量计算

计算每一个落水口的排水量。

＊请注意长度单位为 m。

8.4.1.1　计算公式

$Q = N \times A$	
Q	计算出的排水量，m^3/s
N	降雨强度，换算成 m/s 的数值 采用协会计算软件得出的数值 北海道和东北　144 mm/h（0.00004 m/s） 其他区域　180 mm/h（0.00005 m/s） 根据需要可采用气象局数据中的建设场所附近的气象台数据
A	天沟屋面水平投影面积，m^2（不是斜坡面积，是水平投影面积） 有相邻墙时，另附加墙面积的 1/2 有上屋面时，另附加上屋面面积

8.4.1.2　计算

(1) 计算 $\cos\theta$（标准形式时，可采用第 3 章的表 3.3.3）。

屋面斜率 $3/10=0.3 \rightarrow \theta=\tan^{-1}0.3=16.7 \rightarrow \cos16.7=0.9578$

(2) 天沟承受的屋面汇水面积（A：屋面面积×$\cos\theta$）。

图①位置 $A_1=(10\times5.25)\times0.9578=50.3\ \text{m}^2$

图②位置 $A_2=[(10\times9.5)\times0.9578]+[(4\times4.75)/2]=100.5\ \text{m}^2$

图③位置 $A_3=[(10\times5.25)\times0.9578]+[(4\times5.25)/2]+[(10\times3)\times0.9578]=89.5\ \text{m}^2$

中央部位②的面积最大，将此作为天沟承受的屋面投影面积。因此，$A=100.5\ \text{m}^2$。

(3) 天沟承受的降雨量。

$$Q=N\times A=0.00005\times100.5=0.005025\ \text{m}^3/\text{s}$$

8.4.2　天沟的排水能力计算

8.4.2.1　排水量计算中各相关数值的计算

(1) 檐沟的截面面积。

$S_n=W\times0.8h$		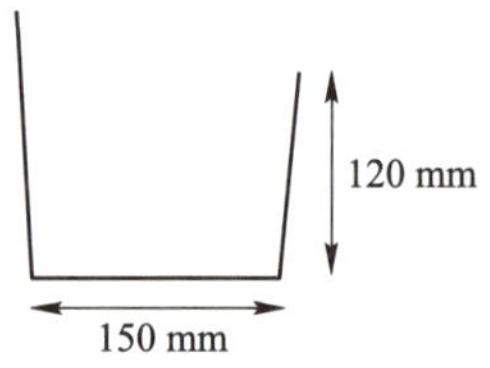 （图）
S_n	天沟有效排水面积，m^2	
W	天沟的宽度，m	
h	天沟的（有效）截面高度，m	
$S_n=W\times0.8h=0.15\times0.8\times0.12=0.0144\ \text{m}^2$		

(2) 天沟的周长。

$L=W+2h$	L	天沟的周长，m	
	W	天沟的宽度，m	0.15
	h	天沟的（有效）截面高度，m	0.12
$L=W+2h=0.15+(2\times0.12)=0.39\ \text{m}$			

(3) 面积周长比值。

$R=\dfrac{S_n}{L}$	R	面积周长比，m	
	S_n	天沟的有效排水面积，m^2	0.0144
	L	天沟的周长，m	0.39

$$R=\frac{S_n}{L}=\frac{0.0144}{0.39}=0.0369\ \text{m}$$

(4) 竖管断面面积。

<table>
<tr><td colspan="2">$S_t = \pi \times (\phi/2)^2$</td><td rowspan="4">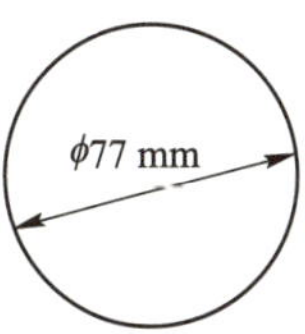
</td></tr>
<tr><td>S_t</td><td>竖管的有效排水面积，m^2</td></tr>
<tr><td>π</td><td>圆周率（3.14）</td></tr>
<tr><td>ϕ</td><td>竖管的内径，m</td></tr>
<tr><td colspan="3">$S_t = \pi \times (\varphi/2)^2 = 3.14 \times (0.077 \div 2)^2 = 0.0046\ m^2$</td></tr>
</table>

8.4.2.2　檐沟的排水能力计算

（1）流速。

<table>
<tr><td rowspan="2">粗糙系数 0.011 的流速
$V_1 = \dfrac{114R\sqrt{i}}{\sqrt{R} + 0.257}$</td><td rowspan="2">彩色钢板、聚乙烯钢板、不锈钢板、镀层钢板的原板、卷板天沟、聚乙烯天沟等</td><td colspan="2">库塔的新公式和简算公式</td></tr>
<tr><td>V_1</td><td>檐沟的流速，m/s</td></tr>
<tr><td rowspan="2">粗糙系数 0.015 的流速
$V_1 = \dfrac{89R\sqrt{i}}{\sqrt{R} + 0.35}$</td><td rowspan="2">ORIENTAL METAL</td><td>R</td><td>檐沟的面积周长比</td></tr>
<tr><td>i</td><td>檐沟坡度
用分数表示的计算值：3/100</td></tr>
<tr><td colspan="4">用分数表示的计算值：3/100
$V_1 = \dfrac{114R\sqrt{i}}{\sqrt{R} + 0.257} = \dfrac{114 \times 0.0369 \times \sqrt{0.005}}{\sqrt{0.0369} + 0.257} = 0.662\ m/s$</td></tr>
</table>

（2）檐沟的排水能力。

<table>
<tr><td rowspan="4">$Q_n = \dfrac{1}{K} \times S_n \times V_1$</td><td>$Q_n$</td><td colspan="2">檐沟的排水量，m^3/s</td></tr>
<tr><td>K</td><td>安全系数：协会计算软件中采用的数值
#檐沟：1.5；#天沟：3.0
*：可根据需要变更</td><td>1.5</td></tr>
<tr><td>S_n</td><td>天沟的有效排水面积，m^2</td><td>0.0144</td></tr>
<tr><td>V_1</td><td>檐沟的流速，m/s</td><td>0.662</td></tr>
<tr><td colspan="4">$Q_n = \dfrac{1}{K} \times S_n \times V_1 = \dfrac{1}{1.5} \times 0.0144 \times 0.662 = 0.00636\ m^3/s$</td></tr>
</table>

（3）竖管的排水能力。

<table>
<tr><td rowspan="5">$Q_t = \dfrac{1}{K} \times C \times S_t \times V_2$</td><td>$Q_t$</td><td colspan="2">竖管的排水量，m^3/s</td></tr>
<tr><td>K</td><td>安全系数
考虑了横引管的流量下降的安全系数
第 3 章的表 3.3.5</td><td>1</td></tr>
<tr><td>C</td><td colspan="2">流量系数。协会计算软件采用 0.6</td></tr>
<tr><td>S_t</td><td>竖管的有效排水面积，m^2
#注意单位为 m^2</td><td>0.0046</td></tr>
<tr><td>V_2</td><td>竖管的流速，m/s</td><td>1.533</td></tr>
<tr><td colspan="4">$Q_t = \dfrac{1}{K} \times C \times S_t \times V_2 = \dfrac{1}{1.0} \times 0.6 \times 0.0046 \times 1.533 = 0.00428\ m^3/s$</td></tr>
</table>

8.4.2.3　竖管的排水能力计算

流速。

$V_2 = \sqrt{2gh}$	V_2	竖管的流速，m/s	
	g	重力加速度，m/s^2	9.8
	h	天沟的截面高度，m	0.12
$V_2 = \sqrt{2gh} = \sqrt{2 \times 9.8 \times 0.12} = 1.533$ m/s			

8.4.2.4　判断

天沟承受的降雨量 $Q/(m^3 \cdot s^{-1})$	比较	天沟的排水量/$(m^3 \cdot s^{-1})$		结果
0.005025	<	檐沟（Q_n）	0.00636	OK
	<	竖管（Q_t）	0.00428	×

竖管的排水能力不足，需要加大尺寸。

需要的竖管截面面积计算如下。

$$a_2 = \frac{Q \times K}{C \times V_2} = \frac{0.005025 \times 1}{0.6 \times 1.533} = \frac{0.005025}{0.9198} = 0.005463 \text{ m}^2$$

在市场销售的产品中选取，需要内径（ϕ）为 90 mm 的产品。

不要忘记验算屋面的檐沟和竖管的排水量。

8.5 计算隔热性能

对在以下设计条件下是否会结露进行计算。

环境条件		
室内设定温度 θ_i	25 ℃	设计条件由设计方设定
大气温度 θ_o	-2 ℃	
室内设定湿度 ϕ_i	50%	
室内设定温度时的饱和水蒸气压	23.76 mmHg	从湿气图表中读取

屋面规格	
双层屋面板	彩色钢板（0.8 mm）+玻璃棉（10 kg/m^3）+彩色钢板（0.6 mm）

8.5.1 计算传热系数

计算双层梯形波钢板单位 m^{2}所通过的热量。

（1）确定计算条件中的各数值（构件的热阻）。

$\sum \frac{l}{\lambda}$	构件的热阻/(m^2·℃/W)	l	材料厚度，m
		λ	材料的导热系数，W/(m·℃)

使用材料	导热系数（λ）/[W/(m·℃)]	平均厚度（l）/m	l/λ	
钢板 0.8 mm	45	0.0008	0.0000178	考虑到玻璃棉的厚度施工后期的压缩和双层梯形波钢板的斜边厚度，取 70 mm
玻璃棉 10 kg/m^3	0.05	0.07	1.4	
钢板 0.6 mm	45	0.0006	0.0000133	
合计：$\sum \frac{l}{\lambda}$ (m^2·℃/W)			1.4000311	≈1.4①

① 可取小数点以后 3 位数，计算时可不考虑钢板。

（2）热阻计算。利用构件的热阻，计算双层梯形波钢板的隔热性能（热阻：R）。

$R = \frac{1}{\alpha_i} + \sum \frac{1}{\lambda} + \frac{1}{\alpha_0}$	R	热阻，m^2·℃/W
	α_i	室内侧热传导系数，W/(m^2·℃)：9~11.5→取 10
	α_0	室外侧热传导系数，W/(m^2·℃)：23.5~29→取 24
$R = \frac{1}{10} + 1.4 + \frac{1}{24} = 0.1 + 1.4 + 0.041 = 1.54$ m^2·℃/W		

（3）传热系数计算。传热系数是指通过双层梯形波钢板的热量（U），是热抵抗的倒数。

$U = \frac{1}{R} = \frac{1}{1.54} = 0.65$ W/(m^2·℃)	U	传热系数，W/(m^2·℃)
	R	热阻，m^2·℃/W

8.5.2 计算传热量

计算通过双层梯形波钢板的总热量。

（1）计算相对室外气温。通过材料的热量可用热传导率和室内外的温度差通过计算得出。当为建筑物时必须考虑日照和辐射的影响。这是因为屋面和墙面在白天日照下温度会升高，在夜间辐射下温度会降低。此时的室外气温（近旁温度，相对室外气温）应考虑日照和辐射引起的材料温度升降的影响。

$\theta_e = \theta_0 + \frac{A_s \times J}{\alpha_0}$	θ_e	相对室外温度,℃
	θ_0	室外温度,℃, -2
	α_0	室外侧热传导系数, W/(m²·℃), 24
	A_s	夜间辐射系数, 0.9
	J	辐射量, W/(m²·℃), -135

（2）计算传热量。

$$\theta_e = \theta_0 + \frac{A_s \times J}{\alpha_0} = (-2) + \frac{0.9 \times (-135)}{24} = -7.1\ ℃$$

$Q = U \times (\theta_e - \theta_i)$	Q	传热量, W/m²
	U	传热系数, W/(m²·℃), 0.65
	θ_e	相对室外温度,℃, -7.1
	θ_i	室内设定温度,℃, 25

$$Q = U \times (\theta_e - \theta_i) = 0.65 \times (-7.1 - 25) = 0.65 \times (-32.1) = -20.9\ \text{W/m}^2$$

8.5.3　是否结露的判断

比较双层梯形波钢板的室内侧表面温度和室内的结露温度，判断是否产生结露。

（1）计算室内侧表面温度。

$\theta_{si} = \theta_i + \frac{Q}{\alpha_i}$	θ_{si}	室内侧表面温度,℃
	θ_i	室内设定温度,℃, 25
	α_i	室内侧热传导系数, W/(m²·℃), 10
	Q	传热量, W/m², -20.9

$$\theta_{si} = \theta_i + \frac{Q}{\alpha_i} = 25 + \frac{-20.9}{10} = 25 - 2.09 = 22.91\ ℃$$

（2）计算室内设定温度时的室内水蒸气压力。

$h_i = H_i \times \phi_i$	h_i	室内水蒸气压力, mmHg
	H_i	室内设定温度时的饱和水蒸气压, mmHg 根据潮湿空气图表取 23.76
	ϕ_i	室内设定湿度, 50%

$$h_i = H_i \times \phi_i = 23.76 \times 0.5 = 11.88\ \text{mmHg}$$

（3）计算结露温度。用潮湿空气图表计算饱和水蒸气压时的室内水蒸气压的温度。

$$\theta_d = 13.8\ ℃$$

（4）对结露温度与双层梯形波钢板室内侧表面温度进行比较。

结露温度 θ_d	比较	室内侧表面温度 θ_{si}	判断
13.8 ℃	<	22.9 ℃	不结露

【参考资料】湿空气线图、空气的饱和水蒸气压力（mmHg）

温度/℃	0.0	0.1	0.2	0.3	0.4	0.5	0.6	0.7	0.8	0.9
-15	1.239	1.228	1.217	1.205	1.194	1.183	1.172	1.161	1.151	1.140
-14	1.358	1.346	1.334	1.322	1.310	1.298	1.286	1.274	1.262	1.250
-13	1.488	1.475	1.461	1.448	1.435	1.421	1.409	1.396	1.383	1.370
-12	1.629	1.615	1.600	4.586	1.571	1.557	1.543	1.529	1.515	1.502
-11	1.782	1.766	1.751	1.735	1.719	1.703	1.688	1.673	1.658	1.643
-10	1.948	1.931	1.913	1.897	1.880	1.863	1.847	1.830	1.814	1.798
-9	2.128	2.109	2.090	2.072	2.054	2.036	2.018	2.000	1.983	1.965
-8	2.323	2.303	2.282	2.263	2.243	2.224	2.204	2.185	2.166	2.147
-7	2.534	2.513	2.491	2.469	2.448	2.427	2.406	2.385	2.364	2.343
-6	2.764	2.740	2.717	2.693	2.670	2.647	2.624	2.601	2.579	2.557
-5	3.011	2.986	2.960	2.935	2.909	2.885	2.860	2.839	2.811	2.788
-4	3.279	3.252	3.224	3.197	3.170	3.143	3.116	3.090	3.063	3.037
-3	3.568	3.538	3.509	3.479	3.450	3.421	3.393	3.364	3.336	3.307
-2	3.880	3.848	3.816	3.784	3.753	3.721	3.690	3.659	3.629	3.598
-1	4.218	4.183	4.148	4.114	4.080	4.046	4.012	3.979	3.945	3.913
-0	4.581	4.543	4.506	4.469	4.432	4.395	4.359	4.323	4.28	4.253
0	4.581	4.615	4.648	4.682	4.716	4.750	4.785	4.820	4.855	4.890
1	4.925	4.961	4.997	5.033	5.069	5.105	5.142	5.179	5.216	5.254
2	5.292	5.329	5.368	5.406	5.445	5.484	5.523	5.562	5.602	5.642
3	5.682	5.772	5.763	5.804	5.845	5.887	5.928	5.970	6.012	6.055
4	6.098	6.141	6.184	6.228	6.271	6.315	6.360	6.404	6.449	6.495
5	6.540	6.586	6.632	6.678	6.725	6.772	6.819	6.866	6.914	6.962
6	7.010	7.059	7.108	7.157	7.207	7.257	7.307	7.357	7.408	7.459
7	7.511	7.562	7.614	7.666	7.719	7.772	7.825	7.879	7.933	7.987
8	8.042	8.097	8.152	8.208	8.263	8.320	8.377	8.433	8.491	8.549
9	8.606	8.665	8.723	8.782	8.841	8.901	8.961	9.021	9.082	9.143
10	9.205	9.267	9.329	9.392	9.445	9.518	9.582	9.646	9.710	9.775
11	9.840	9.906	9.972	10.04	10.11	10.17	10.24	10.31	10.38	10.45
12	10.51	10.58	10.65	10.72	10.79	10.87	10.94	11.01	11.08	11.15
13	11.23	11.30	11.38	11.45	11.53	11.60	11.68	11.75	11.83	11.91
14	11.98	12.06	12.14	12.22	12.30	12.38	12.46	12.54	12.62	12.70
15	12.78	12.87	12.95	13.03	13.12	13.20	13.29	13.37	13.46	13.54
16	13.63	13.72	13.81	13.89	13.98	14.07	14.16	14.25	14.34	14.44
17	14.53	14.63	14.71	14.81	14.90	14.99	15.09	15.18	15.28	15.38
18	15.47	15.57	15.67	15.77	15.87	15.97	16.07	16.17	16.27	16.37
19	16.47	16.58	16.68	16.79	16.89	17.00	17.10	17.21	17.32	17.42

续表

温度/℃	0. 0	0. 1	0. 2	0. 3	0. 4	0. 5	0. 6	0. 7	0. 8	0. 9
20	17. 53	17. 64	17. 75	17. 86	17. 97	18. 08	18. 19	18. 31	18. 42	18. 53
21	18. 65	18. 76	18. 88	18. 99	19. 11	19. 23	19. 35	19. 46	19. 58	19. 70
22	19. 82	19. 95	20. 07	20. 19	20. 31	20. 44	20. 56	20. 69	20. 81	20. 94
23	21. 07	21. 19	21. 32	21. 45	21. 58	21. 71	21. 84	21. 98	22. 11	22. 24
24	22. 38	22. 51	22. 65	22. 78	22. 92	23. 06	23. 19	23. 33	23. 47	23. 61
25	23. 76	23. 90	24. 04	24. 18	24. 33	24. 47	24. 62	24. 76	24. 91	25. 06
26	25. 21	25. 36	25. 51	25. 66	25. 81	25. 96	26. 12	26. 27	26. 43	26. 58
27	26. 74	26. 90	27. 06	27. 21	27. 37	27. 53	27. 70	27. 86	28. 02	28. 18
28	28. 35	28. 52	28. 68	28. 85	29. 02	29. 19	29. 36	29. 53	29. 70	29. 87
29	30. 04	30. 22	30. 39	30. 57	30. 75	30. 92	31. 10	31. 28	31. 46	31. 64
30	31. 83	32. 01	32. 19	32. 38	32. 56	32. 75	32. 94	33. 13	33. 32	33. 51

8.6 传声损失

计算下图所示屋面板的传声损失。

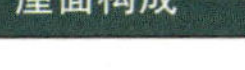

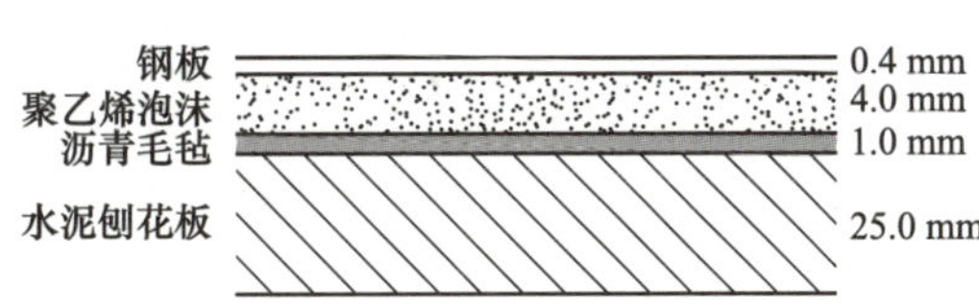

屋面和外墙的传声损失不仅仅局限于屋面和外墙的组成部分的传热损失，还需要对窗、门、换气口、采光等的传声性能进行综合评价。该部分评价工作由设计人员负责。需要特别注意的是施工质量的好坏对性能值的影响很大。一般防声隔声的计算是计算屋面、外墙的透过损失。

计算透过损失，先计算屋面和外墙中使用的各个材料的面密度之和，然后计算垂直入射波的透过损失，最后计算任意角度入射波的透过损失。对于垂直入射波和任意入射波，一般应分别对125 Hz、250 Hz、500 Hz、1000 Hz、2000 Hz、4000 Hz 分别计算透过损失。

8.6.1 计算面密度

公式	符号	说明
$M = \sum(d \times t)$	M	密实材料的面密度，kg/m^2
	d	材料密度，kg/m^3
	t	材料厚度，m

使用材料	密度/($kg \cdot m^{-3}$)	厚度/m	面密度/($kg \cdot m^{-2}$)
钢板	7850	0.0004	3.140
聚乙烯泡沫	25	0.004	0.100
沥青毛毡	1000	0.001	1.000
水泥刨花板	500	0.025	12.500
合计：$M = \sum(d \times t)$ kg/m^2			16.740

8.6.2 计算传声损失

（1）计算公式。

公式	符号	说明
$TL_0 = 20\lg(M \times f) - 42.5$	TL_0	垂直入射波的透过损失，dB
	M	密实材料的面密度，kg/m^2
	f	声波的频率，Hz （125 Hz、250 Hz、500 Hz、1000 Hz、2000 Hz、4000 Hz）
$TL = TL_0 - 10\lg(0.23 \times TL_0)$	TL	任意入射波的透过损失，dB
	TL_0	垂直入射波的透过损失，dB

（2）计算。

125 Hz	$TL_0 = 20\lg(16.740 \times 125) - 42.5 = 23.91$
	$TL = 23.91 - 10\lg(0.23 \times 23.91) = 16.51$
250 Hz	$TL_0 = 20\lg(16.740 \times 250) - 42.5 = 23.93$
	$TL = 23.93 - 10\lg(0.23 \times 23.93) = 21.55$
500 Hz	$TL_0 = 20\lg(16.740 \times 500) - 42.5 = 35.95$
	$TL = 35.95 - 10\lg(0.23 \times 35.95) = 26.78$
1000 Hz	$TL_0 = 20\lg(16.740 \times 1000) - 42.5 = 41.98$
	$TL = 41.98 - 10\lg(0.23 \times 41.98) = 32.13$
2000 Hz	$TL_0 = 20\lg(16.740 \times 2000) - 42.5 = 48.00$
	$TL = 48.00 - 10\lg(0.23 \times 48.00) = 37.57$
4000 Hz	$TL_0 = 20\lg(16.740 \times 4000) - 42.5 = 54.02$
	$TL = 54.02 - 10\lg(0.23 \times 54.02) = 43.07$

频率/Hz	125	250	500	1000	2000	4000
TL_0/dB	23.91	23.93	35.95	41.98	48.00	54.02
TL/dB	16.51	21.55	26.78	32.13	37.57	43.07